DIE ÄTHERISCHEN ÖLE

NACH IHREN CHEMISCHEN BESTANDTEILEN

UNTER BERÜCKSICHTIGUNG
DER GESCHICHTLICHEN ENTWICKLUNG

VON

DR. F. W. SEMMLER
ORD. HONORARPROFESSOR
AN DER UNIVERSITÄT GREIFSWALD

VIERTER BAND

BENZOLDERIVATE UND HETEROCYKLISCHE VERBINDUNGEN

LEIPZIG
VERLAG VON VEIT & COMP.

Druck von Metzger & Wittig in Leipzig.

Inhalt.

IV. Benzolderivate und heterocyklische Verbindungen.

Benzolderivate.

Heterocyklische Verbindungen.

Literaturnachweis und Abkürzungen.

Für das vorliegende Werk sind fast ausschließlich die Originalabhandlungen benutzt worden, die in den verschiedenen Fachzeitschriften niedergelegt sind; ferner Monographien, Dissertationen usw. In bezug auf die Abkürzungen habe ich mich der in Beilsteins Handbuch der organischen Chemie üblichen angeschlossen, um die Übersicht in der organischen Chemie nicht unnötig zu erschweren.

A. = Liebigs Annalen der Chemie (und Pharmacie). Band 1—4 (1832), 49—52 (1844), 97—100 (1856), 149—152 (1869), 200—205 (1880).

Spl. = Supplementband 1 (1861/62), 2 (1862/63), 3 (1864/65), 4 (1864/65), 5 (1867), 6 (1868), 7 (1870), 8 (1872). Jährlich 4—6 Bände.

A. ch. = Annales de chimie et de physique. 1. série (96 Bände) 1789—1815. — 2. série (75 Bände) 1816—1840. — 3. série (69 Bände) 1841—1863. — 4. série (30 Bände) 1864—1873. — 5. série (30 Bände) 1874—1883. — 6. série. Seit 1884. Jährlich 3 Bände.

Am. = American chemical journal. Vol. I. (1879/80).

Am. Soc. = Journal of the American chemical society.

Ar. = Archiv der Pharmazie.

B. = Berichte der deutschen chemischen Gesellschaft. Band 1 (1868).

Bl. = Bulletin de la société chimique de Paris. Band 1—5 (1858/59—63) unter dem Titel: Répertoire de chimie pure et appliquée. Seit 1864 unter dem Titel: Bulletin de la société chimique. Band 1—2 (1864). Jährlich 2 Bände.

Chem. N. = Chemical News. Band 1—2 (1860). Jährlich 2 Bände.

C. = Central-Blatt.

C. r. = Comptes rendus des séances de l'académie des sciences. Band 1 (1835), 2—3 (1836). Jährlich 2 Bände.

G. = Gazzetta chimica italiana. Band 1 (1871).

J. = Jahresbericht über die Fortschritte der Chemie (Gießen, Ricker). Band 1 (1847/48), 2 (1849). Erscheint seit dem Jahrgange 1886 bei Vieweg in Braunschweig.

J. pr. = Journal für praktische Chemie. Band 1—3 (1834), 49—51 (1850), 106—108 (1869). Jährlich 3 Bände. Neue Folge Band 1—2 (1870). Jährlich 2 Bände.

M. = Monatshefte für Chemie. Band 1 (1880). Jährlich 1 Band.

P. = Poggendorffs Annalen der Physik und Chemie. 160 Bände (1824—1877) Band 1—3 (1824). Neue Folge (P [2] herausgegeben von G. Wiedemann). Band 1—2 (1877), 3—5 (1878). Jährlich 3 Bände.
Dazu: Beibl. = Beiblätter. Band 1 (1877). Jährlich 1 Band.

Ph. Ch. = Zeitschrift für physikalische Chemie. Band 1 (1877).

R. = Recueil des travaux chimiques des Pays-Bas. T. 1 (1882).

R. A. L. = Atti della Reale Academia dei Lincei Rendiconti (Roma).

Soc. = Journal of the chemical society. Band 1—28 (1848—1875). Jährlich 1 Band. Seit 1876 (Band 29—30) jährlich 2 Bände.

Z. = Zeitschrift für Chemie, herausgegeben von Beilstein, Fittig und Hübner. Band 1—7 (1865—1871).

Gm. = L. Gmelins Handbuch der organischen Chemie. 4. Auflage. Band 1—4 (1848—1870) und Supplementband 1—7 (1867—1868).

Grh. = Gerhardt, Traité de chimie organique. 4 Bände (1853—1856).

Ж. = Journal der russischen physiko-chemischen Gesellschaft. Band 1 (1869) Jährlich 1 Band.

G. u. H. = Die ätherischen Öle von E. Gildemeister und Fr. Hoffmann.

Sch. = Schimmel u. Co. Semestral-Berichte April (I) und Oktober (II).

kor. = korrigiert. — i. D. = im Dampfe. — as = unsymmetrisch. — s = symmetrisch. — v = benachbart. — o = ortho. — m = meta. — p = para.

Bei der Benutzung weiterer Quellen sind die letzteren jedesmal deutlich angeführt worden, um unnötiges Nachschlagen zu verhindern.

IV

BENZOLDERIVATE

UND

HETEROCYKLISCHE VERBINDUNGEN

Allgemeines.

Unter den Bestandteilen ätherischer Öle, welche der aliphatischen und der hydriert-cyklischen Reihe angehören, lernten wir solche kennen, welche ihrer chemischen Natur nach Kohlenwasserstoffe, Alkohole, Aldehyde, Ketone, Säuren, Ester, Oxyde, Sulfide, Nitrile, Senföle usw. waren. Wir sahen, daß die Verbindungen der hydriert-cyklischen Reihe mit der größten Wahrscheinlichkeit aus aliphatischen Verbindungen entstehen, daß aber anderseits die Möglichkeit nicht von der Hand zu weisen ist, daß aus Kohlensäure und Wasser, den primären Agentien der lebenden Pflanzenzelle, direkt hydriert-cyklische Verbindungen gebildet werden können. Vielfach beobachtete man auch, daß sich hydriert-cyklische Verbindungen synthetisch aus den aliphatischen herstellen lassen, ich erinnere nur an den Übergang der Citral- in die Cyklocitralabkömmlinge. Als Bestandteile ätherischer Öle begegnen wir nun aber auch Verbindungen, welche wir zur Benzolreihe rechnen müssen, d. h. solchen Verbindungen, die sechs Kohlenstoffatome zu einem Ringe derartig vereinigt enthalten, daß dieses Ringsystem eine große Festigkeit besitzt und im Gegensatz zu den ungesättigten hydroaromatischen Verbindungen nicht leicht aufgesprengt werden kann. Wir können an dieser Stelle nicht auf die Gründe eingehen, welche ein derartig stabiles System bedingen; es genügt daran zu erinnern, daß eine derartige Stabilität vorhanden ist, weiter auch daran, daß der Benzolring reduziert und in hydriert-cyklische Verbindungen übergeführt werden kann.

Die Frage nach der Bindung der einzelnen Kohlenstoffatome im Benzolring kann nicht beantwortet werden durch die Synthese von Benzolverbindungen aus aliphatischen oder hydriert-cyklischen Verbindungen. Wir wissen nur, daß z. B. vor dem Übergange vom Citral in Cymol, wie er von SEMMLER ausgeführt wurde (vgl. Citral, Bd. I, S. 659), zweifellos im Citral zwei doppelte Bindungen vorhanden waren; aber diese müssen zum Teil Verschiebung erleiden und bei der Schaffung der dritten doppelten Bindung zum Zwecke der Bildung des Benzolkerns müssen ferner auch Änderungen in der Natur der im Citral bereits vorhandenen beiden doppelten Bindungen eintreten, da die Eigenschaften der doppelten Bindungen nachher im Cymol andere sind, als vorher im Citral. Nichtsdestoweniger ist so viel sicher, daß die Entstehung der Benzolverbindungen z w e i f e l l o s auf der Umwandlung von Verbindungen beruht, die gewöhnlich vorher doppelte

Bindungen enthalten haben oder in denen solche während der Umwandlung geschaffen werden. Die Entstehung der Benzolderivate bietet also nach dieser Richtung hin keine Schwierigkeiten: sie werden entweder aus ungesättigten aliphatischen oder ungesättigten hydriert-cyklischen Verbindungen gebildet, wenn wir nicht die Möglichkeit von der Hand weisen wollen, daß Benzolderivate in der Pflanze direkt aus Kohlensäure und Wasser entstehen. Der Bildung der Benzolderivate muß unter allen Umständen eine Reduktion, die aber teilweise auch mit Oxydation verbunden ist, zugrunde liegen, denn Benzol C_6H_6 selbst müßte aus 6 CO_2 + 3 H_2O unter Wegnahme sämtlicher 15 Sauerstoffatome entstanden sein; gehen wir anderseits von einem hydriert-cyklischen Körper aus, so müssen z. B. aus C_6H_{12} 6 Wasserstoffatome wegoxydiert werden, um zu C_6H_6 gelangen zu können.

Ähnlich wie mit der Entstehung der Benzolderivate in der Pflanze verhält es sich mit ihrer präparativen Darstellung im Laboratorium. Die Fälle, wo aliphatische oder hydriert-cyklische Verbindungen in Benzolderivate übergeführt werden können, gehören immer noch zu den seltenen, namentlich wenn wir die Bestandteile ätherischer Öle, die zu den Benzolderivaten gehören, ins Auge fassen, so müssen zu ihrer Gewinnung, wenn wir von Benzolderivaten selbst ausgehen, obgleich anderseits auch einzelne Verbindungen, wie das bereits erwähnte Cymol, aus aliphatischen Verbindungen hergestellt werden können, ebenso Salicylsäure usw., Methoden angewandt werden, die jedenfalls technisch ein untergeordnetes Interesse haben.

Da die Benzolderivate mit Wasserdämpfen meist ebenso flüchtig sind, ja zum Teil noch flüchtiger wie aliphatische und hydriert-cyklische Verbindungen, so können wir von Hause aus auch auf das Vorkommen von Benzolderivaten als Bestandteile ätherischer Öle rechnen. Genau so wie in den bisher abgehandelten Reihen der aliphatischen und hydriert-cyklischen Kohlenwasserstoffe, Alkohole, Aldehyde, Säuren, Ester usw. vorkommen, so ist ein gleiches in der Benzolreihe der Fall. Aber neben diesen erwähnten Körperklassen haben wir es in der Benzolreihe noch mit einer besonderen Klasse von Verbindungen zu tun, die zweifelsohne in erster Linie Alkohole sind; nur die eigentümliche Bindung des Hydroxyls an ein Kohlenstoffatom, das seinerseits mit einer doppelten und einer einfachen Bindung an ein benachbartes Kohlenstoffatom gekettet ist, sowie die Natur des übrigen Radikals, welches an die beiden erwähnten C-Atome gebunden ist, bringt es mit sich, daß die Alkohol-Hydroxylgruppe saure Eigenschaften annimmt; wir bezeichnen Vertreter dieser Gruppe deshalb als besondere Klasse mit dem Namen „Phenole“. Daß es nur die erwähnten beiden Umstände sind, welche den Phenolen ihre besonderen Eigenschaften verleihen, geht z. B. aus dem Vergleich mit den hydriert-cyklischen Phenolen, so mit dem Buccokampfer, hervor. Auch letztere gehen an Alkalien, besitzen aber doch nicht die Stabilität wie die Benzolphenole, da der übrige Teil des Ringes in ihnen reduziert ist. — Außerdem müssen wir im Auge behalten, daß sich als Bestandteile ätherischer Öle Derivate dieser Phenole finden, die ebenfalls charakteristisch für die Benzolreihe sind, d. s. die Äther der Phenole; in den meisten Fällen handelt es sich um Methyläther, sehr selten um Äthyläther, aber auch Methylenäther finden sich, wie im Safrol, Piperonal usw. Auch in dieser Beziehung gleichen die Phenole mehr den Säuren als den Alkoholen, denn in der aliphatischen und hydriert-cyklischen Reihe kennen wir wohl Ester, sind aber bisher keinem Äther von Alkoholen unter den Bestandteilen ätherischer Öle begegnet.

Die erwähnten Kohlenwasserstoffe, Alkohole, Aldehyde, Phenole usw. finden sich als Bestandteile ätherischer Öle, deren Stammpflanzen über das ganze Pflanzenreich zerstreut sind, so daß nicht etwa eine bestimmte Familie ätherische Öle hervorbringt, deren Bestandteile ausschließlich zu den Benzolderivaten gehören; sondern genau so wie aliphatische und hydriert-cyklische Verbindungen nebeneinander in ätherischen Ölen vorkommen, so finden wir als ihre Begleiter auch Benzolderivate. — Die Isolierung und Darstellung der einzelnen der Benzolreihe angehörenden Bestandteile geschieht nach denselben Prinzipien wie in den anderen Reihen. Kohlenwasserstoffe befreit man von sauerstoffhaltigen Verbindungen, wie Alkohole usw. durch Destillation über Na. Sind Oxyde zugegen, so entfernt man diese, indem man in ihre petrolätherische Lösung HBr einleitet. Alkohole werden isoliert als Phenylurethane, Acetate, saure Phtalate, aus denen sie regeneriert werden können. Aldehyde und Ketone lassen sich am besten als Semicarbazone abscheiden und aus diesen durch Wasserdampfdestillation bei Gegenwart von Phtalsäureanhydrid regenerieren; selbstverständlich eignen sich auch die Bisulfitverbindungen mancher Aldehyde und Methylketone zur Abtrennung. Säuren und Phenole werden mittels Soda bzw. Alkalien entfernt. Auch Nitrile und Senföle der aromatischen Reihe finden sich; über ihre Abscheidung siehe später unter den betreffenden Abschnitten.

In bezug auf die physikalischen Eigenschaften der Benzolderivate können wir die einzelnen Gruppen, wie z. B. die Kohlenwasserstoffe der aliphatischen, hydroaromatischen und Benzolreihe miteinander vergleichen, ebenso die Alkohole, Aldehyde usw., jedoch lassen sich keine Regelmäßigkeiten z. B. in den Volumgewichten oder den Siedepunkten als unbedingt geltend feststellen, sondern man muß die Konstitution im ganzen im Auge behalten. Im allgemeinen zeichnen sich die Benzolderivate durch höheres Volumgewicht gegenüber den aliphatischen und hydroaromatischen Verbindungen aus. Ihr Siedepunkt pflegt höher zu liegen, jedoch dürften das Benzol und die hydrierten Benzole selbst eine Ausnahme davon machen. In optischer Hinsicht verhalten sich die Benzolderivate so, als ob sie drei doppelte Bindungen enthalten, so daß wir bei der Berechnung der Molekularrefraktion das Inkrement von drei doppelten Bindungen hinzufügen müssen. Einen scheinbaren Widerspruch gegen die Annahme von drei doppelten Bindungen haben wir bei der Feststellung der Verbrennungswärmen anzunehmen (vgl. STOHMANN, BERTHELOT usw.) — Vielfach nehmen wir charakteristisches Verhalten von Benzolderivaten wahr, wenn wir die Verbindungen, so z. B. das Cymol, spektralanalytisch untersuchen, indem charakteristische Farbenspektren festgestellt werden können.

Auch Fluoreszenzerscheinungen treffen wir bei Benzolderivaten an (z. B. beim Anthranilsäuremethylester). — Im übrigen sind die Benzolderivate, soweit sie als Bestandteile ätherischer Öle in Betracht kommen, in reinem Zustande meist farblos.

In chemischer Hinsicht unterscheiden sich die Benzolderivate von den aliphatischen und hydroaromatischen Verbindungen durch ihre Beständigkeit, aber nur in bezug auf den Benzolkern selbst, während sich die Seitenketten je nach ihrer Natur genau so verhalten wie diejenigen der genannten beiden andern Klassen. Reduktion des Benzolkerns tritt nur in den seltensten Fällen ein, wenn wir Na und Alkohol anwenden, so bei gewissen Salicylsäureverbindungen; dagegen läßt sich die Reduktion natürlich mit Jodwasserstoff durchführen. — Halogene wirken auf die Wasserstoffatome des Benzolkerns leicht substituierend ein, indem hierbei im Gegensatz zu den aliphatischen und hydroaromatischen Verbindungen in den meisten Fällen gut kristallisierende Verbindungen entstehen; Halogenwasserstoffsäuren sind im allgemeinen auf den Benzolkern ohne Wirkung, ebenso wie wasserabspaltend und -anlagernd wirkende Mittel. Starke Säuren, wie z. B. H_2SO_4, bilden Wasser, indem sie ein H-Atom durch den Säurerest ersetzen, wie z. B. bei der Bildung von Sulfonsäuren. Auf dieselbe Weise kommen die Nitrokörper zustande, die in der aliphatischen und hydroaromatischen Reihe so schwer erhältlich sind. Auf die weiteren Derivate aller dieser Verbindungen wird im speziellen Teil näher eingegangen werden.

Das Verhalten der Seitenketten ist, wie erwähnt, dasselbe wie jenes der aliphatischen oder hydriert-cyklischen Reihe. In bezug auf die Reduktion ist zu erwähnen, daß doppelte Bindungen, die in α, β-Stellung zum Benzolkern stehen, ohne weiteres mit Na und Alkohol reduzierbar sind. Diese Reduzierbarkeit erklärt Semmler (B. **36**, 1033) dadurch, daß eine derartige doppelte Bindung mit einer solchen im Benzolkern ein konjugiertes System bildet, wobei interimistisch eine semicyklische Doppelverbindung gebildet wird, indem gleichzeitig zwei doppelte Bindungen im Kern vorhanden sind; ein derartiges System lagert sich aber, wie wir wiederholt in der hydroaromatischen Reihe zu beobachten Gelegenheit hatten, sofort in den Benzoltypus um, so daß wir z. B. aus dem Isosafrol durch Reduktion glatt Dihydroisosafrol erhalten. — Die Entstehung doppelter Bindungen in der Seitenkette von Alkohol-, Aldehyd-, Säuregruppen usw., folgt im allgemeinen denselben Gesetzen wie in der aliphatischen und hydriertcyklischen Reihe. Die speziellen Fälle einiger Abänderungen in den Reaktionen werden wir bei der Besprechung der einzelnen Bestandteile näher erörtern.

Die Identifizierung der Benzolderivate kann genau so wie bei den früher besprochenen Reihen erfolgen, ferner kommen bei ihnen vielfach kernsubstituierte Derivate in Betracht, wie besonders Brom-, Nitro-, Amidoverbindungen usw. — Die Konstitution der in Frage kommenden Bestandteile der Benzolreihe läßt sich ebenfalls durch Zurückführen auf bekannte Verbindungen erschließen, sei es durch Oxydation, Bromierung, Nitrierung usw.

Geschichtlich zählen Bestandteile der ätherischen Öle, soweit sie der Benzolreihe angehören, zu den am längsten bekannten. Am meisten in die Augen fallend waren ja jene Derivate, die man mit dem Kollektivnamen „Stearoptene“ oder „Kampferarten“ belegte, die aber die heterogensten Verbindungen waren; zu ihnen stellte auch die Benzolreihe eine ganze Anzahl von Repräsentanten, so daß Vanillin, Cumarin, Thymol, die Benzoë- und Zimtsäure usw. Ja gerade Bestandteile ätherischer Öle, die zur Benzolreihe gehören, sind für die Entwicklung der organischen Chemie von der größten Bedeutung geworden; es sei an den Benzaldehyd, Cuminaldehyd, Salicylaldehyd, an das Cymol, Thymol, Carvacrol usw. erinnert. Die Radikaltheorie, wie sie 1837 in ihrer höchsten Blüte stand, stützte sich mit auf die zahlreichen Derivate, die Liebig und Wöhler aus dem Benzaldehyd darstellen konnten. Gerade die erwähnten in den ätherischen Ölen häufig vorkommenden Moleküle waren es, die Kekulé in den sechziger Jahren zum Teil seine Benzolformel aufstellen halfen. Zu betonen ist, daß die Konstitution der Benzolderivate wenigstens zum größten Teil früher erschlossen wurde als jene der hydroaromatischen Verbindungen. In die sechziger und siebziger Jahre des vergangenen Jahrhunderts fällt die Konstitutionserschließung vieler der hier in Frage kommenden Moleküle; namentlich haben sich Kekulé, Erlenmeyer sen., v. Hofmann große Verdienste um die Erschließung der Konstitution der in Frage stehenden Moleküle erworben. Aber viele hierher gehörige Bestandteile wurden erst später aufgeklärt, so das Safrol und Piperonal in den achtziger Jahren von Eykman, das Apiol von Ciamician und Silber, das Myristicin von Semmler usw.; besonders ist zu betonen, daß auch die Konstitution des Cymols erst im Jahre 1891 vollständig von Widman erschlossen wurde. Wir sind weit davon entfernt, bereits alle Bestandteile, die zur Benzolreihe gehören und in den ätherischen Ölen vorkommen, zu kennen; sicherlich werden in Zukunft noch viele derartige Verbindungen aufgefunden werden.

Die Anwendung der hier in Frage kommenden Benzolderivate ist eine mannigfaltige; vielfach werden sie in der Medizin gebraucht, so das Thymol, die Salicylsäure usw. Besonders ausgedehnte Anwendung finden sie aber in der Parfümerie: Vanillin, Piperonal (Heliotropin), Cumarin, Anthranilsäuremethylester usw. werden in großer Menge in der Parfümerie verbraucht und gehören zu denjenigen Molekülen, die die schönsten Gerüche der Pflanze hervorrufen.

Bei der Besprechung der Bestandteile der ätherischen Öle, soweit sie zur Benzolklasse gehören, ist es unmöglich in diesem Werke alle Verbindungen anzuführen, die als Derivate dieser dargestellt sind, da wir sonst fast die ganze Benzolchemie besprechen müßten; es werden nur diejenigen Derivate Erörterung finden, die für die einzelnen Bestandteile besonders charakteristisch sind und für die Chemie der ätherischen Öle Bedeutung haben.

A. Kohlenwasserstoffe.

In den ätherischen Ölen überwiegen die Verbindungen der hydriert-cyklischen Reihe alle anderen; sie sind an Quantität zweifellos in größter Menge vorhanden; vor allen Dingen sind es die cyklischen Terpene, welche die Hauptmasse der ätherischen Öle ausmachen. Aber auch Kohlenwasserstoffe der Benzolreihe werden häufig als Bestandteile ätherischer Öle angetroffen, so besonders das Cymol, selten dagegen das Styrol, Sequojen und Naphtalin.

326. Cymol („Camphen", „Camphogen" [Dumas], „Cymen" [Gerhardt und Cahours]), -p-Methyl-isopropyl-benzol

$C_{10}H_{14}$ =

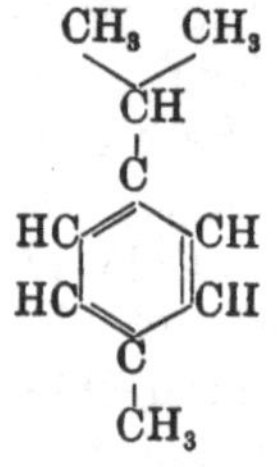

Vorkommen, Isolierung und Synthese. Das Cymol gehört zu denjenigen Bestandteilen ätherischer Öle, deren Vorkommen in diesen selbst später festgestellt wurde, als man sie künstlich darzustellen gelernt hatte, und zwar erfolgte die Darstellung im vorliegenden Falle ebenfalls aus Bestandteilen ätherischer Öle.

Dumas u. Péligot (Berz. Jahr. **1839**, 341) waren die ersten, welche auf Kampfer P_2O_5 einwirken ließen und hierbei einen Kohlenwasserstoff erhielten, den sie „Camphen", später „Camphogen" nannten). Schon früher (A. **6**, 245), im Jahre 1838, berichtete Dumas über einen von ihm Camphogen genannten Kohlenwasserstoff, den er von Oppermann aus Pinenhydrochlorid durch Zersetzung mit gebranntem Kalk hatte darstellen lassen, doch gibt er für diesen keine Formel an (wahrscheinlich hatte dieser Kohlenwasserstoff größtenteils aus $C_{10}H_{16}$ bestanden).

Delalande (A. ch. **1**, 368; A. **38**, 342) läßt auf diesen Kohlenwasserstoff, für welchen er $d_{13} = 0{,}860$ und den konstanten Sdp. 175° C. ermittelte und dessen Zusammensetzung er zu $C_{10}H_{14}$ bestätigte, Schwefelsäure einwirken und erhielt hierbei „Cymolsulfonsäure" („Camphensulfonsäure"); es ist zu bemerken, daß der Ausdruck „Camphen" für das Cymol nichts zu tun hat mit unserem heutigen Kampfen.

Gerhardt u. Cahours (A. ch. **I**, 60, 102; A. **38**, 67) und Gerhardt (Revue scientif. **14**, 138) stellen fest, daß im Römisch-Kümmelöl (*Cuminum Cyminum*) ein Kohlenwasserstoff $C_{10}H_{14}$ vorkommt, den sie „Cymen" nennen und von dem sie auch einige Derivate darstellen.

Es sei erwähnt, daß Deville (Handb. d. Chem. **VII**, A. 48; **38**, 103) einen seinem „Camphogen" isomeren Körper erhielt, als er Terpentinöl bei erhöhter Temperatur durch Kohlensäure zersetzte.

Gerhardt und Cahours (A. ch. I, 372; A. **38**, 345) sprechen alsdann ihr „Cymen" als identisch mit dem „Camphen" („Camphogen") an; sie beobachten für das „Cymen" $d_{14} = 0{,}860$, ebenso den Sdp. 175°.

Noad (A. **63** [1847], 281) berichtet über die „Einwirkung der Salpetersäure auf Cymol". Wir begegnen bei ihm bereits dem Namen Cymol. N. ermittelt: $d_{16} = 0{,}857$, Sdp. 171,5°. Durch Oxydation des Cymols mit Salpetersäure erhält N. als erster auf diese Weise Toluylsäure; er stellt Derivate von ihr dar und gewinnt aus ihr Toluol.

Mansfield (A. **69** [1849], 179) findet, daß im Steinkohlenteer Cymol auftritt; vgl. dagegen Warren (J. **1865**, 514), sowie Kelbe (A. **210**, 2), der angibt, daß Cymol im Steinkohlenteer mit Sicherheit nicht nachgewiesen sei. — Berthelot (Spl. **5** [1867], 369) will ebenfalls Cymol im Steinkohlenteer beobachtet haben.

Kraut (A. **92** [1854], 66) führt Cuminaldehyd durch Kochen mit alkoholischem Kali zunächst in Cuminalkohol und Cuminsäure über. Ersterer geht bei längerer Einwirkung von alkohol. Kali in Cymol über: Sdp. 171,5°. K. stellte das Dinitrocymol vom Smp. 54° dar. Vgl. dagegen R. Meyer (B. **10**, 149), nach dessen Meinung hierbei kein Cymol entsteht.

Lallemand (A. ch. III, **49**, 148; A. **102** [1857], 119) berichtet über das Thymianöl und das Thymol und findet, daß in dem Öl neben Thymol und einem Kohlenwasserstoff $C_{10}H_{16}$ auch Cymol enthalten ist.

Ferner wurde Cymol im Ajowanöl (*Ptychotis Ajowan* D. C.) konstatiert neben Thymol (Haines, Soc. **8** [1856], 289; J. **1856**, 622; J. pr. **68**, 430 und Stenhouse, A. **93** [1855], 269; **98** [1856], 309). Die Kohlenwasserstoffe des Ajowanöls werden „Thymen" genannt und als Seifenparfüm verbraucht. Dieses „Thymen" besteht hauptsächlich aus Cymol und einem Terpen.

Wir sehen also, daß man in dem Zeitabschnitt 1770—1830 das Cymol in reinem Zustande nicht in Händen gehabt hat, daß man es nicht künstlich dargestellt hat, daß man ferner allerdings einige Öle kannte, in denen Cymol vorkommt. In dem Zeitabschnitt 1830—1837 müssen wir besonders zwei Punkte auseinanderhalten, erstens die Identitätserklärung verschiedener Cymole und Kohlenwasserstoffe $C_{10}H_{14}$, sowie Mitteilungen über die Konstitution des Cymols. Wir sahen, daß Cymol zuerst künstlich mit Sicherheit im Jahre 1838 von Dumas und Péligot aus Kampfer und P_2O_5 erhalten wurde. Erst 1841 wiesen Gerhardt und Cahours nach, daß im Römisch-Kümmelöl ein Kohlenwasserstoff vorkommt, der die Bruttoformel $C_{10}H_{14}$ hat. Noch in demselben Jahre veröffentlichte Delalande eine Arbeit über den Kohlenwasserstoff aus Kampfer und gleichzeitig im Jahre 1841 erklärten G. und Cahours den Kohlenwasserstoff aus Kampfer und den im Römisch-Kümmelöl vorkommenden Kohlenwasserstoff für identisch, wobei sie sich besonders auf das Volumgewicht und die Identität des Baryum- bzw. Bleisalzes der daraus dargestellten Sulfonsäure stützten. Weitere charakteristische Derivate konnte man nicht beibringen, da, wie wir später sehen werden, diese Forscher mehr oder weniger reines Cymol in Händen hatten und diese Beimengungen das Kristallisieren der Derivate verhindern. — In der Natur war das Cymol im Römisch-Kümmelöl,

Ajowan- und Thymianöl festgestellt worden; künstlich dargestellt hatte man es aus Kampfer mittels P_2O_5, aus Cuminaldehyd bzw. -alkohol und alkoholischem Kali, ferner nach DEVILLE aus Terpentinöl und CO_2 bei hoher Temperatur und hohem Druck, schließlich aus dem Steinkohlenteer.

Was die Konstitution anbelangt, so stellte man das Cymol in eine Reihe mit Benzol, Toluol und Cumol; besonders wichtig ist in dieser Beziehung die Arbeit von NOAD, die unter A. W. v. HOFMANN ausgeführt wurde, insofern als N. die Toluylsäure 1847 darstellte. Diese Tatsache rückte die Beziehung des Cymols zu genannten Kohlenwasserstoffen in das rechte Licht.

Im nächsten Zeitabschnitt, 1857—1872, konstatierte zunächst TRAPP (A. **108** [1858], 387), daß im ätherischen Öl des Wasserschierlings (*Cicuta virosa*) Cymol neben Cuminol vorkommt. Das Cymol siedete bei 176°; T. identifizierte es ferner durch das in Blättchen kristallisierende cymolsulfonsaure Blei und Baryum ($C_{10}H_{13}PbSO_3$, bei 123° getrocknet und $C_{10}H_{13}BaSO_3$, bei 130° getrocknet).

SIEVEKING (A. **106** [1858], 257) beschäftigte sich ebenfalls mit der Darstellung des Cymols aus dem Cuminol; er ließt besonders Chlor und Brom einwirken.

RICHE und BÉRARD (A. **133** [1865], 54) lassen Brom auf Cymol, das aus Kampfer gewonnen worden war, einwirken und erhalten $C_{10}H_{12}Br_2$, während sie aus dem Cymol aus Römisch-Kümmelöl diese Verbindung nicht erhalten haben wollen. — Man war demnach wiederum zweifelhaft geworden, ob das natürlich vorkommende und das künstlich dargestellte Cymol wirklich identisch sind.

FITTIG (Z. **1865**, 289; Z. **1866**, 150) teilt mit, daß die Kohlenwasserstoffe verschieden seien.

WARREN (J. **1865**, 514) berichtet über das Vorkommen von Cymol im Kümmelöl.

FITTIG, KOEBRICH und JILKE (A. **145** [1868], 129) sprechen alsdann in einer sehr ausführlichen Arbeit das natürliche Cymol als „wahrscheinlich identisch" mit dem künstlich dargestellten Cymol aus Kampfer an. — Man unterschied zuallererst α-, β-Cymol usw., späterhin Cymole, die nach ihrem Ursprung benannt wurden, da man noch nicht sicher war, daß diese einzelnen Kohlenwasserstoffe mit einander identisch waren.

POTT (B. **2** [1869], 121) stellt das „Camphocymol" aus Kampfer mittels P_2S_5 dar.

CZUMPELIK (B. **3**, 481) berichtet sodann „zur chemischen Geschichte des α-Cymols", bringt jedoch keine weiteren wichtigen Daten bei. —

Aus diesen Mitteilungen erkennen wir, daß man in der Periode 1857 bis 1872 durch die Arbeiten von RICHE und BÉRARD wiederum zweifelhaft geworden war, ob das natürlich vorkommende und das künstlich dargestellte Cymol wirklich identisch seien. FITTIG glaubt diese Frage 1865 ebenfalls zuerst verneinen zu müssen; erst die ausführliche Arbeit von FITTIG, KOEBRICH und JILKE zerstreute wiederum die Zweifel an der Identität; nichtsdestoweniger blieb man vorsichtig und gab bei dem Worte Cymol die Herkunft des Kohlenwasserstoffs an. — In der Erkenntnis der Konstitution des Cymols machte man wesentliche Fortschritte. KEKULÉ stellte Mitte der sechziger Jahre seine Benzoltheorie auf. Schon in der vorigen Periode hatte man das Cymol in nahe Beziehung zum Benzol usw. gebracht. In dieser Periode erkannte man nunmehr, daß die Toluylsäure eine p-Methylbenzoesäure ist, ebenso daß bei der Oxydation des Cymols Terephtalsäure erhalten wird, die sich ebenfalls als p-Dicarbonsäure erwies. Mit der Erkenntnis dieser beiden Tatsachen war das meiste in der Erschließung der Konstitution des Cymols gewonnen; man wußte nunmehr, daß das Cymol ein p-Methyl-propyl-benzol ist; jedoch war man sich noch nicht über die Natur der Propylgruppe einig. — Am Ende der Periode neigten die meisten Chemiker dazu, anzunehmen, daß die verschiedenen Cymole identisch seien, ebenso daß die Propylgruppe die normale sei. FITTIG, SCHAEFFER und KOENIG (A. **149**, 324) hatten das p-Methyl-n-Propylbenzol dargestellt und erklärten es nach ihrer Meinung für identisch mit dem „Cumocymol"; die synthetische Darstellung eines Isopropyltoluols aus p-Bromtoluol, Isopropyljodid und Natrium gelang ihnen jedoch nicht.

In der nächsten Periode, 1872—1887, berichteten zunächst BEILSTEIN und KUPFFER (A. **170** [1873], 282) „über Cymole"; B. und K. stellten Cymol aus Absinthol (Tanaceton) her. Cymol aus Römisch-Kümmelöl enthielt häufig Terpen, daher der vermeintliche Übergang von Cymol in Terpen (B. **5**, 439, 720; vgl. auch das Terpen WARREN, Z. **1865**, 667). B. und K. entfernten das Terpen mittels H_2SO_4 und bestimmten alsdann den Sdp. des natürlichen Cymols zu 175°. Auch berichten sie über die Darstellung des Kampfercymols und beobachten dessen Sdp. zu 175°, $d_0 = 0{,}8732$. B. und K. bringen (a. a. O., S. 287) eine ausgezeichnete Zusammenstellung der Cymole. — Dasselbe gilt von der Arbeit GUARESCHIS (A. **171** [1874], 146) „Zur Geschichte des Cymols". — In einem ätherischen Öl war in dieser Periode das Cymol neu nicht konstatiert worden. Den Übergang von Thymol in Cymol führte CARSTANJEN (J. **1871**, 456) aus, indem er das Thymol mittels PCl_5 in $C_{10}H_{13}Cl$ überführte und letzteres alsdann mit Natriumamalgam reduzierte. — ARNDT (B. **1**, 204) erhielt neben $C_{10}H_{16}$ Cymol aus Carvon, indem er dieses mit Zinkstaub behandelte.

Nunmehr beginnen von neuem die Arbeiten darüber, ob alle diese Cymole, die man als identisch ansah, auch identisch seien mit dem p-Methyl-n-propyl-benzol FITTIGS (A. **149** [1868], 334; B. **7**, 651). — FITTICA (A. **172** [1874], 303) spricht alle Cymole als ohne Zweifel identisch an; er kommt zu folgenden Sätzen:

1. „Die Cymole aus Kampfer-, Ptychotisöl und Thymol sind unter sich identisch." 2. „Das in den Cymolen enthaltene Propyl ist n-Propyl." 3. „Von dem Cymol, welches Methyl und n-Propyl in der p-Stellung enthält, leiten sich zwei Phenole her: das POTTsche Thymocymol und das Thymol" usw.

JACOBSEN (B. **11** [1878], 2049) berichtet „Über die Konstitution der Propylgruppe im Cymol". J. wiederholt die Synthese des p-Methyl-n-propylbenzols. — In einer weiteren Abhandlung (B. **12** [1879], 429) bespricht

J. das „Isocymol (p-Methylcumol)“, das er vom p-Bromcumol ausgehend durch Methylierung darstellte; das Cumol enthält eine Isopropylgruppe, wie man wußte. J. fand nun, daß die Verbindungen des p-Methyl-n-propyl- und p-Methylisopropylbenzols nicht identisch seien, daß aber nach seiner Meinung das gewöhnliche Cymol identisch mit dem p-Methyl-n-propylbenzol sei.

Kelbe (A. **210** [1881], 1) bringt eine sehr wichtige Zusammenstellung der Arbeiten über das Cymol. Auch K. ist der Meinung, daß die in der Natur vorkommenden Cymole mit dem Kampfercymol usw. identisch seien, ebenso mit dem p-Methyl-n-propylbenzol. „Als Jacobsen dann endlich p-Isopropyltoluol darstellte und zeigte, daß dieses ganz andere Eigenschaften als das gewöhnliche Cymol habe, machte er endgültig allen Unsicherheiten betreffs der Konstitution des gewöhnlichen Cymols ein Ende. Auffallend und nicht aufgeklärt bleibt immer noch der Umstand, daß beim Kochen von Cuminalkohol mit Zinkstaub gewöhnliches Cymol entsteht, während man doch aus dem Cumol, welches aus der Cuminsäure, also einer Verbindung, die sich vom Cuminalkohol ableitet, entsteht, bei der Methylierung ein Cymol erhält, welches von dem gewöhnlichen verschieden ist. Jacobsen erklärt sich diese Tatsache, indem er annimmt, daß die im Cuminalkohol wahrscheinlich vorhandene Isopropylgruppe beim Kochen mit Zinkstaub in die normale Propylgruppe übergehe. Meine Meinung geht dahin, daß man nach den neuesten Erfahrungen, die man über die Umwandlung der normalen in die Isopropylgruppe gemacht hat, wohl zu der Annahme berechtigt ist, im Cuminalkohol sowohl, als auch im Cuminol und in der Cuminsäure sei die normale Propylgruppe vorhanden, diese verändere sich beim Kochen des Cuminalkohols mit Zinkstaub nicht, sondern gehe erst bei der trocknen Destillation der Cuminsäure mit Kalk infolge der hohen Temperatur in die Isopropylgruppe über.“ Also K. nahm überall eine n-Propylgruppe an, nur nicht im Cumol, das nach seiner Ansicht eine Isopropylgruppe hat.

R. Meyer (A. **220** [1883], 1) berichtet in einer wichtigen Abhandlung über die „Untersuchungen über Hydroxylierung durch direkte Oxydation“. M. erhält die für die Identifizierung des Cymols wichtige Oxycuminsäure.

Widman (B. **19** [1886], 251) berichtet über die Propylgruppe in den Cumin- und Cymolreihen und führt die Fälle an, in denen nach seiner Meinung sich Isopropyl zu n-Propyl und n-Propyl sich zu Isopropyl umlagert (vgl. Originalarbeit). Vgl. ferner Widman (B. **19**, 2781) „Bemerkung zu einer Abhandlung von M. Fileti“ „Über die Umlagerung von Cuminderivaten in Cymolderivate und v. v.“

Fassen wir die in dem Zeitabschnitt von 1872—1887 mitgeteilten Arbeiten zusammen, so sehen wir, daß Beilstein und Kupffer ebenso Guareschi annahmen, daß die in der Natur vorkommenden Cymole und das Kampfercymol usw. identisch sind. Auch Fittig schließt sich vom Jahre 1874 ab dieser Ansicht an, sowie daß im Cymol eine n-Propylgruppe enthalten sei. — Die Reduktion des Cymols zu Terpenen hatte sich als nicht richtig herausgestellt, so nahe dieser Gedanke auch lag, da man von den Terpenen aus durch Oxydation zum Cymol kam. — Auch Jacobsen will nachgewiesen haben, daß im Cymol eine n-Propylgruppe vorhanden ist, ja er hatte sogar p-Isopropyltoluol dargestellt und dieses als verschieden vom Cymol erklärt; schließlich konnte Meyer, alle diese Arbeiten als richtig annehmend, im Jahre 1883 schreiben: „Die Auffassung des Cymols als Isopropyltoluol aber ist jetzt als endgültig beseitigt zu betrachten". — Um aus diesem Wirrwarr herauszukommen, da man aus dem Cumol, das aus der Cuminsäure, also auch aus dem Cuminaldehyd dargestellt worden war und also zweifellos eine Isopropylgruppe enthielt, zu einem p-Methyl-cumol kam, das nicht identisch mit dem durch Reduktion aus dem Cuminalkohol mit Zinkstaub erhaltenen Cymol war, mußte man eine Umlagerung der n-Propyl- in die Isopropylgruppe und v. v. annehmen. Widman stellte 1886 diese Möglichkeiten der Umlagerungen zusammen, nach denen man Schlüsse ziehen könne auf den Einfluß einer Methyl- bzw. Carboxylgruppe auf die Umlagerung.

So war man denn am Ende dieser Periode fest davon überzeugt, daß das in der Natur vorkommende Cymol identisch mit dem aus Kampfer usw. künstlich gewonnenen sei, daß aber alle diese Cymole anderseits identisch seien mit dem synthetisch gewonnenen p-n-Propyltoluol; die n-Propylgruppe lagere sich leicht in die Isopropylgruppe um und umgekehrt. Ja man hatte bereits Regeln aufgestellt für diese Umlagerungen. — Die Irrtümer in der Auffassung der Natur der Propylgruppe in den Cymolen war hauptsächlich durch mangelhafte Beobachtungen über die cymolsulfonsauren Salze (vgl. die Arbeiten von Jacobsen) hervorgerufen worden, Irrtümer, die erst in der nächsten Periode aufgeklärt werden sollten.

In dieser abgehandelten Periode 1872—1887 war das Cymol wiederum in mehreren ätherischen Ölen neu aufgefunden und künstlich dargestellt worden. Wright (Soc. II, **11**, 549; J. **1873**, 369, 864) glaubte im Muskatnußöl die Anwesenheit von Cymol annehmen zu müssen. Homeyer (Ar. III, **5**, 385; J. **1874**, 918) konstatierte Cymol im Eucalyptusöl. Tilden (Soc. **1878**, I, 80; J. **1878**, 390) fand ein Cymol im russischen Terpentinöl; Orlowsky (B. **6**, 1258) fand, daß altes Terpentinöl kleine Mengen Cymol enthält. Riban (C. r. **76**, 15, 47; **77**, 483; Bl. II, **21**, 4; vgl. auch Wright, Soc. II, **11**, 700; J. **1874**, 395; Chem. N. **29**, 41) hatte gefunden, daß man durch Behandlung von Terpentinöl mit konz. H_2SO_4 ein Produkt erhalte, das Cymol aufweise (vgl. auch Richter, B. **6**, 1257), womit ein neuer Übergang des Pinens in Cymol konstatiert war. Bruère (J. **1880**, 444) erhitzte Terpentinöl mit Diäthylsulfat auf 120° und gewann dabei Cymol. Es sei daran erinnert, daß man das Pinen durch Bromierung ebenso wie das Limonen in Cymol überzuführen gelernt hatte (vgl. Pinen und Limonen). Das Menthen $C_{10}H_{18}$ (vgl. dieses) führten Beckett und Wright (J. **1876**, 397) in Cymol über, indem sie diesen Kohlenwasserstoff bromierten usw. Späterhin führte Genvresse (C. r. **134** [1902], 360) ebenfalls Pinen durch kristallisierte Arsensäure in ein Rohprodukt über, das unter anderem Cymol enthält. Ferner fanden Muir und Sugiura (Soc. **1878**, I, 292; Chem. N. **37**, 211; J. **1878**, 980), daß das ätherische Öl von *Salvia officinalis*

Cymol enthalte. Im Quendelöl (*Thymus Serpyllum*) fand FEBVE (C. r. **92** [1881], 1290; J. **1881**, 1028) Cymol. In der Harzessenz konstatierte KELBE (B. **19**, 1969) ein Cymol. Auf künstlichem Wege erhielten FAUST und HOMEYER (B. **7**, 1428) aus dem Wurmsamenöl Cymol; wahrscheinlich geht der Übergang von Cineol in Cymol unter intermediärer Bildung eines Terpens vor sich, welches seinerseits alsdann zu Cymol oxydiert wird. BEILSTEIN und WIEGAND (B. **15**, 1741) konnten im Angelicawurzelöl (*Angelica Archangelica*) Cymol nachweisen; ebenso JAHNS (B. **15**, 816) im Bohnenkrautöl (*Satureja hortensis*), im Triester Origanumöl (*Origanum hirtum* Lk.; Ar. **215** [1879], 1), sowie im Smyrnaer Origanumöl (*Origanum smyrnaeum*; GILDEMEISTER, Ar. **223** [1895], 182).

Erst in der folgenden Periode 1887 bis zur Gegenwart sollte das Verhältnis des in der Natur vorkommenden Cymols zu den künstlich dargestellten Produkten aus Bestandteilen ätherischer Öle, wie z. B. aus dem Kampfer, Pinen, Limonen usw., sowie zu den durch Synthese gewonnenen Cymolen, zu dem p-Methyl-n-propyl- und p-Methylisopropyl-benzol, endgültig klargestellt werden. WIDMAN (B. **24**, 439, 1362) zeigte im Jahre 1891, daß der Irrtum hauptsächlich hervorgerufen worden sei dadurch, daß das Baryumsalz der α-Isopropylsulfonsäure 3 Mol. Kristallwasser enthalte, während das aus dem n-Propylcymol nur mit 1 Mol H_2O kristallisierte. Durch die nicht richtigen Angaben in diesem Punkte seien die Irrtümer hervorgerufen. Des besseren Verständnisses wegen sei folgende Tabelle WIDMANS beigefügt:

	p-Methylpropyl-benzol	p-Methylisopropyl-benzol	Cymol
	Wahre Eigenschaften		
Siedepunkt	183—184°	—	175—176°
Spez. Gewicht	0,8682 (15°)	—	0,8602 (15°)
Geruch	Angenehm	Etwas herb	Etwas herb
Beh. mit HNO_3 (1,40)	Gibt nicht Tolylmethylketon	—	Gibt Tolylmethylketon
Ba-α-sulfonat	$\bar{A}_2Ba + 5H_2O$. Blätter. Verliert kein H_2O bei 100°	$\bar{A}_2Ba + 3H_2O$. Blätter. Verliert alles Wasser bei 100°	$\bar{A}_2Ba + 3H_2O$. Blätter. Verliert alles Wasser bei 100°
Na-α-sulfonat	$4\bar{A}Na + 5H_2O$. Tafeln	—	$\bar{A}Na + 5H_2O$ (SIEVEKING). $\bar{A}Na + 3H_2O$ (PATERNÒ)
α-Sulfamid	Große Tafeln. Smp. 102—103°	Blätter. Smp. 115–116°	Blätter. Smp. 115–116°
Ba-β-sulfonat	$\bar{A}_2Ba + 4H_2O$. Kurze Nadeln	—	—
β-Sulfamid	Schuppen. Smp. 112 bis 113°	—	Schuppen 148° (REMSEN und DAY)

Es sei hinzugefügt, daß von JACOBSEN das Baryum-α-sulfonat mit 3 Mol. H_2O kristallisiert angegeben wurde, der Schmelzpunkt des α-Sulfonamids aus p-Methyl-n-propylbenzol zu 111—112°. Vgl. auch TÖHL (B. **24**, 1649), welcher die Untersuchungen WIDMANS bestätigte. Durch diese Resultate erfuhren die wichtigen Beobachtungen R. MEYERS über die Oxydation des Cymols mit alkalischer Kaliumpermanganatlösung vollkommene Bestätigung und die scheinbare Ausnahme über die Oxydation tertiärer Wasserstoffatome beseitigt. Gerade diese Oxydation, welche zur Oxycuminsäure führt, ist für die Erkennung des p-Cymols von der größten Bedeutung.

Vom Jahre 1891 ab ist nun nachgewiesen, daß in dem in der Natur vorkommenden Cymol ein p-Methyl-isopropylbenzol vorliegt, welches identisch ist einmal mit dem aus den verschiedensten Bestandteilen ätherischer Öle gewonnenen Cymol, sodann aber auch mit dem synthetisch dargestellten p-Methyl-isopropylbenzol (dem „Isocymol"), daß es dagegen verschieden ist vom p-Methyl-n-propylbenzol. Die Konstitutionsaufklärung des Cymols ist für die ätherischen Öle von der größten Wichtigkeit, eine Tatsache, welche diese ausführliche Wiedergabe der Geschichte des Cymols bedingt hat. Nachdem die Konstitution des Cymols als Isopropylverbindung im Jahre 1891 festgestellt worden war, ging man mit mehr Aussicht auf Erfolg auch an die Konstitutionsaufklärung namentlich der hydriert-cyklischen Terpene und Kampferarten — letztere im weitesten Sinne des Wortes gefaßt; von ihnen waren bis zu diesem Zeitpunkt nur einige olefinische Verbindungen $C_{10}H_{18}O$, $C_{10}H_{16}O$ usw. mit mehr oder weniger Sicherheit in ihrer Konstitution aufgeklärt worden (vgl. Geraniol, Citral usw.). Bereits im Jahre 1892 erfolgte die Aufklärung des Pulegons und damit der Menthonreihe, 1893 die Aufstellung der neuen Kampferformel, 1894 die Aufstellung der Formel für Terpineol, Limonen, Carvon und Tanaceton, von denen aber nur die ersten drei als richtig im Jahre 1895 bewiesen wurden. In allen Terpenen und Kampferarten (Terpenalkoholen, Ketonen, Aldehyden aliphatischer und hydriert-cyklischer Natur) kommt eine Isopropylgruppe vor oder aber es ist das tertiäre C-Atom der Isopropylgruppe an der Ringbildung beteiligt bzw. haben wir es mit der Isopropenylgruppe zu tun. Aus allem diesem erkennen wir, daß das Benzolderivat Cymol in engem Zusammenhange steht sowohl mit den aliphatischen, als auch mit den hydriert-cyklischen Bestandteilen ätherischer Öle. Wir können eine große Anzahl von letzteren mehr oder weniger glatt in Cymol überführen.

Aus diesem Übergang der Terpene und Kampferarten in Cymol hat man vielfach Beweise für die Konstitution der vorliegenden Verbindungen herleiten wollen; man hat vielfach geschlossen, daß der Übergang in Cymol erfordere, daß der betreffende vorliegende Bestandteil eine Konstitution aufweisen müsse, die diesem Übergange in bequemer Weise Rechnung trage. So wichtig nun die Feststellung der Isopropylgruppe im Cymol war, so verkehrt war der Schluß, daß eine derartige Gruppe in dem betreffenden Bestandteil fertig gebildet vorhanden sein muß; ebenso falsch war auch jener Schluß, daß in den Terpenen und Kampferarten ein hydriertes Cymol vorliegen müsse, da der Übergang in dieses Molekül von genannten Verbindungen aus leicht zu bewerkstelligen sei. Kurzum, der Schluß auf die Konstitution der Terpene usw. als hydriert-cykliche Verbindungen, hergeleitet aus dem durch chemische Reaktionen bewirkten Übergang in Cymol, war und ist zu verwerfen, da, wie SEMMLER nachwies, auch aliphatische Verbindungen, so das Citral, mit der größten Leichtigkeit in Cymol übergehen, ebenso auch olefinische Terpene, wie z. B. Myrcen. Aus diesem Grunde besonders war die Möglichkeit, die man hatte, durch Bestimmung der Molekularrefraktion die aliphatische oder hydriert-cyklische Natur der Terpene und Kampferarten auf einwandfreie Weise zu erkennen, in den achtziger Jahren mit besonderer Genugtuung zu begrüßen; man stand nunmehr auf sicherer Basis, auf der man weiter arbeiten konnte.

Nachdem die Konstitution des Cymols 1891 festgelegt worden war, ist es gelungen, diesen Kohlenwasserstoff auch weiterhin noch in einer ganzen Anzahl von ätherischen Ölen festzustellen; besonders ließ sich, wie wir später sehen werden, zur Identifizierung die Oxycuminsäure verwenden. Das Vorkommen des Cymols in den ätherischen Ölen, die Stammpflanzen nach dem natürlichen System geordnet, ist folgendes:

Pinaceae.

TILDEN (Soc. **33**, 80) teilt mit, im polnischen oder russischen Kienöl Cymol nachgewiesen zu haben; man muß hierbei jedoch berücksichtigen, daß das Cymol auch aus anderen Verbindungen, so z. B. aus Terpenen, durch Einwirkung dieser Reagentien entstanden sein kann. — Es sei an dieser Stelle betont, daß von allen Terpenen am leichtesten das Terpinen in Cymol übergeht, indem zwei Wasserstoffatome aboxydiert werden; da die Terpene durch konz. Säuren usw. leicht in Terpinen übergehen, so ist die Cymolbildung bei Anwendung genannter Reagentien leicht zu erklären. — Das bei der Darstellung von Sulfitcellulose aus dem Holze von *Pinus Abies* L. als Nebenprodukt gewonnene ätherische Öl besteht fast nur aus Cymol (KLASON, B. **33**, 2343).

Im Cypressenöl (*Cupressus sempervirens* L.) wurde (SCH. **1904**, I, 33) in geringer Menge Cymol aufgefunden; eine Fraktion vom Sdp. 174—180° wurde verwendet. Nach Zerstörung der in ihm enthaltenen Terpene heißt es: „Oxydation mit 5 %iger Permanganatlösung führte zur p-Oxy-isopropylbenzoesäure vom Smp. 155—156°. Kochen mit konz. Salzsäure bewirkte ihre Umwandlung zur Propenylbenzoesäure vom Smp. 160—161°." — Auch in dem Öl, das aus den Blättern von *Cupressus Lambertiana* (SCH. **1905**, I, 84) zu 0,1 % gewonnen war, ist möglicherweise Cymol vorhanden; der Geruch des Öles deutete ferner auf Anwesenheit von Citronellal oder einem Fettaldehyd hin, auch wurden mit Bisulfit aldehydische Bestandteile ausgeschüttelt. Das Rohöl zeigte: $d_{15} = 0{,}8656$, $\alpha_D = +31° 53'$, S. Z. = 1,5, E. Z. = 13,9, nach Acetylierung 50,82.

Rutaceae.

Im Citronenöl ist nach BOUCHARDAT u. LAFONT (Journ. de Pharm. V, **27** [1893], 49) ebenfalls ev. Cymol enthalten.

Lauraceae.

Das ätherische Öl von *Cinnamomum zeylanicum*, das Ceylon-Zimtöl, enthält hauptsächlich Zimtaldehyd, außerdem Eugenol und Phellandren. Es wurden (SCH. **1902**, I, 65) ferner darin nachgewiesen Methyl-n-Amylketon, Furfurol, Pinen, Benzaldehyd, Nonylaldehyd, Hydrozimtaldehyd, Cuminaldehyd, Linalool, Linalylisobutyrat, Eugenol, Caryophyllen und Cymol. Natürlich kommen alle diese Bestandteile nur in geringer Menge im Ceylon-Zimtöl vor. Zum Nachweis des Cymols wurde eine Fraktion $Sdp._{4-5} = 48^0$ verwendet, die beigemengten Terpene wurden durch Permanganat zerstört, der übrigbleibende Rest, über Na destilliert, siedete nunmehr bei 175—177^0 und lieferte durch Oxydation p-Oxyisopropylbenzoesäure vom Smp. 154—156^0; durch Wasserabspaltung konnte aus dieser die in Wasser schwerl. Propenylbenzoesäure vom Smp. 161—162^0 erhalten werden.

Euphorbiaceae.

Im Caskarillöl (*Croton Eluteria* Bennett) wurde von THOMS (Apoth. **14** [1899], 562) und FENDLER (Ar. **238** [1900], 671) in der von 170—173^0 siedenden Fraktion Cymol nachgewiesen.

Myrtaceae.

Im ätherischen Öl von *Eucalyptus haemastoma*, $d = 0{,}890$, Sdp. 170—250^0, sind Cineol, Terpene, Cymol, Cuminaldehyd und Menthon enthalten. SCH. u. Co. (SCH. **1888**, I, 20) geben an: „es enthält Terpen und Cymol, welches mit Bestimmtheit erkannt wurde." — In einem südafrikanischen Cajeputöl (SCH. **1904**, I, 100) konnte ebenfalls die Gegenwart von Cymol wahrscheinlich gemacht werden.

Umbelliferae.

Über das Vorkommen des Cymols im Römisch-Kümmelöl (*Cuminum Cyminum* L.) vgl. oben.

Auch der Gehalt des ätherischen Öles der Früchte des Wasserschierlings (*Cicuta virosa* L.) wurde bereits erwähnt. Besonders TRAPP (J. pr. **78** [1858], 428; vgl. auch Ar. **231** [1893], 212) wies in dem Öl Cuminol und Cymol nach. — Das Öl der Früchte (A. **31** [1839], 258 und VAN ANKUM, J. pr. **105** [1868], 151) scheint weder Cymol noch Cuminol zu enthalten, sondern wahrscheinlich Terpene.

Auch über das Vorkommen des Cymols im Ajowanöl (*Carum Ajowan* Benth. et Hook.) ist oben berichtet worden; das Öl enthält Thymol und „Thymen", das aus Cymol und Terpenen besteht (HAINES, J. **1856**, 622 und STENHOUSE, A. **93**, 269; **98**, 309).

Das Angelicawurzelöl (*Angelica Archangelica* L.) enthält nach Beilstein und Wiegand (B. **15** [1882], 1741) ebenfalls Cymol.

In einem Fenchelöl (*Foeniculum vulgare* Gaertn.) soll nach Tardy (Bl. III, **17** [1897], 660) auch Cymol enthalten sein (vgl. dagegen G. u. H., S. 740 und Sch. **1902**, II, 38).

Labiatae.

Aus dem Kraut der „horse mint" (*Monarda punctata* L.) wird ein ätherisches Öl zu 3 % gewonnen, das Thymol enthält. Schumann und Kremers (Pharm. Rev. **14** [1896], 123) wiesen darin 61 % Thymol nach, während die Hauptmenge der Nichtphenole aus Cymol, außerdem ev. Linalool, Carvacrol und Spuren von d-Limonen bestand (vgl. auch Hendricks und Kremers, Pharm. Archives **2** [1899], 73). — Auch das ätherische Öl von „wild bergamot" (*Monarda fistulosa* L.) enthält ca. 52—58 % Phenole, vornehmlich Carvacrol, ferner wurde in ihm Cymol nachgewiesen (Kremers, Pharm. Rundsch. N. Y. **13** [1895], 207 und Melzner u. Kremers, Pharm. Rev. **14** [1896], 198). — Auch im ätherischen Öl von *Monarda citriodora*, zu 1 % aus dem getrockneten Kraut erhalten, glaubt Brandel (Pharm. Rev. **22**, 153; C. **1904**, II, 774) Cymol nachgewiesen zu haben, während 65 % des Öles aus Phenolen, darunter Carvacrol und Hydrothymochinon bestanden, ferner 1,2 % aus Citral; das Rohöl war rötlich und zeigte $d_{20} = 0{,}9437$.

Das ätherische Öl von *Satureja Thymbra* (Sch. **1889**, II, 55) zeigte $d_{15} = 0{,}906$, hatte einen Thymolgehalt von 19 % und enthielt ferner Pinen, geringe Mengen von Dipenten, Bornylacetat und Cymol. „Die größte Menge des Öles besteht aus dem um 175° siedenden Cymol." — Das Bohnen- oder Pfefferkrautöl (*Satureja hortensis*) wurde besonders von Jahns (B. **15** [1882], 816) untersucht; sein Gehalt an Phenol (Carvacrol) beträgt ca. 38—42 %, während außerdem Kohlenwasserstoffe vorhanden sind, von denen 1/3 aus Cymol, 2/3 aus Terpenen bestehen (vgl. auch Sch. **1897**, II, 65). — Auch das Triester Origanumöl (*Origanum hirtum* Lk.) wurde von Jahns (Ar. **215** [1879], 1) untersucht; J. konstatierte darin Carvacrol (60—85 %); die Nichtphenole wurden über Na destilliert; sie bestanden hauptsächlich aus Cymol. — Das Smyrnaer Origanumöl (*Origanum smyrnaeum* L.) enthält, im Gegensatz zum Triester Öl, einen nicht unbedeutenden Linaloolgehalt (Gildemeister, Ar. **223** [1895], 182). In den um 175° siedenden Anteilen des Öles wurde Cymol nachgewiesen.

Das Thymianöl (*Thymus vulgaris* L.), das als Hauptbestandteil Thymol enthält, weist nach Lallemand (A. **101**, 119; **102**, 119) auch Cymol auf. — Im Quendelöl (*Thymus Serpyllum* L.) wurde von Febve (C. r. **92** [1881], 1290) Cymol festgestellt.

Das ätherische Öl von *Thymus capitatus* Lk. wurde aus dem frischen Kraut (Sch. **1889**, II, 56) dargestellt: $d_{15} = 0{,}901$; sein Thymolgehalt beträgt nur 6 %. Außer Thymol ist in dem Öle in geringer Menge noch ein anderes flüssiges Phenol enthalten. Es wurden ferner nachgewiesen: Pinen, Cymol, Dipenten und Essigsäurebornylester.

Aus der in Japan einheimischen Labiate *Mosula japonica* Maxim. ererhielt SHIMOYAMA (Apoth. Ztg. **7** [1892], 439) 2,13 % ätherisches Öl, das 44 % Thymol und in der zwischen 170° und 180° übergehenden Fraktion wahrscheinlich auch Cymol enthielt.

Aus diesen Angaben folgt, daß das Cymol sowohl in gymnospermen, als auch angiospermen Pflanzen vorkommt; hauptsächlich findet es sich jedoch in der Familie der Umbelliferen, besonders aber in derjenigen der Labiaten. Jedoch ist das Vorkommen des Cymols lange nicht so verbreitet als jenes der Terpene.

Zur Isolierung des Cymols bedient man sich am besten zunächst der fraktionierten Destillation. Handelt es sich um Fraktionen eines ätherischen Öles, so sieden in der Nähe des Cymols die monocyklisch zweifach ungesättigten Terpene, wie Limonen, Terpinen, Phellandren usw. Um letztere zu entfernen, schüttelt man mit verd. $KMnO_4$-Lösung durch, wobei die Terpene zerstört werden, das Cymol aber intakt bleibt. Von sauerstoffhaltigen Bestandteilen wie Alkoholen usw. befreit man das Cymol, indem man es über Na destilliert; vermutet man die Anwesenheit von Cineol, so löst man die Fraktion in Petroläther und fällt Cineol mit HBr aus.

Die Synthese des Cymols wurde bereits verschiedentlich erwähnt, namentlich die Darstellung einmal aus den Kampferarten, so aus dem Laurineenkampfer, dem Sabinol, dem Tanaceton, Carvenon, Dihydrocarvon, Citral usw. durch Wasserentziehung, ferner aus den Terpenen $C_{10}H_{16}$ durch Oxydation, die durch Brom bewirkt werden kann, aber auch durch konz. H_2SO_4, P_2S_5 usw.; bei einzelnen Terpenen, wie z. B. beim Terpinen, geht die Abspaltung der beiden Wasserstoffatome so leicht vor sich, daß sie, wie es scheint, schon durch den Sauerstoff der Luft bewirkt werden kann. Da z. B. das Citral durch Totalsynthese gewonnen werden kann, so ist auch die Synthese des Cymols aus diesem Aldehyd eine Totalsynthese. Die Darstellung des Cymols aus Thymol und Carvacrol geht durch die entsprechenden Chloride hindurch, indem man letztere reduziert. Aus Cuminalkohol und Carvon bildet sich Cymol durch Erhitzen mit Zinkstaub. Die übrigen Synthesen, so aus Toluol und Isopropylbromid oder aus Cumol und Methyljodid, wurden ebenfalls bereits erwähnt.

Physik. Eig. des Cymols. Die physikalischen Eigenschaften des Cymols wurden bereits gestreift. Römisch-Kümmelöl-Cymol (BEILSTEIN und KUPFFER, A. **170**, 286) zeigt: Sdp. 175°, d_0 = 0,8708, $d_{20,2}$ = 0,8572; es löst sich vollständig in rauchender Schwefelsäure.

Kampfercymol: NOAD: Sdp. 171,5°, d_{10} = 0,8576. GERHARDT und CAHOURS, DELALANDE, LALLEMAND: Sdp. 175°, d_{14} = 0,860. KOPP: Sdp.$_{743,7}$ (kor.) = 177,5°, d_0 = 0,8778. WARREN (Z. **1865**, 667): Sdp. 179.5°, d_0 = 0,8772. LOUGUININE (J. **1867**, 48): Sdp. 174—178°, d_0 = 0,8705 bis 0,8768. MENDELEJEFF (J. **1869**, 7): d_{15} = 0,8660. DITTMAR und KEKULÉ. FITTIG, KÖBRICH und JILKE: Sdp. 174—175°.

Für Cymol aus Terpentinöl und Schwefelsäure: Riban (Bl. II, **20**, 104): Sdp. 174—176°. — Für Cymol aus Carvol und Zink (Arndt, B. **1**, 204): Sdp. 176—178°.

Schiff (A. **220** [1883], 94) für Cymol aus Kampfer: $Sdp._{749,5}$ = 175,4—175,5°, $d_{9,8/4}$ = 0,864, $d_{175,4/4}$ = 0,7248.

Paternò und Pisati (J. **1874**, 397): Sdp. 175° (i. D.), d_0 = 0,87226, d_{25} = 0,85246, d_{75} = 0,81219, d_{100} = 0,79126.

Widman (B. **24** [1891], 452): Sdp. 175—176°, d_{15} = 0,8602 (vgl. oben).

Brühl (B. **25** [1892], 172): $Sdp._{752}$ = 175,2—175,9°, $d_{20/4}$ = 0,8551, n_D = 1,48456.

Beckmann und Fuchs (Ph. Ch. **18** [1895], 495): $Sdp._{760}$ = 174,3°.

Wolpian (Pharm. Zt. für Russl. **35** [1896], 115): $Sdp._{763}$ = 173,5—174,5°, d_{20} = 0,8588, n_D = 1,479.

Woringer (Ph. Ch. **34** [1900], 266): $Sdp._{760}$ = 174,98). — Ladenburg und Krügel (B. **32** [1899], 1821): Smp. —75,1°.

Über die kritische Temperatur = 378,6° und den kritischen Druck = 28,6 vgl. Altschul, Ph. Ch. **11**, 590, über die Molekularrefr. = 44,60 Brühl (B. **25**, 171; A. **235**, 19), über die Dielektrizitätskonstante und über das Brechungsvermögen Landolt und Jahn (Ph. Ch. **10**, 302), über die elektromagnetische Drehung 2,0004 Schönrock (Ph. Ch. **11**, 785), über die Kapillaritätskonstante beim Siedepunkt a^2 = 3,839 R. Schiff (A. **223**, 69), über die Verdampfungswärme = 66,3 R. Schiff (A. **234**, 344).

Physiol. Eig. des Cymols. Cymol zeichnet sich durch einen eigentümlichen, an Möhren erinnernden Geruch aus. Physiologische Versuche damit liegen von Nencki und Ziegler (B. **5**, 749), sowie Jacobsen (B. **12**, 1512) vor; die Genannten stellten fest, daß das Cymol innerlich eingegeben im Harn als Cumin- bzw. Cuminursäure erscheint.

Chem. Eig. des Cymols. Es können hier wie auch bei den übrigen Bestandteilen der ätherischen Öle, die zu den Benzolderivaten gehören, nur diejenigen Verbindungen Erwähnung finden, welche für die Identifizierung, Konstitution und Geschichte des betreffenden Moleküls von Wichtigkeit gewesen sind.

Gegen Reduktionsmittel ist das Cymol natürlich sehr beständig.

Halogene substituieren Wasserstoff im Kern oder in der Seitenkette je nach der Temperatur. Über ein Chlorcymol $C_{10}H_{12}Cl_2$ berichtet bereits Sieveking (A. **106**, 261). — Das 2-Chlorcymol $CH_3 \cdot C_6H_3Cl \cdot C_3H_7$ wird aus Carvacrol und PCl_5 dargestellt (Fleischer u. Kekulé, B. **6**, 1090): $Sdp._{216}$ = 218°, d_{14} = 1,014 (vgl. auch von Gerichten, B. **10**, 1249 u. Fileti und Crosa, G. **18**, 299). — Das 3-Chlorcymol $CH_3 \cdot C_6H_3Cl \cdot C_3H_7$ wurde aus Thymol und PCl_5 dargestellt (von Gerichten, B. **11**, 364): $Sdp._{735,6}$ = 213—214°. — Cumylchlorid $C_3H_7 \cdot C_6H_4 \cdot CH_2Cl$ entsteht beim Einleiten von Chlor in siedendes Cymol (Errera, G. **14**, 277): Sdp. 225—229°. — Das Tolyl-propylchlorid $CH_3 \cdot C_6H_4 \cdot CH(CH_3) \cdot CH_2Cl$ (Errera, G. **21**, 86; Paternò und Spica, J. **1879**, 369) erhält man aus dem entsprechenden Alkohol und konz. HCl bei 130°; Sdp. 228° unter Zersetzung. — Das

Cumylidenchlorid $CHCl_2 \cdot C_6H_4 \cdot C_3H_7$ (CAHOURS, A. **70**, 44) bildet sich aus Cuminol und PCl_5; Sdp. 255—260°.

Das 2-Bromcymol $CH_3 \cdot C_6H_3Br \cdot C_3H_7$ entsteht aus Cymol durch Einwirkung von Br in Gegenwart von Jod (FITTICA, A. **172**, 310): Sdp. 233—235°, $d_{17,5} = 1,26$. — Das 3-Bromcymol (FILETI und CROSA, G. **16**, 292): Sdp. 232—233°. — Das 2,5-Dibromcymol $CH_3 \cdot C_6H_2 \cdot Br_2 \cdot C_6H_7$ entsteht beim Bromieren von Cymol (CLAUS und WIMMEL, B. **13**, 903): Sdp. 272°, $d_{14} = 1,596$.

Oxydation des Cymols. Die ältesten Arbeiten über die Oxydation des Cymols sind die von GERHARDT und CAHOURS (A. **38**, 101; vgl. auch DELALANDE, A. **38**, 342); die Genannten erhalten bei der Oxydation mit HNO_3 eine feste Säure, die in Nadeln sublimiert. — PERSOZ (A. **44** [1842], 311) erhält bei der Oxydation des Cymols mit Chromsäure zwei Säuren, die er „Cyminsäure" (Smp. 115°) und „Cuminocyminsäure" nennt.

p-Toluylsäure $C_6H_4(CH_3)COOH$. NOAD (A. **63**, 289) oxydiert Cymol mit verd. Salpetersäure; die dabei entstehende Säure ist die Toluylsäure. — FITTIG erhält ebenfalls diese Säure (A. **145**, 146) und gibt für sie den Smp. 177° an; vgl. BRÜCKNER (A. **205** [1880], 113). — FISCHLY (B. **12**, 615) beobachtet für die gleiche Säure den Smp. 180° und den Sdp. 274 bis 275° (kor.). — Über Mol.-Verbrennungswärme = 927,4 Kal. vgl. STOHMANN, KLEBER u. LANGBEIN (J. pr. II, **40**, 134); über elektr. Leitfähigkeit siehe OSTWALD (Ph. Ch. **3**, 270). Sie verflüchtigt sich mit Wasserdämpfen und liefert bei der Oxydation mit Chromsäure Terephtalsäure (BEILSTEIN und ISSEL, A. **137**, 302).

Terephtalsäure $C_6H_4(COOH)_2$ erhalten aus dem Cymol FITTIG usw. (A. **145**, 144; Z. **1865**, 289); vgl. auch BRÜCKNER (A. **205**, 113). — Über das Zwischenprodukt p-Tolylmethylketon $C_6H_4(CH_3) \cdot COCH_3$ vgl. WIDMAN (B. **19**, 587).

Cuminsäure $C_6H_4(C_3H_7) \cdot COOH$ bildet sich aus Cymol, wenn dieses innerlich eingenommen wird und erscheint als solche im Harn (NENCKI und ZIEGLER, B. **5**, 749). — Auch PERSOZ (vgl. oben, A. **44**, 312) hatte diese Säure in Händen. — JACOBSEN (B. **12**, 1512) erhielt gleichfalls auf diese Weise die Cuminsäure, indem er zunächst die Cuminursäure abscheiden konnte, welche beim Erhitzen im Einschmelzrohr mit konz. Salzsäure Cuminsäure vom Smp. 116,5° lieferte; mit H_2O-Dämpfen flüchtig. Elektr. Leitfähigkeit siehe bei OSTWALD (Ph. Ch. **3**, 271), Mol.-Verbr. = 1239,3 Kal. (BERTHELOT u. LOUGUININE, A. ch. VI, **13**, 333).

p-Oxyisopropylbenzoësäure $(CH_3)_2C(OH) \cdot C_6H_4 \cdot CO_2H$ wurde zuerst von R. MEYER (A. **219**, 248) bei der Oxydation von Cuminsäure mit alkal. $KMnO_4$-Lösung gewonnen, ferner aus Cymol (WIDMAN und BLADIN, B. **19**, 583): Smp. 155—156°, trikline Prismen. Sie geht beim Kochen mit verd. Salzsäure oder mit Acetylchlorid oder Essigsäureanhydrid in Propenylbenzoesäure $CH_2 : C(CH_3) \cdot C_6H_4 \cdot CO_2H$ vom Smp. 160° bis 161° über.

Cymolsulfonsäuren $CH_3 \cdot C_6H_3 \cdot (SO_3H) \cdot CH(CH_3)_2$. Die α-2-Sulfonsäure $C_{10}H_{13}SO_3H + 2H_2O$ entsteht neben der β-3-Sulfonsäure, wenn man p-Cymol in gewöhnlicher Schwefelsäure gelöst auf 90—100° erhitzte: Smp. 78—79°; ihr Amid $C_{10}H_{13}SO_2 \cdot NH_2$ schmilzt bei 115,5° (Kelbe, B. **19**, 1969; vgl. Gerhardt und Cahours, A. **38**, 104; Delalande, A. **38**, 343; Sieveking, A. **106**, 260; Fittig, A. **145**, 144; Beilstein und Kupffer, A. **170**, 287; Fittica, A. **172**, 318; Jacobsen, B. **11**, 1059; Widman, B. **24**, 452). — Die β-3-Sulfonsäure schmilzt bei 130—131°. Das Baryumsalz der α-Sulfonsäure kristallisiert mit 3 Mol. Wasser, während das Ba-Salz der α-Sulfonsäure des p-Methyl-n-propylbenzols mit 1 Mol. H_2O kristallisiert und das zugehörige Amid bei 101 bis 102° schmilzt. Das Ba-Salz der β-3-Sulfonsäure des p-Methyl-n-propylbenzols kristallisiert mit $4H_2O$ und das zugehörige Amid schmilzt bei 112—113°.

Identifizierung des Cymols. Um das p-Cymol zu identifizieren, isoliert man es zunächst am besten, wie oben erwähnt, durch fraktionierte Destillation. Am charakteristischsten für Cymol ist die p-Oxyisopropylbenzoesäure vom Smp. 155—156° (R. Meyer, A. **219**, 248). Für die Darstellung dieser Säure gibt Wallach (A. **264** [1891], 10) folgende Vorschrift: Je 2 g des möglichst gereinigten Kohlenwasserstoffes werden mit einer Lösung von 12 g $KMnO_4$ in 330 g Wasser auf dem Wasserbade am Rückflußkühler unter häufigem Umschütteln erwärmt; das Filtrat von den Manganoxyden wird eingedampft und der Rückstand mit Alkohol ausgekocht. Das in Alkohol gehende Kaliumsalz wird in wäßriger Lösung mit verd. Schwefelsäure zerlegt und die sich ausscheidende Säure aus Alkohol umkristallisiert. Die Oxyisopropylbenzoësäure vom Smp. 156—157° geht durch Wasserabspaltung in die p-Isopropenylbenzoësäure über. — Ferner ist für das p-Cymol die durch Behandlung des Kohlenwasserstoffs mit konz. H_2SO_4 entstehende α-Sulfonsäure charakteristisch; ihr Baryumsalz kristallisiert mit 3 Mol. H_2O, die bei 100° völlig fortgehen. Das Sulfonamid, gewonnen aus dem Chlorid der Säure, schmilzt bei 115—116°. Jedoch ist, wenn man aus dem betreffenden Kohlenwasserstoff und H_2SO_4 die genannte Sulfonsäure erhält, nicht immer auf Cymol zu schließen, da, wie oben erwähnt, auch Terpene durch Behandlung mit Schwefelsäure, indem sie zu Cymol oxydiert werden, in diese Sulfonsäure übergehen. — Ferner besitzt das Cymol (Hartley und Huntington, Chem. N. **40** [1879], 269; **41** [1880], 292) ein so charakteristisches Absorptionsspektrum, daß man hierdurch diesen Kohlenwasserstoff noch in einer Verdünnung mit 5000 Vol. Alkohol bei 15 mm Schichtenstärke soll nachweisen können.

Die **Konstitution des Cymols** ergibt sich einmal aus dem analytischen Abbau, sowie aus dem synthetischen Aufbau. Durch Oxydation erhält man aus dem Cymol p-Toluyl- bzw. Cumin- und Terephtalsäure. Hiernach kann das Cymol nur ein p-substituiertes Methyl-propyl-benzol sein. Die Oxydation mit alkalischer $KMnO_4$-Lösung zur Oxycuminsäure nach R. Meyer spricht von Hause aus dafür, daß im Cymol ein tertiäres

H-Atom, also eine Isopropylgruppe vorhanden ist, ebenso spricht dafür die durch Wasserabspaltung entstehende p-Isopropenylbenzoësäure. — Das durch Synthese erhaltene p-Methyl-n-propylbenzol gibt nicht dieselben Derivate wie das natürlich vorkommende Cymol, sondern letzteres stimmt in seinen Derivaten überein mit dem durch Synthese erhaltenen p-Methylisopropylbenzol.

Geschichtlich ist noch hinzuzufügen, daß, obwohl man das Cymol sowohl aus ätherischen Ölen frühzeitig darstellen, ebenso auf präparativem Wege gewinnen konnte, es doch erst endgültig 1891 gelang, die Konstitution dieses Kohlenwasserstoffs vollständig aufzuklären. — Eine Anwendung in größerem Maßstabe hat das Cymol bisher nicht erfahren.

m-Cymol

$C_{10}H_{14}$ =

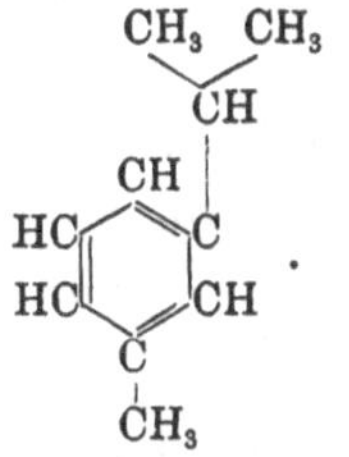

Obwohl das m-Cymol als Bestandteil ätherischer Öle bisher nicht nachgewiesen worden ist, so dürfte es sich doch ev. in ihnen finden, da wiederholt durch Oxydation mit $KMnO_4$ auch die Isophtalsäure erhalten wurde. So konnten Tiemann und Semmler durch Oxydation von Rohpinen mit $KMnO_4$ die Bildung von Isophtalsäure beobachten (B. **28**, 1349). Obwohl das m-Cymol bedeutend höher siedet als Pinen, so ist es doch nicht ausgeschlossen, daß es zum Teil mit Pinendämpfen übergeht, wenn auch anderseits nicht von der Hand zu weisen ist, daß die Isophtalsäure von anderen Kohlenwasserstoffen herrühren kann. Neue Untersuchungen müssen diese Frage entscheiden. — Auch ist das m-Cymol durch Wasserabspaltung aus kampferartigen Verbindungen, so aus dem Fenchon, durch Wallach zuerst erhalten worden. Zum Nachweis des m-Cymols kann man die m-Oxyisopropylbenzoësäure benutzen (Wallach, A. **275**, 157): Smp. 123—124°. Durch Oxydation mit Salpetersäure liefert das m-Cymol m-Toluylsäure vom Smp. 110—111°. Über das m-Cymol vgl. auch Kelbe (A. **210**, 10). — Auch aus Kampfer soll durch Wasserentziehung neben p-Cymol m-Cymol entstehen (B. **16**, 2255).

327. Styrol

C_8H_8 = 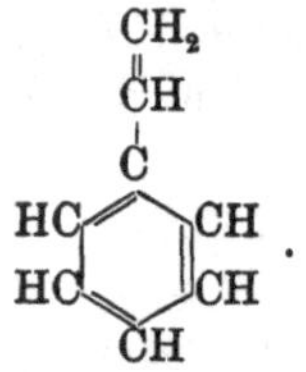

Vorkommen, Isolierung und Synthese. Die Familie der Hamamelidaceen enthält das Genus *Liquidambar,* welches sowohl in der alten, als auch in der neuen Welt Spezies aufweist, die in dem Rindengewebe der jährlich abgeschälten Bäume ein balsamartiges Produkt ausscheiden, das durch Auskochen bzw. Auspressen der Rinde gewonnen wird. Der so erhaltene Balsam selbst wird Storax genannt („Styrax liquidus" des Handels). Am längsten ist der Storax des in Kleinasien vorkommenden *Liquidambar orientale* Miller bekannt. Der Storax enthält ätherisches Öl.

Bouillon-Lagrange (A. Th. Ch. I, Serie XXVI) beschäftigt sich mit dem Storax und hält dessen kristallisierbare Säure für Benzoësäure.

Bonastre (Magazin für Pharm., Bd. **36**, S. 90; Journ. de Pharm. **13** [1827], 149; **18**, 344) bringt Mitteilungen über einen aus Amerika erhaltenen Storax. Letzterer dürfte von *Liquidambar styracifluum* L. gestammt haben, einem Baum, der in Nord- und Centralamerika vorkommt. B. nannte den im Storax enthaltenen, indifferenten, festen Körper „Styracin" und erhielt letzteren sowohl aus dem Balsam aus *L. orientale*, als auch aus dem von *L. styracifluum.*

Simon (A. **31**, 265) untersuchte den flüssigen Storax und destillierte ihn mit Wasserdampf, wobei ein ätherisches Öl überging. Von der festen Säure, die im Storax vorkommt, zeigte S., daß es Zimtsäure ist. S. berichtet alsdann über eine Analyse des mit Wasserdämpfen flüchtigen Öles (welches jedoch kein Styrol gewesen sein dürfte, da es bei 0° fest wird), die bereits von Henry und Plisson (Journ. de Pharm. **18**, 344) ausgeführt wurde und die auf einen Kohlenwasserstoff hindeutet. S. nennt diesen Kohlenwasserstoff, für den er 92,46 % C und 7,54 % H findet, während H. und Pl. 89,25 % C und 10,24 % H erhalten hatten, „Styrol". S. stellt ein Nitrostyrol usw. dar. Auch destilliert S. (a. a. O., S. 271) bereits Zimtsäure mit Kalk, wobei er ein leichtes ätherisches Öl erhält, „welches allerdings in seiner Gewinnung und in vielen Eigenschaften z. B. in seiner Unlöslichkeit in Wasser, dem Benzin ähnlich ist und welches diesem analog Cinnamomin heißen dürfte. Es hat auch dieselbe Zusammensetzung wie das Benzin, ist aber ein von demselben jedenfalls verschiedener Körper". Auch über das Styracin Bonastres macht S. einige Mitteilungen und zeigt, daß es mit Kalk destilliert ein ähnliches ätherisches Öl liefert wie die Zimtsäure, daß es dagegen mit Natronlauge behandelt einen anderen Körper liefert, den er „Styraçon" (Alkohol) nennt.

Auch Mulder (J. pr. **15**, 307) erhält beim Durchleiten von Zimt- oder Cassiaöl durch ein rotglühendes Rohr einen Kohlenwasserstoff.

Gerhardt und Cahours (A. **38**, 96) unterwerfen ebenfalls die Zimtsäure der Destillation, und zwar mit Baryt, und gewinnen einen Kohlenwasserstoff, welchen sie „Cinnamen" nennen, der identisch sein soll mit dem „Cinnamomin" Simons. G. und C. stellen für ihn die Bruttoformel C_8H_8 fest, ferner den Sdp. 140° und geben an, daß er bei der Oxydation wahrscheinlich Benzoësäure liefere; auch gewinnen G. und C. ein Bromcinnamen $C_8H_8Br_2$, farblose Nadeln.

Aus dem Jahre 1844 stammt alsdann eine Arbeit von Glénard und Boudault über die Destillationsprodukte des Drachenblutes (Journ. de Pharm. et Chim. III, **6**, 257 und I, S. 274; A. **48**, 343), unter denen sie das „Drakonyl" erhalten, von dem später Blyth und Hofmann (s. unten) nachweisen, daß es Metastyrol ist.

Herzog (Ar. **2**, Bd. 20, S. 167) destilliert ebenfalls Zimtsäure über Ätzkalk und gewinnt dabei ein Produkt vom Sdp. 89° und spez. Gew. 0,88. Mitscherlich dagegen (Monatsber. der Berl. Acad. und Lehrbuch IV. Aufl., Bd. I, S. 179) findet, daß auf diese Weise kein Produkt von einheitlichem Siedepunkt erhalten werden kann und vermutet, daß die niedrig siedenden Anteile Benzol enthalten.

Eine sehr ausführliche Arbeit erscheint alsdann im Jahre 1845 von Blyth und Hofmann (A. **53**, 289) „über das Styrol und einige seiner Zersetzungsprodukte". B. und H. zeigen, daß das Styrol bei ca. 145,75° siedet, $d = 0{,}924$ besitzt und stark lichtbrechend ist: „Sein Brechungsexponent (durch Messung der kleinsten Ablenkung bestimmt) ist für die roten Lichtstrahlen 1,532", Zusammensetzung C_8H_8. Das Nitrostyrol soll der Formel $C_8H_7NO_2$ entsprechen; auch wurde bei der Oxydation des Styrols Benzoësäure usw. gewonnen. Das Bromstyrol zeigte die Zusammensetzung $C_8H_8Br_2$; auch über ein Chlorstyrol wird berichtet. Schließlich gewinnen B. u. H. durch Einwirkung von Wärme, Erhitzen in Röhren auf 200°, das Metastyrol, welches dem Styrol gleich zusammengesetzt sei. Durch Destillation des Metastyrols erhalten B. und H. wiederum Styrol. B. und H. stellen alsdann aus der Zimtsäure das „Cinnamol" dar und werfen die Frage auf, ob es identisch sei mit dem Styrol; sie finden dafür dieselbe Zusammensetzung, erhalten dieselben physikalischen Daten, dasselbe Dibromid, nur können sie das Cinnamol nicht in Metastyrol überführen. Bl. und H. sind jedoch der Meinung, daß das Styrol außer Cymol auch noch andere Verbindungen enthalte, die die Umwandlung in Metastyrol verhindern. — Das „Drakonyl" von Glénard und Boudault sprechen Bl. und H. als Metastyrol an und zeigen, daß in den Destillationsprodukten des Drachenblutes auch Styrol vorhanden ist.

Hempel (A. **59**, 316) berichtet sodann „Über die Produkte, welche bei der trocknen Destillation des zimtsauren Kupferoxyds gebildet werden". Hierbei erhielt H. Styrol und Metastyrol, außerdem einige andere Verbindungen als Nebenprodukte.

KOPP (A. **60**, 269; C. r. **21**, 1376) destillierte ebenfalls zimtsauren Kalk und nannte das entstehende Styrol „Cinnamen", $d_{13} = 0{,}928$.

SCHARLING (A. **97**, 185) erhielt durch trockne Destillation des Harzes des Perubalsams ebenfalls „Cinnamol". SCH. findet für Styrol das aus flüssigem Storax dargestellt worden war: $d_{16} = 0{,}896$; für Metacinnamol beobachtet SCH. das spez. Gew. 1,054 bei 13°.

Fassen wir die Resultate über die Untersuchung des Styrols bis zum Jahre 1857 zusammen, so sehen wir, daß der flüssige Storax das erste Ausgangsmaterial war, aus dem man Styrol gewann. Aber erst SIMON gibt 1839 den Namen Styrol (Cinnamomin), und die richtige Analyse, jedoch keine bewiesene Bruttoformel; auch destilliert er zimtsauren Kalk und erhält dabei einen Kohlenwasserstoff, den er jedoch nicht analysiert. Im Jahre 1841 destillieren GERHARDT und CAHOURS zimtsaure Salze, erhalten einen Kohlenwasserstoff C_8H_8, geben für diesen richtige Analyse und Dampfdichtebestimmung an und sprechen die Ansicht aus, daß ihr „Cinnamen", wie sie ihren Kohlenwasserstoff nennen, wahrscheinlich mit dem analog gewonnenen Cinnamomin SIMONS identisch sei. — Das Jahr 1845 bringt alsdann die ausführliche Arbeit von BLYTH und A. W. HOFMANN sowohl über das Styrol, als auch über den aus der Zimtsäure erhaltenen Kohlenwasserstoff; die Genannten erhalten das Metastyrol, aus beiden Kohlenwasserstoffen dasselbe Dibromid und sprechen Styrol und Cinnamen als identisch an. Alsdann ruhen die Arbeiten über das Styrol längere Zeit, da einmal seine Darstellung nicht leicht erscheint und es auch Reagentien gegenüber sehr empfindlich ist. HEMPEL ist 1846 der Meinung, daß das Styrol im Storax zweifellos aus der Zimtsäure bei höherer Temperatur entstehe. Über die Konstitution des Styrols ist noch nichts bekannt; man stellt es in eine Reihe mit dem Benzol und Toluol, ebenso die Zimtsäure, aus der es synthetisch zu erhalten ist.

Über das Distyrol $C_{16}H_{16}$ berichtet ERLENMEYER (A. **135** [1865], 122); er erhielt es, als er Zimtsäure mit wäßriger Bromwasserstoffsäure mehrere Stunden lang auf 215—240° erhitzte. Das Distyrol lieferte ein Dibromid $C_{16}H_{16}Br_2$. Auch aus Metastyrol erhielt E. dies Styrol. — Derselbe Forscher (A. **137** [1866], 352) spricht alsdann das Styrol als $C_6H_5 \cdot CH:CH_2$, als Phenyläthylen oder Vinylbenzol, an.

BERTHELOT (C. r. **63**, 518; A. **141** [1867], 377) berichtet über die isomeren Zustände des „Styrolens" und weist nochmals darauf hin, daß die chemischen Eigenschaften des Styrols und des Kohlenwasserstoffes C_8H_8 aus der Zimtsäure die gleichen seien, aber das Styrol aus dem Storax scheine sich leichter zu polymerisieren und sei auch optisch aktiv. — In einer zweiten Arbeit (C. r. **65**, 465; Spl. **5** [1867], 368) gibt B. an, daß Steinkohlenteer ebenfalls Styrol enthalte und daß es entstehe durch Kondensation des Äthylens bzw. Benzols und Acetylens.

Die in der Periode 1857—1872 gewonnene Erkenntnis, daß vielen Verbindungen, besonders denjenigen, die man zu den aromatischen rechnete, ein besonderer Kern zugrunde liegt, konnte nicht ohne Einfluß auf die Erkenntnis der Konstitution des Styrols bzw. der Zimtsäure bleiben. Schon

1866 konnte deshalb ERLENMEYER für die Zimtsäure und das Styrol die erwähnte Formel aufstellen. Aber E. ließ die Frage noch unentschieden, ob Cinnamol wirklich identisch sei mit Styrol. Es war besonders die optische Aktivität des natürlich vorkommenden Styrols, die es vom künstlich dargestellten Cinnamol unterschied, ebenso wie sonstige geringe Unterschiede in physikalischer Hinsicht. GLASER (A. **154**, 154) berichtet über neue Derivate gelegentlich seiner Arbeit über die Phenylpropiolsäure: GL. rückte die vollkommene Analogie dieser Reihe mit der Zimtsäurereihe in das rechte Licht.

Im nächsten Zeitabschnitt 1872—1887 berichtet VAN'T HOFF (B. **9**, 5) über „Die Identität von Styrol und Cinnamol, ein neuer Körper aus Styrax". Da die für das Cinnamol allgemein angenommene Formel $C_6H_5CH:CH_2$ kein asymmetrisches Kohlenstoffatom enthielt, so sollte die Formel für das Styrol falsch sein oder die von VAN'T HOFF aufgestellten Sätze sollten nicht zutreffen. v. H. zeigte, daß dem Styrol aus dem Storaxöl ein Körper $C_{10}H_{16}O$ oder $C_{10}H_{18}O$ beigemengt ist, der sich durch optische Aktivität auszeichnet und daß das Styrol an und für sich optisch nicht aktiv ist.

Mit diesem Ergebnis war der letzte Zweifel an der Identität des Styrols und des Cinnamols beseitigt.

Das **Vorkommen des Styrols** in ätherischen Ölen beschränkt sich bisher auf die Storaxöle, die aus *Liquidambar* spec. gewonnen werden, sowie auf das Akaroidharz (Yellow grass tree gum), das aus der Liliacee *Xanthorrhoea hastilis* R. Br. nach SCH. u. Co. (SCH. **1897**, II, 66) zu 0,37 % gewonnen wird. Dieses Rohöl zeigte: $d = 0{,}937$, $\alpha_D = -3^0 14'$, V. Z. = 74,3, S. Z. = 4,9, E. Z. = 69,4. Das verseifte Öl siedete zwischen 145 und 240°. Die zuerst übergehenden Anteile enthielten Styrol (Styroldibromid Smp. 74—75°; vgl. auch K. HILDEBRAND, Ar. **237** [1896], 703).

Physik. Eig. des Styrols. FITTIG und BINDER (A. **195**, 137): Sdp. 144—144,5° (i. D.).

KRAKAU (B. **11**, 1260): $d_0 = 0{,}925$. — R. SCHIFF (A. **220**, 93): $d_{143/4} = 0{,}7926$.

WEGER (A. **221**, 89): Sdp. 146,2° (i. D.), $d_0 = 0{,}9251$.

NASINI und BERNHEIMER (G. **15**, 84): Sdp. 145,5°, $d_{17/4} = 0{,}90595$.

BRÜHL (A. **235**, 13): Sdp.$_{760}$ = 140°, $d_{20/4} = 0{,}9074$, $\mu_\alpha = 1{,}54030$.

BILTZ (A. **296**, 274): Sdp.$_{17}$ = 43°, Sdp.$_{760}$ = 145,5—146°, $d_{15/4} = 0{,}911$, $n_D = 1{,}5457$.

PERKIN (Soc. **69**, 1246): $d_{4/4} = 0{,}9329$, $d_{15/15} = 0{,}9234$, $d_{25/25} = 0{,}9167$, magn. Dreh. 16,01—18,7. — LEMOINE (C. r. **125**, 530): $d_0 = 0{,}920$, $d_{16,5} = 0{,}908$, $d_{87} = 0{,}852$.

Chem. Eig. des Styrols. Durch Reduktion läßt sich das Styrol in Äthylbenzol überführen.

Halogene und Halogenwasserstoffsäuren werden glatt an die doppelte Bindung der Seitenkette des Styrols addiert. Das Dichlorstyrol $C_6H_5CHCl\cdot CH_2Cl$ bildet ein dickes Öl (BLYTH u. HOFMANN, A. **53**, 309). — Das Dibromstyrol $C_6H_5CHBr\cdot CH_2Br$ schmilzt bei 74—74,5°

(Gerhardt und Cahours, A, **38**, 98; Blyth und Hofmann, A. **53**, 308; Glaser, A. **154**, 154). — Das ω-Bromstyrol $C_6H_5CH:CHBr$ schmilzt bei + 7° und siedet bei 219—221° (Fittig, A. **195**, 142), $d_{19/0}$ = 1,4289; beim Erhitzen mit wenig Alkohol und 3 Mol. festem KOH auf 120—140° entsteht Phenylacetylen.

Styrolenalkohol $C_6H_5 \cdot CHOH \cdot CH_2OH$ wird von Zincke (A. **216**, 293) dargestellt durch 3—4 tägiges Kochen von Styroldibromid mit Kaliumcarbonat und Wasser unter Rückfluß: Smp. 67—68°, Sdp. 272—274°.

Das Styroloxyd $C_6H_5 \cdot CH\overset{O}{—}CH_2$ wird von Fourneau und Tiffeneau (C. r. **140** [1905], 1595) dargestellt aus dem Styrol durch Einwirkung von Jod und gelbem Quecksilberoxyd in wäßrig ätherischer Lösung; es bildet sich das Jodhydrin $C_6H_5 \cdot CHOH \cdot CH_2J$, das sofort HJ abspaltet. Das Styroloxyd zeigt: $Sdp._{14-15}$ 84—88°, Sdp. 188—192° (Atmosphärendruck), d_{24} = 1,045; dieses Oxyd lagert sich nicht in den ihm isomeren Phenylacetaldehyd um.

Durch Oxydation liefert das Styrol Benzoësäure (Blyth und Hofmann, A. **53**, 303).

Die Spaltung des Styrols in Benzol und Acetylen führte Berthelot (A. **142**, 257) aus.

Über das Distyrol $(C_8H_8)_2$ vgl. Miller (A. **189**, 340), Liebermann (B. **22**, 2255): Smp. 124°. Über das flüssige Distyrol vgl. Erlenmeyer (A. **135**, 122) und Erdmann (A. **216**, 187): Sdp. 312—320°, d_{15} = 1,016.

Über das Metastyrol vgl. Blyth und Hofmann (A. **53**, 311), Scharling (A. **97**, 186) und Lemoine (C. r. **129** [1899], 719).

Die **Identifizierung des Styrols** erfolgt am besten zunächst durch fraktionierte Destillation (Sdp. 145°) durch Darstellung des Dibromids vom Smp. 74—74,5° und durch Oxydation zu Benzoësäure.

Auch die Umwandlung des Styrols in Metastyrol ist charakteristisch.

Die **Konstitution des Styrols** ergibt sich aus seinem analytischen Abbau zur Benzoësäure und aus seiner Synthese aus der Zimtsäure, so daß die Formel $C_6H_5 \cdot CH:CH_2$ eindeutig ist.

328. Naphtalin

$C_{10}H_8$ =

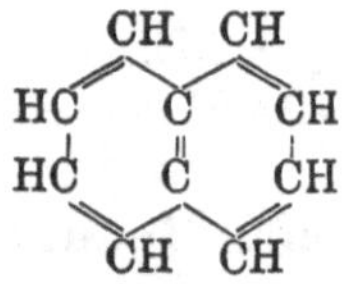

Vorkommen, Isolierung usw. Das Naphtalin ist im Gegensatz zu anderen Bestandteilen ätherischer Öle viel häufiger auf synthetischem Wege und anderweitig im Laboratorium erhalten, als in einem ätherischen Öle aufgefunden worden. Reichenbach (Berz. Jahrb. **12**, 307) erhielt das Naphtalin beim Durchleiten von Alkohol durch glühende Röhren. ERLENMEYER (A. **137**, 346) stellte im Jahre 1866 die heute allgemein angenommene Formel für diesen Kohlenwasserstoff auf. — Erst v. SODEN und ROJAHN gelang es (Pharm. Ztg. **47** [1902], 779) in einem Nelkenstielöl (*Eugenia caryophyllata*) und in dem ätherischen Öle einer Storaxrinde (*Liquidambar* spec.) Naphtalin aufzufinden.

Physik. und chem. Eig. des Naphtalins. Über die exakten Angaben betreffend den Siedepunkt des Naphtalins vgl. CRAFTS (Bl. II, **39**, 282): $Sdp._{720,39} = 215,7^{0}$, $Sdp._{767,63} = 218,5^{0}$, Smp. 79—80°, $d_{79/0} = 0,982$ (LOSSEN und ZANDER, A. **225**, 111), $d_{99/0} = 0,9628$ (ALLUARD, A. **113**, 150). — Naphtalin ist mit Wasserdämpfen sehr leicht flüchtig und bildet mit Pikrinsäure eine Verbindung vom Smp. 149°.

Das Naphtalin ist in bezug auf sein Vorkommen in ätherischen Ölen aus dem Grunde interessant, weil einige Sesquiterpene und Sesquiterpenalkohole, namentlich die bicyklischen, zweifach ungesättigten in naher Beziehung zum Naphtalin stehen, und wohl hydrierte Alkyl-Naphtaline sein dürften. Ebenso wie sich das Benzol selbst und seine Homologen seltener in ätherischen Ölen finden, dagegen die hydrierten Benzolderivate, wie Terpene usw., sehr häufig vorkommen, so besteht ein gleiches Verhältnis im Vorkommen des Naphtalins und hydrierter Naphtalinderivate, der Sesquiterpene. — Anthracen bzw. Phenanthren oder Homologe sind bisher als Bestandteile ätherischer Öle nicht aufgefunden worden, dagegen erscheint es sehr wahrscheinlich, daß sich auch von diesen hydrierte Abkömmlinge unter den Sesquiterpenen bzw. Sesquiterpenalkoholen finden, natürlich unter den tricyklischen, einfach ungesättigten hierher gehörigen Verbindungen. Daß von der Pflanze Anthracenderivate hervorgebracht werden, wissen wir an dem Beispiel des Alizarins. Aber auch Moleküle von einer noch höheren Anzahl kondensierter Kerne finden sich im Pflanzenreiche, und es erscheint nicht ausgeschlossen, daß wir diesen Verbindungen als Bestandteile ätherischer Öle begegnen werden, wenn die Wasserdampfdestillation genügend lange fortgesetzt und mit stark gespannten Dämpfen betrieben wird.

329. Sequojen $C_{13}H_{10}$.

Vorkommen, Isolierung usw. Die Nadeln von *Sequoja gigantea* enthalten nach LUNGE und STEINKAULER (B. **13** [1880], 1656; **14**, 2202) ein ätherisches Öl, das durch Wasserdampfdestillation gewonnen und das dem Destillat durch Äther entzogen werden kann. Jedoch ist dieses Öl nicht einfach zusammengesetzt, sondern besteht aus mehreren Bestandteilen: 1. einem farblosen Öl, bei 155° siedend, $d_{15} = 0,8522$, $[\alpha]_j = +23,8^{0}$, wahrscheinlich ein Terpen $C_{10}H_{16}$, dem ev. ein Kohlenwasserstoff $C_{10}H_{18}$ beigemengt ist, 2. aus einem Bestandteil, der stark aromatischen Geruch besitzt, Sdp. 227—230°, $d = 1{,}0450$, $\alpha_D = +6°$, dessen Analyse die Zusammensetzung $C_{18}H_{20}O_3$ ergab; jedoch muß dem Siedepunkt nach, wenn ein reiner Körper vorgelegen hat, das Molekül zweifellos ein niedrigeres Molekulargewicht haben, 3. aus einem nur in geringer Menge vorkommenden schweren gelblichen Öl von brenzlich aromatischem Geruche, Sdp. 280—290° und 4. aus dem Sequojen $C_{13}H_{10}$. Das Sequojen scheidet sich in kristallisiertem Zustande aus dem Rohöle allmählich ab; am besten verfährt man zur Isolierung so, daß man auf die Lösung in Eisessig Wasser schichtet, wobei sich bei der allmählichen Vermischung der Flüssigkeiten das Sequojen in Blättchen abscheidet.

Physik. und chem. Eig. des Sequojens. Weiße, geruchlose Blättchen vom Smp. 105°, Sdp. 290—300°, die bläuliche Fluoreszenz besitzen. L. und St. waren der Meinung, daß im Sequojen ev. Diphenylmethan usw. vorliegen könnte. Aus diesem Grunde oxydierten sie das Sequojen mit Chromsäure; hierbei wurde in nur geringer Menge ein Oxydationsprodukt als gelbe, kristallinische Masse gewonnen, die feine, seidenglänzende Prismen darstellte, deren Analyse annähernd auf die Bruttoformel $C_{13}H_{10}O_2$ stimmende Werte gab. — Das Sequojen bildet mit Pikrinsäure schön rote Nadeln.

Zur **Identifizierung des Sequojens** dürfte sich am besten der Smp. 105°, sowie die Fähigkeit, mit Pikrinsäure ein rotes Additionsprodukt zu liefern, eignen.

Über die **Konstitution des Sequojens** läßt sich nach den wenigen Angaben natürlich nichts Näheres mitteilen; zweifellos muß das Sequojen zu den bicyklischen oder tricyklischen Molekülen gehören, ev. stellt es ebenfalls einen Naphtalinabkömmling vor. L. und St. verglichen das Sequojen mit dem Fluoren, Smp. 113°, gegen deren Identität aber, wie sie selbst angeben, bereits der Schmelzpunkt des Sequojons spricht. Weitere Versuche, namentlich Wiederholung der Analyse usw., müssen angestellt werden, um einen genaueren Einblick in die Konstitution dieses Moleküls zu gewinnen.

Außer Cymol, welches ein p-Methyl-isopropylbenzol vorstellt, ferner Styrol, das Vinylbenzol ist, und den beiden Kohlenwasserstoffen Naphtalin und Sequojen, die kondensierte Benzolringe darstellen, sind in den ätherischen Ölen bisher keine Kohlenwasserstoffe der Benzolreihe aufgefunden worden. Zweifellos ist von den erwähnten 4 Kohlenwasserstoffen das Vorkommen des Cymols, besonders für die Konstitution der Bestandteile der ätherischen Öle, das bei weitem wichtigste.

B. Substitutionsprodukte der Kohlenwasserstoffe.

I. Nur im Kern substituierte Kohlenwasserstoffe, also Phenole und ihre Äther bzw. Ester.

Es finden sich als Bestandteile ätherischer Öle eine ganze Anzahl von Kohlenwasserstoffabkömmlingen der Benzolreihe, in denen im Kern Wasserstoff durch Hydroxyl bzw. Oxyalkyl ersetzt ist, so z. B. das Cavarcrol, das Safrol usw., anderseits aber auch Verbindungen, in denen die Substitution durch Hydroxyl usw. nur in der Seitenkette stattgefunden hat, so z. B. im Benzylalkohol, Benzaldehyd usw., und schließlich auch Abkömmlinge, in denen Substitution nicht nur im Kern, sondern auch in der Seitenkette erfolgt ist; es sei an das Piperonal, Vanillin usw. erinnert. Wir sehen daraus, daß wir es mit Verbindungen zu tun haben können, die nur Phenole, Phenoläther oder Alkohole, Aldehyde, Säuren sind, oder aber mit solchen, die gleichzeitig Phenol- und Alkohol- bzw. Aldehydcharakter besitzen können. Es sollen zunächst diejenigen Abkömmlinge besprochen werden, die allein im Kern substituiert sind; es kann sich also nur um Phenole oder Phenoläther bzw. -ester handeln. Je nachdem ein oder mehrere Wasserstoffatome durch Hydroxyl ersetzt sind, kommen wir zu ein- oder mehrwertigen Phenolen. Wird der Wasserstoff im Phenolhydroxyl durch Alkyle ersetzt, so resultieren die Phenoläther. Unter den Bestandteilen ätherischer Öle haben wir es besonders mit Methyl- und eigentümlicherweise Methylenäthern zu tun, im letzteren Falle z. B. beim Safrol, Myristicin und Apiol, in denen also zwei Wasserstoffatome zweier benachbarter Phenolhydroxyle .durch die zweiwertige CH_2-Gruppe ersetzt wird.

Die Isolierung und quantitative Bestimmung der Phenole spielt sowohl in der Wissenschaft, als auch in der Technik eine große Rolle. Zur Abscheidung aus ätherischen Ölen kann man verdünnte Laugen benutzen, nachdem man ev. vorher durch Sodalösung die Säuren entfernt hat. Die indifferenten oder mit Alkalien nicht reagierenden Bestandteile kann man alsdann durch Ausschütteln mit Äther entfernen. Jedoch muß man beachten, daß sich viele Phenole aus der alkalischen Lösung ausäthern lassen, so daß man gezwungen ist, die ätherische Lösung wiederholt mit Alkalien auszuschütteln, um sämtliches Phenol aus dem Äther wiederum zu entfernen. Natürlich ist eine derartige Isolierung umständlich und eignet sich wenig zur schnellen quantitativen Bestimmung. Um letztere durchzuführen, muß man im Auge behalten, daß Phenole und Alkohole vielfach gleiche Reaktionen zeigen. Handelt es sich nur um solche ätherischen Öle, welche neben Phenolen keine alkoholischen Bestandteile aufweisen, so kann man wohl die von Schryver (A. new method for the analysis of commercial phenols. Journ. of the Soc. of Chemic. Industry **18** [1899], Nr. 6) empfohlene Methode anwenden, welche darauf beruht, das Natriumamid $NaNH_2$ sich mit Phenolen umsetzt, wobei Phenolat und Ammoniak gebildet werden; letzteres wird übergetrieben und läßt sich durch Titration genau bestimmen. Sch. u. Co. (Sch. **1899**, II, 60) gibt folgende Vorschrift an: ca. 1 g Natriumamid, zu feinem Pulver zerrieben, wird mehrere Male mit trockenem Benzol durch Dekantieren gewaschen und in einen 200 ccm fassenden Kolben gebracht, der mit einem Scheidetrichter und einem Kühler verbunden ist. In den Kolben werden 50—60 ccm thiophenfreies Benzol gebracht, auf dem Wasserbade bis zum Sieden des Benzols erhitzt, indem man gleichzeitig von CO_2 befreite Luft mit Hilfe einer Wasserluftpumpe durch den Scheidetrichter saugt, dessen Ablaufsrohr unter der Oberfläche des Benzols mündet; hierdurch wird sämtliches am Natriumamid haftendes Ammoniak entfernt. Es werden nunmehr in eine mit dem Kühler verbundene Vorlage 20 ccm n-Schwefelsäure gebracht; dann läßt man 1—2 g des zu untersuchenden ätherischen Öles durch den Scheidetrichter zu der siedenden Mischung von Natriumamid und Benzol fließen und trägt dafür Sorge, daß sämtliches Ammoniak, das sich nun entwickelt in der Vorlage absorbiert wird. Unter Benutzung von Methylorange als Indikator wird die überschüssige Schwefelsäure in der Vorlage mit Natriumcarbonatlösung titriert. Zu dieser Methode ist zu bemerken, daß Natriumamid nicht nur mit Phenolen, sondern auch mit Wasser und Alkoholen reagiert, so daß jede Spur von Feuchtigkeit aus dem zu untersuchenden Öl entfernt werden muß. Sch. u. Co. (Sch. **1904**, II, 133) haben versucht, festzustellen inwieweit die Alkohole mit $NaNH_2$ reagieren bzw. inwieweit die Methode Schryvers für solche Öle zu gebrauchen ist, die neben Phenolen Alkohole enthalten. Es wurde festgestellt, daß sie für die Bestimmung von Alkoholen, selbst für jene der aromatischen Reihe, wie Benzylalkohol, unbrauchbar ist, daß sich also Natriumamid nicht allein unter NH_3-Bildung mit Alkoholen usw. umsetzt, sondern daß Natriumamid auch noch weiterhin verbraucht wird. Da nun schon Schryver fand, daß die Öle auch frei von Ketonen und Aldehyden sein müssen, wenn man die Natriumamidmethode anwenden will, so ist letztere nur für solche Öle brauchbar, welche lediglich aus Phenolen, Äthern und Kohlenwasserstoffen bestehen.

Ein weiteres Verfahren, um Phenole und Alkohole quantitativ zu bestimmen, veröffentlichten Verley und Boelsing (B. **34** [1901], 3354). Genannte Forscher wollen das gewöhnliche Acetylierungsverfahren vereinfachen. Erhitzt man nämlich einen Alkohol oder ein Phenol mit Essigsäureanhydrid, so tritt zwar Veresterung ein, aber bei der anzuwendenden höheren Temperatur wird zum Teil wieder Säure abgespalten und in der Kälte reagiert ein Gemisch von Alkoholen bzw. Phenolen mit Essigsäureanhydrid nur langsam. Jedoch bei Gegenwart von Pyridin findet sofort unter starker Temperaturerhöhung lebhafte Reaktion statt, indem die nebenbei entstehende Essigsäure an Pyridin gebunden wird, so daß jede Möglichkeit, den gebildeten Ester wieder zu verseifen, fehlt. Da nun Pyridin sich gegen Phenolphtalein neutral verhält, so kann man auch in einem Gemisch von Pyridin mit einer Säure die Menge der letzteren auf titrimetrischem Wege feststellen. V. und B. erwärmen 1—2 g des zu untersuchenden Öles mit 25 ccm eines Gemisches von ca. 120 g Essigsäureanhydrid und 880 g Pyridin in einem ca. 200 ccm fassenden Kolben 15 Minuten lang auf dem Wasserbade, vermischen nach dem Erkalten mit der gleichen Menge Wasser und titrieren die nicht an Alkohol oder Phenol gebundene Essigsäure zurück. Da nun der Essigsäuregehalt des erwähnten Gemisches zuvor durch Titration festgestellt werden kann, so läßt sich die an den Alkohol bzw. das Phenol gebundene Menge Essigsäure leicht ermitteln. Sch. u. Co. (Sch. **1903**, I, 52) können jedoch diese Methode nicht empfehlen und bringen für ihre Unzuverlässigkeit eine Anzahl Beleganalysen bei.

Hesse (Chem. Zeitschr. **2** [1903], 403, 434, 464, 497 und 534) berichtet über ein Verfahren zur Bestimmung von Phenolen und Phenolsäureestern, das sich anschließt an ein von ihm zur Bestimmung des Anthranilsäuremethylesters ausgearbeitetes Verfahren. Das zu untersuchende Öl wird in drei Teilen wasserfreien Äthers gelöst und der Lösung $^1/_2$ normal alkoholische Kalilauge hinzugesetzt. Sind keine Phenole usw. zugegen, so findet nach Zusatz einer gewissen Menge von Lauge keine Abscheidung statt, dagegen bei Anwesenheit von Phenolen oder z. B. Salicylsäuremethylester trübt sich die Mischung und die Kaliumverbindungen der Phenole usw. scheiden sich in schönen Kristallen ab. Die abfiltrierten und mit Äther gewaschenen Verbindungen werden vorzugsweise mit CO_2 zerlegt, wodurch sich der Phenolgehalt leicht bestimmen läßt. Bei kleineren Mengen läßt sich das Alkali in der ausgeschiedenen Menge titrimetrisch ermitteln, man muß aber alsdann einen zu großen Überschuß von Kalilauge vermeiden. Nach dieser Methode Hesses wird die Gefahr einer Verseifung etwa vorhandener Ester erheblich herabgesetzt, außerdem arbeitet man mit zwei mischbaren Flüssigkeiten, was bei der üblichen Ausschüttelung der Öle mit wäßriger Lauge nicht der Fall ist.

Um hydroxylhaltige Körper (Alkohole, Phenole, Oxime usw.) nachzuweisen, kann man nach Tschugaeff (Chem. Ztg. **26** [1902], 1043) die zu prüfende Substanz mit magnesiumorganischen Verbindungen, wie z. B. CH_3MgJ in Reaktion bringen. Sind Hydroxylgruppen zugegen, so bildet sich Methan nach folgender Gleichung $CH_3MgJ + ROH = RO \cdot MgJ + CH_4$. Die gleichzeitig entstehenden Mg-organischen Verbindungen sind nicht flüchtig, so daß man die anwesenden flüchtigen indifferenten Körper, wie Terpene usw., im Vakuum leicht abtrennen kann; durch Zersetzung mit Wasser lassen sich daraus alsdann die Alkohole, Phenole usw. regenerieren.

Andere Bestimmungsweisen für Phenol usw. werden bei den einzelnen Phenolen usw. ausführlich erörtert werden, so beim Eugenol usw. (vgl. auch den allgemeinen Teil, Bd. I, S. 233).

Über das Vorkommen der Phenole und ihrer Derivate im lebenden Pflanzenkörper liegt eine Zusammenstellung von K. Albrecht (Diss. Berlin **1884**) vor; es sei erwähnt, daß nach dieser Arbeit in der Pflanze noch keine Derivate des Phloroglucins angetroffen worden sind, welche durch Eintritt einer Seitenkette in den Kern dieses Phenols gebildet werden.

Was die Entstehung der Phenole und ihrer Derivate im Pflanzenkörper anlangt, so müssen wir wohl annehmen, daß auch sie sich aus aliphatischen Verbindungen bilden. Schwer zu erklären ist die Entstehung der zahlreichen methylierten Phenole; es muß eine ganze Anzahl von chemischen Prozessen vor sich gehen, ehe ein derartiges Molekül aus CO_2 und H_2O, den Baumaterialien der lebenden Pflanzenzelle, aufgebaut ist. — Die Stammpflanzen, in denen Phenole und ihre Derivate vorkommen, finden sich über das ganze Pflanzenreich zerstreut. Carvacrol und Thymol finden wir häufig in Labiaten, Anethol und Estragol in Umbelliferen.

Zu den Phenolen bzw. Phenoläthern, soweit sie in ätherischen Ölen vorkommen, gehören Verbindungen, die sehr lange bekannt sind; so wurde das Thymol, das Stearopten des Thymianöls, schon sehr früh beobachtet. Auch technisch sind viele hierher gehörige Bestandteile wichtig geworden als Ausgangsmaterial für wertvolle Riechstoffe; so können wir das Eugenol und Isoeugenol in Vanillin überführen, das Safrol in Piperonal (Heliotropin). Häufig kommen nur geringe Mengen dieser Körper in ätherischen Ölen vor, nichtsdestoweniger sind sie von der größten Wichtigkeit für den Geruch des betreffenden Öles.

α) Einwertige Phenole und ihre Derivate.

α_1) Einwertige Phenole von Benzolkohlenwasserstoffen mit gesättigten Seitenketten und ihre Derivate.

Unter einem gesättigten Benzolkohlenwasserstoff wird ein solcher verstanden, der in der Seitenkette kein ungesättigtes Radikal enthält. Die Seitenketten werden in diesem Falle am häufigsten von der Methyl- oder Isopropylgruppe gebildet, während unter den ungesättigten Radikalen besonders die Allyl- oder Propenylgruppe, wie wir später sehen werden, hervortritt.

Das Phenol selbst oder seine Äther sind bisher in ätherischen Ölen nicht aufgefunden worden; dagegen sind Derivate des einwertigen Phenols und seiner Äther bzw. Ester konstatiert worden, Derivate insofern, als Wasserstoffatome des Kerns im Phenol bzw. seinen Äthern oder Estern durch gesättigte Radikale ersetzt sind.

---

330. p-Kresol

C_7H_8O = 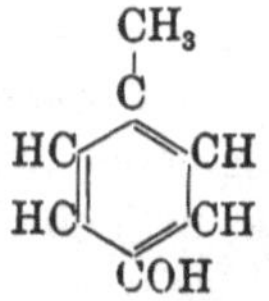

Vorkommen, Isolierung usw. Obwohl das p-Kresol in reinem Zustande, und namentlich im konzentrierten, einen unangenehmen, phenolartigen Geruch besitzt, tritt dieser in der Verdünnung zurück, besonders aber im Gemisch mit anderen wohlriechenden Verbindungen. Das p-Kresol ist natürlich viel länger bekannt und auf den verschiedensten Wegen erhalten worden, bevor man es in einem ätherischen Öl nachwies. Sch. u. Co. (Sch. **1904**, I, 22) zeigten, daß das Cassieblütenöl wahrscheinlich p-Kresol enthält. Aus 115 kg Cassiepomade wurden durch Wasserdampfdestillation 315 g ätherisches Öl gewonnen, dem mit Sodalösung 28 g wahrscheinlich aus dem Fette stammender Fettsäuren (Caprinsäure?) und sehr wenig Salicylsäure entzogen wurden. Das Öl ward nochmals mit Wasserdampf rektifiziert und es wurde nunmehr 197 g Öl = 0,171 % der Pomade erhalten: $d_{15} = 1{,}0475$, $\alpha_D = \pm 0^0$, $n_{D_{20}} = 1{,}51331$, V.Z. = 176. Die Phenole wurden mit 1 %iger Natronlauge ausgeschüttelt, wobei aus 180 g Öl 21 g Phenole gewonnen wurden, die größtenteils aus Salicylsäuremethylester bestanden; „außerdem wurden noch niedriger und höhersiedende Fraktionen erhalten. Beim Verseifen derselben mit 10%iger wäßriger Kalilauge trat ein nach Trimethylamin riechendes, Lackmus bläuendes Gas auf und aus der Lauge schied sich beim Sättigen mit Kohlensäure ein Phenol ab. Dieses Phenol hatte den Geruch des Kresols und gab mit Eisenchlorid in alkoholischer Lösung eine bräunlich-grüne Färbung. Da die Menge sehr gering war, wurde es in folgender Weise näher untersucht. Die alkalische Lösung des Phenols gab mit Dimethylsulfat den charakteristisch riechenden p-Kresolmethyläther, welcher sich durch Oxydation mit Kaliumpermanganatlösung in Anissäure vom Smp. 180° überführen ließ". — Ev. kommt das p-Kresol auch im Ylang-Ylang- bzw. Canangaöl vor (*Unona odoratissima;* vgl. unten Methyläther des p-Kresols).

Physik. und chem. Eig. des p-Kresols: Smp. 36°, Sdp. 201,8°, $d_0 = 1{,}0522$ (im flüssigen Zustande) (Pinette, A. **243**, 43); Mol. Brech. = 53,65 (Eykman, R. **12**, 177). Die wäßrige Lösung des Phenols wird durch Eisenchlorid blau gefärbt. Als Phenol läßt es sich der ätherischen Lösung mit Laugen entziehen und kann alsdann durch CO_2 wieder in Freiheit gesetzt werden.

Zur **Identifizierung** kann man methylieren und den Methyläther zu Anissäure oxydieren. Das Dinitrokresol (1, 4, 2, 6) ist charakteristisch und als Kalium- oder Ammoniumsalz im Viktoriaorange oder -goldgelb bekannt.

Die **Konstitution als p-Verbindung** ergibt sich aus der Überführung in die Anissäure.

---

331. m-Kresol C_7H_8O

findet sich in dem ätherischen Myrrhenöl, das aus der Heerabol-Myrrhe gewonnen wird (K. Levinsohn, Ar. **244**, 412; C. **1907**, I, 43).

---

332. Methyläther des p-Kresols

$C_8H_{10}O$ = 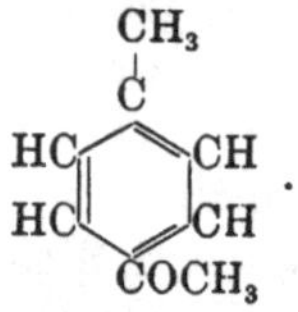

Vorkommen, Isolierung usw. Der Methyläther des p-Kresols kommt im Ylang-Ylang- bzw. Canangaöl (*Unona odoratissima*) vor; in anderen Ölen ist dieser Äther bisher nicht konstatiert worden. Auf künstlichem Wege dagegen ist er bereits von CANNIZZARO und KÖRNER (J. **1872**, 387) durch anhaltendes Kochen von Anisalkohol mit alkoholischem Kali erhalten worden. — REYCHLER (Bl. III, **11** [1894], 407, 576, 1040; **13** [1895], 140) untersucht eingehend das Canangaöl und unterwirft es zunächst der fraktionierten Destillation. Die Fraktion Sdp. 171—175° zeigte: $d = 0{,}9325$, $n_D = 1{,}49702$, die Analyse deutete auf eine Verbindung $C_9H_{12}O$ hin; nichtsdestoweniger glaubte R., daß ein Körper $C_8H_{10}O$ vorläge, gemischt mit etwas Terpen, da die übrigen Eigenschaften auf den Methyläther des p-Kresols hindeuteten. Durch Oxydation erhielt R. Anissäure, woraus er schloß, daß der Methyläther des p-Kresols vorliegt, der nach seiner Meinung auch im Ylang-Ylangöl vorkommt, denn er sagt: „J'ai déjà fait observer dans une publication antérieur que l'oxydation des fractions les plus volatiles de l'essence d'ylang-ylang donne également lieu à la formation d'un acide fusible à 178°, très probablement identique à celui que nous venons d'étudier."

Physik. und chem. Eig. des Methyläthers: Sdp. 175,5°, $d_{175,5/4} = 0{,}8236$ (R. SCHIFF, B. **19**, 561), $d_0 = 0{,}9863$ (PINETTE, A. **243**, 44). — Durch Oxydation geht der p-Kresolmethyläther in Anissäure über. Durch diese Reaktion sowohl, als auch durch seine physikal. Eig. ist der Methyläther des p-Kresols genügend charakterisiert; auch ergibt sich aus diesem seinem Verhalten seine Konstitution. — Über das Vorkommen des p-Kresols im Ylang-Ylangöl vgl. DARZENS (Bl. III, **27** [1902], 83); der Genannte nimmt an, daß das p-Kresol in diesem Öl als Acetyl-p-Kresol vorkommen soll.

---

333. Acetyl-p-Kresol

$C_9H_{10}O_2$ = 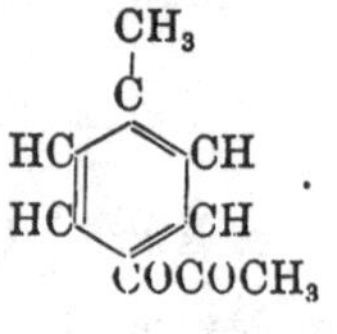

Vorkommen, Isolierung usw. DARZENS (Bl. III, **27** [1902], 83) ist der Ansicht, daß das p-Kresol im Ylang-Ylangöl als Acetyl-p-Kresol vorkommt, welche Verbindung einen ylangartigen Geruch haben soll.

Eig. des Acetyl-p-Kresols: Gelbes Öl, Sdp. 213°, $d_{0/4}$ = 1,0657 (FUCHS, B. **2**, 626 und ORNDORFF, Am. **10**, 372).

Weitere Versuche müssen entscheiden, ob das Kresylacetat im Ylang-Ylangöl wirklich vorkommt oder ob die Essigsäure bzw. das p-Kresol anderweitig gebunden sind.

334. Methyläther eines Phlorols

$C_9H_{12}O$ =

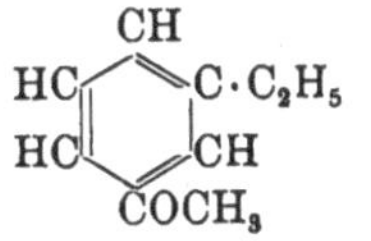

Vorkommen, Isolierung usw. Als Phlorole bezeichnet man Phenol-Äthyläther, in denen ein Wasserstoffatom des Kerns durch Äthyl ersetzt ist. SIGEL (A. **170** [1873], 345) untersuchte das Arnicawurzelöl (*Arnica montana* L.); vorher hatte WALZ (Ar. **158** [1861], 1; J. **1861**, 752) dieses Öl untersucht und glaubte darin Capronsäurecaprylester als Hauptbestandteil gefunden zu haben, während er in den Destillationswässern das Vorkommen von Capron- und Caprylsäure annahm. S. fand dagegen in den Destillationswässern Isobutter-, wenig Ameisen- und schließlich Angelica- oder Baldriansäure. Der Sdp. des Öles lag zwischen 214 und 263°, außerdem blieb ein Rückstand. Nach der Verseifung des Öles erhielt S. beim Ansäuern der alkalischen Lösung ein Gemenge von Phenolen, und zwar unter andern ein von 224—225° siedendes, d_{12} = 1,015; die Analyse führte zur Formel $C_8H_{10}O$. S. stellte den Äthyläther $C_{10}H_{14}O$ dieses Phenols, das er für Phlorol hielt, dar. Der Phloroläthyläther zeigte: Sdp. 215—217°, d_{18} = 0,9323. SIGEL sagt über die Zusammensetzung des Arnicawurzelöls: „Nach der Quantität der erhaltenen Isobuttersäure besteht das aus frisch getrockneter Wurzel bereitete Öl zum $^1/_5$ Teil aus Isobuttersäurephlorylester, den übrigen Teil bildet der Methyläther des Thymohydrochinons, sowie der in geringer Quantität darin enthaltene Methyläther eines Phlorols." S. hatte ferner die einzelnen Fraktionen mit Jodwasserstoffsäure im Einschmelzrohr behandelt und dabei Jodmethyl erhalten, woraus er schloß, daß der Äthyläther eines Methylphlorols vorliege. Da nun das Thymol zur m-Reihe gehöre, so könnte man annehmen, daß das Phlorol des Arnicaöls ebenfalls ein m-Äthylphlorol sei (ROSCOE, II, S. 789).

Auffallend ist, daß SIGEL eine derartige Verseifung des Methyläthers durch alkoholisches Kali bewirkt haben will. Neuere Untersuchungen müssen zeigen, inwieweit die Annahme berechtigt ist, daß im Arnicawurzelöl der Methyläther eines Phlorols vorkommt.

Geschichtlich ist zu bemerken, daß die Äthylphlorole ihren Namen Phlorole von der Phloretinsäure $C_6H_4(OH)CH{<}^{CH_3}_{COOH}$ (1,4) hergeleitet haben und auf präparativem Wege frühzeitig erhalten wurden.

Über das ev. Vorkommen von Kreosol $C_8H_{10}O_2$ im Ylang-Ylangöl vgl. SCH. u. Co. (SCH. **1902**, I, 58).

335. Carvacrol

$C_{10}H_{14}O$ =

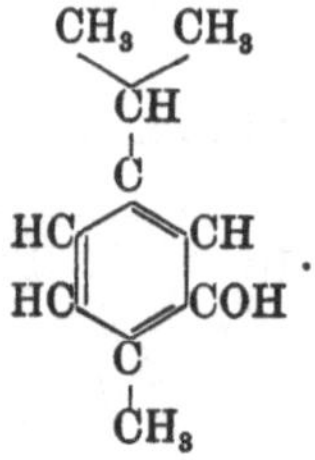

Vorkommen, Isolierung und Synthese. Die Geschichte des Carvacrols und seine Konstitutionsaufklärung ist eng mit der Geschichte des Cymols und Carvons verknüpft, vor allem aber auch mit jener des Kampfers; ist doch aus letzterem das Carvacrol mit zuerst erhalten worden. Kampfer $C_{10}H_{16}O$ ist ein Keton, Carvacrol $C_{10}H_{14}O$ ein Phenol; demnach kann letzteres Molekül aus ersterem nur durch gleichzeitige Oxydation und Enolisierung entstanden sein.

Das Carvacrol gehört zu denjenigen Bestandteilen ätherischer Öle, die auf künstlichem Wege früher erhalten als in einem ätherischen Öle aufgefunden wurden. Betrachten wir die Geschichte der Darstellung des Carvacrols, so müssen wir fünf Ausgangsmaterialien unterscheiden, aus denen man es besonders darstellte: 1. durch Umwandlung des Carvons $C_{10}H_{14}O$ in Carvacrol $C_{10}H_{14}O$; wir wissen heute, daß bei dieser Umlagerung Enolisierung und Verschiebung einer doppelten Bindung statthaben muß; 2. Umwandlung des Kampfers $C_{10}H_{16}O$ in Carvacrol; 3. Bildung des Carvacrols (eines Oxycymols) aus Cymolsulfonsäure und KOH, ferner aus Carvacrylamin und salpetriger Säure; 4. Umwandlung verschiedener anderer Ketone $C_{10}H_{16}O$, die wie der Kampfer die Ketogruppe benachbart der Methylgruppe haben, so des Tanacetons, Carvotanacetons und Dihydrocarvons; 5. Isolierung aus ätherischen Ölen. In einem ätherischen Öl wurde Carvacrol zuerst von JAHNS (Ar. **215** [1879], 1), und zwar im spanisch Hopfenöl *(Origanum vulgare)* aufgefunden. Es hat den Anschein, als ob Carvacrol und Thymol sich in verschiedenen ätherischen Ölen, die von nahe verwandten Spezies stammen gegenseitig vertreten können, wie wir später sehen werden.

SCHWEIZER (J. pr. **24** [1841], 247, 271; A. **40**, 329) untersuchte das Kümmelöl und führte eine Fraktion, von der wir heute wissen, daß sie Carvon $C_{10}H_{14}O$ enthält, durch Behandlung mit P_2O_5 oder auch KOH in ein Phenol $C_{10}H_{14}O$ über, welches er Carvacrol nannte, einmal wegen seiner Herkunft aus dem Kümmelöl, sodann wegen seines scharfen Geruches; jedoch war sich SCHWEIZER nicht klar über die chemische Natur des Carvacrols, da dieses nur ein schwaches Phenol ist. Die Analysen dieses Phenols, für das Schw. den Sdp. 232° angibt, führten sichtlich zu keinem klaren Resultate.

Claus in Kasan (J. pr. **25** [1842], 264) ließ Jod auf Kampfer einwirken und erhielt bei der Destillation des Reaktionsproduktes eine ganze Anzahl von Verbindungen, darunter auch eine „elektronegative" Verbindung, welche er wegen ihres eigentümlichen, dem des Kreosots ähnlichen Geruches und Verhaltens „Kampferkreosot" nannte; Cl. gibt an, daß sie leichter als Wasser sei.

Noch in demselben Jahre 1842 erklärt Schweizer (J. pr. **26**, 118) auf Grund der Abhandlung von Claus, daß Carvacrol und Kampferkreosot identisch seien, obwohl keine gut stimmenden Analysen usw. vorliegen; Schw. fand ebenfalls, daß Carvacrol leichter als Wasser ist, besonders der ähnliche Geruch bestimmte ihn, die Identität beider Verbindungen auszusprechen.

Voelckel (A. **85** [1853], 249) sagt vom Carvacrol, daß es einen dem Kreosot ähnlichen Geruch besitze, daß es sich wie dieses in Kalilauge löse, daß es sich aber vom Kreosot dadurch unterscheide, daß es spezifisch leichter als Wasser sei. Aber auch V. vermag nicht die richtige Bruttoformel für Carvacrol aufzustellen, er ist jedoch der Meinung, daß sich das Carvon schon durch bloßes Erhitzen bis zum Kochen zum kleinen Teile in Carvacrol umwandle.

Gerhardt (Grh. III, 615) sagt von dem Carvacrol Schweizers: „Je crois que ce n'est qu'une modification isomère du carvol." Aber auch G. gibt über die Eigenschaften weiter nichts an.

Fassen wir demnach das, was bis zum Jahre 1857 über das Carvacrol bekannt war, zusammen, so sehen wir, daß das Carvacrol in einem ätherischen Öl bis dahin nicht aufgefunden war, obwohl man damals bereits verschiedene Öle kannte, in denen Carvacrol in größerer Menge vorkommt. Das Nichterkennen des Carvacrols in diesen hat darin seinen Grund, daß Carvacrol wegen seines niedrigen Schmelzpunktes sich nicht in festem Zustande ausscheiden läßt und daß es auch sonst nicht leicht kristallisierte Verbindungen gibt mit Reagentien, die man damals gewöhnlich zur Abscheidung benutzte. Man konnte das Carvacrol bis 1857 einmal aus dem Carvon nach Schweizer und Voelckel, sodann aus dem Kampfer nach Claus gewinnen. Aber diesen Forschern glückte es nicht, die richtige Formel zu ermitteln. Erst Gerhardt spricht 1854 in seinem Handbuch die Ansicht aus, daß es wahrscheinlich isomer mit dem Carvon $C_{10}H_{14}O$ sei, ohne jedoch Beweise dafür vorzubringen.

In der nächsten Periode 1857—1872 ruhten die Arbeiten über das Carvacrol fast vollständig. Obwohl Kekulé im Jahre 1865 seine Benzoltheorie aufstellte, die mit einem Schlage über viele Bestandteile ätherischer Öle Aufklärung brachte, war dies doch noch nicht der Fall für das Carvacrol. Bis zum Jahre 1865 war man sich überhaupt über die Konstitution recht weniger Bestandteile ätherischer Öle im klaren, man kann sagen fast keines einzigen. Nach Aufstellung der Kekuléschen Theorie gelang es, zunächst Licht über diejenigen Bestandteile der ätherischen

Öle zu verbreiten, die zur Benzolklasse gehören. So war das Cymol in der Periode 1857—1872 soweit in seiner Konstitution erkannt, daß man es als p-Methyl-propylbenzol ansah; nur war man zweifelhaft, ob eine n- oder Isopropylgruppe vorlag. Wenn man auch noch die Konstitution anderer Bestandteile der ätherischen Öle, die zu den Benzolderivaten gehörten, in dieser Periode klarlegte, so den Zimtaldehyd usw., so war doch eben erwähntes Cymol von ihnen das bei weitem wichtigste Molekül.

Arndt (B. **1**, 203) spricht ebenfalls die Ansicht aus, daß sich das Carvacrol ganz wie ein Phenol verhalte. Kekulé und Pott (B. **2** [1869], 121) schmelzen cymolsulfonsaures Kalium mit Kalihydrat und erhalten ein Oxycymol vom Sdp. 230°, das „in seinen Eigenschaften von dem seither bekannten Thymol abweicht; es scheint mit demselben nur isomer, aber nicht identisch zu sein.“ K. und P. stellen also aus dem Cymol, von dem sich bereits ein bekanntes Phenol, das Thymol, ableitete, ein zweites Phenol dar, erkennen jedoch nicht die Identität dieses Oxycymols mit dem Carvacrol. — Auch Müller (B. **2**, 130) stellt gleichzeitig aus der Cymolsulfonsäure mit kaustischem Natron ein Oxycymol dar, das leichter als Wasser ist; auch er erwähnt keine Beziehung zwischen Oxycymol und Carvacrol.

Aus diesen Mitteilungen ist zu erkennen, daß man sich auch am Ende dieser Periode im Jahre 1872 noch durchaus nicht klar war über das Carvacrol, wenn auch die früheren Forscher bereits seine Ähnlichkeit mit dem Kreosot betont hatten und Arndt im Jahre 1868 darauf hinwies, daß eine „Phenylsäure“, also ein Phenol im Carvacrol vorläge, während das Carvon kein Phenol sei, da es sich nicht, wie das isomere Thymol, in Alkalien löse. Daß sich gewisse einwertige Alkohole von anderen dadurch unterscheiden, daß sie in Alkalien löslich sind, wußte man schon seit längerer Zeit und hatte diese Eigenschaft besonders am Phenol selbst, am „Kressylphenol“, am „Phlorylphenol“ und am Thymolphenol oder Thymol kennen gelernt und aus diesem Grunde alle diese „Alkohole“ von den anderen abgeschieden und auch vielfach einzelne Glieder als Säuren, so das Phenol als Carbolsäure, bezeichnet. Jedoch brach sich die Anschauung über die Konstitution der Phenole, daß sie im Kern durch Hydroxyl substituierte Benzolderivate seien, erst Ende der sechziger und Anfang der siebziger Jahre des vergangenen Jahrhunderts Bahn. Daher kommt es, daß man wohl das Carvacrol gewiß im Jahre 1872 bereits verschiedentlich in nahe Beziehung zu den Phenolen brachte, daß man aber weder eine bestimmte Vorstellung von der näheren Konstitution dieser Verbindung $C_{10}H_{14}O$ hatte, wenn man auch zweifellos hin und wieder annehmen mochte, daß ähnlich wie im Cymol im Carvacrol eine Methyl- und Propylgruppe in p-Stellung zu einander vorhanden sind. Über die Stellung der Phenolgruppe, namentlich in Bezug auf die Methyl- und Propylgruppe finden wir nirgends eine bestimmte Ansicht ausgesprochen, namentlich auch nicht über die Beziehung des Carvacrols zu dem auf synthetischem Wege aus der Cymolsulfonsäure gewonnenen Oxycymol, das man ebenfalls wohl als Phenol erkannt hatte, über seine Identität mit Carvacrol war man aber durchaus im Zweifel, ebenso über sein Verhältnis zum Thymol.

Jedoch sofort zu Beginn der nächsten Periode berichten KEKULÉ und FLEISCHER (Sitzung der Niederrhein. Ges. vom 15. März 1873) über das Carvacrol, das man aus Kampfer durch Einwirkung von Jod gewinnt; sie halten es für identisch mit dem „Cymophenol" von KEKULÉ und POTT und zeigen, daß es beim Behandeln mit Schwefelphosphor neben gewöhnlichem Cymol auch ein „Thiocymol" liefert, das in allen Eigenschaften mit dem aus Kampfer direkt gebildeten „Thiocymol" übereinstimmt.

RODERBURG (B. **6** [1873], 669) bringt eine Mitteilung „Über Oxycymol und Thiocymol" und kommt zu dem Resultat, daß in der Cymolsulfonsäure und in dem Oxy- und Thiocymol, die aus ihr erhalten werden können, die unorganischen Gruppen denselben Ort einnehmen, wie der Hydroxyl- und Sulfhydrylgruppe in dem aus Kampfer direkt darstellbaren Oxycymol und Thiocymol.

KEKULÉ und FLEISCHER (B. **6** [1873], 934) beschäftigten sich mit dem Oxycymol aus Kampfer und KEKULÉ stellte kurz vorher (a. a. O., S. 929) seine Kampferformel auf, die er besonders auf den leichten Übergang des Kampfers in Cymol gründete. K. suchte nun nach einem leichten Übergang des Kampfers $C_{10}H_{16}O$ in ein Phenol, dessen Konstitution sich bestimmen ließe; dieses Phenol sollte das Hydroxyl an derselben Stelle haben wie der Kampfer die Ketogruppe; auf diese Weise wollte K. die von ihm aufgestellte Formel beweisen. Diese Kalkulation war für damalige Zeit wichtig, aber man übersah die leichte Umwandlungsfähigkeit der hydriert-cyklischen Körper, wodurch alle Ansichten der Chemiker, die so großes auf dem Gebiete der Verbindungen der Benzolreihe geleistet hatten, über die Konstitution der hydriert-cyklischen Verbindungen sich fast ausnahmslos als falsch erwiesen. KEKULÉ und FLEISCHER stellten nun aus dem Kampfer das gesuchte Phenol her, das aber schon vor ihnen CLAUS aus dem Kampfer gewonnen und für das GERHARDT bereits die Formel $C_{10}H_{14}O$ angenommen hatte. F. und K. finden für das Phenol den Sdp. 231—232° und die Zusammensetzung $C_{10}H_{14}O$, jedoch erstarrt ihr Oxycymol noch nicht bei —25°. F. und K. stellen fest, daß dieser Körper $C_{10}H_{14}O$ „ein dem Cymol entsprechendes Phenol sei", indem sie es mit P_2S_5 behandeln, wobei sie Cymol und Thiophenol gewinnen; F. und K. nehmen ebenfalls an, daß das aus Kampfer gewonnene Oxycymol identisch ist mit dem aus der Cymolsulfonsäure gewonnenen Cymolphenol.

FITTICA (B. **6**, 943) sagt gelegentlich der Identitätserklärung des Cymols aus Kampfer, des Cymols aus dem Öl der Samen von *Ptychotis Ajowan* sowie des Thymocymols: „es sind Benzole mit den Seitenketten Methyl und demselben Propyl in der Parastellung. Es gibt zwei denselben zugehörige Phenole; das eine ist das von POTT, sowie von KEKULÉ und FLEISCHER und von RODERBURG erhaltene flüssige Cymophenol, das andere das im Thymianöl und dem Ptychotisöl natürlich vorkommende, kristallinische Thymol."

Kekulé und Fleischer (B. 6, 1087) berichten über das „Carvol und Carvacrol“. K. und Fl. stellen das Carvacrol auch aus dem Carvon dar und finden für das Phenol den Sdp. 236,5—237° (F. i. D.). „Es ist in allen Eigenschaften mit dem früher beschriebenen Oxycymol (und Kamphokreosot) identisch.“ „Das Oxycymol (Carvacrol) ist nun isomer mit dem Thymol. Da beide sich von demselben Cymol herleiten, so repräsentieren sie die zwei nach der Theorie möglichen Modifikationen des Oxycymols. In welchem der beiden Körper sich der Wasserrest in der Nähe des Propyls, in welchem er sich in der Nähe des Methyls befindet, kann vorläufig nicht entschieden werden.“ Auch behandelten K. und F. das Carvacrol mit P_2O_5 und erhielten dabei Propylen und ein nicht näher untersuchtes Kresol. — Hieraus geht klar hervor, daß man im Jahre 1873 sowohl die Konstitution des Carvacrols, als auch die des Thymols soweit erkannt hatte, daß beide Körper Phenole seien mit p-ständiger Methyl- und Propylgruppe, jedoch kannte man nicht die relative Stellung der Hydroxylgruppe, wenn man auch schon früher aus dem Thymol mit P_2O_5 Propylen und γ-Kresol erhalten hatte; doch war die Konstitution des γ-Kresols wohl noch nicht ohne Zweifel festgestellt.

Kekulé (B. 7 [1874], 1006) stellte reines o-Kresol dar vom Smp. 31—31,5°; dieses o-Kresol lieferte eine o-Kresotinsäure vom Smp. 163 bis 164°. Bei der Behandlung des Carvacrols mit P_2O_5 erhielt K. ebenfalls ein festes Kresol und die daraus dargestellte Kresotinsäure schmolz bei 161°. — Mit diesen Ergebnissen Kekulés war die Konstitution des Carvacrols und Thymols bis auf die Natur der Propylgruppe erschlossen bzw. bestätigt, wenn man annehmen will, daß die Konstitution des γ-Cymols als m-Cymol schon vorher allgemeiner angenommen wurde, was aber nicht der Fall gewesen ist.

Jacobsen (B. 11, 1060) bringt Mitteilungen über die Konstanten des reinen, aus Cymolsulfosäure dargestellten Carvacrols: Sdp. 237° (Quecksilber g. i. D.), $d_{15} = 0{,}98558$, $n_D = 1{,}5252$, auf $-20°$ abgekühlt erstarrt es zu feinen Nadeln und schmilzt nahe bei 0°.

Am Ende der Periode 1872—1887 war demnach die Konstitution des Carvacrols zweifellos soweit festgestellt, daß man in diesem Molekül ein p-Methyl-prophylphenol sah, dessen Hydroxylgruppe sich neben der Methylgruppe befand. Die C_3H_7-Gruppe hielt man, ebenso wie im Cymol, für die normale Propylgruppe (vgl. Cymol), da der Zusammenhang des Carvacrols mit dem Cymol ein sehr enger war, indem man einmal vom Cymol aus über die Sulfonsäure durch Verschmelzen mit Kali zum Carvacrol kam, anderseits durch Reduktion des Carvacrols mittels P_2S_5 zum Cymol gelangen konnte; schließlich war es möglich vom Kampfer, Carvon usw. aus, die ebenfalls Carvacrol lieferten, auch zum Cymol zu kommen.

In dieser Periode wurde auch im Jahre 1879 zuerst von Jahns das Carvacrol in einem ätherischen Öl, und zwar im Spanisch-Hopfenöl, aufgefunden.

Erst die nächste Periode brachte im Jahre 1891 die Aufklärung der Propylgruppe im Cymol als Isopropylgruppe, womit auch bewiesen war daß sich im Carvacrol eine Isopropylgruppe befindet. — Ferner wurde in dieser Periode das Carvacrol in ätherischen Ölen häufiger konstatiert wie in der vergangenen, auch seine künstliche Darstellung wurde auf mehrere Fälle erweitert; auch konnte gezeigt werden, daß das Tanaceton, Carvotanaceton, Dihydrocarvon usw. sich in Carvacrol überführen lassen, ebenso das Carvacrylamin, das SEMMLER aus dem Tanacetonoxim dargestellt hatte. — REYCHLER (Bl. III, **7**, 31; B. **25**, Ref. 208) behandelt zur Darstellung von Carvacrol das Carvonchlorhydrat mit höchstens 2 % seines Gewichts wasserfreien Chlorzinks unter Erwärmen, ev. unter Zusatz von Eisessig usw.; es werden dabei ca. 90 % der theoretischen Ausbeute an Carvacrol erhalten.

Über das Vorkommen des Carvacrols ist zu bemerken, daß es bisher nicht allzuhäufig in ätherischen Ölen aufgefunden worden ist. Hauptsächlich findet sich das Carvcarol in ätherischen Ölen, die von Labiaten stammen, ganz ausnahmsweise in solchen aus anderen Familien. Jedoch ist anzunehmen, daß das Carvacrol noch verbreiteter ist als man bisher festgestellt hat.

Lauraceae.

Im Kampferöl (*Laurus Camphora*) wurde das Carvacrol von SCH. u. Co. (SCH. **1902**, II, 21) nachgewiesen, indem sie die alkalilöslichen Bestandteile isolierten usw.; es zeigte den $Sdp._2 = 86—88^0$ und wurde durch den Geruch sowie durch das bei 136^0 schmelzende Phenylurethan identifiziert, Neben Carvacrol soll noch ein zweites Phenol in der Rohfraktion vom $Sdp._3 = 94—99^0$ vorhanden sein, da außer dem Phenylmethan des Carvacrols ein unscharf zwischen $85—95^0$ schmelzendes Urethan erhalten wurde.

Anacardiaceae.

Das Schinusöl (*Schinus molle* L.) enthält nach GILDEMEISTER und STEPHAN (Ar. **235** [1897], 589) neben viel d- wenig l-Phellandren; außerdem konnten sie durch Alkali aus dem Öle ein Phenol ausschütteln, das SPICA (G. **14** [1884], 204) als Thymol angesprochen hatte, das jedoch nach den Beobachtungen von G. und ST. Carvacrol ist (Phenylurethan Smp. 140^0). SPICA hatte den Schmelzpunkt der Nitrosoverbindung des Phenols bei 156^0 gefunden; Nitrosocarvacrol schmilzt bei 153^0, während das Nitrosothymol bei raschem Erhitzen bei $160—162^0$ schmilzt.

Labiatae.

Das Carvacrol charakterisiert viele Öle gewisser Genera der Labiaten, während in anderen das Thymol vorkommt; zuweilen finden sich beide Phenole gleichzeitig, indem bald das eine, bald das andere überwiegt.

Das ätherische Öl von *Monarda punctata* L. („Horse Mint“) wird zu 3 % aus dem Kraut gewonnen. ARPPE (A. **58** [1846], 41) fand Thymol im Monardenöl auf, das in solchen Mengen im Öl vorkommt, daß dieses Öl häufig erstarrt. Nach HENDRICKS und KREMERS (Pharm. Archives **2**

[1899], 73) enthält das Monardenöl neben dem Hauptbestandteil Thymol zuweilen ein zweites Phenol, wahrscheinlich Carvacrol, das beim Abkühlen des Rohöls nicht erstarrt. — Auch das ätherische Öl von *Monarda fistulosa* L. („Wild Bergamot") enthält ein Phenol, und zwar 52—58 %, das jedoch nicht Thymol, sondern Carvacrol ist (Kremers, Pharm. Rundsch. N. Y. **13** [1895], 207 und Melzner und Kremers, Pharm. Rev. **14** [1896], 198); Melzner und Kremers stellen an vier Mustern einen Carvacrolgehalt von 64,4—72 % fest. — Beck und Brandel beschäftigten sich ebenfalls (Pharm. Rev. **21** [1903], 109) mit diesen Ölen, nachdem Brandel und Kremers Thymochinon und Thymohydrochinon neben dem Carvacrol nachgewiesen hatten. B. und Br. versuchen die Verteilung dieser einzelnen Substanzen in den Pflanzen nachzuweisen und kommen zu dem Resultat, daß die in den Stengeln und in den Blumenblättern gefundenen Oxydationsprodukte des Carvacrols in den Blättern nicht enthalten sind, da in diesen besonders Reduktions- und Kondensationsprozesse stattfinden (vgl. Originalarbeit). — Das ätherische Öl von *Monarda citriodora* wurde zu 1 % aus dem getrockneten Kraut als rötliches Öl vom Volumgewicht $d_{20} = 0{,}9437$ erhalten (Brandel, Pharm. Rev. **22**, 153; C. **1904**, II, 774). 65 % des Öles bestehen aus Phenolen, unter denen das Carvacrol durch die Benzoylverbindung des Nitrosoderivates, Smp. 110°, nachgewiesen wurde. — Über das ätherische Öl aus *Monarda didyma, fistulosa* usw. vgl. Kremers (Pharm. Rev. **21** [1903], 109).

Satureja montana S. liefert ein ätherisches Öl, das, aus kultivierten Pflanzen gewonnen, mehr Phenol zu enthalten scheint als das aus wild wachsendem Kraut dargestellte. Letzteres untersuchte Haller (C. r. **94** [1882], 132); er fand für das Öl: $d_{17} = 0{,}9394$, $\alpha_D = -3^0\,25'$, und konstatierte darin 35—40 % Carvacrol, außerdem in geringer Menge die Anwesenheit eines über 235° siedenden Phenols. — Sch. u. Co. (Sch. **1897**, II, 65) erhielten aus kultiviertem, frisch blühendem Kraut von *S. m.* 0,18 % Öl mit $d = 0{,}939$, $\alpha_D = -2^0\,35'$, das 65 % Phenol enthielt. — Das Bohnen- oder Pfefferkraut (*Satureja hortensis* L.) liefert ein ätherisches Öl, dessen Phenolgehalt 38—42 % beträgt. Jahns (B. **15** [1882], 816) fand, daß neben dem Hauptbestandteil Carvacrol ein zweites Phenol in geringen Mengen vorhanden ist, das Eisenlösung blau färbt.

Das Dostenöl *Origanum vulgare* L.) wird zu 0,15—0,4 % aus trocknem Kraut gewonnen. Sch. u. Co. (Sch. **1891**, I, 49) erhielten 0,24 % Öl und fanden dafür $d = 0{,}893$. — Jahns (Ar. **216** [1880], 277) bestimmt das spez. Gew. zu 0,870—0,910 und α_D zu $-34{,}4^0$ und gibt an, daß nur sehr wenig Phenole, 0,1 %, im Öle vorhanden seien; das eine Phenol gab mit Eisenchlorid eine grüne Färbung und ist wahrscheinlich mit Carvacrol identisch, das andere färbte Eisenchlorid violett. — Die Spanisch-Hopfenöle oder Kretisch-Dostenöle sind stark carvacrolhaltig und werden aus Origanumarten der Mittelmeerländer gewonnen. Das Triester Origanumöl (*Origanum hirtum* Lk.) besitzt dunkle Farbe, hohes Volumgewicht und hohen Carvacrolgehalt. Das Smyrnaer Origanumöl (*Origanum smyrnaeum* L.) besitzt hellere Farbe, ein geringeres Volumgewicht und dementsprechend auch geringeren Carvacrolgehalt. — Das Triester Origanumöl enthält wie JAHNS (Ar. **215** [1879], 1) nachwies, ca. 60—85% Carvacrol und zwar war dieses das erste ätherische Öl, in dem das Vorkommen dieses Phenols konstatiert wurde. Außerdem enthält das Öl noch ca. 0,2% eines zweiten Phenols, das Eisenlösung violett färbt; ferner sind Cymol und wahrscheinlich auch Terpene in ihm vorhanden. Das Smyrnaer Origanumöl GILDEMEISTER, Ar. **223** [1895], 182) enthält (neben sehr viel Carvacrol nicht unbedeutende Mengen von l-Linalool und wenig eines Eisenchlorid violett färbenden Phenols. — Das ätherische Öl von *Origanum floribundum* Mundy (Gebirge von Algier) (*O. cinereum* De Noë) untersuchte BATTANDIER (Journ. de Pharm. et de Chim. VI, **16** [1902], 536); es enthält viel Thymol, denn beim Schütteln mit Alkali verminderte sich sein Volumen um etwa $^1/_4$. Beim Impfen des abgeschiedenen mit einem Thymolkristall erstarrte dieses der Hauptmenge nach; der nicht erstarrende Teil scheint Carvacrol zu sein.

Im Thymianöl (*Thymus vulgaris* L.) finden sich mindestens 20% Phenole (SCH. **1894**, II, 57), und zwar in normalen französischen Destillaten, jedoch steigt der Phenolgehalt auch ausnahmsweise bis auf 42%. Das Phenol ist ein Gemenge von Thymol und Carvacrol, in dem bald das Thymol, bald das Carvacrol überwiegt; jedoch ist in den französischen und deutschen Ölen in der Regel Thymol vorherrschend. Wir lesen bei G. und H., S. 819: „SCH. u. Co. machten an selbst destillierten Ölen folgende Beobachtungen: französisches, getrocknetes Thymiankraut lieferte ein Öl, das neben viel Thymol wenig Carvacrol enthielt. Bei der Destillation von frischem, französischem, in Deutschland kultiviertem Kraut wurde ein Öl erhalten, dessen Phenol fast ausschließlich aus Carvacrol bestand. Hingegen gab frischer und getrockneter deutscher Thymian ein nur Thymol enthaltendes Öl. Im spanischen Thymianöl findet sich nur Carvacrol und kein Thymol. Die Phenolmenge ist aber hier bedeutend größer als in irgend einem andern Thymianöl. Daß im Thymianöl wahrscheinlich noch ein drittes Phenol vorkommt, geht aus der grünschwarzen Färbung hervor, die das Öl bei Zusatz von Eisenchlorid zeigt.“ Hiernach müssen Thymol und Carvacrol aus einem Körper entstehen, der in der Pflanze bald in Thymol, bald in Carvacrol übergehen kann; ev. liegen Moleküle wie der Buccokampfer vor, dessen Konstitution SEMMLER und MC. KENZIE (B. **39**, 1158) ermittelten; auch der Buccokampfer läßt sich bald in Thymol, bald in Carvacrol überführen. — Das Quendelöl (*Thymus Serpyllum* L.) besteht der Hauptmenge nach aus Cymol, dem wenig d-Terpen beigemengt ist (FEBVE, C. r. **92** [1881], 1290). Nach JAHNS (Ar. **216**, 277; B. **15**, 819) sind die darin enthaltene Phenole (ca. 1%) nicht einheitlich, sondern sie bestehen aus Carvacrol, Thymol und einem weiteren Phenol, das Eisenlösung violett färbt; außerdem dürften Sesquiterpene vorhanden sein. — Ein aus frischem Kraut des spanischen *Thymus capitatus* Lk. destilliertes Öl untersuchen SCH. u. Co. (SCH. **1889**, II, 56) und finden, daß es in seiner Zusammensetzung sehr dem Öl von *Satureja Tymbra* ähnelt. Der Thymolgehalt betrug jedoch nur

6 %. „Außerdem ist jedoch noch ein anderes flüssiges Phenol vorhanden, dessen Siedepunkt im Vakuum ganz nahe dem des Thymols liegt;“ ev. haben wir es also mit Carvacrol zu tun.

Im kanadischen Minzöl (*Mentha canadensis* L.; „Wild Mint“) kommt Pulegon vor; außerdem sollen sich kleine Mengen von Thymol oder Carvacrol in dem Öl finden.

Das ätherische Öl aus dem Kraute von *Pycnanthemum lanceolatum* Pursh. („Mountain Mint“) soll nach Correll (Pharm. Rev. **14** [1896], 32) 7—9 % Carvacrol enthalten, ferner Pulegon (vgl. auch Alden, Pharm. Rev. **16** [1898], 414].

Aus diesen Angaben ist zu entnehmen, daß es hauptsächlich die Genera *Monarda, Satureja, Origanum* und *Thymus* sind, die ätherische Öle liefern, welche mehr oder weniger reich an Carvacrol sind.

Zur **Isolierung des Carvacrols** aus ätherischen Ölen usw. ist zu bemerken, daß die oben für Phenole angegebenen Methoden brauchbar sind. Man schüttelt mit verd. Laugen aus und zieht die alkalische Lösung alsdann mit Äther aus; jedoch muß man die ätherische Lösung wiederholt für sich mit Laugen (ca. 10 %igen) ausziehen, da Carvacrol zum Teil selbst aus stark alkalischer Lösung in den Äther übergeht Klages, B. **32**, 1517). Kremers und Schreiner (Pharm. Rev. **14** [1896], 221) teilen ein Verfahren zur quantitativen Bestimmung von Thymol und Carvacrol in ätherischen Ölen mit, das eine Modifikation der von Messinger und Vortmann (B. **23**, 2753) angegebenen Methode ist und darauf beruht, daß Thymol in alkalischer Lösung durch Jod als rote Jod-Thymolverbindung gefällt wird und daß man die im Überschuß zugefügte Jodmenge nach dem Ansäuern der Flüssigkeit mit Natriumthiosulfatlösung zurücktitrieren kann; jedes Molekül Thymol erfordert 4 Mol. Jod, um gefällt zu werden (vgl. Thymol). Zur Bestimmung des Carvacrols ist zu bemerken, daß das Jod-Carvacrol sich milchig ausscheidet; es ist deshalb nötig, um einen Niederschlag zu bewirken, die Mischung nach dem Hinzufügen des Jods kräftig durchzuschütteln und zu filtrieren (vgl. auch Bayer u. Co. D. R. P. 53752, Frdl. II, 509); alsdann wird die Flüssigkeit mit Salzsäure angesäuert und genau so verfahren wie beim Thymol.

Ergänzend für die synthetische Darstellung des Carvacrols ist mitzuteilen, daß man es nach Kreysler (B. **18**, 1704) aus Carvon mittels 4 % $POCl_3$ erhalten kann, ferner aus Carvon durch Kochen mit Ameisensäure (Klages, B. **32**, 1517); vgl. auch Lustig (B. **19**, 12) und Étard (B. **26**, Ref. 492); aus Tanaceton durch Kochen mit $FeCl_3$ und verd. Essigsäure (Wallach, A. **286**, 108), ferner aus Nitrosopinen beim Kochen mit verd. Salzsäure (v. Baeyer, B. **28**, 647 und Mead und Kremers, Am. **17**, 608). Auch beim Kochen von Ketoterpin mit verd. H_2SO_4 bildet sich Carvacrol (v. B., B. **31**, 3215).

Physik. Eig. des Carvacrols. Jacobsen (B. **11**, 1060): Smp. gegen 0°, Sdp. 236,5—237° (i. D.), $d_{15} = 0{,}9856$.

Jahns (J. **1879**, 942) für Carvacrol aus Kretisch-Dostenöl: Sdp. 236 bis 237° (kor.), d_{15} = 0,981, Smp. +1,5 bis +2°.

Jahns (B. **15**, 816) für Carvacrol aus dem Öle von *Satureja hortensis*: Sdp. 236 bis 237° (kor.), d_{15} = 0,981, n_D = 1,525, Smp. + 0,5 bis + 1°.

Semmler (B. **25**, 3353): Sdp.$_{16}$ = 119°, d_{20} = 0,9782, Mol.-Brech. = 46,83 (vgl. Eykman, R. **12**, 177).

Über Mol.-Verbr. = 1354,82 Kal. vgl. Stohmann, Rodatz und Herzberg (J. pr. II, **34**, 319).

Gildemeister (Ar. **233** [1895], 188) für Carvacrol aus Origanumöl: Smp. + 0,5°, Sdp.$_{742}$ = 235,5—236,2°, d_{20} = 0,976, $n_{D_{20}}$ = **1**,52338; für ein aus Carvon erhaltenes Carvacrol: Smp. + 0,5°, Sdp.$_{742}$ = 236—236,5°, d_{20} = 0,979, $n_{D_{20}}$ = 1,52295.

Perkin (Soc. **69**, 1239): Sdp. 237,7° (kor.), $d_{4/4}$ = 0,9884, $d_{15/15}$ = 0,981, $d_{25/25}$ = 0,9756; magn. Dreh. 16,31 bis 15,6°.

Brühl (B. **32**, 1224): Sdp.$_{10}$ = 113°, $d_{20/4}$ = 0,9760, $n_{D_{18,4}}$ = 1,52540.

Über das kryoskopische Verhalten vgl. Ampola und Rimatori (G. **27**, I, 46, 67), ferner Biltz (Ph. Ch. **27**, 544).

Das Carvacrol läßt sich aus alkalischer Lösung mit Wasserdampf abdestillieren (Klages, B. **32**, 1517).

Das Carvacrol ist in **physiol.** Beziehung, im Geruch dem Thymol wohl ähnlich, aber deutlich von ihm zu unterscheiden, da es schärfer als Thymol riecht.

Chem. Eig. des Carvacrols. Das Carvacrol gibt sämtliche Phenolreaktionen, ist jedoch, wie bereits erwähnt, nur ein schwaches Phenol, das sich sowohl aus seiner alkalischen Lösung mit Wasserdampf abdestillieren, als auch mit Äther zum Teil ausschütteln läßt. Eine alkoholische Eisenchloridlösung wird durch Carvacrol grün gefärbt.

Durch **Reduktion** mittels P_2S_5 läßt sich nach Kekulé und Fleischer (B. **6**, 935) das Carvacrol in p-Cymol vom Sdp. 174—175° überführen. — Jodwasserstoff und Phosphor reduzieren nach Bamberger und Berlé (B. **24**, 3211) das Carvacrol bei 235° zu $C_{10}H_{18}$, Sdp. 162—168°, neben $C_{10}H_{16}$ (?).

Das Carvacrol läßt sich unter Erhaltung der Hydroxylgruppe und unter Reduktion des Benzolrings zum Hexahydrocarvacrol $C_{10}H_{20}O$ reduzieren nach dem Verfahren von Sabatier und Senderens (Brunel, C. r. **137** [1903], 1268; **140** [1905], 252); das Hexahydrocarvacrol siedet bei 218—219°.

Durch Einwirkung von freien Halogenen bilden sich Halogensubstitutionsprodukte. Bromcarvacrol $C_{10}H_{12}BrOH$ erhalten Wallach und Neumann (B. **28**, 1664), indem sie Brom in eine Eisessiglösung von Carvacrol eintragen: Smp. 46°, Sdp.$_{12}$ = 162—163°. Der Methyläther $C_{10}H_{12}BrOCH_3$ ist flüssig und hat den Sdp.$_{15}$ = 147—150°. Ferner konnten Mazzara und Plancher (G. **19**. 471) ein 3,5-Dibromcarvacrol $CH_3 \cdot C_6HBr_2(C_3H_7)OH$ als Öl gewinnen.

Thiocarvacrol $C_{10}H_{13}SH$ erhält Flesch (B. **6**, 478) neben Cymol aus Kampfer und P_2S_5, Roderburg (B. **6**, 669) sowie Kekulé und Fleischer

(B. **6**, 934) gewinnen es aus Carvacrol und P_2S_5 oder aus Cymolsulfonsäurechlorid und Wasserstoff: Sdp. 235 - 236°, $d_{17,5}$ = 0,9975.

Die Spaltung des Carvacrols in o-Kresol und Propylen führt Kekulé (B. **7**, 1006) aus (vgl. oben, ferner Jacobsen, B. **11** [1878], 573, 1061).

Das 2-Chlorcymol $CH_3 \cdot C_6H_3Cl \cdot C_3H_7$ erhalten Fleischer und Kekulé (B. **6**, 1090) aus Carvacrol und PCl_5: Sdp. 216—218° (Fileti und Crosa, G. **18**, 299), d_{14} = 1,014 (v. Gerichten, B. **10**, 1249); es liefert beim Oxydieren mit Salpetersäure 2-Chlor-p-toluylsäure vom Smp. 194—195°. — Dasselbe Chlorcymol wird später von Jünger und Klages (B. **29**, 315) erhalten, ferner von Marsh und Hartridge (Soc. **73**, 854 aus Carvenon und PCl_5, sowie von Klages und Kraith (B. **32**, 2554) beim Kochen von Carvondichlorid mit Chinolin: Sdp. 214—216°, d_{18} = 1,01, n_D = 1,50782.

„o-Carvacrotinsäure" $C_{10}H_{12}OHCOOH$ entsteht nach Kekulé und Fleischer (B. **6**, 1089) aus Carvacrol, Na und CO_2: Smp. 136°, während die „o-Thymotinsäure" bei 123° schmilzt.

Durch **Oxydation des Carvacrols** bei anhaltendem mäßigem Erhitzen mit Ätzkali entsteht die 4-Methoäthylphenol(2)-methylsäure(1), Isooxycuminsäure $(CH_3)_2 \cdot CH \cdot C_6H_3(OH) \cdot CO_2H$ (Jacobsen, B. **11**, 573, 1061); dieselbe Säure entsteht bei längerem Schmelzen von α-isocymolsulfonsaurem Natrium mit Ätzkali (Jacobsen, B. **12**, 432): Smp. 94°. Sie ist mit Wasserdämpfen leicht flüchtig.

Das Thymochinon

$C_{10}H_{12}O_2$ =

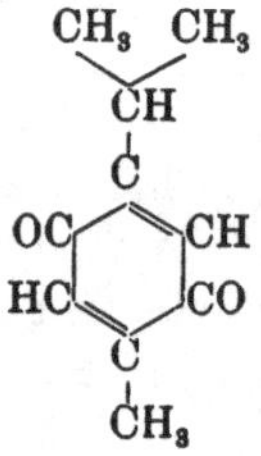

bildet sich nach Kekulé und Fleischer (B. **6**, 1089) beim Oxydieren des Carvacrols, ebenso nach Reychler (Bl. III, **7**, 32) aus Carvacrol und Chromsäuregemisch: gelbe primatische Tafeln, Smp. 45,5°, Sdp. 232°; es wird durch SO_2 zu Thymohydrochinon reduziert und liefert damit Thymochinhydron (Liebermann, B. **18**, 3196).

Über Carvacrol-5-sulfosäure vgl. Jahns (Ar. **215** [1879], 6); sie entsteht beim Vermischen gleicher Teile Carvacrol und Vitriolöl, kristallisiert und liefert bei der Destillation mit Braunstein und verd. H_2SO_4 Thymochinon, Smp. 65—69°(?).

Das Nitrosocarvacrol $C_3H_7 \cdot C_6H_2(NO)(CH_3) \cdot OH$ wird nach Mazzara und Plancher (G. **21**, II, 155) erhalten, wenn man in eine eiskalte Lösung von 50 g Carvacrol in 15 g NaOH (gelöst in wenig Alkohol) 35 g Isoamylnitrit eintropfen läßt usw.: Smp. 153°, oder wenn man nach

KLAGES (B. **32**, 1518) Natriumnitrit auf die Lösung von Carvacrol in alkoholischer Salzsäure einwirken läßt. (Über Nitrosocarvacrol, $\Delta^{1,4}$-Terpadiën-3-oxim-6-on, namentlich was das Historische, Darstellung usw. betrifft, s. auch KREMERS und BRANDEL, Pharm. Review **22** [1904], 248, 290). — Das Nitrocarvacrol $C_3H_7 \cdot C_6H_2(NO_2)(CH_3) \cdot OH$ gewinnt man nach PATERNÒ und CANZONERI (B. **12**, 383) aus Nitrosocarvacrol mit Hilfe von Alkali und rotem Blutlaugensalz: Smp. 77—78°. — Das 3,5-Dinitrocarvacrol $CH_3 \cdot C_6H(NO_2)_2(C_3H_7) \cdot OH$ bildet nach MAZZARA (G. **20**, 185) gelbliche Nadeln vom Smp. 117°. — Das Benzoylnitrosocarvacrol $C_{10}H_{13}OCOC_6H_5$ schmilzt bei 110°.

Das Dicarvacrol schmilzt bei 147—148°.

Der Phenylcarbaminsäureester $C_{10}H_{13}O \cdot CONHC_6H_5$ wurde zuerst von GOLDSCHMIDT (B. **26** [1893], 2086) dargestellt, man erhält ihn, wenn man molekulare Mengen von Carbanil mit Carvacrol mischt und etwas Aluminiumchlorid hinzusetzt; vgl. GILDEMEISTER (Ar. **233** [1895], 188): Smp. 140°, ferner SEMMLER und MC. KENZIE (B. **39**, 1158).

Zur **Identifizierung des Carvacrols** scheidet man dieses Phenol am besten znnächst ab, wie oben angegeben wurde, so z. B. mit 10%iger Natronlauge. Die physikalischen Daten, so der Siedepunkt von 236°, das Volumgewicht $d_{20} = 0{,}978$ und der Brechungsexponent $n_D = 1{,}5229$ sind charakteristisch, ebenso der niedrige Schmelzpunkt + 0,5°; das isomere und leicht mit dem Carvacrol zu verwechselnde Thymol schmilzt bei 50—51° und scheint spezifisch etwas leichter zu sein: $d_{24,4/4} = 0{,}96895$, auch liegt sein Sdp. von 232° etwas niedriger, so daß wir hier dieselbe Beobachtung machen wie bei den Gliedern der Menthon- und Carvonreihe. Unter den chemischen Verbindungen sind charakteristisch: das Carvacrylphenylurethan vom Smp. 140° (die entsprechende Thymolverbindung zeigt den Smp. 105°); das Nitrosocarvacrol vom Smp. 153° (das Nitrosothymol schmilzt bei 160—162° rasch erhitzt; die Benzoylverbindung des Nitrosocarvacrols schmilzt bei 110°; das Dicarvacrol schmilzt bei 147—148° und die Carvacrolsulfosäure bei ca. 58—59°.

Die OH-Gruppe im Carvacrol kann durch Cl ersetzt werden, wodurch man zum 2-Chlor-cymol kommt; letzteres gibt oxydiert eine bei 194—195° schmelzende charakteristische Chlor-p-Toluylsäure.

v. BAEYER (B. **28**, 647) gibt zur Unterscheidung des Carvacrols vom Thymol folgendes an: „Eine alkalische, sehr verdünnte Lösung des Phenols wird mit etwas Natriumnitrit versetzt, angesäuert und über Nacht stehen gelassen. Ist Carvacrol oder Thymol vorhanden, so bilden sich bräunliche oder gelbe Nadeln, welche in Ammoniak gelöst und mit verd. Essigsäure ausgefällt werden. Ist die zu untersuchende Substanz Thymol, so fällt ein fester, amorpher Niederschlag von Nitrosothymol, ist sie Carvacrol, so scheiden sich Öltropfen aus, die sich sehr schnell in deutlich erkennbare Nadeln verwandeln." Mit P_2O_5 liefert Carvacrol Propylen und o-Kresol, Thymol dagegen Propylen und m-Kresol. Über weitere Unterschiede von Thymol usw. vgl. letzteres.

Konstitution des Carvacrols. Die Bruttoformel des Carvacrols wurde zwar als isomer dem Carvon $C_{10}H_{14}O$ bereits von GERHARDT (GRH. III, 615) richtig angenommen, aber analytisch festgestellt erst durch KEKULÉ (vgl. oben). Die Phenolnatur des Carvacrols konnte natürlich erst ausgesprochen werden, als man am Ende der sechziger Jahre erkannte, daß in den Phenolen Wasserstoff im Kern durch Hydroxyl ersetzt ist. Allerdings hatte bereits CLAUS (J. pr. **25** [1842], 264) das Carvacrol in nahe Beziehung zum Kreosot gebracht, aber doch waren es erst diejenigen Untersuchungen, welche am Ende der sechziger und Anfang der siebziger Jahre des vergangenen Jahrhunderts ausgeführt wurden, die die Natur des Sauerstoffatoms im Carvacrol in das richtige Licht rückten. FITTICA spricht im Jahre 1873 die Ansicht aus, daß dem Cymol nur zwei Oxycymole entsprechen können, von denen das eine das Thymol, das andere das Oxycymol POTTS, erhalten aus der Cymolsulfosäure, sei. KEKULÉ und FLEISCHER wiesen alsdann die Identität dieses Oxycymols mit dem Carvacrol nach und KEKULÉ (B. **7** [1874], 1006) gewann reines o-Kresol sowohl auf synthetischem Wege, als auch aus Carvacrol. Mit dem Jahre 1874 ist demnach endgültig bewiesen, daß das Carvacrol ein Phenol ist und zwar ein Oxycymol, dessen Hydroxylgruppe an C_2 haftet. Die nahe Beziehung des Carvacrols zum Cymol hatte sich schon früher ergeben aus der Überführung des Carvacrols mit P_2O_5 bzw. Zinkstaub in Cymol.

Es erübrigte die Natur der Propylgruppe festzustellen. Wie eingangs ausführlich erörtert wurde, glaubte man Ende der sechziger und anfangs der siebziger Jahre nachgewiesen zu haben, daß im Cymol eine n-Propylgruppe vorhanden ist, wonach man annehmen mußte, daß im Carvacrol, Thymol usw. ebenfalls eine n-Propylgruppe vorhanden ist. Erst die Untersuchungen WIDMANS (B. **24**, 439, 1362) machten diesen Zweifeln ein Ende, da durch sie im Jahre 1891 endgültig festgestellt wurde, daß im Cymol, also auch in den diesem Kohlenwasserstoff nahestehenden Verbindungen, wie Carvacrol und Thymol, eine Isopropylgruppe vorhanden ist. — Aus allen diesen Untersuchungen geht eindeutig hervor, daß das Carvacrol ein p-Methyl-isopropyl-oxy(2)-benzol ist.

Die **geschichtliche Entwickelung** der Feststellung der physik. und chem. Eigenschaften des Carvacrols und seiner Synthese sowie sein Vorkommen ist bereits ausführlich erörtert worden. Hier sei nur noch betont, daß man, bald nachdem KEKULÉ seine Benzolformel aufgestellt hatte, versuchte das Carvacrol zum Benzol in nähere Beziehung zu bringen. Jedenfalls gelang es, diesen Bestandteil ätherischer Öle als Benzolderivat alsbald zu charakterisieren und bis auf die Natur der Propylgruppe im Jahre 1874 als p-Methyl-propylphenol zu erkennen.

336. Thymol

$C_{10}H_{14}O$ = 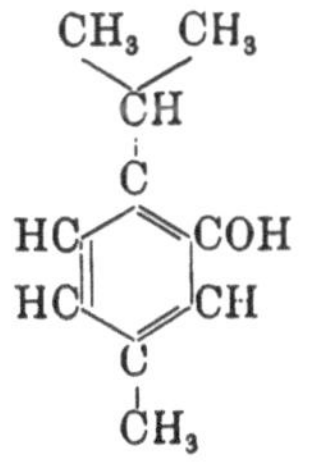

Vorkommen, Isolierung und Synthese. Wie bereits oben erwähnt, treten beim Carvacrol und Thymol analoge Unterschiede auf wie bei den Verbindungen der Carvon- und Menthonreihe, Unterschiede, wie sie sich auch in den physikalischen Eigenschaften äußern. Wie das Tetrahydrocarvon höher siedet als das Menthon, so liegt der Sdp. des Carvacrols höher als derjenige des Thymols. — Der Smp. des Thymols (50—51°) liegt höher als der des Carvacrols (+ 0,5°); aus diesem Grunde kommt es, daß sich das Thymol manchmal aus dem es enthaltenden ätherischen Ölen abscheidet. Diesem Umstande ist zuzuschreiben, daß das Thymol den Chemikern seit längerer Zeit bekannt ist als das Carvacrol; man hatte ersteres als Thymiankampfer bezeichnet, wobei die Bezeichnung Kampfer nur im kollektiven Sinne gebraucht ist. Bereits Kaspar Neumann hatte zu Beginn des achtzehnten Jahrhunderts im Jahre 1719 den Thymiankampfer wahrgenommen (G. u. H., S. 816), ebenso Cartheuser im Jahre 1754 (De sale volatile oleoso solido in oleis aetheriis nonnunquam reperto. Diss. Frankofurto 1774). — Während man das Carvacrol zuerst auf präparativem Wege erhielt und es erst Jahns verhältnismäßig spät (im Jahre 1879) aus einem ätherischen Öle abschied, liegen die Verhältnisse beim Thymol umgekehrt, denn es wurde hauptsächlich aus ätherischen Ölen abgeschieden und erst durch Widman (B. **15**, 166) im Jahre 1882 aus dem zugehörigen Cymidin mit Hilfe von salpetriger Säure gewonnen. Dieser Umstand liegt einmal darin begründet, daß das Thymol sich in festem Zustande im Gegensatz zum Carvacrol aus ätherischen Ölen abscheidet, alsdann daß sich das Thymol nicht wie das Carvacrol aus in der Natur vorkommenden Verbindungen — so wie z. B. aus Kampfer, Carvon, Tanaceton usw. — darstellen läßt; auch die Cymolsulfonsäure bot ein bequemes Ausgangsmaterial zur Darstellung des Carvacrols. In der Natur finden sich die entsprechenden Verbindungen der Menthonreihe nicht.

Bis Lavoisier verstand man wohl das Thymol aus einzelnen ätherischen Ölen abzuscheiden, aber man wußte über seine Zusammensetzung nichts; man hielt es zuerst für ein Salz, alsdann sprach man es als Thymiankampfer an.

Aber auch die nächste Periode bis zum Jahre 1830 brachte keine weiteren Mitteilungen als solche rein äußerer Natur.

Mit dem Aufschwung der Elementaranalyse hatte man am Ende der vorigen Periode und zu Beginn der nächsten, 1830—1857, eine große Anzahl von Bestandteilen ätherischer Öle analysiert, besonders solche, die dem Chemiker durch ihre Ausscheidung als feste Körper einen größeren Grad von Reinheit zu gewährleisten schienen.

Arppe (A. **58** [1846], 41) untersuchte das ätherische Öl von *Monarda punctata* („Horse Mint") und zeigte, daß es aus einem Elaeopten und einem Stearopten besteht; über letzteres sagt er: „Sowie ich es erhielt, bildete es große, von anhängendem flüssigen Öl gelblich gefärbte Kristallstücke, deren Geruch auffallende Ähnlichkeit mit dem des Thymians hat." A. fand, daß das Stearopten, von dem wir heute wissen, daß es Thymol ist, bei 48° schmilzt und daß es nach dem Erhitzen auf höhere Temperatur erst wieder sehr schwer fest wird, leicht dagegen erstarrt es beim Berühren mit einem harten Körper. A. fand die Zusammensetzung $C_{10}H_{14}O$; im übrigen stellt er nur wenige Versuche, z. B. mit Salzsäure, an.

Dovery (A. ch. III, **20**, 174; A. **64** [1847], 374) untersucht das Thymianöl und findet, daß es ebenfalls aus einem Kohlenwasserstoff und aus einem bei ca. 230° siedenden Körper besteht, der sauer reagiert; aus den Analysen berechnet D. die Zusammensetzung $C_{10}H_{15}O$.

Lallemand (C. r. **37**, 498) fand im Jahre 1853, daß das Thymianöl aus einem festen Bestandteil $C_{10}H_{14}O$ und einem Kohlenwasserstoff $C_{10}H_{16}$ besteht, von denen er den ersten Phenol, den zweiten Thymen nannte. Das Thymen stellte sich späterhin heraus als ein Gemenge von Cymol und Terpenen. L. fand, daß das Thymol mit Natron- und Kalihydrat-Verbindungen eingeht, mittels deren es aus dem Thymianöl vollständiger abgeschieden werden kann. L. beobachtete, daß es bei 44° schmilzt und daß es nach dem Schmelzen noch bei gewöhnlicher Temperatur lange flüssig bleiben kann; Sdp. 230°; es ist inaktiv und soll nach L.'s Angaben Cymolsulfonsäure liefern. — Lallemand (C. r. **38**, 1022; J. **1854**, 592) untersucht die Einwirkung oxydierender Agentien auf Thymol; er zeigt, daß das Thymol, wenn es mit Braunstein und Schwefelsäure oxydiert wird, einen dem Chinon analogen Körper liefert, das Thymochinon, das er „Thymoil" nennt. Durch Reduktion mit SO_2 gewinnt er das dem Hydrochinon entsprechende Thymohydrochinon, das er als „Thymoilol", bezeichnet. Durch Vereinigung von Thymochinon und Thymohydrochinon in äquimolekularen Mengen und Behandeln mit siedendem Alkohol erhält er das Thymochinhydron, das er „Thymeïd" nennt.

Stenhouse (A. **98** [1856], 314) und Haines (A. **98**, 315 Anm. und J. **1856**, 622) kommen zu der Überzeugung, daß das Stearopten des ätherischen Öles von *Ptychotis Ajowan* identisch ist mit dem Thymol Lallemands, da es auch Thymochinon liefert. Auch ist nach ihnen das Stearopten des *Monarda*-Öles identisch mit dem Thymol (vgl. auch Gerhardt, Grh. III, 610) (vgl. Originalarbeit).

Lallemand (C. r. **38**, 375; A. **101** [1857], 122) vervollständigt seine Angaben über das Thymol und findet, daß es dem Phenol homolog ist und daß sich aus ihm entsprechende Verbindungen darstellen lassen. So erhält er ein Dinitro- und Trinitrothymol; ferner untersucht L. die Produkte der Einwirkung von Chlor usw. auf Thymol. — In einer ausführlichen Arbeit (C. r. **43**, 375; A. ch. III, **48**, 148; A. **102**, 219) kommt L. auf seine Untersuchung des Thymols zurück, gewinnt die Thymolsulfosäure („Sulfothyminsäure"), stellt Derivate des Thymochinons dar usw.

Fassen wir die Resultate der Untersuchungen, welche man in der Periode 1830—1857 erhielt, zusammen, so ergibt sich, daß ARPPE zuerst die richtige Formel $C_{10}H_{14}O$ für Thymol aufstellte, als er das Stearopten des ätherischen Öles von *Monarda punctata* untersuchte. — DOVERY beschäftigte sich ebenfalls mit dem Thymol aus dem Thymianöl, erkannte aber nicht seine richtige Bruttoformel. GERHARDT entschied sich alsdann für die Identität des Thymols mit dem Stearopten des Monardenöls, ebenso STENHOUSE (vgl. auch HAINES).

Die ausgezeichneten Untersuchungen LALLEMANDS zeigten, daß das Thymol sich ähnlich wie das Phenol verhält, daß es an Alkalien geht, daß es sich zu einem Chinon oxydieren läßt, das seinerseits ein Hydrochinon und ein Chinhydron liefert; auch Nitrokörper, eine Sulfonsäure usw. stellt er vom Thymol dar. — Zur Auffassung der chemischen Natur des Thymols ist zu bemerken, daß man das Thymol nebst dem Phenol, dem Kressylalkohol und dem Phlorylalkohol als chemisch nahe verwandt ansah und daß man diese zu den aromatischen Verbindungen rechnete, die schon damals ein gemeinsames Band von Reaktionen umschloß, so z. B. das Verhalten gegen Salpetersäure, wobei die aromatischen Verbindungen im Gegensatz zu den anderen Nitroprodukte lieferten, während die nicht aromatischen tiefgehend oxydiert wurden. Erwähnte vier Alkohole rechnete man zu den einsäurigen Alkoholen; sie unterschieden sich wesentlich von isomeren anderen einsäurigen Alkoholen, wie dem Benzylalkohol, Cuminalkohol usw.; von diesen erkannte man sehr wohl, daß sie sich ähnlich wie Äthylalkohol usw. verhalten. Ein näheres Eingehen auf die Konstitution genannter vier Alkohole war für die damalige Zeit natürlich noch nicht möglich. Im Gegensatz zum Thymol rechnete man das Carvacrol damals noch nicht ganz sicher zum Phenol, Kressylalkohol usw., sondern noch LIMPRICHT schreibt in seinem Lehrbuch, Org. Chem. **1862**, 1025, daß das Carvacrol vielleicht nur eine andere Modifikation des Carvons darstelle, ohne sich über das Wesen derselben näher auszulassen.

Bei den Untersuchungen der nächsten Periode, 1857—1872, tritt die Ähnlichkeit des Thymols mit dem Phenol in verschiedenen Reaktionen noch mehr hervor. So stellen KOLBE und LAUTEMANN (A. **115**, 205) die „Thymotinsäure" aus Thymol, Natrium und CO_2 dar, analog der Salicylsäure aus Phenol usw.

Nachdem dann KEKULÉ 1865 seine Benzoltheorie aufgestellt hatte, konnte diese nicht ohne Einfluß auf die Auffassung über die Konstitution des Thymols bleiben. Nach wie vor unterschied man unter den aromatischen Alkoholen solche, die sich zu Aldehyden und Säuren oxydieren ließen, als auch solche, die mit diesen isomer waren, die sog. Phenole, welche nicht in Säuren von gleichem Kohlenstoffgehalt übergeführt werden konnten; man rechnete diese Phenole deshalb zu den Pseudoalkoholen (BEILSTEIN, Org. Chem. **1868**, 238). Als besonders charakteristisch für die Phenole betonte man, „daß der Wasserstoff ihres Wasserrestes, ähnlich dem Wasserstoff des Wasserrestes der Säuren (der unmittelbar mit oxydierten Elementen, z. B. mit der Gruppe CO, verbundenen), nicht nur bei Einwirkung von freiem Alkalimetall, sondern auch bei Einwirkung von Alkalien durch Metall substituiert werden kann". Nach wie vor faßte man Phenol, Kressylphenol, Phlorol und Thymol zusammen. Aber erst ENGELHARDT und LATSCHINOFF (Z. **1869**, 43) gewannen zunächst eine neue Anzahl von Verbindungen des Thymols, so das Methyl-, Äthyl-, Amyl-, Cumyl-, Benzoyl-Thymol, phosphorsaures Thymol, die verschiedenen Thymolsulfonsäuren, ferner machten sie (Z. **1869**, 615) Mitteilungen über isomere Kresole und ihre Derivate. E. und L. stützten sich auf eine Reaktion, die LALLEMAND ausgeführt hatte, nämlich auf die Darstellung einer Verbindung, die er als Pentachlorthymol $C_{10}H_9Cl_5O$ ansprach und welche beim Erwärmen auf 200° in Propylen und Tetrachlorkresol $C_7H_4Cl_4O$ zerfiel. E. und L. hatten nun (Z. **5**, 47) gezeigt, daß beim Erwärmen des Thymols mit H_2SO_4 eine Disulfonsäure entsteht, deren Ba-Salz Kohlenstoff und Baryum in dem Verhältnis von 7:2 enthält. E. und L. schlossen hieraus ganz richtig, daß Thymol Propyl- oder Isopropylkresol sei. Aus diesem Grunde verschmolzen sie zunächst cymolsulfonsaures Kalium mit Kalihydrat, um ev. Thymol zu erhalten; hierbei gewannen sie ein öliges Cymophenol, wie POTT (B. **2** [1869], 121) und MÜLLER (B. **2** [1869], 130). E. u. L. versuchten alsdann „eine reine Reaktion der Zersetzung des Thymols zu erhalten, die das Verhältnis desselben zu anderen Phenolen zu erklären geeignet sei". E. u. L. liesen P_2O_5 auf Thymol einwirken und erhielten Propylen und Kresol. „Das aus Thymol erhaltene Kresol bezeichnen wir als γ-Kresol und das Thymol ist hiernach ein Propyl- oder Isopropyl-γ-Kresol." E. u. L. stellten alsdann ein α- und β-Kresol dar, so daß sie im ganzen über drei Kresole verfügten. Die Stellung der Hydroxylgruppe zur Methylgruppe in diesen drei Kresolen war nicht bekannt. Man ging zur Darstellung der Kresole von den Sulfonsäuren aus; vgl. auch BARTH (A. **154**, 356) und KÖRNER (Fatti per servire alla determinazione del luogo chimico nelle sostanze aromatiche; Palermo **1869**, p. 50). — Es handelte sich nun darum diese gegenseitige Stellung festzusetzen. Man wies alsbald nach, daß das Kresol aus dem Thymol m-Kresol ist.

Diese Lücke füllte CARSTANJEN (J. pr. II, **3** [1871], 50) aus, der nunmehr bestimmt nachwies, daß man durch Erhitzen von Thymol mit Zinkstaub oder konz. Jodwasserstoffsäure ungenügende Resultate erhält. Jedoch gelang es C., durch Behandlung des Thymols mit PCl_5 unter Zusatz von Phosphoroxychlorid ein unreines Chlorid zu erhalten, das er in schwach sauer gehaltener Lösung mit Natriumamalgam reduzierte und schließlich über Na destillierte; es resultierte Thymocymol $C_{10}H_{14}$ vom Sdp. 173°. Durch Oxydation mit Bichromat und Schwefelsäure erhielt C. aus diesem Cymol Terephtalsäure, woraus er richtig folgerte, daß in diesem Cymol, also auch im Thymol, die Methyl- zur Propyl- bzw. Isopropylgruppe in Stellung 1,4 stehen muß. „Es ergibt sich hieraus, daß ein Terephtalsäure lieferndes Thymol nur zwei isomere Phenole liefern kann, wenn seine alkoholischen Seitenketten Methyl und Propyl sind.“ C. verbreitet sich alsdann über die Konstitution des Thymochinons, das er fälschlich als o-Chinon ansieht.

Durch die Untersuchungen von ENGELHARDT und LATSCHINOFF war demnach zweifellos die nahe Beziehung des Thymols zum Cymol erbracht worden, wenigstens folgerten E. und L. aus ihren Versuchen diese Beziehung, wenn ihre Folgerung auch nicht ganz einwandfrei war.

Wir sehen demnach, daß die Abtrennung einer größeren Gruppe von Verbindungen durch KEKULÉ im Jahre 1865 nicht ohne Einfluß auf die Anschauungsweise über die Konstitution des Thymols blieb. Schon in der vorigen Periode hatte man das Thymol in eine Reihe mit dem Phenol, Kresol usw. gestellt. BERTHELOT (Traité de chimie fondé sur la synthèse) faßte nunmehr alle diese Verbindungen in der Gruppe Phenole zusammen und trennte sie von den übrigen aromatischen Alkoholen ab; hiernach sah man das Thymol Ende der sechziger Jahre als Phenol an, d. h. die Hydroxylgruppe mußte im Kerne stehen. Mit der Erledigung der Frage der gegenseitigen Stellung der Hydroxylgruppe zu der von ENGELHARDT und LATSCHINOFF gefolgerten, sowie von CARSTANJEN bewiesenen Methyl- und Propylgruppe wurde man in dieser Periode noch nicht fertig.

Erst in der nächsten Periode, 1872—1887, entschied man diese Frage. Zunächst zeigte FITTICA (Diss. Leipzig **1873**; A. **172**, 305) nochmals, daß aus dem Thymol Cymol entsteht, und zwar bei der Einwirkung von P_2S_5 auf ersteres, und da man in der vorigen Periode bereits durch Spaltung des Thymols Propylen und m-Kresol erhalten hatte, so war einmal erwiesen, daß im Thymol in p-Stellung eine Methyl- und Propylgruppe vorhanden sind und in der m-Stellung zur Methylgruppe eine Hydroxylgruppe.

Demnach blieb nur noch die Frage nach der Natur der Propylgruppe — ob n- oder Isopropyl — zu entscheiden. Aber diese Frage sollte noch nicht in dieser Periode zur Entscheidung gelangen; allgemein nahm man zwar an, durch falsche Beobachtungen verleitet, daß im Cymol eine n-Propylgruppe vorhanden sei, also auch im Thymol. — Dadurch daß KEKULÉ im Jahre 1874 aus dem Carvacrol mittels P_2O_5 o-Kresol erhielt, war die Formel des Thymols von neuem gestützt worden. Außerdem wird in dieser Periode das Thymol in verschiedenen ätherischen Ölen konstatiert; auch die Kenntnis der physikalischen und chemischen Eigenschaften wird erweitert.

Erst die letzte Periode, 1887 bis zur Gegenwart, vermochte endgültig die Frage nach der Konstitution des Thymols zu lösen, als es WIDMAN (B. **24**, 439, 1362) gelang, die Isopropylgruppe im Cymol nachzuweisen. Hiermit war auch die Isopropylgruppe im Thymol konstatiert.

Die synthetische Darstellung des Thymols erfolgte zuerst, wie eingangs bereits erwähnt, im Jahre 1882 aus dem Cymidin $C_3H_7 \cdot$

$C_6H_2(NH_2)^3 \cdot CH_3$ (WIDMAN, B. **15**, 170). Erst verhältnismäßig spät gelang es, aus einem Bestandteil eines ätherischen Öles synthetisch Thymol zu erhalten, während man das Carvacrol aus dem Kampfer, Carvon usw. verhältnismäßig früh gewinnen konnte. ODDO (G. **27**, II, 112) ließ Brom auf Menthon in alk. Lösung reagieren und gewann dabei Thymol. BECKMANN und EICKELBERG (B. **29**, 420) erhielten Thymol, indem sie Dibrommenthon mit Chinolin kochten.

In letzter Zeit wurde ein Verfahren in Frankreich und England, sowie in Deutschland (M. DINESMANN, D. R. P. 125097; C. **1901**, II, 1030) patentiert, Thymol auf künstlichem Wege zu erhalten, indem man von der 2-Brom-p-cymol-3- oder 5-sulfonsäure ausgeht, diese entbromt und sie mit Kali verschmilzt. — Schließlich sei erwähnt, daß das Menthenon nach WALLACH (C. **1903**, II, 1373) in Thymol übergeführt werden kann, wenn man das Dibrommenthenon erwärmt.

Über die Isolierung und quantitative Bestimmung des Thymols vgl. oben „allgemeine Mitteilungen über Phenole" und „Carvacrol". Man kann nach GILDEMEISTER (HAGER-FISCHER-HARTWICH, Kommentar zum Arzneibuch für das Deutsche Reich. 3. Ausg. 1892, Bd. II, S. 377) mit verdünnter Natronlauge das Thymol und andere Phenole im Thymianöl bestimmen, indem man letzteres damit ausschüttelt. Allerdings geht dabei etwas Kohlenwasserstoff mit in die Natronlauge, jedoch bleibt anderseits auch etwas Thymol in der Ölschicht gelöst, so daß sich die diesem Verfahren anhaftenden Fehler gegenseitig ziemlich ausgleichen. Es ist zu bemerken, daß genau so wie das Carvacrol etwa nicht durch Ausschüttlung der alkalischen Lösung mit Äther von beigemengten indifferenten Verbindungen befreit werden kann, da hierbei auch Carvacrol in den Äther geht, auch das Thymol ein gleiches Verhalten zeigt, so daß man beim quantitativem Arbeiten den Äther wiederholt mit verd. Laugen ausschütteln muß. — Um zu entscheiden, ob Thymol und Carvacrol zusammen vorkommen (vgl. Carvacrol), empfiehlt es sich, das abgeschiedene Phenol abgekühlt in einem Schälchen stehen zu lassen und ev. mit einem Thymolkristall zu impfen; bei Gegenwart von Thymol dürften sich nach kürzerer oder längerer Zeit Kristalle dieses Phenols ausscheiden, während Carvacrol flüssig bleibt.

MESSINGER und VORTMANN (B. **23** [1890], 2753) berichten über: „Maßanalytische Bestimmung der Phenole." M. u. V. hatten gefunden (B. **22**, 2312), daß die Phenole in alkalischer Lösung mit Jod unlösliche Verbindungen geben. Wendet man nun eine bestimmte, überschüssige Menge $^1/_{10}$ n. Jodlösung an, so wird das Phenol als Jodverbindung gefällt und das nicht verbrauchte Jod kann mit Natriumthiosulfat zurücktitriert werden. Aus einer alkalischen Thymollösung wird bereits in der Kälte durch Jod das Thymol als braunroter flockiger Niederschlag gefällt, wobei auf 1 Mol. Thymol 4 At. Jod verbraucht werden. 0,1—0,3 g des Phenols werden in Natronlauge gelöst (1 Mol. Thymol, 4 Mol. Natron) und die Lösung mit $^1/_{10}$ n. Jodlösung im Überschuß versetzt; alsdann wird angesäuert, verdünnt, filtriert und ein aliquoter Teil des Filtrats mit $^1/_{10}$ n. Natriumthiosulfatlösung zurücktitriert. Für die Berechnung legt man folgende Gleichung zugrunde:

$$\frac{1 \text{ Mol. Thymol}}{4 \text{ At. Jod}} = \frac{149{,}66}{506{,}16} = 0{,}2956772.$$

Mit letzterem Faktor muß man bei der Berechnung die ursprünglich verbrauchte Jodmenge multiplizieren. — Kremers und Schreiner (Pharm. Rev. **14** [1896], 221) modifizieren diese Methode und verfahren bei der Bestimmung von Thymol bzw. Carvacrol folgendermaßen: 5 ccm des qu. Öles werden in eine mit Glashahn versehene Bürette ($^1/_{10}$ ccm Grad.) gebracht und mit dem gleichen Volumen Petroläther versetzt. Man fügt 5 $^0/_0$ige Natronlauge hinzu, schüttelt mehrere Male gut durch und läßt absitzen. Dies Verfahren wird wiederholt, solange sich das Ölvolumen vermindert. Die vereinigten alkalischen Thymollösungen werden mit 5 $^0/_0$iger Natronlauge auf 100 oder 200 ccm aufgefüllt. Von dieser Lösung nimmt man 10 ccm und fügt ihnen in einem Meßkolben von 500 ccm einen Überschuß von $^1/_{10}$ n. Jodlösung hinzu: worauf sich das Thymol als dunkelrote Jodverbindung abscheidet. Ist Jod im Überschuß vorhanden, so wird mit verd. Salzsäure angesäuert und auf 500 ccm aufgefüllt; von dieser Lösung werden 100 ccm mit $^1/_{10}$ n. Thiosulfatlösung titriert. Man multipliziert die Anzahl der verbrauchten Kubikzentimeter mit 5 und zieht sie von der Anzahl der angewandten Kubikzentimeter Natriumthiosulfatlösung ab, woraus man die Menge des durch das Thymol gebundenen Jods erhält; jeder Kubikzentimeter verbrauchter $^1/_{10}$ n. Jodlösung entspricht 0,003741 g Thymol, woraus man den prozentualen Gehalt des ursprünglichen Öles an Thymol berechnen kann. Nach Messinger und Vortmann haben wir folgende Gleichung:

$$C_{10}H_{14}O + 4\,J + 2\,NaOH = C_{10}H_{12}J_2O + 2\,NaJ + 2\,H_2O.$$

Ein anderes maßanalytisches Verfahren zur Bestimmung des Thymol hat Idarek angegeben (Z. für analyt. Chem. **41**, 227; C. **1902**, II, 75).

Das Vorkommen des Thymols in ätherischen Ölen ist analog wie das des Carvacrols auf äußerst wenige Familien des Pflanzenreichs beschränkt; das Thymol ist fast ausschließlich in ätherischen Ölen konstatiert worden, deren Stammpflanzen zu den Labiaten gehören. Nur das Ajowanöl, welches durch Destillation der Samen einer Umbellifere gewonnen wird, enthält ebenfalls Thymol.

Umbelliferae.

Das zu den Umbelliferen gehörende *Ptychotis Ajowan* D. C. wird in Indien kultiviert, findet sich aber auch in Persien und Nordasien, ferner in Ägypten. Die Ajowanfrüchte sind den Früchten der Petersilie ähnlich. Durch Wasserdampfdestillation liefern sie 3—4 $^0/_0$ Öl, das 45—55 $^0/_0$ Thymol enthält (Haines, Soc. **8** [1856], 289; J. **1856**, 622 und Stenhouse, A. **93** [1855], 269; **98** [1856], 309) (vgl. oben Einleitung).

Labiatae.

In dem ätherischen Öl der „Horse Mint“ (*Monarda punctata* L.) wies ARPPE (A. **58** [1846], 41) zuerst Thymol nach. Es wurden (SCH. **1885**, II, 20) darin 20—30% Thymol gefunden. Auch SCHROETER (Am. Journ. Pharm. **60** [1888], 113) bringt einige Mitteilungen über Monardenöl. — In dem ätherischen Öl von *Monarda didyma* L. dürfte ebenfalls Thymol vorkommen. Nach FLÜCKIGER (Ar. **212** [1878], 488) hatte Apotheker BRUNN in Güstrow bereits im Jahre 1796 ein Stearopten in diesem Öl beobachtet, das wahrscheinlich Thymol gewesen ist.

Im ätherischen Öl von *Satureja Thymbra* fanden SCH. u. Co. (SCH. **1889**, II, 56) ca. 19% Thymol, außerdem Pinen, hauptsächlich aber Cymol, sehr wenig Dipenten, ferner Bornylacetat.

Das ätherische Öl des in den Gebirgen Algiers vorkommenden *Origanum floribundum* Mundy enthält nach BATTANDIER (Journ. de Pharm. et de Chim. VI, **16** [1902], 536) über $^1/_4$ Thymol neben wenig Carvacrol. — Seit sehr langer Zeit ist das Thymol als Stearopten im Thymianöl (*Thymus vulgaris* L.) beobachtet worden (vgl. Einleitung). Wie beim Carvacrol bereits erwähnt wurde (vgl. daselbst), enthalten das deutsche und französische Thymianöl gewöhnlich Thymol, und zwar 20—25%, selten bis 42%. Das Thymol wird zum Teil durch Carvacrol vertreten, besonders aber enthält das spanische Thymianöl fast nur Carvacrol, und zwar 50—70%. — Vgl. auch SCH. u. Co. (SCH. **1902**, I, 60), welche eine Beobachtung von JEANCARD und SATIE (Bl. III, **25** [1901], 893) widerlegen, nach deren Angabe der Thymolgehalt von französischem Thymianöl zwischen 5 und 60% schwanken soll. Nach J. und S. nimmt das spez. Gewicht sowie die Löslichkeit des Thymianöls in verd. Alkohol (70 Vol.-Proz.) mit dem Gehalt an Phenolen zu, ersteres um etwa 0,0013 bis 0,0015 für jedes Prozent Phenol. — Im Quendelöl (*Thymus Serpyllum* L.) finden sich nur ca. 1% phenolartige Bestandteile, die nach JAHNS (Ar. **216** [1880], 277; B. **15** [1882], 819) aus Thymol, Carvacrol und einem dritten, Eisenchlorid violett färbenden Phenol bestehen. — Im ätherischen Öl von *Thymus capitatus* konnten (SCH. **1889**, II, 56) nur ca. 6% Thymol nachgewiesen werden.

Im canadischen Minzöl (*Mentha canadensis* L.) („Wild Mint“) sind wahrscheinlich kleine Mengen von Thymol und Carvacrol vorhanden (vgl. auch GAGE, Pharm. Rev. **16** [1898], 412).

Sehr reich an Thymol ist das ätherische Öl der in Japan einheimischen *Mosula japonica* Maxim.; SHIMOYAMA (Apoth. Zeit. **7** [1892], 439) stellte darin 44% Thymol fest. Wahrscheinlich kommt in ihm auch Cymol vor.

Das Cunilaöl, das aus der in Nordamerika „Dittany“ genannten Labiate *Cunila mariana* L. zu 0,7% gewonnen wird (SCH. u. Co. **1893**, II, 44), zeigt $d_{15} = 0{,}915$ und besitzt einen dem des Tymians ähnlichen Geruch. „Vorläufige Versuche haben ergeben, daß es 40% eines Phenols, wahrscheinlich Thymol, enthält.“ In bezug auf eine frühere Arbeit vgl. MILLEMANN (Am. Journ. Pharm. **38** [1866], 495).

Aus dem Mitgeteilten geht hervor, daß sich in einzelnen der genannten Öle das Thymol in großer Menge findet, so im Ajowan-, Thymian-, Mosulaöl usw.; auffallend ist die große Ähnlichkeit im Vorkommen des Carvacrols und Thymols (vgl. das erstere).

Physik. Eig. des Thymols. Vgl. über die physikalischen Eigenschaften des Thymols auch das bereits in der Einleitung Gesagte.

MILLER (A. **93**, 269; **98**, 310): Thymol kristallisiert monoklin oder hexagonal.

MENSCHUTKIN (Ж. **10**, 387): Smp. 50°.

STOHMANN, RODATZ und HERZBERG (J. pr. II, **34**, 320): Erstarrungswärme bei + 17° = − 3,77 Kal., Mol.-Verbr. (flüssig) = 1353,75 Kal.; Smp. 51,5°.

PINETTE (A. **243**, 46): Sdp. 231,8°, $d_0 = 0{,}9941$, $d_{65,5} = 0{,}9401$.

SCHIFF (A. **223**, 260): spez. Gew. bei t^0 (im flüssigen Zustande) $= 0{,}94994 - 0{,}0_3 73269 \cdot (t - 49{,}3) - 0{,}0_5 1739 \cdot (t - 49{,}3)^2$.

NASINI und BERNHEIMER (G. **5**, 84; **15** [1885], 59): $d_{24,4/4} = 0{,}96895$, $d_{77,3/4} = 0{,}92838$, $n_D = 1{,}51893$.

EYKMAN (R. **12**, 177): Mol.-Brech. 76,95, $d_{9,6} = 0{,}9815$.

Thymol löst sich bei 15° in 1200 Tln. und bei 100° in 900 Tln. Wasser.

Nach POPE (Soc. **75**, 464) kristallisiert das Thymol hexagonal.

HULETT (Ph. Ch. **28**, 663) berichtet über die Änderung des Schmelzpunktes unter verschiedenem Druck.

PERKIN (Soc. **69**, 1239): $d_{4/4} = 0{,}9872$, $d_{15/15} = 0{,}979$, $d_{25/25} = 0{,}9723$, $d_{50/50} = 0{,}9624$.

Über die Kapillaritätskonstante des Thymols usw. vgl. FEUSTEL (Ann. der Phys. 4, **16**, 61; C. **1905**, I, 648).

Über das kryosk. Verhalten vgl. AMPOLA u. RIMATORI (G. **27**, I, 47, 66) ferner BILTZ (Ph. Ch. **27**, 544). Über die spez. Wärme BRUNER (C. r. **120** [1895], 912).

Auch das Thymol läßt sich wie das Carvacrol aus alkalischer Lösung mit Wasserdämpfen abdestillieren (KLAGES, B. **32**, 1517).

Physiol. Eig. des Thymols. Das Thymol zeigt den intensiven Geruch des Thymians und einen milderen als Carvacrol. — Thymol geht im menschlichen Organismus (BLUHM, Z. f. physiol. Chem. **16**, 514) und im Organismus des Kaninchens (KATSUYAMA und HATA, B. **31**, 2583) in Thymolglukuronsäure über. Der Harn wird mit $^1/_3$ Vol. konz. HCl und ebensoviel einer verd. Lösung von NaClO versetzt und 4 Tage lang sich selbst überlassen. Es scheidet sich dann die Dichlorthymolglukuronsäure $C_{10}H_{11}Cl_2O \cdot CH(OH) \cdot [CH \cdot OH]_4 \cdot CO_2H$ ab: Smp. 125—126° bzw. 118°; sie zerfällt beim Kochen mit verd. H_2SO_4 in Dichlorthymol und Glukuronsäure. — Über die Wirkung des Thymols auf Insekten, wie Mücken usw., vgl. SCHILL (Apoth. Ztg. **19** [1904], 679), welcher die unbedeckten Körperteile (Hände, Gesicht) mit einer Lösung von Thymol in 50 %igem Spiritus zur Fernhaltung der Insekten zu bestreichen empfiehlt.

Chem. Eig. des Thymols. Durch Reduktion geht das Thymol zunächst einmal in Cymol $C_{10}H_{14}$ über; diese Reduktion wurde von CARSTANJEN (J. pr. II, **3** [1871], 50) mittels Zinkstaub bzw. Ersetzung der Hydroxylgruppe durch Chlor und Reduktion mit Natriumamalgam und von FITTICA (A. **172**, 305) mittels P_2S_5 ausgeführt. Das hierbei entstehende Cymol wurde als p-Cymol nachgewiesen. — Eine weitere Reduktion des Thymols, und zwar des Benzolkerns unter Erhaltung der Hydroxylgruppe, wurde von BRUNEL (C. r. **137** [1903], 1268; **140** [1905], 252) nach dem Verfahren von SABATIER und SENDERENS ausgeführt. Für das Hexahydrothymol = α-Thymomenthol $C_{10}H_{20}O$ wird der Sdp. 215° angegeben. Als beste Reaktionstemperatur erwies sich eine solche von 160°, das α-Thymomenthol zeigte: $d_0 = 0{,}913$, es erstarrt im Kältegemisch und schmilzt zwischen — 5° und 0°. Mittels P_2O_5 oder Kaliumbisulfat spaltet das α-Thymomenthol Wasser ab und liefert Thymomenthen $C_{10}H_{18}$: $d = 0{,}823$, Sdp. 167—168°. Mittels Bernsteinsäureanhydrid gewinnt man aus dem α-Thymomenthol einen sauren Bernsteinsäureester vom Smp. 80°, mit Phtalsäureanhydrid einen sauren Phtalsäureester vom Smp. 128°. Diese Ester liefern verseift nicht das ursprüngliche α-Thymomenthol zurück, sondern ein β-Thymomenthol $C_{10}H_{20}O$, das in Nadeln vom Smp. 28° kristallisiert und im Geruch dem natürlichen Menthol ähnlich ist: es siedet bei 217° und ist weniger flüchtig als das isomere α-Thymomenthol. Beide Alkohole liefern bei der Oxydation das gleiche Thymomenthon $C_{10}H_{18}O$. — Die Reduktion des Thymols mittels Jodwasserstoff (CARSTANJEN, J. pr. II, **3** [1871], 50) ergab keine durchsichtigen Resultate.

Halogene wirken auf Thymol ein, indem Wasserstoff durch Chlor, Brom oder Jod ersetzt wird. Das 2,6-Dichlorthymol $C_{10}H_{12}Cl_2O$ wurde als gelbes Öl aus der Dichlorthymolglukuronsäure erhalten und bereits oben erwähnt. — Das 6-Chlorthymol $C_{10}H_{13}ClO$ erhielten BOCCHI (G. **26**, II, 403) sowie PERATONER und CONDORELLI (G. **28**, I, 214) beim Eintröpfeln von SO_2Cl_2 in Thymol: Smp. 58—60° (B.), 62—64° (P. u. C.). — Ein Trichlorthymol $C_{10}H_{11}Cl_3O$ vom Smp. 61° und ein Pentachlorthymol $C_{10}H_9Cl_5O$ vom Smp. 98° erwähnt LALLEMAND (A. **101**, 119; **102**, 119).

2-Bromthymol $C_{10}H_{13}BrO$ gewinnen CLAUS und KRAUSE (J. pr. II, **43**, 347) aus der entsprechenden Bromthymolsulfonsäure und verd. HCl bei 150° als Öl vom Sdp. 240°. — Das 6-Bromthymol beschreiben MAZZARA (G. **18**, 516) und PLANCHER (G. **23**, II, 76) als große Tafeln vom Smp. 55—56°. — Das 2,6-Dibromthymol $C_{10}H_{12}Br_2O$ erwähnt PELLACANI (G. **22**, II, 583) als Öl. — Ein Pentabromthymol $C_{10}H_9Br_5O$ will LALLEMAND gewonnen haben.

Das 6-Jodthymol $C_{10}H_{13}JO$ erwähnen WILLGERODT und KORNBLUM (J. pr. II, **39**, 290): Smp. 69°; vgl. auch KALLE u. Co. (D.R.P. 107 509; C. **1900**, I, 1087. — Über die Einwirkung von Jod auf alkalische Thymollösung („Aristol") und über das Dijodthymol $C_{10}H_{12}J_2O$ vgl. oben MESSINGER und VORTMANN usw. (B. **22**, 2316; **23**, 2754) und CARSWELL (Chem. N. **68**, 81; B. **27**, Ref. 81), ferner BAYER u. Co. (D.R.P. 49 739; FRDL. **II**, 505).

Brom- und Jodderivate des Tymols beschreibt ferner DANNENBERG (M. **24**, 67: C. **1903**, I, 766).

Das Verhalten des Thymols gegen Wasser anlagernde und abspaltende Mittel wurde bereits oben gelegentlich der Aufspaltung des Thymols in Propylen und m-Kresol eingehend erörtert; besonders wird diese Spaltung durch P_2O_5 bewirkt. Bei der Destillation des Aluminiumsalzes $Al(OC_{10}H_{13})_3$ wird ebenfalls Propylen und m-Kresol gewonnen, daneben m-Kresyläther $(C_7H_7)_2O$; vgl. GLADSTONE und TRIBE (Soc. **41**, 11). — Bei der Einwirkung von Brom, das 1 % Aluminium enthält, bildet sich nach BODROUX (C. r. **126**, 1284) 2, 4, 5, 6-Tetrabromkresol(3).

Thymolsulfonsäuren. Der Schwefelsäurerest SO_3H kann verschiedentlich in den Benzolkern des Thymols eintreten; besonders wichtig ist die 6-Thymolsulfonsäure $C_{10}H_{14}SO_4 + H_2O$: Smp. 91—92° (STEBBINS, Am. **3**, 106), die bei der Oxydation mit Chromsäuregemisch Thymochinon (ENGELHARDT und LATSCHINOFF, Z. **1869**; 44 gibt. E. und L. erhielten diese Säure auch, als sie Thymol mit SO_3HCl behandelten. — Die 2-Thymolsulfonsäure erhält man in kleiner Menge bei der Einwirkung von Schwefelsäure auf Thymol (bei — 5°) (CLAUS un KRAUSE, J. pr. II, **43**, 345 und E. und L., Z. **1869**, 46).

Die Thymooxycuminsäure $(CH_3)_2 \cdot CH \cdot C_6H_3(OH) \cdot CO_2H$ bildet sich neben Oxyterephtalsäure, m-Oxybenzoesäure usw. beim Schmelzen von Thymol mit Ätzkali (BARTH, B. **11**, 1571).

Die p-Thymotinsäure = 4-Methoäthylmethyl-phenol(5)-Methylsäure-(2) (KOTEK, B. **16**, 2103) $OH \cdot C_6H_2(CH_3)[CH(CH_3)_2] \cdot CO_2H$ bildet sich bei 8tägigem Erhitzen eines Gemenges aus 30 g Thymol, 50 g NaOH, 45 g CCl_4 usw. auf 100° unter Druck: Smp. 157°. — Die o-Thymotinsäure = 4-Methoäthylmethylphenol-(3)-methylsäure-(2) (KOLBE und LAUTEMANN, A. **115**, 205; RICHTER, J. pr. II, **27**, 503; KOTEK, B. **16**, 2101) bildet sich beim Behandeln von Thymol mit Na und CO_2: Smp. 123°.

Nitrosothymol (Thymochinonmonoxim) =

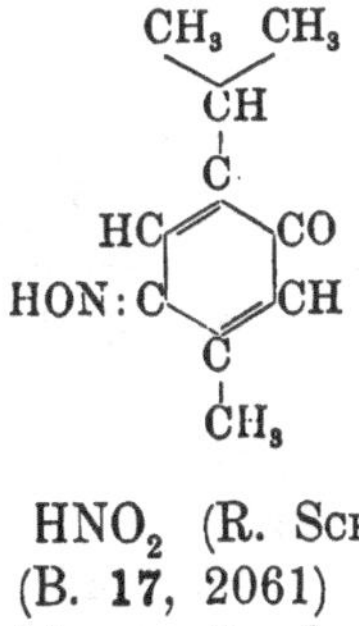

entsteht aus Thymol und HNO_2 (R. SCHIFF, B. **8**, 1500), ferner nach GOLDSCHMIDT und SCHMID (B. **17**, 2061) beim Erwärmen einer alkoholischen Lösung von Thymochinon mit salzsaurem Hydroxylamin) vgl. auch LIEBERMANN und ILINSKI B. **18**, 3194); es schmilzt bei langsamem Erhitzen bei 155—156°, bei raschem Erhitzen bei 160—162°, löst sich in Alkalien mit rotgelber Farbe und liefert mit konz. HNO_3 Dinitrothymol. —

Nach KLAGES (B. **32**, 1518) bildet sich das 6-Nitrosothymol bei Einwirkung von $NaNO_2$ auf Thymol, das in alkohol. Salzsäure gelöst ist. Nach VALEUR (B. III, **19**, 516) beträgt die Mol.-Verbr. bei konstantem Druck 1335,3 Kal. Beim Erwärmen des Nitrosothymols mit Phenylhydrazin entsteht nach PLANCHER (G. **25**, II, 385) Aminothymol. — Über das Nitrosothymol (Eigenschaften, Literatur usw.) siehe KREMERS und BRANDEL (Pharm. Arch. **4** [1901], 107).

Das 6-Nitrothymol $C_{10}H_{13}O_3N = (CH_3)^1(C_3H_7)^4C_6H_2(NO_2)^6(OH)^3$ bildet sich nach R. SCHIFF (B. **8**, 1501) aus 6-Nitrosothymol durch Oxydation mit rotem Blutlaugensalz und Kali, ferner beim Erwärmen einer wäßrigen Thymolsulfonsäurelösung mit Salpetersäure auf 150°, schließlich nach KEHRMANN und SCHÖN (A. **310**, 107) durch Oxydation fein verteilten Nitrosothymols mittels kalter verd. Salpetersäure: Smp. 140—142°.

Das 2,6-Dinitrothymol $C_{10}H_{12}O_5N_2 = (CH_3)^1(C_3H_7)^4C_6H(NO_2)_2^{2,6}(OH)^3$ erhält man sich nach LALLEMAND beim Erwärmen einer wäßrigen Lösung von Thymolsulfonsäure mit Salpetersäure, ferner nach R. SCHIFF (B. **8**, 1501) aus Nitrosothymol und konz. Salpetersäure, nach MAZZARA (G. **19**, 68) aus Bromthymol mittels konz. HNO_3, schließlich nach OLIVERI-TORTORICI (G. **28**, I, 308) aus Nitrosothymol und N_2O_4: Smp. 55°.

Das 2,5,6-Trinitrothymol $C_{10}H_{11}O_7N_3 = (CH_3)^1(C_3H_7)^4C_6(NO_2)_3^{2,5,6}(OH)^3$: nach LALLEMAND aus Dinitrothymol bei gelindem Erwärmen entsteht mit Salpeter-Schwefelsäure, nach MALDOTTI (G. **30**, II, 365) bei vorsichtiger Einwirkung von rauchender Salpetersäure auf das in H_2SO_4 gelöste Dinitrothymol; gelbliche Nadeln vom Smp. 111°.

Das Thymochinon

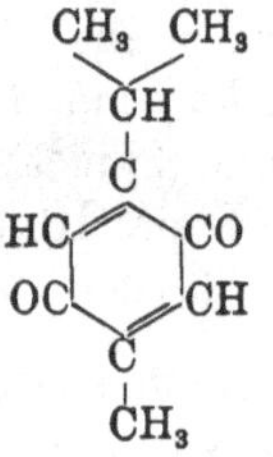

wurde von LALLEMAND (J. **1854**, 592) aus dem Cymophenol von CARSTANJEN (J. pr. II, **15**, 410) durch Behandlung mit Braunstein und verd. H_2SO_4 dargestellt, ferner erhält man es nach ARMSTRONG (B. **10**, 297) aus Amidothymol mittels Eisenchloridlösung, aus Thymohydrochinon durch Oxydation mittels p-Benzochinon (BILTRIS, C. **1898**, I, 887 und VALEUR, A. ch. III, **21**, 553), auch kommt es im ätherischen Öl von *Monarda fistulosa* vor (BRANDEL und KREMERS, Pharm. Rev. **19** [1901], 200, 244), sowie im Öl des Holzes von *Thuja articulata* (GRIMAL, C. r. **139**, 927): Smp. 45,5°, Sdp. 232°, Mol.-Verbr. (VALEUR, C. r. **125**, 872) bei konstantem Druck 1274,6 Kal. Über weitere Eigenschaften des Thymochinons vgl. auch Bestandteil Thymochinon. — Das Thymochinondioxim $C_{10}H_{14}O_2N_2$ entsteht nach KEHRMANN und MESSINGER (B. **23**, 3558) beim Kochen einer gesättigten alkohol. Lösung von Nitrosothymol mit überschüssigem salzsaurem Hydroxylamin unter allmählichem Zusatz von wenig Soda; es zersetzt sich ohne zu schmelzen bei 255° (vgl. auch OLIVERI-TORTORICI, G. 30, I, 534). — Das Thymochinonchlorimid $C_{10}H_{12}ClON$ (ANDRESEN, J. pr. II, 23, 169); ist ein chinonartig riechendes Öl. Über die Halogensubstitutionsprodukte des Thymochinons vgl. besonders KEHRMANN u. KRÜGER (A. 310, 99ff.); ferner über die Derivate des Thymochinons aus n-(α-)Phellandren WALLACH (A. 336 [1904], 9).

Das Thymohydrochinon, Oxythymol $C_{10}H_{14}O_2 = (CH_3)^1(C_3H_7)^4$-$C_6H_2(OH)_2^{3,6}$ bildet sich aus dem Thymochinon mittels SO_2 (LALLEMAND, A. **101**, 121; **102**, 121 und CARSTANJEN, J. pr. II, **3**, 54; CIAMICIAN und SILBER, R. A. L. [5], **10**, I, 96): Smp. 143°, Sdp. 290°, Mol.-Verbr. (konstantes Vol.) = 1308,1 Kal. (VALEUR, C. r. **125**, 873). Neben dem Chinon kommt es auch in den Ölen *von Monarda fistulosa* und *Thuja articulata* vor.

Über das Thymochinhydron vgl. LIEBERMANN (B. **18**, 3196).

Über die Äther des Thymols vgl. besonders PINETTE (A. **243**, 47ff.)

Verbindung $Hg(C_{10}H_{13}O) \cdot HgNO_3$ vgl. MERCK, D. R. P. 48539 und FRDL. **II**, 550.

Das Thymolchloral $C_{10}H_{14} \cdot C_2HCl_3O$ schmilzt bei 130—134° (MAZZARA, G. **13**, 272).

Über das Thymolformaldehyd und Jodthymolformaldehyd vgl. HENNING (D.R.P. 99610; C. **1899**, I, 463).

Der Bernsteinsäuremonothymylester $C_{10}H_{13}O \cdot CO \cdot CH_2 \cdot CH_2 \cdot CO_2H$ (SCHRYVER, Soc. **75**, 664 und WELLCOME, D.R.P. 111207; C. **1900**, II, 550) schmilzt bei 121—122°, der Kampfersäuremonothymylester $C_{10}H_{13}O \cdot CO \cdot C_8H_{14} \cdot CO_2H$ (SCHR. und W.) bei 89°.

Das Carbamat des Thymols $NH_2 \cdot CO_2 \cdot C_{10}H_{13}$ (RICHTER, J. pr. II, **27**, 505) bildet sich beim Einleiten von NH_3 in eine ätherische Lösung von Chlorameisensäurethymylester: Smp. 131°.

Das Thymolphenylurethan $NH(C_6H_5 \cdot CO_2C_{10}H_{13})$ entsteht aus Carbanil und Thymol (LEUKART, J. pr. II, **41**, 320) am besten bei Gegenwart von etwas $AlCl_3$: Smp. 104°; SEMMLER und Mc. KENZIE (B. **39**, 1158) Smp. 107°.

Identifizierung des Thymols. Das Thymol zeigt einen etwas niedrigeren Sdp. (232°) wie das Carvacrol (236°), jedoch einen höheren Smp. (51,5°) wie das letztere (0,5°). Durch fraktionierte Destillation trennt man zunächst die um 232° siedenden Anteile ab oder man zieht noch besser mit ca. 5%iger Natronlauge unter den oben angegebenen Vorsichtsmaßregeln aus, indem man wo möglich ein Ausschütteln mit Äther vermeidet. Das in Freiheit gesetzte Phenol läßt man in einer offenen Schale zum ev. Festwerden stehen unter Animpfen mit einem Thymolkristall. Man beachte jedoch, daß das Thymol unter Umständen außerordentlich lange im flüssigen Zustande verharrt. Der Nachweis auf chemischem Wege läßt sich durch das Phenylurethan vom Smp. 107° führen, während das Phenylurethan des Carvacrols bei ca. 140° schmilzt. Das Nitrosothymol schmilzt bei schnellem Erhitzen bei 160—162°, während das Nitrosocarvacrol den Smp. 153° hat. Nach ROBBERT (Jahresb. über die Fortschritte der Tierchemie **1881**, 109) wird eine wäßrige Thymollösung von Eisenchlorid nicht gefärbt, auch gibt sie mit Bromwasser nur eine milchige Trübung. Wird eine wäßrige Thymollösung mit $^1/_2$ Vol. Eisessig und dann 1 Vol. Vitriolöl versetzt und erwärmt, so färbt sich die Flüssigkeit rotviolett; es ist dies eine äußerst empfindliche Reaktion, die aber nur gelingt bei Abwesenheit von Körpern, die von Vitriolöl zersetzt und ebenfalls gefärbt werden. Die rote Lösung zeigt ein breites Absorptionsband bei E und ein wenig intensiveres und auch schmäleres bei D (spektralanalytischer Nachweis von Thymol, Wolff, Fresen. **22**, 96). Über die Reaktionen des Thymols vgl. auch Hirschsohn (Fresen. **22**, 574) und Bornträger (Fresen, **29**, 573). — Über die quantitative Bestimmung des Thymols vgl. oben.

Die Feststellung der **Konstitution des Thymols** wurde nach der Feststellung der Bruttoformel $C_{10}H_{14}O$ durch Arppe im Jahre 1846, und nachdem man gefunden hatte, daß das Sauerstoffatom alkoholische Eigenschaften besitzt, zunächst in bezug auf die nähere Feststellung des Charakters der Hydroxylgruppe in Angriff genommen. Man fand, daß das Thymol in bezug auf seine Hydroxylgruppe große Ähnlichkeit mit dem Phenol, Kresol und Phlorol zeigt. Berthelot trennte Ende der sechziger Jahre, nachdem Kekulé 1865 seine Benzoltheorie aufgestellt hatte, diese Verbindungen, von den übrigen Alkoholen der Benzolreihe ab und bezeichnete sie schlechthin als Phenole. Man verlegte alsbald die Hydroxylgruppe in den Kern. Es erübrigte die Alkylradikale des Thymols festzusetzen. Die Untersuchungen von Engelhardt u. Latschinoff brachten im Jahre 1869 etwas Klarheit insofern als die Genannten bei der Behandlung von Thymol mit P_2O_5 ein Kresol erhielten; demnach mußte das Thymol ein Methyl-propylphenol sein. Über die Stellung der Gruppen CH_3, C_3H_7 und OH brachte die wichtigste Mitteilung Carstanjen im Jahre 1871, indem er das Thymol in Cymol überführte, von dem man wußte, daß es ein p-Methyl-propylbenzol war. Nunmehr blieb nur noch die Stellung der Hydroxylgruppe und die Natur der Propylgruppe zu bestimmen übrig. Das γ-Kresol von E. und L. erkannte man alsbald als m-Kresol, wonach das Thymol ein 3-Oxycymol sein mußte, so daß die Konstitution des Thymols im Jahre 1872 bis auf die Natur der Propylgruppe feststand. Letztere wurde jedoch erst im Jahre 1891 von Widman erschlossen.

Anwendung des Thymols. Das Thymol besitzt als Phenol stark desinfizierende Eigenschaften; aus diesem Grunde ist seine Verwendung in medizinischer Hinsicht eine weit verbreitete; auch der Gebrauch seiner Derivate findet aus diesem Grunde in einigen Fällen statt.

α_2) Einwertige Phenole von Benzolkohlenwasserstoffen mit ungesättigter Seitenkette und ihre Derivate.

Gesättigte einwertige Phenole und ihre Derivate sind, wie wir sahen, verhältnismäßig selten, als Bestandteile ätherischer Öle aufgefunden worden; die wichtigsten hierher gehörigen Phenole waren das Carvacrol und Thymol.

Es ist charakteristisch, daß von diesen Phenolen die Methyläther usw. als Bestandteile ätherischer Öle bisher nicht aufgefunden worden sind. In der Seitenkette gesättigte Kohlenwasserstoffe bzw. Alkohole, Ketone usw. haben wir auch unter den hydriert-cyklischen Verbindungen kennen gelernt, so das n-Phellandren, das Menthol, Tanaceton usw., jedoch konnten wir die Wahrnehmung machen, daß auch in der hydriert-cyklischen Reihe vielfach Bestandteile vom ätherischen Ölen vorkommen, deren Seitenkette ungesättigt ist, so das Limonen, Pulegon usw. In der aromatischen Reihe begegnen wir analogen Verhältnissen; auch hier treffen wir unter den Phenolen und ihren Derivaten neben Repräsentanten, die in der Seitenkette gesättigt sind, auch solche, die ungesättigte Radikale aufweisen. Es kann sogar gesagt werden, daß unter den Phenolen und ihren Derivaten diejenigen überwiegen, die eine ungesättigte Seitenkette aufweisen. Es ist die Allylgruppe $—CH \cdot CH : CH_2$, seltener die isomere Propenylgruppe $—CH : CH—CH_3$, welche uns entgegentritt. Es ist auffallend, daß, während wir in der hydriert-cyklischen Reihe ausschließlich der Isopropenylgruppe $—C<^{CH_3}_{CH_2}$ begegnen, letztere in der Benzolreihe nicht angetroffen wird, sondern nur Derivate von ihr, wie wir später sehen werden. Für die Allylgruppe müssen wir ferner konstatieren, daß sie die Fähigkeit besitzt, sich z. B. unter dem Einfluß von Alkalien in die isomere Propenylgruppe umzulagern und daß letztere durch naszierenden Wasserstoff zur n-Propylgruppe reduziert werden kann. Ein weiterer Unterschied zwischen der Allyl- und Propenylgruppe besteht darin, daß die Propenylgruppe glatter zur Aldehyd- und Carboxylgruppe oxydiert wird. Über weitere Einzelheiten und Unterschiede wird bei den einzelnen Verbindungen näher berichtet werden. Hier sei nur noch auf einen Unterschied in der Farbreaktion, die durch die Anwesenheit der Allyl- und Propenylgruppe hervorgerufen wird, aufmerksam gemacht. Chapman (The Analyst **25**, 313; C. **1901**, I, 205) berichtet „über eine neue Farbenreaktion zur Unterscheidung gewisser isomerer Allyl- und Propenylphenole“. Eugenol und Isoeugenol, Safrol und Isosafrol, Estragol und Anethol enthalten die Allyl- bzw. Propenylgruppe. Verbindungen mit jeder dieser Gruppen geben verschiedene Farbreaktionen, wenn man 1 ccm Substanz in 5 ccm Essigsäureanhydrid löst und entweder etwas geschmolzenes Chlorzink (a) oder ein Tropfen konz. Schwefelsäure (b) hinzufügt. Z. B. wird Eugenol mit a: blaßgelb, mit b: zuerst braun, schnell purpurn, schließlich weinrot; dagegen Isoeugenol mit a: hellrosa, mit b: rosa, schnell hellbraun werdend. Safrol mit a: blaßblau, mit b: hellsmaragdgrün; Isosafrol mit a: rosa, mit b: vorübergehend schwach rosa usw. (vgl. die einzelnen Phenole).

Die ungesättigten einwertigen Phenole kommen sowohl als solche, als auch als Äther, und zwar Methyläther, vor, während wir sahen, daß Carvacrol und Thymol in der Ätherform bisher nicht konstatiert wurden.

---

337. Chavikol

$C_6H_4(OH)(C_3H_5)(1,4)$ = 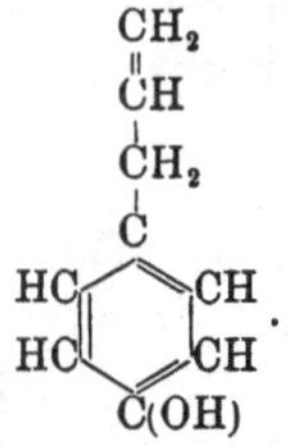

Vorkommen, Isolierung und Synthese. Eykman (B. **22** [1889], 2736; Naturforscher-Vers. Köln **1888**; Chem. Ztg. **1888**, 81; Pharm. Centralhalle **29**, 41) berichtet über das ätherische Öl der Betelblätter (*Piper Betle* L.). Schon früher hatten Sch. u. Co. (Sch. **1887**, II, 34) ebenfalls ein Betelöl untersucht und hatten als möglich hingestellt, daß das zwischen 250° und 260° siedende Phenol dieses Öles ev. identisch mit Eugenol sei. Zunächst sei erwähnt, daß die Betelblätter zusammen mit anderen Substanzen gekaut werden; es ist möglich, daß auch der Gehalt an ätherischem Öl für diese Verwendung ausschlaggebend ist. — Je nach dem Standort von *Piper Betle* scheinen die Blätter ätherische Öle zu liefern, die in ihrer Zusammensetzung verschieden sind. Sch. u. Co. hatten ein Siambetelöl untersucht, Eykman beschäftigte sich mit einem Javaöl. Es sei vorausgeschickt, daß späterhin von Bertram und Gildemeister festgestellt wurde, daß im Siambetelöl weder Eugenol, noch das von Eykman im Javaöl aufgefundene Chavikol vorkommt, sondern ein Phenol, das von B. und G. Betelphenol (Chavibetol) genannt worden ist und das dem Eugenol chemisch sehr nahe steht, indem diese beiden Phenole sich von demselben Allylbrenzkatechin ableiten (vgl. Eugenol und Betelphenol).

Eykman schied aus dem Javabetelöl, das schwach linksdrehend war (−3,5° im 2 dcm-Rohr) und d_{27} = 0,959 zeigte, mittels starker Kalilauge ca. $^1/_3$ des Rohöls als Phenol ab. In Freiheit gesetzt, siedete das Phenol konstant zwischen 235 und 240°, d_{27} = 1,0236; durch wiederholte Fraktionierung wurde reines Phenol (Chavikol) vom Sdp. 237° erhalten.

Sch. u. Co. (Sch. **1890**, I, 6) destillierten alsdann ebenfalls ein Betelöl aus frischen Blättern und isolierten aus diesem Öl ein Phenol, das mit dem Betelphenol identisch war; außerdem fand sich in diesem Öl ein zweites Phenol. „Dies ging einesteils aus dem niedrigeren Siedepunkt, andernteils daraus hervor, daß wir außer dem bei 49—50° schmelzenden, in Blättchen kristallisierenden Benzoylbetelphenol eine bei 72—73° schmelzende, in langen Nadeln kristallisierende Verbindung erhielten, die vermutlich die Benzoylverbindung des Chavikols ist."

Um die Übersicht über das Vorkommen des Chavikols bzw. des Betelphenols (Chavibetols) in den einzelnen Betelblätterölen zu erleichtern, seien die Untersuchungsergebnisse bis zum Jahre 1891 (Sch. **1891**, II, 5) angegeben:

1. „Öl aus frischen Blättern auf Java destilliert (Eykman). Enthält neben Terpenen und anderen Körpern Chavikol und Betelphenol.

2. Öl aus getrockneten Siamblättern; besteht aus Sesquiterpen und Betelphenol.
3. Öl aus frischen Blättern (Java) destilliert; enthielt Terpene, Betelphenol und kleine Mengen eines anderen Phenols (vielleicht Chavikol), dessen Natur wegen mangelnden Materials nicht festgestellt werden konnte (Schmelzpunkt der Benzoylverbindung 72—73°).
4. Öl aus frischen Blättern in Manila destilliert. Enthält außer Betelphenol kein anderes Phenol."

Danach kommt das Betelphenol in allen bisher untersuchen Betelölen vor; dagegen scheint das Chavikol nur in einzelnen Betelölen vorhanden zu sein.

Power und Kleber (Pharm. Rundsch. N. Y. **13** [1895], 60) untersuchten das Bayöl (*Myrcia-* und *Pimenta-* spec.) und konstatierten in dem Öl folgende Körper, die ihrem prozentualen Vorkommen nach geordnet sind: 1. Eugenol, 2. Myrcen, 3. Chavikol, 4. Methyleugenol, 5. Methylchavikol, 6. Phellandren, 7. Citral.

Nach diesen Angaben ist das Chavikol bisher nur in ätherischen Ölen festgestellt worden, deren Stammpflanze eine Piperacee oder Myrtacee ist. — Auf synthetischem Wege ist das Chavikol bisher nicht erhalten worden.

Physik. Eig. des Chavikols. Eykman (B. **22**, 2739): farblose, klare Flüssigkeit, die einen eigenartigen, etwas kreosotähnlichen Geruch besitzt, der an den des Carvacrols erinnert, Sdp. 237°, $d_{13} = 1{,}041$, $d_{22} = 1{,}034$. Die gesättigte wäßrige Lösung wird unter geringer milchiger Trübung auf Zusatz eines Tropfens Eisenchlorid blau gefärbt, welche Farbe auf Zusatz von Weingeist verschwindet; die alkoholische Lösung des Phenols wird von alkoholischer Eisenchloridlösung kaum blau gefärbt, wohingegen die höher siedenden Anteile des Rohphenols dunkle Blaufärbung zeigten, was auf ein zweites Phenol hindeutet. Selbst bei — 25° konnte das Phenol nicht zum Kristallisieren gebracht werden. $n_D = 1{,}54682$, M. R. = 41,4 (ber. für Phenol $C_9H_{10}O|^{=}_{4} = 41{,}4$).

Eykman (B. **23**, 862) fand für Chavikol, Methylchavikol und Äthylchavikol folgende Daten:

	D	t^0	MG	MV	n_α	n_d	n_β	n_γ	n_A	(A−1)MV gef.	(A−1)MV ber.
Chavikol $C_9H_{10}O = {}^4C_6H_4 \cdot OH \cdot C_3H_5(1:4)$	1,033	18	134	129,7	1,5393	1,5441	1,5573	1,6689	1,5163	67	67,3
Methylchavikol $C_{10}H_{12}O = {}^4C_6H_4 \cdot OCH_3 \cdot C_3H_5(1:4)$	0,979	11,5	148	151,2	1,5199	1,5244	1,5371	1,5476	1,4984	75,4	74,8
Äthylchavikol $C_{11}H_{14}O = {}^4C_6H_4 \cdot OC_2H_5 \cdot C_3H_5(1:4)$	0,961	12,2	162	168,5	1,5133	1,5179	1,5299	1,5400	1,4925	83	83,2

	$\frac{A^2-1}{A^2+2}$ MV gef.	$\frac{A^2-1}{A^2+2}$ MV ber.	$\frac{d^2-1}{d^2+2}$ MV gef.	$\frac{d^2-1}{d^2+2}$ MV ber.	$n_\gamma - n_\alpha$	$n_\beta - n_\alpha$	$n_d - n_\alpha$	$\frac{n_\gamma - n_\alpha}{d}$	$\frac{n_\beta - n_\alpha}{d}$	$\frac{n_d - n_\alpha}{d}$
Chavikol $C_9H_{10}O = {}^4C_6H_4 \cdot OH \cdot C_3H_5(1:4)$	39,2	40	41	41,4	0,0296	0,0180	0,0047	0,0286	0,0174	0,0046
Methylchavikol $C_{10}H_{12}O = {}^4C_6H_4 \cdot OCH_3 \cdot C_3H_5(1:4)$	44,3	44,5	46	46,2	0,0277	0,0171	0,0045	0,0283	0,0175	0,0045
Äthylchavikol $C_{11}H_{14}O = {}^4C_6H_4 \cdot OC_2H_5 \cdot C_3H_5(1:4)$	48,9	49	50,8	50,9	0,0267	0,0166	0,0046	0,0278	0,0173	0,0048

Physiol. Eig. des Chavikols. EYKMAN (B. **22**, 2741) studierte den Einfluß des Chavikols auf verschiedene Bakterienarten und kommt zu folgendem Resultat: „Das Chavikol stellte sich also als ein starkes Gift für Bakterien heraus, etwa fünfmal stärker als Phenol und ca. zweimal stärker als Eugenol.“

Chem. Eig. des Chavikols. Das Chavikol ist ein Phenol. — Reduktionsversuche liegen nicht vor. — Durch Oxydation mit $KMnO_4$ erhielt E. (a. a. O., S. 2740) nur Oxalsäure. — E. stellte alsdann den Methyl- und Äthyläther dar.

Methylchavikol $C_6H_4(OCH_3)(C_3H_5)$ wurde gewonnen, indem die etwas höher siedenden Anteile des Phenols (238—243°) mit Kali und Methyljodid in methylalkoholischer Lösung erhitzt wurden: Sdp. 226°, $d_{26} = 0,967$, klare farblose Flüssigkeit, die bei 25° nicht fest wird und deutlich anisartig, jedoch weniger stark wie Anethol riecht und schmeckt. Durch Oxydation des Methyläthers mit $KMnO_4$ wurde ein Säuregemisch erhalten, aus welchem durch fraktionierte Kristallisation Nadeln vom Smp. 177—178° gewonnen wurden (Smp. der Anissäure 178°), ferner Homoanissäure. — Die Mol.-Verbr. des Chavikolmethyläthers ist gleich 1335,1 Kal. (STOHMANN, Ph. Ch. **10**, 415). — Der Chavikolmethyläther wird durch alkoh. Kali nach EYKMAN in Anethol umgewandelt. Über die weiteren physikalischen Eigenschaften des Methylchavikols vgl. oben Tabelle.

Äthylchavikol $C_6H_4(OC_2H_5)(C_3H_5)$ stellte E. (a. a. O., S. 2742) dar, indem er Chavikol mit Kali, Äthyljodid und absolutem Alkohol erhitzte: Sdp. 232°, $d_{19} = 0,955$; bei der Oxydation mittels Chromsäuregemisch wurde eine Säure vom Smp. 194° erhalten (p-Äthoxybenzoësäure schmilzt bei 195°). Über die physikalischen Eigenschaften des Äthylchavikols vgl. ebenfalls Tabelle.

Über das ev. Benzoylchavikol vgl. SCH. u. Co. (SCH. **1890**, I, 7): Smp. 72—73°.

Zur **Identifizierung des Chavikols** ist zu bemerken, daß man nach Isolierung des Rohphenols und nach fraktionierter Destillation am besten die Anteile vom Sdp. 235—240° auffängt und die physikalischen Daten bestimmt. Das Verhalten gegen wäßrige Eisenchloridlösung (blaue Färbung) ist charakteristisch, ebenso der aus dem Phenol erhältliche Methyläther, sowie das aus letzterem durch Invertierung gewonnene Anethol. Auffallend am Chavikol ist das hohe Volumgewicht (1,033), während das isomere p-Anol $d_{15/15}$ = 0,9936 zeigt; diese beiden isomeren Phenole, die sich nur durch die Allyl- bzw. Propenylgruppe unterscheiden, sollten nicht so weitgehende Differenzen zeigen.

Aus diesem Grunde sowohl, wie auch um ein definitives Urteil über seine **Konstitution** zu fällen, muß versucht werden, das Chavikol nochmals in möglichst reinem Zustande abzuscheiden. Da das Chavikol methyliert nicht Anethol liefert, so muß die C_3H_5-Gruppe der Seitenkette entweder eine Allyl- oder aber eine Isopropenylgruppe sein. Die Oxydation mit Kaliumpermanganat muß über letztere Frage die Entscheidung bringen. Alsdann wird sich auch entscheiden lassen, ob das Methylchavikol wirklich identisch mit dem Estragol ist.

Auf das Chavikol ist zuerst von EYKMAN im Jahre 1889 aufmerksam gemacht worden, also gehört es geschichtlich der allerletzten Periode an, so daß auch die physikalischen und chemischen Eigenschaften erst in dieser Zeit erforscht wurden.

---

338. Methylchavikol, Isoanethol, Estragol $C_{10}H_{12}O$.

Um die Übersicht über die Konstitution und das Vorkommen der einwertigen Phenole und ihrer Methyläther zu erleichtern, seien dieselben zusammengestellt:

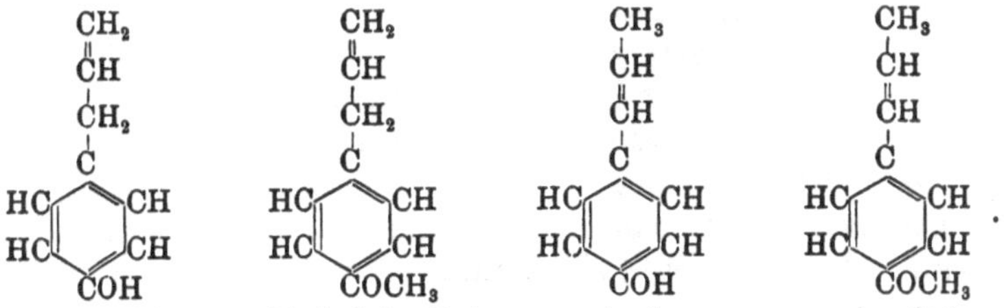

Chavikol — Methylchavikol Estragol — Anol — Anethol

Vorkommen, Isolierung und Synthese. Es sei darauf aufmerksam gemacht, daß, während wir im Carvacrol und Thymol Phenole vor uns hatten, in denen die p-Stellung zur Hydroxylgruppe nicht substituiert war, wir im Chavikol usw. bzw. auch ihren späteren Phenolen bzw. Äthern fast ausnahmslos Verbindungen kennen lernen werden, in denen die p-Stellung zur Phenol- bzw. Äthergruppe besetzt ist durch eine Allyl- oder Propenylgruppe. — Außer dem Chavikol, das verhältnismäßig selten vorkommt, findet sich in ätherischen Ölen häufiger seine Methylverbindung, die auch Estragol genannt wird. Wir machen hierbei die stillschweigende Voraussetzung, daß dem Chavikol wirklich oben angegebene Konstitution zukommt; vom Estragol wissen wir, daß es die angeführte Konstitution hat und da wir auch für das Chavikol ein Allyl-Phenol supponiert haben, so können wir das Estragol auch als Methylchavikol bezeichnen. Wir nehmen demnach an, daß sowohl im Chavikol, als auch im Estragol eine Allylgruppe vorkommt; wir werden späterhin sehen, daß das Vorkommen einer Allylgruppe unter den Phenolen und ihren Derivaten die Regel ist, während die Propenylgruppe zu den Seltenheiten gehört. Aber immerhin kommt auch letztere vor, so z. B. im Anethol, das den Methyläther des Anols vorstellt (Formeln vgl. oben). Durch Behandlung mit konz. Lösungen von Alkalien bei höherer Temperatur — die Temperatur können wir z. B. durch Anwendung von Amylalkohol oder durch Verschmelzen mit Alkalien hervorrufen — lassen sich die Allylverbindungen, wie wir sahen, in Propenylverbindungen überführen; so kann auch das Estragol in Anethol und das Chavikol in Anol invertiert werden. Jedoch können wir das Methylchavikol, also das Estragol, vom Anethol unterscheiden durch seine Derivate und durch seine Aboxydation mit Kaliumpermanganat; ersteres liefert z. B. bei der Oxydation p-Methoxyphenylessigsäure, während Anethol Anissäure (p-Methoxybenzoesäure) gibt, auch lassen sich die Allylderivate durch Natrium und Äthylalkohol nicht reduzieren, wohl aber die Propenylderivate, schließlich pflegen die Dibromide der Propenylderivate, also z. B. das Anetholdibromid, gut zu kristallisieren im Gegensatz zu den Dibromiden der Allylverbindungen, also z. B. zum Estragoldibromid.

Das Methylchavikol, Estragol, ist lange Zeit mit dem Anethol verwechselt und als identisch mit Anethol erklärt worden. Erst Sch. u. Co. (Sch. **1892**, I, 40) wiesen nach, daß in einem Anisrindenöl ein Methyläther vorkommt, welcher Estragongeruch hat und identisch ist mit Methylchavikol, aber nicht mit Anethol.

Die Geschichte des Estragols zeigt, daß dieser Körper lange Zeit mit dem Anethol verwechselt worden ist, weil er, wie letzteres Molekül, bei der Oxydation Anissäure liefert; man übersah jedoch dabei die gleichzeitig gebildete Homoanissäure. Bei der Untersuchung des Anisrindenöls erhielten nun Sch. u. Co. eine Fraktion, die ausgesprochenen Estragongeruch besaß. Da diese Verbindung nun oxydiert Homoanissäure lieferte, so konnte sie nur Methylchavikol sein. Bei einer Nachprüfung (Sch. **1892**, I, 17) wurde gefunden, daß ein beträchtlicher Teil des Estragonöls aus Methylchavikol besteht. „Entgegen den aus früherer Zeit stammenden Angaben konnte Anethol bisher nicht nachgewiesen werden, auf dessen Gegenwart aus dem Oxydationsprodukt des Estragonöls, der Anissäure, geschlossen worden war. Der Irrtum erklärt sich dadurch, daß Methylchavikol bei der Oxydation ebenfalls Anissäure liefert.“

Grimaux (C. r. **117** [1893], 1089) bestätigte diese Ansicht und nannte das im Estragonöl vorkommende Methylchavikol „Estragol". — Auch in der Folgezeit wurde das Estragol in verschiedenen ätherischen Ölen nachgewiesen.

Schließlich sei die Synthese des Methylchavikols (Estragols) erwähnt, welche von VERLEY D. R. P. 154654, gelöscht, und von TIFFENEAU (C. r. **139** [1904], 481) ausgeführt wurde; siehe auch BARBIER und GRIGNARD (Bl. III, **31** [1904], 841). Es hatte sich herausgestellt, daß halogenierte Benzolderivate mit Magnesium reagieren und eine organische Magnesiumverbindung bilden, die sich mit Allylbromid umsetzt, jedoch erfolgt die Umsetzung mit gesättigten Halogeniden bedeutend schwerer. Auf diese Weise wurde das $Br^1 \cdot C_6H_4 \cdot (OCH_3)^4$ dargestellt, auf das man in absolut ätherischer Lösung Mg einwirken läßt, wobei die Organo-Magnesiumverbindung $BrMg \cdot C_6H_4 \cdot OCH_3$ entsteht, welche sich mit Allylbromid nach folgender Gleichung umsetzt:

$$BrMg \cdot C_6H_4 \cdot OCH_3 + C_3H_5Br = C_3H_5 \cdot C_6H_4 \cdot OCH_3 + MgBr_2.$$

Das entstehende Produkt ist mit dem Methylchavikol in bezug auf die physikalischen Daten identisch, auch durch Kochen mit alkoh. Kali geht es in Anethol vom Smp. 22° über.

Das **Vorkommen des Estragols** verbreitet sich über viele Familien; das Phenol tritt in ätherischen Ölen auf, deren Stammpflanzen botanisch weit auseinanderstehen.

Magnoliaceae.

SCH. u. Co. untersuchten im Jahre 1892 (SCH. **1892**, I, 40) eine Anisrinde aus Madagascar, die in ihrer äußeren Beschaffenheit an die Massoyrinde erinnerte, jedoch im Geruch vollkommen von letzterer verschieden war. SCH. u. Co. neigen dazu, anzunehmen, daß es sich bei der Stammpflanze um *Illicium parviflorum* Michx. handelt. Die Rinde lieferte $3^1/_2$ % eines hellgelben Öles, das im Geruch an Safrol und Estragon erinnerte. „Von Geschmack ist es gewürzig, aber nur ganz schwach süß. Sein spez. Gew. ist 0,969 bei 15° C. Optische Drehung — 0° 46′ bei 100 mm Rohrlänge. Brechungsexponent für die Natriumlinie bei 16° 1,52510. Bei der Untersuchung zeigte es sich, daß das Anisrindenöl neben ganz geringen Mengen Anethol zum größten Teil aus isomerem, flüssigem Anethol, dem Methyl-Chavikol EYKMANS $CH_3O \cdot C_6H_4 \cdot CH_2 \cdot CH : CH_2$, besteht."

Das Sternanisöl (*Illicium anisatum* L.) enthält als wichtigsten Bestandteil das Anethol, das bis zu 90 % und ev. noch mehr vorhanden ist. Die restlichen ca. 10 % bilden ein Gemisch von den verschiedensten Substanzen, unter denen Terpene (d-Pinen und l-Phellandren), ferner in Spuren Hydrochinonmethyläther, ev. Safrol und schließlich Methylchavikol nachgewiesen wurden. SCH. u. Co. (SCH. **1895**, II, 6) befreiten das Sternanisöl so viel als möglich durch Ausfrieren im Kältegemisch vom herauskristallisierenden Anethol. Wird das restierende dünnflüssige Öl mit alkoh. Kali nach EYKMAN gekocht, so verändert sich das Öl auffallend: „die

Siedetemperatur steigt, der Brechungsexponent wird beträchtlich erhöht und man erhält beim Abkühlen von neuem große Mengen des schön kristallisierenden Anethols. Obgleich es uns noch nicht gelungen ist, das Methylchavikol aus den Anisölen rein darzustellen, so erscheint uns doch dessen Anwesenheit, nach dem eben skizzierten Verhalten des flüssigen Anteils dieser Öle, zweifellos." — TARDY (Thèse etc. Paris **1902**, S. 22) untersucht ebenfalls das Sternanisöl, soweit es nicht aus Anethol besteht. Außer oben erwähnten Verbindungen und außer dem Anisaldehyd und der Anissäure berichtet T. über die Anwesenheit von Anisketon, einem Sesquiterpen, einem Körper vom Smp. 213° und ev. Terpineol. Auch T. nimmt demnach die Anwesenheit von Methylchavikol im Sternanisöl an. — Auch im japanischen Sternanisöl (*Illicium religiosum*) wurden 25 % flüssiges Anethol konstatiert (EYKMAN, B. **14**, Ref. 1720; vgl. jedoch B. **18**, Ref. 281; vgl. auch TARDY, Thèse. Paris **1902**, 22).

Lauraceae.

Das ätherische Öl von *Persea gratissima* Gaertn. wurde aus den Blättern durch Wasserdampfdestillation dargestellt (SCH. **1894**, II, 71; siehe auch SCH. **1906**, II, 55); die Blätter stammten aus dem botanischen Garten in Genua; 2 kg lieferten 10 g eines schwach grünlich gefärbten Öles: $d =$ 0,9607, $\alpha_D = + 1° 50'$, $n_D = 1{,}5164$, im Geruch und Geschmack war es dem Estragonöl ähnlich, schmeckte weder süß wie Anethol, noch konnte letzteres im Kältegemisch abgeschieden werden. „Das hohe spezifische Gewicht, sowie der Brechungsexponent wiesen im Verein mit Geruch und Geschmack auf ein ziemlich reines Methylchavikol hin." Durch Oxydation mit $KMnO_4$ wurde Anissäure vom Smp. 183° erhalten.

Auch das Lorbeerblätteröl (*Laurus nobilis* L.) enthält ein Phenol, das auffallend nach Anethol riecht. Da es nicht süß schmeckt, so dürfte nicht Anethol, sondern Methylchavikol vorhanden sein (vgl. auch SCH. **1899**, I, 31); THOMS und MOLLE (Ar. **242** [1904], 161) fanden kein Methylchavikol.

Myrtaceae.

Im Bayöl (*Myrcia-* und *Pimenta-* spec.) wiesen POWER und KLEBER (Pharm. Rundschau N. Y. **13** [1895], 60) Methylchavikol nach; durch Oxydation wurde daraus Anissäure und durch Behandlung mit alkohol. Kali Anethol gewonnen.

Umbelliferae.

Das Anisöl (*Pimpinella Anisum* L.) ist seit langem bekannt (vgl. Anethol); da sein Hauptbestandteil (80—90 %), das Anethol, erst bei etwa 22° schmilzt und das Öl daher bei niedriger Temperatur erstarrt, lenkte dieser Körper früh die Aufmerksamkeit der Chemiker auf sich. Außerdem ist im Anisöl auch das isomere Methylchavikol vorhanden (SCH. **1895**, II, 6); es wurde das Anisöl möglichst vom Anethol befreit und das zurückbleibende dünnflüssige Öl mit alkohol. Kali gekocht, wobei der

Siedepunkt und der Brechungsexponent stiegen und beim Abkühlen festes Anethol ausgeschieden wurde.

Das Kerbelöl (*Anthriscus Cerifelium* Hoffm.) wird zu 0,0118 % aus den frischen Früchten gewonnen (CHARABOT und PILLET, Bl. III, **21** [1899], 368). CH. und P. stellten fest, daß das Öl ein wenig anisartig riecht, hauptsächlich aber an den Geruch des Estragons erinnert; selbst bei starker Abkühlung schieden sich nur sehr wenig Kristalle ab, welche jedoch aus einem Paraffin zu bestehen schienen. Nach 24 stündigem Erhitzen mit konz. alkohol. Kali erstarrte das Öl, indem sich Anethol vom Smp. 22° abschied. Ferner wurde letzteres identifiziert durch Überführung in den Anisaldehyd. Das Kerbelöl scheint demnach hauptsächlich aus Methylchavikol zu bestehen.

Das Fenchelöl (*Foeniculum vulgare* Gaertn.) enthält 50—60 % Anethol, außerdem Fenchon, an Terpenen d-Pinen und Dipenten. TARDY (Bl. III, **17** [1897], 660) berichtet außerdem, in ihm Methylchavikol und Anisketon konstatiert zu haben. — Methylchavikol soll nach BRANDEL (vgl. SCH. **1902**, II, 7) auch im Öl von *Pseudocymopterus anisatus* vorhanden sein.

Labiatae.

Das Basilicumöl (*Ocimum Basilicum* L.) ist in seiner Zusammensetzung verschieden, je nach seiner Herkunft. BERTRAM und WALBAUM (Ar. **235** [1897], 176) untersuchten im Laboratorium von SCH. u. Co. (vgl. SCH. **1897**, I, 9) das deutsche Basilicumöl und konstatierten in dem um 215° siedenden Anteil ca. 24 % Methylchavikol (Homoanissäure vom Smp. 85° wurde daraus gewonnen). Gleichzeitig stellten B. und W. im Basilicumöl von Réunion ebenfalls Methylchavikol fest, und zwar 67,8 %. DUPONT und GUERLAIN (Bl. III, **19**, 151) untersuchten ein in Grasse destilliertes Öl und konstatierten, daß die Fraktion 205—215° Estragol enthält, wie durch die Überführung in Anethol vom Smp. 21° bewiesen wurde.

Ein Basilicumöl von Java (Jahresber. des bot. Gartens in Buitenzorg **1898**, S. 28; vgl. auch VAN ROMBURGH: Over de ätherische olie uit *Ocimum Basilicum* L., Amsterdam **1900**, 446) zeigte, zu 0,2 % gewonnen, $d_{25} = 0,948$, siedete bei 214—218° und bestand hauptsächlich aus Methylchavikol, indem durch Kochen mit alkoh. Kali Anethol und durch Oxydation Anissäure erhalten wurden.

Compositae.

Das Esdragonöl wird von der Composite *Artemisia Dracunculus* L., und zwar aus dem blühenden Kraute, gewonnen; aus dem trocknen Kraut erhält man eine Ausbeute von ca. 0,25—0,8 %, aus dem frischen dagegen 0,1—0,4 % Öl. LAURENT berichtet im Jahre 1842 (Rev. scientifique Juillet **1842**, S. 5; A. **44**, 313) zuerst über das Esdragonöl; er findet den Sdp. 206°, Zusammensetzung $C_{32}H_{42}O_3$, oxydiert zur Dragonsäure, stellt deren Derivate dar usw. — GERHARDT (Recherches sur la classification chimique des subst. organiques — Revue scientif. et industr. par Quesneville; A. **44**, 318) dagegen gibt an, daß das Esdragonöl aus wenigstens zwei Verbindungen bestehe, von denen die eine sauerstoffhaltig, flüchtig und mit dem von CAHOURS untersuchten festen Anisöl identisch oder wenigstens isomer sei, wonach LAURENTS Dragonsäure Anissäure usw. sei. — LAURENT (C. r. **15**, 953) bestätigt selbst, daß seine Dragonsäure identisch mit der Anissäure von CAHOURS sei. Stillschweigend nahm man von nun ab an, daß im Esdragonöl Anethol vorkomme, zumal GERHARDT (C. r. **19**, 489; A. **52**, 401) nochmals betont, daß Esdragon- und Anisöl absolut identisch seien, namentlich liefern sie beide mit Schwefelsäure Anisoin. Wir erkennen, daß die feine chemische Isomerie, die in dem Anethol und Methylchavikol (Estragol) vorliegt, den damaligen Chemikern entging, indem sie besonderes Gewicht auf das Oxydationsprodukt Anissäure legten. Erst im Jahre 1892 (SCH. **1892**, I, 17), als SCH. u. Co. gefunden hatten, daß in einem Anisrindenöl Methylchavikol vorkommt, das intensiv nach Esdragonöl riecht, konnten SCH. u. Co. das Vorkommen des Methylchavikols auch im Esdragonöl nachweisen und daß entgegen den aus früherer Zeit stammenden Angaben Anethol nicht nachgewiesen werden konnte und daß ein beträchtlicher Teil des Esdragonöls aus Methylchavikol besteht, eine Beobachtung, die von GRIMAUX (C. r. **117**, 1089) bestätigt wurde. KLAGES findet 40 % Estragol. — Vgl. auch die Untersuchungen von HELL und GAB (B. **29**, 344) und KLAGES (B. **32**, 1439), sowie HELL (J. pr. II, **51**, 422).

Aus den gemachten Angaben erkennen wir, daß das Estragol in ätherischen Ölen vorkommt, die öfter von Pflanzen stammen, welche botanisch wenig verwandt sind. — Das Estragol gehört zu denjenigen Verbindungen, welche eine Allylgruppe enthalten, wie die meisten Bestandteile ätherischer Öle mit einer C_3H_5-Gruppe in der Seitenkette.

In bezug auf die Isolierung sowohl von natürlichem, als auch von synthetischem Estragol sind wir vollkommen auf die fraktionierte Destillation angewiesen.

Physik. Eig. des Methylchavikols. EYKMAN (B. **22**, 2739; B. **23**, 862) bringt ausführliche Daten über das auf präparativem Wege gewonnene Methylchavikol (vgl. oben Tabelle beim Methylchavikol).

GRIMAUX (C. r. **117** [1893], 1089) findet: Sdp. 215—216° für Methylchavikol aus Esdragonöl.

STOHMANN (Sitzungsber. der Akad. der Wissensch. zu Leipzig **1892**, 307): $Sdp._{35} = 124°$, $n_{D_{23}} = 1{,}5179$.

SCH. u. Co. (G. u. H., S. 244): $Sdp._7 = 86°$, $Sdp._{12} = 97—97{,}5°$, $d_{15} = 0{,}9714—0{,}972$, $n_{D_{18}} = 1{,}52355—1{,}52380$.

KLAGES (B. **32**, 1439): Sdp. 214—215° für Estragol aus Esdragonöl.

VERLEY (D.R.P. 154654) und TIFFENEAU (C. r. **139** [1904], 481) finden für synthetisches Methylchavikol: Sdp. 215—216°, $d_{15} = 0{,}9755$, $n_D = 1{,}5236$.

Physiol. Eig. des Methylchavikols. Das Methylchavikol zeichnet sich durch schwachen anisartigen Geruch aus; im Geschmack ist es jedoch wesentlich verschieden vom Anethol, indem letzteres sich durch einen intensiv süßen Geschmack auszeichnet, während dies beim Methylchavikol nicht der Fall ist.

Chem. Eig. des Methylchavikols. Reduktionsversuche sind mit dem Estragol von KLAGES (B. **32**, 1439) angestellt worden, indem er mit Na und Alkohol reduzierte; jedoch konnte K. hierbei keine Reduktion konstatieren.

HELL und GAB (B. **29**, 344) und HELL (J. pr. II, **51**, 422) beschäftigen sich mit der Einwirkung des Broms auf Methylchavikol und erhalten dabei das Monobromestragoldibromid: $C_6H_3Br(OCH_3)\cdot CH_2\cdot CHBr\cdot CH_2Br$, indem sie in wasser- und alkoholfreiem Äther arbeiten: Smp. 62,4°; dagegen konnte das Estragoldibromid nicht erhalten werden, im Gegensatze zu dem sehr leicht erhältlichen Anetholdibromid (vgl. Anethol). Auch ließ sich das Dibromestragoldibromid nicht darstellen. — Das Keton $C_6H_3Br(OCH_3)\cdot CO\cdot CHBr\cdot CH_2Br$ wurde von H. und G. gewonnen, als sie 40 g Monobromestragoldibromid mit Eisessig anrieben und dazu eine Lösung von 21,6 g Chromsäure in Eisessig hinzugaben usw.: Smp. 103,5°. Durch Oxydation dieses Ketons mit Kaliumpermanganat wurde Bromanissäure $C_6H_3Br(OCH_3)\cdot COOH$ erhalten. Durch Reduktion des Ketons mit Zinkstaub und Alkohol wurde das Keton $C_6H_3Br(OCH_3)CO\cdot CH_2\cdot CH_3$ vom Smp. 82—83° erhalten. Auch Ammoniak ließen H. und G. auf das gebromte Keton einwirken, ebenso Kaliumacetat und Natriumäthylat (vgl. Originalarbeit).

Durch Oxydation des Estragols wird die p-Methoxyphenylessigsäure (Homoanissäure) $C_6H_4(OCH_3)\cdot CH_2\cdot COOH$ vom Smp. 85—86° erhalten (BERTRAM und WALBAUM, Ar. **235**, 179, 182). Bei weiterer Oxydation entsteht Anissäure $C_8H_8O_3 = C_6H_4(OCH_3)\cdot COOH$ (LAURENT, A. **44**, 315 erhielt sie durch direkte Oxydation des Hauptbestandteils des Esdragonöls): Smp. 184°. Die weiteren Derivate dieser Säure vgl. unter Anethol.

Das Oxyd des Estragols $OCH_3\cdot C_6H_4\cdot CH_2\cdot CH\cdot CH_2$ (mit O-Brücke zwischen CH und CH_2) gewinnen FOURNEAU und TIFFENEAU (C. r. **140** [1905], 1595), indem sie Jod und gelbes Quecksilberoxyd in wäßriger ätherischer Lösung auf Estragol einwirken lassen: Sdp.$_{20}$ = 153—156°, $d_0 = 1{,}149$.

Die **Identifizierung des Methylchavikols** läßt sich dadurch bewirken, daß man es zunächst zu isolieren sucht. Der Sdp. 215°, sowie das Volumgewicht 0,971, $n_D = 1{,}524$, sind charakteristische Daten, namentlich im Vergleich mit dem Anethol, der zugehörigen Propenylverbindung. Es muß hierbei bemerkt werden, daß eigentlich das Anethol als Isoverbindung bezeichnet werden müßte, da sonst in der Natur in der Regel die Allylverbindungen vorkommen und die Propenylverbindungen außerordentlich selten sind und man letztere erst erhält, wenn die natürlich vorkommende Allylverbindung mit Hilfe von alkoh. Kali invertiert wird. Das Anethol zeigt Sdp. 233°, $d_{20} = 0{,}986$, $n_D = 1{,}561$; außerdem zeichnet es sich im

Gegensatz zum Methylchavikol, wie bereits erwähnt, durch intensiv süßen Geschmack aus. Von den chemischen Verbindungen des Methylchavikols ist das Monobromestragoldibromid vom Smp. 62,4° charakteristisch, sowie sein Oxydationsprodukt Homoanissäure vom Smp. 84—85°; Anethol liefert diese Säure nicht, sondern gibt, wie auch das Methylchavikol, bei weiterer Oxydation Anissäure vom Smp. 184°.

Die **Konstitution des Methylchavikols und deren geschichtliche Entwicklung** ergibt sich aus den eben erwähnten Abbauprodukten. Die Bruttoformel $C_{10}H_{12}O$ wurde bereits von Laurent und Gerhardt im Jahre 1842 aufgestellt, indem beide Forscher den Körper für identisch mit dem Anethol hielten. Erst die Versuche von Sch. u. Co. im Jahre 1892 und von Grimaux 1893 zeigten, daß im Esdragonöl nicht Anethol vorkommt, sondern eine isomere Verbindung. Die Untersuchungen Eykmans im Jahre 1890 ff. zeigten alsdann, daß zwischen dem Methylchavikol und dem Anethol analoge Unterschiede in den physikalischen Eigenschaften vorhanden sind wie zwischen Safrol und Isosafrol, Eugenol und Isoeugenol usw. Hinzukam, daß Bertram und Walbaum durch Oxydation des Estragols die Homoanissäure gewannen, wodurch die Allylformel des Estragols eine Stütze erhielt. Wir erkennen demnach, daß das Estragol in seinen physikalischen und chemischen Eigenschaften erst in der Periode 1887 bis zur Gegenwart studiert und erkannt wurde. Im übrigen vgl. die Entwicklung der Ansichten über die Konstitution des Estragols vor allen Dingen beim Anethol.

339. Anethol

$C_{10}H_{12}O$ = 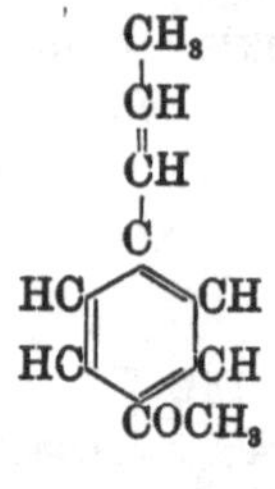 .

Vorkommen, Isolierung und Synthese. Das Anethol als Bestandteil vieler ätherischer Öle, namentlich des Anisöls, ist zweifellos schon sehr lange bekannt, und zwar finden wir die Erstarrungsfähigkeit dieses Öles bereits von Cordus im Jahre 1540 erwähnt; jedoch hat man diese Eigenschaft sicherlich schon lange Zeit vor ihm beobachtet. Die ersten wissenschaftlichen Untersuchungen des Anisöls, namentlich seines Stearoptens wurden jedoch erst von de Saussure im Jahre 1820 (A. ch. II, **13** [1820], 280; Schweiggers Journ. Chem. et. Phys. **29** [1820], 65), ferner von Dumas (A. **6** [1833], 245), sowie von Blanchet und Sell (A. **6** [1833], 287) ausgeführt. Dumas, sowie Bl. und S. erklären den kristallinischen Bestandteil des Anis- und Fenchelöls für identisch. Cahours (A. ch. III,

2, 274; C. r. **20**, 53; A. **35**, 312; **41** [1842], 56) zeigt, daß der kristallinische Bestandteil des Fenchel-, Sternanis- und Anisöls identisch ist. C. findet für Anethol den Smp. 18° und den Sdp. 222°, untersucht die Einwirkung von Chlor, Brom, starken Säuren usw. und stellt die Bruttoformel $C_{10}H_{12}O$ fest, indem er diese Formel auch durch die Absorptionsfähigkeit HCl gegenüber kontrolliert. Durch Oxydation des Anisöls mit Salpetersäure wird die Anissäure gewonnen, ferner die Nitroanissäure usw.

Laurent (A. **44**, 313; vgl. Estragol) erhielt aus der Anissäure das Anisol („Dracol"), welches bereits Cahours (A. **41**, 69) dargestellt hatte (vgl. auch später A. **48**, 65; **52**, 327; **74**, 298). — Persoz (C. r. **13** [1841], 433; A. **44** [1842], 311) erhielt durch Oxydation des Anethols mit Chromsäuregemisch außer der Anissäure eine zweite Säure.

Cahours (A. **48**, 65; J. pr. **22**, 58) stellte aus dem Salicylsäuremethyläther ebenfalls Anisol dar. Bezüglich der Konstitution des Anisols glaubte Cahours, daß in ihm ev. ein Alkohol vorläge.

Gerhardt (A. **44** [1842], 318; **48** [1843], 234; J. pr. **36** [1845], 267) erwähnt den Namen „Anethol" und ist der Meinung, daß dieser Bestandteil des Anisöls usw. auch identisch sei mit dem Hauptbestandteil des Esdragonöls; über diese irrtümliche Auffassung vgl. das Estragol.

Laurent (C. r. **15**, 953; A. **44**, 319) berichtigt die Formeln der Anissäure von Cahours zu $C_8H_8O_3$ und ebenso jene des Anisols zu C_7H_8O.

Cahours (A. ch. III, **7**, 483; A. **56** [1845], 307) gewinnt den Anisaldehyd $C_8H_8O_2$, der von ihm Anisylwasserstoff („hydrure d'anisyle") genannt wird: $d_{20} = 1{,}09$, Sdp, 253—255°; durch Behandlung mit schmelzendem Kaliumhydroxyd erhält er aus dem Anisaldehyd Anissäure, deren einbasische Natur usw. er feststellt.

Cahours hatte also beobachtet, daß sich Anissäure unter CO_2-Abspaltung in Anisol überführen läßt, ebenso wie der Salicylsäure-Methyläther. Cahours (C. r. **32**, 60; A. **78** [1851], 225) suchte seine schon früher ausgesprochene Ansicht, daß das Anisol Methylphenol sein könne, zu beweisen, indem er aus Phenol, Kalilauge und Jodmethyl den Methyläther des Phenols darstellte; er fand dieses synthetische Produkt identisch mit dem Anisol.

Cannizzaro u. Bertagnini (Il nuovo Cimento **I**, 99; A. **98** [1856], 188) gewinnen durch Kochen des Anisaldehyds mit alkohol. Kalilauge den Anisalkohol $C_8H_{10}O_2$: Sdp. 248—250°, Smp. + 23°.

Das Anisoïn (vgl. unten chemische Derivate) gewannen Gerhardt, Cahours und Laurent (a. a. O.), ferner Will und Rhodius (A. **65**, 230), Kraut und Uelsmann (J. pr. **77**, 490). Auch Mitteilungen über das m-Anethol bringt bereits Gerhardt.

Fassen wir die Kenntnisse über das Anethol, welche man bis zum Jahre 1857 erworben hatte, zusammen, so erkennen wir, daß die Bruttoformel $C_{10}H_{12}O$ bereits von Cahours im Jahre 1842 ermittelt wurde; C. stellte eine große Anzahl von Derivaten dar, vor allen Dingen die Anissäure, auch das Anisol. Aber erst Laurent erkannte die richtige Zusammensetzung der Anissäure zu $C_8H_8O_3$ und des Anisols zu C_7H_8O.

Auch die Darstellung des Anisaldehyds verdanken wir CAHOURS, während CANNIZZARO und BERTAGNINI den Anisalkohol darstellten. Kurzum, man konnte im Jahre 1857 eine Anisoylgruppe ebenbürtig der Benzoyl-, Salicyl-, Cuminyl-Gruppe usw. zur Seite stellen. Durch das Anisol war das Anethol mit dem Benzol in Verbindung gebracht worden, da GERHARDT die Identität des Anisols mit dem Phenolmethyläther erwiesen hatte, der sich aus dem Phenol gewinnen ließ, das man in der damaligen Zeit natürlich als Phenylalkohol bezeichnete. Einen tieferen Einblick in die Anordnung der Atome im Anetholmolekül hatte man natürlich noch nicht; man wußte nur, daß das Anethol ein Methyläther ist, der in naher Beziehung zum Phenol stehen müsse.

Erst in der nächsten Periode 1857—1872 gelang es, einen weiteren Einblick in die Konstitution des Anethols zu gewinnen. — Zunächst beschäftigen sich STAEDELER und WAECHTER (A. **116**, 161) mit der Thianisoïnsäure. Nachdem KEKULÉ im Jahre 1865 seine Benzoltheorie aufgestellt hatte, konnte man auch an die Aufklärung der Konstitution des Anethols und seiner Derivate gehen, da durch die Synthese des Anisols schon in der vorigen Periode nachgewiesen war, daß das Anethol in naher Beziehung zum Benzol stehen mußte. KOLBE (Lehrbuch der org. Chemie **II**, 135) hatte bereits die nothwendige Folgerung gezogen, daß die Anissäure eine Oxymethylsäure sein mußte. — SAYTZEFF (A. **127**, 129) hatte durch Behandlung der Anissäure mit Jodwasserstoffsäure Jodmethyl und p-Oxybenzoesäure erhalten. E. ERLENMEYER (Z. **1866**, 472) spricht das Anethol an als Oxymethylallylbenzol $C_6H_4<^{OCH_3}_{CH_2 \cdot CH:CH_2}$. LADENBURG (C. r. **22**, Juli 1866; Z. **1866**, 731; A. **141** [1867], 241) berichtet über die Synthese der Anissäure, da er glaubte, daß die SAYTZEFFschen Versuche zweideutig seien, insofern als die Verbindung der Methylgruppe nicht ganz feststehe, indem ein Ester oder ein Äther vorliegen könne; jedoch wird diese Ansicht hinfällig durch die Überführung der Anissäure in Anethol. L. stellt die Anissäure dar aus der p-Oxybenzoesäure und zeigt, daß demnach die Darstellung der Anissäure eine Totalsynthese ist, da die p-Oxybenzoesäure aus dem Toluol (FISCHER, A. **127**, 137) und das Toluol aus dem Benzol (TOLLENS und FITTIG, A. **131**, 303) erhalten werden kann. — LADENBURG und LEVERKUS (A. **141**, 260) berichten im Anschluß hieran über die Konstitution des Anethols und sind der Ansicht, daß man das Anethol, da es eine „aromatische Verbindung" sei, nach der KEKULÉschen Theorie (A. **137**, 129) vom Benzol ableiten könne durch Ersetzung des Wasserstoffs durch andere Elemente oder Radikale. Da nun nach KEKULÉ das Oxydationsprodukt ebensoviel Seitenketten enthält wie der Körper, aus dem es entstanden ist, so muß das Anethol aus dem Benzol durch Ersetzung zweier Wasserstoffatome entstanden sein. L. und L. glauben demnach für Anethol folgende zwei Formeln in Betracht ziehen zu müssen: $C_6H_4<^{OCH_3}_{C_3H_5}$ oder $C_6H_4<^{OC_3H_5}_{CH_3}$; zwischen diesen beiden Formeln, glauben sie, lassen die vorliegenden Versuche keine Entscheidung treffen; aus diesem Grunde behandeln sie Anethol mit Jodwasserstoff und erhalten dabei Jodmethyl, woraus sie schließen, daß $C_6H_4<^{C_3H_5}_{OCH_3}$ im Anethol vorliege.

Rossel (Diss. **1868**; A. **151** [1869], 25) bringt Beiträge zur Kenntnis des Anisaldehyds, den er durch Oxydation des Anethols mit Chromsäure gewinnt; ferner berichtet er über das Anisoïn, Hydranisoïn usw., dessen Analogien er mit dem Hydrobenzoïn usw. hervorhebt. A. a. O., S. 46 gibt Rossel dem Anisaldehyd bereits die Konstitution eines p-Oxymethyl-Benzaldehyds. — Staedeler (J. pr. **103**, 105; J. **1868**, 490) löst die Formel des Anethols ebenfalls in $C_6H_4 \cdot C_3H_5 \cdot OCH_3$ auf und sieht die Seitenkette C_3H_5 als Allyl an; die isomeren Modifikationen lassen sich nach ihm aus der Stellung des Allyls im Benzolkern erklären, bezüglich dessen Konstitution St. eine besondere Ansicht entwickelt (vgl. Originalarbeit).

Ladenburg (B. **2** [1869], 189) sucht die Formel $C_6H_4 \cdot C_3H_5 \cdot OCH_3$ zu stützen. — A. a. O., S. 371 berichtet L. „Über einige Derivate des Anethols". L. isoliert das Anol $C_9H_{10}O$, Smp. 92,5°, indem er Anethol mit frisch geschmolzenem Kali erhitzt.

Zusammenfassend ist über die Periode 1857—1872 zu bemerken, daß mit der Aufstellung der Kekuléschen Benzoltheorie auch für die Konstitutionsauffassung des Anethols die nötigen Konsequenzen gezogen wurden. Erlenmeyer und Ladenburg kamen im Jahre 1866 zu der nach den Versuchen Cahours einzig möglichen Folgerung, daß im Anethol ein Oxymethylallylbenzol vorliegt. Erlenmeyer sprach sich direkt für die Methyl-Vinylgruppe-$CH:CH \cdot CH_3$ aus, da durch Oxydation mit Bichromat und Schwefelsäure Essigsäure gebildet werde. Wie wir jetzt wissen, ist die Auffassung Erlenmeyers zwar richtig, aber der angegebene Grund ist nicht beweiskräftig, da die Chromsäure leicht umlagert. — Die Ansicht, daß in dem Anethol eine Oxymethylgruppe vorkomme, wie schon aus den Versuchen von Cahours hervorging, war weiterhin gestützt worden durch Saytzeff (J. **1864**, 149), der ebenfalls eine OCH_3-Gruppe annahm, ferner durch die Arbeiten A. **118**, 329; A. **127**, 129. — Erlenmeyer hatte auch für das Eugenol die Konstitution eines Propenyl-Derivates angenommen, auf ähnliche Beweisgründe gestützt, wie beim Anethol, jedoch erwies sich diese Annahme Erlenmeyers als nicht richtig, während das Anethol in der Tat späterhin als Propenylderivat bestätigt wurde. Lassen wir die nähere Konstitution der C_3H_5-Gruppe außer Betracht, so mußte in dieser Periode die gegenseitige Stellung der C_3H_5- und OCH_3-Gruppe im Benzolkern festgelegt werden. Dies geschah am besten durch Feststellung der Konstitution der Anissäure. Saytzeff hatte bereits 1853 (A. **127**, 129) durch Behandlung der Anissäure mit Jodwasserstoff die von ihm damals „Paraoxybenzoesäure" genannte Säure erhalten, Smp. 210°; Ladenburg (A. **141** [1867], 241) synthetisierte die Anissäure aus der Paraoxybenzoesäure und Jodmethyl; aber noch kannte man nicht die relative Stellung der Oxymethyl- zur Carboxylgruppe (vgl. auch Marasse, A. **152**, 59). Körner (Z. **1868**, 326) stellte aus p-Kresolmethyläther Anissäure dar. — Am Ende dieser Periode, also im Jahre 1872, nahm man die Konstitution des Anethols allgemein an als jene eines p-Propenyl-Oxymethylbenzols an.

Von 1872 ab wurde die Natur der C_3H_5-Gruppe im Anethol als Propenyl weiter erhärtet. Wie beim Estragol gezeigt wurde, ergab sich im Jahre 1892, daß das Esdragonöl, dessen Anethol man als flüssiges Anethol von dem gewöhnlichen festen Anethol unterschieden hatte, gar kein Anethol enthält, sondern daß allerdings ein isomeres p-Oxymethyl-C_3H_5-Benzol zugegen ist, dessen C_3H_5-Gruppe aber die sich in den meisten anderen hierher gehörigen Bestandteilen ätherischer Öle findende Allylgruppe ist.

Auch das **Vorkommen des Anethols**, das nicht sehr verbreitet ist, konnte von neuem konstatiert werden. Es beschränkt sich das bisher bekannte Vorkommen des Anethols auf ätherische Öle, deren Stammpflanzen zu den Magnoliaceen und Umbelliferen gehören.

Magnoliaceae.

Das Sternanisöl (*Illicium anisatum* L.) besteht, wie oben erwähnt, bis zu 90% aus Anethol (Cahours, C. r. **12** [1841], 1213; A. **35** [1840], 313). — Ein Anisrindenöl wurde, wie ebenfalls bereits erörtert, von Sch. u. Co. (Sch. **1892**, I, 40) gewonnen, jedoch steht nicht die Stammpflanze fest, die dieses Öl lieferte, wahrscheinlich ist es *Illicium parviflorum* Michx. Dieses Öl enthält nur wenig festes Anethol, hauptsächlich isomeres „flüssiges Anethol", Methylchavikol.

Umbelliferae.

Das Anisöl (*Pimpinella Anisum* L.) dürfte dasjenige Öl sein, aus welchem das Anethol im festen Zustande am frühesten abgeschieden werden konnte; es enthält das Anisöl 80—90% Anethol (vgl. oben).

Das Fenchelöl (*Foeniculum vulgare* Gärtn.) weist ca. 50—60% Anethol auf, das ebenfalls von Cahours als identisch mit dem Stearopten des Anisöls erkannt wurde.

Das Osmorrhizaöl (*Osmorrhiza longistylis* Rafinesque) (Sweet Cicely, sweet Root und sweet Anise), gewonnen aus der Wurzel dieser Pflanze, riecht nach Anis und Fenchel (Green, Am. Journ. Pharm. **54** [1882], 895). Eberhardt (Pharm. Rundschau N. Y. **5** [1887], 149) erhielt durch Wasserdampfdestillation der Wurzel 0,63% Öl.

Synthetisch wurde das Anethol von Perkin (J. **1877**, 382) gewonnen, als er p-Methoxyphenylcrotonsäure $CH_3O \cdot C_6H_4 \cdot CH:CH \cdot CH_2 \cdot CO_2H$ erhitzte; ferner gewannen Eykman (B. **23**, 859) durch Erhitzen des Chavikolmethyläthers und Grimaux (Bl. III, **11**, 35) durch Erhitzen des Estragols mit konz. alkohol. Kalilauge Anethol, vgl. auch Moureu und Chauvet (C. r. **124**, 404) und M. (A. ch. VII, **15**, 135). Ferner erhielten Béhal und Tiffeneau Anethol (C. r. **132**, 562), indem sie Magnesiumäthyljodid auf Anisaldehyd einwirken ließen; vgl. auch Hell und Grieb (B. **37**, 457) und H. und Hofmann (B. **37**, 4188).

Klages (B. **35** [1902], 2262) synthetisierte das Anethol, indem er vom Propionylanisol $C_6H_4<^{OCH_3}_{CO \cdot CH_2 \cdot CH_3}$ ausging. Dieses Keton, welches unter 14 mm Druck bei 148° siedet und beim Abkühlen erstarrt, wurde mit Na und Alkohol zum Carbinol $C_{10}H_{14}O_2 = CH_3O \cdot C_6H_4 \cdot CH(OH) \cdot CH_2 \cdot CH_3$ reduziert: $Sdp._{16} = 141—142°$, $d_{17} = 1,042$; das Acetat $C_{12}H_{16}O_3$ zeigte: $Sdp._{20} = 156°$, $d_{16} = 1,005$ (!?). Das Acetat wurde 10 Stunden lang mit Pyridin gekocht, wobei Anethol entstand; dieses lieferte das Diisonitrosoanethol vom Smp. 97°.

Physik. Eig. des Anethols: Landolt (Ph. Ch. **4**, 360): Smp. 21,6° Schlun und Kraut (J. **1863**, 552): Sdp. 232°, $d_{28} = 0,989$.

R. Schiff (A. **223**, 261): spez. Gew. bei $t^0 = 0,9887—0,0010125\,\delta - 0,00001027\,\delta^2$, wobei $\delta = t - 21,3$ bedeutet.

Eykman (B. **23**, 862; **22**, 2736): Sdp. 233—233,5°, $d_{14,9/4} = 0,99132$, $d_{21,6/4} = 0,98556$, $d_{64/4} = 0,97595$, $d_{77,3/4} = 0,94041$. Für Anethol aus Anisöl findet Eykman $d_{11,5} = 0,999$, $n_D = 1,5624$, M. R. = 48,1 (ber. 46,2); für Anethol aus Methylchavikol: $d_{12} = 0,997$, $n_D = 1,5624$, M. R. = 48,2 ber. 46,2).

Stohman (Ph. Ch. **10**, 415): Mol.-Verbr. 1342,2 Kal. — Über Brech.-Verm. vgl. auch Nasini und Bernheimer (G. **15**, 84) und Gladstone (Soc. **49**, 623).

Orndorff und Morton (Am. **23**, 181): in ganz reinem Zustande: Smp. 22,5°, Erst. 21,4°, $Sdp._{731} = 233,6°$.

Grimaux (Bl. III, **15**, 779) beobachtet Sm. 22,3—22,5°.

Perkin (Soc. **69**, 1247): Sdp. 235,3° (i. D.) $d_{15/15} = 0,9936$, $d_{25/25} = 0,9875$; magn. Dreh. 21,082 bei 16,1°.

Moureu und Chauvet (Bl. III, **17** [1897], 411): Smp. 21,1°, $Sdp._{751} = 233—233,5°$, $d_{24,6/4} = 0,9855$.

Stohmann (Sitz. d. Akad. d. Wiss. Leipzig 1892, 307): Smp. 21°, $d_{25} = 0,986$, $n_D = 1,56149$.

Sch. u. Co. (Sch. **1901**, II, 9): Erstarrungsp. 21°, während der Smp. sich zwischen 22,5—22,7° bewegt; ebenso Sch. **1902**, II, **5**: Erstarrungsp. + 21—22°, Smp. 22,5—22,7°.

Jules Bolle und Guye (Journ. de Chim. Phys. **3**, 38; C. **1905**, I, 868): $Sdp._{724,5} = 233—234°$, $d_{20,3} = 1,0006$; $d_{54,6} = 0,9711$; $d_{78,5} = 0,9509$; $d_{152} = 0,8876$.

Physiol. Eig. des Anethols. Das Anethol besitzt ausgesprochenen Anisgeruch, schmeckt ferner intensiv süß. — Varenne, Roussel und Godefroy (C. r. **137** [1903], 1294) zeigen, daß das Anethol selbst bei Dosen von 39 g auf 1 kg Tiergewicht keine Vergiftungserscheinungen hervorruft; ferner schließen sie infolge der chem. Konstitution des Anethols auf eine antiseptische und analgetische Wirkung des letzteren. Die Entfernung des Anethols aus dem Organismus durch Lunge und Urin soll schon 10—15 Minuten nach der Aufnahme beginnen.

Chem. Eig. des Anethols. Die chemischen Reaktionen des Anethols werden einmal bedingt durch die Propenylgruppe, sodann durch die p-Stellung letzterer zur OCH_3-Gruppe. — Wird Anethol auf 250—275° erhitzt (ORNDORFF, TERRASSE und MORTON, Am. **19**, 862), so entsteht der Methyläther des p-Kresols und des p-Propylphenols. — Durch Reduktion läßt sich das Anethol im Gegensatz zum isomeren Estragol (KLAGES, B. **32**, 1436) mit Na und Alkohol in p-n-Propylanisol überführen: Sdp. 215—216°, $d_{18,3/4}$ = 0,946; vgl. auch ORNDORFF und MORTON (Am. **23**, 196): $Sdp._{728}$ = 212,5—213,5°; HENRARD (C. **1907**, I, 343): Sdp. 213,5—214.5. — Über die Anetholhydrüre $C_{10}H_{14}O$, $C_{10}H_{16}O$, $C_{10}H_{18}O$ usw. vgl. LANDOLPH (B. **13**, 145).

Auch durch das Verhalten gegenüber freien Halogenen unterscheidet sich das Anethol vom isomeren Estragol. Die Anetholhalogenide kristallisieren besser, ein Verhalten, das die Propenylverbindungen überhaupt zeigen.

Das Chloranethol $C_{10}H_{11}ClO$ entsteht nach LADENBURG (Spl. **8**, 90) durch Vermischen von Anethol mit PCl_5: Smp. 6°, Sdp. 258°, d_0 = 1,1154. Nach LANDOLPH (B. **9**, 351) hat das Chloranethol: Sdp. 228—230°, den Erstarrungsp. + 3°, d_{20} = 1,191.

Über das Chloranethol $C_3H_4Cl \cdot C_6H_4 \cdot OCH_3$, das durch Destillation von Anetholdichlorid im Vakuum entsteht, vgl. DARZENS (C. r. **124**, 564): $d_{0/0}$ = 1,1350.

Das Anetholdichlorid $OCH_3 \cdot C_6H_4 \cdot CHCl \cdot CHCl \cdot CH_3$ (DARZENS, C. r. **124**, 564), durch Einleiten von Chlor in eine Lösung von Anethol in Tetrachlorkohlenstoff bei 0° erhalten, ist flüssig. — Das Monochloranetholdichlorid $C_3H_4Cl_3 \cdot C_6H_4 \cdot OCH_3$ entsteht nach D. beim Behandeln von Monochloranethol mit einer Lösung von Chlor in CCl_4: Smp. 35°. — Über ein Trichloranethol $C_{10}H_9Cl_3O$ vgl. auch CAHOURS (A. **41**, 62).

Anetholdibromid $CH_3 \cdot CHBr \cdot CHBr \cdot C_6H_4 \cdot OCH_3$ bildet sich nach HELL und VON GÜNTHERT (J. pr. II, **52**, 198) beim allmählichen Eintragen (unter Kühlung) von 1 Mol. Brom in eine absolut ätherische Lösung von 1 Mol. Anethol: Smp. 67° (vgl. auch LADENBURG, B. **2**, 372; Spl. **8**, 94: Smp. 65°) es geht bei der Oxydation mit CrO_3 und Eisessig in das Keton $CH_3O \cdot C_6H_4 \cdot CO \cdot CHBr \cdot CH_3$ über: Smp. 65—67°. Durch mehrtägiges Kochen des Dibromids mit absolutem Alkohol entsteht eine Verbindung $C_{12}H_{17}BrO_2$ (HELL und HOLLENBERG, B. **29**, 689). Durch Erwärmen mit Natriummethylat bildet sich der Äther $CH_3O \cdot C_6H_4 \cdot C(OCH_3){:}CH \cdot CH_3$, welcher durch Wasserdampf in das Keton $CH_3O \cdot C_6H_4 \cdot CO \cdot CH_2 \cdot CH_3$ übergeht. Mit 1 Mol. Natriumäthylat wird zuerst der Äther $CH_3O \cdot C_6H_4 \cdot CH(OC_2H_5) \cdot CHBr \cdot CH_3$ vom $Sdp._{14}$ = 165—170° gebildet, der durch weiteres Natriumäthylat in $CH_3O \cdot C_6H_4 \cdot C(OC_2H_5){:}CH \cdot CH_3$ übergeht.

Die Dibromide lassen sich, wie wir sahen, durch Kochen mit Alkohol überführen in Verbindungen $R \cdot CH(O\ Alk.) \cdot CHBr \cdot CH_3$ und diese spalten mit Natriumäthylat nur schwierig Bromwasserstoff ab, indem sie dabei die Propenyläther $R \cdot C(O\ Alk.){:}CH \cdot CH_3$ liefern, die sich ihrerseits wiederum leicht zu den entsprechenden α-Ketonen $R \cdot CO \cdot CH_2 \cdot CH_3$ verseifen lassen. HÖRING (B. **38**, 2296) hat nun gefunden, daß sich die Dibromide bei der

Einwirkung von Salpetersäure durch Austausch des zum aromatischen Kern in α-Stellung befindlichen, sehr reaktionsfähigen Bromatoms gegen den Acetylrest unter gleichzeitiger Nitrierung des Kerns Verbindungen liefern, z. B. $NO_2 \cdot C_6H_2 : (O_2CH_2) \cdot CH(O \cdot CO \cdot CH_3) \cdot CHBr \cdot CH_3$ (aus Isosafrol). Ein derartiger Körper liefert durch Behandlung mit alkohol. Kali eine bromfreie Verbindung vom Smp. 113—114°, die als Nitroisosafroloxyd

$$R \cdot \underbrace{CH \cdot CH}_{O} \cdot CH_3$$

bezeichnet wird. Aber diese Reaktion erweist sich als ganz verallgemeinerungsfähig, wenn man einfach die Dibromide, z. B. Anetholdibromid, durch Einwirkung von Natriumacetat in die Aceto-Bromverbindung überführt, die beim Behandeln mit alkohol. Kali Acetylbromid abspaltet und das betreffende Oxyd liefert. Aber man kann auch die α-Oxy-β-Bromverbindungen direkt aus den Dibromiden durch Einwirkung von wäßriger Acetonlösung gewinnen und hieraus durch Abspaltung von HBr das Oxyd erhalten. Diese Oxyde lassen sich im Vakuum unzersetzt destillieren, gehen aber beim Erhitzen unter gewöhnlichem Druck unter ganz beträchtlicher Wärmeentwickelung durch Umlagerung in die ihnen isomeren β-Ketone über, eine Reaktion, wie sie analog z. B. bei der Umwandlung des Phenyläthylenoxyds in Phenylacetaldehyd bekannt ist. Auch verdünnte Säuren führen obige Oxyde in die Ketone über. Das Anetholketon $CH_3O \cdot C_6H_4 \cdot CH_2 \cdot CO \cdot CH_3$ siedet bei 262—264° (vgl. auch Wallach, A. **332** [1904], 305). Dieses Keton ist als Anisketon von Tardy im Anis- und Fenchelöl nachgewiesen worden (C. r. **122** [1896], 198; Thèse, Paris 1902). — Wir erkennen demnach, daß man von dem Anetholdibromid aus sowohl zu dem α-Keton $CH_3O \cdot C_6H_4 \cdot CO \cdot CH_2 \cdot CH_3$, als auch zu dem β-Keton $CH_3O \cdot C_6H_4 \cdot CH_2 \cdot CO \cdot CH_3$ kommen kann. Ähnlich konstituierte Oxyden begegneten Fourneau und Tiffeneau (C. r. **140** [1905], 1595), jedoch handelt es sich hierbei um Körper mit endständigen doppelten Bindungen (Styrol, Allylbenzol und Methylchavikol), welche durch Einwirkung von Jod und gelbem Quecksilberoxyd in wäßrig ätherischer Lösung dargestellt werden; das Jodhydrin spaltet sofort Jodwasserstoff ab und gibt das entsprechende Oxyd.

Anetholglykol $CH_3O \cdot C_6H_4 \cdot CHOH \cdot CHOH \cdot CH_3$ wird von Varren und Godefroy (C. r. **140** [1905], 591) erhalten, indem man auf Anetholdibromid alkoholisches Kali in der Kälte einwirken läßt: $d_{17} = 1{,}013$, Sdp. 245—250°, wobei jedoch geringe Wasserabspaltung stattfindet, indem sich hierbei ein Öl und ein akroleïnartiger Körper bilden. Wird das Glykol mit Eisessig-Salzsäure erhitzt, so wird nur das endständige Hydroxyl, mit Acetylchlorid hingegen werden beide Hydroxylgruppen acetyliert. Auffallend erscheinen die physikalischen Daten des Glykols, der niedrige Siedepunkt sowohl wie das niedrige Volumgewicht; durch neue Versuche muß bestätigt werden, ob wirklich das Glykol vorliegt.

Bromanetholdibromid $CH_3 \cdot CHBr \cdot CHBr \cdot C_6H_3Br \cdot OCH_3$ wird gebildet (Hell und Gärttner, J. pr. II, **51**, 424 und H. und v. Günthert, J. pr. II, **52**, 194; vgl. auch Cahours über ein Tribromanethol, A. **41**, 60), wenn man überschüssiges Brom in eine Lösung von 1 Mol. Anethol in 3 Vol. absolutem Äther einträgt; vgl. auch ORNDORFF und MORTON (Am. **23**, 186), sowie HELL und GAAB (B. **29**, 345): triklin, Smp. 112,5°; es liefert in äther. Lösung beim Kochen mit Zinkstaub polymeres Bromanethol $(C_{10}H_{11}OBr)_x$. Dagegen entsteht bei mehrtägigem Kochen von 50 g Bromanetholdibromid mit absol. Alkohol eine Verbindung $C_3H_4Br \cdot C_6H_3Br \cdot OCH_3$: Smp. 62°. Bei mehrtägigem Kochen mit Wasser bildet sich eine Verbindung $C_{10}H_{12}Br_2O_2$ (?). Beim Kochen mit überschüssigem Anilin bildet sich eine Verbindung $C_{16}H_{16}BrON$: Smp. 82°. Beim Kochen mit überschüssigem Natriumäthylat bildet sich der Äther $CH_3O \cdot C_6H_3Br \cdot C(OC_2H_5){:}CH \cdot CH_3$. Durch Oxydation mit Chromsäure und Eisessig bildet sich Brompropylon-Bromphenolmethyläther $CH_3 \cdot CHBr \cdot CO \cdot C_6H_3Br \cdot OCH_3$ (H. und GÄRTTNER, J. pr. II, **51**, 456; H. und GÜNTHERT, J. pr. II, **52**, 197; H. und HOLLENBURG, B. **29**, 686): Smp. 99°. — Verbindung $C_6H_5 \cdot N{:}C_3H_5 \cdot C_6H_3Br \cdot OCH_3$ bildet sich beim Auflösen von Bromanetholdibromid in überschüssigem Anilin (H. und v. GÜNTHERT, J. pr. II, **52**, 196): Smp. 75°.

Dibromanetholdibromid $CH_3 \cdot CHBr \cdot CHBr \cdot C_6H_2Br_2 \cdot OCH_3$(?) bildet sich nach H. und G. (J. pr. II, **52**, 202), wenn man Bromanetholdibromid mit 1 Mol. Br im Rohr erhitzt; das α-Derivat schmilzt bei 113—114°, das β-Derivat bei 89°.

Bei längerem Kochen des Dibromanetholdibromids in Äther mit überschüssigem Zinkstaub (H. und G., J. pr. II, **52**, 204) entsteht Dibromanethol: Smp. 76°; dieses liefert mit Br die Ausgangsverbindung zurück.

HÖRING (B. **37** [1904], 1542) zeigt, daß, während Anetholdibromid mit Natriumaethylat unter Bildung von Anisyläthylketon reagiert und beim Monobromanetholdibromid diese Reaktion noch glatter vor sich geht, sie gar nicht eintritt beim dibromierten Anetholdibromid. Aus dem Monobromanetholdibromid (mit einem Br-Atom im Benzolkern) erhielt H. durch Einwirkung von konz. Salpetersäure ein Dibromanisylbromäthylketon, indem ein zweites Br-Atom in den Benzolkern eingetreten war (vgl. die hiermit im Einklang stehende SEMMLERsche Auffassung, B. **36**, 1033, über das Verhältnis der konjugierten doppelten Bindung der Seitenkette zu den Doppelbindungen des Benzolringes). Unter bestimmten Umständen würde ein α-seitenständiges Bromatom (vgl. auch eine α-ständige Methoxylgruppe) in den Kern treten. Außerdem nimmt H. eine Wanderung des Bromatoms in die o-Stellung zur Methoxylgruppe an, wie auch ZINCKE in der Eugenolreihe beobachtet hat. Das Dibromanetholdibromid lieferte mit Natriummethylat Brompropenyldibromanisol $C_6H_2 \begin{cases} Br_2 \\ OCH_3 \\ CH{:}CBr \cdot CH_3 \end{cases}$: Smp. 58°, das gegen Brom unveränderlich ist, dagegen bei Gegenwart von HBr als Katalysator Luftsauerstoff anlagert, wobei unter starken Luminiszenzerscheinungen das gebromte Keton $C_6H_2 \begin{cases} Br_2 \\ OCH_3 \\ CO \cdot CHBr \cdot CH_3 \end{cases}$ gebildet wird:

Smp. 101°. Das seitenständige Brom konnte nicht durch OH-, wohl aber durch Estergruppen ersetzt werden. — Als Nebenprodukt bei der Darstellung des vierfach gebromten Anethols erhielt H. ein tetrabromiertes Pseudophenol (vgl. Originalarbeit).

Monochloranetholdibromid $C_3H_4ClBr_2 \cdot C_6H_4 \cdot OCH_3$ entsteht nach DARZENS (C. r. **124**, 564) durch Bromieren von Chloranethol in CCl_4: Smp. 45°.

Auch mit Halogenwasserstoff bildet Anethol Anlagerungsprodukte. Beim Sättigen von Anethol mit HCl-Gas erhielt CAHOURS (A. **41**, 60) die Verbindung $C_{10}H_{12}O \cdot HCl$.

Die sehr unbeständigen Additionsprodukte mit HCl und HBr geben mit alkohol. Kali (ORNDORFF und MORTON, Am. **23**, 191) neben Iso- und Metaanethol eine Verbindung $C_{12}H_{18}O_2$ von pfefferminzartigem Geruch. — Beim Kochen mit HJ liefert das Anethol (LADENBURG und LEVERKUS (A. **141**, 260) Methyljodid und ein Harz. Erhitzt man dagegen Anethol mit HJ auf 260° (LANDOLPH, B. **9**, 725), so bildet sich Oktylen (Sdp. 150°) oder ein Kohlenwasserstoff $C_{12}H_{22}$ (Sdp. 210—212°).

Wasseranlagernde und -abspaltende Mittel usw. verwandeln das Anethol in polymere Modifikationen. Aber auch durch andere Agentien werden derartige Mod. gebildet. 1. Das Photoanethol $(C_{10}H_{12}O)_x$ bildet sich nach DE VARDA (G. **21**, 183), wenn man Anethol 3 Monate lang an der Sonne stehen läßt. Beim fraktionierten Destillieren geht zunächst unverändertes Anethol über, indem man alles bis 280° übergehende überdestilliert; der Rückstand wird aus siedendem 84%igem Alkohol umkristallisiert: Smp. 207°. 2. Anisoïn $(C_{10}H_{12}O)_x$. ORNDORFF und MORTON (Am. **23**, 197) gewinnen dieses polymere Produkt, indem sie zu einer Lösung von Anethol in Aceton soviel Jod hinzufügen, als sich auflöst; alsdann kochen sie einige Minuten und entfärben mittels Zinkstaub; vgl. auch ORNDORFF, TERRASSE und MORTON (Am. **19**, 856). Bereits CAHOURS (A. **41**, 63) hatte beim Schütteln von Anisöl mit wenig H_2SO_4 Anisoïn erhalten, ebenso GERHARDT (J. pr. **36**, 267) bei der Einwirkung von $SbCl_3$ oder $SbCl_4$, RHODIUS (A. **65**, 230) durch Einwirkung einer Lösung von Jod in Jodkalium, UELSMANN und KRAUT (J. pr. **77**, 490) durch Einwirkung von Benzoylchlorid: Smp. 140—145°. — Mit diesem Anisoïn darf nicht verwechselt werden dasjenige Anisoïn, welches dem Benzoïn analog konstituiert ist und aus dem Anisaldehyd gewonnen werden kann. 3. Metaanethol = festes Dianethol $(C_{10}H_{12}O)_2$ (GERHARDT, J. pr. **36**, 267 und PERRENOUD, A. **187**, 68) entsteht durch Einwirkung von Chlorzink auf Anethol: Smp. 132°, Sdp. über 300°; vgl. auch ORNDORFF, TERRASSE und MORTON (Am. **19**, 858). 4. Isoanethol = flüssiges Dianethol $(C_{10}H_{12}O)_2$ (SCHLUN und KRAUT, J. **1863**, 552; GERHARDT, J. pr. **36**, 272; O., T. und M., Am. **19**, 860): $Sdp._{100}$ = 245—255°. — Über das Verhalten von konz. H_2SO_4 gegen Anethol vgl. ORNDORFF und MORTON (Am. **23**, 194).

Einwirkung von Sauerstoff und dessen Derivaten auf Anethol; Oxydationsreaktionen. Das Anethol läßt sich wegen der in seinem Molekül anwesenden Propenylgruppe sehr leicht oxydieren. Bei der Behandlung von Anethol mit Chromsäuregemisch wurde Essig- und Anissäure erhalten, mit verd. Salpetersäure Anisaldehyd und ein Körper $C_{10}H_{16}O$, mit Chamäleonlösung Methoxyphenylglyoxylsäure und Anissäure. Das Anetholglykol $CH_3O \cdot C_6H_4 \cdot CHOH \cdot CHOH \cdot CH_3$ entsteht sicherlich, namentlich bei der Oxydation mit $KMnO_4$, primär, konnte bisher jedoch nicht auf diese Weise isoliert werden (vgl. Anetholdibromid). Die Aufspaltung zwischen den beiden hydroxylierten Kohlenstoffatomen bzw. die Weiteroxydation zur erwähnten Methoxyphenylglyoxylsäure geht sehr schnell vor sich.

Anisaldehyd $CH_3O \cdot C_6H_4 \cdot CHO$ (1, 4). Cahours (A. **56**, 307) oxydiert Anethol; der dabei gewonnene Aldehyd wurde von Canizzaro und Bertagnini (A. **98**, 189) durch Oxydation des Anisalkohols erhalten, ferner entsteht er nach Rossel (A. **151**, 28) durch Oxydation des Anethols mit wäßriger Chromsäurelösung; er erstarrt im Kältegemisch und zeigt den Smp. 0° (Perkin, Soc. **55**, 551): Sdp. 248°, $d_{18} = 1{,}1228$; über weitere Eigenschaften vgl. Bestandteil Anisaldehyd.

Anissäure $CH_3O \cdot C_6H_4 \cdot COOH$ (1, 4). Cahours (A. **41**, 65) oxydiert Anethol mit verd. Salpetersäure oder Chromsäuregemisch; auch bei der Oxydation des Fenchelöls (Cahours, Hempel, A. **59**, 104) entsteht die Säure. Laurent (A. **44**, 313) erhielt Anissäure aus dem Esdragonöl, eine Beobachtung, welche irrtümlicherweise zu der Ansicht führte, daß auch das Esdragonöl Anethol enthalte: Smp. 184°, Sdp. 275—280°; über weitere Eigenschaften sowie Synthese vgl. Einleitung.

Das Anisol $CH_3O \cdot C_6H_5$ (Cahours, A. **41**, 69; **48**, 65; **52**, 327; **74**, 298) wird bei der Destillation von Anissäure oder Gaultheriaöl mit Baryt erhalten, sodann aus Phenol, Kali und Methyljodid, ebenfalls von Cahours (A. **72**, 226): Sdp. 154,3°, $d_0 = 1{,}0110$ (Pinette, A. **243**, 34); Sdp. 155 bis 155,5°, $d_{115/4} = 0{,}86075$ (Schiff, A. **220**, 105); bildet sich ferner nach Landolph (Bl. II, **30**, 517) durch Einwirkung von Fluorbor auf kochendes Anethol, daneben entsteht eine bei 225° siedende Flüssigkeit $C_{11}H_{16}O$.

Methoxyphenylglyoxylsäure $CH_3O \cdot C_6H_4 \cdot CO \cdot COOH$. Garelli G. **20**, 693) fügt eine Lösung von 20 g $KMnO_4$ in 1 1/2 l Wasser zu einem kochenden Gemisch von 5 g Anethol, 500 ccm Wasser und einigen Tropfen Kalilauge; Smp. 89°. Die gleichzeitig entstehende Anissäure wird aus der alkalischen Lösung zuerst ausgefällt. Das Oxim $CH_3O \cdot C_6H_4 \cdot C(NOH) \cdot CO_2H$ schmilzt bei 145—146°.

Als Oxydationsmittel des Anethols hat Bougault (Thèse, Paris 1902) Quecksilberchlorid und Jod verwandt; analog werden Verbindungen oxydiert, die ebenfalls eine Propenylseitenkette aufweisen. Wird zu einer 1%igen Lösung von Anethol in 96%igem Alkohol ein Überschuß von Quecksilberchlorid und dann eine ca. 1%ige Lösung von Jod hinzugefügt, so wird letzteres verbraucht, und zwar 2 Atome Jod auf 1 Mol. Anethol, so daß jeder weitere Überschuß sofort gelb färbt. B. benutzt diese Reaktion als Methode zur Bestimmung von Anethol und analog konstituierten Körpern mit einer Propenylseitenkette, jedoch müssen Verbindungen mit Doppelbindungen, Phenol- oder Amincharakter, abwesend sein, da auch diese Jod absorbieren. 240 g Jod entsprechen 148 g Anethol. Bei dieser Reaktion wird zunächst aus Jod und Quecksilberchlorid Chlorjod gebildet, welches unter dem Einfluß des im Alkohol enthaltenen Wassers in Salzsäure und unterjodige Säure gespalten wird, und letztere lagert sich an die Doppelbindung des Anethols an. Ein analoges Anlagerungsprodukt wird auch erhalten, wenn man Quecksilberoxyd und Jod anwendet. $2\,C_{10}H_{12}O + HgO + H_2O + 4\,J = HgJ_2 + 2\,(C_{10}H_{12}O \cdot JOH)$. Ist nun Quecksilberoxyd im Überschuß zugegen, so geht letztere Verbindung in $C_{10}H_{12}O_2$ über, genau so wie bei der Einwirkung von Jod und Quecksilberchlorid auf Anethol. B. nimmt folgende Umsetzungen an:

$$CH_3O \cdot C_6H_4 \cdot CH : CH \cdot CH_3 \longrightarrow CH_3O \cdot C_6H_4 \cdot CHOH \cdot CHJ \cdot CH_3 \longrightarrow$$

$$CH_3O \cdot C_6H_4 \cdot \underbrace{CH \cdot CH}_{O} \cdot CH_3 \longrightarrow CH_3O \cdot C_6H_4 \cdot CH \begin{cases} CHO \\ CH_3 \end{cases} .$$

Der **Aldehyd** zeigt: Sdp. 255—256°, $d_{15} = 1{,}069$; **Bisulfitdoppelverbindung** kann aus Wasser umkristallisiert werden, sein **Oxim** schmilzt bei 96°. Durch Oxydation des Aldehyds mit Silberoxyd entsteht die **p-Methoxyhydratropasäure** $CH_3O \cdot C_6H_4 \cdot CH \begin{cases} CO_2H \\ CH_3 \end{cases}$; durch Oxydation der Bisulfitverbindung des Aldehyds sowie der Säure entsteht das **Keton** $CH_3O \cdot C_6H_4 \cdot CO \cdot CH_3$ vom Smp. 38° und die **Säure** $CH_3O \cdot C_6H_4 \cdot CO \cdot COOH$. — Auf analoge Weise oxydiert B. alle diejenigen Verbindungen, die ebenfalls eine Propenylseitenkette aufweisen, wie Isosafrol, Methylisoeugenol und Isoapiol. Jedoch auch die Verbindungen mit einer Allylseitenkette (wie Methylchavikol) reagieren mit Jod und Quecksilberchlorid oder Quecksilberoxyd, aber weniger scharf, und durch einen Überschuß von Quecksilberoxyd wird nicht der entsprechende Aldehyd gebildet. Auch mit Silbernitrat bilden die Additionsprodukte, welche aus unterjodiger Säure an die Propenylseitenkette entstehen, den zugehörigen Aldehyd, dagegen mit der Allylseitenkette wohl Jodsilber, aber keinen Aldehyd. Durch Zinkstaub und Eisessig werden alle erwähnten Anlagerungsprodukte der unterjodigen Säure in Ausgangsmaterial zurückverwandelt.

Auch Mercuriacetat läßt sich als Oxydationsmittel für gewisse doppelte Bindungen anwenden. BALBIANO und PAOLINI (B. **35**, 2995) BALBIANO und NARDACCI (C. **1906**, II, 120) lassen Mercuriacetat bei gewöhnlicher Temperatur längere Zeit auf Anethol einwirken; es entsteht das **Glykol** $CH_3O \cdot C_6H_4 \cdot C_3H_5 \cdot (OH)_2$ vom Smp. 98°, das durch Chromsäure zu Anissäure oxydiert wird. Das **Diacetylderivat** des Glykols bildet ein dickes Öl vom $Sdp._{41} = 210°$; auch hier scheinen die Propenylderivate nur diese Oxydationsprodukte mehr oder weniger glatt zu geben.

Verhalten des Anethols gegen salpetrige Säure und Nitrosylchlorid. TÖNNIES (B. **13** [1880], 1845) läßt auf eine Lösung von Anethol in Eisessig salpetrigsaures Natrium einwirken und erhält hierbei ein **Additionsprodukt** $CH_3O \cdot C_6H_4 \cdot C_3H_5 \cdot N_2O_3$ (vgl. unten), dessen Konstitution er dahin auffaßt, daß sich NO und NO_2 an die doppelte Bindung angelagert haben; den zweiten gleichzeitig entstehenden Körper, das Diisonitrosoanetholperoxyd, faßt T. auf als $\begin{array}{l} CH_3O\cdot C_6H_4\cdot C\text{———}C\cdot CH_3 \\ \qquad\qquad\quad\; N\cdot O\cdot O\cdot N \end{array}$: gelbe Nadeln, Smp. 97°, zersetzt sich gegen 240°; vgl. auch Boeris (G. **23**, II, 173). — Beim Erwärmen von Diisonitrosoanetholperoxyd mit Zinn und Salzsäure (Boeris, G. **23**, II, 186) entsteht das Anhydrid $\begin{array}{l} CH_3O\cdot C_6H_4\cdot C\text{—}C\cdot CH_3, \\ \qquad\qquad\quad\; N\cdot O\cdot N \end{array}$ Smp. 63°. — Das Diisonitrosoanethol: α-Derivat:

$$\begin{array}{l} CH_3O\cdot C_6H_4\cdot C\text{————}C\cdot CH_3, \\ \qquad\qquad\quad\; N\cdot OH \quad HO\cdot N \end{array}$$

bildet sich nach Boeris (G. **23**, II, 177), wenn man eine warme alkoholische Lösung von Diisonitrosoanetholperoxyd mit Zinkstaub versetzt und dann 2 Mol. Eisessig zutropfen läßt: Smp. 125°; geht bei längerem Stehen in das β-Derivat (vgl. unten) über. Das Diacetat $CH_3O\cdot C_9H_7(NO\cdot C_2H_3O)_2$, Smp. 89°, geht mit rotem Blutlaugensalz und Kali wiederum in Diisonitrosoanetholperoxyd über. Das β-Derivat

$$\begin{array}{l} CH_3O\cdot C_6H_4\cdot C\text{———}C\cdot CH_3: \\ \qquad\qquad\; HO\cdot N \quad HO\cdot N \end{array}$$

Smp. 206°, liefert mit rotem Blutlaugensalz und Kali ebenfalls Diisonitrosoanetholperoxyd. Das Diacetat $CH_3O\cdot C_9H_7(NO\cdot C_2H_3O)_2$ schmilzt bei 104°. — Über das Diisonitrosobromanethol, sein Peroxyd, das Diisonitrosonitroanethol und dessen Derivate vgl. ebenfalls Boeris (G. **23**, II, 175), ferner Orndorff und Morton (Am. **23**, 187), sowie Boeris (Z. Kr. **31**, 410ff.).

Anetholnitrit

$$\begin{array}{l} CH_3O\cdot C_6H_4\cdot CH\cdot CH\cdot CH_3 \\ \qquad\qquad\; ON\text{—}N \quad NO_2 \\ \qquad\qquad\qquad\; O \quad NO_2 \\ CH_3O\cdot C_6H_4\cdot CH\cdot CH\cdot CH_3 \end{array}$$

Die Konstitution dieser Verbindung war lange strittig. Erst die Untersuchungen von Angeli (G. **22** [1892], II, 325, 337, 445; **23**, II, 124, 165; **26**, I, 12; **29**, I, 275; B. **24**, 3995; **25**, 1956), J. Schmidt (B. **35**, 2323, 2336, 3721, 3727, 3737; **36**, 1765, 1768, 1775), Wieland (A. **328**, 154; **329**, 225), v. Baeyer (B. **28**, 641, 650, 1586; **29**, 1078) und Wallach (A. **332**, 305) brachten Klarheit über diese Verbindung. v. Baeyer zeigte vor allem, daß wir es in den meisten Fällen bei den „Nitrosochloriden“ und „Nitriten“ mit bimolekularen Verbindungen zu tun haben, die jedoch mehr oder weniger leicht in monomolekulare Verbindungen übergehen.

Im ersteren Falle liegen Nitrosoverbindungen von Oxaminen vor, in letzterem Falle Oxime oder Nitrosoverbindungen, je nachdem das NO an ein tertiäres oder sekundäres C gebunden ist. Haben wir es mit einer doppelten Bindung $\begin{matrix}R\\R\end{matrix}\!>C:C<\!\begin{matrix}H\\R\end{matrix}$ zu tun, so geht die ONO-Gruppe an das tertiäre C-Atom und bildet ein wahres Nitrosonitrit, indem sich die NO-Gruppe an CH anlagert, jedoch Veranlassung gibt zur Bildung des bimolekularen Moleküls, das sich unter Umständen in das monomolekulare umlagern kann:

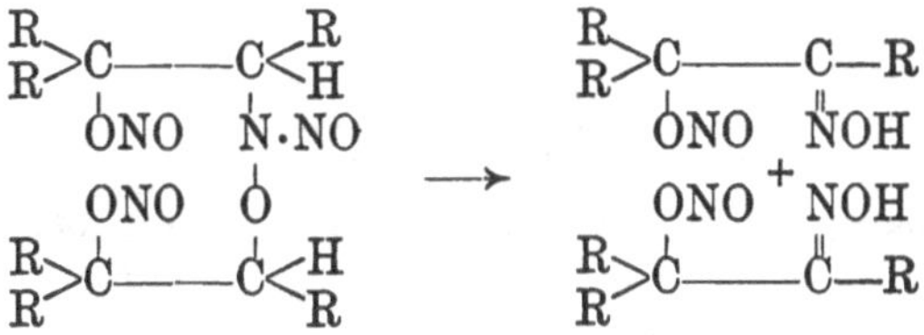

Liegt dagegen eine doppelte Bindung $\begin{matrix}R\\H\end{matrix}\!>C:C<\!\begin{matrix}R\\H\end{matrix}$, wie z. B. im Phellandren oder Anethol vor, so lagert sich die NO_2-Gruppe nicht als —ONO, sondern als $-N\lll\!\begin{matrix}O\\O\end{matrix}$ an, während die NO-Gruppe sich wieder wie vorhin anlagert und Veranlassung zur Bildung einer bimolekularen Verbindung gibt:

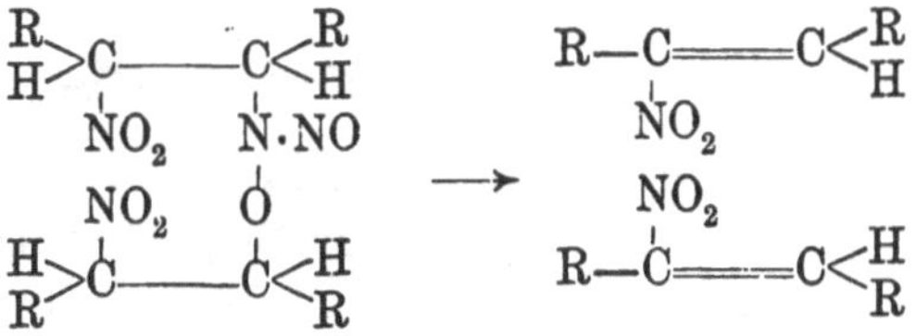

Bei der Aufspaltung der bimolekularen Verbindung mit Alkalien entstehen in diesem Falle nicht, wie oben aus dem Bis-Nitrosonitrit, Oxime, sondern gelb gefärbte ungesättigte Nitroverbindungen, deren Konstitution von Angeli richtig interpretiert wurde. Die bimolekularen Verbindungen können als Pseudo-Bisnitrosite bezeichnet werden; zu ihnen gehört das „Anetholnitrit" (Toennies, B. **13**, 1845; **20**, 2982; Boeris, G. **23**, II, 165; B. **26**, Ref. 891; Wieland, B. **36**, 3020; A. **329**, 261; Wallach, A. **332**, 318): Smp. 121°. Durch Behandlung mit Acetylchlorid entsteht aus ihm β-Nitroanethol $CH_3O \cdot C_6H_4 \cdot CH:C(NO_2) \cdot CH_3$: Smp. 47°, Sdp.$_{12}$ = 180—190°. Mit Hydroxylamin behandelt entsteht Anisaldoxim $CH_3O \cdot C_6H_4 \cdot CH:NOH$: Smp. 61°; die Benzoylverbindung $CH_3O \cdot C_6H_4 \cdot CH:NO(COC_6H_5)$ schmilzt bei 109°. Wird das β-Nitroanethol mit Pottasche erwärmt, so entsteht Anisaldehyd. Durch Kochen des β-Nitroanethols mit konz. Salzsäure 1 Stunde hindurch am Rückflußkühler entsteht ebenfalls Anisaldehyd. Durch Reduktion des β-Nitroanethols mit Zinkstaub und Eisessig wurde das Oxim $CH_3O \cdot C_6H_4 \cdot CH_2 \cdot C(:NOH) \cdot CH_3$ gewonnen, Smp. 65—66°, es geht mit Schwefelsäure gekocht in das Keton $CH_3O \cdot C_6H_4 \cdot CH_2 \cdot CO \cdot CH_3$ über: $d_{20} = 1{,}07$, $n_D = 1{,}5253$, das mit Hydroxylamin wiederum das Oxim vom Smp. 65—66° liefert; das Semicarbazon schmilzt bei 175°. Durch Oxydation mit alkal. Bromlösung entsteht aus dem Keton Anisylessigsäure $CH_3O \cdot C_6H_4 \cdot CH_2 \cdot COOH$ vom Smp. 85—86°.

Anetholnitrosochlorid

$$
\begin{array}{l}
CH_3O \cdot C_6H_4 \cdot CH \cdot CH \cdot CH_3 \\
\qquad\quad ON{-}N \quad Cl \\
\qquad\qquad\; O \quad\; Cl \\
CH_3O \cdot C_6H_4 \cdot CH \cdot CH \cdot CH_3
\end{array}
$$

TILDEN und FORSTER (B. **27**, Ref. 468), WALLACH (A. **332**, 326) (vgl. auch ERNST SCHMIDT, Apoth. Ztg. **19**, 655; C. **1904**, II, 1038): Smp. 127—128°. Wird das Nitrosochlorid mit Alkohol auf dem Wasserbade erwärmt, so entsteht Anisaldehyd. Erwärmt man das Nitrosochlorid dagegen mit Natriumäthylat, so entsteht ein Oxim $CH_3O \cdot C_6H_4 \cdot \underset{\displaystyle NOH}{\overset{\|}{C}} — \underset{\displaystyle OCH_3}{\overset{|}{CH}} \cdot CH_3$, Smp. 48—49°, dessen Chlorhydrat bei 125° schmilzt. Bei der Umsetzung des Oxims mit verd. H_2SO_4 entsteht das Keton $CH_3O \cdot C_6H_4 \cdot CO \cdot \underset{\displaystyle OCH_3}{\overset{|}{CH}} \cdot CH_3$ (Sdp. 160° im Vakuum); sein Semicarbazon $C_{11}H_{14}O : N \cdot NH \cdot CO \cdot NH_2$ schmilzt bei 192°.

Aus dem Nitrosochlorid gewann A. ADLUNG (Diss. Marburg 1901) das Anethol-Nitrol-Piperidin $C_{16}H_{22}O_2N_2$ vom Smp. 170° und das Anethol-Nitrol-Anilin $C_{16}H_{18}O_2N_2$ vom Smp. 182°. Durch Reduktion mittels Na und Methylalkohol sowie Zinkstaub in essigsaurer Lösung wurde aus dem Nitrosochlorid des Anethols das Anethylamin $C_{10}H_{11}NH_2$ dargestellt. Auch über das Verhalten der Salzsäure gegen Anetholnitrosochlorid berichtet der Verfasser in genannter Arbeit.

p-Anol $OH \cdot C_6H_4 \cdot CH : CH \cdot CH_3$ (LADENBURG, Spl. **8**, 88) wird erhalten bei 24stündigem Erhitzen von 10 Tl. Anethol mit 8 Tl. Ätzkali auf 200 bis 230°; Smp 93°..

Bei der Einwirkung von kaltem Alkali auf Anethol bilden sich Anisaldehyd und Säuren (HENRIQUES, Z. ang. Ch. **1897**, 400).

Zur **Identifizierung des Anethols** ist zu bemerken, daß man letzteres am besten zunächst durch fraktionierte Destillation abscheidet (Fr. ca. 230—236°) bzw. durch Abkühlung ausfriert: Smp. 22,5°; der Sdp. 233°, das Volumgewicht d_{20} = ca. 0,985, n_D = 1,562 deuten auf Anethol hin im Gegensatz zum Estragol, welches bedeutend niedriger siedet, ein geringeres Volumgewicht, sowie einen bedeutend geringeren Brechungsexponenten besitzt und flüssig bleibt. Von den Derivaten sind besonders charakteristisch das Anetholdibromid vom Smp. 67° und das Bromanetholdibromid vom Smp. 107—108°; ferner unterscheidet sich das Anethol vom isomeren

Estragol bei der Oxydation, indem letzteres mit $KMnO_4$ die Homoanissäure liefert, während Anethol p-Methoxyphenylglyoxylsäure vom Smp. 89° gibt. Auch das Anetholnitrit vom Smp. 121° ist charakteristisch.

Eine Farbreaktion des Anethols geben VARENNE, ROUSSEL und GODEFROY (C. r. **137** [1903], 1294) an; das zu prüfende Öl (3 ccm) wird mit 2—3 ccm Eisessig und 5 ccm rauchender Salzsäure erwärmt. Auftretende Grünfärbung spricht nach diesen für die Gegenwart von Anethol, während das isomere Methylchavikol unter gleichen Bedingungen eine amethystrote Färbung hervorruft.

Konstitution des Anethols. Die Bruttoformel des Anethols $C_{10}H_{12}O$ wurde von CAHOURS im Jahre 1842 ermittelt. Durch weitere Untersuchungen konnte das Anethol alsbald in Beziehung zum Phenol gebracht werden, insofern als es CAHOURS gelang, zu zeigen, daß der Phenylmethyläther identisch mit dem Anisol ist. Als nun in den sechziger Jahren von KEKULÉ die Benzoltheorie aufgestellt wurde, war es möglich, zu folgern, daß das Anethol ebenfalls ein Benzolabkömmling sein müßte. Die Oxymethylgruppe hatte CAHOURS bereits erkannt; es erübrigte, festzustellen, wieviel Seitenketten und welche Seitenketten durch die C_3H_5-Gruppe bedingt waren. Da durch Oxydation des Anethols Anissäure erhalten wurde, so konnten im Benzolkern nur zwei Wasserstoffatome ersetzt sein, und zwar eines durch die Oxymethylgruppe, ein anderes durch eine C_3H_5-Gruppe. Dadurch daß man erkannte, daß die Anissäure eine p-Oxymethylbenzoesäure ist, wußte man Ende der sechziger Jahre auch, daß das Anethol ein p-Oxymethyl-C_3H_5-Benzol ist. Es erübrigte die Natur der C_3H_5-Gruppe festzustellen. ERLENMEYER hat zwar bereits im Jahre 1866 eine Propenylgruppe angenommen, jedoch stand der Beweis für das Vorhandensein einer solchen noch aus. Durch die Synthese des Anethols, die PERKIN im Jahre 1877 ausführte, war das Vorhandensein einer Propenylgruppe endgültig bewiesen. Die Natur der C_3H_5-Gruppe als Propenyl wurde durch die optischen Eigenschaften des Anethols, die von EYKMAN besonders studiert wurden, bestätigt, sowie auf chemischem Wege von HELL und GAERTNER (J. pr. II, **51**, 424) durch Untersuchung der Bromanlagerungsprodukte.

Die **geschichtliche Entwicklung** unserer Kenntnisse von den physikalischen und chemischen Eigenschaften des Anethols ist ausführlich bereits abgehandelt worden. Die außerordentliche Reaktionsfähigkeit des Anetholmoleküls hat es bedingt, daß dieses Molekül bis in die Gegenwart hinein chemisch untersucht wird; immer wieder hat man Gelegenheit, gerade an diesem Molekül zum Teil ganz neue Reaktionen studieren zu können.

Die **Anwendung des Anethols** ist eine mannigfaltige. Sowohl in der Medizin wird es gebraucht, als auch namentlich in einzelnen Zweigen der Industrie. Geruch und Geschmack bedingen seine Verwendung in der Likörfabrikation. Derivate des Anethols, wie der Anisaldehyd werden weit verbreitet in der Parfümeriefabrikation angewandt.

β) Zweiwertige Phenole und ihre Derivate (Äther).

β₁) Zweiwertige Phenole von Benzolkohlenwasserstoffen mit gesättigten Seitenketten und ihre Derivate.

Die zweiwertigen Phenole kommen weniger im freien Zustande vor; besonders haben wir es mit ihren Äthern zu tun; unter den Äthern spielen wiederum die Methylenäther eine große Rolle, die durch Ersetzung von zwei Wasserstoffatomen zweier benachbarter Phenolgruppen durch eine Methylengruppe entstanden sind; diese Methylenäther sind besonders für die Riechstoffchemie von großer Bedeutung insofern als sie zum Teil das Ausgangsmaterial für die Darstellung wohlriechender Aldehyde abgeben.

---

o-Diphenole.

340. Guajakol

$C_7H_8O_2$ = 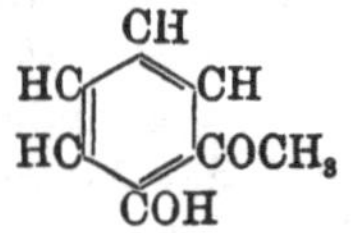

Vorkommen, Isolierung usw. CIAMICIAN und SILBER (B. **30**, 294) untersuchten die hochsiedenden Anteile des Selleriesamenöls (*Apium graveolens* L.). Beim Ausschütteln des Öles mit Alkalien wurde ein Gemisch von Phenolen erhalten; C. und S. konnten es hauptsächlich in zwei Fraktionen zerlegen: $Sdp._{13}$ = 139—200° und $Sdp._{13}$ = 209°. Die erste Fraktion zeigte deutlichen Geruch nach Guajakol. Weitere Untersuchungen müssen zeigen, ob hier wirklich Guajakol vorgelegen hat oder ein ähnlich riechendes Phenol.

Über das ev. Vorkommen von Kreosol $(CH_3)^1 \cdot C_6H_3(OCH_3)^3(OH)^4$ im Ylang-Ylangöl vgl. (SCH. **1901**, II, 58).

---

m-Diphenole

scheinen als Bestandteile ätherischer Öle bisher nicht aufgefunden worden zu sein.

---

p-Diphenole.

In ätherischen Ölen finden sich einige Hydrochinonderivate, und zwar solche vom gewöhnlichen Hydrochinon, sowie das Thymohydrochinon.

---

341. p-Hydrochinonäthylläther

$C_8H_{10}O_2$ = 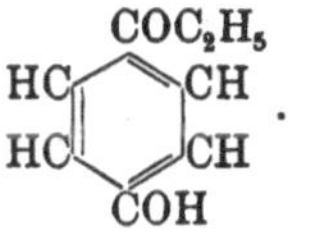

Vorkommen, Isolierung usw. Im Sternanisöl (*Illicium anisatum*) kommt nach OSWALD (BEILSTEIN, Bd. II [1896], 939) Hydrochinonäthyläther in kleiner Menge vor. — Synthetisch gewinnt man ihn beim Kochen von schwefelsaurem p-Diazophenetolsulfat mit verd. Schwefelsäure (HANTZSCH, J. pr. II, **22**, 462) oder aus Hydrochinon, KOH und C_2H_5J (WICHELHAUS, B. **12**, 1501).

Physik. und chem. Eig.: Smp. 66°, Sdp. 246—247°; er löst sich merklich in kaltem Wasser, leicht in heißem. Auffallend ist das Vorkommen dieses Äthyläthers als Bestandteil eines ätherischen Öles insofern, als Äthyläther in den ätherischen Ölen außerordentlich selten gefunden werden.

342. Thymohydrochinon

$C_{10}H_{14}O_2$ = 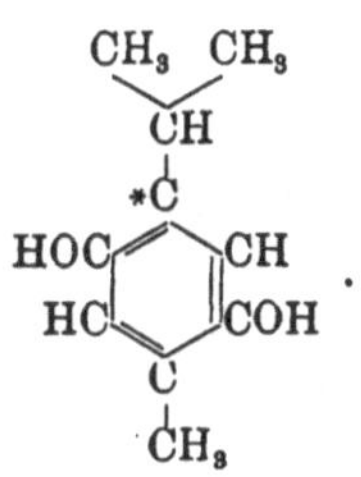

Vorkommen, Isolierung usw. Das Vorkommen des Carvacrols und Thymols in ätherischen Ölen läßt es als leicht möglich erscheinen, daß auch das zugehörige zweiwertige p-Diphenol, das Thymohydrochinon, gefunden wird. Dieses Diphenol gehört zu denjenigen Verbindungen, die früher auf synthetischem Wege erhalten wurden, als es gelang, sie in ätherischen Ölen nachzuweisen. Bereits LALLEMAND (A. **101**, 121; **102**, 121), sowie CARSTANJEN (J. pr. II, **3**, 54) konnten durch Reduktion des Thymochinons mittels SO_2 das Thymohydrochinon herstellen. — Als Bestandteil ätherischer Öle wurde das Thymohydrochinon von BRANDEL und KREMERS (Pharm. Rev. **19** [1901], 200, 244) in dem ätherischen Öl von *Monarda fistulosa* („Wild Bergamot oil") aufgefunden neben Thymochinon. B. und K. sind der Ansicht, daß die dunkle Farbe des Öles von *Monarda fistulosa* diesen beiden Bestandteilen zuzuschreiben ist, insofern als sie sich wahrscheinlich im Öl zum Teil als stark gefärbtes Chinhydron finden. RABAK (Pharm. Rev. **22** [1904], 119) stellte durch Versuche fest, daß das Vorhandensein des neben dem Thymohydrochinon sich findenden Thymochinons im ätherischen Öl von *Monarda fistulosa* wahrscheinlich durch das Vorkommen eines oxydierenden Ferments bedingt werde. Die von R. abgeschiedene Oxydase wirkte auf das Thymohydrochinon in der Weise ein, daß sich zunächst dunkle Kristalle abschieden, die allmählich in die gelben Kristalle des Thymochinons übergingen; wahrscheinlich vereinigt sich das zuerst gebildete Thymochinon mit unverändertem Thymohydrochinon zu dunkel gefärbtem Thymochinhydron, das bei anhaltender Einwirkung der Oxydase allmählich Thymochinon liefert. — Auch im ätherischen Öl des Holzes von *Thuja articulata* wies GRIMAL (C. r. **139**, **927**) Thymohydrochinon nach.

Physik. und chem. Eig. des Thymohydrochinons. Smp. 139,5°, Sdp. 290°; es löst sich in kaltem Wasser sehr schwer, dagegen leicht in heißem Wasser. Durch Oxydation geht das Thymohydrochinon in Thymochinon über.

343. Dimethyläther des Thymohydrochinons

$C_{12}H_{18}O_2$ =

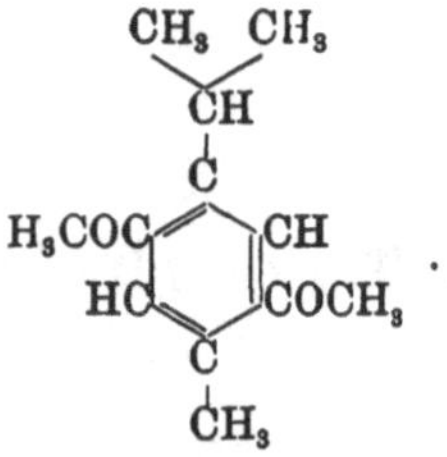

Vorkommen, Isolierung usw. SIGEL (A. **170** [1873], 345) untersuchte nach WALZ das ätherische Öl der Arnikawurzel und kam dabei zu ganz andern Resultaten als jener Forscher. S. fand, daß der größte Teil des Öles von ca. 239—245° übergeht. Durch Verseifung des Öles sowie durch nachfolgende Oxydation mit Chromsäure erhielt S. Thymochinon vom Smp. 45—46°. S. erhitzte ferner das Öl mit 57 %iger Jodwasserstoffsäure im Einschmelzrohr und erhielt dabei Methyljodid, sowie Thymohydrochinon $C_{10}H_{14}O_2$ vom Smp. 139—140° in kristallisiertem Zustande. S. ist der Meinung, daß das Arnikawurzelöl zu $^4/_5$ aus Thymohydrochinonmethyläther und $^1/_5$ isobuttersaurem Phloryl besteht.

Physik. und chem. Eig. des Dimethyläthers des Thymohydrochinons: Sdp. 248—250°, d_{22} = 0,998 (REYCHLER, Bl. III, **7**, 33), läßt sich durch Behandlung mit konz. HJ im Einschmelzrohr in Hydrochinon überführen.

β_2) Zweiwertige Phenole von Benzolkohlenwasserstoffen mit ungesättigten Seitenketten und ihre Derivate.

Als Bestandteile ätherischer Öle finden sich unter den zweiwertigen Phenolen mit ungesättigten Seitenketten nur solche, welche Derivate des o-Diphenols, also des Brenzkatechins sind; die Seitenkette ist auch in diesem Falle C_3H_5 und sie steht zu einer der Hydroxylgruppen in p-Stellung; je nachdem die Allyl- oder Propenylgruppe vorliegt, haben wir es mit folgenden beiden Muttersubstanzen zu tun:

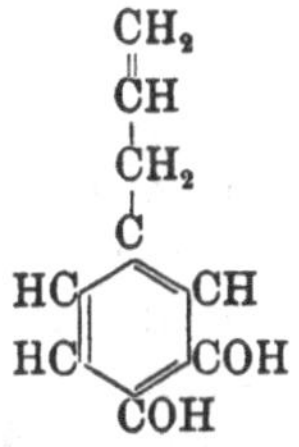
(I)

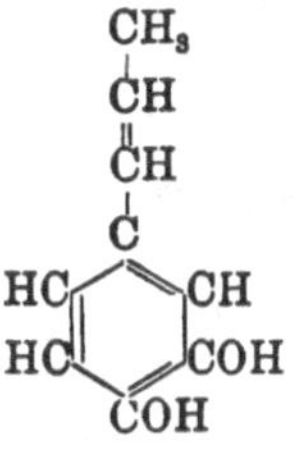
(II)

Diese beiden Muttersubstanzen finden sich jedoch in freiem Zustande in ätherischen Ölen nicht, sondern nur Derivate. Je nachdem wir das Wasserstoffatom der einen oder anderen Phenolgruppe durch Methyl ersetzen, oder die beiden Wasserstoffatome durch die Methylengruppe, kommen wir zu jenen Bestandteilen, um die es sich hier handelt. Von dem Grundkörper I leiten sich folgende Verbindungen ab:

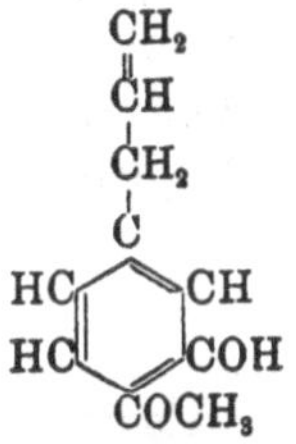
Betelphenol
Chavibetol

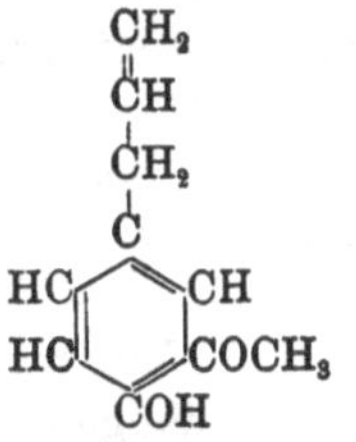
Eugenol

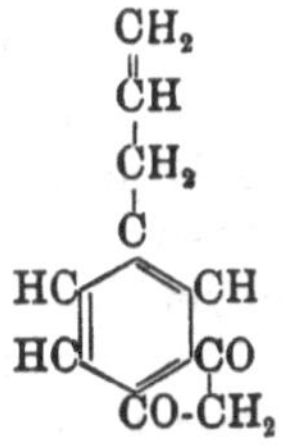
Safrol

während sich von der Muttersubstanz II die entsprechenden Propenylverbindungen ableiten:

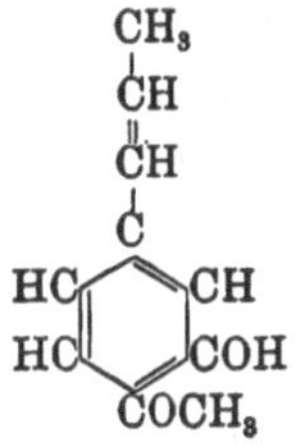
Isobetelphenol

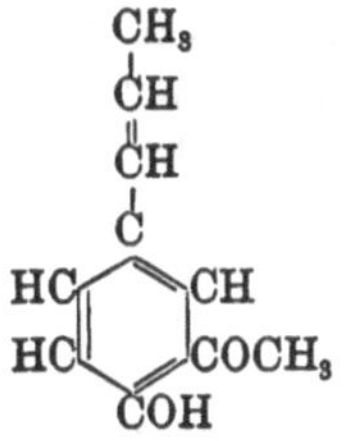
Isoeugenol

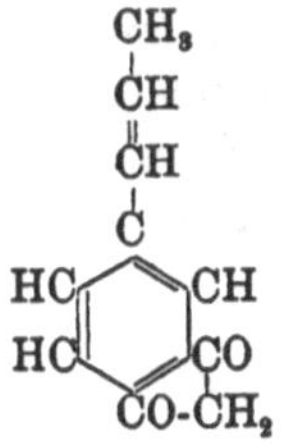
Isosafrol

Von diesen sechs Verbindungen kommen als Bestandteile ätherischer Öle jedoch nur die drei Allylderivate, das Betelphenol, Eugenol und das Safrol, und von den Isoverbindungen sehr selten das Isoeugenol vor. Wir erkennen, daß das Chavikol und der dazugehörige Methyläther, das Methylchavikol oder Estragol, als Allylverbindungen dem Betelphenol, dem Eugenol und Safrol entsprechen, während das Anethol als Propenylverbindung zu den Isoverbindungen gehört. Bei den einwertigen Phenolen kommen sowohl Vertreter der Allyl-, als auch Propenylreihe vor, während wir bei den zweiwertigen Phenolen sehen, daß besonders die Allylderivate verbreitet sind. Das letztere gilt auch von den dreiwertigen und vierwertigen Phenolen; auch in diesem Falle ist das Vorkommen der Allylverbindungen das normale, die isomeren Propenylverbindungen werden deshalb als Isoverbindungen bezeichnet. Es unterscheiden sich nun die Allylderivate von den Propenylderivaten genau so wie wir es kennen gelernt haben beim Estragol und Anethol. Die Isoverbindungen besitzen einen höheren Siedepunkt, ein höheres Volumgewicht und einen höheren Brechungsexponenten; sie entstehen aus den normalen Allylverbindungen, wenn man diese mit konz. äthyl- oder amylalkoholischem Kali invertiert. Die Hauptsache bei dieser Bindungsverschiebung ist die Anwendung höherer Temperatur, so daß die Umlagerung auch durch Verschmelzen mit Kali bewirkt werden kann. Bei der Reduktion mit Na und Alkohol liefern die Propenylderivate, die also die doppelte Bindung in der α, β-Stellung zum Kern haben, n-Propylverbindungen, während sich die Allylverbindungen nicht reduzieren lassen; erst wenn man gleichzeitig höhere Temperatur anwendet, d. h. wenn man die Allylverbindungen zuerst in die Propenylverbindungen überführt, gelingt auch die Reduktion, z. B. wenn man diese mit Na und Amylalkohol durchführt. Von den Dibromiden sind die der Allylphenole, also des Betelphenols, Eugenols und Safrols, weniger charakteristisch, auch kristallisieren sie weniger gut als die Dibromide der Isoverbindungen.

Die Oxydationsprodukte sind für beide Reihen ebenfalls charakteristisch; während die Allylverbindungen zunächst Homosäuren liefern, so z. B. das Safrol die Homopiperonylsäure, geht die Oxydation der Propenylverbindungen über die α-Ketosäuren direkt zu den am Kern carboxylierten Säuren.

Das Betelphenol, Eugenol, Safrol und Isoeugenol sind mehr oder weniger weit in den ätherischen Ölen der verschiedensten Pflanzenfamilien verbreitet; ihre Anwendung in der Technik, hauptsächlich in der Parfümerie ist eine ausgedehnte, da sich namentlich die aus ihnen dargestellten Aldehyde durch starken Wohlgeruch auszeichnen, so das Vanillin und Piperonal (Heliotropin).

344. Betelphenol, Chavibetol

$C_{10}H_{12}O_2$ =

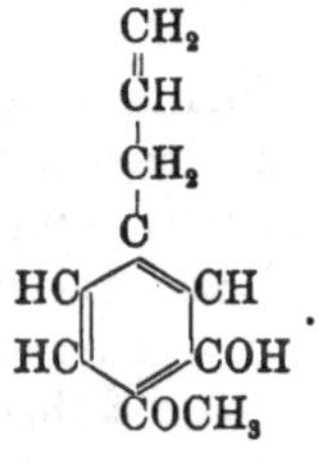

Vorkommen, Isolierung und Synthese. Das Betelphenol findet sich im ätherischen Öl der Blätter von *Piper Betle* L., welche in Ostasien zum Betelkauen Verwendung finden (über weitere Mitteilungen vgl. das Chavikol). Eykman (Naturf.-Vers. Köln 1888) hatte über das Chavikol berichtet, das er aus einem Java-Betelblätteröl isoliert hatte. Sch. u. Co. (Sch. **1887**, I, 2) glaubten zuerst, daß in dem Phenol des Betelblätteröls ev. Eugenol vorliege. In späteren ausführlicheren Untersuchungen (Sch. **1889**, I, 6 und Bertram und Gildemeister, J. pr. II, **39** [1889], 349) stellte man fest, daß das Betelöl ein besonderes Phenol enthält und zwar das Betelphenol (Chavibetol); es wurde zunächst im Siam-Betelblätteröl, später jedoch in anderen Betelölen (vgl. Chavikol) aufgefunden; a. a. O. ist das Vorkommen in den verschiedenen Siam-, Java-, Manila- usw. Blätterölen angegeben (Sch. **1891**, II, 5).

Zur **Isolierung des Betelphenols** ist zu bemerken, daß man das Rohöl am besten mit verdünnten Laugen ausschüttelt, wie es auch bei anderen Phenolen geschieht; durch fraktionierte Destillation läßt sich das Betelphenol weiter reinigen. In seinen physikalischen und chemischen Eigenschaften zeigte das Chavibetol mit dem Eugenol vielfach Übereinstimmung, anderseits ist es von ihm jedoch verschieden, da beide Verbindungen sich durch die verschiedene Stellung der Oxymethyl- bzw. Hydroxylgruppe unterscheiden.

Physik. Eig. des Betelphenols. B. und G. (J. pr. II, **39**, 350) geben an, daß, solange noch Verunreinigungen vorhanden sind, sich das Phenol selbst im Kohlensäurestrom nicht unzersetzt destillieren läßt: $Sdp._{12-13} = 131-132^0$. Nachdem die Substanz durch Vakuumdestillation gereinigt ist, läßt sie sich unter gewöhnlichem Luftdruck ohne bemerkenswerte Zersetzung bei $254-255^0$ destillieren, $d_{15} = 1{,}067$. In reinem Zustande bildet das Betelphenol eine ölartige, stark lichtbrechende Flüssigkeit von starkem, sehr anhaftendem Geruch, welcher jedoch von dem des Eugenols durchaus verschieden ist. In alkoholischer Lösung des Betelphenols wird durch Eisenchlorid eine intensiv blaugrüne Färbung hervorgerufen ähnlich wie beim Eugenol, jedoch hat die Farbe beim Betelphenol einen Stich ins grünliche. Zum Vergleich geben B. und G. für Eugenol an: $Sdp._{12-13} = 128-129^0$, Sdp. $250-251^0$, $d_{15} = 1{,}072$.

Eykman (B. **23**, 862) findet für Chavibetol: $d_{16} = 1{,}065$, $n_D = 1{,}5397$, M. R. = 48,3 (ber. für einen Phenoläther $C_{10}H_{12}O_2|\overline{^4} = 47{,}7$). (Ausführliche Daten über Dispersion usw. siehe in der Originalarbeit.)

Stohmann (Ph. Ch. **10**, 415) Mol.-Verbr. 1286,9 Kal.

Chem. Eig. des Chavibetols. Das Betelphenol als Allylverbindung läßt sich durch Natrium und Äthylalkohol nicht reduzieren, außerdem sind diese Reaktionen von Phenolen im allgemeinen schlecht durchzuführen, da die kochende alkalische Lösung vielfach auf die Phenole zersetzend einwirkt. Die Halogene addieren sich zwar an die doppelte Bindung des Betelphenols, jedoch wurden bisher keine charakteristischen Verbindungen erhalten.

Auch die **Oxydation** der Phenole führt zu wenig durchsichtigen Resultaten; man muß in diesem Falle, um aus den Oxydationsprodukten Schlüsse auf die Konstitution ziehen zu können, am besten die Hydroxylgruppe durch Acylierung festlegen.

Acetylbetelphenol $C_3H_5{}^{4}\cdot C_6H_3{<}\genfrac{}{}{0pt}{}{OCOCH_3\,{}^{2}}{OCH_3\,{}^{1}}{}^{3}$ erhalten B. und G., indem sie 25 g Betelphenol mit 25 g Essigsäureanhydrid und 12,5 g Natriumacetat 2 Stunden lang kochen: $Sdp._{11} = 150^0$, $Sdp. = 275-277^0$; es erstarrt im Kältegemisch bei -20^0 und schmilzt wiederum bei -5^0. Eugenolacetat siedet bei 270^0 und schmilzt bei $+30$ bis 31^0.

Benzoylbetelphenol $C_3H_5\cdot C_6H_3{<}\genfrac{}{}{0pt}{}{OCOC_6H_5}{OCH_3}$ wird gebildet, wenn Betelphenol einige Zeit lang mit überschüssigem Benzoylchlorid am Rückflußkühler gekocht wird; Smp. 49—50°, während das Eugenolbenzoat bei 69—70° schmilzt.

Oxydation der Acetylverbindung. Durch Oxydation des in Wasser suspendierten Acetats mittels wäßriger Kaliumpermanganatlösung, der Eisessig zugesetzt worden war, wurde Acetisovanillinsäure $COOH^{4}\cdot C_6H_3{<}\genfrac{}{}{0pt}{}{OCOCH_3\,{}^{2}}{OCH_3\,{}^{1}}{}^{3}$ vom Smp. 206—207° erhalten, während die Acetvanillinsäure bei 142° schmilzt. Wird die Acetisovanillinsäure kurze Zeit mit Natronlauge gekocht, so erhält man die Isovanillinsäure $COOH^{4}\cdot C_6H_3{<}\genfrac{}{}{0pt}{}{OH^{2}}{OCH_3\,{}^{1}}{}^{3}$ vom Smp. 250°, während die Vanillinsäure bei 207° schmilzt.

Den Methyläther des Betelphenols stellten B. und G. durch Einwirkung von Jodmethyl auf die Natriumverbindung des Phenols in methylalkoholischer Lösung dar: Sdp. 247—248°. Dieser Methyläther erwies sich als identisch mit dem Methyläther des Eugenols; dieser wurde von B. und G. zum Vergleich dargestellt und für ihn gefunden: $Sdp._{11} = 128$ bis 129^0, $Sdp. = 248-249^0$. Das Tribromid, aus beiden Methyläthern dargestellt, schmolz bei 78—79°. Ferner wurde bei der Oxydation des Methylbetelphenols mit Kaliumpermanganat die bei 179° schmelzende Protokatechusäure gewonnen. Über weitere Eigenschaften des Methyläthers vgl. unter Eugenol.

Das Äthylchavibetol und das Äthylisochavibetol:

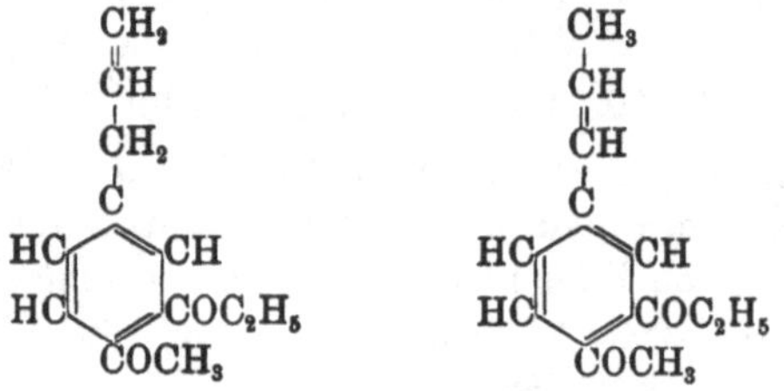

stellte Eykman (B. **23**, 861) dar, um die physikalischen Daten beider Verbindungen, von denen das Äthylchavibetol eine Allyl-, das Äthylisochavibetol eine Propenylverbindung ist, zu vergleichen. E. konstatierte für Äthylchavibetol:

$$d_{11} = 1{,}013,\ n_\alpha = 1{,}5232,\ n_D = 1{,}5276,\ n_\beta = 1{,}5403,\ n_\gamma = 1{,}5514,$$
$$\text{M.R.} = 58{,}3,\ \text{ber. } 57{,}2,$$

für Äthylisochavibetol:

$$d_{11} = 1{,}039,\ n_\alpha = 1{,}5539,\ n_D = 1{,}5602,\ n_\beta = 1{,}5792,\ n_\gamma = 1{,}5980,$$
$$\text{M.R.} = 59{,}8,\ \text{ber. } 57{,}2.$$

Auch an diesem Beispiel erkennen wir demnach, daß die Propenylverbindung, also die Isoverbindung, bedeutend höheres Volumgewicht und höheren Brechungsexponenten besitzt.

Über das Verhalten des Betelphenols gegen Mercuriacetat vgl. Balbiano und Paolini (B. **36**, 3580).

Identifizierung des Betelphenols. Nach vorgenommener Isolierung durch Natronlauge und fraktionierte Destillation im Vakuum und Bestimmung der physikalischen Daten dürfte sich von den chemischen Reaktionen am besten die Darstellung des Benzoylesters eignen, welcher bei 49—50° schmilzt.

Die **Konstitution des Betelphenols** wurde von Bertram und Gildemeister erschlossen, nachdem die Bruttoformel $C_{10}H_{12}O_2$ festgestellt worden war. Die Natur der beiden Sauerstoffatome ergab sich einmal aus den Phenoleigenschaften, anderseits dadurch, daß sich das Betelphenol zum Methylbetelphenol methylieren ließ, woraus zu schließen war, daß eine Phenolgruppe vorlag; die Natur des zweiten Sauerstoffatoms mußte ätherartig sein und wurde gefolgert aus der Oxydation der Acetylverbindung zur Acetisovanillinsäure. Aus der erhaltenen Isovanillinsäure folgt gleichzeitig, daß im Betelphenol außer der Hydroxyl- und Oxymethylgruppe eine C_3H_5-Gruppe vorhanden sein muß. Es erübrigte die Stellung der Hydroxyl-, Oxymethyl- und C_3H_5-Gruppe festzulegen. Die Stellungen dieser ergaben sich zweifellos wiederum aus der durch Oxydation gewonnenen Acetisovanillinsäure; danach konnte die Hydroxyl- zur C_3H_5-Gruppe nur in 1, 4-Stellung, anderseits die Oxymethylgruppe nur an C_2 gebunden sein; nunmehr mußte noch die Natur der C_3H_5-Gruppe aufgeklärt werden. Der durch Methylierung gewonnene Dimethyläther des Betelphenols erwies sich als identisch mit dem Methyläther des Eugenols, deshalb nahmen B. und G. mit Recht eine Allylgruppe an, zumal sie aus dem Dimethyläther des Betelphenols und Eugenols dasselbe Tribromid vom Smp. 79° erhielten. Die von B. und G. angenommene Konstitution des Betelphenols ist demnach eindeutig und steht mit allen Reaktionen im Einklang.

Die **geschichtliche Entwicklung** unserer Kenntnisse über das Betelphenol spielt sich vollkommen in der letzten Periode, 1887 bis zur Gegenwart, ab. Es ist bisher nicht gelungen, dieses Phenol anderweitig als Bestandteil eines ätherischen Öles nachzuweisen.

345. Eugenol

$C_{10}H_{12}O_2$ = 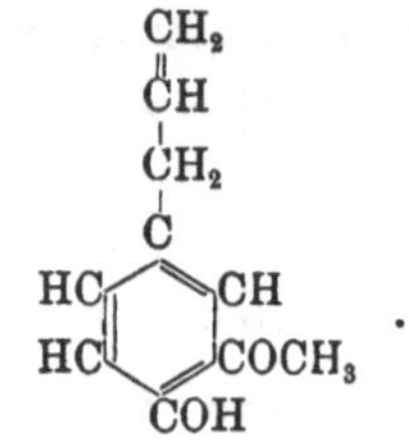

Vorkommen, Isolierung und Synthese. Obwohl das Eugenol als Bestandteil ätherischer Öle ziemlich verbreitet ist und in ca. 30 ätherischen Ölen vorkommt, so ist es dennoch nicht allzufrüh als chemisches Individuum bemerkt und isoliert worden, weil es nicht zu denjenigen Verbindungen gehört, die sich schon bei gewöhnlicher Temperatur als Stearopten abscheiden. So kommt es, daß man die saure Reaktion des Nelkenöls schon frühzeitig bemerkt hatte (Bonastre, Journ. de Pharm. II, **13** [1827], 464, 513; A. ch. **10** [1827], 609, 611; **35**, 274), ohne daß man jedoch den sauren Bestandteil zu isolieren versuchte. Bonastre beschäftigte sich mit den salzartigen Verbindungen des Eugenols mit den Alkalien. Martius (A. **4**, 264) bringt einige Mitteilungen über Herkunft des Nelkenöls usw. — Dumas (A. **9**, 65; A. ch. **53**, 164; A. **27**, 151) beschäftigt sich mit dem sauren Bestandteil des Nelkenöls, analysiert ihn und stellt für ihn die Formel $C_{20}H_{24}O_5$ auf. — Ettling und Liebig (A. **9**, 68) analysieren den sauren Bestandteil des Nelkenöls ebenfalls, finden etwas richtigere Zahlen als Dumas und sprechen den Körper als $C_{24}H_{30}O_5$ an.

Boeckmann (A. **27** [1838], 155) analysiert gleichfalls den sauren Bestandteil und fand richtige Analysenwerte, schloß aber für die Konstitution nicht die richtige Formel. — Liebig (Handb. der org. Chemie **1843**, 937) folgert aus den Analysenergebnissen Ettl. und Boeckmanns sowie denjenigen aus dem Barytsalz die Bruttoformel $C_{10}H_{12}O_2$ für die „Nelkensäure".

Gerhardt (Grhdt. **III**, 764) schließt im Jahre 1854 auf Grund der ihm vorliegenden Analysen der erwähnten Forscher, daß dem Eugenol die Bruttoformel $C_{10}H_{12}O_2$ zukomme; hiermit trafen Liebig und G. also das Richtige.

Calvi (A. **99** [1856], 242) kontrolliert diese Formel durch die Analyse und bestätigt sie vollkommen; auch destillierte er die Nelkensäure über Baryt und erhielt ein indifferentes Öl, das mit der Säure gleiche Zusammensetzung haben sollte.

Bis zum Jahre 1857 sah man den Hauptbestandteil des Nelkenöls, der durch seinen intensiven, eigentümlichen Geruch auffiel, als eine Säure an und bezeichnete ihn als „Nelkensäure". Man erkannte die Bruttoformel der letzteren und hatte ihr Ammoniumsalz, ihre Alkalisalze, ferner die Salze der alkalischen Erden, das Blei-, Kupfer-, Eisensalz usw. studiert. Jedoch war über die weitere Konstitution der Nelkensäure noch nichts bekannt.

Oeser (A. **131** [1864), 277) beschäftigte sich mit der Untersuchung des ätherischen Öles von *Myrtus Pimenta* (Nelkenpfeffer- oder Pimentöl) und stellte fest, daß dieses Öl Eugenol enthält. Auf letzteres läßt er Phosphorchlorür einwirken und beobachtet hierbei die Bildung von „Nelkensäureanhydrid", „eugenylphosphoriger Säure" usw.

Erst in der nächsten Periode, 1857—1872, erhielt man weitere Klarheit. CAHOURS (C. r. **46**, 220; A. **105** [1857], 263) fand, daß bei der Einwirkung von Säurechloriden auf die Nelkensäure kristallisierbare Verbindungen entstehen, die neutral sind; so wurden das Benzoyleugenol, Toluyleugenol usw. gewonnen; es waren dies ähnliche Verbindungen, wie sie C. bereits aus dem Salicylaldehyd dargestellt hatte, aber aus der Benzoesäure usw. nicht erhalten konnte. — CAHOURS (A. **108** [1858], 320; A. ch. III, **52**, 189) zog alsbald die richtige Folgerung aus diesen Beobachtungen. Zunächst nannte er den sauren Bestandteil des Nelkenöls von nun ab „Eugenol". C. fand, daß der Salicylaldehyd und das Eugenol Unterschiede aufwiesen, wenn auch anderseits große Ähnlichkeiten konstatiert werden konnten. Während aber das Saligenol (Salicylaldehyd) bei der Oxydation Salicylsäure bildete, erhielt C. bei der Oxydation des Eugenols keine analoge Verbindung; ferner stellte er den Eugenolmethyläther dar. Danach muß, wie schon aus der Bezeichnung hervorgeht, CAHOURS erkannt haben, daß das Eugenol keine eigentliche Säure ist.

SCHEUCH (A. **125** [1863], 18) betont ebenfalls die große Ähnlichkeit der „Eugensäure" mit dem Thymol, sowie mit dem homologen „Kresyl" und Phenol; aus diesem Grunde versuchte er entsprechend den Versuchen von KOLBE u. LAUTEMANN (A. **115**, 201) Na und CO_2 auf Eugenol einwirken zu lassen. SCH. erhielt die „Eugetinsäure" $C_3H_5 \cdot C_6H_2 \cdot CO_2H \cdot OH \cdot OCH_3$: Smp. 124°, wird durch Eisenchloridlösung tief königsblau gefärbt. SCH. sieht die „Eugensäure" als ein Oxyphenol an.

BRÜNING (A. **104** [1857], 202) findet den Sdp. der Nelkensäure zu 248°, bestätigt die Formel $C_{10}H_{12}O_2$ durch Analysen der Nelkensäure selbst und ihres Kalium- und Baryumsalzes usw.

HLASIWETZ und BARTH (A. **139** [1866], 91) berichten über das Eugenharz, das entsteht, wenn man „Eugensäure" mit Phosphorsäure behandelt. A. a. O., S. 95 halten HL. und GRABOWSKI dafür, daß die „Eugensäure" in demselben Verhältnis zur Ferulasäure stehe, wie die Essigsäure zur Oxalsäure. HL. und G. erhalten aus dem Eugenol durch Verschmelzen mit Ätzkali die Protocatechusäure. Da ihnen jedoch die Protocatechusäure der Konstitution nach noch nicht bekannt war bzw. falsch aufgefaßt wurde, so konnten die Schlüsse von HL. und GR. bezüglich des auch nicht richtig sein.

ERLENMEYER und WASSERMANN (Z. **1866**, 430, 476) legten sich im Jahre 1865 die Frage vor, ob das Eugenol nicht zu der Klasse von Verbindungen gezählt werden könne, in welche H. MÜLLER (Z. **1864**, 703) kurz vorher das REICHENBACHsche Kreosot wegen seines Verhaltens zur Jodwasserstoffsäure eingereiht hatte. Im bejahenden Falle mußte Eugenol wie das Kreosot gleichzeitig Anisol und Phenol sein und mit Jodwasserstoff Methyljodid geben. Dieser Versuch gelang vollkommen. Genau so wie nun Styrol als Vinylbenzol angesprochen wurde und nicht als Tetraacetylen, so sah man das Eugenol auch als Benzol an, welches eine OH-, OCH_3- und Methylvinylgruppe, also C_3H_5-Gruppe, enthielt. Auch E. erhielt Protocatechusäure beim Schmelzen des Eugenolkaliums mit Kalihydrat, wodurch die Auffassung bestätigt wurde. E. löst die Formel des Eugenols demnach auf in: $C_6H_3\begin{cases} CH:CH\cdot CH_3 \\ OH \\ OCH_3 \end{cases}$.

Graebe und Borgmann (A. **158** [1871], 282) bringen eine Notiz über Eugenol und „Bimethoxybenzoësäure". G. und B. gehen, da man schon die Beobachtung gemacht hatte, daß Phenole sich schlecht oxydieren lassen, von dem Methyleugenol aus und oxydieren es mit Kaliumbichromat in Eisessig, wobei sie die Dimethoxybenzoesäure vom Smp. 179—180° erhalten. Auch G. und B. drücken die Formel des Eugenols aus durch $C_6H_3\begin{cases} C_3H_5 \\ OH \\ OCH_3 \end{cases}$.

Fassen wir die in der Periode 1857—1872 gewounenen Resultate zusammen, welche entscheidend für die Konstitutionsauffassung waren, so brachte Scheuch im Jahre 1863 das Eugenol mit Phenol, Kreosol, Thymol usw. in nähere Beziehung, indem er die Eugetinsäure darstellte. 1865 stellte Kekulé seine Benzoltheorie auf; da nun das Eugenol vielfach analog dem Phenol reagierte, so brachte Erlenmeyer im Jahre 1866 das Eugenol in Beziehung zum Benzolkern, außerdem spaltete E. mit Jodwasserstoffsäure Jodmethyl ab; daraus folgerte er, daß eine und zwar auch nur eine Oxymethylgruppe vorhanden ist, während das zweite Sauerstoffatom ein Hydroxylsauerstoff ist. Durch Verschmelzen mit Kalihydrat gewannen sowohl Hlasiwetz und Grabowski, als auch Erlenmeyer Protocatechusäure. Aus diesem Grunde löst E. die Formel des Eugenols auf in: $C_6H_3\begin{cases} CH:CH\cdot CH_3 \\ OH \\ OCH_3 \end{cases}$. Diese Auffassung von E. über die Bruttoformel der drei Substituenten war richtig, jedoch nicht, wie wir alsbald sehen werden, die Auffassung des Eugenols als Propenylverbindung. Auch Graebe und Borgmann stützten die Ansicht von Erlenmeyer durch Darstellung der Dimethoxybenzoesäure. Es sei hier erwähnt, daß Barth im Jahr 1871 (B. **4**, 633) die Konstitution der Protocatechusäure feststellte.

Weitere Aufklärung brachte die Periode 1872—1887. Im Jahre 1875 (Bayr. Acad. der Wissensch. **1875**, Heft **1**, 114; A. **179**, 387) heben Erlenmeyer und Wassermann hervor, daß durch Oxydation von Äthyleugenol Äthyl-methylprotocatechusäure entsteht neben einem nach Vanille riechenden, kristallisierbaren Körper. Tiemann (B. **8**, 1130) hatte von der Äthylmethylprotocatechusäure gezeigt, daß sie identisch mit Äthylvanillinsäure ist. E. und W. berichten alsdann über die Reindarstellung des Eugenols, bringen Daten über seine physikalischen Eigenschaften und teilen Versuche zur Ermittlung der Natur des Radikals C_3H_5 in dem Eugenol mit. Durch Oxydation des Eugenols erhalten E. und W. Essigsäure; aus diesem Grunde verwerfen E. und W. die Annahme einer Allylgruppe und entscheiden sich für die einer Propenylgruppe. Das Äthyleugenol wird dargestellt und durch Oxydation oben erwähnte Oxymethyloxyäthylbenzoësäure vom Smp. 190° erhalten; durch Behandlung mit Jodwasserstoff wird hieraus Protocatechusäure vom Smp. 198° gewonnen und aus letzterer Brenzcatechin vom Smp. 102°. Aus diesen Ergebnissen wird geschlossen, daß im Eugenol das Skelett

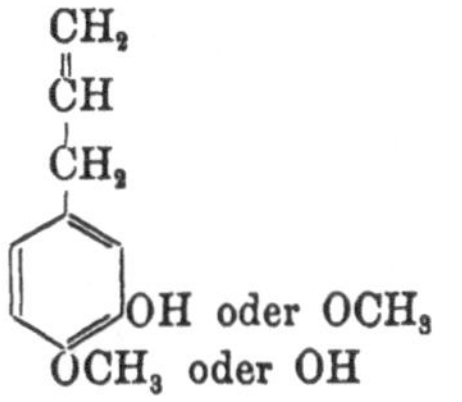

vorliegt. Alsdann wird das Verhalten von Eugenol und Äthyleugenol studiert. Ferner wird angegeben, daß bei der Oxydation des Äthyleugenols mit Chromsäure geringe Mengen Kristalle gewonnen werden, die den Geruch der Vanille zeigen.

Tiemann (B. **8** [1875], 1127) berichtet über den Coniferylalkohol $C_{10}H_{12}O_3$. T. stellt Äthylvanillin dar und zeigt, daß es Äthyl-methylprotocatechusäurealdehyd ist, da er durch Oxydation Äthylvanillinsäure = Äthylmethylprotocatechusäure erhält. T. schließt ferner, daß dem Coniferylalkohol die Konstitution $C_6H_3\begin{cases}OCH_3\\OH\\CH:CH\cdot CH_2OH\end{cases}$ zukomme, daß er also ein methoxylierter-hydroxylierter Zimtalkohol sei, und kommt zu der Ansicht, daß der Coniferylalkohol in naher Beziehung zum Eugenol steht, zumal bei der Reduktion des Coniferylalkohols deutlicher Nelkengeruch auftritt.

Tiemann (B. **9**, 52) berichtet „Über eine Bildungsweise der Vanillinsäure und des Vanillins aus Eugenol, sowie über die Synthese der Ferulasäure". T. zeigt, daß die relative Stellung jeder einzelnen mit dem Benzolkern verbundenen Atomgruppe, also der Kohlenstoffseitenkette, der Methoxyl- und Hydroxylgruppe, im Eugenol und Coniferylalkohol die nämliche ist. T. legt die Hydroxylgruppe im Eugenol mit Acetanhydrid fest und erhält Acetvanillinsäure und wenig Acetvanillin. Da nun auch der Coniferylalkohol Vanillin liefert, so ist damit der Nachweis der gleichen relativen Konstitution des Eugenols, Coniferylalkohols, Vanillins usw. geführt. Die von Wassermann erhaltenen, nach Vanille riechenden Kristalle können nur Äthylvanillin gewesen sein. Durch die Arbeit Tiemanns war demnach die 1, 2, 4-Stellung im Coniferylalkohol, Eugenol und Vanillin bewiesen, jedoch noch nicht die relative Stellung der OH- und OCH_3-Gruppe. Die Konstitution der C_3H_5-Gruppe läßt Tiemann unerörtert.

Im Jahre 1877 (B. **10**, 57) bringen alsdann Tiemann u. Mendelsohn Beiträge „Zur Kenntnis der Bestandteile des Buchenholzteerkreosots". Schon vorher (B. **8**, 1136) hatten Tiemann und M. nachgewiesen, daß das Methylkreosol $C_6H_3\left\langle\begin{matrix}CH_3\\OCH_3\\OCH_3\end{matrix}\right.$ bei der Oxydation Dimethylprotocatechusäure liefert. T. hatte aus dem Acetylkreosol Vanillinsäure gewonnen, worauf in angeführter Abhandlung nochmals eingegangen wird. — Tiemann u. Nagai (B. **10**, 201) berichten alsdann über α-Homovanillinsäure, α-Homoprotocatechusäure und Abkömmlinge derselben. Durch Oxydation des Aceteugenols mit Kaliumpermanganat wird Acet-α-Homovanillinsäure $C_6H_3\left\langle\begin{matrix}CH_2COOH\\OCH_3\\OC_2H_3O\end{matrix}\right.$ gewonnen, Smp. 140°, welche durch Oxydation Acetvanillinsäure liefert. Durch Verseifen entsteht aus der Acet-α-Homovanillinsäure die α-Homovanillinsäure

$$C_6H_3\left\langle\begin{matrix}CH_2COOH\\OCH_3\\OH\end{matrix}\right. \quad :$$

Smp. 142—143°. Durch Kohlensäureabspaltung beim Erhitzen des Calciumsalzes wurde Kreosol (Homoguajacol) $C_6H_3\left\langle\begin{matrix}CH_3\\OCH_3\\OH\end{matrix}\right.$ erhalten. Auch die α-Homoprotocatechusäure $C_6H_3\left\langle\begin{matrix}CH_2COOH\\OH\\OH\end{matrix}\right.$ vom Smp. 127° wurde dargestellt und aus dieser das Homobrenzcatechin. Da die Konstitution des Kreosols feststeht, so folgerte Tiemann, daß die Hydroxylgruppe in der p-Stellung und das Methoxyl in m-Stellung zur C_3H_5-Gruppe stehen müsse; jedoch läßt er die Frage offen, ob ein Phenylpropenyl- oder ein Phenylallyl-Abkömmling vorliegt.

Erlenmeyer (B. **10**, 630) schließt alsdann in seiner Arbeit: „Über die Konstitution des Radikals C_3H_5 in dem Eugenol und Anethol" aus der Bildung der von Tiemann und Nagai gewonnenen Acet-α-Homovanillinsäure, daß das Eugenol die Gruppe $—CH_2\cdot CH:CH_2$ besitze, also ein Allylabkömmling sei. Dagegen hält Erlenmeyer fest an der Propenylgruppe im Anethol.

Tiemann und Kraatz (B. **15**, 2059) berichten „Zur Konstitution des Eugenols" und erhalten die Homoferulasäure $C_6H_3(CH:C[CH_3]\cdot COOH)^1\cdot OCH_3{}^3\cdot OH^4$ vom Smp. 167—168°. Durch CO_2-Abspaltung stellen sie aus dieser Säure ein bei 258—262° siedendes Produkt $C_{10}H_{12}O_2$ dar, das verschieden von Eugenol ist, und das sie als Isoeugenol $C_6H_3(CH:CH\cdot CH_3)^1OCH_3{}^3OH^4$ bezeichnen. Diese Formel des Isoeugenols war bewiesen, weshalb für das Eugenol die bereits von Erlenmeyer aus der Homovanillinsäure Tiemanns gefolgerte Konstitution eines Allyl-Benzolderivates übrig blieb. Von Perkin war im Jahre 1877 (Soc. **1877**, I, 412; II, 669) für das Anethol durch Synthese die Formel eines Propenylbenzolabkömmlings bewiesen worden.

Aus den gebrachten Mitteilungen ergibt sich, daß in der Periode 1872—1887 zunächst an der von ERLENMEYER zuerst in Betracht gezogenen Propenylformel festgehalten wurde; im Jahre 1875 wurde demnach auf Grund der aufgeklärten Konstitution der Protocatechusäure das Eugenol als ein 1,2-Dioxy-4-Propenylbenzol-Abkömmling angesehen. TIEMANN legte alsdann im Eugenol die OH-Gruppe fest durch Acetyl und erhielt aus dem Aceteugenol Acetylvanillin bzw. aus letzterem Vanillin. Dadurch, daß TIEMANN aus der Homovanillinsäure Kreosol erhielt, war die Stellung der OH-Gruppe in p-Stellung zur C_3H_5-Gruppe bewiesen. Im Jahre 1877 folgerte alsdann ERLENMEYER aus der TIEMANNschen Homovanillinsäure, daß im Eugenol eine Allylgruppe vorhanden sein müsse. Durch die Versuche, die TIEMANN und KRAATZ im Jahre 1882 mit der Homoferulasäure anstellten, wobei sie Isoeugenol erhielten, dessen Konstitution durch diese Reaktion als Propenylverbindung bewiesen war, wurde die Natur des Eugenols als Allylkörper bestätigt.

Die **synthetische Darstellung** des Eugenols aus dem Coniferylalkohol mittels Natriumamalgam (TIEMANN, B. **9**, 418) wurde bereits erwähnt. Über die Gewinnung bei der Destillation von Pyrolivilsäure vgl. SOBRERO (A. **54**, 88) (?). — Die Abscheidung des Eugenols mittels Laugen usw, wurde ebenfalls schon behandelt; über die Abscheidung aus dem Nelkenöl durch die Natriumacetatverbindung vgl. Chem. Werke Byk, D.R.P. 100418; C. **1899**, I, 764. Dieses Verfahren wird als allgemeines „Verfahren zur Isolierung und Trennung von Phenolen“ angegeben. Die Isolierung und Trennung von Phenolen und Phenolderivaten wird ermöglicht durch die Fähigkeit einer Reihe dieser Substanzen mit Chlorcalcium und zahlreichen anderen Körpern charakteristische Verbindungen einzugehen, während diese Eigenschaft viele andere Phenole und alle indifferenten Substanzen nicht haben. Man verwendet Chlorcalcium, Chlorstrontium usw. Die Phenole gehen mit diesen Körpern Verbindungen ein, in denen das Phenol die Rolle von Kristallwasser spielt. Diese Verbindungen sind farblose, gewöhnlich lichtbeständige Pulver, die sich nur bei Abwesenheit von Wasser bilden. Die Phenole lassen sich wiedergewinnen, wenn die Doppelverbindungen mit Wasser übergossen werden und das Phenol mit Wasserdampf abgetrieben wird.

Zum **Vorkommen des Eugenols** ist zu bemerken, daß es sich als Bestandteil ätherischer Öle findet, deren Stammpflanzen den verschiedensten Pflanzenfamilien angehören; besonders jedoch kommt es in solchen Ölen vor, deren Stammpflanzen zu den Lauraceen oder Myrtaceen gehören.

Araceae.

Im Kalmusöl (*Acorus Calamus*) sind nach THOMS und BECKSTRÖM (B. **35** [1902], 3187, 3195) 7,5 % Asaron vorhanden, das in genetischem Zusammenhang mit dem Riechkörper des Öles steht. Außer dem Asaron finden sich aber, wenn auch nur in verschwindenden Mengen noch andere

Verbindungen, die Oxymethylgruppen enthalten, so das Eugenol und der Asarylaldehyd.

Zingiberaceae.

Das Galgantöl (*Alpinia officinarum* Hance) wird aus dem gewürzhaften Wurzelstock durch Wasserdampfdestillation gewonnen. Das Öl selbst wird in der Taxe der Stadt Frankfurt a/Main bereits im Jahre 1587 erwähnt. Das Öl enthält Cineol (Sch. **1890**, I, 21). Horst (Pharm. Zt. für Rußl. **39** [1900], 378) konstatiert in dem Öl fernerhin 25 % Eugenol, das durch Ausschütteln mit Natronlauge abgeschieden wurde: Sdp. 247° bis 248°, $d_{24} = 1,0478$, $n_D = 1,536$; der Benzoylester schmolz bei 69—70,5°.

Aristolochiaceae.

Die Blätter und besonders das Rhizom von *Asarum arifolium*, einer amerikanischen Pflanze, liefern ein ätherisches Öl, das im Geruch an Sassafrasöl erinnert; es wird zu 7—7,5 % erhalten. Miller (Ar. **240** [1902], 371) findet für das Öl: $d = 1,0585—1,0613$, $\alpha_D = -2° 55'$ bis $-3° 7'$, $n_D = 1,531065—1,531875$, $Sdp._{22}$ zwischen 55 und 179°; als Hauptbestandteil wurde Safrol festgestellt, außerdem l-Pinen, Eugenol (Benzoylverbindung Smp. 69—70°), in geringer Menge ein zweites Phenol, das mit Eisenchlorid eine grüne Farbreaktion gibt, schließlich Methyleugenol, Methylisoeugenol und Asaron.

Magnoliaceae.

Das japanische Sternanisöl (*Illicium religiosum* Sieb.) (japanisch „Shikimi") ist in seiner Zusammensetzung vom chinesischen Sternanisöl außerordentlich verschieden. Nach Eykman (B. **14** [1881], Ref. 1720; **18** [1885], Ref. 281) soll das Shikimiblätteröl aus Eugenol, ferner aus einem Terpen „Shikimen" und aus „Shikimol" (Safrol) bestehen. Tardy (Thèse, Paris **1902**) untersuchte das ätherische Öl aus den Früchten von *Ill. relig.* Aus dem Öl konnte durch Ausschütteln mit Kalilauge außer einer geringen Menge Fettsäure Eugenol gewonnen werden.

Anonaceae.

Auch im Ylang-Ylangöl (*Cananga odorata*) ist nach Sch. u. Co. (Sch. **1896**, I, 62; **1899**, I, 9; **1901**, II, 57; **1902**, I, 64; **1903**, I, 79) Eugenol vorhanden. Aus einem Canangaöl (Sch. **1899**, I, 9), $d_{15} = 0,956$, $\alpha_D = -25° 11'$, wurden durch Schütteln mit 5 %iger Natronlauge 12 % Eugenol erhalten.

Monimiaceae.

Das Boldoblätteröl (*Peumus Boldus* Mol.) wird zu ca. 2 % aus den trocknen Boldoblättern gewonnen. Tardy (Journ. Pharm. Chim. VI, **19** [1904], 132) untersuchte das Öl näher und konnte ihm mittels Kalilauge eine geringe Menge Phenol entziehen, das wegen des bei der Oxydation auftretenden Vanillingeruchs als Eugenol angesprochen wurde.

Lauraceae.

Im Zimtblätteröl (*Cinnamomum zeylanicum* Breyne) hatte bereits STENHOUSE (A. **95** [1855], 103) große Mengen von Eugenol (70—90 %) festgestellt, ebenso SCHOER (Ar. **220** [1882], 492). SCH. u. Co. wiesen im Jahre 1892 0,1 % Zimtaldehyd nach. Auch WEBER (Ar. **230** [1892], 232) beschäftigte sich mit zwei verschiedenen Zimtblätterölen und konstatierte ebenfalls in beiden Ölen Eugenol. — Wir erkennen demnach, daß sich das Zimtblätteröl von dem Zimtwurzelöl, das besonders Kampfer, und von dem Zimtrindenöl, das besonders Zimtaldehyd enthält, wesentlich unterscheidet. — Im Ceylon-Zimtrindenöl, das, wie oben erwähnt, besonders Zimtaldehyd enthält, findet sich ebenfalls, wenn auch in bedeutend geringerer Menge, Eugenol. In einer besonders eingehenden Untersuchung wird (SCH. **1902**, I, 69) das Eugenol scharf nachgewiesen. „Schweres Ceylon-Zimtöl" wurde mit 2—3 %iger Kalilauge durchgeschüttelt. Das in Freiheit gesetzte Phenol gab mit Eisenchlorid die blaue Eugenolreaktion und lieferte mit Benzoylchlorid Benzoyleugenol vom Smp. 69—70°. — Das ätherische Öl aus der Rinde von *Cinnamomum pedatinervium*, eines auf den Fidschi-Inseln einheimischen Baumes wurde von GOULDING (Diss. London **1903**) untersucht; die Rinde lieferte 0,92 % Öl, $[\alpha]_D = -4° 96'$, $n_D = 1{,}4963$, Sdp. 186—255°; das Öl enthielt ca. 30,75 % freie Alkohole der allgemeinen Formel $C_{10}H_{18}O$; die Methoxylbestimmung ergab einen Gehalt von 1,16 % OCH_3. Die Hauptbestandteile des Öles waren 50 % Safrol, ferner 30 % Linalool, 10—20 % unbekannte Terpene, 1 % Eugenol und ca. 3 % Eugenolmethyläther (?). — Im japanischen Zimtöl (*Cinnamomum Loureirii* Nees [Nickeiöl]) fanden SCH. u. Co. (SCH. **1904**, II, 100; G. und H. S. 509) ebenfalls Eugenol; das Öl war aus Zweigen und Blättern gewonnen. KEIMATSU (Journ. Pharm. of Japan **1906**, 105; Apoth. Ztg. **21**, [1906], 306) konstatiert im Öl der Blätter: Hauptbestandteil Citral, geringe Mengen Eugenol: im Öl der Stämme: Hauptbestandteil Zimtaldehyd und wenig Eugenol; im Wurzelöl: Hauptbestandteil Zimtaldehyd neben wenig Kampfen, Cineol und Linalool.

Vom Kampferöl (*Laurus Camphora*) (SCH. **1886**, I, 5) konnten SCH. u. Co. konstatieren, „daß in dem japanischen Kampferöl auch Eugenol ($C_{10}H_{12}O_2$) enthalten ist, allerdings in so geringen Mengen, daß an eine fabrikmäßige Gewinnung nicht zu denken ist". — Durch Destillation der Culilavanrinde (*Cinnamomum culilavan* Nees) (SCH. **1897**, I, 12) wurden ca. 4 % eines stark nach Eugenol riechenden Öles vom spez. Gew. 1,051 erhalten.

Durch Ausschütteln mit verd. Natronlauge usw. wurde Eugenol gewonnen: Sdp. 251—253°, $d_{15} = 1{,}071$; das Benzoyleugenol schmolz bei 70—71°. „Nach dieser Untersuchung besteht das Culilavanöl hauptsächlich aus Eugenol. Außerdem enthält es Methyleugenol und eine geringe Menge Bestandteile von niedrigerem spez. Gewicht als Wasser." —

Auch im Nelkenzimtöl, gewonnen durch Destillation der Rinde des in Brasilien vorkommenden Baumes *Persea caryophyllata* Mart. dürfte

Eugenol enthalten sein; Trommsdorff (Tr. Neues Journ. d. Pharm. **23**, I [1831], 7) erhielt 4 % eines ätherischen Öles, das schwerer als Wasser war und stark nach Gewürznelken roch.

Das Sassafrasöl (*Sassafras officinale* Nees), besonders gewonnen aus der Wurzelrinde, wurde verschiedentlich untersucht und in ihm als Hauptbestandteil Safrol konstatiert. Grimaux und Ruotte (C. r. **68** [1869], 928) erhielten außerdem ein nach Nelken riechendes Phenol; Pomeranz (M. **11** [1890], 101) stellte fest, daß in dem Phenol Eugenol vorlag. Power und Kleber (Pharm. Rev. **14** [1896], 101) schüttelten das Eugenol ebenfalls mit Lauge aus und gewannen aus ihm Benzoyleugenol, Smp. 69°.

Das Massoyrindenöl (*Massoya aromatica*) wird zu 6,5—8 % aus der Rinde erhalten. Sch. u. Co. (Sch. **1888**, II, 43) berichten: „Dasselbe hat ein spez. Gew. von 1,04, siedet zwischen 200° und 300° C. und enthält ca. 75 % Eugenol."

Das Lorbeerblätteröl (*Laurus nobilis*) wurde nur in geringer Menge bei der Destillation der Lorbeerblätter erhalten (Sch. **1899**, I, 31), „welches schwerer als Wasser war und sich beim Schütteln mit Natronlauge als phenolhaltig erwies. Das durch verdünnte Säure abgeschiedene Phenol stimmte in seinen Eigenschaften mit Eugenol überein und lieferte wie dieses eine bei 70° schmelzende Benzoylverbindung". — Molle (Diss. Basel **1903**) konstatierte ebenfalls 1,7 % freies Eugenol und 0,4 % verestertes Eugenol. — Das Apopinöl (*Laurus*- spec.) wurde von Keimazu (Journ. of the Pharm. Soc. of Japan Nr. **253**, März 1903) untersucht und in verschiedene Fraktionen zerlegt. Die oberhalb 215° siedenden Anteile des Öles werden mit 5 %iger Kalilauge ausgeschüttelt, alsdann durch Säuren ein teerartiges Produkt abgeschieden, das nach Eugenol roch und die Benzoylverbindung vom Smp. 69° dargestellt.

Das aus den Blättern von *Umbellularia californica* gewonnene ätherische Öl wurde in neuerer Zeit von Power und Lees (Soc. **85** [1904], 629) näher untersucht. Durch Ausschütteln mit Natronlauge wurden Ameisensäure und höhere Fettsäuren, sowie Eugenol abgeschieden (ca. 1,7 %); die Benzoylverbindung des letzteren schmolz bei 69—70°.

Rosaceae.

Nach v. Soden und Treff (B. **37**, 1094) ist im Rosenöl ca. 1 % Eugenol enthalten.

Leguminosae.

Das Cassieblütenöl (*Acacia Farnesiana*) ist sehr kompliziert zusammengesetzt, ebenso wie jenes von *Acacia Cavenia*. Es wurden (Sch. **1903**, II, 17) in letzterem 50 % Phenole, hauptsächlich Eugenol, ca. 8 % Salicylsäuremethylester, ca. 42 % Nichtphenole festgestellt, von denen ca. 20 % Benzylalkohol waren; ferner wurden festgestellt, Geraniol, Anisaldehyd, Eugenolmethyläther, Linalool (?), Decylaldehyd (?) und Veilchenketon (Jonon, Iron) (?).

Euphorbiaceae.

Die Cascarillrinde (*Croton Eluteria* Bennett) liefert ca. 1,5—3 % ätherisches Öl. THOMS u. FENDLER (Apoth. Ztg. **14** [1899], 562; Ar. **238** [1900], 671) untersuchen das Öl und konstatieren darin ca. 0,3 % eines Phenols, dessen Benzoylverbindung bei 71 ° schmolz und als Benzoyleugenol angesprochen wurde.

Canellaceae.

Das Weißzimtöl wird durch Wasserdampfdestillation des in Westindien einheimischen Strauches *Canella alba* Murray gewonnen: $d =$ 0,920—0,935. Es wurden darin l-Pinen, Cineol und Caryophyllen nachgewiesen; außerdem konnten MEYER und v. REICHE (A. **47** [1843], 224) mit Alkali ein Phenol ausschütteln, dessen Benzoylverbindung (BRUNN, Proc. Wiscon. Pharm. Assoc. **1893**, 36) dargestellt wurde.

Myrtaceae.

Das Pimentöl (*Pimenta officinalis* Lindl.), aus den getrockneten unreifen Beeren gewonnen, zeigt (SCH. **1889**, I, 39): d = 1,024—1,050. BONASTRE (TROMMSD. Neues Journ. d. Pharm. **11**, I [1825], 127; Journ. de. Pharm. **11** [1825], 187; **13** [1827], 466) wies bereits hin auf die Ähnlichkeit des Öles mit Nelkenöl. OESER (A. **131** [1864], 277) isolierte daraus durch Ausschütteln mit Kalilauge Eugenol und bewies dessen Vorliegen durch Analyse. In neuerer Zeit (SCH. **1904**, I, 80) wurden die Bestandteile 1. Cineol, 2. Phellandren, 3. Caryophyllen, 4. Methyleugenol, 5. Eugenol, 6. Palmitinsäure festgestellt. „Das aus den alkalischen Laugen mittels Schwefelsäure in Freiheit gesetzte Öl ging bei der Destillation unter 5 mm Druck fast ganz bei 120—125° über und sott unter gewöhnlichem Druck bei 249° bis 251°."

„Durch die Darstellung der Benzoylverbindung vom Smp. 69—70° und durch die physikalischen Konstanten (d_{15} = 1,0717; $n_{D_{20}}$ = 1,54062) wurde es als Eugenol genügend charakterisiert."

Die Spezies der Gattungen *Myrcia* und *Pimenta* enthalten sowohl in den Blättern, als auch in den Beeren viel ätherisches Öl. Das Bayblätteröl enthält an Phenolen (Eugenol und Chavikol) ca. 59—65 %, wovon das letztere nur in geringen Mengen vorhanden ist; hauptsächlich enthält es Eugenol (vgl. MARKOE, Pharm. Journ. London III, **8** [1878], 1005; POWER u. KLEBER, Pharm. Rundsch. N. Y. **13** [1895], 60; MITTMANN, Ar. **227** [1889], 529), und außer dem Hauptbestandteil Eugenol Myrcen, Chavikol, Methyleugenol, Methylchavikol, Phellandren und Citral. — SCH. u. Co. (SCH. **1903**, II, 13) berichten über ein aus grünen Blättern von *Pimenta acris* destilliertes Öl (aus dem botanischen Garten zu Victoria, Kamerun) und konstatierten die Übereinstimmung mit dem westindischen Bayöl: d_{15} = 0,9753, $\alpha_D = -3°$, Phenolgehalt 64 %. — In weiteren westindischen Bayölen (Sch. **1904**, II, 13) werden 54 bzw. 73 % Phenole festgestellt. — Das ätherische Öl aus Baybeeren von den Bermudainseln (Sch. **1905**, I, 86) wurde zu 3,66 % erhalten und hatte $d_{15} = 1{,}0170$, $\alpha_D = -7^0 3'$, Phenolgehalt 73 %. „Die Phenole bestehen aus Eugenol (Smp. der Benzoylverbindung ca. 70°). Die Nichtphenole enthalten reichliche Mengen l-Phellandren (Smp. des aus Essigäther umkristallisierten Nitrits 103—104°). Myrcen scheint dagegen im Öle nicht vorhanden zu sein."

Das Vorkommen des Eugenols im Nelkenöl (*Eugenia caryophyllata* Thunb.) wurde bereits oben eingehend erörtert. Zanzibarnelken liefern 15—18 % ätherisches Öl. Der Eugenolgehalt des Öles beträgt 70—85 %, das Volumgewicht des Öles 1,045—1,070. Thoms (Ber. der Pharm. Ges. **1** [1891], 283) bestimmt das Eugenol im Nelkenöl, indem er es in die Benzoylverbindung überführt und diese zur Wägung bringt. Nach dieser Methode wird nur das freie, jedoch nicht das veresterte, namentlich das Aceteugenol, nicht bestimmt. Zu diesem Zwecke muß man ev. zwei Bestimmungen ausführen, einmal mit dem unverseiften, alsdann mit dem verseiften Öl (vgl. Erdmann, J. pr. II, **56** [1897], 143). — Umney (Pharm. Journ. London III, **25** [1895], 950) bringt eine bestimmte Menge Nelkenöl in ein Schimmelsches Cassiakölbchen mit graduiertem Halse, setzt 10 %ige wäßrige Kalilauge hinzu und erwärmt. Nach dem Abkühlen auf 15° wird mit Wasser aufgefüllt, das nicht in Reaktion getretene Öl wird in den Hals getrieben und sein Volumen abgelesen, jedoch sollen die Angaben um 11—12 % zu hoch ausfallen, da die starke Kalilauge auch Caryophyllen in Lösung hält, ein Übelstand, der sich durch Anwendung von verdünnter Lauge größtenteils vermeiden läßt.

Verley und Boelsing (B. **34** [1901], 3354) empfehlen eine neue Methode zur quantitativen Bestimmung von Alkoholen und Phenolen mit besonderer Berücksichtigung von Eugenol. V. und B. zeigen, daß ein Gemisch von Alkoholen bzw. Phenolen mit Essigsäureanhydrid in der Kälte nur langsam reagiert, während bei Gegenwart von Pyridin sofort unter starker Temperaturerhöhung lebhafte Reaktion eintritt, wobei die entstehende Essigsäure sofort vom Pyridin gebunden wird. Da sich nun Pyridin dem Phenolphtaleïn gegenüber neutral verhält, so kann in einem Gemisch von Pyridin mit einer Säure die letztere titrimetrisch bestimmt werden (vgl. oben allgemeine Bestimmung der Phenole). Vgl. hierzu Sch. u. Co. (Sch. **1903**, I, 53), welche nicht so gute Resultate wie V. und B. erhalten haben. — Spurge (Pharmaceutical Journal **70** [1903], 701, 757) vergleicht die verschiedenen Methoden der Eugenolbestimmung; er findet den Grund dafür, daß bei der Eugenolbestimmung im Nelkenöl verschiedene Resultate erhalten werden, darin, daß sich in diesem 7 bis 17 % Eugenolacetat finden, also weit mehr, als Erdmann (J. pr. II, **56**, 143) angibt. Nach der Umneyschen Methode wird, da man mit Kalilauge erwärmt, das Eugenolacetat vollständig verseift, während bei der Thomsschen Methode nur eine teilweise Verseifung stattfindet und nach dem Verley-Boelsingschen Verfahren nur das freie Eugenol bestimmt wird. Sp. rät alsdann einzige Korrektionen an (vgl. Originalarbeit). Sch. u. Co.

(SCH. **1903**, II, 52) empfehlen nunmehr bei dem UMNEYschen Verfahren 3%ige Natronlauge zu verwenden.

THOMS (Ar. **241** [1903], 592) berichtet über eine Verbesserung seiner Eugenolbestimmung, nach welcher auch das gesamte veresterte Eugenol im Nelkenöl bestimmt werden kann. 5 g des Nelkenöls werden mit 20 g 15%iger Natronlauge in einem Becherglase auf dem Wasserbade verseift, die Sesquiterpene abgetrennt, Benzoylchlorid hinzugesetzt usw. Auch die Bestimmung des freien Eugenols modifiziert THOMS etwas: 5 g Nelkenöl werden in 20 g Äther gelöst und in einem Scheidetrichter schnell mit 20 g 15%iger Natronlauge ausgeschüttelt. Der Äther wird noch zweimal mit je 5 g 15%iger Natronlauge nachgewaschen usw. Schließlich wird benzoyliert.

Auch das Nelkenstielöl, das ein Volumgewicht von 1,040—1,065 besitzt, enthält Eugenol, und zwar freies Eugenol in etwas größerer Menge als das Nelkenöl; das spezifisch schwere Aceteugenol ist im Nelkenstielöl nicht vorhanden.

Labiatae.

Das ätherische Öl einer großblättrigen Varietät von *Ocimum Basilicum* (Jahresb. des Botan. Gartens in Buitenzorg **1898**, 28), das zu 0,18—3,2% gewonnen worden war, zeigte $d_{26} = 0,90$, $\alpha_D = -30,5$ bis -36^0 und war reich an Eugenol (30—40 Volumprozente); die nicht sauren Anteile enthielten einen um 190° siedenden Körper von angenehmem Geruch. Später berichtet VAN ROMBURGH weiter über ein ätherisches Öl aus den Blättern der Abart Selasih besar (Acad. Wiss. Amsterdam **1900**, 446); v. R. konstatiert in diesem ätherischen Öl einen Gehalt von 30—46% Eugenol.

Außerdem wird ein Gehalt an Eugenol angegeben in Labiaten, die sich im Sachsenwalde und bei Amani in Deutsch-Ostafrika finden (vgl. WALTHER BUSSE „Über Heil- und Würzpflanzen Deutsch-Ostafrikas" **1904**).

Das ätherische Öl von *Geum urbanum* weist nach BOURQUELOT und HÉRISSEY (Journ. Pharm. Chim. VI, **18** [1903], 369) einen Gehalt an Eugenol auf; jedoch soll letzteres nicht als solches in der Pflanze vorkommen, sondern erst aus einem Glykosid gebildet werden durch Einwirkung eines Fermentes, wenn man die zerkleinerte frische Pflanze 12 Stunden lang mazeriert und alsdann mit Wasserdampf destilliert (vgl. Originalarbeit).

Das Patschuliöl (*Pogostemon Patschouly* Pellett.) wurde in letzter Zeit (SCH. **1904**, I, 71) eingehend untersucht. Es wurde auch das Vorkommen von Eugenol konstatiert, indem durch mehrmalige Behandlung mit verd. Natronlauge den zwischen 70 und 108°, sowie den von 108—128° (4 mm Druck) übergehenden Ölen ein Phenol entzogen werden konnte: $Sdp._5 = 109—110^0$, 253—256° unter gewöhnl. Druck, $d_{15} = 1,0705$, die Benzoylverbindung schmolz bei 69—70°. „Spuren eines wenig niedriger siedenden Phenols schienen dem Eugenol beigemengt zu sein."

Aus den Mitteilungen über das Vorkommen des Eugenols ergibt sich, daß das Eugenol zwar in vielen ätherischen Ölen gefunden worden ist, in größerer Menge jedoch nur in wenigen Ölen, so im Zimtblätteröl (70—90 %), im Bayöl (ca. 64 %), besonders aber in den Nelkenölen (70—85 %); vornehmlich sind es also die Myrtaceen, welche ätherische Öle liefern, die einen großen Gehalt an Eugenol aufweisen, ferner einige Lauraceen. Es ist anzunehmen, daß das Eugenol in Form eines Glykosids in den Pflanzen vorkommt, aus dem es durch Einwirkung eines Ferments frei gemacht werden dürfte.

Physik. Eig. des Eugenols. Über die physik. Daten vgl. man die obigen Mitteilungen, in denen gelegentlich der Isolierung, des Vorkommens usw. Eigenschaften angegeben wurden.

ETTLING (A. **9**, 69): Sdp. 243°.

STENHOUSE (A. **95**, 106): Sdp. 242°, $d = 1,076$.

WILLIAMS (A. **107**, 240): Sdp. 257°, $d_{14} = 1,0684$.

BRÜNING (A. **104**, 203): Sdp. 248°.

OESER (A. **131**, 279): Sdp. 251°, $d_8 = 1,06$.

WASSERMANN (A. **179**, 369): Sdp.$_{723,5}$ = 246°, Sdp.$_{760}$ = 247,5°, $d_0 = 1,0779$, $d_{18,5} = 1,0630$. Er reagiert auf Pflanzenfarben nicht (vgl. MARTIUS, A. **4**, 264); alkoholische Lösung färbt Eisenchloridlösung blau, alkal. Kupferlösung wird selbst beim Kochen von ihm nicht reduziert, dagegen wird alkoholische Silbernitratlösung unter Zusatz von etwas Ammoniak zum Silberspiegel reduziert.

DAMMER (Chem. Handwörterb., II. Aufl. **1892**, „Artikel Nelkensäure"): Sdp. 253°.

Kommission des Deutschen Apothekervereins (Jahr. d. Pharmazie **1893**, 462): Sdp. 253—254°.

TIEMANN und KRAATZ (B. **15**, 2066): $d_{14} = 1,0703$.

EYKMAN (B. **23** [1890], 862):

für Eugenol: $d_{14,5} = 1,072$, $n_\alpha = 1,5385$, $n_D = 1,5439$, $n_\beta = 1,5574$, $n_\gamma = 1,5692$; M.R. = 48,3, ber. 47,7,

für Isoeugenol: $d_{18} = 1,09$, $n_\alpha = 1,5617$, $n_D = 1,5680$, $n_\beta = 1,5868$; M.R. = 49,3, ber. 47,7.

ERDMANN (J. pr. II, **56** [1897], 146): Sdp.$_{12-13}$ = 123°, Sdp.$_{749}$ = 252°.

PERKIN (Soc. **69**, 1247): Sdp. 253,5° (i. D.), $d_{4/4} = 1,0785$, $d_{15/15} = 1,0696$, $d_{25/25} = 1,0633$; magn. Dreh. 18,72 bei 15,8°.

STOHMANN (Ph. Ch. **10**, 415): Mol.-Verbr. 1286,9 Kal.

Physiol. Eig. des Eugenols. Das Eugenol besitzt den charakteristischen Geruch der Gewürznelken. Im Organismus scheint es weitgehend verändert zu werden.

Chem. Eig. des Eugenols. Die chemischen Reaktionen des Eugenols sind besonders bedingt durch die Phenolgruppe und durch das Allylradikal; es zeigt daher alle Phenolreaktionen, indem es Salze bildet, sowie Äther und Ester, ferner hat es mit den übrigen Substanzen, die eine Allylgruppe besitzen, große Ähnlichkeit, insofern als die Dibromverbindung nicht so schön kristallisiert als jene des isomeren Propenylderivates, des Isoeugenols. Ferner ist zu erwähnen, daß sich das Eugenol wie alle anderen analogen Phenole sehr schwer in gut kristallisierende Oxydationsprodukte überführen läßt; man muß zuerst die OH-Gruppe durch Äther- oder Esterbildung festlegen, alsdann oxydieren und schließlich aus dem Oxydationsprodukt die Ester- oder Alkylgruppe wieder entfernen, so daß man nunmehr wieder ein Oxydationsprodukt des Phenols Eugenols vor sich hat.

Vanillin $OCH_3(OH)C_6H_3 \cdot CHO$ und Vanillinsäure vgl. unter „Bestandteil" Vanillin.

Reduktionsversuche am Eugenol haben bisher zu keinem klaren Resultat geführt.

Halogene sowie Halogenwasserstoffsäuren werden von Eugenol absorbiert. FRANKFORTER und LANDO (Am. Soc. **27** [1905], 641; C. **1905**, II, 325) leiteten Chlor durch eine abgekühlte Lösung von Eugenol in Chloroform, wobei mehr als das Gewicht Eugenol an Chlor aufgenommen ward. Das Chloroform wurde entfernt und Wasserdampf durch den Rückstand hindurchgeleitet, wobei eine allmählich kristallinisch erstarrende Masse zurückblieb, ev. das Eugenolpentachlorid $C_{10}H_9Cl_5O_2$. Wird diese Verbindung mit Zinkstaub in alkohol. Lösung gekocht, so entsteht die Zinkverbindung $C_{20}H_{16}Cl_6O_4Zn$, indem aus 2 Mol. des Körpers 2 Mol. Chlor austreten. Wird dagegen das Pentachlorid mit alkohol. Kali gekocht, so soll ein Trichloreugenoldihydroxyd $C_{10}H_{11}Cl_3O_4$ entstehen, als braune amorphe Masse. Läßt man nach denselben Forschern SCl_2 allmählich zu einer kalten Ätherlösung von Eugenol hinzufließen, so bildet sich eine hellrote Verbindung $C_{20}H_{24}Cl_2O_4S$, die wahrscheinlich als additionelle Verbindung aus 2 Mol. Eugenol und 1 Mol. SCl_2 anzusehen ist.

Dibromeugenol $CH_3O(OH)C_3H_6Br \cdot C_6H_2Br$. CHASANOWITZ u. HELL (B. **18**, 824) behandeln eine heiße alkoholische Lösung des Bromids $CH_3O \cdot OH \cdot C_3H_5Br_2 \cdot C_6HBr_2$ mit Zinkstaub. FRANKFORTER und LANDO lassen auf eine unter 0° abgekühlte Chloroformlösung von Eugenol Brom einwirken und erhalten dieselbe Verbindung $C_{10}H_{12}Br_2O_2$: Smp. 80°. Durch Erwärmen mit verd. Kalilauge gelang es F. und L. ein Bromatom gegen Hydroxyl auszutauschen, wobei das Monobromid $C_{10}H_{13}BrO_3 = OCH_3OH \cdot C_3H_6OH \cdot C_6H_2Br$ vom Smp. 79—82° entstand. Aus der Konstitution dieser Verbindung ist obige Konstitution des Dibromids zu folgern; es muß demnach bei der Einwirkung von Br auf Eugenol zuerst Substitution stattfinden.

Tetrabromeugenol $C_{10}H_{10}Br_4O_2 = CH_3O \cdot OH \cdot C_3H_5Br_2 \cdot C_6HBr_2$, in dem ein Br im Kern benachbart der Hydroxylgruppe steht, während die Stellung des zweiten Br-Atoms nicht bekannt ist (AUWERS und MÜLLER, B. **35**, 115 Anm.). Die Verbindung wird von CHASANOWITZ und HELL (B. **18**, 824) erhalten: Smp. 118—119°; sie wird durch Zinkstaub in Dibromeugenol umgewandelt. Nach AUWERS und MÜLLER (a. a. O., S. 124) läßt sich das Dibromeugenoldibromid längere Zeit mit wäßrigem Aceton kochen, ohne verändert zu werden; von verd. Laugen wird es aufgenommen, aber binnen kurzem zersetzt.

Tribromeugenolbromid, $OCH_3 \cdot OH \cdot C_6Br_3C_3H_6Br$, isomer mit dem vorigen, wird von F. und L. durch Einwirkung von 3 Mol. Brom auf eine kalte ätherische Eugenollösung erhalten; es ist im Gegensatz zu dem erwähnten Tetrabromid leicht lösl., gibt mit Kalilauge, Silbernitrat, Silberhydroxyd oder Zink behandelt nur $^1/_4$ seines Bromgehalts ab. Das entstehende Tribromeugenolhydroxyd schmilzt bei 137°.

Pentabromeugenol, Tribromeugenoldibromid $C_{10}H_9Br_5O_2 = CH_3O \cdot C_6Br_3(OH) \cdot CH_2 \cdot CHBr \cdot CH_2Br$ wird nach Hell und Auwandter (B. **28**, 2085) bei vierstündigem Erhitzen auf 100° von Dibromeugenoldibromid mit 1 Mol.-Gew. Brom erhalten: amorph; das Acetat $C_{12}H_{11}Br_5O_3$ schmilzt bei 137°.

Das Tribromeugenol $C_{10}H_9Br_3O_2 = C_3H_5 \cdot C_6Br_3(OH) \cdot OCH_3$ erhalten H. und A. (B. **28**, 2085) bei der Reduktion des Pentabromids mit Zinkstaub und Alkohol: Smp. 74°.

Über die Einwirkung von Jod auf Eugenol in alkalischer Lösung vgl. von Heyden Nachfolger D.R.P. 70058; Frdl. III, 874.

Durch Behandlung des Eugenols mit Jodwasserstoffsäure entsteht Methyljodid und ein Harz, das sich in Kali mit grüner Farbe löst (Erlenmeyer, Z. **1866**, 430). Beim Erwärmen mit PCl_5 bildet sich Methylchlorid (Brüning, A. **104**, 204); beim Erwärmen mit P_2O_5 auf 50—80° wird nach Hlasiwetz und Grabowski ein Harz $C_{10}H_{12}O_3$ gewonnen, das beim Schmelzen mit Kali Protocatechusäure gibt.

Verhalten des Eugenols gegen Oxydationsmittel. Schon oben wurde erwähnt, daß sich das Eugenol mit den verschiedensten Oxydationsmitteln zwar oxydieren läßt, dabei scheint aber Zertrümmerung des Moleküls in den meisten Fällen stattzuhaben. Um daher zu Oxydationsprodukten zu kommen, bei denen die Seitenkette C_3H_5 oxydiert ist, ist es nötig vom Acetyl-, Benzoyl-, Benzyl-, Methyl- oder Äthyleugenol usw. auszugehen und diese substituierten Eugenole z. B. mit Kaliumpermanganat zu oxydieren, wobei Acyl- oder Alkylhomovanillinsäure, -vanillinsäure, -vanillin usw. entstehen; aus diesen Oxydationsprodukten können dann durch Verseifung und Behandlung mit Salzsäure z. B. bei der Benzylverbindung Homovanillin-, Vanillinsäure, Vanillin usw. erhalten werden. Durch Oxydation mit $KMnO_4$ erhielt Erlenmeyer (B. **9**, 273) Vanillinsäure.

Wassermann (A. **179**, 369) oxydierte das Eugenol mit Chromsäuregemisch vollständig zu CO_2 und Essigsäure. Beim Schmelzen mit Ätzkali wird aus Eugenol Protocatechusäure gebildet.

Äther und Ester des Eugenols. Der Methyläther $C_3H_5 \cdot C_6H_3(OCH_3)_2$ entsteht aus Eugenolnatrium und Methyljodid (Graebe und Borkmann, A. **158**, 282), sowie aus Kaliumbetelphenol und CH_3J (Bertram und Gildemeister, J. pr. II, **39**, 353): Sdp. 248—249°, $d_{15} = 1{,}055$; über die weiteren Eigenschaften vgl. „Bestandteil" Eugenoldimethyläther, der sich in verschiedenen ätherischen Ölen findet.

Eugenoläthyläther $C_3H_5 \cdot C_6H_3 \cdot OCH_3 \cdot OC_2H_5$ (Wassermann, A. **179**, 375) bildet sich, wenn man 33 Tle. Äthylbromid zu einer Mischung von

50 Tln. Eugenol, 17 Tln. KOH und 40 Tln. H_2O hinzufügt und einige Zeit kocht: Sdp. 254°, d_0 = 1,0260. EYKMAN (B. **23**, 862) findet:

Äthyleugenol $d_{9,5}$ = 1,021, n_α = 1,5256, n_D = 1,5301, n_β = 1,5426, n_γ = 1,5529; M. R. = 58,1, ber. 57,2.

Äthylisoeugenol d_{11} = 1,044, n_α = 1,5540, n_D = 1,5607, n_β = 1,5792, n_γ = 1,5993; M. R. = 59,5, ber. 57,2. Also auch hier tritt uns wieder der charakteristische Unterschied zwischen Allyl- und Propenylderivat entgegen. — Durch Oxydation mit Chromsäuregemisch entsteht aus dem Äthyläther Methyläthylprotocatechusäure.

Eugenolpropyläther $CH_3O \cdot C_9H_8 \cdot OC_3H_7$ (CAHOURS, J. **1877**, 580): Sdp. 263—265°, d_{16} = 1,0024. — Isopropyläther $C_{13}H_{18}O_2$ (C.): Sdp. 252—254°, d_{17} = 0,999. — Die Isobutyläther, Isoamyläther, Hexyläther und Allyläther wurden ebenfalls von CAHOURS dargestellt.

Eugenolformiat $C_3H_5 \cdot C_6H_3(OCH_3) \cdot O \cdot COH$ (EINHORN und HOLLANDT, A. **301**, 113), aus Eugenol durch Ameisensäure und Phosgen in Pyridinlösung dargestellt: Sdp.$_{20}$ = 150°.

Eugenolacetat $CH_3O \cdot C_9H_8 \cdot C_2H_3O_2$ (TIEMANN und NAGAI, B. **10**, 201; vgl. die etwas abweichenden Angaben von ERDMANN, J. pr. II, **56**, 147) entsteht beim Kochen von Eugenol mit Essigsäureanhydrid: Smp. 30—31°, Sdp. 270°. Mol.-Verbr. = 1498,5 Kal. (STOHMANN, Ph. Ch. **10**, 421). Liefert bei der Oxydation mit Essigsäure und $KMnO_4$ Diacet-α-Homovanillinsäure, alsdann die Acetvanillinsäure (vgl. oben, sowie auch Bestandteil Eugenolacetat, der sich im Nelkenöl findet).

Das Phenylurethan des Eugenols $(NH \cdot C_6H_5 \cdot CO_2)C_9H_8 \cdot OCH_3$ bildet sich nach SNAPE (B. **18**, 2432) aus Eugenol und Carbanil bei 100°: Smp. 95,5°.

Benzoyleugenol $OCH_3(OCOC_6H_5) \cdot C_6H_3 \cdot C_3H_5$. CAHOURS (A. ch. **52**, 201; A. **108**, 312) stellte durch Einwirkung von Benzoylchlorid auf Eugenol diesen Körper dar. TIEMANN und KRAATZ (B. **15**, 2067) erhitzten 1 Vol. Eugenol mit 2 Vol. Benzoylchlorid, bis die Entwicklung von Salzsäure aufhörte. C. fand Smp. 50—55°, T. und K. konstatierten 69—70°; der Ester ist sehr beständig gegen siedende Kalilauge, erst schmelzendes Kali spaltet Benzoesäure ab. Durch Oxydation entsteht Benzoylvanillinsäure $C_6H_3(COOH)^1(OCH_3)^3OC_7H_5{}^4$: Smp. 178°; diese geht durch Verseifung in Vanillin und Benzoesäure über. Das Benzoylisoeugenol schmilzt bei 159—160°.

Über die „Jodzahl" ungesättigter organischer Verbindungen berichtet INGLE (Journ. Soc. chem. Ind. **23**, 422; C. **1904**, II, 504). HÜBL glaubte, daß die mit Jodquecksilberchlorid erhaltenen Zahlen ein Maß abgeben für die Anzahl der Äthylenbindungen; I. fand, daß diese Annahme nicht zutreffend ist, daß die Verschiedenheit der erhaltenen Ergebnisse vor allem von der angewandten Lösung abhänge (vgl. Originalarbeit). Bei den Phenolen, besonders bei Eugenol, fand I. ein ganz eigenartiges Verhalten; bei Anwendung von HÜBLscher Lösung absorbiert das Eugenol 6 Atome Jod, so daß der Ring an der Addition teilnehmen muß, wohingegen mit WALLERscher Lösung nur 2 Atome absorbiert werden, und zwar allein in der Seitenkette. Die freien Phenole verhalten sich wie ungesättigte cyklische Ketone, ihre Benzoesäureester dagegen wie gesättigte Verbindungen. Eugenolbenzoatjodchlorid $C_{17}H_{16}O_3ClJ = (C_6H_5CO_2)^1(C_6H_3)(OCH_3)^2 \cdot (CH_2 \cdot CHCl \cdot CH_2J)^4$, aus Eugenolbenzoat und WIJSscher Lösung bestehend, schmilzt bei 91°, während Isoeugenolbenzoatjodchlorid $C_{17}H_{16}O_3ClJ = (C_6H_5CO_2)^1C_6H_3(OCH_3)^2 \cdot (CHCl \cdot CHJ \cdot CH_3)^4$ sehr unbeständig ist.

Eugetinsäure $C_6H_2 \cdot C_3H_5^4(OH)^1(OCH_3)^2(COOH)^6$ (SCHEUCH, A. **125**, 18): Smp. 124°; wird durch Eisenchlorid tief königsblau gefärbt.

Über die Beziehungen des Safrols, Eugenols und Asarons zueinander berichten A. BILTZ und THOMS (Ar. **242** [1904], 85; vgl. Originalarbeit und Safrol bzw. Asaron).

Die Umwandlung des Eugenols in Isoeugenol wurde bereits beim Benzoyleugenol erwähnt; über die verschiedenen Methoden zur Umwandlung des Eugenols in Isoeugenol vgl. „Bestandteil Isoeugenol".

Identifizierung des Eugenols. Nach der Abscheidung des Eugenols mittels verdünnter Laugen (Schütteln mit 3%iger Kalilauge) usw. unterwirft man die ev. erhaltenen Phenole der fraktionierten Destillation und untersucht die um 250—255° siedenden Anteile, indem man zunächst die physikalischen Daten bestimmt, die vielleicht einen Anhalt geben. Der Geruch des Eugenols ist intensiv nelkenartig, der Geschmack brennend. Von chemischen Reaktionen ist zu erwähnen, daß Eisenchlorid mit Eugenol in alkoholischer Lösung Blaufärbung hervorruft. Zur weiteren Identifizierung stellt man den Acetylester, der bei ca. 31° schmilzt, und den Benzoylester vom Smp. 69—70° dar. Durch Oxydation lassen sich diese Ester in die entsprechenden Acyl-Homovanillin- und Acyl-Vanillinsäure, sowie in Acylvanillin überführen, aus denen durch Verseifung die zugehörigen freien Säuren bzw. das Vanillin gewonnen werden können. Das Isoeugenol besitzt höheres Volumgewicht, höheren Siedepunkt und höheren Brechungsexponenten als das Eugenol. Weitere Unterschiede vgl. unter Isoeugenol.

Die **Konstitution des Eugenols** wurde, was zunächst die Bruttoformel $C_{10}H_{12}O_2$ anbelangt, von LIEBIG im Jahre 1843 und von GERHARDT im Jahre 1854 gefolgert; die Richtigkeit dieser Analysen wurde durch die nachfolgenden Analysen bestätigt. Über die Natur des Eugenols, das man zunächst für eine Säure hielt, war CAHOURS (A. **108** [1858], 320), der den Namen Eugenol einführte, im Jahre 1858 der Meinung, daß das Eugenol in nahe Beziehung zum Phenol, Kresol, Thymol usw. zu bringen sei, Verbindungen, welche man damals als zusammengehörig erkannt hatte, weil sie sich von isomeren Alkoholen, wie dem Benzyl-, Cuminalkohol usw. dadurch unterschieden, daß sie an Alkalien gingen. Also die Bindung des einen Sauerstoffatoms als Hydroxylgruppe stand bereits seit Beginn der Untersuchungen über das Eugenol fest, die mehr alkoholische Natur dieser Hydroxylgruppe wurde durch CAHOURS in den Vordergrund gerückt, eine Ansicht, welche im Jahre 1863 ihre Bestätigung durch die Untersuchungen SCHEUCHS fanden, der die Eugetinsäure darstellte. Als man nun kurz nach KEKULÉS

Theorie 1865 einen Benzolring annahm, auch für das Phenol, und erkannte, daß die Gruppe der erwähnten Phenole sich dadurch von derjenigen der isomeren Alkoholen unterschied, daß die Hydroxylgruppe im Kern stand, nahm auch ERLENMEYER für das Eugenol 1866 die Hydroxylgruppe im Kern an und zeigte gleichzeitig, indem er mit HJ Methyljodid abspaltete, daß das Eugenol ein Oxymethylphenol ist; zweifellos müssen wir mit E. folgern, daß das Eugenol einen Benzolrest enthält, in dem 3 Wasserstoffatome durch OH, OCH_3 und C_3H_5 ersetzt sind.

Die relative Stellung der drei Substituenten ergibt sich aus der Überführung des Eugenols in Protocatechusäure, ferner aus der Überführung der Homovanillinsäure in Kreosol. Die Natur der C_3H_5-Gruppe als Allylradikal folgerte ERLENMEYER im Jahre 1877 aus dem Oxydationsergebnis, das TIEMANN erhalten hatte, nämlich aus der eben erwähnten Homovanillinsäure, die nur bei Annahme einer Allylgruppe zu erklären ist. — Die Annahme des Eugenols als ein 1-Hydroxyl-2-oxymethyls-4-allylbenzol ist demnach eindeutig.

Die **geschichtliche Entwicklung** unserer Kenntnisse über das Eugenol erstreckt sich über einen großen Zeitraum; eingehend ist dieser geschichtlichen Entwicklung bereits Rechnung getragen worden. Seitdem man in den zwanziger und dreißiger Jahren des vergangenen Jahrhunderts die Fähigkeit des Eugenols an Alkalien zu gehen erkannt hatte, folgerte man in den vierziger und fünfziger Jahren seine Bruttoformel, erkannte es in den sechziger Jahren als Benzolabkömmling und schließlich gelang es in den siebziger Jahren seine Natur vollkommen aufzuklären. Als Benzolabkömmling gehört das Eugenol zu denjenigen Bestandteilen der äther. Öle, die früher aufgeklärt wurden als jene der hydriert-cyklischen Reihe.

Die **Anwendung des Eugenols** ist eine ausgedehnte; hauptsächlich dürfte es jedoch das Ausgangsmaterial abgeben für Verbindungen, welche in der Parfümerie Verwendung finden, so zur Darstellung des Vanillins. — In medizinischer Hinsicht ist zu erwähnen, daß das Eugenol antiseptische Wirkung besitzt.

Alkyl- und Acylderivate des Eugenols, die sich als Bestandteile ätherischer Öle finden.

346. Methyleugenol = Methylbetelphenol

$C_{11}H_{14}O_2$ =

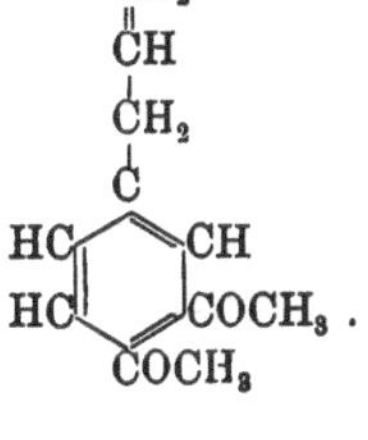

Vorkommen, Isolierung und Synthese. Das Methyleugenol gehört zu denjenigen Bestandteilen ätherischer Öle, die durch Synthese früher gewonnen wurden, als man fand, daß sie in ätherischen Ölen vorkommen. Es gelang GRAEBE und BORGMANN (A. **158** [1871], 282) durch Erwärmen von Eugenolnatrium mit Jodmethyl einen Methyläther zu gewinnen vom Sdp. 237—239°, den sie durch Oxydation in Dimethoxybenzoesäure vom Smp. 179—180° überführten, welche sich später als identisch mit der Veratrumsäure herausstellte (B. **9**, 582).

WASSERMANN (B. **10** [1877], 236; J. **1879**, 520) läßt Brom auf Methyleugenol einwirken und erhält das Tribromid $C_{11}H_{13}Br_3O_2$, Smp. 77—78°, welches durch Reduktion in das Monobromid $C_{11}H_{13}BrO_2$ übergeht. Dieses Tribromid ist charakteristisch für die Eugenolreihe, insofern als damit die C_3H_5-Gruppe, die für das Eugenol als Allylverbindung erkannt wurde, nunmehr auch im Methyleugenol stehen muß.

MATSMOTO (B. **11** [1878], 123 Anm.) findet den Sdp. richtiger zu 244 bis 245°. PETERSEN (B. **21** [1888], 1057) untersuchte das ätherische Öl von *Asarum europaeum* L. und konstatierte, daß sich darin außer dem Asaron ein Terpen findet, daß als Hauptbestandteil jedoch ein Körper vorhanden ist, der um 250° siedet und d_{15} = 1,055 zeigt. Durch Oxydation dieses Anteils gewann er Veratrumsäure vom Smp. 180°, während das Öl selbst die Zusammensetzung $C_{11}H_{14}O_2$ hatte. Aus der Bildung von Veratrumsäure schloß P. auf die Anwesenheit zweier Oxymethylgruppen im Molekül, so daß ferner ein Radikal C_3H_5 sich ergab, welches in 4-Stellung zu den beiden in 1- und 2-Stellung stehenden Oxymethylgruppen vorhanden sein mußte. P. nahm die Propenylgruppe $CH:CH \cdot CH_3$ an; vgl. weiter unten unter Vorkommen das ätherische Öl von *Asarum europaeum*. P. stellte fernerhin aus dem Methyleugenol ein Nitrit vom Smp. 118° dar; vgl. WALLACH (A. **271**, 307), der dafür den Smp. 125° angibt.

BERTRAM und GILDEMEISTER stellten (J. pr. II, **39**, 349) aus dem Betelphenol $C_6H_3 \cdot (OCH_3)^1(OH)^2(C_3H_5)^4$, welches also nur stellungsisomer mit dem Eugenol ist, ebenfalls die Methylverbindung dar und fanden dafür den Sdp. 247—248°. Zum Vergleich stellten B. und G. auch das Methyleugenol aus Eugenol dar und gewannen ein Produkt vom $Sdp._{11}$ = 128—129°, Sdp. 248—249°; zur weiteren Identifizierung der beiden Methyläther stellten sie das WASSERMANNsche Tribromid vom Smp. 78 bis 79° dar.

POLECK und MITTMANN (Ch. Ztg. **13**, 450) und MITTMANN (Ar. **227**, 529) konstatieren, daß im Bayblätteröl sich in geringen Mengen der Methyläther des Eugenols finde, der nachgewiesen wurde durch Oxydation der Fraktion vom Sdp. 243—246° zu Veratrumsäure und durch Vergleich mit synthetisch aus Eugenol des Bayöls gewonnenem Methyleugenol. P. und M. sind der Meinung, daß im Haselwurzöl der Methyläther des Isoeugenols vorhanden sei, da derselbe zu Veratrum- und Essigsäure oxydiert werde, während der Methyläther des Bayöls Veratrum-, Kohlen- und Oxalsäure liefere. Es ist hierzu zu bemerken, daß das Phenol des Bayöls nicht reines Eugenol ist, sondern daß es auch Chavikol enthält. Es muß demnach von neuem versucht werden, die Identität des Methyläthers des Asarumöls mit dem Methyleugenol bzw. Methylisoeugenol festzustellen.

Zur **Synthese des Eugenolmethyläthers** ist zu bemerken, daß MOUREU (Bl. III, **15**, 652; A. ch. VII, **15**, 119) das Methyleugenol darstellte, indem er 92 g Veratrol mit 56 g Allyljodid und 1 g Zinkstaub $^1/_2$ Stunde lang kochte.

Zum Vorkommen des Methyleugenols ist zu bemerken, daß es vielfach zwar an die Gegenwart des Eugenols in ätherischen Ölen gebunden ist, jedoch kommt es auch ohne diesen Begleiter vor. Die Stammpflanzen, von denen die betreffenden Öle herrühren, gehören den verschiedensten, verwandtschaftlich zum Teil weit auseinanderstehenden Familien an.

Gramineae.

Über das Vorkommen des Methyleugenols in verschiedenen Citronellölen (*Andropogon Nardus* L.) berichten SCH. u. Co. (SCH. **1898**, II, 17; **1899**, II, 20; **1900**, I, 11); durch fraktionierte Wasserdampfdestillation wurden mehrere Fraktionen gewonnen; durch Oxydation der Fraktion 17 mit Permanganat konnte Veratrumsäure erhalten werden. Um das Methyleugenol reiner abzuscheiden, wurden die letzten Reste von Geraniol entfernt, indem man bei 18 mm Druck bis 146° abdestillierte und den Rückstand mit 10 Vol. 60%igen Alkohols gut durchschüttelte, wobei sich das Methyleugenol löst, während die gleichzeitig vorhandenen Sesquiterpene fast ungelöst bleiben. Um aber das auch auf diese Weise nicht vollständig entfernte Sesquiterpen zu zerstören, wurde mit 5%igem Natriumalkoholat drei Stunden lang im Autoklaven auf 230° erhitzt. Hierbei wurde das Methyleugenol in Methylisoeugenol umgewandelt, das durch das bei 102° schmelzende Dibromid, sowie an seinem Siedepunkt 268—270° erkannt wurde. In einem typischen Muster von Ceylon-Citronellöl (aus dem Grase „Lana Batu" gewonnen) konnten 28,2% Citronellal, 32,9% Geraniol und 8% Methyleugenol ermittelt werden. Das aus dem Citronellgras „Maha pangiri" gewonnene Öl hatte bei fast gleichem Geraniolgehalt beinahe den doppelten Citronellalgehalt des Lana Batuöls und enthielt 0,78% bzw. 0,84% Methyleugenol.

Piperaceae.

SCH. u. Co. (SCH. **1898**, II, 36) berichteten über ein Maticoöl, in dem sie Asaron nachwiesen. „Außerdem scheint das Öl auch Methyleugenol zu enthalten, da bei der Oxydation mit Permanganat geringe Mengen einer bei 174° schmelzenden Säure (Veratrumsäure?) erhalten wurden."

Aristolochiaceae.

Über das ev. Vorkommen von Methyleugenol im ätherischen Öl von *Asarum europaeum* L. wurde bereits oben berichtet. — Vom Canadischen Schlangenwurzelöl (*Asarum canadense* L.) berichtet POWER (Diss. Straßburg 1880; Proc. Am. Pharm. Assoc. **28** [1880], 464; Pharm. Rundsch.

N. Y. **6** [1888], 101; vgl. auch Power und Lees, Soc. **81** [1902], 59), daß in ihm 1. Pinen, 2. Asarol (Linalool), 3. ein isomerer Alkohol $C_{10}H_{18}O$, 4. Methyleugenol, 5. ein blau gefärbtes Öl vorkommen. Die Fraktion 254—257° zeigte die Bruttoformel $C_{11}H_{14}O_2$ und lieferte durch Oxydation Veratrumsäure, woraus P. auf einen Gehalt von Methyleugenol schließt. — Das ätherische Öl von der amerikanischen Pflanze *Asarum arifolium* erinnert im Geruch an Sassafrasöl; es wird in einer Ausbeute von 7—7,5% erhalten. Miller (Ar. **240** [1902], 371) findet in dem Öl als Hauptbestandteil Safrol, ferner l-Pinen, Eugenol, in geringer Menge ein zweites Phenol, ferner Methyleugenol, Methylisoeugenol und Asaron. Die Anwesenheit des Methyleugenols schloß P. aus der bei der Oxydation auftretenden Veratrumsäure und aus dem Tribromid vom Smp. 78—79°.

Anonaceae.

Das Ylang-Ylangöl enthält nach Sch. u. Co. (Sch. **1903**, I, 79) ebenfalls Eugenolmethyläther.

Monimiaceae.

Das Paracotorindenöl wird aus der Rinde einer unbekannten Monimiacee Boliviens gewonnen; es wurde von Jobst und Hesse (A. **199** [1879], 75) untersucht. Jedoch stellten Wallach und Rheindorff (A. **271** [1892], 300) fest, daß die von J. und H. angenommenen Verbindungen zum Teil nicht vorhanden sind. Unter anderm konnten W. und R. nach Entfernung des Cadinens durch Bromierung der hochsiedenden Anteile Tribrommethyleugenol vom Smp. 78° erhalten; ferner konnte durch Oxydation Veratrumsäure vom Smp. 179—180° festgestellt werden. Schließlich gelang es W. und R. ein Nitrit $C_{11}H_{14}O_5N_2$ vom Smp. 125° zu erhalten.

Lauraceae.

Das ätherische Öl aus der Rinde des auf den Fidschiinseln einheimischen Baumes *Cinnamomum pedatinervium* untersuchte Goulding (Diss. London **1903**; Soc. **83**, 1903). Es wird angegeben, daß darin neben 50% Safrol, 30% Linalool, 10—20% unbekannte Terpene, 1% Eugenol und ca. 3% Eugenolmethyläther vorkommen sollen. — Die Culilawanrinde (*Cinnamomum Culilawan* Nees) liefert ca. 4% eines stark nach Eugenol riechenden Öles vom spez. Gew. 1,051 (Sch. **1897**, I, 12; Gildemeister und Stephan, Ar. **235**, 583). Das Öl besteht hauptsächlich aus Eugenol. Die Nichtphenole siedeten im Vakuum bei 10 mm Druck zwischen 100 und 130°; die Hauptfraktion vom Sdp. 249—252° (unter gewöhnlichem Druck) lieferte bei der Oxydation Veratrumsäure vom Smp. 179—180°; durch Bromieren eines Teiles der erwähnten Fraktion wurde ein Tribrommethyleugenol vom Smp. 77° erhalten.

Das ätherische Öl des kalifornischen Lorbeerbaumes (aus den Blättern von *Umbellularia californica* Nuttal) wurde in letzter Zeit von Power und Lees (Soc. **85** [1904], 629) näher untersucht. Außer Spuren von Ameisensäure und höheren Fettsäuren gingen 1,7% Eugenol an

Alkali. In dem von 150—250° überdestillierenden Rohöl konnten 6% l-Pinen, 20% Cineol, 10% Eugenolmethyläther, kleine Mengen Safrol und 60% Umbellulon konstatiert werden.

Leguminosae.

Im Cassieöl (*Acacia Cavenia*) wurden (SCH. **1903**, II, 17) 50% Phenole, hauptsächlich Eugenol, ca. 8% Salicylsäuremethylester und ca. 42% Nichtphenole konstatiert; unter letzteren befand sich auch Eugenolmethyläther.

Rutaceae.

In dem Öle *Evodia Simplex* Cordem (SCH. **1906**, II, 83) sind Eugenolmethyläther und ein Paraffin vom Smp. 80—81° nachgewiesen.

Myrtaceae.

Das ev. Vorkommen des Methyleugenols im Bayöl (*Myrcia* und *Pimenta* spec.) wurde ausführlich erwähnt. Das Pimentöl (*Pimenta officinalis* Lindl.), dessen Volumgewicht (SCH. **1899**, I, 39) 1,024—1,050 beträgt, enthält Eugenol und ein Sesquiterpen. In neuerer Zeit (SCH. **1904**, I, 79) wurden darin Cineol, Phellandren, Palmitinsäure und Methyleugenol nachgewiesen. Die Fraktion $Sdp._6$ = 120—125° (nach Entfernung der Phenole) enthielt neben dem Sesquiterpen Caryophyllen eine sauerstoffhaltige Verbindung. Durch Oxydation der bei 248—260° siedenden Fraktion mit $KMnO_4$ wurde bei 179—180° schmelzende Veratrumsäure erhalten; Tribrommethyleugenol konnte in festem Zustande nicht abgeschieden werden, da wahrscheinlich das gleichzeitig gebromte Caryophyllen die Kristallisation verhinderte; es wird auf Eugenolmethyläther geschlossen.

Zur **Isolierung des Methyleugenols** ist zu bemerken, daß man in allen Fällen auf die fraktionierte Destillation angewiesen ist.

Physik. Eig. des Methyleugenols. Über die physik. Daten vgl. auch das oben in der Einleitung Gesagte.

MATSMOTO (B. **11**, 123): Sdp. 244—245°.

BERTRAM und GILDEMEISTER (J. pr. II, **39**, 353): $Sdp._{11}$ = 128 bis 129°, Sdp. 248—249°.

PETERSEN (B. **21**, 1060): $d_{15} = 1{,}055$ (für Methyleugenol aus Asarumöl, das jedoch auch Isoeugenolmethyläther sein kann).

EYKMAN (B. **23**, 862; R. **14**, 189):

Methyleugenol: $d_{11} = 1{,}041$, $n_\alpha = 1{,}5328$, $n_D = 1{,}5373$, $n_\beta = 1{,}5511$, $n_\gamma = 1{,}5631$; M.R. = 53,4, ber. 52,6.

Methylisoeugenol: $d_{11,5} = 1{,}064$, $n_\alpha = 1{,}5649$, $n_D = 1{,}5720$, $n_\beta = 1{,}5911$, $n_\gamma = 1{,}6096$; M.R. = 55,0, ber. 52,6.

Chem. Eig. des Methyleugenols. Die chemischen Reaktionen des Methyleugenols sind besonders charakteristisch wegen der Allylgruppe in der Seitenkette. Durch Kochen mit amylalkoholischem Kali usw. läßt sich das Methyleugenol in Methylisoeugenol (vgl. „Bestandteil Methylisoeugenol“) überführen.

Die **Reduktion** des Methyleugenols zur Dihydroverbindung gelingt mit Äthylalkohol und Na nicht, dagegen läßt sie sich mit Amylalkohol und Natrium durchführen, indem hierbei zunächst Methylisoeugenol gebildet wird, das seinerseits reduzierbar ist.

Halogene werden von Eugenolmethyläther aufgenommen; jedoch ist die Addition an die doppelte Bindung der Seitenkette nicht so leicht wie die bei der entsprechenden Isoverbindung, sondern es findet gleichzeitig Substitution im Kern statt. Das Tribromid $C_{11}H_{13}Br_3O_2 = (C_3H_5Br_2)C_6H_2Br(OCH_3)_2$ (Wassermann, B. **10**, 236; J. **1879**, 520) schmilzt bei 77—78°. Durch Behandlung des Tribromids mit Zink in alkoholischer Lösung erhielt W. den Bromeugenolmethyläther $(CH_3O)_2C_6H_2Br(C_3H_5)$: Sdp.$_{44}$ = 185°, d_0 = 1,3959 (W., Bl. II, **32**, 3; J. **1879**, 520).

Durch Jodwasserstoff wird das Methyleugenol in Jodmethyl und Phenol übergeführt.

Durch **Oxydation des Methyleugenols** gewannen Graebe und Borckmann (A. **158**, 282) die Dimethoxybenzoesäure vom Smp. 179—180°, welche identisch ist mit der Dimethylprotocatechu- und Veratrumsäure.

Mit salpetriger Säure erhielt Petersen (B. **21**, 1061) ein Nitrit vom Smp. 118°, Wallach (A. **271**, 307) fand dafür den Smp. 125°.

Identifizierung des Methyleugenols. Die Identifizierung des Methyleugenols geschieht durch die Oxydation mit Kaliumpermanganat zur Veratrumsäure vom Smp. 179—180°, jedoch kann diese Säure auch aus dem Methylisoeugenol entstehen. Man muß daher zur weiteren Charakterisierung das Tribromid $C_{11}H_{13}Br_3O_2$ vom Smp. 78—79° darstellen, indem man die ätherische Eugenolmethylätherlösung mit Brom versetzt.

Die **Konstitution des Methyleugenols** ergibt sich aus jener des Eugenols, da es einmal synthetisch aus Eugenolat und Jodmethyl gewonnen wird, wobei eine Umlagerung ausgeschlossen sein dürfte, anderseits könnte nur Methylisoeugenol in Frage kommen, das aber durch sein Dibromid genügend charakterisiert ist, während Methyleugenol ein Tribromid liefert. Das Methyleugenol enthält demnach zweifellos eine Allylgruppe. Das natürliche Vorkommen, namentlich jenes im ätherischen Öl von *Asarum europaeum*, bedarf erneuter Bestätigung; die Bildung eines Nitrits spricht in diesem speziellen Falle für eine Propenylgruppe, wie im Anethol, jedoch kann erst eine weitere Untersuchung hierüber volle Klarheit schaffen.

Geschichtlich ist zu bemerken, daß, nachdem Graebe und Borgmann im Jahre 1871 auf synthetischem Wege das Methyleugenol dargestellt hatten, es erst im Jahre 1888 bzw. 1889 gelang, diese Verbindung im ätherischen Öl von *Asarum europaeum* bzw. im Bayöl nachzuweisen. In der Folgezeit gelang es alsbald auch in anderen ätherischen Ölen den Methyläther aufzufinden.

Säurederivate des Eugenols.

347. Aceteugenol

$C_{12}H_{14}O_3$ =

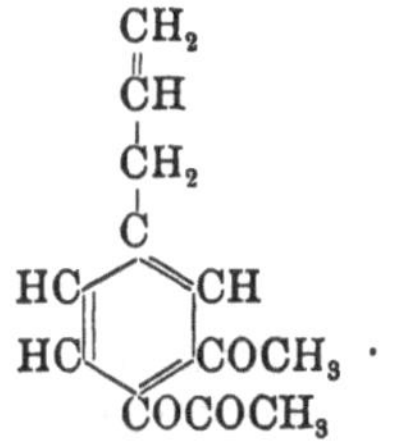

Vorkommen, Isolierung und Synthese. Auch das Aceteugenol wurde früher synthetisch gewonnen, als in einem ätherischen Öle festgestellt. Tiemann und Nagai (B. **10**, 202; vgl. auch B. **9**, 52, 419) gewannen das Aceteugenol, indem sie ein Gemisch gleicher Mengen Eugenol und Acetanhydrid am Rückflußkühler 3—4 Stunden kochten. Das Aceteugenol destillierte bei 270° und schmolz bei 30—31°.

Erdmann (J. pr. II, **56** [1897], 143) zeigte, daß nach Entfernung des Eugenols aus dem Nelkenöl ein Öl zurückbleibt, das nicht allein aus Caryophyllen besteht, sondern noch sauerstoffhaltig ist. Bei kurzer Behandlung mit alkoholischem Kali blieb erst sauerstofffreies Öl zurück. Nelkenstielöl zeigte diese Erscheinung nicht, sondern es verblieb nach der Behandlung mit verd. wäßriger Kalilauge nur Sesquiterpen. Durch Verseifung der Nichtphenole wurde als Säure Essigsäure nachgewiesen, als alkoholischer bzw. phenolischer Bestandteil Eugenol. E. schätzt den Aceteugenolgehalt auf 2,1—2,6% in einem von ihm untersuchten Öl.

Merck (D.R.P. 103581; 109445; C. **1899**, II, 927; **1900**, II, 407) gewinnt Eugenolacetat, indem er Eugenol mit Essigsäureanhydrid in Gegenwart von konz. Schwefelsäure, Acetylchlorid, Natriumacetat, Pyridin oder Chlorzink in der Kälte nach einem allgemeinen Verfahren behandelt.

Freyss (C. **1899**, I, 835) berichtet über ein einfaches Verfahren der Esterifizierung von Phenolen und Aldehyden und über schnelle Acetylierung von aromatischen, negativ substituierten Aminen. Auch Eugenolacetat wird auf diese Weise dargestellt.

Spurge (Pharmaceutical Journ. **70** [1903], 701, 757) bringt vergleichende Betrachtungen über die gebräuchlichen Bestimmungsmethoden für Eugenol in Nelkenöl und erklärt die Differenzen der verschiedenen Verfahren dadurch, daß nach dem Umneyschen Verfahren (vgl. Eugenol) zuviel Phenol gefunden werde, weil gleichzeitig Verseifung der anwesenden Ester des Eugenols eintrete, nach dem Thomsschen Verfahren fände eine teilweise Verseifung statt, nach dem Verley-Boelsingschen Verfahren aber werde nur das freie Eugenol bestimmt; er kommt zu dem Resultat, daß in dem Nelkenöl mehr Eugenolacetat vorhanden sei als Erdmann annehme, und zwar belaufe sich der Gehalt des Nelkenöls an diesem Ester auf 7—17%.

Aus den gebrachten Mitteilungen ergibt sich, daß Eugenolacetat bisher nur im Nelkenöl, nicht aber im Nelkenstielöl beobachtet worden ist.

Physik. Eig. des Aceteugenols. TIEMANN und NAGAI (B. **10**, 202): Smp. 30—31°, Sdp. 270°.

STOHMANN (Ph. Ch. **10**, 421): Mol.-Verbr. 1498,5 Kal.

ERDMANN (J. pr. II, **56**, 143) (synthetisches Aceteugenol): $Sdp._{8,5}$ = 145—146°, $Sdp._{752}$ = 281—282° (nicht 270° wie TIEMANN angibt); d_{15} = 1,0842 (in unterkühltem Zustande), mit Wasserdämpfen flüchtig, Smp. 29°; es besitzt einen feinen gewürzhaften, aber nur schwachen Geruch. Auch die mit verd. Kalilauge aus dem Nelkenöl gewonnenen Rückstände erstarrten, als ein Vorlauf im Vakuum unter 12 mm Druck bis 140° weggenommen war, bei Abkühlung und Impfen: Smp. 29—30°.

FREYSS: $Sdp._{750}$ = 278—279°.

Chem. Eig. des Aceteugenols. Das Aceteugenol läßt sich mit alkoholischer Kalilauge leicht verseifen.

Durch vorsichtige Oxydation des Aceteugenols gewinnt man das Acetvanillin $(CH_3O)\cdot C_6H_3\cdot(C_2H_3O_2)\cdot CHO$. Das Acetvanillin schmilzt bei 77°; es läßt sich nach TIEMANN und NAGAI (B. **11**, 647) auch aus getrocknetem Vanillinnatrium und einer ätherischen Lösung von Essigsäureanhydrid erhalten. Durch Verseifung des Acetvanillins entsteht Vanillin (vgl. „Bestandteil Vanillin").

Durch Oxydation mit Kaliumpermanganat erhielten TIEMANN und NAGAI (B. **10**, 202) zunächst Acet-α-Homovanillinsäure

$$C_6H_3\begin{cases}CH_2\cdot COOH\\ OCH_3\\ OC_2H_3O\end{cases},$$

Smp. 140°. Bei längerem gelindem Schmelzen mit Kaliumhydrat liefert diese Säure Protocatechusäure. Wird die Acet-α-Homovanillinsäure bei 60—70° in essigsaurer Lösung mit Kaliumpermanganat oxydiert, so entsteht nahezu quantitativ Acetvanillinsäure $C_6H_3\begin{cases}COOH\\ OCH_3\\ OC_2H_3O\end{cases}$ vom Smp. 142°. Verseift man die Acet-α-Homovanillinsäure, so wird die α-Homovanillinsäure $C_6H_3\begin{cases}CH_2\cdot COOH\\ OCH_3\\ OH\end{cases}$ gebildet, Smp. 142—143°. Diese Säure spaltet beim Erhitzen ihres Kalksalzes CO_2 ab und bildet Kreosol $C_6H_3\begin{cases}CH_3\\ OCH_3\\ OH\end{cases}$, Sdp. 222°. Durch Erhitzen der α-Homovanillinsäure mit verd. Salzsäure im Einschmelzrohr 3—4 Stunden lang auf 170—180° bildet sich die α-Homoprotocatechusäure $C_6H_3\begin{cases}CH_2\cdot COOH\\ OH\\ OH\end{cases}$: Smp.

127°. Diese Säure liefert beim Erhitzen des primären Kalksalzes Homobrenzcatechin $C_6H_3\begin{cases}CH_3\\OH\\OH\end{cases}$.

Identifizierung des Aceteugenols. Das Aceteugenol läßt sich vom ev. beigemengten Eugenol trennen, indem man letzteres mittels verd. Alkalien in der Kälte entfernt. Bei der fraktionierten Destillation der indifferenten Produkte kommen alsdann für das Aceteugenol die um 280° siedenden Anteile in Betracht. Bei Abkühlung gehen diese bei Anwesenheit dieses Esters ev. durch Impfen in festes Aceteugenol vom Smp. 29° über. Durch Verseifen erhält man Eugenol, das leicht an seiner blauen Eisenchloridreaktion usw. zu erkennen ist; durch Oxydation mit Kaliumpermanganat gewinnt man Acethomovanillin-, Acetvanillinsäure und Acetvanillin; letzteres liefert das schon an seinem Geruch leicht zu erkennende Vanillin. Aceteugenol und Acetisoeugenol sind schon als solche zu unterscheiden bzw. an den Verseifungsprodukten Eugenol und Isoeugenol.

Die **Konstitution des Acetvanillins** ergibt sich aus seinen Spaltungsprodukten, die bei der Verseifung entstehen, und zwar aus der Bildung der Essigsäure und des Eugenols (vgl. letzteres).

Obwohl seit längerer Zeit bereits von TIEMANN im Jahre 1876 bzw. 1877 auf präparativem Wege gewonnen, wies ERDMANN im Jahre 1897 erst wissenschaftlich nach, daß dieser Ester sich im Nelkenöle findet. SPURGE konstatierte alsdann 1903, daß der Ester in größerer Menge im Nelkenöl enthalten ist, als ERDMANN gewonnen hatte.

348. Acetylsalicylsäureester des Eugenols

$C_{19}H_{18}O_5$ =

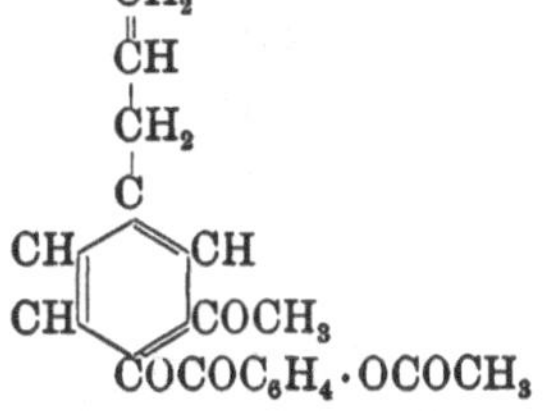

Vorkommen, Isolierung und Synthese. SCHEUCH (A. **125**, 15) machte bereits auf die Gegenwart von Salicylsäure im Nelkenöl aufmerksam; dagegen glaubte WASSERMANN (A. **179**, 369) die Anwesenheit dieser Säure im Nelkenöl in Abrede stellen zu müssen. ERDMANN (J. pr. II, **56** [1897], 152) kam bei der Verseifung der nichtphenolischen Bestandteile des Nelkenöls zu der Ansicht, daß in diesem Öl noch andere Ester vorhanden sein müssen. E. findet, daß, wenn Nelkenöl mit Wasser oder kalter Sodalösung geschüttelt wird, sich allerdings aus der wäßrigen oder mit

Schwefelsäure angesäuerten Flüssigkeit mit Äther nichts ausziehen läßt, was mit Eisenchlorid die Salicylsäurereaktion gibt. Werden jedoch z. B. 200 g Nelkenöl mit 100 ccm 10%iger Sodalösung 1/4 Stunde lang am Rückflußkühler unter gleichzeitigem Einleiten von Wasserdampf gekocht, so erhält man nach dem Erkalten und Extrahieren mit Äther eine alkalische Lösung, welche nach dem Ansäuern eine Säure liefert, die gereinigt bei 152—153° schmilzt und zwischen Uhrgläsern sublimiert. Mit Eisenchlorid gab die wäßrige Lösung der Säure intensive Violettfärbung, auf Zusatz von Bromwasser zur wäßrigen Lösung bildete sich ein bei 120° schmelzender Niederschlag, mit Tetrazodiphenyl und Natronlauge ein gelber Farbstoff, der sich auf Baumwolle direkt fixieren ließ (Chrysamminreaktion). Alle diese Reaktionen deuten auf die Anwesenheit von Salicylsäure hin. E. schließt nun, daß die Salicylsäure im Nelkenöl einmal in Esterform vorhanden ist, indem ihre Carboxylgruppe mit der Phenolgruppe des Eugenols verkuppelt ist, daß aber auch die Phenolgruppe der Salicylsäure selbst festgelegt sein muß, da verd. Kalilauge dem Nelkenöl weder Salicylsäure, noch ein Derivat derselben mit intakter OH-Gruppe entzieht. Deshalb nimmt E. an, daß diese Hydroxylgruppe ev. ebenfalls durch Acetyl festgelegt ist, da die Ester der Acetylsalicylsäure keine Reaktion mit Eisenchlorid geben.

Die Menge der im Nelkenöl vorkommenden Salicylsäure ist nach E. nur gering im Vergleich zu der bei der Verseifung auftretenden Essigsäure.

Weitere Versuche müssen einmal bezwecken, den Acetylsalicylsäureester des Eugenols zu gewinnen, um ihn zu vergleichen; anderseits muß alsdann festgestellt werden, ob diese Verbindung identisch ist mit dem Salicylsäurederivat im Nelkenöl.

---

349. Isoeugenol

$C_{10}H_{12}O_2$ =

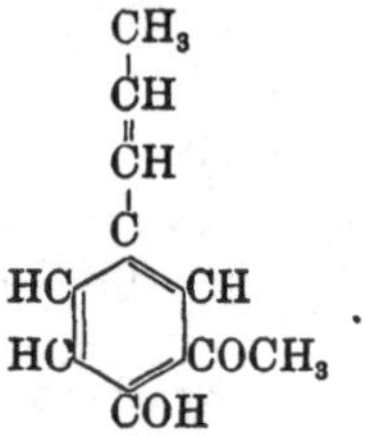

Vorkommen, Isolierung und Synthese. Die Chemie des Isoeugenols ist eng verknüpft mit jener des Eugenols. Heute wissen wir, daß das Isoeugenol sich vom Eugenol dadurch unterscheidet, daß im ersteren eine Propenyl-, im letzteren eine Allylgruppe vorhanden ist; wir wissen ferner, daß diese Umlagerung der Allyl- zur Propenylgruppe, wobei aus dem Eugenol das Isoeugenol entsteht, eine ganz allgemeine Reaktion ist.

Wir können diese Verschiebung der Doppelbindung vornehmen, indem wir Alkalien bei höherer Temperatur einwirken lassen; diese höhere Temperatur kann durch Anwendung von hochsiedenden Lösungsmitteln (Amylalkohol) oder auch durch Verschmelzen hervorgerufen werden. Lange Zeit dauerte es, bis diese Reaktion in ihrem vollen Wesen erkannt wurde. Erst die Wahrnehmung, daß aus verschiedenen Molekülen sog. Isoverbindungen entstehen, so aus dem Eugenol, dem Methyleugenol, dem Safrol, Apiol, Myristicin usw. ließ den Eintritt dieser Reaktion auf einen allgemeinen Ursprung zurückführen; anfangs glaubte man bimolekulare Verbindungen vor sich zu haben, jedoch zeigte sich bei weiterer Untersuchung, wie späterhin ausführlich auseinandergesetzt werden wird, daß diese Isomerie nur auf eine Verschiedenheit des C_3H_5-Radikals zurückgeführt werden konnte.

TIEMANN und KRAAZ (B. **15** [1882], 2060) stellen die Homoferulasäure $C_6H_3\begin{cases} CH:C(CH_3)\cdot COOH\,(4) \\ OCH_3\,(2) \\ OH\,(1) \end{cases}$ dar. Durch Erhitzen dieser Säure im Kohlensäurestrom erhalten T. und K. ein zwischen 240 und 300° siedendes rotbraunes Öl; destillierten sie mit Kalk, so war die Ausbeute eine bessere, indem das Rohprodukt von 250—270° siedete. Bei der fraktionierten Destillation ging der Hauptanteil von 258—262° über und zeigte die Zusammensetzung $C_{10}H_{12}O$, er war also isomer mit dem Eugenol, von dem er sich im Geruch sehr unterschied. Während sich das Eugenol bei längerem Aufbewahren allmählich verändert, zeigt sich das Isoeugenol als sehr beständig. T. und K. beobachten: $d_{16} = 1{,}080$, die Isoverbindung war also spezifisch schwerer als Eugenol. Außerdem stellten T. und K. das Benzoylisoeugenol vom Smp. 159—160° dar, welches mit dem Benzoyleugenol die große Beständigkeit bei der Einwirkung heißer Alkalilauge teilt. T. und K. folgern ganz richtig: „Da die Formel $C_6H_3\cdot(CH:CH\cdot CH_3)^1(OCH_3)^3(OH)^4$ dem Isoeugenol zukommt, so kann dem Eugenol selbst nur noch die Formel $C_6H_3(CH_2\cdot CH:CH_2)^1(OCH_3)^3(OH)^4$ zugeschrieben werden."

CIAMICIAN und SILBER (B. **21** [1888], 913, 1621; **22**, 2481) berichten über das Apiol und untersuchen das durch Einwirkung von alkoholischem Kali entstehende Isoapiol; dieses Isoapiol hatte auf gleichem Wege bereits v. GERICHTEN (B. **9**, 1477) erhalten. C. und S. konstatieren, daß der Smp. und der Sdp. des Isoapiols höher liegen als jene des Apiols und halten das Isoapiol für isomer und nicht für polymer mit dem Apiol. C. und S. betonen weiter, daß das Apiol und Isoapiol sich durch die C_3H_5-Gruppe unterscheiden und sie ziehen die Formeln $C_9H_9O_4\cdot CH:CH\cdot CH_3$, $C_9H_9O_4\cdot CH_2\cdot CH:CH_2$ oder auch $C_9H_9O_4C{<}^{CH_2}_{CH_3}$ in Betracht.

EYKMAN (B. **22** [1889], 2752) betont, daß die Isomerie zwischen Eugenol und Isoeugenol sich zwar am besten durch die Annahme der normalen Allylstruktur im Eugenol erklären lasse, womit ebenfalls am meisten die Oxydationsprodukte im Einklang stehen, daß aber die Oxydationsprodukte sich durch alle C_3H_5-Formeln erklären lassen (vgl. Tiemann, B. **11**, 665), so auch durch die Annahme einer Isopropenylgruppe. Wir müssen jedoch schließen, daß bei der Oxydation des Aceteugenols mit Kaliumpermanganat die Entstehung der Acethomovanillinsäure nur durch Annahme einer Allylgruppe im Aceteugenol zu erklären ist. Daß zwischen Eugenol und Isoeugenol der Unterschied besteht, daß in ersterem eine Allylgruppe, in letzterem eine Propenylgruppe vorkommt, wurde in glänzender Weise von Eykman bestätigt. Die vollkommene Gleichheit der Dispersion von Chavikol, Eugenol, Safrol usw. mit der des Allyl-p-Kresolats, worin das n-Allyl sicher enthalten ist, berechtigt in allen diesen Körpern die Gruppe $CH_2 \cdot CH : CH_2$ anzunehmen. — E. hatte gefunden, daß das Methylchavikol und Eugenol, als Allylbenzolderivate aufgefaßt, geringere Dichten und niedrigere Siedepunkte im Vergleich mit den die Propenylgruppe enthaltenden Isomeren Anethol bzw. Isoeugenol haben. „Deutlicher noch kommt diese peripherische Stellung der Doppelbindung im Vergleich mit der mehr zentrischen Stellung in der Propenylgruppe zum Ausdruck in der Dispersion und den Brechungsindizes." E. fand ferner, daß auch andere Benzolderivate, welche ein doppelt gebundenes Kohlenstoffatompaar, wie in der Propenylgruppe, unmittelbar am Benzolring enthalten (Zimtalkohol, Styrol), hohe Dispersion zeigen, daß dagegen Körper mit der Allylgruppe geringeres Dispersionsvermögen besitzen. E. schloß alsdann, daß in diesen Dispersionsverhältnissen ein einfaches Mittel vorliege, um zwischen Allyl und Propenyl usw. entscheiden zu können. Es wurde gefunden:

Eugenol	Isoeugenol
$n_\alpha = 1{,}53310$	$n_\alpha = 1{,}56170$
$n_D = 1{,}53718$	$n_D = 1{,}56804$
$n_\beta = 1{,}55126$	$n_\beta = 1{,}58684$
$n_\gamma = 1{,}56260$	
M. R. = 48,2, ber. 47,7	M. R. = 49,25, ber. 47,7.

Für die Molekularrefraktion der die Allylgruppe enthaltenden Körper fand E. um 0,2—0,6 zu hohe Werte, während bei den propenylhaltigen diese Differenz in gleichem Sinne etwa 1,7 betrug.

Eykman (B. **23** [1890], 855) berichtet weiter „Über die Umwandlung von Allyl- in Propenyl-Benzolderivate, ihre Dispersion und Refraktion". E. bringt neue Bestimmungen der einzelnen Dispersionen; vor allen Dingen untersuchte E. die Einwirkung von alkohol. Kali auf Körper von normaler Allylstruktur: „Als Resultat ergab sich, daß sämtliche Körper, Safrol, Methyl- und Äthyläther des Eugenols, Äthylchavibetol, leicht und anscheinend quantitativ in die entsprechenden Propenylisomeren übergeführt werden konnten. Diese Umwandlung katalytischer Art ist somit eine allgemeine." „Der leicht zu realisierende Platzwechsel der Doppelbindung in den Allylbenzolderivaten durch mehrstündiges Erhitzen mit gesättigtem alkoholischem Kali dürfte auch in mehrerer Beziehung praktischen Nutzen haben. Erstens gestattet er den Nachweis, daß ein Allylbenzolderivat vorliegt, wenn dasselbe durch dieses Reagens in einen isomeren Körper mit größerer Dichte, Dispersion usw. übergeht, zweitens aber ist die Reaktion wichtig für die technische Darstellung der entsprechenden Aldehyde, weil dieselben sich bekanntlich in größerer Ausbeute aus den Propenylderivaten als aus den Allylverbindungen bilden." Hierzu sei bemerkt, daß die Auffassung über die Invertierung der Allylderivate in die Propenylverbindungen durch äthylalkoholisches Kali unter Kochen am Rückflußkühler keine allgemeine ist, wie sich später alsbald herausstellte. Die Alkylätherverbindungen von Allylbenzolen scheinen sich leichter zu invertieren als die freien Phenole. Schon E. (B. **23**, 860 Anm.) machte die Beobachtung, daß Eugenol sich zwar durch Erhitzen mit alkohol. Kali in Isoeugenol umwandeln lasse, aber längere Zeit der Erwärmung zu bedürfen scheine. Das erhaltene Produkt zeigte eine erhebliche Steigerung der Dichte und Dispersion, war aber noch nicht völlig umgewandelt.

Im Jahre 1890 wußte man demnach, daß verschiedene derartige Verbindungen sich durch das Vorhandensein einer Allyl- bzw. Propenylverbindung unterscheiden, wie zuerst Eykman am deutlichsten aussprach. v. Gerichten (B. **9**, 1477) hatte aus Apiol bei 12stündigem Erhitzen mit alkohol. Kalilauge am Rückflußkühler ein Isomeres erhalten, welches höher schmolz und destillierte. v. G. sagt: „Eine Formel für diesen Körper zu geben, bin ich aus Mangel an Anhaltspunkten für die Molekulargröße des Apiols noch nicht imstande." Auch aus dem Safrol hatten Poleck und Schiff (vgl. Safrol) durch Erwärmen mit Natrium auf 200° ein Isomeres erhalten. Schon vorher hatten vom Safrol Grimaux und Ruotte (A. **152**, 91) im Jahre 1869 nachgewiesen, daß das Safrol bei der Destillation über geschmolzenem Kali seinen Sdp. zwar ändere, seine Zusammensetzung aber beibehalte. Eykman gebührt das Verdienst, auf diese allgemeine Reaktion in zusammenfassender Weise hingewiesen zu haben.

Ciamician und Silber (B. **23**, 1159) führen alsdann das Safrol ebenfalls in Isosafrol über, indem sie Safrol mit alkohol. Kali am Rückflußkühler kochen.

Ciamician und Silber (B. **23**, 1164) versuchen alsdann diese allgemeine Reaktion Allylbenzole durch Erhitzen mit alkohol. Kali in Propenylbenzole umzulagern und auf das Eugenol zu übertragen. Aber auch C. und S. vermochten ebensowenig wie Eykman auf diese Weise eine völlige Invertierung zu bewirken. Dagegen können sie so wie Eykman das Methyleugenol in Methylisoeugenol invertieren.

Tiemann (B. **24** [1891], 2870) zeigt alsdann in seiner Abhandlung über Isoeugenol, Diisoeugenol und Derivate derselben, daß sich beim Kochen von Eugenol mit äthylalkoholischem Kali nachweisbare Mengen von Isoeugenol nicht bilden, daß sich jedoch diese Umwandlung in Autoklaven bei einer 100° übersteigenden Temperatur bewirken lasse, daß diese Reaktion jedoch noch glatter vor sich gehe, wenn man 12,5 Tle. hochprozentigen Kaliumhydrats mit 18 Tln. Amylalkohol erhitzt, 5 Tle. Eugenol hinzufügt und das Gemisch 16—20 Stunden lang im Paraffinbade bei 140° digeriere usw. — Aus diesen Angaben geht hervor, daß die Invertierung des Eugenols mit Kali ebenso vor sich geht wie bei anderen Allylderivaten, nur muß man eine höhere Temperatur anwenden; vgl. auch HAARMANN und REIMER, D. R. P. 57808; FRDL. III, 862.

GASSMANN (C. r. **124**, 39) kocht Eugenol 20 Stunden lang mit einer 10%igen Lösung von Natrium in Amylalkohol.

BÉHAL und TIFFENEAU (C. r. **132**, 563) lassen Magnesiumäthyljodid auf Vanillin einwirken und gewinnen schließlich Isoeugenol.

EINHORN und FREY (B. **27** [1894], 2455) und EINHORN (D. R. P. 76982; FRDL. III, 863) führen Eugenol quantitativ in die Isoverbindung über, indem sie unter beständigem Umrühren 1 Tl. Eugenol möglichst schnell mit 4 Tln. Ätzkali auf 220° erhitzen, die Schmelze in Wasser auflösen usw.

BOEHRINGER und Söhne (D. R. P. 98522; C. **1898**, II, 950) berichten über ein „Verfahren zur Darstellung von Isoeugenol aus Eugenol vermittelst des sauren Phosphorsäureesters". Die Eugenolphosphorsäure $(HO)_2OP\cdot O\cdot C_6H_3{<}{}^{CH_2\cdot CH:CH_2}_{OCH_3}$ kann leicht erhalten werden beim Erhitzen von Eugenol mit Phosphoroxychlorid und durch Behandlung des hierbei entstehenden Chlorids ${}^{C_3H_5}_{CH_3O}{>}C_6H_3\cdot O\cdot POCl_2$ mit Wasser. Wird die Eugenolphosphorsäure mit verd. wäßrigem Alkali erhitzt, so entsteht glatt die Isoeugenolphosphorsäure $(OH)_2OP\cdot O\cdot C_6H_3{<}{}^{CH:CH\cdot CH_3}_{OCH_3}$. Erhitzt man dagegen die Eugenolphosphorsäure mit alkohol. Kali unter Rückfluß, so tritt gleichzeitig Verseifung in Phosphorsäure und Isoeugenol ein usw.

Nach BAMBERGER und VISCHNER (M. **21** [1900], 952) soll Isoeugenol bei der trockenen Destillation des Pinoresinols entstehen.

Wir kennen nach diesen Mitteilungen das Isoeugenol bereits seit dem Jahre 1882, als es TIEMANN und KRAAZ zuerst darstellten; die weiteren Darstellungsverfahren haben sich bis zur Gegenwart, wie erwähnt, entwickelt.

In einem ätherischen Öle wurde das Isoeugenol erst im Jahre 1901 (SCH. **1901**, II, 57) aufgefunden. Das Eugenol war bereits früher sowohl im Ylang-Ylang-, als auch im Canangaöl festgestellt worden (SCH. **1899**, I, 9). Es wurde nunmehr gefunden, daß sich unter den Phenolen des Ylang-Ylangöls auch Isoeugenol findet. Die durch Schütteln mit Natronlauge isolierten Phenole wurden im Vakuum fraktioniert; sie destillierten unter 12 mm Druck bei 115—165°, die Hauptmenge sott von 142—147°, besaß den Geruch des Isoeugenols und gab mit Eisenchlorid eine blaugrüne Farbreaktion. Nach ZEISELS Methode ließ sich eine Methoxylverbindung in der Fraktion nachweisen; mit Benzoylchlorid und Natronlauge bildete sich ein bei 103—104° schmelzendes Benzoylderivat." „Ein Teil des Isoeugenols aus Ylang-Ylangöl wurde mit Acetanhydrid in die Acetylverbindung übergeführt, die bei 79,80° schmolz." „Zum weiteren Nachweis wurde ein anderer Teil der Isoeugenolfraktion aus Ylang-Ylangöl durch Schütteln mit Kalilauge und Dimethylsulfat in den Isoeugenoldimethyläther umgewandelt und dieser in ätherischer Lösung so lange mit Brom versetzt, bis nichts mehr absorbiert wurde. Es schieden sich beim Verdunsten des Äthers Kristalle aus, die nach dem Auswaschen mit Essigäther und Umkristallisieren aus Benzol und Petroläther bei 101—102° schmolzen."

Mit der erwähnten Feststellung des Isoeugenols im Ylang-Ylangöl dürfte jedoch das Vorkommen des Isoeugenols in ätherischen Ölen nicht erschöpft sein, sondern sich namentlich mit Eugenol zusammen noch häufiger vorfinden.

Physik. Eig. des Isoeugenols. Tiemann und Kraaz (B. **15**, 2066): Sdp. 258—262°, $d_{16} = 1{,}080$. Alkoholische Lösungen des Isoeugenols werden durch Eisenchlorid hellgrün, durch Zusatz von Ammoniak schmutzig-dunkelviolett gefärbt, während alkohol. Lösungen von Eugenol durch Eisenchlorid dunkelblau gefärbt werden, auf Zusatz von Ammoniak schmutzigrot.

Eykman (B. **23**, 862): $d_{18} = 1{,}09$, $n_\alpha = 1{,}5617$, $n_D = 1{,}5680$, $n_\beta = 1{,}5868$, M. R. = 49,3, ber. 47,7.

Stohmann (Ph. Ch. **10**, 415): Mol.-Verbr. 1278,1 Kal.

Tiemann (B. **24**, 2872): Sdp. 261° (unkor.), erstarrt im Kältegemisch zu strahlenförmig gruppierten Nadeln; die erstarrte Masse verflüssigt sich allmählich wieder bei Zimmertemperatur; die alkohol. Lösung wird durch Eisenchlorid olivgrün gefärbt. Der Geruch ist eugenolartig, nur etwas milder; das Isoeugenol verfärbt sich nicht so schnell wie das Eugenol; $n_D = 1{,}5728$.

Einhorn und Frey (B. **27**, 2455): $\text{Sdp.}_{20} = 150—152°$; es läßt sich leicht zur Kristallisation bringen.

Perkin (Soc. **69**, 1247): $\text{Sdp.}_{100} = 193{,}5°$ (i. D.), Sdp. 267,5° (i. D. unter Atmosphärendruck), $d_{4/4} = 1{,}0994$, $d_{15/15} = 1{,}0907$, $d_{25/25} = 1{,}0839$; magn. Dreh.: 21,45 bei 19,3°.

Chem. Eig. des Isoeugenols. Als Phenol läßt sich das Isoeugenol nicht gut mit Natrium und Alkohol reduzieren.

Gegen Halogene und Halogenwasserstoffsäuren erweist sich das Isoeugenol wegen der Propenylgruppe als ungesättigte Verbindung, ferner können auch Wasserstoffatome des Benzolkerns z. B. durch Brom substituiert werden.

Isoeugenoldibromid $C_6H_3(OH)(OCH_3)\cdot CHBr\cdot CHBr\cdot CH_3$. Hell und Portmann (B. **28**, 2088) berichten über Derivate des Isoeugenols und lassen auf 10 g Isoeugenol, gelöst in viel absolutem Äther, tropfenweise unter starker Kühlung 10 ccm Brom einwirken; unter anderem erhalten sie hierbei das Isoeugenoldibromid vom Smp. 86—87°, ferner ein Monobromdibromid $C_6H_2Br(OCH_3)(OH)C_3H_5Br_2$ vom Smp. 138—139°, und ein Produkt von gleicher Bruttozusammensetzung, ebenfalls vom Smp. 138—139°, das vielleicht die Konstitution $C_6HBr_2(OCH_3)(OH)C_3H_6Br$ hat. — Auwers und Müller (B. **35**, 121) stellen ebenfalls das Isoeugenoldibromid her und finden dafür den Smp. 94—95°; Alkalien, Alkohol und wäßriges Aceton zersetzen den Körper sehr rasch. Dieses Dibromid läßt sich ohne Verlust von Brom in eine Acetylverbindung $C_6H_3(OCH_3)(OCOCH_3)$-$C_3H_5Br_2$ umwandeln, wenn man es mit überschüssigem Essigsäureanhydrid 1—2 Stunden lang kocht: Smp. 125—127°. Das α-Oxy-β-Brom-Dihydroisoeugenol $C_6H_3(OH)(OCH_3)\cdot CH(OH)\cdot CHBr\cdot CH_3$ erhalten A. und M., indem sie 5 g Isoeugenoldibromid in 50 g Aceton und 15 g Wasser lösen, nach 5—6 Stunden filtrieren und die Lösung eindampfen; die Verbindung konnte nicht kristallisiert erhalten werden. Auch der Methyläther dieses Alkohols $C_6H_3(OH)(OCH_3)\cdot CH(OCH_3)\cdot CHBr\cdot CH_3$ wurde nur als dicker Sirup gewonnen, dagegen schmolz das Benzoylderivat C_6H_3-$(OH)(OCH_3)CH(OCO\cdot C_6H_5)\cdot CHBr\cdot CH_3$ bei 66—68°. Der Benzoesäureester $C_{19}H_{21}BrO_4$ schmolz bei 72—73°.

Monobromisoeugenoldibromid $C_6H_2Br(OH)(OCH_3)\cdot CHBr\cdot CHBr\cdot CH_3$. Chasanowitz und Hell (B. **18** [1885], 823) beobachten für diese Verbindung den Smp. 138—139°. A. und M. (a. a. O., S. 117) geben den Smp. 132—133° an. Dieses Tribromid ist ein Pseudophenol und löst sich in wäßrigen Laugen nicht auf, läßt sich aber ohne Abspaltung von Brom in Säureester überführen. Das Acetat $C_{12}H_{13}Br_3O_3$ schmilzt bei 131—132°. Das α-Oxy-β-Brom-Monobromdihydroisoeugenol

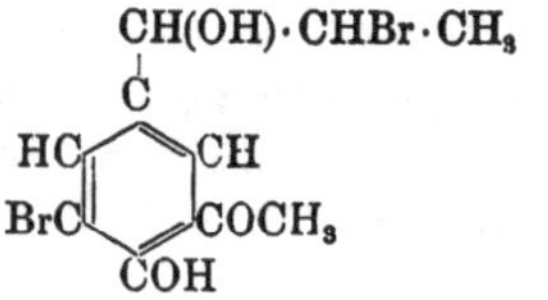

erhalten A. und M., indem sie eine Lösung von 2 g Tribromid in 10 g Aceton mit 3 g Wasser versetzen: Smp. 135—136°. Der Methyläther $C_6H_2Br(OH)(OCH_3)\cdot CH(OCH_3)\cdot CHBr\cdot CH_3$ schmilzt bei 104—105°, der entsprechende Äthyläther bei 78—80°. Das Acetat des α-Oxy-β-Brom-Monobromdihydroisoeugenols $C_6H_2Br(OH)(OCH_3)\cdot CH(OCOCH_3)\cdot CHBr\cdot CH_3$ ist flüssig, der Benzoesäureester $C_{19}H_{18}Br_2O_5$ schmilzt bei 112 bis 114,5°. Das α, β-Dimethoxy-Monobromdihydroisoeugenol $C_6H_2Br(OH)(OCH_3)\cdot CH(OCH_3)\cdot CH(OCH_3)\cdot CH_3$ schmilzt bei 81—83°; der Benzoesäureester dieser Verbindung $C_{19}H_{21}BrO_5$ schmilzt bei 92—93°. — Das α-Oxy-β-Methoxy-Monobromdihydroisoeugenol $C_6H_2Br(OH)$-$(OCH_3)\cdot CH(OH)\cdot CH(OCH_3)\cdot CH_3$ schmilzt bei 134—135°.

Zincke (A. **329** [1903], 1) berichtet über die Einwirkung von Brom auf Isoeugenol. Den Smp. des Isoeugenoldibromids findet Z. zu 95°. Die Acetylverbindung des Isoeugenoldibromids gewinnt Z. sowohl aus dem Dibromid durch Einwirkung von Essigsäureanhydrid, als auch durch Bromieren von Isoeugenolacetat: Smp. 125—126°.

Für das Tribromisoeugenol wird der Smp. 138° angegeben; in ätherischer Lösung mit Natriumacetatlösung behandelt liefert es das zugehörige Propylidenchinon von nicht bestimmtem Schmelzpunkt, während das gewöhnliche Propylidenchinon aus dem Dibromid ein Öl darstellt. Das Chinon verbindet sich leicht mit Halogenwasserstoffsäuren; die Chlorwasserstoffverbindung $C_{10}H_{11}Br_2ClO_2$ schmilzt bei 110°. Das Monobromisoeugenol $C_{10}H_{11}BrO_2$ gewinnt Z. als weißes amorphes Pulver, das nicht kristallisiert erhalten werden konnte, ebenso die Acetylverbindung $C_{12}H_{13}BrO_3$. Die Methoxyverbindung $C_{11}H_{14}Br_2O_3$ schmilzt nach Z. bei 106—107°. Über die weiteren Derivate vgl. die Originalarbeit. — Ferner gewinnt Z. (a. a. O., S. 22) ein Tetrabrompseudobromid $C_{10}H_{10}Br_4O_2$ vom Smp. 124°, woraus in ätherischer Lösung mit Natriumacetat das zugehörige Propylidenchinon $C_{10}H_9Br_3O_2$ entsteht, das bei 200° zum größten Teile geschmolzen erscheint. Aus dem Tetrabrompseudobromid wird das 2,5-Dibromisoeugenol

$C_{10}H_{10}Br_2O_2$ =

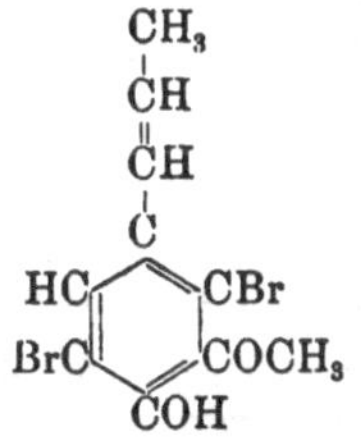

erhalten, indem zu einer Lösung des Tetrabrompseudobromids in viel Äther etwas Zink und nach und nach wäßrige Bromwasserstoffsäure hinzugesetzt wird: Smp. 102°; die Acetylverbindung $C_{12}H_{12}Br_2O_3$ schmilzt bei 123°. — Ein Pentabrompseudobromid $C_{10}H_9Br_5O_2$ schmilzt nach Z. bei 130°; es gleicht in seinem chemischen Verhalten vollkommen dem Tri- und Tetrabromid, indem es sich in ein Tetrabrompropylidenchinon $C_{10}H_8Br_4O_2$ verwandeln läßt, ferner Chlorwasserstoff addiert und dabei ein Produkt $C_{10}H_9Br_4ClO_2$ vom Smp. 102—103° liefert. Auch gewinnt Z. hieraus das 2,5,6-Tribromisoeugenol

$C_{10}H_9Br_3O_2$ =

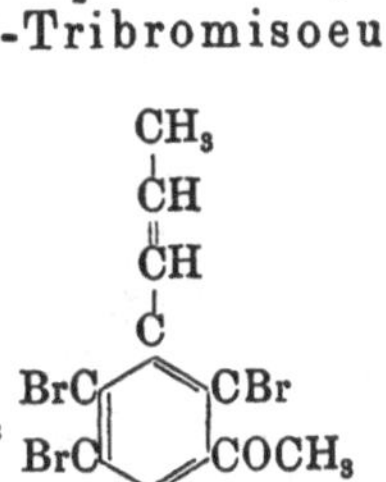

vom Smp. 118°. Auch mit Methylalkohol und Äthylalkohol reagiert das Pentabrompseudobromid (vgl. Originalarbeit).

In bezug auf die Oxydation verhält sich das Isoeugenol analog dem Eugenol, insofern als es ebenfalls nur schwierig gut kristallisierende Derivate liefert (Vanillin usw.). Man muß die Hydroxylgruppe durch Alkyl oder Acyl festlegen und alsdann oxydieren, wobei nunmehr alkylierte bzw. acylierte Vanilline usw. in besserer Ausbeute entstehen; aus diesen Produkten können alsdann Vanillin usw. regeneriert werden.

Von den Äthern des Isoeugenols sind besonders studiert worden der

Methyläther des Isoeugenols $C_{10}H_{11}O \cdot OCH_3$, der durch Erwärmen von Eugenolmethyläther mit alkohol. Kali gewonnen wurde (CIAMICIAN und SILBER, B. **23**, 1165) (vgl. auch Bestandteil Methylisoeugenol): flüssig, Sdp. 263°, Mol.-Verbr. 1448,0 Kal. (STOHMANN, Ph. Ch. **10**, 415). Durch Oxydation mit Chromsäuregemisch entsteht aus diesem Methyläther Vanillinmethyläther und Veratrumsäure, während $KMnO_4$ in alkalischer Lösung Veratrumsäure und Dimethoxyphenylglyoxylsäure $(CH_3O)_2C_6H_3 \cdot CO \cdot COOH$ liefert, außerdem (KOLOKOLOW, Ж. **29**, 23; C. **1897**, I, 917) zwei stereoisomere Glykole $C_{11}H_{16}O_4$, die bei weiterer Oxydation Acetaldehyd, Essigsäure, Vanillinmethyläther, Veratrumsäure bzw. Veratroylcarbonsäure liefern. — Das Dibromid des Methylisoeugenols $(CH_3O)_2C_6H_3 \cdot C_3H_5Br_2$ (CIAMICIAN und SILBER, B. **23**, 1167) schmilzt bei 101° (vgl. HELL und PORTMANN, B. **28**, 2090); mit Natriumäthylat und Alkohol entsteht aus ihm der Äthyläther $(CH_3O)_2C_6H_3 \cdot CH : C(OC_2H_5) \cdot CH_3$. — Über das Methylisoeugenolnitrosit $C_{11}H_{14}O_5N_2$ vgl. MALAGNINI (G. **24**, II, 19): Smp. 107°; ebenso über das Diisonitroso-methylisoeugenol-superoxyd $C_{11}H_{12}O_4N_2$ vom Smp. 118° (α-Derivat) (G. **24**, II, 7 und ANGELI, G. **22**, II, 337). Letzteres wird erhalten, indem man eine konz. Lösung von KNO_2 zu einer Lösung von Isoeugenolmethyläther in Eisessig hinzufügt. Das Bromderivat $(CH_3O)_2C_6H_2Br \cdot C_3H_3O_2N_2$ schmilzt bei 133° (MALAGNINI, G. **27**, II, 9). Das Nitroderivat $(CH_3O)_2C_6H_2$-$(NO_2) \cdot C_3H_3O_2N_2$ (MALAGNINI, G. **24**, II, 8) schmilzt bei 189°. Das β-Derivat des Diisonitrosomethylisoeugenolsuperoxyds (M., G. **27**, II, 10) schmilzt bei 171—172°. Das Isoeugenolmethylätherdioxim $C_{11}H_{14}O_2N_2$ erhielt M. (G. **24**, II, 13) als α-Derivat vom Smp. 112° und als β-Derivat vom Smp. 196°; das Diacetat des ersteren schmilzt bei 98°, das des letzteren bei 105°.

Mit dem Methylisoeugenolnitrit, das jedenfalls eine bimolekulare Verbindung $[C_6H_3(OCH_3)_2 \cdot CH(NO)CH(NO_2) \cdot CH_3]_2$ darstellt, beschäftigte sich auch WALLACH (A. **332**, 335). Durch Behandlung des Nitrits mit alkoh. Kali gewinnt W. die Nitroverbindung $C_6H_3(OCH_3)_2 \cdot CH : CH(NO_2) \cdot CH_3$: goldgelbe, bei 72° schmelzende Nadeln. Durch Reduktion der Nitroverbindung mittels Zink in essigsaurer Lösung erhält W. ein kristallinisch erstarrendes Oxim, das durch Kochen mit verd. H_2SO_4 das Keton $C_6H_3(OCH_3) \cdot CH_2 \cdot CO \cdot CH_3$ liefert: $Sdp._{11} = 195—200°$; das Semicarbazon $C_{12}H_{17}O_3N_3$ schmilzt bei 176°. — Für das Nitrosochlorid des Methyleugenols $C_{10}H_{14}O_2 \cdot NOCl$ beobachtet W. den Smp. 110°.

Der Isoeugenolpropyläther $CH_3(C_3H_7O) \cdot C_6H_3 \cdot CH : CH \cdot CH_3$ (POND, MAXWELL und NORMAN, Am. Soc. **21**, 961) wird aus Eugenolpropyläther durch Einwirkung von KOH in alkohol. Lösung, oder durch Einwirkung von Propylbromid auf Isoeugenolkalium gewonnen: Smp. 53—54°, Sdp. 280—281°; das Dibromid $C_{13}H_{18}Br_2O_2$ schmilzt bei 53—54° (?). — Durch Reduktion des Methylisoeugenols (CIAMICIAN und SILBER, B. **23**, 1166) entsteht das Hydromethyleugenol, Sdp. 246°. — Durch

Bromierung entsteht aus dem Isomethyleugenol das Isomethyleugenoldibromid $C_{11}H_{14}Br_2O_2$ vom Smp. 101—102°.

Thoms (B. **36**, 854) gewinnt durch Reduktion des Isoeugenoldimethyläthers mit Na und Alkohol ebenfalls das 1-Propyl-3,4-dimethoxybenzol: Sdp. 246—247°. Durch Behandlung mit 45%iger HNO_3 in essigsaurer Lösung entsteht daraus das 1-Propyl-2-nitro-4,5-dimethoxybenzol $C_{11}H_{15}O_4N$: Smp. 81—82°, das durch Reduktion mit Al-Amalgam Amidodihydromethyleugenol $C_{11}H_{17}O_2N$ vom Smp. 59°, $Sdp._{10}$ = 169°, liefert; die Acetylverbindung schmilzt bei 144°. Das Amin geht beim Diazotieren in das Chinon vom Smp. 111°, das aus dem Dihydroasaron erhalten wurde, über. Wir haben folgende Übergänge:

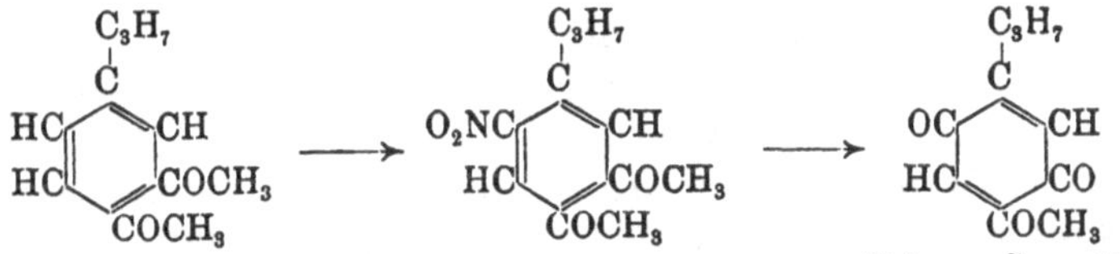

Chinon, Smp. 111°

(vgl. Dihydroasaron).

Ester des Isoeugenols. Das Acetylisoeugenol $C_{12}H_{14}O_3 = C_6H_3 \cdot C_3H_5{}^1 \cdot OCH_3{}^3 \cdot OCOCH_3{}^4$ erhält Tiemann (B. **24**, 2873) beim Erhitzen von Isoeugenol mit Essigsäureanhydrid: Smp. 79—80°, Sdp. 282—283°.

Das Benzoylisoeugenol $C_{17}H_{16}O_3 = C_6H_3 \cdot C_3H_5{}^1 \cdot OCH_3{}^3 \cdot OCO \cdot C_6H_5{}^4$ gewinnt T. durch Schütteln einer Lösung von Isoeugenol in verd. Natronlauge mit Benzoylchlorid: Smp. 103—104°. — Läßt man nach T. Acetylchlorid in Isoeugenol eintropfen, das zuvor auf 54° erwärmt wurde, so entsteht das

Diacetdiisoeugenol $C_{24}H_{28}O_6 = C_{20}H_{22}O_2 \cdot (OCOCH_3)_2$, wenn die Temperatur allmählich auf ca. 80° gesteigert wird usw.: Smp. 150—151°. Durch Verseifung liefert dieses Diacetat das

Diisoeugenol $C_{20}H_{22}O_2(OH)_2$: Smp. 180—181°. Das Dibenzoyldiisoeugenol $C_{20}H_{22}O_2(OCOC_6H_5)_2$ erhält T., indem er ein Gemisch von 1 Vol. Isoeugenol und 2 Vol. Benzoylchlorid im Paraffinbade auf 120—125° erhitzt: Smp. 161° (vgl. auch T. und Kraaz, B. **15**, 2069). — Über die ev. Konstitution dieser Verbindungen vgl. T. (B. **24**, 2876).

Das Acetonylisoeugenol $C_{13}H_{16}O_3 = CH_3O \cdot C_9H_8 \cdot OCH_2 \cdot CO \cdot CH_3$ (Einhorn und Hofe, B. **27**, 2465) bildet ein gelbes, dickflüssiges Öl.

Der Isoeugenoldinitrophenyläther $C_{10}H_{11}O_2 \cdot C_6H_3(NO_2)_2$ (Einhorn und Frey, B. **27**, 2457 und Höchster Farbw. D.R.P. 74433; Frdl. III, 866) kristallisiert in gelben Nadeln vom Smp. 129—130°. — Der Isoeugenol-2,4,6-trinitrophenyläther $C_3H_5 \cdot C_6H_3 \cdot OCH_3 \cdot OC_6H_2(NO_2)_3$ (Einh. und Fr., B. **27**, 2459 und H. F., D.R.P. 74433; Frdl. III, 866) stellt gelbe Nadeln vom Smp. 145—146° dar.

Identifizierung des Isoeugenols. Das Isoeugenol unterscheidet sich vom Eugenol durch seine Farbreaktion, indem ersteres in alkoholischer Lösung durch Eisenchlorid olivgrün gefärbt wird, während Eugenol intensiv blau gefärbt erscheint; der Siedepunkt, das Volumgewicht usw. (vgl. oben) des Isoeugenols liegen höher als jene Konstanten des Eugenols. Das Acetyleugenol schmilzt bei 30—31°, während das Acetylisoeugenol bei 79—80° schmilzt; die Benzoylverbindung des Eugenols zeigt den Smp. 70—71°, jene des Isoeugenols 103—104°. Durch Methylieren lassen sich beide Verbindungen in das Methyleugenol bzw. Methylisoeugenol überführen. Die Methylierung läßt sich ausführen, indem man z. B. eine Isoeugenolfraktion mit Kalilauge und Dimethylsulfat schüttelt. Der gebildete Isoeugenolmethyläther wird in ätherischer Lösung bis zum Stehenbleiben der gelben Farbe mit Brom versetzt; hierbei bildet sich das Isoeugenolmethylätherdibromid vom Smp. 101—102°; aus dem Methyleugenol erhält man kein analoges gut kristallisierendes Dibromid, sondern bei genügender Bromzufuhr ein Tribromid vom Smp. 78—79°.

Zur **Konstitution des Isoeugenols** ist zu bemerken, daß die Bildung dieses Phenols aus dem Eugenol einen Zweifel an derselben nicht zuläßt, insofern als ein Phenol vorliegt, das benachbart der OH-Gruppe eine Oxymethylgruppe enthält und in Parastellung zur Hydroxylgruppe eine C_3H_5-Gruppe. Letztere muß eine Propenylgruppe sein, wie aus den Untersuchungen von Erlenmeyer und Tiemann hervorgeht. Bestätigt wurde diese Konstitutionsauffassung des Isoeugenols durch die physikalische Untersuchungsmethode von Eykman.

Auch die **Geschichte des Isoeugenols** hängt eng mit jener des Eugenols zusammen. Entdeckt wurde das Isoeugenol im Jahre 1882 von Tiemann und Kraaz (B. **15**, 2064), indem sie aus der Homoferulasäure Kohlensäure abspalteten. Erlenmeyer und Wassermann (Sitzungsber. der Bayr. Akad. d. Wissensch. **1875**, 114; A. **179**, 387) nahmen zunächst im Eugenol eine Propenylgruppe an, T. und Nagai (B. **10**, 201) zeigten alsdann, daß das Aceteugenol bei der Oxydation eine Acet-α-homovanillinsäure liefere, woraus Erlenmeyer (B. **10**, 630) nunmehr den Schluß zog, daß im Eugenol eine Allylgruppe vorhanden sei. Durch die Entdeckung des Isoeugenols von seiten T. und K.s wurde die Auffassung des Isoeugenols als Propenylverbindung und jene des Eugenols als Allylverbindung von neuem bestätigt. Inzwischen hatte man auch an analogen C_3H_5-Derivaten des Benzols die Beobachtung gemacht, daß sich die Allylgruppe in die Propenylgruppe umlagern lasse. Jedoch versuchten Eykman (B. **23**, 864) sowie Ciamician und Silber (B. **23**, 1164) vergeblich das Phenol Eugenol analog wie andere C_3H_5-Verbindungen durch Kochen mit alkohol. Kali umzulagern. Erst Tiemann (B. **24**, 2870) stellte im Jahre 1891 fest, daß zur Invertierung des Eugenols Temperaturerhöhung notwendig ist und nahm amylalkoholisches Alkali an Stelle einer äthylalkoholischen Lösung. Auch die übrigen Methoden der Umwandlung des Eugenols in Isoeugenol, welche in der Folgezeit vorgeschlagen wurden, so z. B. das Verschmelzen des Eugenols mit Alkali, verdanken ihre Anwendung der bei diesen Operationen gebrauchten höheren Temperatur. Die bereits von Tiemann im Jahre 1882 angegebene Konstitution des Isoeugenols hat sich bisher als vollkommen richtig erwiesen, namentlich auch bestätigten die Arbeiten

Angelis usw. die Auffassung Tiemanns. — Erst in den allerletzten Jahren gelang es, das Isoeugenol auch als Bestandteil in einem ätherischen Öl nachzuweisen, und zwar konnten Sch. u. Co. (Sch. **1901**, II, 57) im Jahre 1901 die Gegenwart des Isoeugenols im Ylang-Ylangöl feststellen.

Die **Anwendung des Isoeugenols** in der Riechstoffchemie wird bedingt durch die Anwesenheit der Propenylgruppe in der Seitenkette. Wenn sich auch Isoeugenol selbst, wie bereits oben erwähnt, mit schlechter Ausbeute oxydieren läßt, so sind seine Alkyl- bzw. Acylderivate dazu besser geeignet. Die Hauptanwendung dürfte das Isoeugenol zur Fabrikation des Vanillins finden.

350. Methylisoeugenol

$C_{11}H_{14}O_2$ =

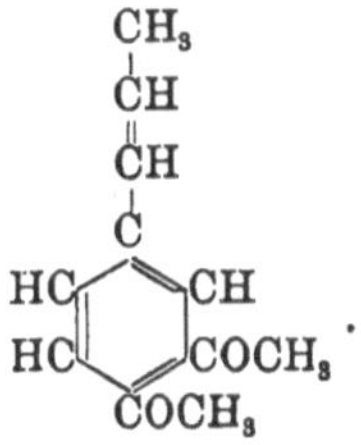

Vorkommen, Isolierung und Synthese. Als Derivat des Isoeugenols (vgl. daselbst) wurde das Methylisoeugenol bereits erwähnt und besprochen. Nachdem das Phenol Isoeugenol im Jahre 1882 von Tiemann und Kraaz erhalten und in seiner Konstitution richtig erkannt worden war, stellten Ciamician und Silber das Methylisoeugenol im Jahre 1890 (B. **23**, 1165) zuerst auf präparativem Wege dar. Erst bedeutend später wurde das Methylisoeugenol in einem ätherischen Öl festgestellt, und zwar von Miller (Ar. **240**, 371; C. **1902**, II, 641).

Für das ätherische Öl von *Asarum arifolium* Michx., das Miller zu 7—7,5 % aus getrockneten Wurzeln durch Wasserdampfdestillation erhielt, fand M.: d_{15} = 1,0585—1,0613, $[\alpha]_D = -2{,}55$ bis $-3{,}7^{\circ}$, n_D = 1,531065 bis 1,531875; es besitzt einen eigentümlichen, dem des Sassafrasöls sehr ähnlichen Geruch und einen scharfen Geschmack. Als Hauptbestandteil des Öles wurde Safrol nachgewiesen, ferner fanden sich l-Pinen, Eugenol, ein zweites Phenol von unbekannter Zusammensetzung, das mit Eisenchlorid eine grüne Farbreaktion liefert — die beiden letzteren Phenole zusammen zu 0,5 % —, schließlich Methyleugenol, Methylisoeugenol, Asaron und eine optisch aktive Substanz mit hohem Kohlenstoffgehalt (Sesquiterpen?). Zum Nachweis des Methylisoeugenols stellte M. das Dibromid vom Smp. 99 bis 101° dar.

Physik. Eig. des Methylisoeugenols. Ciamician und Silber (B. **23**, 1164) stellten das Methylisoeugenol aus Methyleugenol durch Kochen mit alkohol. Kalilauge dar und fanden: Sdp. 263°.

STOHMANN (Ph. Ch. **10**, 415) für Mol.-Verbr.: 1448,0 Kal.

Über das Brechungsvermögen vgl. EYKMAN (B. **23**, 862; R. **14**, 189); E. beobachtet: $d_{11,5} = 1,064$, $n_\alpha = 1,5649$, $n_D = 1,5720$, $n_\beta = 1,5911$, $n_\gamma = 1,6096$; M.R. = 55, ber. 52,6.

Die **chem. Eig. des Methylisoeugenols** wurden ebenfalls bereits unter Isoeugenol erwähnt (vgl. daselbst). In bezug auf die Oxydation des Methylisoeugenols mit Quecksilberchlorid unter Zugabe einer 1⁰/₀igen Lösung von Jod ist zu erwähnen, daß BOUGAULT (Thèse, Paris 1902) dabei den Dimethoxy-3,4-hydratropaaldehyd $(CH_3O)_2 \cdot C_6H_3 \cdot CH{<}^{CHO}_{CH_3}$ enthielt. Das Jod und Quecksilberchlorid geben zunächst Chlorjod, welches unter Einwirkung des Wassers in Salzsäure und unterjodige Säure umgesetzt wird, die sich ihrerseits an die Doppelbindung der Propenylgruppe anlagert. Durch einen Überschuß von Quecksilberoxyd bildet sich alsdann der Aldehyd. Eine analoge Reaktion wurde bei anderen Propenylderivaten festgestellt. Der im vorliegenden Falle gebildete Hydratropaaldehyd schmilzt bei 44⁰, sein Oxim bei 77⁰, die Dimethoxy-3,4-hydratropasäure bei 60⁰ und das hieraus gebildete Dimethoxyacetophenon bei 48⁰.

Der Vanillinmethyläther $(CH_3O)_2 \cdot C_6H_3 \cdot CHO$ wurde von TIEMANN (B. **8**, 1135) durch Kochen von Vanillinkalium mit Methyljodid und Holzgeist erhalten. BECKETT und WRIGHT (J. **1876**, 808) geben an, ihn beim Glühen von opiansaurem Natrium mit Natronkalk erhalten zu haben. Smp. 42—43⁰ (T., B. **11**, 663), Sdp. 280—285⁰ (B. und WR.); er erinnert im Geruch deutlich an Vanille.

Die **Identifizierung des Methylisoeugenols** erfolgt am besten durch das wiederholt erwähnte Dibromid vom Smp. 101—103⁰ und durch die Oxydation zur Veratrumsäure. Letztere wird auch aus dem Methyleugenol erhalten, das jedoch nicht das Dibromid liefert, sondern bei genügender Bromzufuhr ein Tribromid vom Smp. 78—79⁰. Auch die Oxydationsprodukte des Methylisoeugenols mit Quecksilberoxyd und Jod, wobei ein Aldehyd und eine Säure mit gleichem Kohlenstoffgehalt entstehen, sind für das Methylisoeugenol charakteristisch.

Die **Konstitution und Geschichte des Methylisoeugenols** sind eng verbunden mit jenen des Isoeugenols bzw. Eugenols. Die Konstitution ergibt sich aus der Darstellung des Methylisoeugenols einmal aus dem Methyleugenol durch Behandlung mit alkohol. Kali sodann durch Methylierung des Isoeugenols. Dargestellt wurde das Methylisoeugenol zuerst im Jahre 1890 von CIAMICIAN und SILBER, während es als Bestandteil eines ätherischen Öles zuerst im Jahre 1902 von MILLER konstatiert wurde.

Eine **Anwendung** außer zur Darstellung wissenschaftlicher Präparate hat das Methylisoeugenol bisher nicht gefunden.

351. Safrol

$C_{10}H_{10}O_2$ = 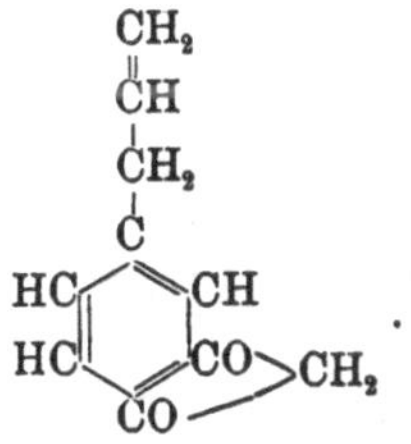 .

Vorkommen, Isolierung und Synthese. Das Safrol findet sich als Bestandteil verschiedener ätherischer Öle; das prozentisch stärkste und am längsten bekannte ist sein Vorkommen im Sassafrasöl. Das Öl wird aus der Wurzelrinde des zu den Lauraceen gehörigen Sassafrasbaums (*Sassafras officinalis* Nees) gewonnen. Der Sassafrasbaum ist über den ganzen nordamerikanischen Kontinent verbreitet, woselbst das Sassafrasöl bis in die neueste Zeit hinein in primitiver Weise gewonnen wird. Nächst dem Terpentinöl und Birkenrindenöl (Wintergrünöl) dürfte das Sassafrasöl das in größter Menge in Amerika gewonnene ätherische Öl sein. Die erste Darstellung des Öles dürfte am Ende des achtzehnten und zu Beginn des neunzehnten Jahrhunderts erfolgt sein. Lufttrockne Wurzelrinde liefert eine Ausbeute von 7 % und darüber. Tournefort (Kopp, Gesch. d. Chemie Bd. IV, 396) beobachtete bereits im Jahre 1698, daß sich das Sassafrasöl mit rauchender Salpetersäure entzündet. Binder (Buchn. Repert. **11**, 346) nimmt im Jahre 1821 wahr, daß das Sassafrasöl bei stärkerer Abkühlung erstarrt. Bonastre (Journ. de Pharm. II, **14** [1828], 645 und Trommsd., N. J. **19**, I [1829], 210) beschäftigte sich ebenfalls mit dem Sassafrasöl, kam jedoch zu keinen klaren Resultaten; er fand, daß das Sassafrasöl, mit verd. Salpetersäure auf 60° erwärmt, eine charakteristische rote Farbe annimmt. Erst die Untersuchung von Saint Èvre (A. ch. III, **12** [1844], 107; A. **52** [1844], 396) ergab für das Öl ein Volumgewicht $d_{10} = 1{,}09$, ferner wurde der Beginn des Siedens bei 115° beobachtet, „allein der Siedepunkt steigt rasch auf 228°, wo er einige Zeit stationär bleibt". Es gelang Saint Èvre ebenfalls durch Abkühlung Kristalle zu erhalten, die jedoch bei Zimmertemperatur schmolzen; die Analyse ergab die richtige Bruttoformel $C_{10}H_{10}O_2$. Durch Einwirkung von Brom wurde ein festes Produkt erhalten von der Bruttoformel $C_{10}H_2Br_8O_2$. Man bezeichnete den Hauptbestandteil des Sassafrasöls einfach schlechtweg „Sassafrasöl" oder auch der Gewohnheit der damaligen Zeit nach als „Sassafraskampfer".

Dumas (Handb. der Chemie VII [**1846**], 293) berichtet: „Das Sassafrasöl scheidet beim längeren Aufbewahren durchsichtige und farblose Kristalle ab, welche die Form schiefer, vierseitiger Prismen, oder die sechsseitiger Säulen, mit zwei Flächen zugeschärft, haben. Sie besitzen den Geruch und Geschmack des flüssigen Öles und schmelzen schon bei der Wärme der Hand. Bei höherer Temperatur verflüchtigen sie sich, ohne einen Rückstand zu hinterlassen. Konzentrierte Schwefelsäure zersetzt diesen Sassafraskampfer; konzentrierte Salpetersäure verharzt ihn; von Salzsäure, Essigsäure und auch von Ätzkali wird er nicht aufgelöst." — Faltin (Wöhler, A. **87**, 376) berichtet über die Einwirkung von Chlorgas auf Sassafrasöl, wodurch eine dicke, zähe Masse gebildet wird, die nach der Neutralisierung mit Kalkmilch bei der Destillation eine kleine Menge Laurineenkampfer lieferte. Dieses von Faltin beobachtete Vorkommen des Laurineenkampfers im Sassafrasöl wurde späterhin von Power und Kleber (Pharm. Rev. **14** [1896], 101) bestätigt.

Grimaux und Ruotte (C. r. **68** [1869], 928; A. **152** [1869], 88) berichten erst wieder im Jahre 1869, also nach einem Zwischenraum von ungefähr 20 Jahren über das Sassafrasöl und seinen Hauptbestandteil. Daß man die Arbeit über letzteren so lange ruhen ließ, hatte seinen Hauptgrund in der Indifferenz dieser Verbindung den damaligen bekannten Reagentien gegenüber bzw. darin, daß man die Oxydationsprodukte usw. dieses Bestandteils in fester Form nicht in guter Ausbeute erhalten konnte; letzteres hatte wieder seinen Grund, wie wir später sehen werden, in der Anwesenheit einer Allylgruppe. G. und R. fanden, daß $^9/_{10}$ des flüchtigen Öles zwischen 230 und 236° übergehen und daß diese Anteile hauptsächlich aus einem sauerstoffhaltigen Körper $C_{10}H_{10}O_2$ bestehen, den sie Safrol nennen, und dessen Sdp. vorzugsweise bei 231—233° liege. G. und R. fanden ferner, daß dieser sich mit zweifach schwefligsauren Alkalien nicht vereinige, daß er nicht Natrium auflöse, daß er Benzoylchlorid selbst bei der Siedetemperatur des letzteren nicht zersetze, daß er sich, auch nicht bei 120°, in alkohol. Kalilösung löse, und daß er bei 180° von alkohol. Kalilösung tiefgehend zersetzt werde. Wird Brom in großem Überschuß zu Safrol gesetzt, so erhält man nach G. und R. ein starres und kristallisierbares Derivat, das fünffach gebromte Safrol $C_{10}H_5Br_5O_2$ vom Smp. 169—170°, außerdem bildet sich eine sehr geringe Menge eines anderen bei 109° schmelzenden bromhaltigen Derivates. Geschmolzenes Kali wirke nur schwierig auf das Safrol ein; „bei der Destillation des flüchtigen Öles über geschmolzenem Kali wird der Siedepunkt des ersteren abgeändert: die Portionen, welche zwischen 230 und 234° übergingen, gehen nun zwischen 245 und 250°, namentlich bei 247—248° über; die Analyse dieses Körpers ergab dieselben Zahlen wie die des flüchtigen Öles selbst." Wir haben in dieser Reaktion von G. und R. zweifellos eine Überführung von Safrol in Isosafrol, die genannte Forscher in ihrem Wesen natürlich nicht erkannten. Die Oxydationsversuche des Safrols ergaben G. und R. keine durchsichtigen Resultate, indem sie bei der Oxydation selbst mit verd. Salpetersäure nur Oxalsäure erhielten. Aus diesen Versuchen von G. und R. erkennen wir, daß die chemische Natur des Safrols in keiner Weise erkannt wurde, wenn auch ihre Beobachtungen sehr wertvolles Material enthalten.

Arzruni (Pogg. Ann. für Phys. und Ch. **158**, 244; J. **1876**, 910) beobachtete, daß das Safrol monoklin kristallisiert.

Schiff (B. **17** [1884], 1935) beschäftigt sich ebenfalls mit Safrol, beobachtet seinen Smp. zu + 8°, bestätigt die Formel $C_{10}H_{10}O_2$ usw. Sch. schließt Safrol mit metallischem Natrium in eine Röhre ein und erhitzt es 24 Stunden lang auf 200° und findet, daß es bei der Destillation zwischen 247—250° übergeht, daß sich also der Sdp. um fast 20° erhöht hat, daß aber die Zusammensetzung dieselbe geblieben ist. Auch in dieser Beobachtung von seiten Schiffs liegt eine Wahrnehmung der Umwandlung des Safrols in Isosafrol, aber auch Sch. erkannte ihr Wesen nicht. Bei der Oxydation des Safrols gewann Sch. außer flüchtigen Fettsäuren im wesentlichen nur Oxalsäure. Außerdem beobachtete Sch. bei der Oxydation ein nicht flüchtiges intermediäres Oxydationsprodukt (aus 300 g Safrol nur 1,5 g) vom Smp. 59°, das jedoch nicht flüchtig war. Bei der Behandlung mit Brom wurde ein Bromid $C_{10}H_5Br_5O_2$ vom Smp. 169,5° erhalten, welches bereits Grimaux und Ruotte als „safrol pentabromé" beschrieben hatten.

Poleck (B. **17**, 1940), in dessen Laboratorium die Arbeit Schiffs ausgeführt worden war, äußert sich über die chemische Konstitution des Safrols. P. konstatiert, daß die Molekel des Safrols keine Hydroxylgruppe enthält, sowie daß das Safrol kein Ester, Aldehyd oder Phenol sei. Auch P. beobachtet, daß beim Erhitzen von Safrol mit ameisensaurem Kali und Kaliumhydroxyd der Siedepunkt des Safrols erhöht wird, daß im übrigen aber die Zusammensetzung dieselbe bleibt. P. spricht das Safrol als ein Cymol an, in welchem vier Wasserstoffatome des Benzolkerns durch zwei Sauerstoffatome vertreten sind und erteilt dem Safrol folgende Konstitution:

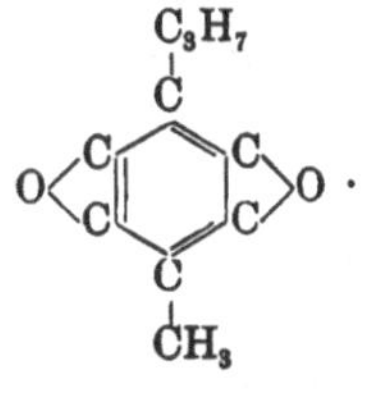

Der wesentliche Fortschritt in der Erkenntnis der Konstitution des Safrols in der Auffassung Polecks liegt in der Erklärung der Natur der Sauerstoffatome, indem P. ganz richtig die ätherartige Bindung derselben erkennt. Diese Ansicht über die chemische Natur des Safrols als Benzolderivat, in welchem sich zwei ätherartig gebundene Sauerstoffatome befinden, wird durch die physikalischen Daten, welche O. E. Meyer feststellt und P. mitteilt, bestätigt. „Jedoch erlangt die Vermutung, daß drei oder vier Kohlenstoffatome doppelte Bindung besitzen, einen hohen Grad von Wahrscheinlichkeit."

Eykman (R. **4**, 32) beschäftigt sich im Jahre 1885 mit dem ätherischen Öl von *Illicium religiosum* Sieb. und beobachtet, daß es außer anderen Verbindungen auch einen sauerstoffhaltigen Anteil enthält, der besonders von 229—231° siedet und der im Geruch schwach an Fenchel erinnert, genau so wie Safrol. E. gibt diesem Körper den Namen „Shikimol“ (Shikimino-ki ist die japanische Bezeichnung für *Ill. rel.*) und ist der Ansicht, daß dem Shikimol wahrscheinlich die Bruttoformel $C_{10}H_{10}O_2$ zukomme und daß es wahrscheinlich identisch mit Safrol sei. Er löst die Formel des Shikimols auf in: $C_6H_3\begin{cases} O \\ O \end{cases}\!\!>CH_2 \; \begin{matrix}(1)\\(2)\end{matrix}$, C_3H_5 (4) und betont eine gewisse Analogie mit Anethol und Eugenol. Durch Oxydation des Shikimols hatte E. nämlich Piperonylsäure $C_8H_6O_4$ vom Smp. 227° erhalten. Für letztere Säure bzw. für das Piperonal, das den zugehörigen Aldehyd darstellt, Verbindungen, welche durch Oxydation aus der Piperinsäure gewonnen worden waren, hatten FITTIG und MIELCK (A. **152**, 58) bereits im Jahre 1869 die Formel $C_6H_3\begin{cases} O_2 \\ CH_2CHO \end{cases}$ oder $C_6H_2\begin{cases} O_2 \\ CH_3 \\ CHO \end{cases}$ aufgestellt. FITTIG u. REMSEN (A. **159**, 155) zeigten im Jahre 1871 jedoch, daß diese Auffassung nicht richtig sei und daß dem Piperonal bzw. der Piperonylsäure folgende Formel zukomme: $C_6H_3\begin{cases} O \\ O \end{cases}\!\!>CH_2$, CHO (bzw. $COOH$), nach welchen demnach das Piperonal als der Methylenäther des Protocatechualdehyds und die Piperonylsäure als Methylenprotocatechusäure aufzufassen seien. Durch Behandlung mit Salzsäure hatten F. und R. nämlich aus der Piperonylsäure Protocatechusäure gewonnen, deren Konstitution alsbald als eine Brenzcatechincarbonsäure-1,2,4 erkannt wurde. EYKMAN hatte durch die Gewinnung der Piperonylsäure bei der Oxydation des Shikimols die Konstitution des letzteren richtig vermutet, wenn er auch selbst nur die Formel des Shikimols $C_{10}H_{10}O_2$ und die Identität des letzteren mit Safrol als sehr wahrscheinlich hinstellt. E. zögerte mit vollem Recht, die Identität des Shikimols und Safrols auszusprechen, da aus letzterem die Piperonylsäure nicht erhalten worden war.

POLECK (B. **19**, 1094) füllte im Jahre 1886 diese Lücke aus, indem es ihm gelang, auch durch Oxydation des Safrols mit Kaliumpermanganat die Piperonylsäure vom Smp. 226° zu erhalten und daß die von EYKMAN für das Shikimol aufgestellte Formel auch dem Safrol zukomme und daß das Safrol mit Shikimol identisch sei. Als wichtige neue Beobachtung wird von P. angeführt, daß sich nach der Oxydation des Safrols mit Kaliumpermanganat beim Eindampfen der wäßrigen Lösungen ein angenehmer Blumenduft bemerkbar mache. P. vermutete ganz richtig, daß dieser Blumenduft von einem Aldehyd herrühre, „welcher mit Bezugnahme auf die später aufgefundene Piperonylsäure als Piperonal angesprochen werden mußte“.

Aus allen diesen Mitteilungen geht hervor, daß im Jahre 1885 bzw. 1886 die Konstitution des Safrols bis auf die C_3H_5-Gruppe geklärt war. EYKMAN und POLECK sehen in dem Safrol den Methylenäther eines dihydroxylierten Allylbenzols. Auch BRÜHL (B. **21**, 474) löst im Jahre 1888 die Formel des Safrols auf in $C_6H_3\begin{cases}O \\ O\end{cases}\!\!>CH_2 \begin{matrix}(1)\\(2)\end{matrix}$; $CH_2 \cdot CH : CH_2$ (4).

WAGNER (B. **21** [1888], 3355) spricht alsdann die indifferente Verbindung $C_{10}H_{12}O_4$, die SCHIFF bei der Oxydation des Safrols mit $KMnO_4$ erhalten hatte, als das dem Safrol entsprechende Glykol an, zweifelt jedoch daran, daß das Safrol bei der Oxydation mit $KMnO_4$ Propionsäure und Piperonylsäure liefere (POLECK, B. **19**, 1094).

POLECK (B. **22**, 2861) kommt im Jahre 1889 auf die chemische Konstitution des Safrols zurück, namentlich auf die von SCHIFF beobachtete ev. Bildung der Propionsäure bei der Oxydation mittels Kaliumpermanganat. Als indifferentes Oxydationsprodukt wird nunmehr zweifellos Piperonal vom Smp. 37° erhalten; von Säuren konstatierte P. Piperonylsäure, Kohlen-, Ameisen-, Essig- und Oxalsäure, dagegen keine Propionsäure.

EYKMAN (B. **22**, 2748) stellte alsdann im Jahre 1889 durch Erhitzen von Piperonal, Natriumpropionat und Propionsäurealdehyd die bereits von LORENZ (B. **13**, 757) gewonnene Methyl-α-Homokaffeesäure $C_6H_4(O_2CH_2) \cdot CH : C(CH_3) \cdot COOH$ dar, welche durch Erhitzen mit Kalk im luftverdünnten Raume eine Verbindung lieferte, die EYKMAN als Isosafrol, $d_{21} = 1{,}19$ und Sdp. 240—245° usw., ansprach. E. konstatierte, daß dieses Isosafrol, dem seiner Entstehung nach nur die Konstitution eines Propenylderivates zukommen könne, sich dem Safrol gegenüber verhalte, wie die übrigen Propenylderivate zu den Allylderivaten. Hiermit haben wir den ersten bündigen Beweis für das Vorhandensein einer Allylgruppe im Safrol. E. stellt (B. **23** [1890], 862) nochmals die Konstanten für Safrol und Isosafrol zusammen und führt das Safrol durch Erhitzen mit alkohol. Kali in Isosafrol über.

In demselben Jahre berichten CIAMICIAN u. SILBER (B. **23** [1890], 1159) über das Safrol; auch C. und S. finden, daß die Invertierung des Safrols in das höher siedende Isosafrol, welche, wie bereits oben erwähnt, von GRIMAUX und RUOTTE, SCHIFF und POLECK beobachtet, aber natürlicherweise in ihrem Wesen noch nicht erkannt worden war, mit alkohol. Kali, wie bereits EYKMAN konstatiert hatte, leichter vor sich gehe. Durch Oxydation mit Chromsäuremischung erhielten C. und S. aus diesem Isosafrol genau so wie EYKMAN in reichlicher Menge Piperonal, ferner auch Acetaldehyd, so daß die Oxydation analog verläuft jener, wie sie von C. und S. beim Isoapiol durchgeführt worden war.

Im Jahre 1890 kann demnach ein Zweifel an der Konstitution des Safrols als eines Allylderivates nicht mehr bestehen, so daß in diesem Jahre die Konstitution des Safrols vollkommen aufgeklärt ist.

Inzwischen war das Safrol außer im Sassafrasöl und im ätherischen Öl von *Illicium religiosum* auch im Kampferöl konstatiert worden. Im Laboratorium von SCH. u. Co. (SCH. **1885**, II, 7) wurde von BERTRAM das Safrol im Kampferöl zweifellos konstatiert und große Mengen Safrols werden seit dieser Zeit aus dem japanischen Kampferöl dargestellt. —

Das Vorkommen des Safrols in den ätherischen Ölen gestaltet sich im übrigen ähnlich wie jenes anderer bereits abgehandelter Brenzcatechinverbindungen, wie des Eugenols, Isoeugenols und deren Methylverbindungen. Auch findet es sich wie diese besonders in Lauraceen und nahe verwandten Familien; daneben kommt es auch in einigen anderen Fällen, so in ätherischen Ölen, die von Magnoliaceen stammen, vor, dagegen nicht, wie das Eugenol, in Myrtaceen, obwohl beide Familien zu derselben Gruppe der Ranales (Polycarpicae) gehören.

Pinaceae.

Araucaria Bedfordiana soll einen safrolähnlichen Geruch besitzen.

Aristolochiaceae.

Im ätherischen Öl von *Asarum arifolium* Mich. konstatierte MILLER (Ar. **240** [1902], 371) als Hauptbestandteil Safrol, das durch den Sdp. 230—231°, ferner durch die Elementaranalyse nachgewiesen wurde, schließlich durch die Oxydation zur α-Homopiperonylsäure vom Smp. 127—128° und Piperonylsäure vom Smp. 227—228°.

Magnoliaceae.

Das Vorkommen des Safrols im japanischen Sternanisöl (*Illicium religiosum* Sieb.) wurde bereits oben gestreift. EYKMAN (Mitteilungen d. Deutsch. Ges. für Natur- und Völkerk. Ostasiens **23** [1881]; B. **14** [1881], Ref. 1720; R. **4** [1885], 32; B. **18**, Ref. 281) stellte fest, daß in diesem Öl, das er zu 0,44 % bei der Wasserdampfdestillation der Blätter erhielt, das ein Volumgewicht $d_{16,5} = 1,006$ zeigte und $[\alpha]_D = -8° 6'$ besaß, außer einem Terpen (Shikimen) und Eugenol Shikimol = Safrol vorkommt (s. S. 142). Es sei betont, daß das ätherische Öl aus den Früchten des japanischen Sternanisbaums ($d = 0,984$, $\alpha_D = -4° 5'$) (SCH. **1885**, II, 29; **1893**, II, 46) einen widerwärtigen Geruch besitzt und anders als das Blätteröl zusammengesetzt sein dürfte. — TARDY (Thèse, Paris **1902**) extrahierte die getrockneten und gepulverten Früchte von *Ill. rel.* mit Petroläther usw. T. konstatierte in geringen Mengen eine Fettsäure und Eugenol, ferner Cineol, ev. Anethol oder Methylchavikol. Als T. die Fraktion 230—235° oxydierte, gewann er Piperonylsäure vom Smp. 228°, so daß auch Safrol in dem Öl anwesend sein dürfte. In den höheren Fraktionen befand sich hauptsächlich Sesquiterpen. Außerdem wurden von dem Petroläther Ester der Palmitinsäure aufgenommen.

Das Kobuschiöl, aus den frischen Blättern und Zweigen des sich im zentralen Teile Japans findenden Kobuschibaumes (*Magnolia Kobus* D. C.) in einer Ausbeute von 0,45 % gewonnen, besitzt (SCH. **1903**, II, 81) $d_{15} = 0,9642$, $\alpha_D = -1° 6'$, und erinnert im Geruch an Sassafrasöl, so daß Safrol in größeren Mengen darin vorhanden sein dürfte; ferner wurden geringe Mengen von Citral nachgewiesen.

Lauraceae.

Das hauptsächlichste und zuerst festgestellte Vorkommen des Safrols war jenes im Sassafrasöl (vgl. oben), gewonnen aus der Wurzelrinde von *Sassafras officinalis* Nees. Das Sassafrasöl wird in Nordamerika in sehr großen Mengen gewonnen; die Wurzelrinde liefert ca. 6—9 %, das Wurzelholz etwas weniger als 1 %. POWER und KLEBER (Pharm. Rev. **14** [1896], 101; C. **1897**, II, 42) erhielten aus lufttrockner Wurzelrinde eine Ausbeute von 7,4 %, $d = 1{,}075$, $\alpha_D = +3^0 16'$. Durch Ausfrieren wurde das Safrol hauptsächlich entfernt, außerdem konnten Pinen, Phellandren, d-Laurineenkampfer, Eugenol usw. nachgewiesen werden. Nach den Untersuchungen von P. und K. sind im Sassafrasöl vorhanden:

Safrol	80,0 %
Pinen und Phellandren . .	10,0 %
d-Kampfer	6,8 %
Eugenol	0,5 %
Sesquiterpen und Rückstand	3,0 %
	100,3 %

Das Kampferöl (*Laurus Camphora*) enthält ebenfalls Safrol (vgl. oben), wie von BERTRAM im Laboratorium von SCH. u. Co. (SCH. **1885**, II, 7) nachgewiesen wurde. Ein außerordentlich großer Teil des heute in der Technik verwendeten Safrols stammt aus dem Kampferöl. — Auch im Apopinöl (*Laurus* spec.), das auf Formosa gewonnen wird, konnte KEIMAZU (Journ. of the Pharm. Soc. of Jap. Nr. **253**, März 1903) unter anderem Safrol nachweisen, indem er das von Eugenol befreite Öl trocknete und der fraktionierten Destillation unterwarf. Die Fraktion 225—235° wurde stark abgekühlt, nach dem Erstarren auf Ton abgepreßt und wiederum fraktioniert destilliert. Der nunmehr zwischen 230 und 233° übergehende Anteil zeigte charakteristischen Safrolgeruch, $d = 1{,}10$, Smp. 8—10°; durch Oxydation des Safrols mit $KMnO_4$ wurde die bei 127—128° schmelzende Homopiperonylsäure erhalten. Ferner wurde der Anteil in Isosafrol umgewandelt und durch Oxydation des letzteren Piperonal vom Smp. 37° gewonnen.

Das Zimtblätteröl (*Cinnamomum zeylanicum* Breyne) (SCH. **1892**, I, 45; **1895**, II, 49) enthält große Mengen Eugenol (STENHOUSE, A. **95** [1855], 103) und nur ca. 0,1 % Zimtaldehyd, während Zimtrindenöl 60—85 % Zimtaldehyd und nur 4—8 % Eugenol aufweist. WEBER (Ar. **230** [1892], 232) konstatierte in einem Blätteröl Eugenol, Safrol (Piperonylsäure vom Smp. 226—227°), Terpene und Benzaldehyd, jedoch keinen Zimtaldehyd. Gelegentlich einer neueren Untersuchung (SCH. **1902**, II, 86) wurden aus 10 kg Zimtblätteröl ca 8,6 kg Eugenol entfernt, der Rest wurde im Vakuum destilliert. Außer Terpenen und Benzaldehyd fanden sich besonders Linalool und oberhalb der linaloolhaltigen Fraktionen beträchtliche Mengen von Safrol, dagegen schien auch in diesem Öl

Zimtaldehyd gar nicht oder in nur ganz verschwindenden Mengen vorhanden zu sein.

Sowohl das ätherische Öl aus der Rinde von *Cinnamomum Oliveri* Bail. scheint Safrol zu enthalten (BAKER, Pharm. Ztg. **42** [1897], 859), als auch das aus den Blättern dargestellte; letzteres besitzt einen ausgesprochenen Sassafrasgeruch (SCH. **1887**, I, 38).

Im ätherischen Öl der Rinde eines auf den Fidschiinseln heimischen Baumes (*Cinnamomum pedatinervium*) konnte GOULDING (Diss. London **1903**) außer 50 % Safrol ca. 30 % Linalool, 10—20 % unbekannte Terpene, 1 % Eugenol und ca. 3 % Eugenolmethyläther (?) konstatieren.

Auch das ätherische Pichurimbohnenöl, aus den Samenlappen von *Nectandra Puchury major* Nees und *N. P. minor* Nees gewonnen, dürfte unter anderem Safrol enthalten, da es den ausgesprochenen Geruch des letzteren besitzt (G. und H., S. 512).

Das ätherische Öl aus den Blättern des kalifornischen Lorbeerbaumes (*Umbellularia californica* Nutt.) wurde in letzter Zeit von POWER und LEES (Soc. **85** [1904], 629) näher untersucht. Außer 60 % der Fraktion 217—222°, die hauptsächlich Umbellulon enthält, wurden ca. 6 % l-Pinen, 20 % Cineol, 10 % Eugenolmethyläther und geringe Mengen von Safrol konstatiert.

Im Massoyrindenöl (*Massoya* spec.), das aus der Massoyrinde von Deutsch-Guinea zu 6,5—8 % gewonnen wird, konnten SCH. u. Co. (SCH. **1888**, II, 43) 75 % Eugenol nachweisen. „Der in Natronlauge unlösliche Teil des Öles siedet zwischen 210 und 245° C. und enthält u. a. auch Safrol." GMELIN (Handb. **IV**, 346) gibt als Bestandteile eines Massoyrindenöls an 1. ein leichtes Öl, 2. ein schweres Öl, beide nach Sassafras riechend, und 3. Massoykampfer, geruchlos und fast geschmacklos. Vgl. auch WOY (B. **23**, Ref. 203).

Physik. Eig. des Safrols. SAINT-ÈVRE (A. **52** [1844], 396): es erstarrt in der Kälte zu großen Kristallen. ARZRUNI (POGG. Ann. f. Phys. u. Chem. **158**, 244; J. **1876**, 910): monokline Kristalle, Achsenverhältnisse und Neigungswinkel: $a:b:c = 0{,}31658:1:0{,}57834$ und $\gamma\beta = 111° 59{,}5'$.

GRIMAUX und RUOTTE (A. **152**, 58): Sdp. 231—233°, $d_0 = 1{,}1141$, opt. inaktiv.

Über die ältere Literatur vgl. fernerhin die eingangs gebrachten Mitteilungen.

DUMAS (Handb. **VII**, 293): „Das Sassafrasöl scheidet beim längeren Aufbewahren durchsichtige und farblose Kristalle ab, welche die Form schiefer vierseitiger Prismen, oder die sechsseitiger Säulen, mit zwei Flächen zugeschärft, haben. Sie besitzen den Geruch und Geschmack des flüssigen Öles und schmelzen schon bei der Wärme der Hand. Bei höherer Temperatur verflüchtigen sie sich, ohne einen Rückstand zu hinterlassen."

SCHIFF (B. **17**, 1935): Smp. + 8°, $d_{18} = 1{,}0956$, erstarrt bei − 25°, Sdp. 232°.

POLECK und O. E. MEYER (B. **17**, 1942): $d_{18} = 1{,}0956$, $n_D = 1{,}5363$, M.R. = 45,77, ber. 45,48.

EYKMAN und MURAOKA (R. **4** [1885], 32): Sdp. 229—231° (unkor.) n_c = 1,5288, d_{15} = 1,0960 (vgl. Originalarbeit).

BRÜHL (B. **21** [1888], 474) berechnet ebenfalls aus den Daten von POLECK und MEYER bzw. EYKMAN die Molekularrefraktion usw.

EYKMAN (B. **23** [1890], 862) findet für:

Safrol: d_{12} = 1,110, n_α = 1,5369, n_D = 1,5420, n_β = 1,5557, n_γ = 1,5679, M. R. = 45,9, ber. 45,8;

Isosafrol (synthetisch): d_{12} = 1,128, n_α = 1,5693, n_D = 1,5763, n_β = 1,5963, n_γ = 1,6145, M. R. = 47,6, ber. 45,8.

STOHMANN (Ph. Ch. **10**, 415): Mol.-Verbr. 1244,7 Kal.

Über die Dielektrizitätskonstante vgl. DRUDE (Ph. Ch. **23**, 310).

SCH. u. Co. gaben für mehrfach gereinigtes Safrol an (SCH. **1902**, I, 102): sehr harte, farblose Kristalle, bei Zimmertemperatur zu einer absolut wasserhellen Flüssigkeit schmelzend, „die bei 15° ein zwischen 1,1058 und 1,106 schwankendes spezifisches Gewicht und bei 17,5° den Brechungsexponenten n_D = 1,53917 besaß. Den Erstarrungspunkt dieses sehr reinen Safrols ermittelten wir zu + 11,2°". — SCH. u. Co. (SCH. **1904**, II, 140) geben fernerhin an: d_{15} = 1,105—1,107; $\alpha_D \pm 0°$; $n_{D_{20}}$ = 1,536—1,540; Erstarrungsp. etwa + 11°; Sdp. etwa 233° (759 mm).

NAKAZO SUGIYAMA (SCH. **1902**, II, 16): farblose, rhombische Kristalle oder farblose, durchscheinende Flüssigkeit, spez. Gew. bei 15° = 1,107, siedet bei 230—235°; auf — 20° abgekühlt bilden sich weiße Kristallaggregate, welche bei 12° noch nicht schmelzen. Vgl. daselbst auch die Angaben über die Darstellung des Safrols aus dem Kampferöl.

Physiol. Eig. des Safrols. Das Safrol besitzt den charakteristischen Sassafrasgeruch, welcher schwach an Fenchel erinnert.

Chem. Eig. des Safrols. Als Benzolderivat ist das Safrol verhältnismäßig beständig gegen gewisse chemische Reagentien. Die Allylgruppe in der Seitenkette befähigt das Safrol Halogene und Halogenwasserstoffsäuren zu addieren, jedoch kristallisieren diese Produkte nicht gut, genau so wie die analogen Additionsprodukte anderer Allylverbindungen.

Die **Reduktion** des Safrols mit Na und Alkohol läßt sich nicht direkt ausführen, so daß wir zu der entsprechenden Propylverbindung analog wie bei anderen Allylderivaten von der Isoverbindung, also vom Isosafrol aus, kommen.

Isosafrol = (1)-Propenyl-(3, 4)-oxymethylenbenzol.

Invertierung des Safrols in Isosafrol. Bereits GRIMAUX und RUOTTE (A. **152** [1869], 91) machten die Beobachtung, daß bei der Destillation des Safrols über geschmolzenem Kali der Sdp. von 230—234° auf 247—248° steigt. SCHIFF (B. **17** [1884], 1937) fand, daß beim Erhitzen von Safrol mit met. Na im Einschmelzrohr auf 200° der Sdp. des Safrols auf 247—250° steigt (vgl. auch POLECK, B. **17**, 1940).. EYKMAN (B. **23** [1890], 859) fand, daß beim Kochen des Safrols mit alkoh. Kali am Rückflußkühler eine Isoverbindung des Safrols erhalten wird, die identisch mit dem aus α-Methylenhomokaffeesäure synthetisch erhaltenen Körper (vgl. oben) ist. E. ermittelte für Isosafrol: Sdp. 247—249°, $d_{11,5}$ = 1,126, während das synthetische Produkt d_{21} = 1,119 und Sdp. 240—245° zeigte. — CIAMICIAN und SILBER (B. **23**, 1159) isomerisierten Safrol ebenfalls mit alkoh. Kali; das Reaktionsprodukt hatte Sdp. 246—248°, blieb bei — 18° flüssig und löste sich wie das Safrol in konz. Schwefelsäure mit intensiv roter Farbe; durch Oxydation erhielten EYKMAN und C. und S. aus Isosafrol in reichlicher Menge Piperonal, daneben Acetaldehyd; mit $KMnO_4$ in alkalischer Lösung wurde neben einer Ketosäure Piperonylsäure erhalten. Diese Ketosäure ist die Piperonylketosäure $C_6H_3 \begin{cases} O \\ O \\ CO \cdot COOH \end{cases}\!\!>CH_2$ vom Smp. 148—149°. — Durch Reduktion liefert das Isosafrol das Dihydrosafrol $C_{10}H_{12}O_2 = C_6H_3 \begin{cases} O \\ O \\ C_3H_7 \end{cases}\!\!>CH_2$: Sdp. 228°; außerdem entsteht bei dieser Reaktion m-Propylphenol $C_9H_{12}O$ vom Sdp. 228°. Mit Brom liefert das Isosafrol ein in glänzenden Nadeln kristallisierendes Monobromisosafroldibromid

$$C_6H_2Br \begin{cases} O \\ O \\ CHBr \cdot CHBr \cdot CH_3 \end{cases}\!\!>CH_2 \,.$$

ANGELI (G. **23**, II, 101) fand alsdann, daß die Umwandlung von Safrol in Isosafrol schon bei mehrstündigem Erhitzen auf 200° mit trocknem Natriumäthylat gelingt. — Über die Mol.-Verbrennungswärme des Isosafrols = 1234,5 Kal. vgl. STOHMANN (Ph. Ch. **10**, 415). — GASSMANN (C. r. **124**, 40) führt das Safrol in Isosafrol über, indem er ersteres mit einer 10%igen Lösung von Natrium in Amylalkohol kocht. — MOUREU (Bl. III, **15**, 659; A. ch. VII, **15**, 125) erhält bei 5stündigem Kochen von Piperonal mit Propionsäureanhydrid und propionsaurem Natrium neben Methylenätherhomokaffeesäure Isosafrol (vgl. oben EYKMAN). — WAGNER (Ж. **29**, 16; C. **1897**, I, 914) erhält Isosafrol, indem er Safrol 1 Stunde hindurch mit $^1/_5$ seines Gewichtes trocknem gepulvertem Kali erhitzt.

BALBIANO und PAOLINI (B. **36**, 3575 u. G. **36**, I, 268; C. **1906**, II, 120) berichten über die Einwirkung von Mercuriacetatlösung auf Safrol und Isosafrol; über diese Reaktion, die besonders zur Unterscheidung der Allyl- und Propenylgruppe dient, sowie über die dabei erhaltenen Produkte vgl. Originalarbeit.

Über eine neuere Synthese des Isosafrols berichtet MAMELI (G. **34**, II, 409 und Atti R. Acad. dei Lincei Roma [V], **13**, II. 315), indem er Magnesiumäthyljodid auf Piperonal einwirken läßt usw. Wir haben folgende Umsetzungen:

$$(CH_2O_2)C_6H_3 \cdot CHO + CH_3 \cdot CH_2MgJ = (CH_2O_2)C_6H_3 \cdot CH(OMgJ)CH_2 \cdot CH_3;$$

$$2(CH_2O_2)C_6H_3 \cdot CH(OMgJ)CH_2 \cdot CH_3 + 2\,H_2O = MgJ_2 + Mg(OH)_2 + 2\,(CH_2O_2)C_6H_3 \cdot CH(OH) \cdot CH_2 \cdot CH_3.$$

Letztere Verbindung geht in der Wärme unter Abspaltung von Wasser in Isosafrol über: Sdp. 246—248°, Sdp.$_{20}$ = 149°; es liefert ein Tribromderivat vom Smp. 109°, ein Dibromderivat als farbloses Öl und schließlich ein Bromderivat vom Smp. 108°. Vgl. über dieselbe Synthese Sch. u. Co. (Sch. **1905**, I, 45): Sdp.$_5$ = 110°, n_D = 1,58089.

Über das Brechungsvermögen des Isosafrols vgl. Eykman (R. **14**, 189); über die Dielektrizitätskonstante: Drude (Ph. Ch. **23**, 310).

Sch. u. Co. (Sch. **1905**, I, 45) fanden für Isosafrol: Sdp.$_{761}$ = 254,0 bis 254,5°, Sdp.$_4$ = 105—106°, d_{15} = 1,1275, $n_{D_{15}}$ = 1,58066.

In den chemischen Eigenschaften hat das Isosafrol die größte Ähnlichkeit mit anderen analogen Isoverbindungen, so mit dem Methylisoeugenol usw. Ein Methoxylderivat des Isosafrols $C_3H_5 \cdot C_6H_3(OH)(OCH_2 \cdot OCH_3)$ gewannen Ciamician u. Silber (B. **25**, 1472): Sdp.$_{16}$ = 173°, ebenso einen Methyläther des letzteren.

Bruni und Tornani (Atti etc. [V] **13**, II, 184) berichten über Pikrate von ungesättigten Verbindungen, und zwar über Versuche mit Methyl- und Methylisoeugenol, Safrol und Isosafrol, Apiol und Isoapiol, sowie über Asaron und konstatieren, daß die Verbindungen mit einer Allylgruppe keine Pikrate liefern, daß dagegen jene mit einer Propenylgruppe leicht mit Pikrinsäure reagieren.

Das Pikrat des Isosafrols $C_{16}H_{13}O_9N_2$ bildet glänzende rote stabile Nadeln vom Smp. 73°.

Unter den weiteren zahlreichen Derivaten des Isosafrols ist von besonderem Interesse das Isosafrolnitrit

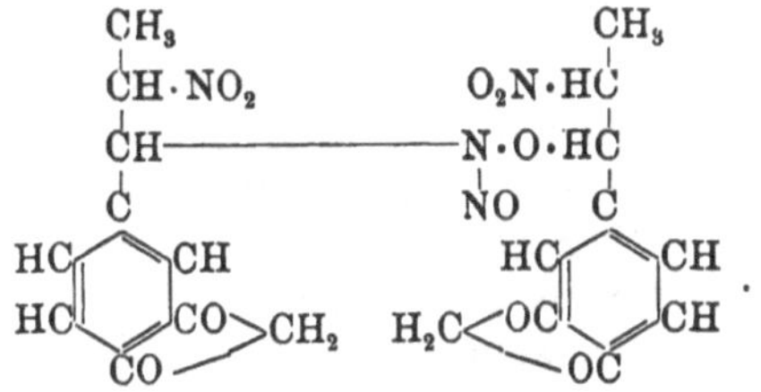

Mit dem Isosafrolnitrit beschäftigten sich besonders Angeli (G. **22**, II, 336, 445; G. **23**, II, 124; **26**, I, 7; **29**, I, 275; B. **24**, 3995; **25**, 1956; **26**, Ref. 195, 886; C. **1899**, I, 1287) und Wallach (A. **332**, 331). A. beobachtet: Smp. 132°, W.: Smp. 128°. Unter den vielen Derivaten des Nitrits sei erwähnt das β-Nitroisosafrol $(CH_2O_2) \cdot C_6H_3 \cdot CH{:}C(NO_2) \cdot CH_3$, das beim Erwärmen des Nitrits mit Natriumäthylat oder alkoh. Kali entsteht: Smp. 98°. Diese Verbindung gibt beim Erwärmen mit Hydroxylaminchlorhydrat und Natriumcarbonat in alkohol. Lösung Piperonaloxim vom Smp. 111°. Durch Reduktion geht das β-Nitroisosafrol in das Oxim $(CH_2O_2)\cdot C_6H_3\cdot CH_2\cdot C(NOH)\cdot CH_3$, Smp. 86—87°, über, das beim Erwärmen mit verd. Schwefelsäure das gesättigte Keton $C_{10}H_{10}O_3 = (CH_2O_2)\cdot C_6H_3\cdot CH_2\cdot CO\cdot CH_3$ liefert: Sdp. im Vakuum = 156°, $d_{20} = 1{,}203$, $n_D = 1{,}5430$; das Semicarbazon schmilzt bei 163°. Mit alkalischer Bromlösung entsteht aus dem Keton neben Piperonylsäure vom Smp. 228° auch Piperonylessigsäure vom Smp. 127—128°.

Mit dem Isosafrolnitrosochlorid, das sicher ebenfalls ein Bisnitrosochlorid ist, beschäftigten sich ANGELI (G. **22** [1892], II, 464), TILDEN und FORSTER (Soc. **65**, 332; B. **27**, Ref. 468) und WALLACH (A. **332**, 334). Letzterer Forscher erhält aus dem Nitrosochlorid das Oxim $(CH_2O_2)\cdot C_6H_3\cdot \underset{\|}{C}(NOH)\cdot \underset{|}{C}H(OCH_3)\cdot CH_3$: Sdp. 200—205° im Vakuum, Smp. 74°; es liefert das Keton $(CH_2O_2)\cdot C_6H_3\cdot CO\cdot CH(OCH_3)\cdot CH_3$: Sdp. im Vakuum 173—174°; sein Semicarbazon schmilzt bei 181°.

Die Ähnlichkeit des Isosafrols als Propenylverbindung mit dem Anethol, dem Methylisoeugenol und dem Isoapiol zeigt sich auch in der Oxydation, wie sie BOUGAULT (Thèse, Paris **1902**) mit Quecksilberoxyd und Jod ausführte, wobei er den Methylen-3,4-dioxyhydratropaaldehyd $(CH_2O_2)\cdot C_6H_3\cdot CH{<}^{CHO}_{CH_3}$ erhielt: farb- und geruchlose Flüssigkeit, Sdp. 279—280°, $d_{15} = 1{,}203$; der Smp. des Oxims liegt bei 71°. Die aus dem Aldehyd gewonnene Methylen-3,4-dioxyhydratropasäure schmilzt bei 80° und das aus dieser dargestellte Methylen-3,4-dioxyacetophenon bei 87—88°.

Die Einwirkung von Salzsäure auf Isosafrol studierten SCH. u. Co. (SCH. **1905**, I, 45). 60,5 g frisch destilliertes reines Isosafrol wurden mit trockner gasförmiger Salzsäure behandelt und das Reaktionsprodukt mit Natriummethylat gekocht. Das hierbei entstehende Produkt wird mit Wasserdampf abgeblasen. Das 59 g wiegende Destillat siedete zu $^6/_{10}$ bei 97—101° unter 3 mm Druck; durch fraktionierte Destillation ergab sich ein konstant siedender Anteil: Sdp.$_4$ = 104—105°, d_{15} = 1,1116. Die Analyse ergab, daß ein Anlagerungsprodukt von Methylalkohol an Isosafrol $C_{10}H_{10}O_2 + CH_4O$ vorlag: Sdp.$_5$ = 110—112°, $n_D = 1{,}51619$, Sdp. 248—256°, wobei jedoch eine teilweise Zerlegung in Methylalkohol und Isosafrol eintrat. Das analoge „Äthylat-Isosafrol" $C_{10}H_{10}O_2 + C_2H_6O$ wurde aus dem Safrolhalogenwasserstoff gewonnen durch Behandlung mit Natriumäthylat: Sdp.$_{3,5}$ = 110—111°, $d_{15} = 1{,}0796$, $n_{D_{15}} = 1{,}50884$, Sdp. 257—261°, unter geringer Zersetzung. Das analoge „Amylat-Isosafrol" $C_{10}H_{10}O_2 + C_5H_{12}O$ wurde aus dem Safrolhalogenwasserstoff durch Erwärmen mit Amylalkoholat gewonnen: es besitzt betäubenden Geruch, Sdp.$_{3,5}$ = 136—137°, $d_{15} = 1{,}0258$, $n_D = 1{,}49775$, Sdp. 285—295°, $n_{D_{15}} = 1{,}49685$. Ferner werden von SCH. u. Co. einzelne Umsetzungen des Methylat-Isosafrols usw. beschrieben, so mit wäßriger oder alkohol. Salzsäure, alkohol. Kali, PCl_5 usw. (vgl. Originalarbeit).

Die Einwirkung von Salpetersäure auf in Eisessig gelöstes Isosafroldibromid usw. studiert HOERING (B. **38** [1905], 2296, 3464). Bei dieser Reaktion findet außer dem Eintritt einer Nitrogruppe in den Kern ein Austausch des α-ständigen Br-Atoms gegen Acetoxyl statt, so daß folgender Körper $O_2N\cdot C_6H_2\cdot(CH_2O_2)\cdot CH\cdot(O\cdot CO\cdot CH_3)\cdot CHBr\cdot CH_3$ entsteht: Smp. 113°. Diese Verbindung geht beim Behandeln mit alkohol. Kali in das Oxyd $O_2N\cdot C_6H_2(O_2CH_2)\cdot \underbrace{CH\cdot CH}_{O}\cdot CH_3$ über: Smp. 113—114°; ebenso verhalten sich die α-Acetoxy-β-Bromverbindungen des Anethols und Isosafrols, sowie die durch Einwirkung von wäßrigem Aceton auf die Dibromide zu gewinnenden α-Oxy-β-Bromide. Das Isosafroloxyd $(CH_2O_2)\cdot C_6H_3\cdot \underbrace{CH\cdot CH}_{O}\cdot CH_3$ zeigt: $Sdp._9 = 140—142°$; das Bromisosafroloxyd $(CH_2O_2)\cdot C_6H_2Br\cdot \underbrace{CH\cdot CH}_{O}\cdot CH_3$ hat $Sdp._{11} = 169—173°$; das Dibromisosafroloxyd $(CH_2O_2)\cdot C_6HBr_2\cdot \underbrace{CH\cdot CH}_{O}\cdot CH_3$ hat Smp. 134—135°. Es wird gezeigt, daß diese Oxyde sich zwar im Vakuum unzersetzt destillieren lassen, daß sie aber beim Erhitzen auf höhere Temperatur in die β-Ketone $R\cdot CH_2\cdot CO\cdot CH_3$ übergehen, eine Umwandlung, welche auch durch Erwärmen der Oxyde mit verd. Säuren bewirkt werden kann. Das Isosafrolketon $(CH_2O_2)\cdot C_6H_3\cdot CH_2\cdot CO\cdot CH_3$ zeigt Sdp. 283—284°, das Bromisosafrolketon hat den Smp. 103°, das Dibromisosafrolketon Smp. 116—117°. Diese Ketone sind zum Teil mit den oben erwähnten Ketonen WALLACHS identisch. Hiernach kann aus den Dibromiden entweder nach den Methoden von WALLACH und POND, sowie von HELL bzw. von HOERING ein α- oder β-Keton dargestellt werden, je nachdem man vor der Anwendung von Alkali Alkohol oder Wasser auf die Dibromide einwirken läßt (vgl. Originalarbeiten).

Über eine Giftwirkung des Isosafrols wird berichtet (Pharm. Ztg. **50** [1905], 146). — WALDVOGEL (Chem. Ztg. Repert. **29** [1905], 60) berichtet über eine Venenerweiterung und Ernährungsstörung der Haut hervorgerufen durch Isosafrol. Das Isosafrol zeigt an Kaninchen subkutan injiziert oder eingeatmet intensive Wirkungen auf das Nervensystem, auf die Gefäße und Parenchymzellen der lebenswichtigen Bauchorgane. Das Isosafrol bewirkt fernerhin sowohl nach Einatmung, als auch nach Resorption vom subkutanen Gewebe aus Venenerweiterung, die bereits nach Aufpinseln auf die Haut beim Menschen beobachtet werden kann.

Halogene, namentlich Brom wirken auf Safrol sowohl sich addierend als auch substituierend ein. SAINT-ÈVRE (A. **52**, 356) will ein Produkt $C_{10}H_2Br_8O_2$ in kristallisiertem Zustande erhalten haben. GRIMAUX und RUOTTE (A. **152**, 89) gewinnen ein

Produkt $C_{10}H_5Br_5O_2$: Smp. 169—170°; außerdem bildet sich in geringer Menge ein anderes bei 109° schmelzendes Bromderivat. SCHIFF (B. **17**, 1937) gewinnt ebenfalls erwähntes Produkt $C_{10}H_5Br_5O_2$ vom Smp. 169,5°. Jedoch scheinen mir die Analysen mehr auf $C_{10}H_7Br_5O_2$ hinzuweisen. — Mit Halogenwasserstoffsäuren konnte SCHIFF keine gut kristallisierten Produkte aus dem Safrol gewinnen.

Die Oxydationsprodukte des Safrols wurden eingangs bereits ausführlich erwähnt. Es hat lange Zeit gedauert, ehe man durch Oxydation eine Verbindung gewann, aus welcher auf die Konstitution des Safrols geschlossen werden konnte. Dies hat darin seinen Grund, daß das Safrol ein Allylderivat ist und analog dem Estragol, Methyleugenol usw. nicht so glatte Oxydationsprodukte gibt wie die entsprechenden isomeren Propenylderivate. Erst EYKMAN (R. **4**, 32) konnte aus dem Shikimol, welches sich späterhin als identisch mit dem Safrol erwies, im Jahre 1885 Piperonylsäure erhalten. Im Jahre 1886 konnte POLECK (B. **19**, 1094) zeigen, daß das Safrol ebenfalls Piperonylsäure liefert und daß außerdem ein Aldehyd entsteht, den P. als Piperonal anspricht. Kurz vorher hatte SCHIFF (B. **17**, 1935) als Oxydationsprodukt einen indifferenten Körper vom Smp. 59° gewonnen, von dem WAGNER (B. **21**, 3355) der Meinung ist, daß er wahrscheinlich das Safrolglykol $C_{10}H_{12}O_4$ darstellt. EYKMAN (B. **23**, 860) sowohl, als auch CIAMICIAN und SILBER (B. **23**, 1159) zeigten alsdann im Jahre 1890, daß die Ausbeute an dem Aldehyd Piperonal größer ist, wenn man nicht Safrol, sondern Isosafrol mit Kaliumpermanganat oxydiert. Wir haben es hier demnach mit derselben Erscheinung zu tun wie bei der Oxydation des alkylierten bzw. acylierten Eugenols bzw. Isoeugenols zu den entsprechenden Vanillinen bzw. bei der Oxydation des Estragols und Anethols; auch das Anethol liefert bessere Ausbeuten an Anisaldehyd und Anissäure als das Estragol.

Besonders beschäftigte sich TIEMANN (B. **24** [1891], 2879) mit der Oxydation des Safrols. CIAMICIAN und SILBER hatten bereits gefunden, daß bei der Oxydation des Isosafrols die Ketosäure $(CH_2O_2)\cdot C_6H_3\cdot CO\cdot COOH$ vom Smp. 148—149° gebildet wird, welche T. Piperonylcarbonsäure nennt. T. beschreibt alsdann das Methylen-p-m-dioxybenzylglykol $C_{10}H_{12}O_4 = (CH_2O_2)\cdot C_6H_3\cdot CH_2\cdot CHOH\cdot CH_2OH$, indem er Safrol mit einer $^1/_2\,^0/_0$igen $KMnO_4$-Lösung oxydiert: Smp. 82—83° (vgl. oben SCHIFF und WAGNER). Das Diacetat dieses Glykols $C_{14}H_{16}O_6$ bildet ein hellgelbes Öl, $Sdp._{15-20} = 240°$. Das Diphenyldiurethan des Glykols $C_{24}H_{24}O_6N_2$ schmilzt bei 127°. Das bei 82—83° schmelzende Glykol liefert bei vorsichtiger Oxydation mit Chamäleonlösung Piperonal, Piperonylsäure und beträchtliche Mengen der α-Homopiperonylsäure $(CH_2O_2)\cdot C_6H_3\cdot CH_2\cdot COOH$ vom Smp. 127—128°. Die Nitro-α-Homopiperonylsäure $(CH_2O_2)\cdot C_6H_2(NO_2)\cdot CH_2\cdot COOH$ schmilzt bei 188°. Der α-Homopiperonylsäuremethylester siedet bei 278—280°, der -äthylester bei 291°; das α-Homopiperonylsäureamid schmilzt bei 172—173°. — Vom erwähnten Glykol, das wahrscheinlich SCHIFF und WAGNER in Händen hatten, dürften mehrere stereoisomere Formen existieren, woraus sich vielleicht die verschiedenen Schmelzpunkte erklären lassen.

Wir erkennen aus diesen Oxydationsprodukten, daß bei der Oxydation des Safrols zunächst ein Glykol, alsdann die Homopiperonylsäure entsteht, daß hingegen aus dem Isosafrol die Ketosäure Piperonylcarbonsäure entsteht; sowohl die α-Homopiperonylsäure, als auch die Piperonylcarbonsäure liefern bei weiterer Oxydation Piperonal bzw. Piperonylsäure.

Mit der Anlagerung von salpetriger Säure an Safrol beschäftigt sich ANGELI (G. **23**, II, 127) $C_3H_5N_2O_3 \cdot C_6H_3 \cdot (O_2CH_2)$. α-Derivat: A. leitet N_2O_3 in eine ätherische Safrollösung ein: Smp. 130°; es wird beim Kochen mit Alkohol in das β-Derivat umgewandelt. Durch überschüssiges Piperidin wird ein Körper $C_{15}H_{20}O_4N_2$ vom Smp. 83° gebildet, während beim Erwärmen mit Phenylhydrazin + Alkohol ein Körper $C_{16}H_{17}O_4N_3$ vom Smp. 87° entsteht. Das β-Derivat des Nitrits entsteht aus dem α-Derivat beim Kochen mit absolutem Alkohol: Smp. 92°, lösl. in Alkalien. Wird die β-Verbindung mit konz. HCl erwärmt, so entsteht nach A. die Verbindung $C_{10}H_9O_5N = (CH_2O_2) \cdot C_6H_3 \cdot CH_2 \cdot CH(NO_2) \cdot CHO$: Smp. 76°; diese gibt mit Phenylhydrazin eine Verbindung $C_{16}H_{15}O_4N_3$ vom Smp. 86°.

Identifizierung des Safrols. Zur Identifizierung des Safrols sucht man zunächst durch fraktionierte Destillation ein möglichst reines Produkt zu erhalten, indem man die von 230—235° übergehenden Anteile auffängt. Das hohe Volumgewicht, sowie der Smp. von ca. 11° sind für Safrol charakteristisch, ebenso wie der eigentümliche Sassafrasgeruch. Jedoch erstarrt das Safrol häufig erst bei sehr starker Abkühlung, zumal wenn es nicht in reinem Zustande vorhanden ist. Von chemischen Derivaten dürfte das Pentabromid vom Smp. 169—170° charakteristisch sein, ferner wird die Oxydation mit $KMnO_4$ zum Safrolglykol vom Smp. 82—83° Aufschluß geben, welches weiter oxydiert α-Homopiperonylsäure vom Smp. 127—128° gibt, die sich ihrerseits zum Piperonal vom Smp. 37° bzw. weiter zur Piperonylsäure vom Smp. 227—228° oxydieren läßt. Ferner ist für das Safrol charakteristisch die leichte Überführbarkeit in Isosafrol durch Kochen mit alkoh. Kalilauge, wobei der Sdp. auf 254° und das Volumgewicht auf 1,127 steigt, ebenso erhöht sich der Brechungsexponent.

Die **Konstitution des Safrols** ergibt sich aus seiner Aboxydation zur α-Homopiperonylsäure und zur Piperonylsäure. Die Konstitution der letzteren Säure war (vgl. oben) bereits von ERLENMEYER aufgeklärt worden; E. hatte diese Säure durch Oxydation der Piperinsäure gewonnen und sie in Protocatechusäure übergeführt.

Zur **Geschichte des Safrols** ist bis zum Jahre 1872 zu bemerken, daß das Safrol als chemisches Individuum im Jahre 1844 von SAINT-ÈVRE (A. **52**, 396) erkannt und ihm sofort die richtige Formel $C_{10}H_{10}O_2$ gegeben wurde. Bereits vor S. È. hatte man aus dem Sassafrasöl den Hauptbestandteil im festen Zustande erhalten, jedoch nicht genauer erkannt. Die Arbeiten ruhten alsdann bis 1869, wo GRIMAUX und RUOTTE (A. **152**, 58) über neue Versuche berichten, den Namen Safrol einführen. Jedoch sind von Derivaten des Safrols bis 1872 nur das Bromprodukt vom Smp. 169° bekannt, außerdem einige physikalische Daten.

Auch der Beginn der nächsten Periode, 1872—1887, brachte zunächst wenig Neues über das Safrol, ein Umstand, der, wie bereits erwähnt, auf die schwierige Gewinnung von kristallisierten Derivaten zurückzuführen war. Erst die achtziger Jahre warfen durch Aboxydation des Safrols Licht auf seine Konstitution. Zunächst wurden neue physikalische Daten des Safrols von POLECK und seinen Mitarbeitern im Jahre 1884 erbracht und festgestellt, daß im Safrol weder ein Keton, noch Aldehyd, noch Phenol oder Ester vorliege, sondern eine oxydartige Verbindung. Alsdann war es EYKMAN im Jahre 1885, der durch Aboxydation des Shikimols zur Piperonylsäure kam, also zu einem in seiner Konstitution bekannten Derivat. Im nächsten Jahre 1886 konnte alsdann POLECK durch Aboxydation des Safrols ebenfalls Piperonylsäure gewinnen; P. nahm die von EYKMAN für das Shikimol vorgeschlagene und auch heute noch anerkannte Formel für das Safrol an. Diese Formel stützte sich auf die Konstitution der Piperonylsäure, die FITTIG und seine Schüler 1869 (A. **152**, 58) und 1871 (A. **159**, 156) als Methylen-brenzcatechincarbonsäure erkannt hatten (über die Konstitution der Protocatechusäure vgl. BARTH, B. **7** [1871], 633). Damit war am Ende der Periode im Jahre 1887 die Konstitution des Safrols bis auf die C_3H_5-Gruppe aufgeklärt.

In der nächsten Periode, 1887 bis zur Gegenwart, stützte EYKMAN seine Auffassung vom Safrol als Allylderivat, die er besonders aus den optischen Eigenschaften geschlossen hatte, durch Vergleich mit dem Isosafrol, das er einmal aus dem Piperonal gewann, alsdann auch durch Erhitzen des Safrols mit alkohol. Kali (vgl. oben Isosafrol). Einen gleichen Invertierungsversuch führten gleichzeitig CIAMICIAN u. SILBER (B. **23**, 1159) aus. — Weitere Beiträge für die Synthese des Safrols erbrachte MOUREU im Jahre 1896 (C. r. **122**, 792), ebenso MAMELI, der vom Piperonal ausging unter Anwendung der GRIGNARDschen Methode (vgl. oben). — Das Vorkommen des Safrols in ätherischen Ölen war zunächst bis 1885 nur für das Sassafrasöl bekannt; in diesem Jahre zeigten EYKMAN, daß es auch im japanischen Sternanisöl vorkommt, und ferner SCH. u. Co. (SCH. **1885**, II, 7), daß es im Kampferöl sich in größerer Menge findet. In den darauffolgenden Jahren wurde das Vorkommen des Safrols auch noch in anderen Ölen, wie bereits oben erwähnt, verschiedentlich festgestellt.

Zur Anwendung des Safrols ist zu bemerken, daß es wesentlich als Ausgangsmaterial zur Darstellung des Piperonals (Heliotropins) dient, indem man auch hier am besten das Safrol zuerst in Isosafrol überführt und dann mit einem Oxydationsmittel zum Aldehyd abbaut.

γ) Dreiwertige Phenole und ihre Derivate.

Unter den bisher besprochenen ein- und zweiwertigen Phenolen und ihren Äthern haben wir, soweit sie als Bestandteile ätherischer Öle in Betracht kommen, sowohl solche kennen gelernt, welche gesättigte Seitenketten enthalten, als auch solche mit ungesättigten Seitenketten. Zu den wichtigsten Verbindungen der ersten Reihe gehören zweifellos Carvacrol und Thymol; die ungesättigten Phenole bzw. ihre Äther zeigen ausnahmslos in der Seitenkette eine Allyl-, seltener eine Propenylgruppe.

γ_1) Dreiwertige Phenole von Benzolkohlenwasserstoffen, die keine ungesättigte Seitenkette haben, und ihre Derivate.

Es ist bemerkenswert, daß bei den zweiwertigen Phenolen und ihren Derivaten als Bestandteilen ätherischer Öle hauptsächlich solche in Betracht kommen, welche sich vom o-Diphenol, vom Brenzcatechin, ableiten, daß aber m- bzw. p-Diphenole nicht angetroffen werden. Unter den Derivaten dreiwertiger Phenole gesättigter und besonders ungesättigter Natur werden wir sehen, daß sowohl solche der o-Reihe (Pyrogallolderivate), als auch solche des unsymmetrischen dreiwertigen Phenols (Derivate des Oxyhydrochinons) angetroffen werden, daß jedoch bisher nicht Bestandteile ätherischer Öle aufgefunden wurden, die sich vom symmetrischen dreiwertigen Phenol, also vom Phloroglucin, ableiten. Wir haben demnach dieselbe Erscheinung, wie sie ALBRECHT (Diss. Berlin **1884**) gelegentlich seiner Zusammenstellung der im lebenden Pflanzenkörper aufgefundenen Phenole bespricht.

---

352. Dimethyläther des Pyrogallols

$C_6H_{10}O_3$ =

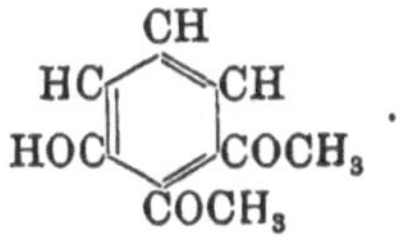

Vorkommen, Isolierung und Synthese. JEANCARD und SATIE (Bl. III, **31** [1904], 478) berichten im Jahre 1904 über das ätherische Scheiöl; letzteres wurde durch Wasserdampfdestillation der ganzen Pflanzen gewonnen, welche auf den Höhenzügen Algeriens wachsen; ihre botanische Abkunft wird nicht angegeben. Das Scheiöl zeigte: $d_{9,5}$ = 0,9540; S. Z. = 8,4, E. Z. = 66,5, nach der Acetylierung 129,5. J. und S. berichten, daß dieses Öl ungefähr 15% Phenole enthält, die dem Rohöl durch 5%ige Alkalilösung entzogen werden können. Durch Zersetzung der alkalischen Lösung mit Salzsäure wird ein rotes, sehr dickes Rohphenol erhalten. Zur Reinigung des Phenols wird dieses Öl mit Benzoylchlorid behandelt, wobei ein Benzoylderivat vom Smp. 107—108° gewonnen wird. Durch Verseifung dieses Esters werden Kristalle vom Smp. 51° erhalten. „Ce point de fusion et celui du dérivé benzoylé permettent de conclure à la présence de l'éther diméthylique du pyrogallol $C_6H_3\begin{cases}OCH_3\\OCH_3\\OH\end{cases}$."

Physik. Eig. Der Dimethyläther des Pyrogallols wurde von Hofmann (B. **11**, 333) im Buchenholzteerkreosot aufgefunden, sowie durch Erhitzen von Pyrogallol mit 2 Mol. Ätzkali und 2 Mol. Methyljodid auf 150—160° erhalten: Smp. 51—52°, Sdp. 253°. Über die Isolierung aus dem käuflichen „Pyrogalloldimethyläther" mittels des Äthylkohlensäureesters vgl. Rosauer (M. **19**, 557): Smp. 49°, $Sdp._{14}$ = 140—141°.

Über die **chem. Eig. des Dimethyläthers** ist zu erwähnen, daß sich die Alkalisalze an der Luft nicht bräunen; das Pikrat schmilzt bei 53° (Boedeke, B. **26**, 3045).

Zur **Identifizierung** und **Konstitution des Dimethyläthers des Pyrogallols** ist zu bemerken, daß der Smp. von ca. 51°, sowie jener des Benzoylderivats von 107—108° charakteristisch sind, als auch daß die Konstitution sich aus der Zersetzung des Äthers zum Pyrogallol, sowie aus der Synthese ergibt.

Zur **Geschichte des Pyrogalloldimethyläthers** ist zu bemerken, daß er aus dem Buchenholzteer und synthetisch früher erhalten wurde, als man ihn in einem ätherischen Öl auffand. Das Vorkommen in einem solchen wird erst im Jahre 1904 von Jeancard und Satie für das Scheiöl konstatiert.

γ_2) Dreiwertige Phenole von Benzolkohlenwasserstoffen mit ungesättigter Seitenkette und ihre Derivate.

Hierher gehören die Moleküle des Asarons und Myristicins. Beide Äther leiten sich zwar von dreiwertigen Phenolen ab und enthalten eine C_3H_5-Gruppe in der Seitenkette, jedoch ist das Asaron ein Oxyhydrochinonderivat und weist eine Propenylgruppe auf, während das Myristicin sich vom Pyrogallol ableitet und in der Seitenkette eine Allylgruppe enthält. Ferner ist das Asaron ein trimethyliertes Phenol, während das Myristicin einen monomethylierten Methylenäther darstellt:

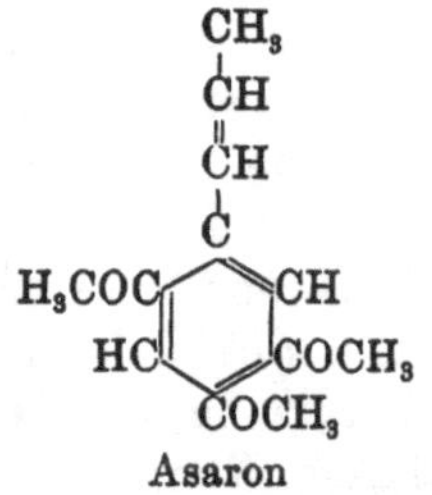

Asaron

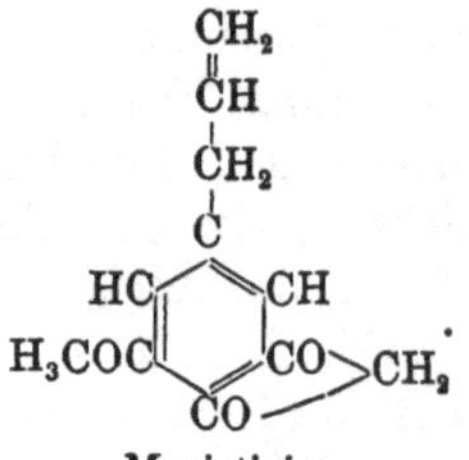

Myristicin

---

353. Asaron (Asarin, Asarit, Haselwurzkampfer) $C_{12}H_{16}O_3$.

Vorkommen, Isolierung und Synthese. Das Vorkommen des Asarons dürfte zuerst in dem ätherischen Öl der Haselwurz festgestellt worden sein (*Asarum europeum*). GOERTZ (PFAFF, Syst. der Materia medica **III**, 229) beobachtete in dem ätherischen Haselwurzöl im Jahre 1814 die Ausscheidung eines festen Bestandteils, der zuerst „Asarumkampfer" genannt wurde. LASSAIGNE und FENEULLE (Journ. de Pharm. **VI** [1820], 561) glaubten in der Tat, daß in diesem Haselwurzkampfer gewöhnlicher Laurineenkampfer vorliege. — GRAEGER (Diss. inaug. de *Asaro europaeo*; Göttingen **1830**) untersuchte den Haselwurzkampfer in seinen physikalischen und qualitativen chemischen Eigenschaften etwas näher. GOERTZ hatte nur angegeben, daß der Haselwurzkampfer den Geruch und den Geschmack des gewöhnlichen Kampfers zeige und brechenerregende Eigenschaften besitze, jedoch rühren diese Eigenschaften von Beimengungen, die aus dem Rohöl stammen, her. — BLANCHET und SELL (A. **6**, 296) bringen die erste Elementaranalyse des Asarumkampfers, kommen jedoch zur Formel $C_{20}H_{26}O_5$ bzw. $C_8H_{11}O_2$; sie konstatieren, daß das Asarumöl mehr Kohlen- und Wasserstoff enthalte, als der Kampfer. B. und S. finden, daß der Asarumkampfer bei 280° zu sieden beginnt, daß er sich bei 300° jedoch zersetzt, ohne überzudestillieren. — SCHMIDT (A. **53** [1845], 156) gibt dem Asarumkampfer den Namen „Asaron" und bestimmt seine Kristallform; er findet, daß sie dem rhombischen System angehört. Auch berichtet SCHMIDT über eine Elementaranalyse, jedoch kommt er im wesentlichen zu demselben Resultat wie BLANCHET und SELL. SCH. findet, daß das Asaron aus seiner Lösung nur zum Teil auskristallisiert, zum Teil in einen amorphen Körper übergeht, daß man denselben amorphen Körper auch erhält beim Sieden des Asarons und daß der amorphen Modifikation die Formel $C_{20}H_{24}O_6$ zukommt. Bereits GRAEGER glaubte in dem Rohkampfer des Haselwurzöls zwei verschiedene Bestandteile unterscheiden zu müssen, den „Asarit" und „Haselwurzkampfer", ersterer sollte den Smp. 44,8° zeigen; jedoch ist diese Unterscheidung nach BLANCHET und SELL nicht zulässig.

Nach den erwähnten Untersuchungen vergeht längere Zeit, ehe man sich wiederum mit dem Asaron beschäftigt. Erst im Jahre 1884 berichten RIZZA und BUTLEROW (B. **17**, 1159) über das Asaron und konstatieren, daß der Smp. des reinen Asarons bei 59° liege, der Sdp. bei 296° und daß es sich in geringen Mengen unzersetzt destillieren lasse, $d_{18} = 1{,}165$; in reinem Zustande besitzt es keinen Geruch und einen nur schwach beißenden Geschmack. Aus der Dampfdichtebestimmung und aus den Analysen schließen R. und B. auf die auch heute noch angenommene Formel $C_{12}H_{16}O_3$, die durch ein Bromadditionsprodukt $C_{12}H_{16}Br_2O_3$ kontrolliert wird. „Das Asaron scheint einen dreifach methoxylierten Körper darzustellen: durch Erhitzen in zugeschmolzenen Röhren mit Jodwasserstoff werden aus einem Molekül desselben mehr als zwei Moleküle Methyljodid abgespalten und es bildet sich zugleich ein harziger in Alkalien und Alkohol löslicher Körper." Durch Oxydation mit Kaliumbichromat in essigsaurer Lösung erhalten R. und B. einen in seidenglänzenden Nadeln kristallisierenden Körper. Ferner geben R. und B. an: „Der von Graeger erwähnte Asarit existiert nicht und ist nichts weiter als in feinen Nadeln kristallisiertes Asaron."

Poleck und Staats (B. **17** [1884], 1415) berichten in demselben Jahre über das Asaron und das ätherische Öl von *Asarum europaeum*, stellen den Smp. des Asarons zu 61° fest und finden, daß reines Asaron in ausgezeichneter Weise phosphoresziert und sich in kleinen Mengen unzersetzt destillieren läßt. P. und St. schließen aus ihren Analysen, daß ev. die Formel $C_8H_{10}O_2$ in Betracht komme, die durch Dampfdichtebestimmung kontrolliert werden solle. Durch Oxydation wurde ein indifferentes Oxydationsprodukt vom Smp. 117° gewonnen, dessen einfache Formel $C_8H_7O_3$ sei, ferner eine Säure vom Smp. 44°.

Poleck und Staats (Chem. Ztg. **9** [1885], 1464; Chem. Ztg. **10** [1886], 1201); J. für Pharm. **1885**, 331; Naturf.-Versamml. **1886**, 127; J. für Pharm. **1886**, 233 und Staats, Diss. Breslau **1885**) glauben auf Grund ihrer Dampfdichtebestimmungen usw. zunächst die Formel $C_{13}H_{17}O_3$, alsdann $C_{13}H_{18}O_3$ in Betracht ziehen zu müssen, $d_{20} = 1{,}186$; der Smp. liege zuerst bei 43°, jedoch habe das einmal geschmolzene und wieder erstarrte Asaron den Smp. 61°. Das Asaron sei als Trimethyläther eines Methyl-allylpyrogallols aufzufassen.

Rizza und Butlerow (Ж. **1887**, I, 1; B. **20**, Ref. 222) halten ihre für das Asaron aufgestellte Formel $C_{12}H_{16}O_3$ aufrecht und berichten über die Oxydationsprodukte des Asarons, indem sie bei der Oxydation mit Chromsäure einen neutralen Körper $C_{10}H_{12}O_4$ vom Smp. 114° erhalten, der auch bei der Oxydation mit Permanganat gewonnen wird. Außerdem wird bei letzterer Oxydation eine kristallinische Säure $C_{10}H_{12}O_5$ vom Smp. 143° erhalten, die bei 300° siedet. Das neutrale Oxydationsprodukt ist der zu dieser Säure gehörige Aldehyd. Der Aldehyd sowohl wie die Säure sind gesättigte Verbindungen im Gegensatz zum Asaron, enthalten jedoch noch die Oxymethylgruppen des Asarons. Durch Destillation der Säure $C_{10}H_{12}O_4$ mit Kalk wird CO_2 abgespalten und ein Öl $C_9H_{10}O_3$ vom Sdp. 245—248° gewonnen, das sich als trimethylierter Äther $C_6H_3(OCH_3)_3$ erwies, da drei Methoxylgruppen nachgewiesen werden konnten. Bei der Oxydation des Asarons mit Salpetersäure wurde Nitrobenzol gewonnen. Aus allen diesen Gründen kommen R. und B. zu dem Schluß, daß dem Asaron folgende Konstitution zukomme: $C_6H_2{<}{(OCH_3)_3 \atop CH:CH\cdot CH_3}$, jedoch bleibt die Frage über die gegenseitige Stellung der substituierenden Gruppen im Asaron unerledigt.

Aus dem Mitgeteilten erkennen wir, daß im Jahre 1887 die Konstitution des Asarons soweit geklärt war, daß man dieses Molekül als Benzolderivat ansah, das vierfach substituiert erschien, und zwar dreimal durch eine Oxymethylgruppe und das vierte Mal durch eine ungesättigte Seitengruppe, der wahrscheinlich die Zusammensetzung C_3H_5 zukommt.

PETERSEN (B. **21**, 1063 und Inaug.-Diss. Breslau) spricht die Möglichkeit aus, daß im Asaron eine C_4H_7- und nicht eine C_3H_5-Gruppe vorhanden sei.

In bezug auf die Stellung der Oxymethylgruppen zum ungesättigten Radikal war PETERSEN (Diss. Breslau) der Meinung, daß zwei Oxymethylgruppen im Asaron dieselbe Stellung innehaben wie im Methyleugenol.

Aber erst WILL erbrachte im Jahre 1888 (B. **21**, 614) den Beweis für die relative Stellung der drei Oxymethylgruppen im Asaronmolekül, indem er von dem Trioxymethyläther ausging, den BUTLEROW und RIZZA aus der Asaronsäure als ein bei 247° siedendes Öl gewonnen hatten. W. fand, daß dieser Äther mit Salpetersäure eine orangerote Färbung gibt, die auf Zusatz von Ammoniak in schmutziggrau übergeht; nach längerem Stehen setzt er die Kristalle des Dinitrooxyhydrochinonäthers ab, wonach das Asaron zweifellos ein Oxyhydrochinonderivat ist. „Die Annahme hinsichtlich der Stellung der Allylgruppe stützt sich bis jetzt nur auf die Wahrscheinlichkeit, daß die nebeneinander vorkommenden Verbindungen, der Methyläther des Eugenols und das Asaron, analog konstituiert seien."

Sind demnach die drei Oxymethylgruppen in ihrer Stellung durch die Arbeit WILLS festgelegt, so bleibt für die Konstitution des Asaron einmal die Stellung und zweitens die Natur der C_3H_5-Gruppe im Jahre 1888 noch aufzuklären.

EYKMAN (B. **22**, 3172; B. **23**, 862) erwähnt in seinen Mitteilungen zur Konstitution des Asarons zunächst, daß das Asaron eine C_3H_5-Gruppe, und nicht, wie PETERSEN annimmt, eine C_4H_7-Gruppe enthält; alsdann bestimmt E. die Brechungsexponenten des Asarons für verschiedene Lichtarten und findet, daß die Dispersion des Asarons eine sehr große ist und daß demnach dem Asaron keine Allyl-, sondern eine Propenylgruppe $R \cdot CH:CH \cdot CH_3$ zukomme.

GATTERMANN und EGGERS (B. **32**, 289) erbrachten alsdann erst im Jahre 1899 für die Frage nach der Konstitution des Asarons einen weiteren wichtigen Beweis durch die Synthese, wodurch einmal die Annahme von BUTLEROW und RIZZA, sowie von EYKMAN in bezug auf die C_3H_5-Gruppe als Propenylgruppe bestätigt wurde, die E. durch die physikalische Methode bereits erwiesen hatte. G. und E. synthetisierten den Asarylaldehyd und stellten aus diesem das Asaron vom Smp. 61° dar, das mit natürlichem Asaron keine Schmelzpunktdepression ergab. Durch diese Synthese war aber weiterhin die bisher nicht erwiesene Stellung der C_3H_5-Gruppe erledigt, da bei der Synthese des Asarylaldehyds die Aldehydgruppe in p-Stellung zu dem Oxalkylrest tritt.

KLAGES (B. **32** [1899], 1440) fügte für die Propenylnatur der C_3H_5-Gruppe im Asaron einen neuen Beweis hinzu, indem er durch Reduktion mit Na und Alkohol den Propyl-oxyhydrochinontrimethyläther darstellte, während sich die Allylderivate nicht reduzieren lassen; CIAMICIAN und SILBER (B. **23** [1890], 2294) hatten bereits Asaron mit Na und Alkohol reduziert, jedoch das Dihydroasaron nur in unreinem Zustande erhalten.

Während durch verschiedene Arbeiten, wie erwähnt, bis zum Jahre 1899 hin die Konstitution des Asarons vollständig aufgeklärt wurde, gelang es, das Asaron in ätherischen Ölen außer im Haselwurzöl zum Teil erst später nachzuweisen. Über das Vorkommen des Asarons in ätherischen Ölen ist zu erwähnen, daß es in ihnen nicht allzu verbreitet ist; es findet sich bisher nur in solchen, deren Stammpflanzen zu einander nahe verwandten Familien gehören.

Araceae.

Vom Calmusöl (*Acorus Calamus*) konnte von Thoms und Beckström (B. **35** [1902], 3187, 3195) und von Beckström (Diss. Berlin, **1902**) nachgewiesen werden, daß sich in ihm ca. 7,08—7,38 % Asaron befinden.

Piperaceae.

Im Maticoöl (*Piper angustifolium* Ruiz und Pav.) wurde zuerst von Sch. u. Co. (Sch. **1898**, II, 37) Asaron nachgewiesen. Auch Thoms (Naturf.-Vers. Breslau; Pharm. Ztg. **49** [1904], 811) konstatierte Asaron vom Smp. 60—61° im Maticoöl.

Aristolochiaceae.

Haselwurzöl (*Asarum europaeum*) ist dasjenige ätherische Öl, in welchem das Asaron, wie oben erwähnt, zuerst nachgewiesen wurde. Der Wurzelstock der in ganz Europa, in Sibirien und im Kaukasus vorkommenden Haselwurz liefert bei der Wasserdampfdestillation 1 % eines in Wasser untersinkenden Öles. Letzteres erstarrt häufig erst nach längerem Stehen, indem sich Asaron abscheidet. Das Volumgewicht des Asarumöls beträgt 1,018—1,068 (weitere Mitteilungen über den Nachweis des Asarons vgl. oben).

Auch im ätherischen Öl von *Asarum arifolium*, welches sowohl aus den Blättern, als auch noch mehr aus den Wurzeln dieser amerikanischen Pflanze zu 7—7,5 % gewonnen wird, konnte Miller (Ar. **240** [1902], 371) unter anderem Asaron nachweisen, und zwar in einer Fraktion vom $Sdp._{23}$ = 165—179°, welche beim Abkühlen erstarrte, den Smp. 62—63° zeigte und deren Analyse auf $C_{12}H_{16}O_3$ stimmte.

Die **Synthese des Asarons** wurde, wie oben erwähnt, von Gattermann und Eggers (B. **32**, 289) ausgeführt, indem sie zunächst den Asarylaldehyd darstellten. Es wurde eine Mischung von 10 g Benzol, 5 g Oxyhydrochinontrimethyläther und 6 ccm Blausäure vorsichtig unter Eiskühlung mit 5 g fein gepulvertem Aluminiumchlorid versetzt und durch das auf 40—50° erwärmte Reaktionsgemisch 4 Stunden lang ein mäßiger Strom von trockner gasförmiger Salzsäure geleitet usw. Der erhaltene Asarylaldehyd schmolz bei 114°. Nunmehr wurden 2 g Asarylaldehyd, 3 g Propionsäureanhydrid und 1 g Natriumpropionat in einem Bombenrohr 7 Stunden lang auf 150° erhitzt. Hierbei resultierte unter anderem Asaron vom Smp. 61°.

Physik. Eig. des Asarons. Die älteren Angaben über die physikalischen Eigenschaften des Asarons vgl. oben.

Rizza und Butlerow (Ж. **19**, 1; B. **17** [1884], 1159; B. **20**, Ref. 222): reines Asaron schmilzt vollständig bei 59° und siedet bei 296°, wenn nicht zu große Mengen auf einmal destilliert werden.

Poleck und Staats (B. **17**, 1415): Smp. 61°, phosphoresziert in ausgezeichneter Weise, löst sich in geringer Menge in siedendem Wasser, ist geruch- und geschmacklos.

Will (B. **21**, 615): Smp. 67°.

Eykman (B. **22**, 3172; **23**, 862) bringt ausführliche Mitteilungen über das Volumgewicht, Brechung, Dispersion des Asarons usw. (vgl. Originalarbeit): $d_{11} = 1{,}091$, $n_\alpha = 1{,}5648$, $n_D = 1{,}5719$, $n_\beta = 1{,}5931$, $n_\gamma = 1{,}6142$; M. R. gef. 62,5, ber. 59,0.

Gattermann und Eggers (B. **32**, 290) beobachten für synthetisches und natürliches Asaron: Smp. 61°.

Physiol. Eig. des Asarons. Das Asaron scheint in reinem Zustande keinen Geruch und Geschmack zu besitzen.

Chem. Eig. des Asarons. Da sich das Asaron durch seine verhältnismäßige chemische Indifferenz auszeichnet und relativ beständig erscheint, wurden die chemischen Umsetzungen dieses Moleküls erst spät klar durchschaut, obwohl das Asaron bereits mindestens seit dem Jahre 1814 bekannt war.

Durch **Reduktion** mit Na und Alkohol geht das Asaron in den Propyl-oxyhydrochinontrimethyläther $C_{12}H_{18}O_3 = C_6H_2(OCH_3)_3 \cdot C_3H_7$ über (Ciamician und Silber, B. **23**, 2294 und Klages, B. **32**, 1440): $Sdp._{38} = 159$—160°, bei gewöhnl. Druck 258—260°. Beim Abkühlen mit Kohlensäure und Äther erstarrt er zu einer festen Kristallmasse, die unter 0° schmilzt, $d_{18/4} = 1{,}038$.

Ferner erhielt Széki (B. **39** [1906], 2419) bei der Reduktion von Asaron mit Na und Alkohol ein Öl, das unter 40 mm Druck bei 185—188° siedete und durch die Analyse als Dihydroasaron $(CH_3O)_3 \cdot C_6H_2 \cdot CH_2 \cdot CH_2 \cdot CH_3$ erkannt wurde.

Zur Oxydation des Dihydroasarons ist noch zu bemerken, daß Beckström (Ar. **242**, 98) durch Einwirkung von Chromylchlorid in Gegenwart von CS_2 das 1-Propyl-4-methoxy-2,5-chinon $C_{10}H_{12}O_3$ vom Smp. 110,5° erhielt, ferner konnten Ciamician und Silber (B. **23**, 2294) bei der Einwirkung von Salpetersäure auf Dihydroasaron, und zwar indem sie die eisessigsaure Lösung des Dihydroasarons in konz. Salpetersäure eintrugen (1,52), die auf −18° abgekühlt worden war, eine rotbraune Lösung erhalten, welche, in Wasser gegossen, einen kristallinischen Niederschlag fallen ließ: Zusammensetzung: $C_{10}H_{12}O_3$, goldgelbe Blättchen bei 111° schmelzend, Methoxypropylchinon $C_6H_2 = \begin{cases} O & (5) \\ OCH_3 & (4) \\ O & (2) \\ C_3H_7 & (1) \end{cases}$. Thoms und Herzog (B. **36**, 854) bestätigen diese Beobachtung und fanden ferner, daß, wenn man die Lösung des Dihydroasarons in Eisessig mit 45 %iger HNO_3 auf 50° erwärmt, man nach raschem Abkühlen neben geringen Mengen des Chinons das Nitroprodukt

$C_{11}H_{15}O_4N$ = 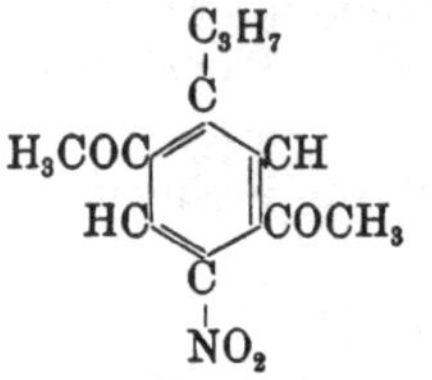

vom Smp. 64° erhält; es ist also bei der Entstehung dieser Verbindung eine Methoxylgruppe in p-Stellung zur C_3H_7-Gruppe durch NO_2 verdrängt worden. Der Nitrokörper läßt sich durch Reduktion mit Aluminiumamalgam in Propyldimethoxyamidobenzol $C_{11}H_{17}O_2N$ vom Smp. 94° überführen (Acetylverbindung $C_{13}H_{19}O_3N$, Smp. 104°). Durch Eliminierung der NH_2-Gruppe entsteht Propyldimethoxybenzol $C_{11}H_{16}O_2$, Sdp.$_{20}$ = 125°, Sdp.$_{760}$ = 240°, und dieses liefert beim Nitrieren den ursprünglichen Nitrokörper. TH. und H. synthetisieren diesen Nitrokörper, indem sie vom Monomethylhydrochinon ausgehen (vgl. Originalarbeit). — Über die Konstitution des oben erwähnten Chinons $C_{10}H_{12}O_3$ (1-Propyl-4-methoxy-2,5-chinon) vom Smp. 111° und Derivate vgl. THOMS und ZERNICK (B. **36**, 854).

Verhalten des Asarons gegen Halogene und Halogenwasserstoffsäuren. Das Dibromasaron $C_{12}H_{16}Br_2O_3$, Smp. 86°, wird von RIZZA und BUTLEROW (B. **17**, 1160) als ein kristallinischer Körper beschrieben. BECKSTRÖM (Ar. **242**, 98) stellt Versuche mit diesem Dibromid an und beobachtet, daß es äußerst leicht zersetzlich ist und im Vakuumexsikkator schon nach einigen Tagen in eine dunkel gefärbte Masse übergeht, aus der ein Kondensationsprodukt $C_{24}H_{31}BrO_6$ vom Smp. 109,5° herausgetrennt werden konnte. Bei der Einwirkung von Natriummethylat auf eine methylalkohol. Lösung von Dibromasaron in der Kälte wurde ein Bromatom durch Methoxyl ersetzt und es entstand eine Verbindung $C_{13}H_{19}BrO_4 = (OCH_3)_3 \cdot C_6H_2 \cdot CH \cdot (OCH_3) \cdot CHBr \cdot CH_3$, Smp. 77,5°; in der Hitze bildete sich dagegen ein dickes Öl vom Sdp.$_{9,5}$ = 176—177°, das nach langem Stehen wenig Kristalle vom Smp. 106° abschied.

Über die Addition von Halogenwasserstoff an Asaron usw. berichten VORLÄNDER und SIEBERT (A. **341**, 1). Es wird konstatiert, daß intensiv gefärbte Additionsprodukte aus den Phenoläthylenderivaten entstehen; die Färbung scheint aus der Zusammenwirkung der Säure mit der Kohlenstoffdoppelbindung und dem aromatischen Rest zu entstehen. Anethol, Isosafrol, Methylisoeugenol und Asaron geben gefärbte Additionsprodukte, doch lassen sich diese nicht isolieren (über Weiteres vgl. Originalarbeit).

Verhalten des Asarons gegen Oxydationsmittel. Das Asaron wird, wie oben bereits erwähnt wurde, durch Oxydationsmittel, namentlich durch Chromsäure, in den Asarylaldehyd $C_{10}H_{12}O_4 = (OCH_3)_3 \cdot C_6H_2 \cdot CHO$ (BUTLEROW, RIZZA, Ж. **19**, 3; B. **20**, Ref. 222 und POLECK, B. **17**, 1416) umgewandelt: Smp. 114°, er beginnt aber schon bei 100° zu sublimieren, ist ll. in heißem Wasser, schwer in kaltem und gibt ein in gelben Prismen kristallisierendes Phenylhydrazinderivat $C_{10}H_{12}O_3 \cdot N_2H \cdot C_6H_5$. — Das Asarylaldehydoxim $C_{10}H_{13}O_4N = (OCH_3)_3 \cdot C_6H_2 \cdot CH : NOH$, Smp. 138,3°, entsteht aus Asarylaldehyd und NH_2OH (FABINYI, Ph. Ch. **12**, 578); das Hydrochlorid des Oxims bildet sich durch Versetzen einer alkohol. Lösung von Asaron mit Isoamylnitrit und HCl, Smp. 155,4°; das Hydrobromid $C_{10}H_{13}NO_4 \cdot HBr$ schmilzt bei 161,9—163,7°, das Sulfat $C_{10}H_{13}NO_4 \cdot H_2SO_4$ bei 144°, das Acetylderivat bei 14°. — BECKSTRÖM (Ar. **242**, 98) beschreibt einige Kondensationsprodukte des Asarylaldehyds, so mit Aceton $= (OCH_3)_3 \cdot C_6H_2 \cdot CH : CH \cdot CO \cdot CH_3$, Smp. 96,5°, dessen Oxim $C_{13}H_{17}O_4N$ bei 145° schmilzt; mit Methylnonylketon $C_{21}H_{32}O_4 = (OCH_3)_3 \cdot C_6H_2 \cdot CH : CH \cdot CO \cdot C_9H_{19}$, hellgelbe Nadeln vom Smp. 97,5°, dessen Oxim bei 86°, dessen Semicarbazon bei 151—152° schmelzen. Der 2, 4, 5-Trimethoxybenzylidendiäthyläther $C_{14}H_{22}O_5 = (OCH_3)_3 \cdot C_6H_2 \cdot CH(OC_2H_5)_2$ entsteht durch Sättigen einer absolut alkoh. Lösung des Asarylaldehyds mit HCl-Gas bei 0°; Smp. 101,5°. — Über die Synthese des Asarylaldehyds vgl. GATTERMANN und EGGERS (B. **32**, 289). — Ferner erhielten THOMS und BECKSTRÖM (B. **34**, 1023) durch Einwirkung der Luft auf ein öliges Produkt, das sie dem Kalmusöl mittels Bisulfitlösung entzogen, Asarylaldehyd. — Der Asarylaldehyd geht beim Erhitzen mit Propionsäureanhydrid und Natriumpropionat in Asaron und 2, 4, 5-Trimethoxy-β-Methylzimtsäure über (G. und E.) — Das Aldazin des Asarylaldehyds $(OCH_3)_3 \cdot C_6H_2 \cdot CH : N \cdot N : HC \cdot C_6H_2(OCH_3)_3$ schmilzt nach G. und E. bei 263°.

Asaronsäure $C_{10}H_{12}O_5 = (OCH_3)_3 \cdot C_6H_2 \cdot COOH$ bildet sich neben dem Asarylaldehyd bei der Oxydation des Asarons mittels $KMnO_4$ (RIZZA und BUTLEROW (Ж. **19**, 31; B. **20**, Ref. 222; POLECK, B. **17**, 1416 und STAATS, Inaug.-Diss. Breslau, **1885**): Smp. 144°, Sdp. 300°; sie liefert beim Erhitzen mit Salzsäure auf 150° CO_2, CH_3Cl und $C_{12}H_8O_4$ (?), welch letztere Verbindung in Nadeln kristallisiert, sich in Vitriolöl mit blauer Farbe löst und sich mit $FeCl_3$ schwarz färbt. Beim Glühen von Asaronsäure mit Kalk wird CO_2 abgespalten und der Trimethyläther des Oxyhydrochinons gebildet (vgl. WILL, B. **21**, 614), der bei der Oxydation mit Salpetersäure Kristalle des Dinitrooxyhydrochinonäthers absetzt.

Das Asaron liefert analog dem Methylisoeugenol, Isosafrol, Isomyristicin und Isoapiol mit Pikrinsäure, Additionsprodukte, deren Entstehung schon an der roten bis rotbraunen Färbung beim Mischen der Lösungen mit Pikrinsäure zu erkennen ist; während aber Isosafrol und Isoapiol gut kristallisierte Pikrate liefern, geben Isoeugenol und Asaron weniger beständige und schlechter kristallisierende Derivate. Aus dem Asaron entsteht das Pikrat $C_{18}H_{19}O_{10}N_3$, braunschwarze Nadeln vom Smp. 81—82°.

Identifizierung des Asarons. Die Isolierung des Asarons erfolgt zunächst am besten durch fraktionierte Destillation im Vakuum, indem man unter 10 mm Druck die um 165° übergehenden Anteile auffängt und deren physikalische Konstanten bestimmt. Von Derivaten ist das Dibromid vom Smp. 86° charakteristisch, das jedoch sehr unbeständig ist. Sehr gut eignet sich zur Identifizierung des Asarons die Oxydation mit $KMnO_4$, wobei der Asarylaldehyd vom Smp. 114° und die Asaronsäure vom Smp. 144° entstehen. Ist das Asaron in einigermaßen beträchtlicher Menge in einem Öle enthalten, so kristallisiert es meistenteils aus.

Zur **Konstitution des Asarons** ist zu bemerken, daß das Asaron ein Trimethyläther des Oxyhydrochinons ist, wie WILL im Jahre 1890 nachwies. Die Aboxydation des Asarons zum Asarylaldehyd bzw. zur Asaronsäure erfordert ferner, daß eine C_3H_5-Gruppe vorhanden ist, deren angenommene Stellung zu den drei Oxymethylgruppen durch die Synthese von seiten GATTERMANNS und EGGERS (B. **32**, 289) bewiesen wurde; hiernach ist das Asaron zweifellos ein Propenyl(1)-trimethoxy(3, 4, 6)-benzol.

Die **Geschichte des Asarons** zeigt, daß, obwohl das Asaron sicherlich als fester Bestandteil des Haselwurzöls seit Jahrhunderten bekannt ist, es dennoch erst von GOERZ 1814 als kristallinische Abscheidung erwähnt wird, daß sich zwar GRAEGER 1830 mit diesem Asarumkampfer etwas näher beschäftigte, daß jedoch erst BLANCHET und SELL im Jahre 1833 ihn analysierten und auf die Formel $C_8H_{11}O_2$ stimmende Zahlen erhielten. SCHMIDT brachte im Jahre 1845 alsdann besonders kristallographische Beiträge über den Asarumkampfer, dem er den Namen Asaron gab. Diese kristallographische Beschreibung ist sehr genau. Chemische Reaktionsproduktewurden jedoch weiter nicht erzielt.

In der nächsten Periode, 1857—1872, erschienen keine das Asaron direkt betreffende Arbeiten.

Erst der nächste Zeitabschnitt, 1872—1887, jedoch auch erst in seinen letzten Jahren, brachte neue Mitteilungen über das Asaron. BUTLEROW und RIZZA stellten im Jahre 1884 die Bruttoformel $C_{12}H_{16}O_3$ auf, welche sie durch Bestimmung der Dampfdichte und Darstellung des Dibromids erhärteten. In bezug auf die nähere Konstitution stellten sie fernerhin fest, daß drei Methoxylgruppen vorhanden sind und ferner wiesen sie nach, daß das Asarit und der Asarumkampfer GRAEGERS identisch sind. Gleichzeitig bringen POLECK und STAATS wichtige Beiträge über das Asaron. Am Ende dieser Periode, im Jahre 1887, nahm man allgemein an, daß die RIZZA-BUTLEROWsche Formel die meiste Wahrscheinlichkeit für sich habe, daß also im Asaron drei Oxymethylgruppen vorhanden seien und eine C_3H_5-Gruppe. Die Frage nach der Stellung der einzelnen Gruppen im Benzolkern jedoch, sowie nach der Natur des Radikals C_3H_5 blieb noch offen.

Erst in der letzten Periode, 1887 bis zur Gegenwart, folgert zunächst EYKMAN im Jahre 1889 aus den optischen Konstanten, daß im Asaron eine Propenylgruppe vorhanden ist. WILL erbringt alsdann im Jahre 1890 den Beweis, daß den drei Oxymethylgruppen das Oxyhydrochinon zugrunde liegt. Nunmehr blieb noch übrig, die Stellung der C_3H_5-Gruppe festzustellen; diese Lücke füllten GATTERMANN und EGGERS im Jahre 1899 durch die Synthese des Asarons aus.

Der Nachweis des Vorkommens des Asarons als Bestandteil ätherischer Öle blieb bis zum Jahre 1898 auf das Haselwurzöl beschränkt; in diesem Jahre zeigten Sch. u. Co., daß es sich auch im Maticoöl findet. In den folgenden Jahren wird das weitere Vorkommen konstatiert.

Eine Anwendung außer als Ausgangsmaterial für wissenschaftliche Präparate findet das Asaron bisher nicht.

---

354. Myristicin

$C_{11}H_{12}O_3$ =

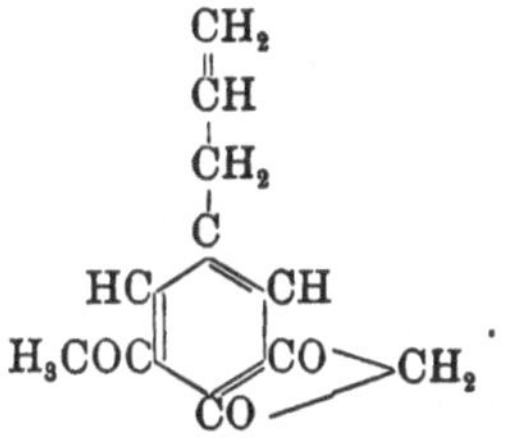

Vorkommen, Isolierung und Synthese. Das Myristicin wurde zuerst in den hochsiedenden Anteilen des Muskatblüten- bzw. Macisöles (*Myristica fragans* Houtt.) von Semmler (B. **23**, 1803) aufgefunden. Der Muskatnußbaum dürfte seine Heimat auf den Molukken haben, wird aber auch anderwärts in tropischen Ländern kultiviert. Die Frucht des Baumes ist eine Steinfrucht, welche noch von dem Samenmantel (arillus), der sogenannten Muskatblüte, umgeben ist. Die Muskatblüte besitzt im frischen Zustande eine rote Farbe, die beim Trocknen in gelb übergeht. Muskatnüsse erscheinen schon frühzeitig im Handel und werden im zwölften Jahrhundert zuerst unter den indischen Spezereien in Italien erwähnt. Werden die Muskatnüsse bzw. der Arillus (Muskatblüte) mit Wasserdampf destilliert, so werden ätherische Öle gewonnen, die bereits im 16. Jahrhundert bekannt gewesen sein dürften, wie aus den verschiedenen Destillierbüchern zu ersehen ist. In den Arzneitaxen erscheinen das Macis- und Muskatnußöl in jener von Berlin im Jahre 1574. Die ersten chemischen Untersuchungen werden von Valentini (Macis vulgo sed perperam, Muskatenblume dicta. Diss. Gießen **1719**), Neumann (Chymia medica, dogmatico-experimentalis, Züllichau **1749**, Bd. II, T. III, 437) und Bonastre (Trommsd. N. J. der Pharm. VIII, **2** [1824], 231). Aus den Muskatnüssen werden bei der Wasserdampfdestillation 8—15 % Öl erhalten, während die Muskatblüten 4—15 % liefern. Über weitere Literatur des Muskatnuß- und Muskatblütenöls vgl. Semmler (a. a. O.). John und Mulder (John, Chem. Schriften **6** [1821], 61 und Mulder, A. **31** [1839], 71) beobachteten ein Stearopten, das sie „Myristicin" nannten, das aber, wie Flückiger (Pharm. Journ. London III, **5** [1874], 136) nachwies, aus Myristinsäure besteht.

SEMMLER (a. a. O.) bezeichnet mit dem Namen „Myristicin" den Hauptbestandteil der hochsiedenden Anteile des Macisöls. Durch fraktionierte Destillation erhielt S. daraus einen Anteil vom $Sdp._{10} = 142—149^{0}$. Um die Phenole usw. zu entfernen, wurde die fraktionierte Destillation über metallischem Na vorgenommen. Hierbei zeigte es sich nun, daß das Destillat allmählich erstarrte: $d_{25} = 1{,}1501$, Smp. 30,25°. Wie SEMMLER (G. und H., S. 476) späterhin fand, ist in dem Macisöl ursprünglich ein flüssiger Phenoläther vorhanden, der durch Behandlung mit metallischem Na teilweise isomerisiert wird. SCH. u. Co. fanden ebenfalls, daß der hochsiedende Anteil vor der Behandlung mit Na einen viel niedrigeren Brechungsexponenten besitzt als nachher, so daß das Na bzw. das sich in geringen Mengen bildende Natriumhydroxyd eine Isomerisierung bewirkt haben muß. — Zunächst wurde von S. für das Myristicin die Formel $C_{12}H_{14}O_{3}$ in Betracht gezogen. Das Myristicin lieferte bei der Oxydation (SEMMLER, B. **24**, 3818) mit $KMnO_4$ usw. Myristicinaldehyd $C_9H_8O_4$ vom Smp. 130° und Myristicinsäure $C_9H_8O_5$ vom Smp. 208—210°. Durch Behandlung mit Jodwasserstoff wurde aus der Myristicinsäure ein Mol. Jodmethyl abgespalten, so daß eine Oxymethylgruppe in der Myristicinsäure anzunehmen ist. Durch Erhitzen der Myristicinsäure mit Phosphor und konz. Jodwasserstoffsäure auf 140° erhielt S. Gallussäure, ferner durch Behandlung mit Brom in Eisessiglösung Methyl-methylentribrompyrogallol.

Aus diesen Versuchen ist zu folgern, daß das Myristicin ein substituiertes Pyrogallol ist, und zwar ist in ihm eine Oxymethyl- und eine Oxymethylengruppe vorhanden; fernerhin war ein Wasserstoffatom in diesem Pyrogalloläther im Kern ersetzt durch ein ungesättigtes Radikal, dessen Stellung durch die Überführung der Myristicinsäure in Gallussäure ebenfalls bestimmt war, so daß das Myristicin im Jahre 1891 von SEMMLER als Butenyl(1)-oxymethyl(3)-oxymethylen(4, 5)-benzol angesprochen wurde. Die Stellung der einzelnen Substituenten war eindeutig. Zu erledigen blieb nur die Natur des ungesättigten Radikals. Es war von Hause aus wenig wahrscheinlich, daß es gelingen würde, durch fraktionierte Destillation das Myristicin in reinem Zustande abzuscheiden, so daß auf die Analysen des Myristicins selbst kein allzu großes Gewicht zu legen war; in zweifellos reinem Zustande erhielt S. den Myristicinaldehyd und die Myristicinsäure. In der Nähe des Myristicins sieden besonders auch Sesquiterpene und -alkohole, die sich durch hohen C-Gehalt auszeichnen. Auch das durch Bromieren erhaltene Tribrommyristicin ist schwer von diesen gleichzeitig bromierten Verbindungen zu scheiden. Es gelang nun S. auf anderem Wege zu reinen Verbindungen zu gelangen. Wie bereits oben erwähnt, hat es sich herausgestellt, daß im Macisöl ursprünglich ein flüssiger Phenoläther vorhanden ist, der sich durch Behandlung mit Natrium bzw. alkoholischem Alkali invertieren läßt. Das von S. durch Destillation über Na gewonnene Produkt vom Smp. 30° war ein Gemenge von Myristicin und Isomyristicin. Durch wiederholtes Umkristallisieren konnte der Smp. des Isomyristicins bis auf 45° gebracht werden. Die nunmehr vorgenommenen Analysen zeigten, daß im Isomyristicin, also auch im Myristicin, eine Verbindung $C_{11}H_{12}O_3$ vorliegt und nicht $C_{12}H_{14}O_3$, daß demnach die ungesättigte Seitenkette im Myristicin eine C_3H_5-Gruppe ist (vgl. SEMMLER, Naturf.-Vers. Kassel **1903**; Chem. Ztg. **27** [1903], 970). Im Jahre 1903 war demnach die Konstitution des Myristicins bzw. Isomyristicins vollkommen aufgeklärt.

Die Auffassung des Myristicins als Allyl(1)-oxymethyl(3)-oxymethylen-(4,5)-benzols wird von THOMS (Naturforsch.-Vers. Kassel **1903**; Chem. Ztg. **1903**, 938) gleichzeitig bestätigt; TH. fand, daß das aus dem Macisöl erhaltene Myristicin tatsächlich eine Allylgruppe enthält und daß es bei der Behandlung mit alkohol. Kali in Isomyristicin übergeht; durch Reduktion erhält TH. ferner Dihydromyristicin. Es gelingt THOMS und SCHOENEWALD außerdem, das Myristicin auch im französischen Petersilienöl nachzuweisen. Auf die wichtigen Umsetzungen, die TH. durch Einwirkung von Salpetersäure auf Phenoläther erhält, wird weiter unten eingegangen werden.

Das Vorkommen des Myristicins beschränkt sich demnach bisher auf die ätherischen Öle, die aus der Muskatblüte gewonnen werden und auf das Petersilienöl, gewonnen aus den Samen von *Petroselinum sativum* Hoffm. BIGNAMI und TESTONI (G. **30** [1900], I, 240) fanden, daß sich im Petersilienöl außer Apiol eine Verbindung findet, die dem Myristicin SEMMLERS nahe verwandt ist (vgl. MOURGNES, Recherches chimiques etc., Paris **1891**). — THOMS (B. **36**, 3451) untersucht französisches Petersilienöl. Dieses liefert im Gegensatz zum deutschen Petersilienöl wenig Apiol, zuweilen läßt es sich gar nicht zum Erstarren bringen. TH. fand: $d_{20} = 1{,}017$, $[\alpha]_{D_{20}} = -5{,}7^{\circ}$. Durch Behandlung mit Natriumcarbonatlösung, $2\,^0/_0$iger Kalilauge und Natriumbisulfitlösung wurde das Öl von Säuren, Phenolen, Aldehyden und Ketonen befreit; hierbei wurde Palmitinsäure konstatiert. Das von Säuren usw. befreite Öl wurde alsdann fraktioniert destilliert und stellte sich schließlich heraus, daß die hochsiedenden Anteile im wesentlichen aus Myristicin bestehen und daß nur in den höchstsiedenden Fraktionen Apiol nachgewiesen werden konnte. Diese Resultate, welche THOMS erhielt, stehen im vollen Einklange mit den Angaben von BIGNAMI und TESTONI, die ebenfalls ein französisches Öl in Händen gehabt haben dürften. Pflanzenphysiologisch interessant ist die Tatsache, daß die deutschen Petersiliensamen ein Öl liefern, das in den höchstsiedenden Anteilen hauptsächlich Apiol enthält, daß dagegen das französische Petersiliensamenöl in diesen hauptsächlich aus Myristicin besteht. Apiol und Myristicin unterscheiden sich dadurch, daß das erstere eine Oxymethylgruppe mehr enthält als das letztere. Da die Stammpflanzen, die die Petersiliensamen lieferten, in beiden Fällen dieselben gewesen sein dürften, so können es nur die „Umgebung", Klima und Bodenverhältnisse, gewesen sein, welche bewirkten, daß die Pflanze einmal Apiol, das andere Mal Myristicin produziert.

Auf synthetischem Wege ist das Myristicin bisher nicht erhalten worden.

Physik. Eig. des Myristicins. SEMMLER: Sdp.$_{10}$ = 142°, d_{25} = 1,141. THOMS (B. **36**, 3447): Sdp.$_{15}$ = 149,5°, d_{19} = 1,1425; es läßt sich durch starke Abkühlung nicht zum Erstarren bringen.

SCH. u. Co. (G. u. H., S. 476): es wird im Kältegemisch nicht fest.

Physiol Eig. des Myristicins. Das Myristicin besitzt nur schwachen Geruch.

Eine ausführliche Untersuchung über die Einwirkung des Myristicins sowie des Isomyristicins auf den tierischen Organismus liegt von JÜRSS (SCH. **1904**, I, 159ff.) vor. Zunächst wird festgestellt, daß beim Erhitzen von Myristicin sowie Isomyristicin und zwar von je 1 Tropfen auf 1 ccm 99%iger Trichloressigsäure in Salzsäure eine intensive Färbung hervorgerufen wird, die beim Myristicin rotviolett, beim Isomyristicin mehr blauviolett ist, während Apiol diese Reaktion nicht gibt. Durch 1%ige Jodsäurelösung färben sich Myristicin sowohl wie Isomyristicin allmählich mehr oder weniger gelb bis braun. Es wurden alsdann Myristicin und Isomyristicin sowie Apiol in ihrer Einwirkung auf Warmblüter und Kaltblüter untersucht. Als Resultat ergab sich, daß „das Myristicin und Apiol, sowie das künstlich dargestellte Isomyristicin erheblich giftig sind und namentlich die Leber schädigen. Eintritt phosphorartiger Fettanreicherung der erkrankten Leber ist nichts Seltenes. In kleinen Dosen sind diese Stoffe dagegen Bestandteile wohlschmeckender Genußmittel und heilsamer Arzneien. Sehr auffallend ist, daß mehreren Volksabortivmitteln die Wirkung zukommt, Leberverfettung zu machen, nämlich dem Phosphor, der Poleiminze, der Thuja und der Muskatnuß".

Chem. Eig. des Myristicins. Reduktionsversuchen, namentlich Na und Alkohol gegenüber, erweist sich das Myristicin sehr beständig. — Halogen und Halogenwasserstoff werden zwar vom Myristicin absorbiert, jedoch werden in wenigen Fällen kristallisierte Derivate gewonnen. Das Dibrommyristicindibromid $C_6HBr_2(C_3H_5Br_2)(OCH_3)(O_2CH_2)$ erhielt THOMS (B. **36**, 3448) vom Smp. 130°.

Bei der Oxydation liefert das Myristicin, wenn auch in schlechterer Ausbeute als das Isomyristicin, Myristicinaldehyd und Myristicinsäure (vgl. unter Isomyristicin).

Einwirkung von N_2O_3 auf Myristicin. RIMINI (Rend. de soc. chim. Roma **2** [1904], 20; G. **34**, II, 281; G. **35**, I, 406) findet, daß sich die Einwirkungsprodukte, welche sich durch Anlagerung von N_2O_3 an die Allyl- bzw. Propenylgruppe bilden, sehr wohl verwerten lassen zur Entscheidung der Frage, ob die eine oder andere Gruppe vorliegt, wenn man die aus den Nitrositen erhältlichen Derivate berücksichtigt, indem einmal (Allylverb.) Nitrooxime, in dem anderen Falle Peroxyde von Dioximen entstehen; sonst könne auch zum Nachweis einer Allylgruppe die Einwirkung von Quecksilberacetat nach BALBIANO Verwendung finden. Das α-Nitrosit des Myristicins $(O_2CH_2)(OCH_3) \cdot C_6H_2 \cdot C_3H_5 \cdot N_2O_3$ zeigt den Smp. 130°; das isomere β-Nitrosit ließ sich nicht isolieren, sondern wurde sofort durch verd. Schwefelsäure in das Dioxymethylenmethoxyphenylnitroaceton $(O_2CH_2)(OCH_3) \cdot C_6H_2 \cdot CH_2 \cdot CO \cdot CH_2 \cdot NO_2$ vom Smp.

132—133° übergeführt, das sich zum entsprechenden Amidoketon reduzieren ließ, dessen Pikrat bei 182° schmolz.

Zur Charakterisierung des Myristicins als Allylderivat bediente sich RIMINI der Methode von BALBIANO-PAOLINI, indem er basisches Quecksilberacetat anlagerte. Die Acetomercuriverbindung des Myristicins $(O_2CH_2)(OCH_3)\cdot C_6H_2\cdot C_3H_5(OH)\cdot HgC_2H_3O_2$ schmilzt bei 111°; sie gibt mit einer gesättigten wäßrigen Lösung von KCl die Verbindung (O_2CH_2)-$(OCH_3)\cdot C_6H_2\cdot C_3H_5(OH)\cdot HgCl$ vom Smp. 127°.

Isomyristicin

$C_{11}H_{12}O_3$ = 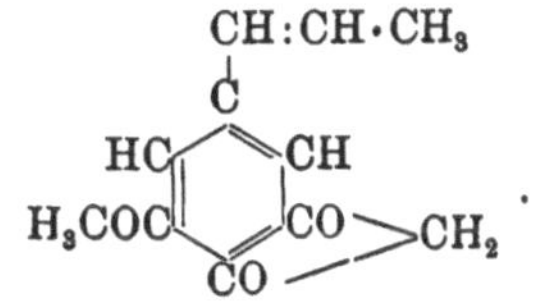

Behandelt man Myristicin nach SEMMLER (a. a. O.) im Vakuum mit Na bei höherer Temperatur oder mit alkohol. Kali, so wird es umgelagert in eine isomere Verbindung, in das Isomyristicin: Smp. 45°. Schon aus dieser Umlagerung ergibt sich, daß die C_3H_5-Gruppe im Myristicin sich zu jener im Isomyristicin analog verhalten müsse wie die entsprechenden Gruppen im Safrol und Isosafrol, daß also im Myristicin ein Allylderivat, im Isomyristicin ein Propenylderivat vorliegen muß. Alle Reaktionen letzterer Verbindungen bestätigen diese Auffassung.

Über die **physiol. Eig.** des Isomyristicins vgl. oben.

Durch Reduktion mit Na und Alkohol läßt sich das Isomyristicin überführen (THOMS, B. **36**, 3449) in Dihydroisomyristicin $C_6H_3(C_3H_7)$-$(OCH_3)(O_2CH_2)$: Sdp.$_{17}$ = 149—150°. Gleichzeitig entsteht in geringer Menge das (1)-Propyl(5)-methoxy-(3)-phenol $C_6H_3(C_3H_7)(OCH_3)(OH)$: Sdp.$_{17}$ = 160—161°, d_{20} = 1,0598; der Methyläther dieses Phenols besitzt: Sdp.$_{16}$ = 136—137°, d_{19} = 1,0194.

Durch Einwirkung von Brom auf Isomyristicin läßt sich ein Dibromid $C_{11}H_{12}Br_2O_3$ gewinnen: Smp. 105° (SEMMLER, B. **23**, 1809); Smp. 109° (THOMS, B. **36**, 3448). — Das Dibromisomyristicindibromid erhält TH. (a. a. O.), indem er zu dem Dibromid überschüssiges Brom hinzufügt: Smp. 156°.

Myristicinaldehyd

$C_9H_8O_3$ = 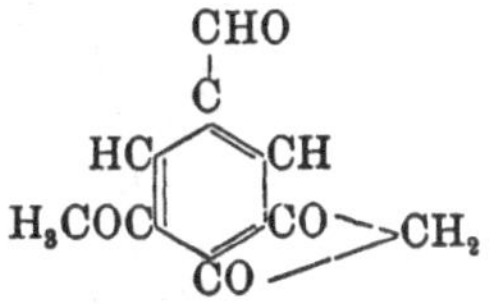

entsteht nach SEMMLER (B. **24**, 3819) durch Oxydation des Myristicins bzw. Isomyristicins mittels $KMnO_4$: Smp. 130° Sdp. 290—295°; lösl. in heißem Wasser, gibt mit Phenylhydrazin und Hydroxylamin schön kristallisierende Verbindungen. Sein Oxim schmilzt bei 158°. Thoms (B. **36**, 3415) beobachtet für den Aldehyd den Smp. 131°.

Myristicinsäure $C_7H_8O_4$ schmilzt nach S. bei 208—210°, nach Th. bei 210°; Sdp. über 300°, sie läßt sich jedoch auch im Vakuum nicht ganz unzersetzt destillieren. S. (B. **24**, 3821) führte die Myristicinsäure mittels Phosphor und Jodwasserstoffsäure in Gallussäure über, die in wasserfreiem Zustande zwischen 230—235° schmilzt. Wird die Myristicinsäure in Eisessig gelöst und Brom hinzugefügt, so erhält man nach S. Methylmethylentribrompyrogallol $C_6(Br_3)(<^{O}_{O}>CH_2)(OCH_3)$ vom Smp. 159—160°. — Dieselbe Myristicinsäure wird erhalten beim Erwärmen von Cotarnsäure $(O_2CH_2)C_6H\cdot(OCH_3)\cdot(COOH_2)_2$ mit konz. HCl auf 100° (Roser, A. **254**, 348).

Das Verhalten des Isomyristicins gegen N_2O_3 studiert Rimini (G. **34**, II, 281; G. **35**, I, 406). Das Nitrosit $C_{11}H_{12}O_6N_2$ schmilzt bei 130—131°, und dürfte eine bimolekulare Verbindung sein (vgl. Isosafrol); in den Mutterlaugen findet sich ein Nitrosat des Isomyristicins $C_{11}H_{12}O_7N_2$ vom Smp. 147°. Wird das Nitrosit, in Alkohol suspendiert, mit Piperidin auf dem Wasserbade erwärmt usw., so entsteht das β-Nitroderivat des Isomyristicins $(O_2CH_2)(OCH_3)C_6H_2\cdot CH:C(NO_2)\cdot CH_3$, goldgelbe Nadeln vom Smp. 112°; es gibt beim Kochen mit Hydroxylaminchlorhydrat, Na_2CO_3 und einigen Tropfen NH_2OH Myristicinaldoxim vom Smp. 158°. Dieses β-Nitroderivat wird durch Brom in ein Dibrom-β-nitroisomyristicin $(O_2CH_2)(OCH_3)C_6Br_2\cdot CH:C(NO_2)\cdot CH_3$ vom Smp. 160° übergeführt, das seinerseits beim Kochen mit $NH_2OH\cdot HCl$ Dibrommyristicinaldoxim liefert vom Smp. 184—186°. — Das Diisonitrosoperoxyd $(OCH_3)(O_2CH_2)\cdot C_6H_2\cdot$
C——$C\cdot CH_3$ schmilzt bei 103°, es gibt mit Zinkpulver und Eisessig das
‖ ‖
NO–ON
Diisonitrosoisomyristicin $(O_2CH_2)(OCH_3)\cdot C_6H_2\cdot C(:NOH)\cdot C(:NOH)\cdot CH_3$: Smp. 136°. — Das Diisonitrosoisomyristicin vom Smp. 136° liefert beim einstündigen Kochen mit Schwefelsäure ein Monoxim des Diketons des Isomyristicins $C_{11}H_{11}O_5N$ vom Smp. 154°, sowie das Diketon selbst $(O_2CH_2)(OCH_3)\cdot C_6H_2\cdot CO\cdot CO\cdot CH_3$, Smp. 69—70°. Aus dem Monoxim wurde das Myristicyldiacetylamid $(O_2CH_2)(OCH_3)\cdot C_6H_2\cdot CON(COCH_3)_2$, Smp. 143°, erhalten, das beim Kochen mit 25%iger Natronlauge Myristicinsäure vom Smp. 208—210° liefert.

Durch Mercuriacetat und Reduktion der entstehenden Verbindung mit Zink und 50%iger KOH entsteht aus dem Isomyristicin nach Rimini das Dihydroxyisomyristicin $(O_2CH_2)(OCH_3)\cdot C_6H_2\cdot C_3H_5(OH)_2$: Smp. 114 bis 115°. Das Pikrat des Isomyristicins $(O_2CH_2)(OCH_3)\cdot C_6H_2\cdot C_3H_5\cdot C_6H_3O_7N_3$ bildet rote Nadeln vom Smp. 86°; die Darstellbarkeit dieser Verbindung spricht ebenfalls für die Propenylgruppe im Isomyristicin.

Bei der Umlagerung des Myristicins mit alkohol. Kali findet eine teilweise Aufspaltung der Oxymethylengruppe statt (Thoms, B. **36**, 3447), indem analog wie beim Apiol wenig von einem Phenol entsteht, dem ev. die Konstitution $C_6H_2(C_3H_5)(1)(OCH_2OC_2H_5)(3)OH(4)(OCH_3)(5)$ zukommt.

Die **Identifizierung des Myristicins** geschieht am besten, indem man zunächst fraktioniert destilliert und die bei einem Druck von 10 mm bei 140—145° siedenden Anteile auf ihre physikalischen Konstanten untersucht. Mit überschüssigem Brom liefert das Myristicin das Dibrommyristicindibromid vom Smp. 130°. Durch Behandlung der Fraktion mit alkoh. Kali entsteht Isomyristicin vom Smp. 45°, das seinerseits durch das Dibromid vom Smp. 109° und durch das Dibromdibromid vom Smp. 156° charakterisiert ist. Myristicin sowohl wie Isomyristicin geben bei der Oxydation Myristicinaldehyd vom Smp. 130° und Myristicinsäure vom Smp. 208—210°. Ev. sind zur Unterscheidung von Myristicin und Isomyristicin die Einwirkungsprodukte von N_2O_3 auf diese Verbindungen heranzuziehen.

Die **Konstitution des Myristicins** ergibt sich einmal aus der Aboxydation dieses Moleküls zur Myristicinsäure, welche eine Methylenmethylgallussäure ist; durch diese Überführung ist die relative Stellung der OCH_3 und O_2CH_2-Gruppe und des Radikals C_3H_5 im Myristicin eindeutig gegeben. Daß im Myristicin ein Allylderivat vorliegt, geht einmal hervor aus der Überführung in das Isomyristicin, sowie aus den ausführlichen Untersuchungen Angelis, der sowohl N_2O_3, als auch Quecksilberacetat usw. auf beide Moleküle einwirken ließ.

Die **Geschichte des Myristicins** ist eine verhältnismäßig junge. Obwohl das Muskatnuß- und das Macisöl seit langem bekannt sind, so sind die hochsiedenden Anteile dieser Öle doch erst in der letzten Periode, 1887 bis zur Gegenwart, einer näheren Untersuchung unterzogen worden. Semmler bringt im Jahre 1890 die erste ausführliche Untersuchung über den Hauptbestandteil des hochsiedenden Macisöls. Durch Destillation über Natrium konnte S. andere anwesende Anteile entfernen; wie S. späterhin feststellte, wird hierbei das Myristicin teilweise zu Isomyristicin invertiert. Zuerst gab S. dem Myristicin die Formel $C_{12}H_{14}O_3$; da es nicht gelang, durch fraktionierte Destillation zu einem reinen Produkt zu kommen, so ging S. vom Isomyristicin aus und stellte fest, daß darin eine C_3H_5-Gruppe vorkommt, daß also das Myristicin die Bruttoformel $C_{11}H_{12}O_3$ hat und daß bei der Behandlung mit Na selbst im Vakuum eine teilweise Invertierung des Myristicins zu Isomyristicin stattfindet. Diese Auffassung Semmlers über die Konstitution des Myristicins wurde in ausführlicher Weise von Thoms gleichzeitig bestätigt, dem es fernerhin gelang, das Myristicin im französischen Petersilienöl als Hauptbestandteil der hochsiedenden Anteile nachzuweisen. Mit großer Schärfe hat Rimini alsdann das Verhältnis des Myristicins zum Isomyristicin als eines Allyl- zum Propenylderivat von neuem bestätigt.

Eine **Anwendung** außer zur Darstellung wissenschaftlicher Präparate hat das Myristicin bisher nicht gefunden.

δ) Vierwertige Phenole und ihre Derivate.

In einigen ätherischen Ölen finden sich zwei Äther der Benzolreihe, welche sich von vierwertigen Phenolen ableiten. Es sind dies zwei Apiole; beide leiten sich von derselben Muttersubstanz ab, einem Allyl-o-Tetraphenol

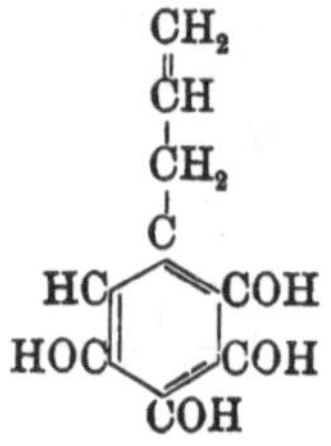

Beide Apiole sind Dimethyl-methylenderivate dieses vierwertigen Phenols; sie unterscheiden sich nur durch die Art der Ersetzung der Phenolwasserstoffatome durch die Methylen- bzw. Methylgruppen:

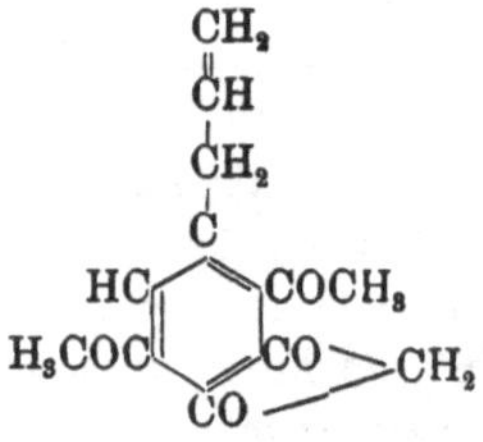

Petersienapiol

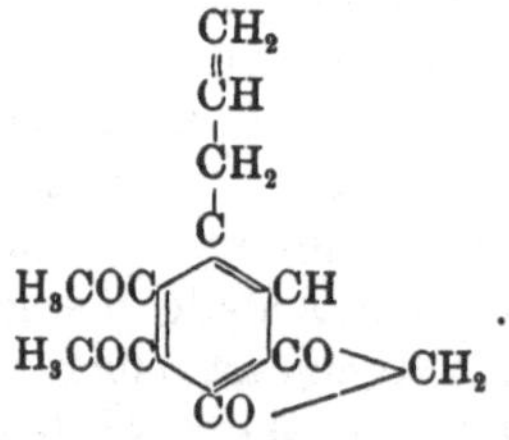

Dillapiol

355. Petersilienapiol, Petersilienkampfer $C_{12}H_{14}O_4$ (Petroselinol).

Vorkommen, Isolierung und Synthese. Das Vorkommen und die Geschichte des Petersilienapiols hat große Ähnlichkeit mit denjenigen des bisher abgehandelten nahe verwandten Phenoläther, so z. B. mit denen des Safrols, Myristicins, usw. jedoch ist das Apiol, das früher Petersilienkampfer genannt wurde, bedeutend länger bekannt. Genau so wie erwähnte Phenoläther findet sich das Apiol als Bestandteil ätherischer Öle selten und ist hauptsächlich in einem einzigen Öl seit längerer Zeit wenigstens seinen äußeren physikalischen Eigenschaften nach bekannt, und zwar als Bestandteil des Petersilienöls (*Petroselinum sativum* Hoffm.). Die zu der Familie der Umbelliferen gehörige Petersilie dürfte ursprünglich in den Mittelmeerländern und Zentralasien zu Hause gewesen sein, wird jedoch seit Jahrhunderten als Küchengewürz weit verbreitet angebaut. Auch wurde sie früher als Heilmittel angewandt, ebenso wie das destillierte Petersilienwasser. Das destillierte Petersilienöl selbst wird im 16. Jahrhundert erwähnt, so in der Apothekertaxe der Stadt Frankfurt am Main aus dem Jahre 1587. Schon frühzeitig bemerkte man, daß das Öl einen kristallinischen Bestandteil abschied (LINK 1715 in Leipzig, WALTHER 1745, De oleis vegetabilium essentialibus. Diss. Leipzig 1745; DEHNE, CRELLS, Chem. Journ. **1778**, I, 40; BOLLE, Arch. der Pharm. **29** [1829], 168; BLEY, TROMMSD. N. J. **14**, II [1827], 134 berichten ebenfalls über den Petersilienkampfer). — Die Petersilie enthält in allen ihren Teilen, besonders aber in ihren Samen das ätherische Öl, wovon die Samen 2—6 % liefern. Die Zusammensetzung des ätherischen Petersilienöls ist nicht in allen Fällen dieselbe, sondern sie wechselt je nach dem Standort der Stammpflanze. So enthält, wie wir bereits erfuhren, das französische Petersilienöl Myristicin und wenig Apiol, während das deutsche Petersilienöl so reich an Apiol ist, daß das ganze Öl häufig butterartig erstarrt.

Daß einige Petersilienöle — wahrscheinlich handelt es sich um französische — die Kristalle des Kampfers nicht abscheiden, beobachtete bereits GERHARDT, GRH. III, 641 Anm.: „J'ai pendant plus d'un an abandonné dans l'eau de l'essence de persil sans obténir des cristaux."

Die ersten Elementaranalysen des Petersilienkampfers rühren von BLANCHET und SELL (A. **6** [1833], 301) her, welche den Smp. 21°, den Sdp. ca. 300° und die Formel $(C_6H_7O_2)_x$ angeben. Wie B. und S. bereits fanden, besteht das Petersilienöl aus einem leichter flüchtigen, spezifisch leichten und einem höher siedenden, spezifisch schweren Öl, dem Petersilienkampfer, der in feinen hexagonalen Nadeln kristallisiert.

LÖWIG und WEIDMANN (POGG. Ann. **46**, 53; A. **32** [1839], 283) berichten ebenfalls über das Petersilienöl und finden, daß es sowohl beim Destillieren mit Wasser, als auch für sich in ein flüssiges übergehendes Öl und in ein festes, welches in der Retorte zurückbleibt, zerlegt werden kann. L. und W. finden, daß der Petersilienkampfer eine geruch- und geschmacklose Masse bildet und daß die Analyse auf $C_{12}H_{16}O_3$ hinweist.

MARTINS (A. **4** [1832], 267) beschäftigte sich ebenfalls mit dem Petersilienkampfer und erhielt bei der Einwirkung von Salpetersäure weder Oxalsäure noch Pikrinsäure.

RUMP (BUCHN. Repert. **56** [1831], 21) erhielt bei dieser Oxydation jedoch beide Säuren.

LINDENBAUM (Diss. Würzburg 1867) konnte bei der Oxydation nur Oxalsäure, keine Pikrinsäure nachweisen, außerdem erhielt er einen gelben, harzähnlichen Körper ohne saure Eigenschaften, der ein Nitrokörper zu sein schien, spez. Gew. 1,015 (?). Konz. Schwefelsäure löse das Apiol mit blutroter Farbe (scharfe Reaktion); Wasser scheide aus dieser Lösung einen braunen Körper ab, der von Alkalien mit blaugrüner Farbe gelöst werde, jedoch könne auf diesem Wege kein kristallisierter Körper erhalten werden. Nach L's. Analysen ergibt sich für das Apiol die Formel $C_{12}H_{14}O_4$.

HOMOLLE und JORET (Journ. de Pharm. et de Chim. **28**, 212) geben einem Gemenge verschiedener Körper, das sie durch Extraktion des Petersiliensamens mit Äther und Weingeist usw. erhielten, den Namen „Apiol". — v. GERICHTEN (B. **9** [1876], 258, 1477) beschäftigt sich mit dem Apiol, indem er den Namen Apiol beibehält für den Petersilienkampfer: lange, weiße, spröde Nadeln von schwachem Petersiliengeruche; v. G. findet, daß das geschmolzene Apiol Wochen und Monate zum vollständigen Erstarren gebraucht.

Aus dem Angeführten ersehen wir, daß nach den Untersuchungen von BLANCHET und SELL 1833 und LOEWIG und WEIDMANN aus dem Jahre 1839 bis zur Dissertation LINDENBAUMS 1867 lange Zeit vergeht, ehe man sich wiederum mit dem Apiol beschäftigt. v. GERICHTEN nahm die Untersuchung erst 1876 auf. Bis zum Jahre 1887 war demnach vom Apiol wenig bekannt; die von LINDENBAUM bzw. von v. GERICHTEN vorgeschlagene Formel $C_{12}H_{14}O_4$ hat sich als richtig herausgestellt; BLANCHET und SELL müssen bereits reines Apiol unter den Händen gehabt haben, da ihre Analysen für $(C_6H_7O_2)_x$ sprechen, jedoch stimmen hiermit die Analysendaten von LÖWIG und WEIDMANN nicht überein. — Weiteres ist über die Konstitution und über die Eigenschaften des Apiols bis zum Jahre 1887 nicht bekannt. v. GERICHTEN hatte aber bereits die wichtige Beobachtung gemacht, daß das Apiol nach zwölfstündigem Erhitzen mit alkohol. Kalilauge am Rückflußkühler beim Eingießen in Wasser perlmutterglänzende rhombische Blättchen abscheidet: Smp. 53,5°, bei 46° wiederum erstarrend; es liefert bei der Oxydation mit Chromsäuremischung schöne Nadeln eines nicht weiter untersuchten Körpers, mit $KMnO_4$ über 100° schmelzende Blättchen. Mit Chloroform und konz. Schwefelsäure entsteht eine anfangs schön rotviolette, allmählich grün werdende Färbung. Die mitgeteilten Analysenzahlen decken sich nicht ganz mit jenen des Apiols. Beim Kochen mit verd. Salpetersäure entstanden gelbe Nadeln vom Smp. 114°, die sich in kochender Kalilauge allmählich mit intensiv purpurroter Farbe lösten. Eine Molekulargewichtsbestimmung des Apiols lag noch nicht vor.

In der nächsten Periode, 1887 bis zur Gegenwart, beschäftigen sich CIAMICIAN und SILBER (B. **21** [1888], 913) mit dem Apiol, entscheiden sich ebenfalls für die Formel $C_{12}H_{14}O_4$ und finden Sdp. konst. 294°, $Sdp._{34}$ = 179°. Ferner teilen sie einige Oxydationsprodukte mit, so eine Verbindung $C_{10}H_{10}O_5$ vom Smp. 102° und mit $KMnO_4$ einen neutralen Körper vom Smp. 122°.

GINSBERG (B. **21**, 1192) teilt mit, daß das Apiol wahrscheinlich die mehrfach gefolgerte Zusammensetzung besitze, jedoch auch G. gelang nicht die Dampfdichtebestimmung; das Produkt, das v. GERICHTEN durch Einwirkung von alkohol. Kali auf Apiol darstellte, spricht GINSBERG als isomer dem Apiol an. Durch Oxydation mit Chromsäure in Eisessiglösung gewann er ebenfalls das Oxydationsprodukt $(C_2H_2O)_x$ vom Smp. 102° und Sdp. 315°, auch die Nitroverbindung v. GERICHTENS vom Smp. 116°, ebenso das Reduktionsprodukt daraus vom Smp. 118°, dessen Pikrat und Acetylverbindung vom Smp. 260°.

Ciamician und Silber (B. **21**, 1621) berichten über weitere „Untersuchungen über das Apiol". Durch Behandlung des Apiols mit alkohol. Kali stellen sie den isomeren Körper v. Gerichtens und Ginsbergs dar und bezeichnen ihn als Isapiol: Smp. 55—56°, Sdp. 303—304°, $Sdp._{33} = 189°$. Durch die Oxydation des Apiols mit $KMnO_4$ in alkalischer Lösung wird das Glykol $C_{12}H_{16}O_6$ vom Smp. 122° gewonnen; durch Oxydation des Isapiols mit $KMnO_4$ wird die Apiolsäure $C_{10}H_{10}O_6$ vom Smp. 175° und der Apiolaldehyd $C_{10}H_{10}O_5$ vom Smp. 102° erhalten; in besserer Ausbeute entstehen letztere Verbindungen bei der Oxydation des Isapiols mit Kaliumbichromat und Schwefelsäure. Durch Oxydation des Apiolaldehyds mit Salpetersäure wird ein Nitroprodukt $C_7H_7NO_5$ vom Smp. 137—138° erhalten, das verschieden ist von dem bei 114° schmelzenden Nitrokörper Ginsbergs. Durch Spaltung der Apiolsäure mit verd. Schwefelsäure durch Erhitzen im Rohr auf 130—140° resultiert das Apion $C_9H_{10}O_4$, indem CO_2 abgespalten wird: Smp. 79°. Apiolsäure und Apiolaldehyd liefern mit Brom das Dibromapion. C. und S. sprechen das Apiol und Isapiol als C_3H_5-Apion an, lassen jedoch die Frage nach der Natur der C_3H_5-Gruppen offen.

Ginsberg (B. **21**, 2514) stellt das Tribromapiol $C_{12}H_{11}Br_3O_4$ vom Smp. 88—89° dar, ebenso das Tribromisapiol $C_{12}H_{11}Br_3O_4$ vom Smp. 120°. Durch Kochen des Isapiols in Benzollösung mit PCl_5 entsteht die Verbindung $C_{12}H_{12}Cl_2O_4$ bzw. $C_{12}H_{14}Cl_2O_4$ (vgl. über weitere Versuche Originalarbeit); ferner wird $C_{10}H_8Br_4O_2$ usw. aus der Nitroverbindung erhalten.

Ciamician und Silber (B. **21**, 2129) berichten über den Apiolaldehyd, dessen Oxim und über das Acetylapiolaldoxim vom Smp. 128—129°, ferner über das Dibromapion $C_9H_8Br_2O_4$, das durch Einwirkung von Brom auf Apiolsäure erhalten wird: Smp. 99—100°. Die Apiolsäure wird mit Jodwasserstoff erhitzt, wobei zwei Methoxylgruppen abgespalten werden. Nunmehr wird die Formel des Apions aufgelöst in $C_6H_2\begin{cases} O \\ O \end{cases}\!\!>CH_2 \\ OCH_3 \\ OCH_3$.

$$C_6H_2\left\{\begin{array}{l} {O \atop O}>CH_2 \\ OCH_3 \\ OCH_3 \end{array}\right.$$

Durch Erhitzen der Apionsäure mit alkohol. Kali unter Druck gewinnen C. und S. das Phenol $C_6H_2\left\{\begin{array}{l} OH \\ OH \\ OCH_3 \\ OCH_3 \end{array}\right.$, das sie als Dimethyläther eines Tetraoxybenzols, also eines vierwertigen Phenols ansehen, das sie in der nächsten Abhandlung (B. **22**, 2481) als „Apionol" bezeichnen, so daß der eben erwähnte Körper ein Dimethylapionol ist: Smp. 105—106°. Das Tetramethylapionol $C_6H_2(OCH_3)_4$ schmilzt bei 81°; das Dimethyldiacetylapionol $C_6H_2(OCH_3)_2(O \cdot C_2H_3O)_2$ schmilzt bei 144°. Es wurden die Apiolacrylsäure Smp. 196° und Apiolcrotonsäure Smp. 209° gewonnen usw.

In der nächsten Abhandlung (B. **23**, 2283) „Über die Konstitution des Apiols und seiner Derivate“ beschreiben C. und S. die durch Oxydation des Isapiols entstehende Apionketonsäure: $C_6H(O_2CH_2)\cdot(OCH_3)_2\cdot CO\cdot COOH$ vom Smp. 160—172°. Durch Reduktion des Isapiols wird das Dihydroapiol $C_{11}H_{16}O_3$ dargestellt; ferner erhalten sie das Dibromisapiol $C_6H(O_2CH_2)(OCH_3)_2\cdot C_3H_5Br_2$. Es erübrigte die Stellung der Oxymethylgruppen und der Oxymethylengruppe im Apiolmolekül festzustellen. Zu diesem Zweck suchten C. und S. zunächst die Natur des dem Apiol zugrunde liegenden vierwertigen Phenols Apionol aufzuklären. Es genügte vom Apion auszugehen, mit welchem Namen C. und S. das Oxymethylendimethylapionol, also einen Körper, den sie aus der Apionsäure gewonnen hatten, belegen. Durch Nitrierung des Apions wurde ein Dinitroapion $C_6(NO_2)_2$-$(O_2CH_2)(OCH_3)_2$ vom Smp. 117—118° dargestellt, identisch mit jenem aus der Apiolsäure gewonnenen. Dieser Dinitrokörper wurde durch Reduktion in einen Diaminokörper übergeführt; letzterer liefert in alkohol. Lösung beim Kochen mit einem Überschuß von Diacetyl und Hinzufügen von etwas Wasser ein Azin $C_9H_8O_4$ 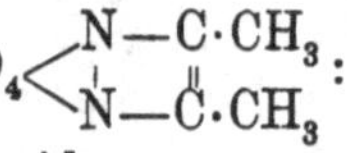 : Smp. 176° usw. Hieraus geht hervor, daß die beiden Amidogruppen, also auch die beiden Nitrogruppen, schließlich auch die beiden freien Wasserstoffatome im Apion in o-Stellung stehen müssen, so daß die vier Sauerstoffatome im Apionol, dem dem Apiol zugrunde liegenden Phenol, ebenfalls in o-Stellung sich befinden müssen.

Durch die Untersuchungen von C. und S. war festgestellt, daß das Apiol sich von einem vierwertigen Phenol, dem Apionol ableitet, dessen Phenolgruppen benachbart stehen, daß ferner zwei Wasserstoffatome im Apionol durch Methylgruppen, zwei durch eine Methylengruppe ersetzt sind und daß sich ferner eine C_3H_5-Gruppe im Apiolmolekül befindet.

Durch die Untersuchungen Eykmans (B. **23** [1890], 857) „Über das Apiol und Isapiol“ wurde festgestellt, daß die optischen Konstanten dazu zwingen, anzunehmen, daß im Apiol eine Allylgruppe, im Isapiol dagegen eine Propenylgruppe vorhanden ist.

Schließlich sei eine Arbeit von Ginsberg (B. **23**, 323) erwähnt, der über eine Apionsäure vom Smp. 252° berichtet.

Im Jahre 1890 blieben demnach nach allen erwähnten Untersuchungen, besonders nach jenen von Ciamician und Silber sowie Eykman und den früheren Forschern folgende beide Formeln für das Apiol übrig:

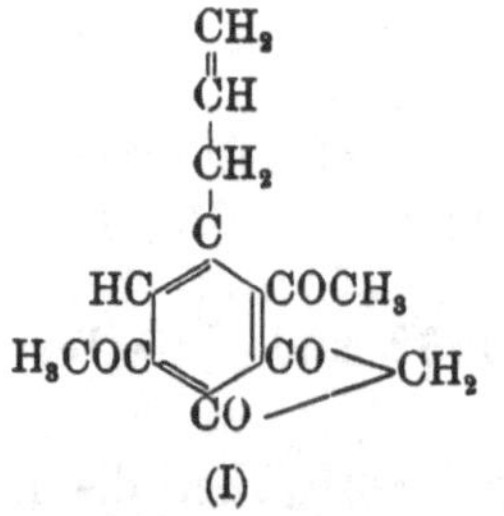

(I)

oder

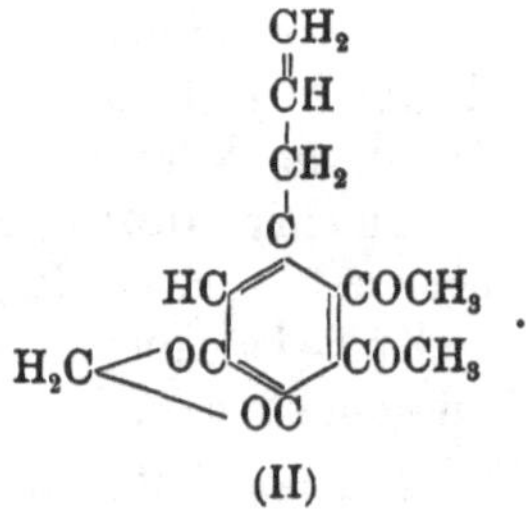

(II)

Allerdings stützen wir uns hierbei auf einen Analogiebeweis mit dem Isosafrol, indem der zur Allylgruppe in p-Stellung befindliche Sauerstoff herausgeht, da sonst auch noch Formel III möglich wäre

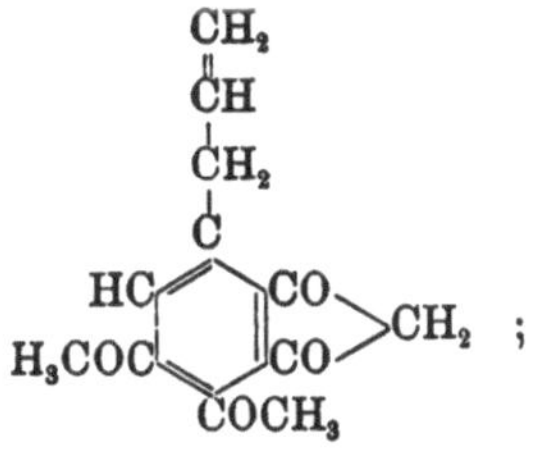

(III)

wir erhalten demnach aus dem Isapiol bei der Reduktion mit Na und Alkohol entweder $C_6H_2\left\{\begin{array}{l}OH\ (5)\\ OCH_3\,(3)\\ OCH_3\,(2)\\ C_3H_7\ (1)\end{array}\right.$ oder $C_6H_2\left\{\begin{array}{l}OCH_3\,(5)\\ OH\ (3)\\ OCH_3\,(2)\\ C_3H_7\ (1)\end{array}\right.$. Schon C. und S. fanden, daß der Methyläther dieses Phenols nicht identisch ist mit dem Dihydroasaron.

Die Entscheidung zwischen den beiden obigen Formeln wurde von Thoms (B. **36**, 1714) erbracht. Th. zeigte, daß das Phenol, welches eben erwähnt wurde, in der Tat Stellung 4, also die p-Stellung zu C_3H_7-, frei hat, indem es ihm gelang, bei der Behandlung mit Salpetersäure aus dem Methyläther des Phenols einen Nitrokörper zu gewinnen, dessen Nitrogruppe aus der Analogie mit dem Nitroprodukt aus dem Dihydroasaron in Stellung 4 sich befinden muß. — Der Beweis von Th. für Formel I bzw. II stützt sich auf die Bildung einmal des erwähnten Nitroproduktes bei der Behandlung des Phenoläthers, der durch Methylierung des bei der Reduktion des Isapiols erhaltenen Phenols entsteht, alsdann auf diejenige eines Chinons. Für das Phenol kommen folgende beiden Möglichkeiten in Betracht:

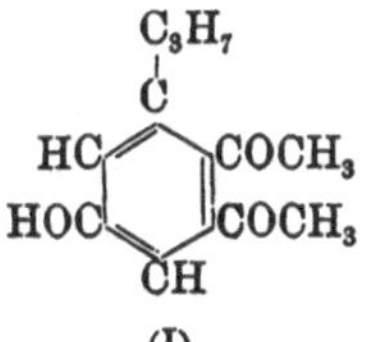

(I)

oder

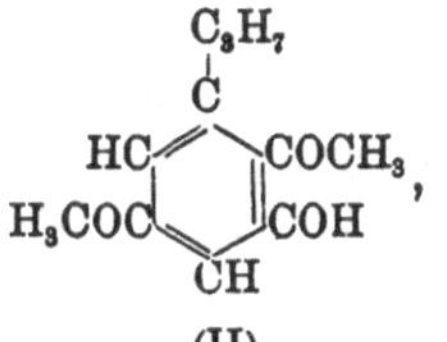

(II)

je nachdem die Oxymethylengruppe in 3,4 oder 4,5 steht, da der Analogie mit dem Isosafrol nach das zur Propenylgruppe p-ständige Sauerstoffatom eliminiert wird. Thoms alkyliert dieses Phenol, und zwar mit Methyl, Äthyl bzw. Propyl. Besitzt nun das Phenol Formel I, so muß bei der Chinonbildung in allen drei Fällen dasselbe Oxymethylchinon resultieren, während aus einem Phenol der Formel II verschiedene Chinone entstehen müssen. Folgende Formeln mögen den Gedankengang darstellen:

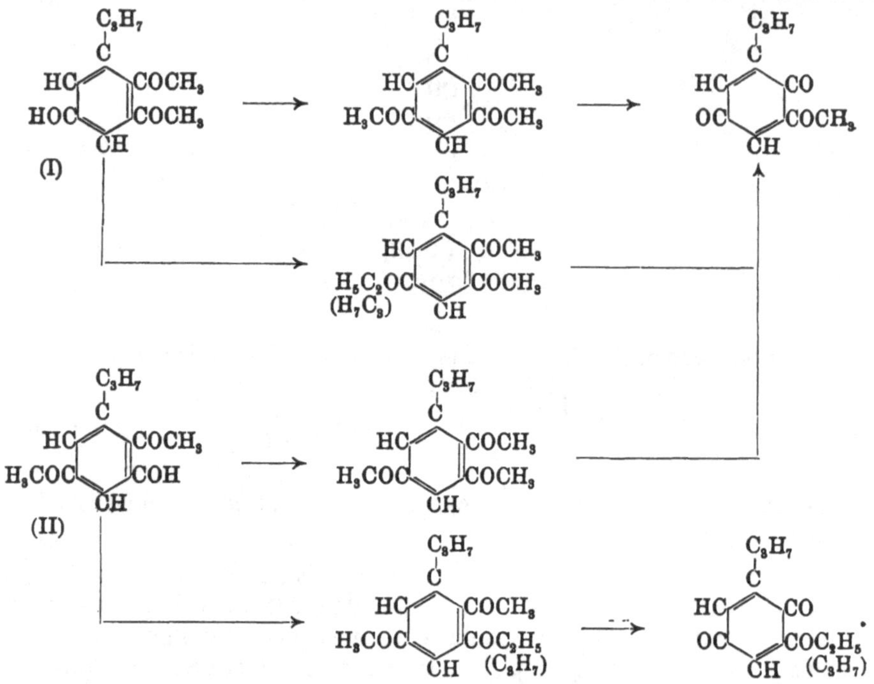

Das Versuchsergebnis hat nun gezeigt, daß verschiedene Chinone entstehen, hieraus folgt, daß für das Phenol Formel II in Anspruch zu nehmen ist, daß mithin im Apiol die Oxymethylengruppe in 3,4-Stellung stehen muß. Da nun die vier Hydroxyle im Apiol, wie CIAMICIAN und SILBER bereits bewiesen haben, in o-Stellung zueinander stehen, so muß für die Oxymethyl- und Oxymethylengruppe im Apiol folgende Anordnung vorhanden sein: $(OCH_3)(O_2CH_2)(OCH_3)$; demnach ist die Formel für das Petersilienapiol nunmehr eindeutig, und zwar ist das Apiol ein (1)-Allyl-2,5)-dimethoxy-(3)-oxy-benzol.

Zum Vorkommen des Petersilienapiols ist zu bemerken, daß es mit Sicherheit im Petersilienöl nachgewiesen ist; THOMS (Ar. **242** [1904], 328) erhielt aus dem schweren Maticoöl durch Oxydation zwei Apiolsäuren vom Smp. 175° bzw. 151°, woraus er schließt, daß sich im Maticoöl das Petersilien- und Dillapiol finden, und zwar ersteres in kleinerer und letzteres in größerer Menge. Bei einer späteren Untersuchung eines Maticoöls, das zweifellos aus echten Maticoblättern (*Piper angustifolium* Ruiz. und Pav.) dargestellt war, konnte THOMS (Pharm. Ztg. **49** [1904], 811) keine Apiole feststellen, sondern er fand Asaron, wie bereits SCH. u. Co. (SCH. **1898**, II, 37) konstatiert hatten. Danach müssen die Maticoblätter, welche das von TH. zuerst untersuchte Öl geliefert haben, anderen

Ursprungs gewesen sein oder aber die Maticopflanze muß an verschiedenen Standorten usw. verschiedene ätherische Öle produzieren, so daß hier ein ähnlicher Fall vorliegt wie beim französischen und deutschen Petersilienöl, von denen das letztere hauptsächlich Apiol, das erstere Myristicin enthält.

Über ein Vorkommen des Apiols in einem ätherischen Öl aus venezuelanischem Kampferholz (*Nectandra* oder *Ocotea* spec.) (Lauraceae) berichten Sch. u. Co. (Sch. **1897**, I, 52). Durch Wasserdampfdestillation des zerkleinerten Materials wurden 1,15 % eines Öles von sehr hohem Volumgewicht erhalten: $d = 1{,}155$, $\alpha_D = +2^0 40'$ im 100 mm-Rohr; es erstarrte bei gewöhnlicher Temperatur fast völlig zu einer kristallinischen Masse. Die Kristalle zeigten abgesaugt den Smp. 28,5°, lösten sich in konz. H_2SO_4 mit blutroter Farbe und schieden beim Eingießen der Lösung in Wasser braune Flocken ab. Durch Invertierung mit alkohol. Kalilauge wurde eine in schönen Tafeln vom Smp. 55—56° schmelzende Verbindung erhalten. „Dieses Verhalten läßt keinen Zweifel, daß der kristallinische Bestandteil des Öles, der etwa 90 % desselben ausmacht, aus Apiol besteht, und zwar erwies es sich durch genauen Vergleich seiner Eigenschaften in jeder Beziehung als identisch mit dem gewöhnlichen Petersilienapiol."

Physik. Eig. des Apiols. Blanchet und Sell (A. **6**, 301): Smp. 30°, Sdp. gegen 300°.

v. Gerichten (B. **9**, 1477): Smp. 30° usw.

Ciamician und Silber (B. **21**, 913): Sdp. 294°, $\text{Sdp.}_{34} = 179^0$.

Ciamician und Silber (B. **21**, 1632):

Apiol: Smp. 30°, Sdp. = 294°, $\text{Sdp.}_{33-34} = 179^0$,

Isapiol: Smp. 55—60°, Sdp. = 304°, $\text{Sdp.}_{33-34} = 189^0$.

Eykman (B. **23**, 862):

Apiol: $d_{14} = 1{,}176$, $n_\alpha = 1{,}533$, $n_D = 1{,}538$, $n_\beta = 1{,}5510$, $n_\gamma = 1{,}5619$; M. R. = 59, ber. 58,6.

Isapiol: $d_{18} = 1{,}197$, $n_\alpha = 1{,}5639$, $n_D = 1{,}5703$, $n_\beta = 1{,}5892$,
$d_{11} = 1{,}200$, $n_\alpha = 1{,}5612$, $n_D = 1{,}5677$, $n_\beta = 1{,}5853$,
$n_\gamma = 1{,}6062$; M. R. = 60,9, ber. 58,6.
$n_\gamma = 1{,}6039$; M. R. = 60,5,

Stohmann (Ph. Ch. **10**, 415) Mol.-Verbr. = 1499,6 Kal.

Tammann (Ph. Ch. **29**, 51) bringt Mitteilungen über die Kristallisationsgeschwindigkeit, Schmelzwärme und spez. Wärme des Apiols.

Physiol. Eig. des Apiols bzw. Isapiols. Jürss (Sch. **1904**, I, 165) berichtet über die physiol. Einwirkung des Apiols auf den tierischen Organismus; es konnten jedoch noch keine eindeutigen Resultate erzielt werden. Heffter (Arch. für exp. Path. und Pharm. **35**, 365) zeigt, daß das Apiol sehr schwer giftig wirkt. H. beobachtete bei subkutaner Anwendung nekrotisierende, eitrige Entzündung. Es wurden hochgradige Reizungszustände des Darms und ausgesprochene Verfettung der Leber festgestellt. — Vom Isapiol berichten Cervellin und Lussana (B. **21**, 1632), daß es in kleinen Dosen Erregung des Herzens bei kräftigem und ausgedehntem Pulsschlag verursacht, daß bei größeren Gaben dikroter Puls auftritt; wie das natürliche Apiol verursacht das Isapiol Kopfschmerzen und vorübergehende Trunkenheit usw.

Chem. Eig. des Apiols. Als Allylabkömmling läßt sich das Apiol mit Natrium und Alkohol nicht reduzieren.

Über ein Tribromapiol $C_6Br(OCH_3)(CH_2O_2)(OCH_3)C_3H_5Br_2$ berichtet GINSBERG (B. **21**, 2514): Smp. 88—89°, während das Tribromisapiol bei 120° schmilzt.

Analog der Einwirkung der Pikrinsäure auf Allyl- bzw. Propenylderivate beschreibt VORLÄNDER (A. **341**, 1) das Verhalten derartiger Verbindungen gegen Halogenwasserstoffe. Anethol, Isosafrol, Isapiol, Methylisoeugenol und Asaron liefern gefärbte Additionsprodukte, die sich jedoch nicht isolieren lassen, während die entsprechenden Allylderivate derartige Färbungen nicht hervorrufen.

Durch Oxydation des Apiols mit Chromsäure oder Kaliumpermanganat erhält man bei weitgehender Oxydation dieselben Oxydationsprodukte wie aus dem Isapiol, nämlich Apiolaldehyd und Apiolsäure (vgl. unter Isapiol). Als intermediäres Oxydationsprodukt mit $KMnO_4$ in alkalischer Lösung erhielten CIAMICIAN und SILBER (B. **21**, 1623) eine neutrale Verbindung $C_{12}H_{16}O_6$ vom Smp. 122°, die wahrscheinlich als Glykol des Apiols anzusehen ist.

Isapiol $C_6H(CH:CH \cdot CH_3)(OCH_3)(O_2CH_2)(OCH_3)$ (1:2:3:4:5).

Die Umwandlung des Apiols in Isapiol dürfte zuerst v. GERICHTEN (B. **9**, 1478) im Jahre 1876 ausgeführt haben, indem er Apiol mit alkoh. Kalilösung am Rückflußkühler kochte, wobei er einen neuen Körper vom Smp. 53,5° C. erhielt, der bei 46° erstarrte (vgl. oben); jedoch erkannte v. GERICHTEN die Isomerie mit dem Apiol nicht. — Erst GINSBERG (B. **21**, 1192) zeigte im Jahre 1888, daß dieser neue Körper mit dem Apiol isomer ist. — CIAMICIAN und SILBER (B. **21**, 1621) nennen diesen isomeren Körper „Isapiol", geben seinen Smp. zu 55—56° und seinen Erstarrungspunkt zu 46° an; Sdp. 303—304°, $Sdp._{33}$ = 189°. — EYKMAN (B. **23**, 862) stellt alsdann die physikalischen Daten, namentlich die opt. Eig. beider Verbindungen gegenüber (vgl. oben). — STOHMANN (Ph. Ch. **10**, 415) findet für Isapiol die Mol.-Verbr. = 1489,0 Kal. — NEGRI (Rivista de mineralogia cristallografia **7**, 11) und FOCK (Zeitschr. für Krist. **17**, 380) finden für Isapiol: monoklin, $a:b:c$ = 1,78523:1:0,87493; β = 89° 13′. — Über die physiol. Eig. vgl. oben.

Chem. Eig. des Isapiols. Das Isapiol läßt sich als Propenylverbindung mit Na und Alkohol zur entsprechenden Propylverbindung reduzieren. Das Dihydroapiol $C_{12}H_{16}O_4$ (CIAMICIAN und SILBER, B. **23**, 2285) schmilzt bei 35° und siedet bei 292°. Bei der Reduktion entsteht außerdem ein Phenol, das aus der alkal. Lösung isoliert werden kann:

$C_{11}H_{16}O_3 = C_6H_2(C_3H_7)(OCH_3)(OH)(OCH_3)$ (1 : 2 : 3 : 5), Sdp.$_{36}$ = 168°, unter gewöhnlichem Druck = 277—278°; es gibt mit Eisenchlorid eine braune flockige Fällung.

Bartolotti (G. **22**, I, 559) erhitzte Isapiol mit methylalkohol. Kali unter Druck auf 140° und erhielt ein Phenol, von dem er ein Acetylderivat darstellte. C. und S. (B. **29**, 1802) wiederholen diesen Versuch und erhalten ebenfalls ein Phenol vom Sdp.$_{15}$ = 189—199°, während B. Sdp.$_{50}$ = 232—233° beobachtet hatte. C. und S. behandelten das Phenol mit Jodmethyl und erhielten ein Produkt vom Sdp.$_{13}$ = 178—181°, das bei der Oxydation ev. Isovanillinsäure lieferte.

Thoms (B. **36**, 1718) beobachtet für das bei der Reduktion des Isapiols entstehende Phenol: Sdp.$_{12}$ = 149,5—151°. Das (1)-Propyl-(2, 3, 5)-trimethoxybenzol zeigt nach Th.: Sdp.$_{12}$ = 144—146°. Aus letzterem entsteht durch Einwirkung von Salpetersäure in Eisessiglösung das (1)-Propyl-(2, 3,5)-trimethoxy-(4)-nitrobenzol: Smp. 65°; außerdem das (1)-Propyl-(3)-methoxy-(2,5)-chinon vom Smp. 79°, woraus durch Reduktion das (1)-Propyl-(3)-methoxy-(2,5)-hydrochinon vom Smp. 105° erhalten wird. — Das (1)-Propyl-(2,5)-dimethoxy-(3)-äthoxybenzol zeigt Sdp.$_{12}$ = 147—149°, der zugehörige Nitrokörper, das (1)-Propyl-(2, 5)-dimethoxy-(3)-äthoxy-(4)-nitrobenzol hat den Smp. 75°, das (1)-Propyl-(3)-äthoxy-(2, 5)-hydrochinon schließlich schmilzt bei 143°. Das (1)-Propyl-(2, 5)-dimethoxy-(3)-n-propyloxybenzol hat Sdp.$_{12}$ = 156—157°, der zugehörige Nitrokörper (1)-Propyl-(2, 5)-dimethoxy-(3)-n-propyloxy-(4)-nitrobenzol schmilzt bei 68° und das 1)-Propyl-(3)-propyloxy-(2,5)-hydrochinon bei 102°.

Halogene wirken auf das Isapiol teilweise sich addierend, teilweise substituierend ein. Das Tribromisapiol $C_6Br(CHBr\cdot CHCr\cdot CH_3)(OCH_3)$-$(O_2CH_2)(OCH_3)$ (Ginsberg, B. **21**, 2515) schmilzt bei 120°. Aus diesem Tribromid stellen Ciamician und Silber (B. **23**, 2287) in alkohol. Lösung durch Reduktion mit Zinkstaub ein Monobromisapiol $C_6Br(C_3H_5)(OCH_3)$-$(O_2CH_2)(OCH_3)$ dar: Smp. 51°. — Das Isapioldibromid $C_6H(CHBr\cdot CHBr\cdot CH_3)(OCH_3)(O_2CH_2)(OCH_3)$ schmilzt nach C. und S. (a. a. O.) bei 75°.

Durch Oxydation des Isapiols mit $KMnO_4$ entsteht die Apionketonsäure $C_6H\left\{\begin{array}{l}O\\O\end{array}\!\!>CH_2\\ (OCH_3)_2\\ CO\cdot COOH\right.$ (Apionylglyoxylsäure) (C. und S., B. **23**, 2284): Smp. 160—172°. — Durch weitere Oxydation wird, ebenso wie aus dem Apiol, der Apiolaldehyd $C_6H\left\{\begin{array}{l}O\\O\end{array}\!\!>CH_2\\ (OCH_3)_2\\ CHO\right.$ gebildet (C. und S., B. **21**, 1626, 2130; G., B. **21**, 1193): Nadeln vom Smp. 102°, Sdp. 315°; er gibt nach Ginsberg ein Nitroderivat vom Smp. 116° (B. **21**, 1193, 2516), das mit Brom einen Körper $C_{10}H_8Br_4O_2$ vom Smp. 159° liefert. Das Oxim $C_9H_9O_4\cdot CH:NOH$ (C. und S., B. **21**, 1628) schmilzt bei 160 bis 161°, dessen Acetylderivat (B. **21**, 2130) bei 128—129°. Aus dem Apiolaldehyd in essigsaurer Lösung erhalten C. und S. mit HNO_3 (B. **21**, 1629) gelbe Nadeln vom Smp. 137—138°.

Die Apionacrylsäure $C_6H(O_2CH_2)(OCH_3)_2(CH:CH\cdot COOH)$ entsteht aus dem Apiolaldehyd nach der PERKINschen Reaktion (C. und S., B. **22**, 2485): Smp. 196°. — Die Apioncrotonsäure (Apionmethacrylsäure) $C_6H\cdot(CH_2O_2)(OCH_3)_2(CH:C(CH_3)\cdot COOH)$ wird auf analoge Weise aus Apiolaldehyd und Propionsäure gewonnen: Smp. 209°. Durch Destillation des Kalksalzes dieser Säure mit Ätzkalk konnten C. und S. kein Apiol gewinnen, sondern sie erhielten einen bei 83° schmelzenden Körper, der jedoch nicht die prozentische Zusammensetzung des Apiols besaß, usw.

Apiolsäure $C_6H\begin{cases} O \\ O \end{cases}\!\!>CH_2 \\ (OCH_3)_2 \\ COOH$ wird sowohl bei der Oxydation des Apiols, als auch Isapiols erhalten: Smp. 175° (C. und S., B. **21**, 1624 und GINSBERG, B. **23**, 323 und BARTOLOTTI, G. **22**, I, 562). Über die elektr. Leitfähigkeit dieser Säure vgl. ANGELI (G. **22**, II, 30). Der Methylester $C_{10}H_9O_6\cdot CH_3$ bildet Nadeln vom Smp. 71—72°. Das Nitril wird von GARELLI (G. **20**, 701) erhalten: Smp. 135,5°. — Wird die Apiolsäure mit Jodwasserstoff im Einschmelzrohr behandelt, so werden 2 Mol. Jodmethyl gebildet. — Wird die Apiolsäure mit verd. Schwefelsäure im Einschmelzrohr behandelt (C. und S., B. **21**, 1630), so bildet sich das Apion

$C_9H_{10}O_4$ = 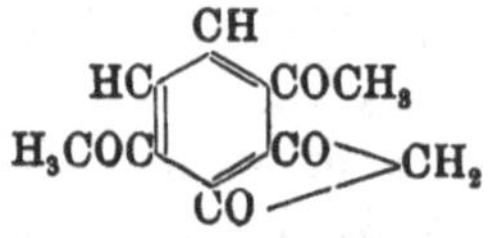 :

Smp. 79°. Das Dibromapion $C_6Br_2(O_2CH_2)(OCH_3)_2$ wird aus der Apiolsäure bzw. aus dem Apiolaldehyd beim Behandeln mit Brom in essigsaurer Lösung erhalten (C. und S., B. **21**, 1631): Smp. 99—100°. — Das Dinitroapion (C. und S., B. **22**, 2289) entsteht beim allmählichen Eintragen einer Eisessiglösung von Apiolsäure in gekühlte Salpetersäure oder beim Eingießen einer Eisessiglösung von Apion in auf −18° abgekühlte Salpetersäure (C. und S. (B. **23**, 2289): gelbe Nadeln vom Smp. 117—118°. Aus diesem Dinitroapion entsteht durch Reduktion mit Zinnfeile und Salzsäure das Diaminoapion $(CH_2O_2)\cdot C_6(NH_2)_2(OCH_3)_2$: Smp. 119° (C. und S., B. **23**, 2289 und G., B. **21**, 1194); das Tetraacetylderivat $C_9H_8O_4[N(C_2H_3O)_2]_2$ (C. und S., B. **23**, 2290) schmilzt bei 133°. Ein Derivat des Diacetyls ist die Verbindung $C_9H_8O_4\!\!<\!\!\begin{matrix} N\cdot C\cdot CH_3 \\ N\cdot C\cdot CH_3 \end{matrix}$ (C. und S., B. **23**, 2290): Smp. 176°.

Apionol $C_6H_2(OH)_4$ (1:2:3:4) wird von C. und S. (B. **22**, 2481) das dem Apiol usw. zugrunde liegende vierwertige Phenol genannt.

Das Dimethylapionol

$C_8H_{10}O_4$ = 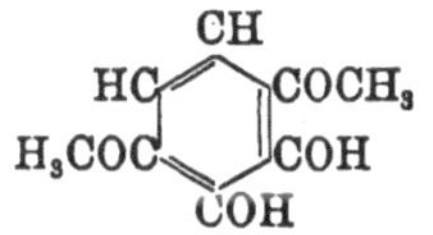

(C. und S., B. **22**, 119, 2484) bildet sich beim Erhitzen der Apiolsäure mit alkohol. Kali auf 180° während 4—6 Stunden: Smp. 105—106°, Sdp. 298°.

Bartolotti (G. **22**, I, 562) zeigte, daß die Verseifung der Dioxymethylengruppe schon durch einfaches vorsichtiges Schmelzen mit Kali im offenen Gefäß gelingt.

Das Tetramethylapionol $C_6H_2(OCH_3)_4$ (C. und S., B. **22**, 2483) entsteht aus dem eben erwähnten Dimethylapionol beim Erhitzen mit CH_3J und Holzgeist auf 100°; Smp. 89°: vgl. B. **29**, 1808; (Boëris (B. **29**, 1808): trimetrisch usw. Das Dinitrotetramethylapionol $C_6(NO_2)_2 \cdot (OCH_3)_4$ (C. und S., B. **23**, 2292) hat den Smp. 92°, das Dimethyldiacetylapionol $(CH_3O)_2 \cdot C_6H_2 \cdot (C_2H_3O_2)_2$ (C. und S., B. **22**, 2284) den Smp. 144°.

Über das Apionol berichten Einhorn, Cobliner und Pfeiffer (B. **37**, 100); es färbt sich mit $FeCl_3$ intensiv blau, wird von Alkalien nicht verändert, absorbiert keinen Sauerstoff und geht mit Dimethylsulfat usw. behandelt in das Tetramethylapionol über (vgl. über Weiteres Originalarbeit).

Beim Schmelzen mit Kali entsteht aus der Apiolsäure Dimethyläther-2,3,4,5-tetraoxybenzoesäure.

Als weiteres Oxydationsprodukt des Isapiols wird von Bougault (Thèse, Paris 1902) durch Einwirkung von Quecksilberoxyd und Jod usw. der Dimethoxymethylendioxyhydratropaaldehyd $(OCH_3)_2(CH_2O_2)$-$C_6H \cdot CH<^{CHO}_{CH_3}$ gewonnen: Sdp. 305°, d_{15} = 1,246, fast unlösl. in Petroläther. Die zu diesem Aldehyd gehörige Dimethoxymethylendioxyhydratropasäure schmilzt bei 97° und das aus ihr gewonnene Dimethoxymethylendioxyacetophenon bei 92°.

Verhalten des Apiols und Isapiols gegen N_2O_3.

Das Apiol liefert nur sehr schwer mit HNO_2 ein α-Nitrosit $(CH_2O_2)(CH_3O)_2C_6H \cdot C_3H_5 \cdot N_2O_3$ (Rimini, G. **34**, II, 281): citronengelbes Pulver vom Smp. 138°.

Diisonitrosoisapiolperoxyd $C_{12}H_{12}N_2O_6$; die α-Verbindung $(CH_2O_2)C_6H \cdot (OCH_3)_2 \cdot C$———$C \cdot CH_3$ (über beiden C: $\|$ $N \cdot O \cdot O \cdot N$) (Angeli und Bartolotti, G. **22**, II, 496) wird beim Eintröpfeln einer konz. wäßrigen Lösung von 30 g KNO_2 in eine heißgesättigte essigsaure Lösung von Isapiol erhalten: Smp. 169

bis 170°; es wird in heißer alkohol. Lösung durch alkohol. Kalilauge in eine β-Verbindung vom Smp. 168—170° umgewandelt. — Das Diisonitrosobromisapiolperoxyd $C_{12}H_{11}BrO_6N_2$ (A. und B., G. **22**, II, 508) schmilzt in der α-Modifikation bei 131°, in der β-Modifikation bei 127 bis 128°. — Das Diisonitrosonitroisapiolperoxyd $(CH_2O_2)C_6(NO_2)\cdot(OCH_3)_2\cdot C$———$C\cdot CH_3$ entsteht aus dem Diisonitrosoisapiolperoxyd und

N·O·O·N

Salpetersäure: Smp. 132—133°. — Das Diisonitrosoisapiol (A. und B., G. **22**, II, 402); α-Derivat

$$CH_2O_2\cdot C_6H(OCH_3)_2\cdot C \text{———} C\cdot CH_3$$

N·OH HO·N

bildet sich bei der Reduktion des Diisonitrosoisapiolperoxyds mit Zink, Eisessig und Alkohol: Smp. 154°; geht bei einstündigem Erhitzen auf 165° in die isomere β-Verbindung vom Smp. 197—198° über. — Das Diisonitrosoisapiolanhydrid $(CH_2O_2)\cdot C_6H(OCH_3)_2\cdot C$——$C\cdot CH_3$ schmilzt

N·O·N

bei 138°. — Das Diisonitrosobromisapiol $C_{12}H_{13}BrN_2O_6$ (A. und B., G. **22**, II, 508) schmilzt gegen 220° und läßt sich in eine isomere Verbindung $C_{12}H_{13}BrO_6N_2$ vom Smp. 94—95° überführen.

Über Petersilienapiolpikrat und Isapiolpikrat machen Bruni und Tornani (Atti usw., Roma [V], **13**, II, 184) Mitteilungen. Das Apiol gibt als Allylverbindung kein Pikrat, dagegen liefert das Isapiol ein Pikrat $C_{18}H_{17}O_{11}N_3$, rotbraune Nadeln vom Smp. 89—90°. Boëris (Atti usw. Milano, **41**, 29; Z. für Kristall. **40**, 104) findet: Smp. 83°, monokline Prismen, 0,9163 : 1 : 0,4226, $ac = 89°55'$, Spaltbarkeit nach (110).

Identifizierung des Apiols. Das Apiol pflegt sich bei seinem Vorkommen in ätherischen Ölen beim Abkühlen abzuscheiden; am besten jedoch unterwirft man das Öl der fraktionierten Destillation, indem man die im Vakuum bei 10 mm Druck bis ca. 150° übergehenden Anteile wegnimmt und den Rest abkühlt bzw. die physikalischen Konstanten der um 294° siedenden Anteile bestimmt. Der Smp. des Apiols liegt bei ca. 30°, Sdp. ca. 294°, $d_{14} = 1{,}176$, $n_D = 1{,}538$. Von Derivaten ist das Tribromapiol vom Smp. 88—89° charakteristisch, während das Isapiol ein Tribromid vom Smp. 122° liefert. Ferner eignet sich zur Identifizierung des Apiols das Isapiol vom Smp. 55—56°, das seinerseits außer dem erwähnten Tribromid ein Dibromid vom Smp. 75° und ein Monobromisapiol vom Smp. 51° gibt. Petersilienapiol sowie isapiol liefern bei der Oxydation den Apiolaldehyd vom Smp. 102° und die Apiolsäure vom Smp. 175°.

Die **Konstitution des Apiols** ergibt sich aus der Überführung des Apiols in den Apiolaldehyd und in die Apiolsäure, welche ihrerseits in das Dinitroapion überführbar sind. Das Dinitroapion enthält die beiden Nitrogruppen in o-Stellung, so daß die vier Sauerstoffatome ätherartig gebunden sein und ebenfalls in o-Stellung zueinander stehen müssen.

Die ätherartige Bindung geht aus der Indifferenz des Dimethylapionols hervor, aus der Abspaltung zweier Methylgruppen mit HJ aus dem Apion und aus der Entstehung des n-Propyl(1)-oxymethyl(2)-oxy(3)-oxymethyl(5)-benzols. Die Konstitution dieser Verbindung als die eben angegebene wies THOMS nach (vgl. oben). Die Natur der C_3H_5-Gruppe im Apiol ergibt sich einmal aus der Invertierbarkeit des Apiols zum Isapiol, sodann aus den optischen Konstanten (vgl. oben EYKMAN).

Geschichtlich gehört das Apiol zwar zu den am längsten bekannten Bestandteilen ätherischer Öle, denn der Petersilienkampfer ist als Abscheidung des Petersilienöls schon vor Jahrhunderten bemerkt worden. Die erste Analyse rührt indessen erst von BLANCHET und SELL aus dem Jahre 1833 her, die zwar die richtige Formel $(C_6H_7O_2)_x$ aufstellten, aber erst die Untersuchungen von LINDENBAUM im Jahre 1867, alsdann diejenigen von v. GERICHTEN im Jahre 1876 machten die Formel $C_{12}H_{14}O_4$ wahrscheinlich. Jedoch erst in der letzten Periode 1887 bis zur Gegenwart konnten die Untersuchungen von CIAMICIAN und SILBER, EYKMAN, GINSBERG usw. namentlich durch Aboxydation des Apiols zum Apiolaldehyd und zur Apiolsäure, sowie durch Darstellung des Tribromids zeigen, daß im Apiol ein Körper der Konstitution $C_{12}H_{14}O_4$ vorliegt. Die exakten Forschungen von C. und S. zeigten alsdann bis zum Jahre 1890, daß Petersilienapiol ein (1)-Allyl-(2, 3, 4, 5)-oxymethylen-oxymethylbenzol ist, indem die relative Stellung von Oxymethylen und Oxymethylgruppen unentschieden blieb. Diese Lücke füllte THOMS im Jahre 1903 aus, indem er nachwies, daß das Apiol ein (1)-Allyl-(2)-oxymethyl-(3,4)-oxymethylen-(5)-oxymethylbenzol ist.

Eine **praktische Anwendung** hat das Apiol bis auf einen beschränkten arzneilichen Gebrauch nicht erfahren.

---

356. Dillapiol

$C_{12}H_{14}O_4$ =

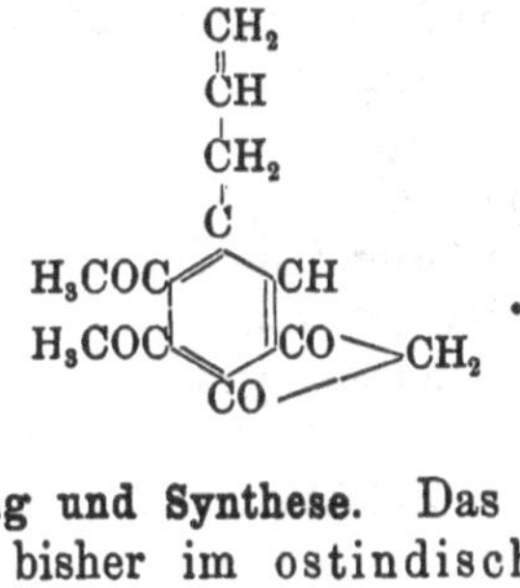

Vorkommen, Isolierung und Synthese. Das Dillapiol ist isomer mit dem Petersilienapiol und bisher im ostindischen und japanischen Dillöl (*Anethum Sowa* D. C.) und in einem Maticoöl aufgefunden worden. CIAMICIAN u. SILBER (B. **29**, 1799) konnten aus der hochsiedenden Fraktion eines ostindischen Dillöls ein Apiol isolieren, das mit dem Petersilienapiol zwar isomer, aber nicht identisch war. THOMS (Ar. **242**, 328) untersuchte ein Maticoöl (*Piper angustifolium* Ruiz. und Pav.), in welchem er neben wenig Petersilienapiol hauptsächlich Dillapiol auffand. Bei einer späteren Untersuchung eines anderen Maticoöls, das zweifellos aus Blättern des echten *Piper angustifolium* gewonnen worden war (Pharm. Ztg. **49** [1904], 811) konnte TH. keine Apiole nachweisen, sondern Asaron, das auch schon SCH. u. Co. (SCH. **1898**, II, 37) im Maticoöl gefunden hatten. Das ostindische Dillöl wird zu 2—3% aus den Samen erhalten, während das deutsche Dillöl (*Anethum graveolens* L.) zu ca. 3—4% aus den Samen erhalten wird. Das deutsche Dillöl enthält ca. 40—60% Carvon, außerdem d-Limonen, ferner Phellandren, ein Paraffin usw., aber keine höher als Carvon siedenden Bestandteile. Das deutsche Dillöl zeigt: $d = 0{,}895$ bis ca. 0,915 und $\alpha_D = +75$ bis $+80^0$; das ostindische Dillöl (SCH. **1891**, II, 12) hat: $d = 0{,}970$, $\alpha_D = +41^0 30'$. Bei der Destillation des indischen Samens wurde von SCH. u. Co. ein Bestandteil beobachtet, der schwerer als Wasser war. Diesen Bestandteil untersuchten C. und S. (B. **29**, 1799) im Jahre 1896. Die schweren Anteile (320 g) gingen unter 11 mm Druck über.

Fraktion I:	aufgefangen	-120^0 (11 mm): 90 g:	von intensiv. Kümmelgeruch
„ II:	„	$120—140^0$: 32 g:	von weniger starkem Geruch
„ III:	„	$140—160^0$: 18 g:	von weniger starkem Geruch
„ IV:	„	$160—162^0$: 180 g:	fast geruchlos.

Durch nochmalige fraktionierte Destillation der letzten Fraktion wurde das Dillapiol vom $Sdp._{11} = 162^0$ erhalten, Sdp. unter geringer Zersetzung bei 285^0, Bruttoformel $C_{12}H_{14}O_4$, eine Formel, welche nach der Ergebnissen einer Methoxylbestimmung in $C_{10}H_8O_2(OCH_3)_2$ aufgelöst werden konnte. Durch Erhitzen mit alkohol. Kali entstand ein isomeres Dillisapiol, durch Oxydation des letzteren ein Dillisapiolaldehyd und Dillisapiolsäure. Durch Verschmelzen der letzteren mit KOH wurde ein Dimethylapionol erhalten, welches methyliert ein Tetramethylapionol lieferte, das sich als identisch erwies mit dem aus dem Petersilienapiol erhältlichen. Hieraus folgern C. und S., daß auch im Dillapiol eine Oxymethylengruppe und zwei Oxymethylgruppen vorhanden sind und daß dem Dillapiol dasselbe vierwertige Apionol zugrunde liegt, in dem die vier Hydroxylgruppen in o-Stellung zueinander stehen. C. und S. konnten fernerhin schließen, daß im Dillapiol eine C_3H_5-Gruppe vorhanden ist, welche ein Allylradikal sein mußte, während im Dillisapiol eine Propenylgruppe vorliegt. Aus den Untersuchungen von C. und S. ergibt sich, daß das Dillapiol ein (1)-Allyl-oxymethylen-dioxymethylbenzol sein mußte, in welchem die relative Stellung der Oxymethyl- und Oxymethylengruppen noch zu ermitteln war. Diese Frage löste THOMS (AR. **242**, 344), indem er das Dillisapiol hydrierte, wobei, wie aus dem Petersilienisapiol, ein Propyldioxymethylphenol $(C_3H_7) \cdot C_6H_2(OCH_3)_2OH$ entstand. Die relative Stellung der Substituenten in dieser Verbindung mußte entschieden werden. Zu diesem Zweck stellte TH. den Äthyläther dieses Phenols dar $C_6H_2(C_3H_7)$-$(OCH_3)_2(OC_2H_5)$: $Sdp._{11} = 144—150^0$. Dieser Äthyläther wurde in Eisessig gelöst und in auf -18^0 abgekühlte HNO_3 eingetragen; hierbei bildete sich das (1)-Propyl-(5)-methoxy-3,6-chinon. Es sind bei dieser Oxydation eine Oxymethyl- und eine Oxyäthylgruppe in die Chinongruppe verwandelt worden, so daß OCH_3 und OC_2H_5 in 3, 6-Stellung zueinander gestanden haben müssen. Da nun Oxyäthyl die Stellung 3 innegehabt haben muß (aus Analogie des Übergangs des Isosafrols und Petersilienisapiols in ein Phenol, usw.), so muß eine Oxymethylgruppe in obigem Phenol, das bei der Behandlung des Dillisapiols mit Na und Alkohol entstanden ist, in 6 bzw. 2 stehen und eine Methoxylgruppe in 5, so daß für die Oxymethylengruppe nur die 3, 4-Stellung übrigbleibt, und das Dillapiol somit als ein (1)-Allyl-(2, 5)-dimethoxy-(3, 4)-methylendioxybenzol anzusehen ist.

Ein spanisches Dillöl untersuchten Sch. u. Co. (Sch. **1903**, I, 24): $d_{15} = 0{,}9282$, $\alpha_D = +45^0 47'$, $n_D = 1{,}49368$. Der Carvongehalt des Öles betrug 16%. Durch Fraktionieren gingen $^4/_5$ bei der Siedetemperatur der Terpene über; „diese erwiesen sich als fast reines Phellandren, das vielleicht noch geringe Mengen anderer Terpene enthielt.“ Aus den hochsiedenden Anteilen konnte durch fraktionierte Destillation eine Fraktion $Sdp._8 = 155-156^0$ gewonnen werden. Durch Erhitzen der letzteren im Einschmelzrohr mit alkohol. Natriumäthylatlösung auf 160^0 trat Invertierung ein. „Wie aus dem Smp. $43-44^0$ der Kristalle und demjenigen ihres Bromierungsproduktes hervorging, lag tatsächlich Dillisoapiol vor.“

Physik. Eig. des Dillapiols. C. und S. (B. **29**, 1799): $Sdp._{11} = 162^0$, $Sdp. = 285^0$ (unter gewöhnl. Druck), flüssig, „stellt eine dicke, ölige, nahezu geruchlose Flüssigkeit dar, die wir auch durch starkes Abkühlen nicht zum Erstarren bringen konnten; gegen konz. H_2SO_4 verhält es sich wie gewöhnliches Apiol“.

Chem. Eig. des Dillapiols. Das Dillapiol addiert infolge der Allylgruppe leicht Halogen bzw. Halogenwasserstoff; außerdem substituiert das Halogen gleichzeitig Wasserstoff im Benzolkern. Es ist jedoch nur bekannt eine Tribromverbindung $C_{12}H_{13}Br_3O_4 = C_6Br\cdot(OCH_3)_2\cdot(O_2CH_2)\cdot CH_2\cdot CHBr\cdot CH_2Br$ (C. und S., B. **29**, 1800): Smp. 110^0.

Durch **Oxydation** wird die Allylgruppe zur Aldehyd- bzw. Carboxylgruppe oxydiert, jedoch sind diese Reaktionen eingehender beim Isoapiol studiert worden.

Dillisapiol = (1)-Propenyl-(3, 4)-oxymethylen-(5, 6)-dioxymethylbenzol.

C. und S. (B. **29**, 1801) führen das Dillapiol mit alkoholischem Kali bzw. getrocknetem Natriumäthylat in ein isomeres Dillisapiol über: Smp. 44^0; es liefert mit konz. H_2SO_4 rote Färbung, „die jedoch weniger intensiv ist wie die, welche man mit dem gewöhnlichen Isapiol erhält und die mehr nach gelb hingeht“, Sdp. 296^0, monoklin (Boëris): $a:b:c = 0{,}86863:1:0{,}46102$; $\beta = 79^0 30'$ usw., wonach die Kristallform des Dillisapiols völlig verschieden ist von jener des Petersilienisapiols. Bei der

Darstellung des Dillisapiols entsteht gleichzeitig ein phenolartiger Körper: $Sdp._{16}$ = 189—191°, während die letzten Anteile zwischen 190 und 215° übergingen und nach einigen Tagen kristallinisch erstarrten. Derselbe Körper entsteht nach C. und S., wenn man Dillisapiol mit methylalkoholischem Kali im Rohr auf 140° erhitzt: $Sdp._{17}$ = 192—193°, wahrscheinlich ist hierbei die Dioxymethylengruppe verseift worden. Dieses Phenol wird, wie oben erwähnt, von THOMS (Ar. **242**, 344) mit Na und Alkohol hydriert, wobei das Phenol $C_6H_2 \cdot (C_3H_7) \cdot (OCH_3)_2 \cdot (OH)$ entsteht. Das äthylierte Phenol $C_6H_2 \cdot (C_3H_7) \cdot (OCH_3)_2 \cdot (OC_2H_5)$ zeigt: $Sdp._{11}$ = 144 bis 150° und läßt sich in das (1)-Propyl-5-methoxy-3,6-chinon vom Smp. 78—79° überführen.

Verhalten des Dillisapiols gegen Halogene. Die Tribromverbindung $C_{12}H_{13}Br_3O_4 = C_6Br(O_2CH_2)(OCH_3)_2 \cdot CHBr \cdot CHBr \cdot CH_3$ (2:3:4:5: 6:1) (C. und S., B. **29**, 1804) schmilzt bei 115°.

Oxydation des Isapiols aus Dillöl. Die Oxydation dieses Isapiols mit alkalischer Kaliumpermanganatlösung ergab den Dillapiolaldehyd $C_{10}H_{10}O_5$ = (1)CHO-(3,4)-oxymethylen-(5,6)-dioxymethyl-benzol: Smp. 75°. Gleichzeitig entsteht hierbei die zugehörige Dillapiolsäure $C_{10}H_{10}O_6$ vom Smp. 151—152° (C. und S., a. a. O., S. 1804 und THOMS aus dem Maticoöl, Ar. **242**, 328; vgl. über das Maticoöl auch FROMM und VAN EMSTER, B. **35**, 4347). Außer dem Dillapiolaldehyd und der Dillapiolsäure entsteht bei dieser Oxydation auch die Dillapiolketosäure $C_6H \cdot (O_2CH_2) \cdot (OCH_3)_2 \cdot CO \cdot COOH$: Smp. 175°. Beim Schmelzen dieser Dillapiolketosäure mit Kali entsteht eine Verbindung, die flüssig ist und dem bei 79° schmelzenden Apion isomer zu sein scheint, das bei der Kalischmelze der Petersilienapiolketosäure entsteht.

Umwandlung des Dillapiols in Tetramethylapionol (C. und S., B. **29**, 1806). C. und S. verschmolzen zunächst Dillapiolsäure mit Kali. Nach dem Ansäuern und Ausschütteln mit Äther erhält man nach dem Eindunsten des letzteren einen langsam kristallisierenden Rückstand, der aus Dill-dimethylapionolcarbonsäure besteht. Letztere wird der trocknen Destillation unterworfen, wobei CO_2 abgespalten wird und sich Dill-dimethylapionol bildet. Wir haben folgende Übergänge:

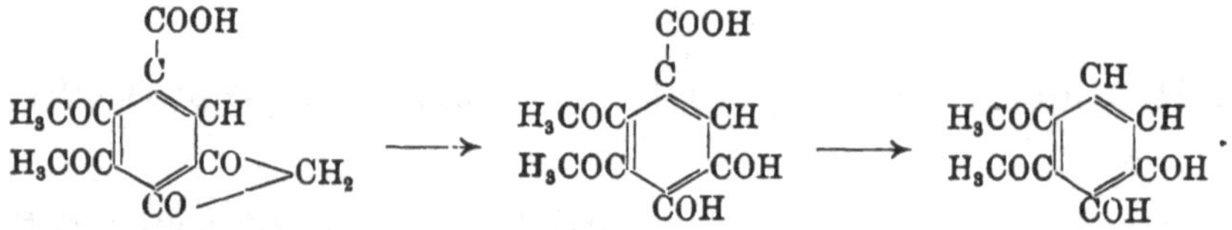

Dillapiolsäure Dimethylapionolsäure Dimethylapionol

Das Dill-Diacetyldimethylapionol $C_6H_2(OC_2H_3O)_2(OCH_3)_2$ schmilzt bei 85°, während die entsprechende Verbindung aus dem Petersiliendimethylapionol bei 144° schmilzt. Dagegen schmilzt das aus dem Dilldimethylapionol dargestellte Tetramethylapionol bei 89° und ist identisch mit dem Petersilientetramethylapionol: trimetrisch (BOËRIS), $a:b:c = 0{,}9454:1:1{,}0755$.

Das Dillapion gewannen C. und S., wie oben erwähnt, im flüssigen Zustande. C. und S. stellten a. a. O., S. 1808, diese Verbindung auch dar aus dem Dill-dibromapion, indem sie letzteres aus der Apiolsäure, in Eisessig gelöst, und Brom gewannen: Smp. 92°. Dieses Dill-dibromapion $C_9H_8Br_2O_4$ = (1, 2)-Dibrom-(3, 4)-oxymethylen-(5, 6)-dioxymethylbenzol geht bei der Reduktion mit Na und Alkohol in das entsprechende Apion $C_9H_{10}O_4$ über, das aber ebenfalls nur flüssig zu sein scheint.

Identifizierung des Dillapiols. Das Dillapiol zeigt zwar große Ähnlichkeit mit dem Petersilienapiol, läßt sich aber anderseits von diesem gut unterscheiden. Der Siedepunkt des Dillapiols liegt etwas niedriger (285°) als der des Petersilienapiols (Sdp. 296°). Das Dillapiol ist bei gewöhnl. Temperatur flüssig, während das Petersilienapiol bei ca. 30° schmilzt. Durch Invertierung entsteht das Dillisapiol vom Smp. 44°, während das Petersilienisapiol bei 53,5° schmilzt. Das Tribromdillapiol zeigt den Smp. 110°, während das entsprechende Petersilientribromapiol bei 88—89° schmilzt. Durch Oxydation des Petersilienapiols bzw. -isapiols entsteht der Apiolaldehyd vom Smp. 102° und die Apiolsäure vom Smp. 175°, während das Dillapiol bzw. -isapiol den Dillapiolaldehyd vom Smp. 75° und die Dillapiolsäure vom Smp. 151—152° geben.

Die **Konstitution des Dillapiols** ergibt sich, wie oben bereits auseinandergesetzt worden ist, aus der Überführung in die Dillapiolsäure, wonach eine Seitenkette C_3H_5 anzunehmen ist. Diese muß ihrer Natur nach eine Allylgruppe sein, da durch Behandlung des Dillapiols mit alkohol. Kali ein höher siedendes Isapiol entsteht. Durch Verschmelzen der Apiolsäure mit Kali usw. bildet sich ein Dimethylapionol und dieses kann in ein Tetramethylapionol übergeführt werden, das identisch ist mit jenem aus dem Petersilienapiol. Demnach ist das Apiol ein Allylbenzol, in dem zwei Oxymethyl- und eine Oxymethylengruppe vorkommen, die sämtlich in o-Stellung zueinander stehen. Die Stellung des Allylradikals zur Oxymethyl- bzw. Oxymethylengruppe ergibt sich aus den oben ausführlich erwähnten Untersuchungen von THOMS, so daß das Dillapiol ein (1)-Allyl-(5, 6)-dimethoxy-(3, 4)-methylendioxy-benzol ist.

Die **Geschichte des Dillapiols** ist eine verhältnismäßig junge, da dieser Körper zuerst im Jahre 1897 von CIAMICIAN und SILBER entdeckt und in seiner Konstitution bis auf die soeben erwähnte relative Stellung der Substituenten erschlossen wurde; letztere Frage wurde im Jahre 1903 von THOMS erledigt, in welchem Jahre auch das Vorkommen des Dillapiols in gewissen Maticoölen erwähnt wird.

Eine **praktische Verwendung** des Dillapiols hat bisher nicht stattgefunden.

Übersichtstabelle
über die
ein-, zwei-, drei- und vierwertigen Phenole mit ungesättigter C_3H_5-Gruppe bzw. deren Methyl- und Methylenäther.

Einwertige Phenole und ihre Äther

Allylreihe:

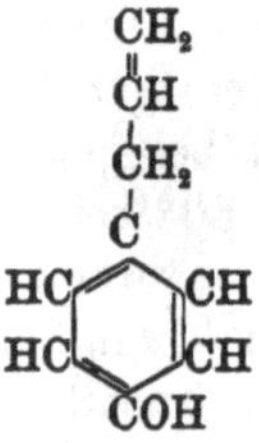
Chavicol

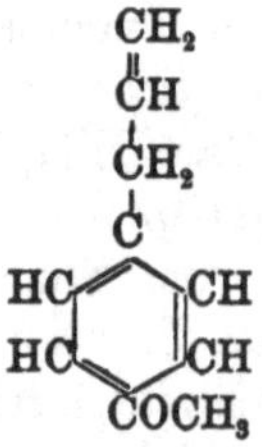
Methylchavicol
Estragol

Propenylreihe (Isoreihe):

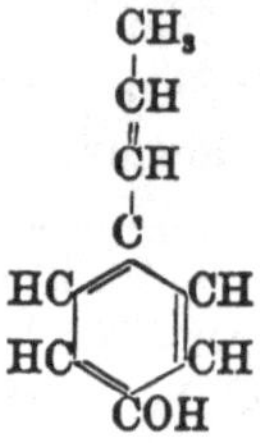
Anol
(kommt als Bestandteil nicht vor)

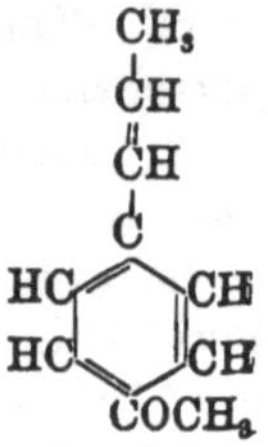
Anethol

Zweiwertige Phenole und ihre Äther

Allylreihe:

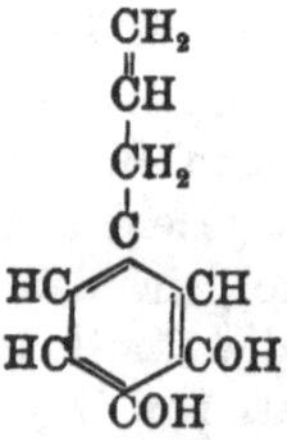
Allylbrenzcatechin
(kommt a. B. nicht vor)

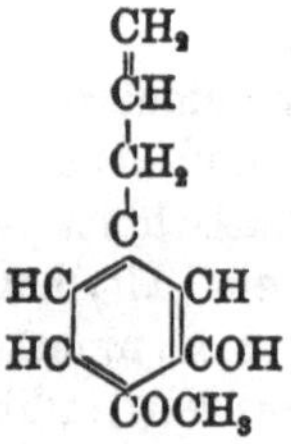
Betelphenol

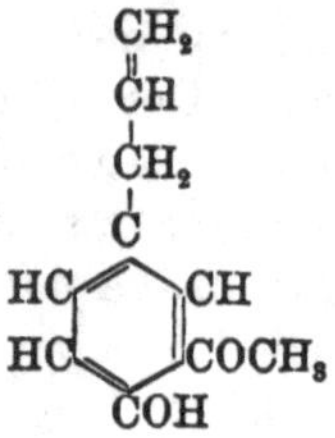
Eugenol

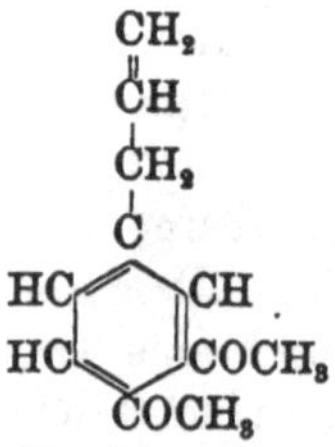
Betelphenolmethyläther,
Methyleugenol

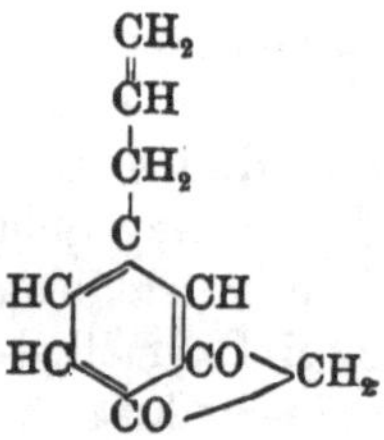
Safrol

Propenylreihe (Isoreihe):

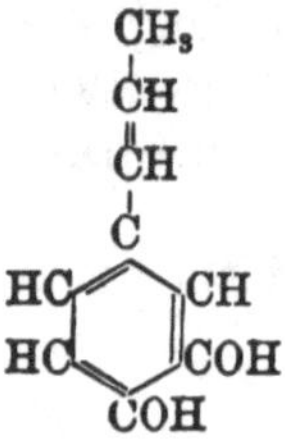
Propenylbrenzcatechin
(kommt a. B. nicht vor)

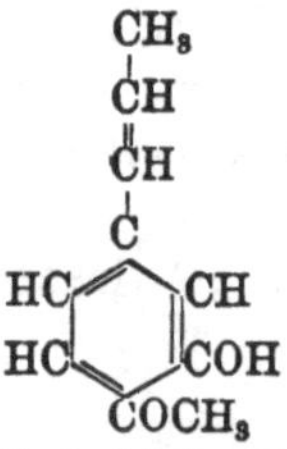
Isobetelphenol
(kommt a. B. nicht vor)

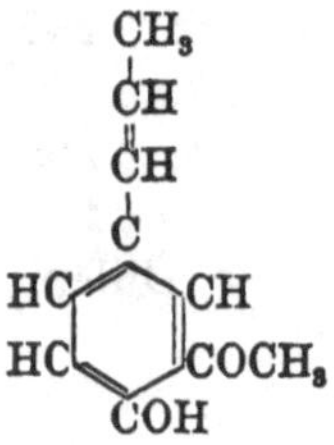
Isoeugenol

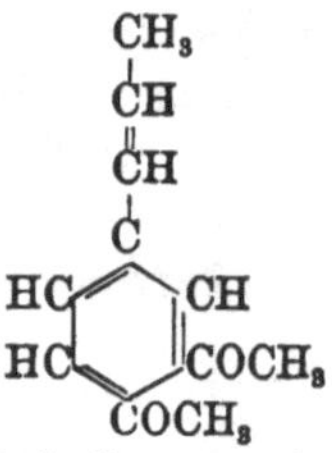
Methylisoeugenol

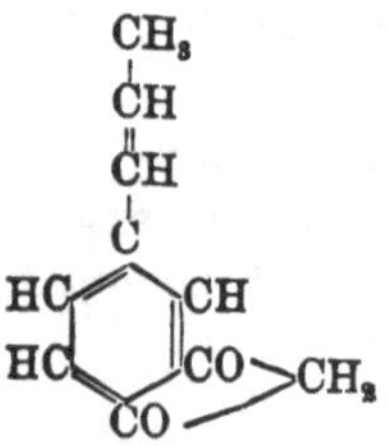
Isosafrol
(kommt a. B. nicht vor)

Dreiwertige Phenole und ihre Äther

Allylreihe:

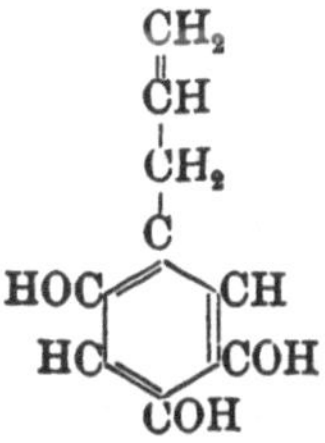

Allyloxyhydrochinon (kommt a. B. nicht vor)

Weder Methyl-, noch Methylenäther dieses Phenols finden sich als Bestandteile.

Propenylreihe (Isoreihe):

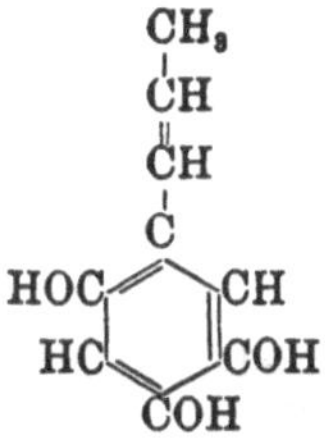

Propenyloxyhydrochinon (kommt a. B. nicht vor)

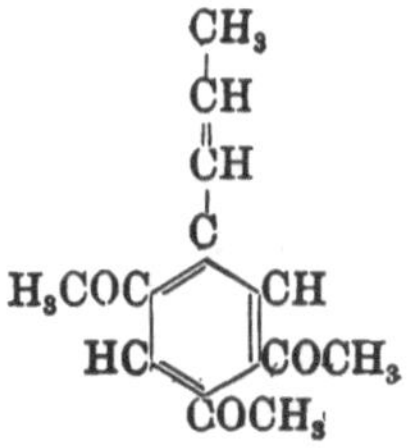

Asaron

Allylreihe:

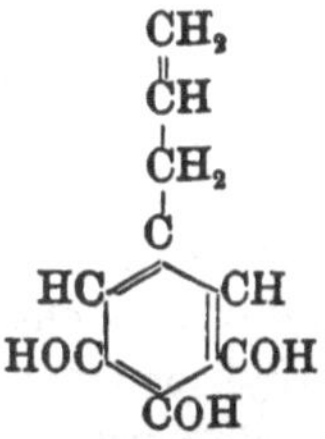

Allylpyrogallol (kommt a. B. nicht vor)

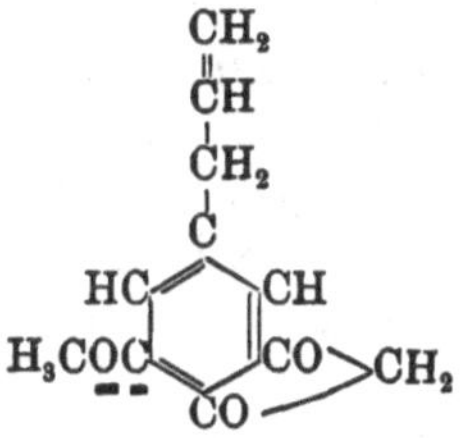

Myristicin

Propenylreihe (Isoreihe):

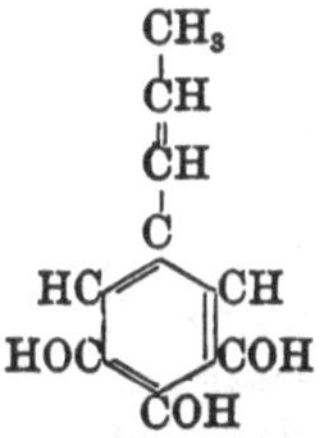

Propenylpyrogallol (kommt a. B. nicht vor)

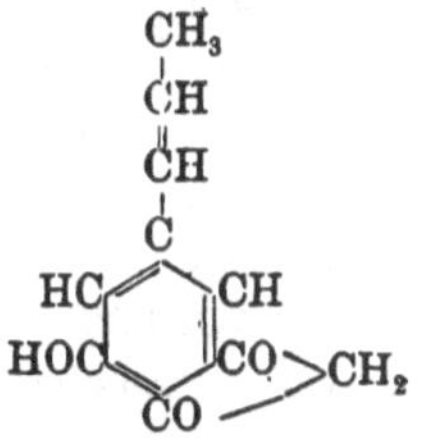

Isomyristicin (kommt a. B. nicht vor)

Weder das dritte dreiwertige freie Allylphloroglucin, noch Derivate desselben finden sich als Bestandteile ätherischer Öle.

Vierwertige Phenole und ihre Äther

Allylreihe:

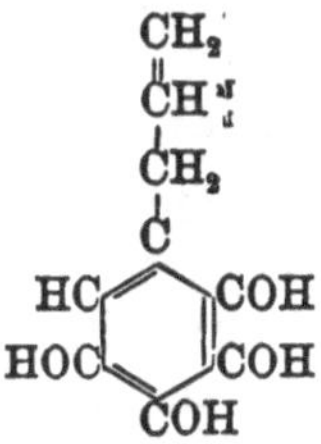

Allylorthooxypyrogallol (kommt a. B. nicht vor)

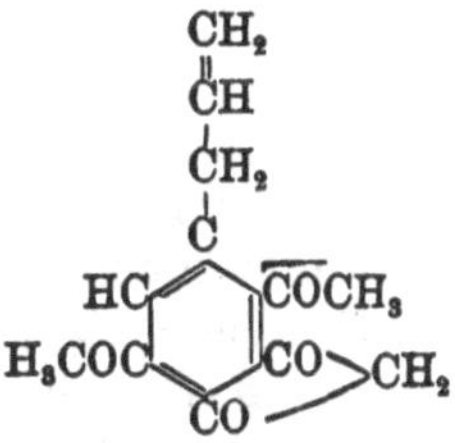

Petersilienapiol

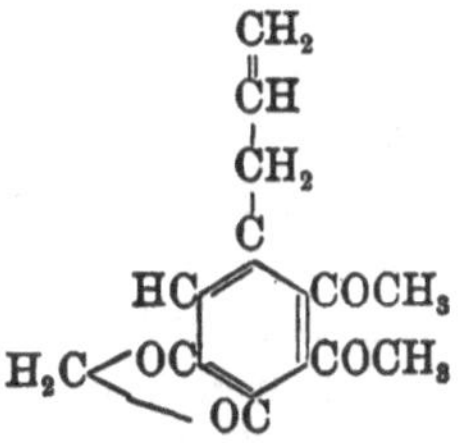

Dillapiol

Propenylreihe (Isoreihe):

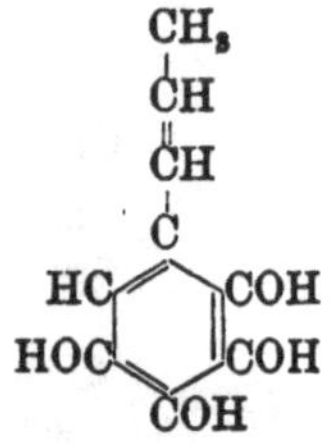

Propenylorthooxypyrogallol
(kommt a. B. nicht vor)

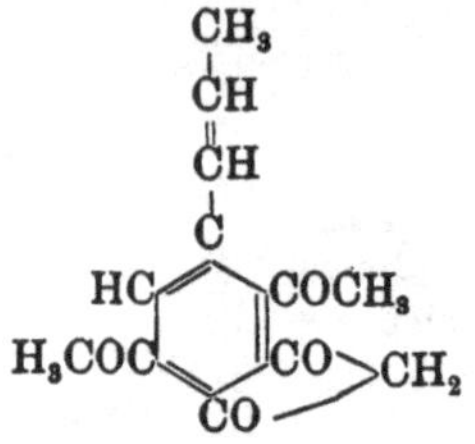

Petersilien-isapiol
(kommt a. B. nicht vor)

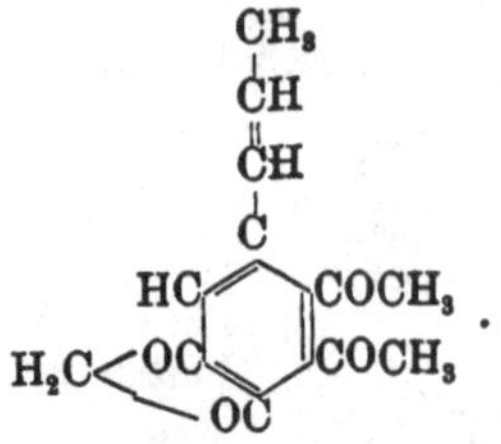

Dill-isapiol
(kommt a. B. nicht vor).

Aus der beigefügten Übersichtstabelle ist zu erkennen, daß sich als Bestandteile ätherischer Öle eine ganze Anzahl von Benzolderivaten findet, die eine C_3H_5-Gruppe aufweisen und die außerdem Phenole oder Phenoläther sind. Phenole sind das Chavicol, Betelphenol und Eugenol, während die übrigen Verbindungen als Methyl- oder Methylenäther auftreten. Das C_3H_5-Radikal kann eine Allyl- oder Propenylgruppe sein; die die letztere enthaltenden Verbindungen werden gewöhnlich als Isoform bezeichnet. Am häufigsten finden sich zweifellos Verbindungen, welche die Allylgruppe enthalten; Propenylderivate sind das Anethol, Isoeugenol, Methylisoeugenol und Asaron. Auffallend ist es, daß diese Bestandteile der ätherischen Öle, soweit sie der Benzolreihe angehören und eine C_3H_5-Gruppe enthalten, Allyl- oder Propenylderivate sind, während wir in der hydriert-cyklischen Reihe sahen, daß wir es in dem C_3H_5-Radikal mit der Isopropenylgruppe zu tun hatten. Mit Sicherheit ist ein Isopropenylderivat in der Benzolreihe als Bestandteil eines ätherischen Öles bisher nicht konstatiert worden.

ε. Sonstige Phenole bzw. phenolartige Körper, die sich als Bestandteile ätherischer Öle finden.

Die Phenole und ihre Derivate, welche bisher erwähnt wurden, konnten in ihrer Konstitution erkannt und aufgeklärt werden. Es findet sich aber in den ätherischen Ölen eine ganze Anzahl von Phenolen bzw. ihren Derivaten, die ihrer Konstitution nach nicht bekannt sind. Gewöhnlich kommen sie nur in außerordentlich geringen Mengen in dem betreffenden ätherischen Öl vor. Es sollen folgende Angaben als Fingerzeige bei der Untersuchung der einzelnen Öle dienen; sie sollen ferner zur Erforschung dieser Phenole anregen und schließlich auch auf anderweitiges Vorkommen von Phenolen und ihren Derivaten hinweisen. —

Der Übersicht wegen sind die Angaben über das Vorkommen erwähnter Phenole nach der Anordnung der Stammpflanzen der natürlichen Familien gegeben worden.

Araceae.

Im Calmusöl (*Acorus Calamus* L.) finden sich ev. phenolartige Bestandteile (Flückiger, Pharmac. **1891**, 352), die in alkoholischer Lösung mit Eisenchlorid eine grünlich-blaue Färbung liefern; die Anteile finden sich besonders in den höchstsiedenden Fraktionen.

Santalaceae.

Im ostindischen Sandelholzöl (*Santalum album*) findet sich nach v. Soden und Müller (Pharm. Ztg. **44** [1899], 258) unter den Nebenbestandteilen, die wenig untersucht sind, auch ein Phenol.

Aristolochiaceae.

Das ätherische Öl von *Asarum arifolium*, wiederholt erwähnt, wurde von Miller (Ar. **240** [1902], 371) näher untersucht; außer Eugenol usw. soll darin ein zweites Phenol vorkommen, das mit Eisenchlorid eine grüne Farbreaktion liefert.

Anonaceae.

Das ätherische Öl, aus den Samen von *Monodora Myristica* Dunal. zu 7 % gewonnen (Thoms, Ber. der deutsch. Pharm. Ges. **14** [1904], 24), enthält neben wenig freien Säuren auch in geringer Menge Phenole.

Myristicaceae.

Die höchstsiedenden Anteile des Macisöles (Semmler, B. **23**, 1803; **24**, 3818) liefern mit Eisenchlorid eine smaragdgrüne Färbung, was auf ein Phenol hinweist.

Lauraceae.

Im Kampferöl (*Laurus Camphora* L.) finden sich außer anderen zahlreichen Substanzen auch Phenole, so Eugenol und Carvacrol. Außerdem (Sch. **1902**, II, 21) ist anscheinend ein zweites Phenol in der Rohfraktion vom Sdp. 94—99° (3 mm) neben Carvacrol enthalten, da außerdem ein unscharf zwischen 85—95° schmelzendes Urethan erhalten wurde.

Rutaceae.

„Aus dem Öle von *Toddalea aculeata* Pers. var. wurde eine kleine Menge eines kristallinischen Körpers gewonnen, dessen wäßrige Auflösung mit Eisenchlorid eine violettgrüne Färbung ergab.“ (Sch. **1900**, I, 49).

An einem aus Südfrankreich herstammenden, als „Petitgrain mandarinier“ bezeichneten Öl konnten saure Reaktion und ein sehr hoher Estergehalt festgestellt werden (Sch. **1902**, I, 81). „Phenolartige Körper konnten aus dem Öle isoliert werden, doch war bei der kleinen Probe die Menge derselben so gering, daß von einer näheren Charakterisierung Abstand genommen werden mußte."

Auch im Rautenöl (*Ruta graveolens* L.) (HOUBEN, B. **35**, 3588) fanden sich bei der Verarbeitung von 500 g Phenole: „achtmaliges Ausschütteln des Öles mit 5%iger Natronlauge lieferte 4—5% Phenole von starkem charakteristischem Geruch. Dieselben gingen zwischen 228 und 235° über, wobei die letzten Tropfen im Abflußrohr erstarrten." Smp. 156°. „Sie ist offenbar identisch mit dem bereits von THOMS (Ber. der Deutsch. Pharm. Ges. **11**, 8) aufgefundenen Körper vom Smp. 155—156°." POWER und LEES (Soc. **81**, 1585) fanden in einem Rautenöl Methylsalicylat und sind der Meinung, daß die von HOUBEN und THOMS beobachtete Substanz vom Smp. 155—156° Salicylsäure ist.

Umbelliferae.

Im Destillationsrückstande des Selleriesamenöls (*Apium graveolens* L.) wurden von CIAMICIAN und SILBER (B. **30**, 492, 501ff.) ein Phenol von den Eigenschaften des Guajacols und ein zweites Phenol, das bei 66—67° schmilzt und die Zusammensetzung $C_{16}H_{20}O_3$ hat, aufgefunden.

Aus dem Petersilienöl (*Petroselinum sativum* Hoffm.) konnte THOMS (B. **36**, 3452) durch Kalilauge 0,0516% einer Substanz isolieren, die einen kresolähnlichen Geruch besaß und wahrscheinlich aus einem Gemisch verschiedener Phenole bestand.

Labiatae.

In den ätherischen Ölen der Labiaten finden sich häufig die Phenole Thymol und Carvacrol, die vielfach von anderen Phenolen, wenn auch nur in geringer Menge, begleitet werden. So findet sich nach JAHNS (B. **15** [1882], 816) im Bohnenkrautöl (*Satureja hortensis* L.) außer Carvacrol ein zweites, Eisenlösung bläuendes, jedoch nicht näher bestimmtes Phenol. — Ebenso konstatierte JAHNS (Ar. **216** [1880], 277) im ätherischen Öl, aus frischem Kraut von *Origanum vulgare* L. gewonnen, wenig Phenole, ca. 0,1%, von denen das eine mit Eisenchlorid eine grüne Färbung gab und wahrscheinlich Carvacrol war, während das andere durch Eisenchlorid violett gefärbt wurde. — Das Spanisch-Hopfenöl (*Origanum* spec.) enthält nach JAHNS (Ar. **215** [1879], 1) und nach GILDEMEISTER (Ar. **223** [1895], 182) außer Carvacrol ein anderes Phenol, das Eisenchlorid violett färbt. — Auch das Thymianöl (*Thymus vulgaris*) dürfte außer Thymol und Carvacrol noch ein drittes Phenol enthalten, da das Öl bei Zusatz von Eisenchlorid eine grünschwarze Färbung gibt. — Vom Quendelöl (*Thymus Serpyllum* L.) konstatierten JAHNS (Ar. **216**, 277; B. **15** [1882], 819) und BOURI (Ar. **212** [1878], 285), daß es außer Thymol und Carvacrol ein sich mit Eisenchlorid in alkoholischer Lösung violettfärbendes Phenol enthält. — Das ätherische Öl von *Thymus capitatus* (SCH. **1889**, II, 56) enthält ca. 6% Thymol. „Außerdem ist jedoch noch ein anderes flüssiges Phenol vorhanden, dessen Sdp. im Vakuum ganz nahe bei dem des Thymols liegt." — Im ätherischen Öl von *Satureja montana* L. (Sch. **1897**, II, 65) wurden 65% Phenol festgestellt, das hauptsächlich Carvacrol sein dürfte. „Außerdem sind noch ein zweites, etwas höher siedendes Phenol und Terpene vorhanden."

Compositae.

Das Edelschafgarbenöl (*Achillea nobilis*) untersuchte in letzter Zeit Echtermeyer (Ar. **243** [1905], 238) näher und konstatierte, daß die Verseifungslaugen des Öles auf Säurezusatz wenig Phenol abschieden, das im Geruch an Thymian erinnerte, bei — 15° jedoch nicht fest wurde und mit Eisenchlorid eine graugrüne Färbung gab.

Betrachten wir diese Familien, deren Spezies ätherische Öle liefern, so nehmen wir wahr, daß dies dieselben Öle sind, in denen auch meist Phenole bzw. deren Äther, deren Konstitution aufgeklärt ist, vorkommen. In bezug auf die Phenole haben wir zwei Gruppen zu unterscheiden: einmal die Phenole mit Isopropyl- und Methylseitenkette (Carvacrol, Thymol, Hydrothymochinon usw.) und zweitens solche mit Allyl- bzw. Propenylseitenkette; letztere Phenole haben außer dieser Seitenkette keine Methylgruppe, überhaupt kein zweites Seitenradikal, sondern nur die Phenolgruppe bzw. Oxymethyl- oder Oxymethylengruppe; die p-Stellung zur Allyl- bzw. Propenylgruppe ist stets von diesen Ätherradikalen besetzt. Wir werden Gelegenheit haben, bei der Besprechung der Phenolalkohole bzw. -aldehyde oder -säuren auf weitere Regelmäßigkeiten zurückzukommen.

II. Substitutionsprodukte der Kohlenwasserstoffe, sofern sie Benzolderivate sind, mit Substituenten in der Seitenkette, jedoch ohne gleichzeitige Substitution im Kern durch OH bzw. Oxalkyl oder Oxyalkylen.

a) Alkohole.

a_1) Gesättigte Alkohole.

Nicht allzu häufig begegnen wir in ätherischen Ölen den gesättigten Alkoholen der Benzolreihe; es sind im wesentlichen nur der Benzyl- und der Phenyläthylalkohol. Nichtsdestoweniger sind diese beiden Alkohole für einzelne ätherische Öle von großer Bedeutung und für sie charakteristisch.

---

357. Benzylalkohol

C_7H_8O = 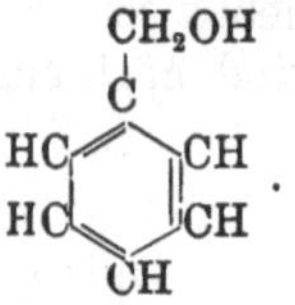

Vorkommen, Isolierung und Synthese. Der Benzylalkohol findet sich in freiem Zustande in geringen Mengen im Perubalsam, häufiger kommt er in der Natur an Zimtsäure usw. gebunden in Esterform vor, so im flüssigen Storax usw. Der Benzylalkohol wurde auf präparativem Wege früher gewonnen als in einem ätherischen Öle entdeckt. LIEBIG und WÖHLER haben (A. **3**, 257, 261) Benzylalkohol im Jahre 1832 in Händen gehabt durch Einwirkung von alkohol. Kali auf Benzaldehyd, aber erst CANNIZARO (A. **88**, 129) berichtet im Jahre 1853 über die Darstellung des Benzylalkohols aus Bittermandelöl durch Einwirkung von alkohol. Kalilösung; C. findet den Sdp. 204°. „Diese Alkoholart scheint der Typus einer ganzen Klasse neuer Alkohole zu sein.“ — C. (A. **90**, 252) erhält bei der Einwirkung von Kali auf Benzylalkohol Benzoesäure und Toluol. C. erkennt, daß das Verhältnis des Toluols zum Benzylalkohol gleich demjenigen ist des Sumpfgases zum Holzgeist usw. — C. (A. **92** [1854], 113) berichtet über die vollständige Analogie des Benzylalkohols mit anderen Alkoholen, indem er über eine Anzahl von Estern berichtet. — Über die Reduktion der Benzoesäure mit Natriumamalgam vgl. KOLBE (A. **118** [1861], 122). — Ebenso erhielt HERRMANN (A. **132**, 75) durch Einwirkung naszierenden Wasserstoffs auf Benzoesäure Benzylalkohol. — Über die Darstellung aus dem Perubalsam usw. vgl. KRAUT (A. **107**, 208; **109**, 255; **152**, 129), SCHARLING (A. **97**, 168), ferner STRECKER (J. **1868**, 566). — Über die Darstellung aus dem flüssigen Storax siehe LAUBENHEIMER (A. **164**, 289), aus dem Tolubalsam BUSSE (B. **9**, 830).

In ätherischen Ölen ist der Benzylalkohol verhältnismäßig spät aufgefunden worden. TILDEN (Pharm. J. **5** [1875], 761) berichtet von dem Vorkommen des Benzylalkohols im Kirschlorbeeröl, aber eigentlich erst in dem letzten Jahrzehnt wurde das Vorkommen des Benzylalkohols in ätherischen Ölen konstatiert; er findet sich in diesen sowohl frei, als auch im gebundenen Zustande. Über das Vorkommen des Benzylalkohols in Esterform vgl. auch Ester, Bd. I, S. 806 usw.

Das **Vorkommen des freien Alkohols** in ätherischen Ölen gestaltet sich folgendermaßen:

Amaryllidaceae.

Die Tuberose (*Polyanthes Tuberosa*), eine in Zentralamerika einheimische Pflanze, wird unter anderem in Südfrankreich kultiviert. Die Blüten befinden sich an einem hohen Schaft und stehen am Ende desselben dicht zusammengedrängt; sie entwickeln sich allmählich einzeln zur vollen Blüte und werden auch einzeln abgepflückt. Das ätherische Öl der Tuberosenblüte wird nun in der Praxis nicht durch Wasserdampfdestillation gewonnen, da die Blüten zu wenig davon enthalten und das Aroma bei der Wasserdampfdestillation stark leiden würde. Man kann die riechenden Bestandteile der Tuberosenblüten durch Extraktion mit flüchtigen Lösungsmitteln gewinnen oder durch Enfleurage, indem die Tuberosenblüten in den „chassis" mit dem Pomadenfett in Berührung bleiben und an letzteres die riechenden Bestandteile abgeben. Es ist selbstverständlich, daß die Blüten auf diese Weise ihr Aroma nicht vollkommen abgeben, sondern daß Anteile desselben in den Abfallblüten zurückbleiben. Es hat sich herausgestellt, daß verschiedene Pflanzenteile, besonders Blüten, wenn sie von der Pflanze entfernt werden, eine bestimmte Menge ätherisches Öl besitzen, das man qualitativ und quantitativ untersucht hat; es hat sich aber ferner herausgestellt, daß nach dem Absterben der Blüte, d. h. nach der Entfernung der Blüte von der Pflanze weiteres Öl in den abgepflückten Blüten gebildet wird, und daß das schon vorhandene ätherische Öl ev. geringen Veränderungen unterliegt. Wir müssen annehmen, daß derartige chemische Prozesse vielleicht durch Organismen hervorgerufen werden, vielleicht auch durch Fermente, welche imstande sind, kompliziertere Verbindungen in der abgestorbenen Blüte zu spalten, während die Spaltung im lebenden Organismus nicht vor sich geht. — Hieraus ergibt sich, daß das ätherische Öl, welches sofort nach dem Abpflücken der Blüten durch Extraktion mit einem indifferenten Lösungsmittel gewonnen wird, unter Umständen ein anderes ist als jenes, welches durch Enfleurage hergestellt wird und aus der hierbei erhaltenen Pomade durch Wasserdampfdestillation oder auch auf anderem Wege extrahiert werden kann.

Zu derartigen Blüten gehören auch die Tuberosenblüten. Die Tuberosenpomade wird, wie erwähnt, durch Enfleurage gewonnen. Verley (Bl. III, **21** [1899], 307) hatte das Tuberosenblütenöl aus der Pomade isoliert und untersucht; V. gibt an, 10 % einer Verbindung isoliert zu haben, die er „Tuberon" nennt und die die Eigenschaften eines Ketons habe und $C_{13}H_{20}O$ zusammengesetzt sei, also analog dem Iron. Weitere Mitteilungen über die Zusammensetzung des ätherischen Öles werden nicht gemacht. Sch. u. Co. (Sch. **1903**, I, 75) bringen ebenfalls Mitteilungen über das Tuberosenöl, das sie durch Wasserdampfdestillation aus dem salbenartigen Tuberosenblütenextrakt herstellen. Dieses Öl, das aus 100 g Extrakt zu 5 g gewonnen wurde, besitzt blaue Fluoreszenz, die wahrscheinlich von Anthranilsäuremethylester herrührt. Das Öl siedete bei 5 mm Druck zwischen 60 und 140°. Tuberon konnte nicht nachgewiesen werden. Bei der Oxydation mit verd. Kaliumpermanganatlösung blieb ein Öl übrig, das sich als Benzoesäuremethylester herausstellte.

Hesse (B. **36** [1903], 1459) bringt „Über das ätherische Tuberosenblütenöl und seine Entwicklung bei der Enfleurage" wichtige Mitteilungen. H. zeigte, daß 1. bei der Destillation frischer Tuberosenblüten ein widerlich riechendes Destillationsprodukt entstand, so daß tiefgehende Zersetzungen eintreten müssen; 2. durch Extraktion der frischen Tuberosenblüten wurden aus 1000 kg nur 36 g am Beginn der Ernte, im weiteren Verlauf 56 g ätherisches Öl gewonnen. Petroläther extrahiert nicht das gesamte ätherische Öl, sondern bei der Wasserdampfdestillation der extrahierten Blüten wurden noch 10 g eines unangenehm riechenden Öles gewonnen. Das durch Petrolätherextraktion erhaltene Öl zeigte: $d_{15} = 1{,}007$. „Die Verseifungslauge enthielt 12—13 % Benzoesäure (ber. auf angewandtes Öl) und außerdem Anthranilsäure, aber keine Salicylsäure." Das in den Blüten enthaltene Tuberosenöl weist ca. 1,13 % Anthranilsäuremethylester auf. 3. a) Die Untersuchung der bei der Enfleurage der Tuberosenblüten erhaltene Tuberosenpomade ergab, daß bei der Enfleurage von 1000 kg Tuberosenblüten 801 g ätherisches Tuberosenblütenöl in das Pomadenfett übergehen. Dieses ätherische Tuberosenblütenöl — H. nennt das in den Tuberosenblüten enthaltene Öl „Tuberosenöl", das bei der Enfleurage gewonnene Öl „Tuberosenblütenöl" — zeigte $d_{15} = 1{,}012$; Gehalt an Anthranilsäuremethylester 5,1 % usw. b) Die bei der Enfleurage abfallenden Blüten wurden durch Extraktion und nachfolgende Destillation vom Öl befreit; aus 1000 kg Blüten wurden noch 78 g ätherisches Öl gewonnen: $d_{15} = 1{,}043$, Gehalt an Anthranilsäuremethylester 2 %. „Bei der Enfleurage und Extraktion von 1000 kg Tuberosenblüten wurden also im ganzen 801 + 78 = 879 g Öl, d. h. 13,32mal so viel ätherisches Öl erhalten, als durch Extraktion der frischen Blüten. Die Tuberosenblüten entwickeln also bei der Enfleurage noch 12mal so viel ätherisches Öl, als a priori in den Blüten enthalten war" (vgl. Anmerkung). H. stellt als Bestandteil des Tuberosenöls und Tuberosenblütenöls fest, „daß beide Öle Anthranilsäuremethylester, Benzylalkohol (frei und verestert), Ester der Benzoesäure (darunter: Benzoesäurebenzylester) und andere aromatische Ester enthalten und außerdem in dem in die Pomade übergehenden Tuberosenblütenöl Salicylsäuremethylester vorkommt, welcher im Tuberosenöl fehlt". Der Benzylalkohol wurde nachgewiesen, indem die nach Verseifung erhaltenen Alkohole fraktioniert destilliert wurden. Die Fraktion vom Sdp. 206—214° war schwerer als Wasser, lieferte beim Acetylieren ein nach Benzylacetat riechendes schweres Öl und bei der Oxydation mit Chromsäuregemisch Geruch nach Benzaldehyd, ferner gaben 1,1 g der Fraktion 0,95 g Benzoesäure usw.

Anonaceae.

Im Destillationswasser des Ylang-Ylangöles (*Cananga* spec.) fanden v. SODEN und ROJAHN (B. **34**, 2809) Benzylalkohol; „dieser Alkohol bildet einen, wenn auch unwichtigen, so doch normalen Bestandteil dieses lieblich duftenden Öles." — SCH. u. Co. (SCH. **1902**, I, 64; **1903**, I, 79) berichten vom Ylang-Ylangöl: „ferner ließ sich Benzylalkohol durch Oxydation zu Benzaldehyd in Fraktionen nachweisen, die ihrem Siedepunkt nach kein Benzylbenzoat, wohl aber Benzylalkohol oder Benzylacetat enthalten konnten."

Rosaceae.

In dem Kirschlorbeeröl (*Prunus Laurocerasus* L.) findet sich hauptsächlich Benzaldehyd, Blausäure und Phenyloxyacetonitril. Der charakteristische Geruch des Kirschlorbeeröls, der letzteres vom Bittermandelöl unterscheiden soll, wird nach TILDEN (Pharm. Journ. London III, **5** [**1875**], 761), durch einen indifferenten Körper hervorgebracht, der wahrscheinlich Benzylalkohol ist.

Leguminosae.

Im Cassieblütenöl (*Acacia Farnesiana*), das aus der Cassiepomade (SCH. **1899**, II, 58) dargestellt worden war, wurde aus den niedriger siedenden Anteilen mittels Phtalsäureanhydrid ein Alkoholgemisch isoliert, in dem die Gegenwart von Benzylalkohol wahrscheinlich gemacht wurde. Auch für das ätherische Öl von *Acacia Cavenia* Hook. et Arn. (SCH. **1903**, II, 14) wurde konstatiert, daß es sich aus ca. 50% Phenolen, hauptsächlich Eugenol, ca. 8% Salicylsäuremethylester und ca. 42% Nichtphenolen zusammensetzt; von den letzteren sind etwa 20% Benzylalkohol. Zur Charakterisierung des Benzylalkohols wurde besonders die freie Benzylphtalestersäure herangezogen: Smp. 106—107°. — In einer weiteren Mitteilung (SCH. **1904**, I, 21) wird über das ätherische Öl aus der indischen Cassiepomade (*Acacia Farnesiana*) Mitteilung gemacht; 115 kg lieferten 197 g Öl = 0,171% der Pomade: d_{15} = 1,0475, $\alpha_D = \pm 0$, n_D = 1,51331, V.Z. = 176; davon waren 21 g Phenole und von dieser besteht die Hauptmenge aus Salicylsäuremethylester. Nach Entfernung der Phenole destillierte das Akazienblütenöl unter 6 mm Druck bei 38—140°, hauptsächlich von 70—120°. Außer Benzaldehyd wurde Benzylalkohol nachgewiesen, ferner Menthon(?), Anisaldehyd usw.

Oleaceae.

Vom Jasminblütenöl (*Jasminum grandiflorum* L.) konstatieren SCH. u. Co. (SCH. **1896**, I, 65; **1899**, I, 27; **1901**, II, 28), daß in ihm Benzylacetat, Benzylalkohol und Anthranilsäuremethylester vorkommen. VERLEY (C. r. **128**, 314; Bl. III, **21**, 226) gibt an, daß sich in dem Jasminblütenöl Jasmal $C_9H_{10}O_2$, das Methylenacetal des Phenylglykols $C_6H_5 \cdot C_2H_3 <_{O}^{O}> CH_2$ finde. SCH. u. Co. (SCH. **1899**, I, 27) können das Vorkommen von Jasmal nicht bestätigen und ebenso hatten HESSE und MÜLLER (B. **32** [1899], 565) bereits feststellen können, daß ein Körper von den Eigenschaften des Jasmals im Jasminblütenöl nicht vorhanden sei. In einer sehr ausführlichen Untersuchung zeigen diese Forscher, daß sich Benzylacetat und Terpenalkoholester finden, daß aber für den Geruch des Jasminblütenöls hauptsächlich zwei Körper in Betracht kommen, welche nur in geringer Menge vorkommen, indem 1000 kg Jasminblüten ca. 25 g eines jeden derselben liefern. — In einer zweiten Abhandlung zeigen alsdann H.

und M. (B. **32**, 765), daß die Zusammensetzung des ätherischen Jasminblütenöls in abgerundeten Zahlen folgende ist: 65 % Benzylacetat, 7,5 % Linalylacetat (darunter ev. andere Terpenalkoholester), 6 % Benzylalkohol, 5,5 % andere Riechstoffe, 16 % Linalool (darunter ev. noch andere Bestandteile) usw. — Über die quantitative Bestimmung eines Gemenges von Benzylalkohol, Benzylacetat, Linalool und Linalylacetat vgl. a. a. O., S. 775. — ERDMANN (B. **34** [1901], 2281) kann sich der Ansicht nicht anschließen, daß sich nach dem Abpflücken der Blüten noch ätherisches Öl neu bilden soll. — HESSE (B. **32**, 2611) zeigt, daß das Benzyl- und Linalylacetat, das Linalool, der Benzylalkohol usw. durchaus nicht die wichtigsten Bestandteile des Jasminblütenöls sind, sondern daß sich darin für den Geruch wichtige stickstoffhaltige Verbindungen, ein Keton usw., finden. Zu den stickstoffhaltigen Verbindungen gehören das Indol und der Anthranilsäuremethylester. Diese beiden bilden zusammen mit dem Keton Jasmon die wesentlichen Bestandteile des Jasminriechstoffes. Es ergibt sich für das Jasminblütenöl folgende Zusammensetzung:

3,0 %	Jasmon $C_{11}H_{16}O$
2,5 %	Indol C_8H_7O
0,5 %	Anthranilsäuremethylester $C_8H_9O_2N$
65,0 %	Benzylacetat $C_9H_{10}O_2$
7,5 %	Linalylacetat $C_{12}H_{20}O_2$
6,0 %	Benzylalkohol C_7H_8O
15,5 %	Linalool $C_{10}H_{18}O$
100,0 %.	

— HESSE (B. **33** [1900], 1585) berichtet über das Jasminblütenöl, wie es durch Extraktion der Jasminblüten mit einem indifferenten Lösungsmittel wie Petroläther usw. gewonnen wird. PASSY (C. r. **124**, 783; C. **1897**, I, 1028) hatte die Vermutung ausgesprochen, daß gewisse Blüten, wie Jasmin und Tuberose, den Riechstoff nur in geringer Menge fertig gebildet enthalten, während in anderen Blüten, wie Rosen und Orangenblüten, größere Mengen fertig gebildet sich vorfanden. H. untersuchte nun ein Produkt „jasmin pur", das durch Extraktion der Blüten mit einem flüchtigen Lösungsmittel gewonnen worden war, wobei 1400 kg Blüten 1 kg „jasmin pur" geliefert hatten. Durch Wasserdampfdestillation erhielt H. aus 40 g „jasmin pur" 5,5 g ätherisches Öl und aus den Destillationswassern noch ca. 4,5 g Wasseröl usw. Es wurde festgestellt, daß I. 5600 kg Jasminblüten nach dem Extraktionsverfahren ca. 1 kg ätherisches Jasminblütenöl liefern, daß hingegen durch Enfleurage 1000 kg Jasminblüten ca. 1 kg ätherisches Öl geben, so daß innerhalb von 24 Stunden die Blüten sechsmal so viel Öl hergeben; II. die durch Extraktion oder durch Enfleurage gewonnenen ätherischen Jasminblütenöle sind qualitativ verschieden; III. das durch Extraktion gewonnene Öl enthält Anthranilsäuremethylester; IV. auch kein Indol; jedoch seien noch weitere Versuche notwendig. — Über die Untersuchungen von JEANCARD und SATIE: „Analytische Studien über einige Jasminöle" vgl. Bl. III, **23**, 555; C. **1900**, II, 262. — In seiner fünften

Abhandlung (B. **34**, 291) kommt Hesse auf die Untersuchung des Jasminblütenöls zurück und gelangt zu dem Resultat, daß I. bei der Enfleurage zehnmal so viel ätherisches Öl gebildet wird wie bei der Extraktion der Blüten mit flüchtigen Lösungsmitteln; II. die Eigenschaften des nur mit Jasminblüten erhaltenen Öles sind dieselben wie jene der Öle aus guten Handelspomaden; III. das Jasminblütenöl weist als normalen Bestandteil Anthranilsäuremethylester auf, der sich aber erst bei der Enfleurage zu bilden scheint. — In der sechsten Abhandlung (B. **34**, 2916) wendet sich Hesse zunächst gegen die Ausführungen Erdmanns und zeigt fernerhin, daß das durch Enfleurage gewonnene ätherische Jasminblütenöl verschieden ist von den nach anderen Methoden erhaltenen Ölen und daß folgendes Verhältnis vorliegt:

1000 kg Jasminblüten enthalten an ätherischem Öl		1000 kg Jasminblüten geben bei der Enfleurage	
nach den Resultaten der Extraktion 178 g Öl	nach den Resultaten der Destillation 194 g Öl	vom Fett absorbiertes Öl 1784 g	in den enfleurierten Blüten verbleib. Öl 195 g
In diesem Öl sind enthalten:	In diesem Öl sind enthalten:	In diesem Öl sind enthalten:	In diesem Öl sind enthalten:
5,7 g Jasmon	6,2 g Jasmon	53,5 g Jasmon	6,2 g Jasmon
35,6 g Benzylacetat	44,2 g Benzylacetat	1248,8 g Benzylacet.	68,2 g Benzylacetat
21,3 g Benzylalkohol	23,2 g Benzylalkoh.	107,0 g Benzylalk.	34,3 g Benzylalkoh.
— Anthranilsäuremethylester (nicht nachweisbar)	2,87 g Anthranilsäuremethylester	5,3 g Anthranilsäuremethylester	2,86 g Anthranilsäuremethylester
— Indol (nicht nachweisbar)	— Indol (nicht nachweisbar)	44,6 g Indol	— Indol (nicht nachweisbar)

In der siebenten Abhandlung (B. **37** [1904], 1457) teilt Hesse diejenigen prozentischen Zahlen mit, die er neuerdings durch eigene Versuche feststellen konnte, wonach das Enfleurage-Verfahren nicht neunmal, sondern vier- bis fünfmal so viel Öl ergibt wie die Extraktion, daß in dem mit Petroläther aus frischen Blüten erhaltenen Extrakt kein Anthranilsäuremethylester nachgewiesen werden konnte, jedoch in dem durch Destillation mit Wasserdampf gewonnenen Öl (0,4 $^0/_0$). Danach muß die den Anthranilsäureester liefernde Verbindung mit Wasserdampf leicht spaltbar sein; da ferner die mit Petroläther extrahierten Blüten bei der Wasserdampfdestillation weitere Mengen Anthranilsäureester liefern, muß jene Verbindung mit Petroläther nur zu kleinem Teil extrahierbar sein. Dagegen muß die Indol bildende Substanz durch Wasserdampf anscheinend nicht zerlegt werden, da durch Wasserdampfdestillation frischer Blüten indolfreies Öl gewonnen wurde. — Schließlich vgl. über Jasminblütenöl eine Untersuchung von v. Soden (J. pr. II, **69** [1904], 256), nach dem Öle untersucht wurden, die hergestellt waren aus Blütenextrakten, die ihrerseits zu verschiedenen Jahreszeiten aus Blüten durch Extraktion mit Petroläther gewonnen worden waren. 2000 kg Jasminblüten (Juli-August) gaben 0,077 % Jasminblütenöl, d_{15} = 0,9955. 1800 kg Blüten (September-Oktober) gaben 0,0718 % Öl, d_{15} = 0,967. Das Öl wies ziemlich viel Indol auf und auch Anthranilsäuremethylester; hiernach findet sich das Indol unter Umständen auch in den Extraktölen.

Physik. Eig. des Benzylalkohols. Kopp (A. **94**, 311) (auf präparativem Wege gewonnen): Sdp. 206,5° (kor.), d_0 = 1,0628, $d_{15,4}$ = 1,0507.

Sch. u. Co. (Sch. **1899**, I, 27 Anm.) (aus Jasminblütenöl): $Sdp._9$ = 88°.

Sch. u. Co. (Sch. **1903**, II, 15) (aus *Acac. Cavenia*): $Sdp._{754}$ = 206—207°, d_{15} = 1,0457, $n_{D_{20}}$ = 1,53723.

Sch. u. Co. (Sch. **1904**, I, 22): $Sdp._{745}$ = 204—206°, d_{15} = 1,0435, $\alpha_D = \pm 0$, $n_{D_{20}}$ = 1,53804 (aus Cassieblütenöl von *Acac. Farn.*).

v. Soden und Rojahn (B. **34**, 2809) (aus Ylang-Ylangöl): d_{15} = 1,046, Sdp. 205—206°.

Eykman (R. **12**, 186): $d_{19,8/4}$ = 1,0427, M. R. = 51,30.

Stohmann, Rodatz und Herzberg (J. pr. II, **36**, 4) Mol.-Verbr. 895,267 Kal.

Kahlbaum: $Sdp._{10}$ = 92,6°, $Sdp._{100}$ = 141,2°, $Sdp._{500}$ = 189,0°, $Sdp._{760}$ = 204,7°.

Perkin (Soc. **69**, 1198): Sdp. 205,3° (i. D.), $d_{4/4}$ = 1,0579, $d_{15/15}$ = 1,05, $d_{25/25}$ = 1,0441, $d_{50/50}$ = 1,0338, $d_{100/100}$ = 1,0225.

Louginine (A. ch. VII, **13**, 289): spez. Wärme und Verdampfungswärme.

Über das kryoskopische Verhalten vgl. Auwers (Ph. Ch. **30**, 537), ferner Ampola und Rimatori (G. **27**, I, 48, 60). — Über die Dampfspannungskurve siehe Kahlbaum (Ph. Ch. **26**, 583). — Über die Dielektrizitätskonstante und elektr. Absorpt.: Drude (Ph. Ch. **23**, 209) und Löwe (W. **66**, 398). — Magn. Drehungsverm. 12,41 bei 18° (Perkin, Soc. **69**, 1242).

Chem. Eig. des Benzylalkohols. Der Benzylalkohol läßt sich verhältnismäßig leicht zu Toluol reduzieren, wobei anderseits Benzoesäure entsteht, so beim Kochen mit alkohol. Kalilösung (Cannizzaro, A. **96**, 246).

Durch Oxydation, namentlich mit Chromsäure, bildet sich Benzaldehyd C_6H_5CHO und Benzoesäure C_6H_5COOH (vgl. Bestandteile Benzaldehyd und Benzoesäure).

Äther und Ester des Benzylalkohols. Methylbenzyläther $C_6H_5CH_2 \cdot O \cdot CH_3$ (Cahours, A. ch. V, **10**, 23 und Sintenes, A. **161**, 334): Sdp. 167—168. — Perkin (Soc. **69**, 1241): Sdp. 170,5° (i. D.), $d_{4/4}$ = 0,9805, $d_{15/15}$ = 0,9711, $d_{25/25}$ = 0,9643; Magn. Dreh. 13,42 bei 15°. — Äthylbenzyläther $C_6H_5CH_2 \cdot O \cdot C_2H_5$: Sdp. 185° (Cannizzaro, J. **1856**, 581).

Benzylformiat $C_6H_5CH_2 \cdot O \cdot CHO$ (Béhal, A. ch. VII, **20**, 421; C. **1900**, II, 1141): $Sdp._{747}$ = 202—203°, d_{23} = 1,081.

Benzylacetat $C_6H_5 \cdot CH_2 \cdot O \cdot COCH_3$ (CANNIZZARO, A. **88**, 130). Findet sich im Jasminblütenextraktöl (HESSE, B. **33**, 1588), ferner als Hauptbestandteil im Jasminblütenöl (HESSE und MÜLLER, B. **32**, 565): Sdp. 215,5—216°, d_{15} = 1,062 (vgl. Bestandteil Benzylacetat, Bd. I, S. 806).

Phenylurethan des Benzylalkohols $C_6H_5CH_2OCONHC_6H_5$: Smp. 77—79° (SCH. **1899**, I, 27 Anm.): Smp. 78° (v. SODEN und ROJAHN, B. **34**, 2809 Anm.).

Benzylphtalestersäure $C_6H_4<^{COOH}_{COOC_7H_7}$ (SCH. **1903**, II, 15): Smp. 106—107°, kristallisiert aus Benzol in Prismen.

Brenztraubensäurebenzylester $CH_3 \cdot CO \cdot CO \cdot OC_7H_7$ (SIMON, Bl. III, **13**, 483; A. ch. VII, **9**, 502): Sdp. 207—208°, d_{14} = 1,090.

Das Semicarbazon dieses Benzylbrenztraubensäureesters $NH_2 \cdot CO \cdot NH \cdot N:C(CH_3) \cdot COOC_7H_7$ schmilzt bei 176° (BOUVEAULT, C. r. **138**, 984).

Identifizierung des Benzylalkohols. Um den Benzylalkohol in ätherischen Ölen nachzuweisen, kann man fraktioniert destillieren und die um 205° siedenden Anteile für sich auffangen und auf Benzylalkohol prüfen. Säuren und Phenole sind vorher durch Alkalilauge zu entfernen, ebenso Aldehyde und Ketone durch Behandlung mit Bisulfit, Hydroxylamin, Semicarbazid usw. Die Bestimmung der physikalischen Daten gibt einen Fingerzeig, ob Benzylalkohol vorliegen kann, namentlich der Siedepunkt ist bei dem hohen Volumgewicht charakteristisch. Von chemischen Verbindungen sind das Phenylurethan vom Smp. 78°, die Benzylphtalestersäure vom Smp. 106—107° und das Semicarbazon des Benzylbrenztraubensäureesters vom Smp. 176° charakteristisch. Das Acetat zeichnet sich durch seinen lieblichen Geruch aus.

Die **Konstitution des Benzylalkohols** ergibt sich aus seiner Analyse, Synthese und Reaktionen ohne weiteres.

Zur **Geschichte des Benzylalkohols** ist zu bemerken, daß er, wie erwähnt, zuerst von CANNIZZARO im Jahre 1853 erhalten wurde durch Behandlung von Benzaldehyd mit alkohol. Kali, nachdem WÖHLER und LIEBIG diese Reaktion im Jahre 1832 nicht richtig erkannt hatten. In schneller Aufeinanderfolge häuften sich seit 1853 Mitteilungen über die Derivate des Benzylalkohols. — Jedoch wurde die Konstitution des Benzylalkohols, obwohl man seine Alkoholnatur 1857 bereits scharf erkannte und ihn in Analogie mit Äthylalkohol setzte, doch erst in der nächsten Periode 1857—1872 voll erkannt. Als KEKULÉ im Jahre 1865 seine Benzoltheorie aufstellte, war auch die Konstitution des Benzylalkohols als Phenyl-methylalkohol ohne weiteres gegeben. Das Vorkommen des Benzylalkohols in ätherischen Ölen wurde jedoch erst in der letzten Periode, 1887 bis zur Gegenwart, mit Sicherheit nachgewiesen, obwohl bereits TILDEN im Jahre 1875 auf sein Vorkommen im Kirschlorbeeröl aufmerksam gemacht hatte. Auf das Vorkommen freien Benzylalkohols im Jasminblütenöl (vgl. oben) ist gleichzeitig in den neunziger Jahren von SCH. u. Co. und von HESSE und MÜLLER zuerst hingewiesen worden.

Die **Anwendung des Benzylalkohols** sowohl im freien Zustande, als ganz besonders als Acetat (vgl. dieses) ist eine mannigfaltige, namentlich in der Parfümerie.

---

358. Phenyläthylalkohol $C_8H_{10}O = C_6H_5 \cdot CH_2 \cdot CH_2OH$.

Vorkommen, Isolierung und Synthese. Der Phenyläthylalkohol wurde ebenfalls früher synthetisch erhalten als in ätherischen Ölen aufgefunden. RADZISZEWSKI (B. **9**, 373) gewinnt ihn aus dem Aldehyd der α-Toluylsäure mittels Natriumamalgam und stellt auch sein Acetat dar. Als Bestandteil eines ätherischen Öls wurde der Phenyläthylalkohol im Rosenöl fast gleichzeitig und unabhängig voneinander einerseits von v. SODEN und ROJAHN (B. **33**, 1720), anderseits im Laboratorium von SCH. u. Co. (SCH. **1900**, II, 56) von WALBAUM (B. **33**, 1903) aufgefunden. — Außer im Rosenöl wurde der Phenyläthylalkohol im Orangenblütenwasseröl nachgewiesen (HESSE und ZEITSCHEL, J. pr. II, **64**, 245; **66**, 481).

Rosaceae.

v. SODEN und ROJAHN (B. **33** [1900], 1720) berichten über die Auffindung eines aromatischen Alkohols im deutschen Rosenöl. Es wird konstatiert, daß das deutsche Rosenöl selbst nur Bruchteile von Prozenten an Phenyläthylalkohol enthält, daß dagegen im „Rosenwasser“ verhältnismäßig größere Mengen vorhanden sind. „Für das Aroma des Rosenöls ist die Gegenwart der minimalen Menge dieses Alkohols, welcher einen eigentümlich aromatischen, nur wenig rosenartigen Geruch besitzt, bedeutungslos.“ v. S. und R. isolieren alsdann den Phenyläthylalkohol aus dem „Rückstandwasser der deutschen Rosenöldestillation“, aus dem „deutschen Rosenwasser“ und aus dem „deutschen Rosenöl“ und synthetisieren schließlich den Phenyläthylalkohol nach RADZISZEWSKI. — SCH. u. Co. (SCH. **1900**, II, 56; **1901**, I, 53) beobachten gleichzeitig, daß bei der Gewinnung von Rosenöl sich ein schweres aromatisches Öl darstellen lasse. „Dasselbe Öl ließ sich auch beim Ausziehen getrockneter Rosenblätter mit Äther gewinnen und die nähere Untersuchung ergab, daß es zum größten Teil aus normalem Phenyläthylalkohol bestand.“ „Auch in dem Extrakt aus frischen Rosenblättern ließ sich ein ätherisches Öl nachweisen, das zum größeren Teil aus Phenyläthylalkohol bestand.“ SCH. u. Co. lassen die auffallende Erscheinung, daß der Phenyläthylalkohol im gewöhnlichen Rosenöl in ganz verschwindender Menge enthalten ist, während er bei den Extraktölen den Hauptbestandteil ausmacht, vorläufig unerklärt. Vgl. WALBAUM „Über Zibeth, Jasmin und Rosen“ (B. **33** [1900], 1903). WALBAUM und STEPHAN (B. **33**, 2302) veröffentlichen eine Mitteilung „Über das deutsche Rosenöl“ und weisen in diesen Phenyläthylalkohol nach, wenn auch nur in geringer Menge.

In einer späteren Abhandlung (B. **33** [1900], 3063) berichten v. Soden und Rojahn „Über das Vorkommen des Phenyläthylalkohols in Rosenölen" und betonen nochmals, daß sich der Widerspruch, daß in den Rosenölen selbst nur wenig Phenyläthylalkohol vorkomme, daß hingegen das Rosenwasseröl und die Rosenextraktöle verhältnismäßig sehr reich an Phenyläthylalkohol sind, dadurch erkläre, daß der Phenyläthylalkohol sehr wasserlöslich ist. „Nach unserer Schätzung enthält das in den deutschen Rosen enthaltene ätherische Öl erheblich mehr als 30 % an Phenyläthylalkohol." v. S. und R. untersuchten alsdann noch eine Rosenpomade und „rose pure" und konstatierten in den daraus gewonnenen ätherischen Ölen 46,5 resp. 25 % an Phenyläthylalkohol, dagegen wurden aus 30 g vom Stearopten befreiten Rosenöl nur 0,2 g unreiner Phenyläthylalkohol isoliert. — In einer noch späteren Abhandlung (B. **34** [1901], 2803) über „das Vorkommen des Phenyläthylalkohols in Rosenölen" konstatieren v. S. und R. als Hauptergebnis: „Der Phenyläthylalkohol ist quantitativ der Hauptbestandteil der Riechstoffe der Rose; seine in den Blüten aufgespeicherte Menge übertrifft die aller anderen, mit Wasserdampf flüchtigen Stoffe um ein mehrfaches. Aus den frischen Rosenblättern wird bei der Destillation ca. 2 bis 6 mal soviel Phenyläthylalkohol als reines Rosenöl des Handels gewonnen". — Vgl. auch v. Soden (J. pr. II, **69** [1904], 265) „Über ätherische Rosenblütenextraktöle", wo konstatiert wird, daß in einem französischen Rosenblütenextraktöl ca. 60 % Phenyläthylalkohol, in einem deutschen ca. 75 % enthalten gewesen seien.

Rutaceae.

In ausführlichen Arbeiten berichten Hesse und Zeitschel (J. pr. II, **64**, 245; **66** [1902], 481) über Orangenblütenöl und finden, daß im Orangenblütenwasseröl unter anderm Phenyläthylalkohol vorhanden ist. „Die vorstehende Untersuchung des Orangenblütenwasseröls zeigt also, daß, abgesehen von Terpenen und den Acetaten der primären Alkohole im Wasseröl, dieselben Verbindungen wie im Neroliöl, aber in einem anderen quantitativen Verhältnis vorkommen. Die leichter löslichen Anteile, die Alkohole, sind im größeren Prozentsatz im Wasseröl (50—51 %) enthalten, als im Neroliöl (35—38 %)." Sch. u. Co. (Sch. **1903**, I, 56) berichten: „Wir haben neuerdings im Neroliöl Phenyläthylalkohol durch sein Urethan vom Smp. 80° nachgewiesen." — Walbaum und Hüthig (J. pr. **67** [1903], 315) erwähnen, der von Hesse und Zeitschel „im Orangenblütenwasseröl und Orangenblütenpomadenöl" aufgefundene Alkohol ist anscheinend auch im Neroliöl enthalten; denn wir konnten bei der Oxydation einer zwischen 210 und 220° siedenden Alkoholfraktion mit Chromsäure die Bildung von allerdings sehr geringer Menge Phenylessigsäure wahrnehmen". — Sch. u. Co. (Sch. **1903**, II, 55) berichten über Neroliextraktöl: „Nach unseren bisherigen Beobachtungen zu urteilen, scheint Phenyläthylalkohol einen wesentlichen Bestandteil des Extraktöles zu bilden."

Zur **Synthese des Phenyläthylalkohols** ist noch zu erwähnen, daß man nach RADZISZEWSKI vom Phenylacetaldehyd ausgehen und diesen mit Natriumamalgam reduzieren kann; oder aber man benutzt die allgemeine Methode, von Estern der Phenylessigsäure aus durch Reduktion zum Alkohol zu gelangen und reduziert nach BOUVEAULT und BLANC (C. r. **136** [1903], 1676; **137**, 60) diese mittels Natrium und Alkohol.

Physik. Eig. des Phenyläthylalkohols. RADZISZEWSKI (B. **9**, 373) (für synthetisches Produkt): flüssig, Sdp. 212°, d_{21} = 1,0337.

v. SODEN und ROJAHN (B. **33** [1900], 1723) (ebenfalls für Alkohol aus Phenylacetaldehyd und Natriumamalgam): d_{15} = 1,0235, Sdp. 219° (gereinigt durch die Phtalestersäure); der Alkohol ist verhältnismäßig ll. n Wasser.

v. S. und R. (B. **33**, 3065) (aus Rosenpomade): d_{15} = 1,0192, Sdp. 218—220°.

SCH. u. Co. (SCH. **1900**, II, 56) (aus deutschen Rosenblättern): Sdp.$_{743}$ = 221—222°.

WALBAUM und STEPHAN (B. **33**, 2305): Sdp. 218—220°.

SCH. u. Co. (SCH. **1903**, II, 55) (aus Neroliöl): Sdp. 215—220°.

Physiol. Eig. des Phenyläthylalkohols. Der Phenyläthylalkohol besitzt einen charakteristischen Geruch, der zwar zu dem zusammengesetzten Geruch des Rosenöls beiträgt, jedoch für diesen nicht besonders charakteristisch ist.

Chem. Eig. des Phenyläthylalkohols. Der Phenyläthylalkohol ist wie der Benzylalkohol ein primärer Alkohol und läßt sich mittels Chromsäure zum Phenylacetaldehyd $C_6H_5 \cdot CH_2 \cdot CHO$ oxydieren: Sdp. 193—194°, spez. Gew. = 1,085 (RADZISZEWSKI, B. **9**, 372); ferner entsteht bei der Oxydation Phenylessigsäure $C_6H_5 \cdot CH_2 \cdot COOH$: Smp. 76,5°, Sdp. 265,5° (v. S. und R., B. **33**, 1724, 3065). Der Phenylessigsäureester des Phenyläthylalkohols entsteht bei der Oxydation dieses Alkohols mit Chromsäuregemisch: Smp. 28°.

Äther und Ester des Phenyläthylalkohols. Formiat $HCOOCH_2 \cdot CH_2 \cdot C_6H_5$: Sdp.$_9$ = 94°; Acetat $CH_3COOC_8H_9$ Sdp. 224° (RADZ.); v. SODEN und ROJAHN (B. **33**, 1723, 3063): Sdp. 232°, d_{15} = 1,038.

Das Phenylurethan $C_6H_5CH_2CH_2OHNHCONHC_6H_5$ zeigt den Smp. 79° (SCH. **1903**, II, 55); das Diphenylurethan $N(C_6H_5)_2COO \cdot CH_2 \cdot CH_2 \cdot C_6H_5$ schmilzt bei 99—100°.

Die Phtalestersäure des Phenyläthylalkohols C_6H_4COOH $COOCH_2CH_2 \cdot C_6H_5$ schmilzt bei 188–189° (v. S. und R., B. **33**, 1723).

Identifizierung des Phenyläthylalkohols. Nachdem durch fraktionierte Destillation die um 215—225° siedenden Anteile herausfraktioniert sind, werden die physikalischen Daten bestimmt; ein Volumgewicht über 1 stellt die Gegenwart dieses Alkohols als möglich hin. Von chemischen Verbindungen sind charakteristisch das Phenylurethan vom Smp. 79° und das Diphenylurethan vom Smp. 99—100°. Letztere Verbindung läßt sich besonders verwenden, wenn Trennung und Identifizierung bei Gegenwart von Benzyl-, Nonyl- usw. alkohol statthaben soll (SCH. **1903**,

II, 55). Über die Abscheidung des Phenyläthylalkohols aus Rosenölen usw. vgl. auch v. S. und R. (B. **33**, 1720; **34**, 2806).

Zur **Konstitution und Geschichte des Phenyläthylalkohols** ist zu bemerken, daß erstere sich aus der Synthese aus dem Phenylacetaldehyd bzw. aus dem Phenylessigsäureäthylester ergibt. Obwohl seit dem Jahre 1876 auf präparativem Wege gewonnen, erfolgt der Nachweis im Rosenöl doch erst im Jahre 1900 fast gleichzeitig und unabhängig voneinander von v. S. und R. im Lab. von HEINE u. Co. und von WALBAUM und STEPHAN im Lab. von SCH. u. Co. Der spät erfolgte Nachweis im Rosenöl hat seinen Grund darin, daß die Hauptmenge des Phenyläthylalkohols, welche sich fertig gebildet in den Rosenblättern usw. befindet, bei der Wasserdampfdestillation im Wasser gelöst bleibt und sich nur in geringer Menge mit dem übrigen Öl abscheidet. Im Jahre 1902 weisen HESSE und ZEITSCHEL den Phenyläthylalkohol im Orangenblütenwasseröl usw. nach, ebenso SCH. u. Co. im Jahre 1903 im Neroliöl usw.

Der Phenyläthylalkohol wird zur künstlichen Herstellung verschiedener ätherischer Öle verwendet.

Der **Phenylpropylalkohol** $C_6H_5 \cdot CH_2 \cdot CH_2 \cdot CH_2OH$

findet sich verestert besonders im Storax (MILLER, A. **188**, 202); in letzterer Zeit wurde er von THOMS und BILTZ (Z. allg. österr. Apothekervereins **58** [1904], 943) im weißen Perubalsam und von HELLSTRÖM (Ar. **243** [1905], 218) in einem aus Honduras stammenden weißen Perubalsam aufgefunden. Auch in diesen beiden Fällen dürfte der Phenylpropylalkohol hauptsächlich verestert vorkommen, da er bei der Verseifung des Rückstandes usw. konstatiert wurde. TH. und B. fanden: $Sdp_{10} = 112^0$, farblose, stark lichtbrechende Flüssigkeit von angenehmem Geruch.

Physik. und chem. Eig. des Phenylpropylalkohols: Sdp. 235^0, $d_{18} = 1{,}008$; er liefert bei der Oxydation mit CrO_3 in Eisessiglösung Hydrozimtsäure $C_6H_5 \cdot CH_2 \cdot CH_2 \cdot COOH$ vom Smp. $48{,}7^0$, Sdp. $279{,}8^0$.

Weitere Versuche müssen erst entscheiden, ob sich aus dem Storax und dem weißen Perubalsam usw. durch Wasserdampfdestillation ein Öl abscheiden läßt, das Phenylpropylalkohol in freiem Zustande enthält. In den erwähnten Balsamen dürfte er hauptsächlich als Benzoe- und Zimtsäureester vorhanden sein.

---

a_2) Ungesättigte Alkohole.

Auch der ungesättigte

Zimtalkohol $C_6H_5 \cdot CH:CH \cdot CH_2OH$

dürfte in freiem Zustande in ätherischen Ölen bisher nicht nachgewiesen worden sein; sein Vorkommen beschränkt sich ebenfalls auf die Form von Estern. Besonders ist es der Storax, in dem der Zimtalkohol sich an Zimtsäure gebunden findet (SIMON, A. **31**, 274 und TÖL, A. **70**, 3), ferner kommt er im Perubalsam (DELAFONTAINE, Z. **1869**, 156), im weißen Perubalsam (THOMS und A. BILTZ, Z. allgem. österr. Apothekerv. **58** [1904], 943) und im weißen Perubalsam von Honduras (HELLSTRÖM, Ar. **243** [1905], 218) vor.

Physik. und chem. Eig. des Zimtalkohols: Smp. 33°. — PERKIN (Soc. **69**, 1247): Sdp. 257,5° (kor.), $d_{35/35}$ = 1,0397, $d_{60/60}$ = 1,0348, $d_{100/100}$ = 1,0258, Magn. Dreh. 17,81 bei 37,1°. — Kryosk. Verhalten vgl. BILTZ (Ph. Ch. **29**, 252). — Er liefert bei der Oxydation mit Chromsäure Zimtsäure $C_6H_5 \cdot CH:CH \cdot COOH$: Smp. 133°, Sdp. 300°. Zimtalkohol riecht nach Hyazinthen.

Über die **synthetische Darstellung** des Zimtalkohols berichten BARBIER und LÉSER (Bl. III, **33** [1905], 858); zunächst stellen sie Zimtaldehyddiacetat dar, dadurch, daß sie ein Gemisch molekularer Mengen Zimtaldehyd und Essigsäureanhydrid mit ein paar Tropfen konz. H_2SO_4 versetzen. Dieses Diacetat läßt sich mit Eisenfeile und 80%iger Essigsäure zum Zimtalkoholessigester reduzieren, der durch Verseifung den Alkohol liefert.

---

b) Aldehyde.

b_1) Gesättigte Aldehyde.

359. Benzaldehyd $C_6H_5 \cdot CHO$.

Vorkommen, Isolierung und Synthese. Gering war die Anzahl der gesättigten Alkohole der Benzolreihe, welche wir als Bestandteile ätherischer Öle kennen lernten, soweit sie nicht gleichzeitig im Kern substituiert sind: es waren hauptsächlich der Benzyl- und Phenyläthylalkohol. Häufiger begegnen wir Aldehyden der Benzolreihe als Bestandteilen ätherischer Öle, und zwar sowohl solchen, die im Kern nicht durch Hydroxyl oder Oxalkyl oder Oxalkyle substituiert sind, also auch solchen, die eine derartige Substitution aufweisen. Zu der ersten Gruppe gehören der Benzaldehyd, Cuminaldehyd, Hydrozimtaldehyd und von den ungesättigten Aldehyden der Zimtaldehyd. Es sind dies Aldehyde, welche in der Praxis ausgedehnte Verwendung finden; noch wichtiger für die Parfümerie sind jene Aldehyde, die gleichzeitig im Benzolkern Sauerstoff tragen, wie Vanillin, Piperonal usw. Einige Repräsentanten der Aldehyde gehören zu den am längsten bekannten organischen Verbindungen. Man kann behaupten, daß das Gebäude der organischen Chemie der ersten Hälfte des vergangenen Jahrhunderts z. T. mitaufgebaut wurde auf die Ergebnisse von Untersuchungen über Aldehyde, welche hierher gehören. So sind der Benzaldehyd und der Cuminaldehyd der Ausgangspunkt geworden für eine Reihe geradezu klassischer Arbeiten. Am Benzaldehyd hat man die Eigenschaften der Aldehyde studiert. Von ihm aus hat mit Wöhler und Liebig die organische Chemie einen mächtigen Aufschwung genommen. Der Benzaldehyd wurde der Ausgangspunkt für die Radikal- und Typentheorie. — Von der Entstehung des Benzaldehyds in der Pflanze wissen wir, daß er in den meisten Fällen von der Zersetzung des Amygdalins bzw. des Laurocerasins, zweier Glykoside, herrührt.

Zuerst wurde der Benzaldehyd im Bittermandelöl (*Amygdalis communis* L.) aufgefunden. Das Bittermandelöl ist bereits im 15. Jahrhundert bekannt gewesen (Saladini Compendium aromatariorum. Bon. 1488). Die Giftigkeit des Bittermandelöls hat man von Anfang an nicht erkannt; selbst Scheele, der Entdecker der Blausäure im Jahre 1782, erkennt nicht die Ähnlichkeit des Geruches dieser Säure mit jenem des Bittermandel- und Kirschlorbeeröls (Flückiger, Ar. **224** [1886], 388; Pharm. Rundsch. N. Y. **4** [1886], 211). Murray spricht im Jahre 1784 zweifellos die Giftigkeit des Bittermandelöls aus (Murray, Appar. medicam. usw., Götting. 1784). Der Blausäuregehalt selbst wurde 1785 von Remler in Erfurt (Crells, Chem. Ann. **1785**, II, 1433) vermutet, nachgewiesen jedoch erst von Bohm in Berlin 1803 (Scherers allg. Journ. d. Chem., Leipzig **10** [1803], 126; Guilb, Ann. d. Phys. **13** [1803], 503).

Es wird nunmehr zunächst die Abscheidung der Blausäure aus dem Bittermandelöl versucht, welche Robiquet u. Vogel im Jahre 1822 (Journ. d. Pharm. II, **8** [1822], 293; A. ch. **21** [1822], 250; Trommsd., N. J. der Pharm. **7**, I [1823], 217) durch Ausschütteln mit Barytwasser vornehmen. Liebig und Wöhler (A. **3** [1832], 252) wandten Eisenoxydulsulfat oder Eisenchlorid und Kalkmilch an und stellten so reinen Benzaldehyd dar. L. und W. nennen das Radikal (a. a. O., S. 262) „Benzoyl" (ὕλη). Bertagnini (A. **85** [1853], 183) stellt reinen Benzaldehyd dar, indem er die kristallinische Bisulfitverbindung entdeckt und gleichzeitig damit „ein neues gemeinsames Kennzeichen der Aldehyde" einführt.

Der Benzaldehyd kommt nicht fertig gebildet in den bitteren Mandeln vor, sondern entsteht aus dem Amygdalin durch Wasseraufnahme (Gay-Lussac, P., N. F. **23** [1831], 1, 138; Schweigg. Journ. **16** [1831], 1; Robiquet und Vogel, Trommsd. N. J. **7**, I [1823], 217; Boutron-Charlard, A. ch. II, **44**, 352; A. **25** [1838], 175; Wöhler und Liebig, A. **22** [1837], 1; Winkler, Repert. für Pharm. I, **17** [1839], 156). Besonders die Versuche von Robiquet und Boutron-Charlard zeigen, daß der kristallinische Körper, aus dem der Benzaldehyd gebildet wird, jene

Verbindung ist und nennen sie „Amygdalin". W. und L. stellen alsdann die Zusammensetzung des Amygdalins fest und finden sie zu $C_{20}H_{27}NO_{11}$ + $3\,H_2O$. W. und L. studieren ferner die Wirkung des Emulsins auf Amygdalin. Die Umsetzung des Amygdalins mit Wasser vollzieht sich nach folgender Gleichung:

$$C_{20}H_{27}NO_{11} + 2\,H_2O = C_6H_5 \cdot CHO + HCN + 2\,C_6H_{12}O_6 \,.$$

Im Bittermandelöl findet sich außer dem Benzaldehyd und der Blausäure auch Phenyloxyacetonitril $C_6H_5 \cdot CH(OH) \cdot CN$, wie FILETI experimentell nachwies (G. **8** [1878], 446; B. **12** [1879], Ref. 296).

Wir erkennen, daß nach den Arbeiten von WÖHLER und LIEBIG an der Zusammensetzung des Benzaldehyds zu C_7H_6O ein Zweifel nicht mehr vorhanden sein konnte; anders stand es mit der Konstitution dieses Moleküls. W. und L. bezeichnen das „Bittermandelöl", wie der Benzaldehyd damals schlechthin genannt wurde, als „Benzoylwasserstoff", entsprechend der Nomenklatur der Radikaltheorie. Die Ähnlichkeit und Analogie mit dem gewöhnlichen Aldehyd wurde alsbald erkannt, so daß die Klasse der Aldehyde durch das Bittermandelöl scharf charakterisiert werden konnte. Die Zusammengehörigkeit der Aldehyde wurde, abgesehen von sonstigen chemischen Reaktionen, auch durch die Bisulfitverbindung BERTAGNINIS (A. **85**, 183) bestätigt im Jahre 1853. Nichtsdestoweniger war natürlich im Jahre 1857 die nähere Anordnung der Atome im Bittermandelöl nicht bekannt. Erst in der nächsten Periode, 1857—1872, konnte nach der Aufstellung der KEKULÉschen Benzoltheorie im Jahre 1865 ein Zweifel an der Konstitution des Benzaldehyds als $C_6H_5 \cdot CHO$ nicht mehr bestehen.

Es ist zweifellos, daß der Benzaldehyd in reinem Zustande zuerst aus dem Bittermandelöl gewonnen wurde; alsbald gelang es auch, ihn in anderen ätherischen Ölen nachzuweisen (vgl. weiter unten Vorkommen). Auf präparativem Wege wurde der Benzaldehyd gewonnen durch Oxydation der Zimtsäure (DUMAS und PÉLIGOT, A. **14**, 50), durch Oxydation des Zimtalkohols (TÖL, A. **75**, 5), durch Oxydation des Benzylalkohols (CANNIZZARO, A. **88**, 180), durch Reduktion von Benzoësäure in schwach saurer Lösung mittels Natriumamalgam (KOLBE, A. **118**, 122), sowie durch Erhitzen von Calciumbenzoat mit -formiat (PIRIA, A. **100**, 105) usw.

Das Benzaldehyd ist in den ätherischen Ölen ziemlich verbreitet, jedoch scheint er in prozentual größerer Menge nur in denjenigen Ölen vorzukommen, die aus Rosaceen gewonnen werden, und zwar besonders aus den Kernen ihrer Früchte; es hat ferner den Anschein, als ob der Benzaldehyd stets aus Amygdalin oder ähnlichen Glykosiden entsteht, wenigstens ist in den meisten Fällen gleichzeitig mit dem Benzaldehyd auch Blausäure konstatiert worden; in jenen Fällen, wo letztere nicht nachgewiesen werden konnte, war sie vielleicht schon verdunstet, da sie außerordentlich leicht flüchtig ist.

Lauraceae.

Das Ceylon-Zimtöl (*Cinnamomum zeylanicum* Breyne), in welchem neben Zimtaldehyd nur Eugenol und Phellandren nachgewiesen waren, wurde von SCH. u. Co. (SCH. **1902**, I, 65) einer eingehenden Untersuchung unterworfen und in ihm unter anderm Benzaldehyd konstatiert. „Ein Teil des bei 168—171° (45° unter 4—5 mm Druck) siedenden Öles wurde mit Bisulfit behandelt. Der aus der Bisulfitverbindung regenerierte Aldehyd destillierte bei 174—179° und war schwerer als Wasser. Durch das bei 156° schmelzende Phenylhydrazon und das Semicarbazon vom Smp. 213 bis 214° wurde der Körper als Benzaldehyd erkannt.“ — Auch das Zimtblätteröl enthält Benzaldehyd (WEBER, Ar. **230** [1892], 232; SCH. **1902**, II, 86).

Rosaceae.

Über das Vorkommen des Amygdalins vgl. LEHMANN (J. **1874**, 887; **1885**, 1799). Das Vorkommen des Benzaldehyds im Bittermandelöl (*Amygdalis communis* L.) wurde bereits oben erwähnt. — Auch im Kirschlorbeeröl (*Prunus Laurocerasus* L.) findet sich Benzaldehyd. Das Kirschlorbeeröl weicht vom Bittermandelöl nur sehr wenig ab und ist nur im Geruch zu unterscheiden, besonders, wenn der Benzaldehyd an Bisulfit gebunden ist. TILDEN (Pharm. Journ. London III, **5** [1875], 761) vermutete im Kirschlorbeeröl außer Blausäure noch Benzylalkohol. Das Kirschlorbeeröl läßt sich durch Wasserdampfdestillation der Blätter gewinnen (Ausbeute 0,5%, UMNEY, Pharm. Journ. London III, **5** [1875], 761). Das destillierte Öl fand im Jahre 1780 bereits Aufnahme in Arzneibüchern. SCHAUB (Diss. Marpurgi 1802) und SCHRADER (TROMMSD. Journ. d. Pharm. **11**, I [1803], 259) weisen den Blausäuregehalt nach. Das ätherische Öl entsteht aus dem Glykosid Laurocerasin (LEHMANN, B. **18** [1885], Ref. 569), das mit dem Amygdalin zusammengehört, aber nicht identisch ist, es besteht ev. aus einem Mol. Amygdalin, 1 Mol. Amygdalinsäure und 6 Mol. Wasser. — Vgl. ferner FILETI (B. **12**, Ref. 296). In letzter Zeit hat HÉRISSEY (C. r. **141** [1905] 959; Journ. de Pharm. et chim. VI, **23** [1906], 5) aus den Blättern des Kirschlorbeers ein neues Glycosid, das Prulaurasin, isoliert, das in Nadeln vom Smp. 120—122° kristallisiert, $[\alpha]_D = -62{,}69^\circ$. Durch Emulsin wird das Prulaurasin in Blausäure (8,59%), Glukose (61,24%) und Benzaldehyd zerlegt. Das Prulaurasin $C_{14}H_{17}NO_6$ ist isomer mit dem Amygdonitrilglukosid von E. FISCHER (B. **28** [1895], 1508) und dem Sambunigrin von BOURQUELOT und DANJOU.

Das Wildkirschenrindenöl (*Prunus virginiana* Mill.) wird von PROCTER (Am. Journ. Pharm. **6** [1834], 8) erwähnt und aus der Rinde gewonnen. P. (Ann. Journ. Pharm. **10** [1838], 197) sowie POWER und WEIMAR (Pharm. Rundsch. N. Y. **5** [1887], 203) untersuchen die Bestandteile der Rinde näher und finden, daß in ihr ein Glykosid vorhanden ist, das dem Laurocerasin ähnlich ist. Die gepulverte Rinde gibt nach dem Anrühren mit Wasser 0,2 % ätherisches Öl (SCH. **1890**, I, 48): $d = 1{,}045$ bis 1,050. — Über das Vorkommen von Blausäure und Benzaldehyd in anderen Rosaceen, so in *Prunus Persica* Jess., *Pr. Cerasus* L., *Pr. domestica* L., *Pr. Padus* L., *Pr. spinosa* L., *Pr. javanica* Miqu. vgl. unter Bestandteil Blausäure, Bd. I, S. 806. Über das Vorkommen des Benzaldehyds in dem ätherischen Öl von *Pr. javanica* Miqu., in welchem sich gleichzeitig Blausäure findet, vgl. v. ROMBURGH (Ref., SCH. **1899**, I, 52). — JOUCK (Ar. **243** [1905], 421) beschreibt zwei Glykoside, die er aus der Rinde des Faulbaums (*Pr. Padus* L.) und aus den Blättern des Kirschlorbeers (*Pr. Laurocerasus* L.) dargestellt hat. Die Lösung des dialysierbaren Glykosides wurde nach dem Eindampfen im Vakuum eingetrocknet. Durch Spaltung mit Emulsin wurde es in Glykose (38,85 %) Benzaldehyd (nicht bestimmbar) und Blausäure (6,05 %) gespalten. Auch die Blätter von *Pr. Laur.* lieferten 0,8 % amorphes Glukosid, das sich mit Emulsin in Glukose (27,2 %), Benzaldehyd (nicht bestimmbar) und Blausäure (2,75 %) spalten ließ.

Leguminosae.

Das Indigoferaöl (*Indigofera galegoïdes* D. C.) wird nach v. ROMBURGH und TREUB (Ref. SCH. **1894**, II, 74) aus den Blättern dieser Pflanze gewonnen, indem man sie zunächst mazeriert. „Ein hellgelbes, nach bitteren Mandeln riechendes Öl mit krautartigem Nebengeruch. Sein spezifisches Gewicht war 1,046.“ „Die Pflanze enthält nach Untersuchungen des Herrn Dr. VAN ROMBURGH eine Substanz (vielleicht Amygdalin oder Laurocerasin, die aber nicht in kristallisiertem Zustande erhalten wurde), die mit Emulsin in Berührung unter anderem Blausäure und Benzaldehyd liefert. Das Muster ist aus dem frühen Kraut, das mit Wasser von 50° C. eingeweicht wurde, durch Destillation mit Wasserdämpfen dargestellt. Die Ausbeute beträgt etwa 0,2 %.“

Im Cassieblütenöl (*Acacia Cavenia* Hook et Arn. und *A. Farnesiana*) wurde (SCH. **1903**, II, 15; **1904**, I, 22) Benzaldehyd aufgefunden. Fraktion $Sdp._{3-4}$ bei 40—60°, „die deutlich nach Benzaldehyd roch, gab mit Semicarbazid das bei 214° schmelzende Benzaldehydsemicarbazon.“ — „In den niedrig siedenden Anteilen wurde Benzaldehyd nachgewiesen. Die Semicarbazidverbindung desselben schmolz bei 210°.“

Rutaceae.

Im Neroliöl (Orangenöl, bitteres), und zwar in einem Orangenblütenextraktöl wurde (SCH. **1903**, II, 54) in geringen Mengen ebenfalls Benzaldehyd konstatiert. „In dem niedrig siedenden Ölanteile, der nur wenige Gramm ausmachte, konnten wir Spuren von Benzaldehyd mit Hilfe seines Semicarbazons nachweisen.“

Flacourtiaceae.

In dem aus den Blättern von *Homalium tomentosum* Benth. gewonnenen ätherischen Öl findet sich Benzaldehyd. v. ROMBURGH (Ref. SCH. **1899**,

I, 53): „Benzaldehyd allein konnte mit Sicherheit in den Blättern des zu den Samydaceen gehörenden *Homalium tomentosum* Benth. (die außerdem Methylsalicylat und gelegentlich auch Spuren von Salicylaldehyd enthalten), sowie in zwei *Memecylonarten* nachgewiesen werden."

Auf einen Gehalt von Benzaldehyd wurde im ätherischen Öl von *Blackwellia tomentosa* von van Romburgh (Ref. Sch. **1900**, I, 49) ebenfalls aufmerksam gemacht, jedoch fand sich keine Blausäure.

Myrtaceae.

Im Niaouliöl (*Melaleuca viridiflora* Brongn. et Gris) findet sich ev. Benzaldehyd (Bertrand, Bl. III, **9** [1893], 432; C. r. 116 [1893], 1070). — Im ätherischen Öl von *Eucalyptus viminalis* var. *α* dürfte ev. ebenfalls Benzaldehyd(?) vorhanden sein (Ref. Sch. **1904**, II, 30). — Im Vorlauf des Cajeputöls (*Melaleuca* spec.) traf Voiry (C. r. **106** [1888], 1538; Bl. II, **50** [1888], 108; Journ. de Pharm. 5, **18** [1888], 149) zwei verschiedene Aldehyde an, von denen der eine Valeraldehyd, der andere wahrscheinlich Benzaldehyd ist.

Melastomataceae.

In den ätherischen Ölen, die aus zwei Memecylonarten gewonnen wurden, konstatierte v. Romburgh (Ref., Sch. **1899**, I, 53) Benzaldehyd.

Labiatae.

Das Patschuliöl (*Pogostemon Patschuli*) enthält (Sch. **1904**, I, 72) ebenfalls Benzaldehyd: „Spuren davon fanden sich in den niedrig siedenden Anteilen (54—70° und 70—95° bei 4 mm Druck). Der Nachweis wurde geführt durch das Semicarbazon vom Smp. 214°, aus dem verdünnte Schwefelsäure beim Kochen den charakteristisch riechenden Aldehyd freimachte. Der Schmelzpunkt des genannten Derivates wurde durch beigemengtes Semicarbazon aus synthetischem Aldehyd nicht erniedrigt."

Rubiaceae.

Bei der Destillation der Blätter von *Plectronia dicocca* Brck. erhielt van Romburgh (Ref. Sch. **1899**, I, 53) ein ätherisches Öl, welches Blausäure und Benzaldehyd enthielt.

Caprifoliaceae.

Bourquelot und Danjou (Journ. de Pharm et Chim. VI, **22** [1905], 154) entdeckten in den Blättern, Blüten usw. des Hollunders (*Sambucus nigra*) ein Glykosid, das sich mittels Emulsin in Benzaldehyd, Blausäure und Zucker spalten ließ. Das Glykosid sei nahe verwandt mit Amygdalin oder ev. mit diesem identisch (vgl. Guignard und Houdas, C. r. **141**, 236).

Außerdem soll noch ein zweites Glykosid vorhanden sein, da das Mengenverhältnis von Blausäure und Zucker nicht immer dasselbe sei. B. und D. (Journ. de Pharm. et Chim. VI, **22** [1905], 210, 219, 385; C. r. **141** [1905], 598) zeigen alsdann, daß ein Glykosid aus Sambucus in kristallisiertem Zustande erhalten werden könne, das Sambunigrin genannt wird: Smp. 151—152°, $[\alpha]_D = -76{,}3°$, wird durch Emulsin in Glukose (61,28 %), Blausäure (8,61 %) und Benzaldehyd gespalten; es dürfte mit dem Amygdonitrilglukosid $C_{14}H_{17}NO_6$ von E. Fischer isomer sein (B. **28**, 1508). Auch durch das Ferment von *Aspergillus niger* wird das Sambunigrin gespalten.

Physik. Eig. des Benzaldehyds: Smp. — 26,0° (Haase, B. **26**, 1053). — Altschul und Schneider (Ph. Ch. **16**, 24): Erstarrp. — 13,5°. — Kopp (A. **94**, 314): $Sdp._{751,3} = 179{,}1°$, $d_0 = 1{,}0636$, $d_{14,6} = 1{,}0499$.

Stohmann, Rodatz und Herzberg (J. pr. II, **36**, 3): Mol.-Verbr.: 841,746 Kal.

Louginine (A. ch. VII, **13**, 332): Sdp. 178,9°.

Jeancard und Satie (Bl. III, **25**, 521) berichten über Oberflächenspannung und Viskosität. — Drude (Ph. Ch. **23**, 308) über Dielektrizitätsk. und elektr. Absorpt. — Franklin und Kraus (Ann. **23**, 295) über elektr. Leitfäh. in flüssig. Ammoniak. — Perkin (Soc. **69**, 1242) über die Volumgewichte bei 4—100° und über magn. Dreh.

Physiol. Eig. des Benzaldehyds. Der Aldehyd zeigt den charakteristischen Bittermandelölgeruch.

Chem. Eig. des Benzaldehyds. Der Benzaldehyd reagiert infolge seiner Aldehydgruppe mit allen jenen Reagentien, die mit dieser Klasse von Körpern charakteristische Verbindungen geben, so z. B. mit Blausäure, Ammoniak, Bisulfit, Semicarbazid, Thiosemicarbazid, Semioxamazid, Hydroxylamin usw. Ferner ist der Benzaldehyd befähigt, mit der Aldehydgruppe eine große Anzahl von Kondensationen einzugehen, wobei der Sauerstoff der Aldehydgruppe mit zwei Wasserstoffatomen einer andern Verbindung austritt, die ev. aus nur einem oder aber zwei Molekülen der letzteren hergenommen sind. Solche Wasserstoffatome können den verschiedenartigsten Molekülen angehören, sofern sie nur „beweglich" sind: so reagieren mit Benzaldehyd unter Bildung von Benzylidenverbindungen Amine, Ketone usw.; letztere besonders dann, wenn eine Methylengruppe dem Sauerstoff benachbart steht. Der Benzaldehyd ist demnach ein vorzügliches Reagens auf alle diese Verbindungen.

Durch Reduktion läßt sich der Benzaldehyd in den zugehörigen Benzylalkohol $C_6H_5 \cdot CH_2OH$ überführen. Wöhler und Liebig (A. **3**, 2, 61) führten eine derartige Reaktion zwar aus, erkannten aber ihr Wesen nicht; erst Cannizzaro (A. **98**, 129) war imstande, das Verhältnis des hierbei entstehenden Benzylalkohols zum Benzylaldehyd aufzuklären (vgl. Bestandteil Benzylalkohol).

Durch Oxydation entsteht aus Benzaldehyd die Benzoësäure $C_6H_5 \cdot COOH$ (über den Namen vgl. Burn, A. **29**, 303). Im Bittermandelöl nahm Stange in Pegau 1823 diese Säure wahr (Repert. für Pharm. I, **14** [1823], 329 usw.). Wöhler und Liebig (A. **3** [1832], 357) bezeichnen den Übergang des Benzylaldehyds in Benzoësäure „als (S. 261) ganz einfache Oxydation.“ W. und L. (a. a. O., S. 283) weisen auf eine Wahrnehmung von BERZELIUS im Jahre 1813 hin. Die Bildung der Benzoesäure aus Benzaldehyd und KOH wird von L. und W. zum Teil falsch interpretiert.

Das Benzamid $C_6H_5 \cdot CONH_2$ (W. u. L., A. 3, 168) schmilzt bei 128° und bildet monokline Tafeln.

Über das Benzoin $C_6H_5 \cdot CO—CH(OH)C_6H_5$ siehe ROBIQUET und BOUTRON-CHARLARD, a. a. O. und W. und L., A. 3, 276: Smp. 120°.

Das Benzaldoxim $C_6H_5 \cdot CH : NOH$ existiert in einer Antiform α-Derivat) vom Smp. 35° und Sdp.$_{14}$ = 117,5°, als N-Derivat vom Smp. 45 bis 49° und als Syn-β-Benzaldoxim vom Smp. 128—130°.

Das Semicarbazon des Benzaldehyds $C_6H_5 \cdot CH : N \cdot NH \cdot CONH_2$ schmilzt bei 214°.

Das Phenylhydrazon des Benzaldehyds $C_6H_5 \cdot CH:N \cdot NH \cdot C_6H_5$ schmilzt bei 156°.

Über die Verbindungen des Benzaldehyds mit den Alkalibisulfiten vgl. BERTAGNINI (A. **85**, 188), OTTO (A. **112**, 305) und FAGARD (Bl. III, **13**, 1067).

Es sei erwähnt, daß im Vorstehenden nur diejenigen Verbindungen des Benzaldehyds erwähnt wurden, die geschichtlich für die Konstitution dieses Körpers, sein Vorkommen, sowie seine Identifizierung von Interesse sind.

Zur **Identifizierung des Benzaldehyds** dürfte sich zunächst seine Abscheidung mit Bisulfit empfehlen. Bei Anwesenheit von geringen Mengen dürfte sich am besten nach genügender Fraktionierung im Vakuum — Benzaldehyd oxydiert sich an der Luft namentlich beim Erwärmen sehr leicht zu Benzoesäure — die Darstellung des Semicarbazons vom Smp. 214° und des Phenylhydrazons vom Smp. 156° eignen. Auch der bei der Zersetzung der Bisulfitverbindung auftretende Bittermandelölgeruch ist bei Anwesenheit von geringen Mengen charakteristisch.

Zur **Konstitution und Geschichte des Benzaldehyds** vgl. das oben Mitgeteilte. Erstere ergibt sich aus der Darstellung des Benzaldehyds und war mit der Aufstellung der Benzoltheorie von KEKULÉ im Jahre 1865 gegeben, besonders, da man den Benzaldehyd leicht in Benzoesäure überführen und aus letzterer durch CO_2-Abspaltung glatt Benzol gewinnen konnte. Geschichtlich sei über den Benzaldehyd im übrigen noch folgendes bemerkt.

Bis 1857. Der Benzaldehyd wurde als chemisches Individuum erkannt, von der Blausäure getrennt und richtig analysiert im Jahre 1832 von WÖHLER und LIEBIG (A. **3**, 252). Über die Geschichte der Aldehyde vgl. DOEBEREINER und LIEBIG. Es ist selbstverständlich, daß man schon vor der Isolierung des Benzaldehyds im Jahre 1832 Verbindungen in Händen hatte, so den Acetaldehyd DOEBEREINERS, welche ähnliche Eigenschaften aufwiesen als der Benzaldehyd. Aber die Isolierung des Benzaldehyds war erst imstande, die Erkenntnis der Natur der Aldehyde zu fördern. Vor allen Dingen war man nunmehr auch imstande andere

Aldehyde in ätherischen Ölen aufzufinden. Bei W. und L. finden wir konstatiert, daß der Benzaldehyd leicht in Benzoësäure übergeht: man konnte nunmehr das Radikal „Benzoyl“ mit Bestimmtheit aufstellen. BERZELIUS (a. a. O., S. 285) sagt: „Ein neuer Tag beginnt mit den von W. und L. gemachten Entdeckungen.“ Schnell hintereinander folgen alsdann die Untersuchungen über den Benzaldehyd. Im Jahre 1835 (A. **14**, 134) belegt LIEBIG eine Substanz, welche DOEBEREINER durch Oxydation des Alkohols erhalten hatte, mit dem Namen Aldehyd (gereinigt durch das Aldehyd-Ammoniak) LAURENT und GERHARDT berichten ausführlich 1850 (A. **76**, 305) über die Ammoniak- und Harnstoffabkömmlinge des Benzaldehyds. BERTAGNINI entdeckt im Jahre 1853 (A. **85**, 183) die Fähigkeit des Bittermandelöls, sich mit Bisulfit zu verbinden. Inzwischen wollten LIST und LIMPRICHT ev. das Bittermandelöl für einen zusammengesetzten Äther erklären, da er Benzylalkohol und Benzoësäure liefere (A. **90** [1854], 207). 1853 hatte jedoch CANNIZZARO (A. **88**, 129) den Benzylalkohol durch Reduktion bereits aus dem Benzaldehyd dargestellt. Ausführlich finden wir die Entstehung des Benzaldehyds angegeben bei GERHARDT (GRDT. **1854**, III, 159; daselbst vgl. man auch die Geschichte des Amygdalins und das allmähliche Erkennen der Natur des Benzaldehyds als Aldehyd).

Zu Beginn der nächsten Periode, 1857—1872, kannte man zweifellos demnach die Konstitution des Bittermandelöls insofern, als man es in die Reihe der Aldehyde einstellte, und zwar zu Benzaldehyd gehörig, genau so wie den Acetaldehyd zur Acetylgruppe. Alsdann schaffen, wie bereits oben erwähnt, die KEKULÉschen Veröffentlichungen im Jahre 1865 auch in bezug auf das Bittermandelöl volle Klarheit: danach mußte man im Benzaldehyd einen Benzolring annehmen, in welchem ein H-Atom durch die Aldehydgruppe CHO ersetzt war. Alle Reaktionen nun, die sich mit anderen Aldehyden im allgemeinen ausführen ließen, wurden mit dem Benzaldehyd mut. mut. ausgeführt. Für die Untersuchungen auf dem Gebiet der ätherischen Öle erwies sich der Benzaldehyd auch insofern als wichtig, als andere Aldehyde, die sich in den ätherischen Ölen finden, wie der Cuminaldehyd, Zimtaldehyd usw. an dem Beispiel des Benzaldehyds studiert werden konnten; fernerhin hat sich der Benzaldehyd für die Erkennung der Konstitution vieler Bestandteile der ätherischen Öle als sehr wichtig erwiesen, indem man z. B. mit Ketonen, die eine CH_2-Gruppe benachbart der CO-Gruppe enthalten, Kondensationsprodukte darstellen konnte.

Vom Jahre 1872 ab bis zur Gegenwart stellte man nicht nur vom Benzaldehyd selbst neue Derivate her, namentlich nach Entdeckung und leichteren Herstellungsmethoden des Hydroxylamins, des Semicarbazids, Phenylhydrazins usw., sondern es gelang auch, den Benzaldehyd in einer ganzen Anzahl von ätherischen Ölen neu aufzufinden. Für die Entstehung der ätherischen Öle in der Pflanze ist fernerhin der Benzaldehyd ebenfalls von Interesse, als wir an ihm schon frühzeitig erkennen konnten, daß er in den meisten Fällen nicht fertig gebildet in der Pflanze vorkommt, sondern aus Glykosiden und verwandten Verbindungen durch Fermente entsteht. In rascher Aufeinanderfolge werden ähnliche Entstehungsweisen für andere Bestandteile ätherischer Öle festgestellt, so für das Senföl, Vanillin usw.

Die Anwendung des Benzaldehyds in der Praxis ist eine sehr mannigfaltige, so daß seine künstliche Darstellung für die Parfümerie bedeutenden Umfang angenommen hat; jedoch ist hierbei darauf zu achten, daß die Produkte chemisch rein, besonders frei von Cl-haltigen Verbindungen sein müssen.

360. Cuminaldehyd

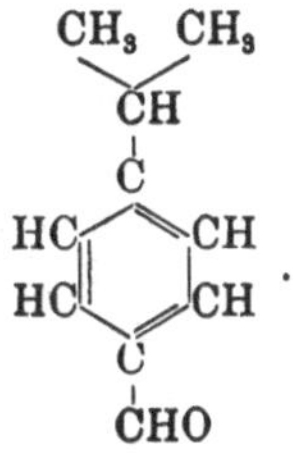

Vorkommen, Isolierung und Synthese. Bei der Besprechung der in ätherischen Ölen vorkommenden Kohlenwasserstoffe der Benzolreihe sahen wir, daß das Cymol sehr verbreitet in jenen ist. Auch ein zum Cymol zugehöriger Aldehyd, der Cuminaldehyd, findet sich in einer ganzen Anzahl ätherischer Öle. Da er jedoch bei gewöhnlicher Temperatur flüssig ist, entging er lange Zeit der Aufmerksamkeit der Chemiker. Nichtsdestoweniger beschäftigte man sich mit diesem Körper verhältnismäßig früh, schon zu einer Zeit, da man die ätherischen Öle ansah als aus zwei Bestandteilen bestehend, aus einem sauerstoffhaltigen und einem sauerstofffreien, die chemisch miteinander verwandt seien und von denen man glaubte, daß sie durch Oxydation bzw. Reduktion vielfach ineinander überführbar seien, also besonders in den dreißiger und vierziger Jahren des neunzehnten Jahrhunderts. Nicht wenig hat auch dieser Aldehyd zur Entwicklung der ganzen organischen Chemie beigetragen, indem er das Ausgangsglied für Verbindungen einer Radikalreihe wurde, also zunächst mit dazu beitrug, die Radikaltheorie zu begründen. Von den Aldehyden der Benzolreihe, soweit sie als Bestandteile ätherischer Öle in Frage kommen, ist der am längsten bekannte und am besten studierte zweifellos das Bittermandelöl, der Benzaldehyd. Aber bald entdeckte man weitere in diese Reihe gehörige Aldehyde; ja man kann sagen, daß die Natur der Aldehyde der Benzolreihe überhaupt erst studiert wurde an den in ätherischen Ölen vorkommenden Repräsentanten. Dumas (Handb. VII, 135) konnte im Jahre 1847 sagen: „In diesem Kapitel wollen wir eine Reihe zahlreicher Verbindungen betrachten, welche uns entweder von der Natur schon ganz gebildet dargeboten werden, oder welche unter dem Einflusse gut bestimmter chemischer Reaktionen entstehen und für deren Typus der Aldehyd angesehen werden kann. Das Bittermandelöl, von dem wir schon gesprochen haben, findet hier seinen Platz. An die Seite dieses merkwürdigen Produktes kommen das Zimt- und Römisch-Kümmelöl zu stehen, welche damit eine so auffallende Analogie haben."

Aufgefunden wurde der Cuminaldehyd im Römisch-Kümmelöl (*Cuminum Cyminum* L.). Die Früchte des römischen oder Mutterkümmels sind seit uralten Zeiten als Gewürz im Gebrauch gewesen. Das ätherische Römisch-Kümmelöl findet in der Arzneitaxe von Berlin vom Jahre 1574 Erwähnung. Der römische Kümmel wird besonders kultiviert in den Mittelmeerländern, Marokko, Syrien, auf Malta, aber auch in Ostindien. Das Volumgewicht des aus ihm gewonnenen ätherischen Öles beträgt 0,91—0,93; das Öl besteht hauptsächlich aus Cuminaldehyd (Cuminol), daneben finden sich Kohlenwasserstoffe in dem Öl, Cymol und Terpene usw. GERHARDT und CAHOURS (A. ch. III, **1**, 60; A. **35**, 309) finden den Cuminaldehyd auf, nachdem bis dahin von den wichtigsten Aldehyden der ätherischen Öle besonders der Benz- und Zimtaldehyd nähere Bearbeitung erfahren hatten. G. und C. stellten fest, daß das Römisch-Kümmelöl Kohlenwasserstoffe und einen sauerstoffhaltigen Körper $(C_{10}H_{12}O)_x$ enthält, den sie „Cumylwasserstoff" nannten, indem sie dem Radikal $C_{10}H_{11}O$ den Namen „Cumyl" gaben. G. und C. führten den Cumylwasserstoff in Cuminsäure über, indem sie ihn auf geschmolzenes Kalihydrat tropfen ließen, oder durch Oxydation mit Chromsäuremischung. Durch Destillation der Cuminsäure mit Ätzbaryt erhielten sie einen Kohlenwasserstoff C_9H_{12}, den sie zunächst „Cumen" nannten. Schon G. und C. betonten die Ähnlichkeit des Cumylwasserstoffs mit dem Bittermandelöl. — In einer längeren Untersuchung kommen G. u. C. (A. **38**, 67) im Jahre 1841 auf den Cumylwasserstoff zurück. Zunächst wird die Bruttoformel $C_{10}H_{12}O$ durch Dampfdichtebestimmung festgelegt: Sdp. 220°. G. und C. nennen den Cumylwasserstoff nunmehr „Cuminol" und stellen eine ganze Anzahl von Derivaten dar. — Nach GERHARDT und LAURENT (LIST und LIMPRICHT, A. **90**, 208) findet beim Kochen von Cuminaldehyd mit Kalilauge keine Gasentwicklung statt, sondern es bildet sich cuminsaures Kalium und ein öliger, von G. und L. nicht näher untersuchter Körper, welcher nach LIST und LIMPRICHT der Alkohol der Cuminsäure sein muß. L. und L. sehen im Jahre 1854 den Cuminaldehyd ebenso wie den Benzaldehyd als zusammengesetzten Äther an und wollen seine Formel verdoppeln, da durch Einwirkung Kalilauge die Säure und der zugehörige Alkohol entstehen. Auch KRAUT (A. **92** [1854], 66), der auf Veranlassung LIMPRICHTS den Cuminaldehyd darstellt und untersucht, ist derselben Ansicht. Hieraus erkennt man, wie schwer sich selbst noch im Jahre 1854 die Ansicht Bahn brechen konnte, daß Benzaldehyd und Cuminaldehyd wirklich Aldehyde seien. Besonders wurde diese Erkenntnis dadurch erschwert, daß die genannten Aldehyde im Gegensatz zum Acetaldehyd usw. mit Lauge leicht Säure und Alkohol lieferten. Obwohl BERTAGNINI (A. **79**, 259; **85**, 175, 268) im Jahre 1853 die wichtige Beobachtung gemacht hatte, daß eine ganze Anzahl von Aldehyden sich mit zweifach-schwefligsauren Alkalien usw. verbindet und daß auch Benzaldehyd, Zimtaldehyd, Cuminaldehyd usw. dieselbe Eigenschaft teilen, so entschloß man sich doch noch nicht so bald, diese Aldehyde der Benzolreihe allgemein als Aldehyde anzuerkennen. Am besten charakterisiert sich die Lage durch die Worte BERTAGNINIS (a. a. O., S. 287): „Die flüchtigen Öle, welche den Charakter der Aldehyde haben — mögen sie nun als Wasserstoffverbindung (wie der Benzoylwasserstoff) oder als eigentliche Aldehyde zu betrachten sein — besitzen die Eigenschaft, mit den zweifach-schwefligsauren Alkalien sehr leicht kristallisierte Verbindungen zu bilden."

KOPP (A. **94**, 316) berichtet im Jahre 1855 über die physikalischen Daten des Cuminols.

Am Ende der Periode im Jahre 1857 kannte man vom Cuminol zweifellos die Bruttoformel, ferner durch Darstellung der verschiedensten Derivate seine Analogie mit dem Benzaldehyd, so daß die größte Mehrzahl der Chemiker im Jahre 1857 diese beiden Verbindungen als Aldehyde ansah, die sich zwar in mancher Beziehung von dem gewöhnlichen Acetaldehyd und seinen Homologen unterschieden, aber doch auch große Ähnlichkeit mit ihnen hatten. — Erst die nächste Periode, 1857—1872, brachte weitere Klarheit über die Konstitution des Cuminols (vgl. weiter unten unter „Geschichte").

Es gelang alsbald, den Cuminaldehyd auch in anderen ätherischen Ölen nachzuweisen, so in jenem des Wasserschierlings (*Cicuta virosa*) (TRAPP, A. **108**, 286). Das Vorkommen des Cuminaldehyds in ätherischen Ölen ist ein so ausgedehntes, daß die Stammpflanzen über das ganze natürliche Pflanzensystem verbreitet sind, jedoch gehören sie hauptsächlich der Familie der Umbelliferen und einer bestimmten Gruppe des Genus Eucalyptus an.

Monimiaceae.

Das Boldoblätteröl (*Peumus Boldus*) wurde in letzter Zeit von TARDY (Journ. Pharm. Chim. VI, **19** [1904], 132) näher untersucht; das Öl war aus trocknen Blättern zu 2 $^0/_0$ durch Wasserdampfdestillation gewonnen worden. Unter anderem konnte in ihm Cuminaldehyd mit Hilfe seiner Bisulfitverbindung usw. nachgewiesen werden.

Lauraceae.

In einer ausführlichen Untersuchung über Ceylon-Zimtöl (*Cinnamomum ceylanicum*) (SCH. **1902**, I, 64; WALBAUM und HÜTHIG, J. pr. II, **66**, 55) wird unter den in geringerer Menge vorkommenden Bestandteilen auch Cuminaldehyd in kleiner Menge konstatiert. „Sein Semicarbazon schmolz bei 201—202°. Das aus Cuminol gewonnene Semicarbazon hatte den gleichen Schmelzpunkt; auch das Gemisch beider Produkte schmolz bei 201—202°. Bei der Oxydation des Aldehyds mit feuchtem Silberoxyd wurde Cuminsäure vom Smp. 114—116° erhalten; ein Gemisch dieser Säure mit reiner Cuminsäure schmolz ebenda."

Leguminosae.

Cassieöl (*Acacia Farnesiana* Willd.) (Sch. **1903**, I, 16) enthält neben Decylaldehyd auch Cuminaldehyd. „Einen anderen Aldehyd erhielten wir aus einer zwischen 100 und 112° bei 11 mm siedenden Fraktion. Diese lieferte mit Semicarbazid ein festes Semicarbazon, das nach mehrmaligem Umkristallisieren aus Alkohol bei 200—201° schmolz und sich als das Semicarbazon des Cuminaldehyds erwies. Beim Erwärmen desselben mit verd. Schwefelsäure wurde ein Aldehyd regeneriert, der sich im Geruch nicht von Cuminaldehyd unterscheidet. Der Schmelzpunkt des Semicarbazons von dem aus Cuminöl isolierten Cuminaldehyd liegt ebenfalls bei 200°."

Myrtaceae.

In einzelnen *Eucalyptus*-Spezies finden sich Aldehyde, welche Veranlassung dazu gegeben haben, in den ätherischen Ölen dieser Eucalyptusarten einen Aldehyd zu sehen, den man „Aromadendral" benannte. So viel steht fest, daß dem „Aromadendral" vielfach Cuminaldehyd beigemengt ist.

Sch. u. Co. (Sch. **1888**, I, 20) berichten, daß das ätherische Öl von *Eucalyptus haemastoma* im Geruch an Cuminaldehyd erinnert. — Sch. u. Co. (Sch. **1889**, I, 19) untersuchen einen Rektifikationsrückstand von Eucalyptusölen (*E. odorata*). Der Geruch „erinnert stark an Cuminol, und wir konnten darin auch wirklich die Anwesenheit dieses Körpers chemisch nachweisen. Das (aus der Natriumbisulfitverbindung) rein dargestellte Cuminol wurde der Oxydation mit Kaliumpermanganat unterworfen. Die hierbei gewonnene Säure wurde durch ihren Schmelzpunkt als Cuminsäure identifiziert." — Das ätherische Öl von *E. oleosa* F. v. M. weist ebenfalls Cuminaldehyd auf (G. und H., S. 695). — Über das ätherische Öl von *E. hemiphloia* F. v. M. wird berichtet (Sch. **1893**, I, 28): „rotbraunes Öl, enthält große Mengen von Cuminaldehyd und auch viel Cineol". — Über das Öl aus *E. populifolia* Hook. (a. a. O.): „hellrotes Öl. Enthält Cuminaldehyd und ziemlich viel Cineol".

Smith (Journ. and Proc. of the Roy. Soc. of N. S. W. **34** [1900], 72) ist der Meinung, daß der bisher als Cuminaldehyd angesehene Bestandteil gewisser Eucalyptusöle nicht Cuminaldehyd sei, sondern sich durch seine optische Aktivität, durch sein niedriges Volumgewicht, durch seinen niedrigeren Siedepunkt und durch sein höher schmelzendes Oxim vom Cuminaldehyd unterscheide. — In einer weiteren Abhandlung (Journ. and Proc. etc. **34** [1900]) bringt Sm. weitere Daten über diesen Aldehyd, den er „Aromadendral" nennt (vgl. Bestandteil Aromadendral). — Sch. u. Co.

(SCH. **1903**, II, 28) kommen alsdann auf die ev. Anwesenheit von Cuminaldehyd in gewissen Eucalyptusölen zurück und geben an, daß aus 1000 kg Öl (wahrscheinlich von *E. odorata*) $2^1/_2$ kg Aldehyd mittels der Natriumbisulfitverbindung isoliert wurden; nochmals gereinigt, wurden schließlich 470 g gewonnen, $Sdp._5$ = 80,5—85°. Hieraus eine Fraktion $Sdp._5$ = 82,5—84°: d_{15} = 0,9828, $\alpha_D = \pm 0$, Sdp. 228—238°, Semicarbazon, Smp. 202—207°, Phenylhydrazon, Smp. 126—127°, Oxim, Smp 58°; oxydiert liefert der Aldehyd Cuminsäure vom Smp. 116—117°. — Außer diesem zweifellos als Cuminaldehyd charakterisierten Aldehyd ist noch ein anderer Aldehyd vorhanden, „der neben dem Cuminaldehyd auftretende Aldehyd kann nach den erwähnten Eigenschaften nicht identisch sein mit dem Aromadendral von SMITH; wir halten dafür, daß in ihm vielleicht ein höherer Fettaldehyd oder ein Gemisch von zwei solchen Aldehyden vorliegt."

Hiernach dürften die Verhältnisse ev. so liegen, daß in verschiedenen Eucalyptusölen die aldehydischen Bestandteile durch Cuminaldehyd ausgemacht werden, daß aber anderseits ein oder mehrere Aldehyde außerdem vorkommen, von denen der eine ev. das Aromadendral SMITHS ist.

Umbelliferae.

Das Vorkommen des Cuminaldehyds im Römisch-Kümmelöl (*Cuminum Cyminum*) wurde bereits oben erwähnt. Den Gehalt dieses Öles an Cuminaldehyd bestimmt BURGESS (The Analyst **29** [1904], 78) zu 24%. — Das ätherische Öl des Wasserschierlings (*Cicuta virosa* L.) wird zu ca. 1,2% aus den Früchten gewonnen (TRAPP, J. pr. **74** [1858], 428; Ar. **231** [1893], 212); TR. weist in ihm Cuminaldehyd nach.

Zur Gewinnung und Abscheidung aus genannten ätherischen Ölen bedient man sich des Natriumbisulfits. v. HEYDEN (D. R. P. 124229; C. **1901**, II, 903) isolieren den Cuminaldehyd nach einem allgemeinen Verfahren zur Gewinnung von Aldehyden, indem sie mit Hilfe von naphtionsaurem Kalk ein Kondensationsprodukt des Cuminaldehyds als dicken schwefelgelben Kristallbrei erhalten, der durch Wasserdampfdestillation zerlegt werden kann usw.

Auf künstlichem Wege läßt sich der Cuminaldehyd aus dem Paracumylchlorid $C_3H_7 \cdot C_6H_4 \cdot CH_2Cl$ mittels Bleinitrat und Wasser gewinnen (ERRERA, G. **14**, 278). Nach FOURNIER (C. r. **133**, 635) entsteht in kleiner Menge Cuminaldehyd aus p-Cymol durch Oxydation mit $MnO_2 + H_2SO_4$. Ebenso läßt sich natürlich der Cuminaldehyd aus dem Cuminalkohol durch Oxydation sowie durch Destillation von cuminsaurem mit ameisensaurem Calcium gewinnen.

Physik. Eig. des Cuminaldehyds. KOPP (A. **94**, 317): Sdp. 237°, d_0 = 0,9832, $d_{13,4}$ = 0,9727.

KAHLBAUM: $Sdp._{10}$ = 103,5°, $Sdp._{13,68}$ = 110,2°, $Sdp._{19,24}$ = 126°, $Sdp._{42,22}$ = 134,4°, $Sdp._{57,1}$ = 141,4°, $Sdp._{760}$ = 232°.

PERKIN (Soc. **69**, 1242): Sdp. 235,5° (i. D.), $d_{0/0} = 0,9898$, $d_{25/25} = 0,9759$; ebenso vgl. daselbst: Magn. Dreh.

Chem. Eig. des Cuminaldehyds. Als Aldehyd gibt der Cuminaldehyd wie der Benzaldehyd alle charakteristischen Aldehydreaktionen, indem er sich mit Bisulfiten, Ammoniak, Blausäure, Phenylhydrazin, Hydroxylamin, Semicarbazid usw. zu wohlcharakterisierten Verbindungen vereinigt. Auch eignet sich der Cuminaldehyd wie der Benzaldehyd zu Kondensationsreaktionen, wobei die Cuminylidenverbindungen gebildet werden.

Durch **Reduktion** entsteht aus dem Cuminaldehyd der

Cuminalkohol $C_{10}H_{14}O$ (KRAUT, A. **92**, 66), den K. durch Erhitzen von Cuminol mit alkohol. Kali erhielt (vgl. FILETI, G. **14**, 498): Sdp. 246,6° (kor.), $d_{15} = 0,9775$ (KRAUT, A. **192**, 224). SEMMLER (B. **33**, 1461): $d_{20} = 0,972$, $n_D = 1,5217$. PERKIN (Soc. **69**, 1242): Sdp. 248,6° (i. D.), $d_{4/4} = 0,9869$, $d_{15/15} = 0,9805$, $d_{25/25} = 0,9753$, $d_{50/50} = 0,9661$, $d_{100/100} = 0,9572$, Magn. Dreh. 15,88 bei 13,3°.

Durch Oxydation entsteht aus dem Cuminaldehyd die

Cuminsäure (4) $\genfrac{}{}{0pt}{}{CH_3}{CH_3}$>CH · C_6H_4 · COOH (1) (GERHARDT und CAHOURS, A. **38**, 74), trikline Kristalle (GROTH, A. **219**, 248), Smp. 115°. — Mol.-Verbr. 1239, 3 Kal. (BERTHELOT und LOUGININE, A. ch. VI, **13**, 333). — Über das elektr. Leitv. vgl. OSTWALD (Ph. Ch. **3**, 271). — Die Cuminsäure liefert bei der Destillation ihres Calciumsalzes Cumol = Isopropylbenzol, eine Verbindung, die für die Konstitution der Cuminsäure und des Cuminols von großer Wichtigkeit ist.

Über die Reaktionsprodukte des Cuminaldehyds mit Ammoniak vgl. GERHARDT und CAHOURS (A. **38**, 75).

Das Cuminaldoxim $C_3H_7 \cdot C_6H_4 \cdot CH:NOH$ schmilzt als α-Antiderivat bei 58° (GOLDSCHMIDT, B. **23**, 2175), als β-Isoderivat bei 112°.

Cuminolsemicarbazon $C_9H_{11} \cdot CH:N \cdot NH \cdot CO \cdot NH_2$ schmilzt bei 201—202° (WALBAUM und HÜTHIG, J. pr. II, **66**, 55).

Das Phenylhydrazon des Cuminaldehyds $C_9H_{11} \cdot CH:N \cdot NH \cdot C_6H_5$ schmilzt bei 126—127°.

Der **Identifizierung des Cuminaldehyds** geht am besten die Isolierung mittels Bisulfitlösung vorauf; aus der kristallisierten Bisulfitverbindung läßt sich der Cuminaldehyd durch Alkalien bzw. Säuren in Freiheit setzen. Flüssiger Aggregatzustand im Verein mit dem hohen Sdp. von ca. 235° deuten auf Cuminaldehyd hin. Von den chemischen Verbindungen dieses Aldehyds sind das Semicarbazon vom Smp. 201—202°, das Oxim vom Smp. 58° und das Phenylhydrazon vom Smp. 126—127° charakteristisch. Ferner geht der Cuminaldehyd durch Oxydation verhältnismäßig leicht in Cuminsäure vom Smp. 115° über.

Die **Konstitution des Cuminaldehyds** $C_{10}H_{12}O$ dürfte, wenigstens was seine Aldehydnatur anbelangt, am Ende der Periode 1830—1857 im allgemeinen anerkannt gewesen sein. Man brachte ihn in dieser Zeit auch schon in nahe Beziehung zum Benzaldehyd, wie oben erwähnt. In den nächsten Periode, 1857—1872, weisen alsdann DE LA RUE und MÜLLER

(A. **121**, 88) nach, daß das Cuminol bei der Oxydation Terephtalsäure liefert, deren Natur als zweibasische Säure erkannt war. Die Terephtalsäure wird am besten durch Oxydation des Cuminaldehyds mittels Chromsäure gewonnen. Da man die Bildung des Cumols aus der Cuminsäure kannte und da das Cumol bei der Oxydation Benzoesäure liefert, so folgerten GLINZER u. FITTIG (A. **136** [1865], 319) mit Recht, zunächst, daß das Cumol ein Propylbenzol sei. Nach der KEKULÉschen Theorie war, da der Cuminaldehyd Terephtalsäure lieferte, nunmehr kein Zweifel, daß der Cuminaldehyd ein Propylbenzaldehyd ist. Die Stellung der Propyl- zur Aldehydgruppe ergab sich sofort mit der Erkenntnis der Terephtalsäure als Benzoldicarbonsäure. Es erübrigte, die Natur der Propylgruppe festzustellen. Zu diesem Zweck klärte man die Konstitution der Propylgruppe im Cumol auf. FITTIG, SCHAEFFER und KÖNIG (A. **149**, 324) zeigten alsdann im Jahre 1869, daß das synthetische n-Propyl-benzol verschieden ist vom Cumol und daß demnach das Cumol wahrscheinlich Isopropylbenzol ist, womit auch der niedrigere Siedepunkt im Einklang steht. Demnach nahm man allgemein am Ende der Periode im Jahre 1872 an, daß der Cuminaldehyd p-Isopropylbenzaldehyd ist. Jedoch bereitete die Konstitutionsaufklärung des Cymols (vgl. dieses), in welchem man im Gegensatz zum Cuminaldehyd eine n-Propylgruppe annahm, viele Schwierigkeiten. Dieser Gegensatz zwischen Cuminaldehyd und Cymol wurde erst in der letzten Periode, 1887 bis zur Gegenwart, beseitigt, dadurch das WIDMAN im Jahre 1891 nachwies, daß das Cymol ebenfalls ein Isopropylbenzolabkömmling ist.

Zur **Geschichte des Cuminols** vgl. die eingangs gebrachten Mitteilungen, welche bis zum Jahre 1857 reichten. In der nächsten Periode, 1857—1872, beschäftigte man sich hauptsächlich mit der Konstitutionsaufklärung des Cuminaldehyds. Seine Überführung in Terephtalsäure, wie oben erwähnt, sowie die KEKULÉsche Benzoltheorie 1865 zeigten, daß auch im Cuminaldehyd ein Benzolring vorhanden ist. Die Versuche FITTIGS am Ende der Periode erhärteten den Charakter des Cuminaldehyds als p-Propylbenzaldehyd. — Die nächste Periode, 1872—1887, erweiterte die Kenntnis des Cuminaldehyds in bezug auf seine Derivate unwesentlich. — Erst in der letzten Periode, 1887 bis zur Gegenwart, fanden auch auf den Cuminaldehyd die Aldehydreagentien Hydroxylamin, Semicarbazid, Phenylhydrazin usw. Anwendung. Die Kenntnis von dem Vorkommen, das man bis 1887 nur für das Römisch-Kümmelöl und für das Wasserschierlingöl festgestellt hatte, wurde in der letzten Periode ebenfalls wesentlich erweitert.

Eine Anwendung außer zur Darstellung wissenschaftlicher Präparate hat der Cuminaldehyd bisher nicht gefunden.

361. Hydrozimtaldehyd

$C_9H_{14}O$ = 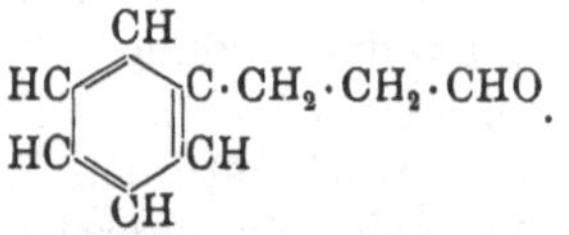

Vorkommen, Isolierung und Synthese. Außer dem Benzaldehyd und Cuminaldehyd konnte als Bestandteil ätherischer Öle von den Aldehyden der Benzolreihe, soweit sie nicht im Kern durch Sauerstoff substituiert sind, nur noch der Hydrozimtaldehyd nachgewiesen werden. Dieser Aldehyd wurde auf synthetischem Wege erhalten durch Destillation eines Gemisches von hydrozimtsaurem und ameisensaurem Calcium (Gerdeissen, B. **23**, 1080). E. Fischer und Hoffa stellten ihn dar (B. **31**, 1991) durch Reduktion von Zimtaldehydimethylacetal mittels Na und Alkohol und Verseifen des Acetals mit 3 %iger Schwefelsäure.

Das Vorkommen des Hydrozimtaldehyds als Bestandteil eines ätherischen Öles beschränkt sich auf das Ceylon-Zimtöl (*Cinnamomum ceylanicum* Breyne), welches als Hauptbestandteil Zimtaldehyd enthält. Unter den Nebenbestandteilen wurde (Sch. **1901**, II, 67) in geringer Menge die Anwesenheit von Hydrozimtaldehyd wahrscheinlich gemacht. Das Semicarbazon schmilzt bei 126°. „Das zum Vergleich aus synthetischem Hydrozimtaldehyd gewonnene Semicarbazon schmolz bei 130—131°." „Das mit verdünnter Schwefelsäure erhitzte Semicarbazon vom Smp. 126° gab den charakteristischen Geruch des Hydrozimtaldehyds." Auch Walbaum und Hüthig (J. pr. II, **66**, 52) berichten aus dem Laboratorium von Sch. u. Co., daß die geringe anwesende Menge in dem Ceylonzimtöl es bisher nicht gestattete, das Vorkommen des Hydrozimtaldehyds in ihm außer allen Zweifel zu setzen.

Physik. Eig. des Hydrozimtaldehyds. $Sdp._{13}$ = 104—105° (kor.), $Sdp._{745}$ = 221—224° (kor.).

Unter den **chem. Derivaten des Hydrozimtaldehyds** ist von Interesse das Oxim $C_6H_5CH_2CH_2CH:NOH$: Smp. 93—94,5° (Dollfus, B. **26**, 1971). — Das Semicarbazon $C_6H_5CH_2CH_2CH:N\cdot NH\cdot CO\cdot NH_2$ hat den Smp. 130 bis 131° (Walbaum u. Hüthig). — Das Dimethylacetal $C_6H_5CH_2CH_2$-$CH(OCH_3)_2$ (W. und H.): $Sdp._{15}$ = 114°, Sdp_{760} = 240—241°; es entsteht durch mehrtägiges Stehenlassen des Aldehyds mit der vierfachen Menge einprozentiger methylalkoholischer Salzsäure.

Die **Konstitution des Hydrozimtaldehyds** ergibt sich aus der Synthese usw.

Geschichtlich ist zu bemerken, daß der Hydrozimtaldehyd in reinem Zustande erst in der letzten Periode, 1887 bis zur Gegenwart, dargestellt und sein Vorkommen im Ceylonzimtöl wahrscheinlich gemacht worden ist.

b$_2$) Ungesättigte Aldehyde.

362. Zimtaldehyd

C_9H_8O = 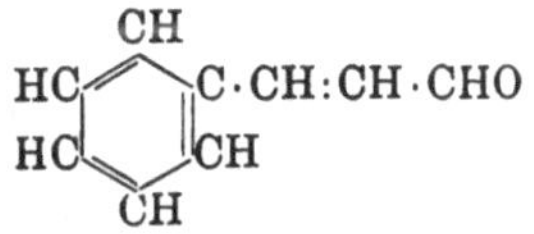

Vorkommen, Isolierung und Synthese. Neben den abgehandelten gesättigten Aldehyden Benzaldehyd, Cuminaldehyd und Hydrozimtaldehyd findet sich als Bestandteil ätherischer Öle noch ein in der Seitenkette ungesättigter Aldehyd, der ebenfalls im Kern durch Sauerstoff nicht substituiert ist, nämlich der Zimtaldehyd. Letzterer ist für eine kleine Gruppe ätherischer Öle besonders charakteristisch, nämlich für einige von jenen, deren Stammpflanzen zu den Lauraceen gehören; nur ganz ausnahmsweise findet sich der Zimtaldehyd in geringer Menge auch in anderen ätherischen Ölen. Der Zimtaldehyd wurde Gegenstand der chemischen Untersuchung, sobald die Elementaranalyse von Liebig durchgearbeitet war und man zuverlässiger analysieren konnte. Selbstverständlich griff man für die chemische Untersuchung zu den am bequemsten zu erhaltenden Objekten; so wurden auch die ätherischen Öle untersucht, von denen man annehmen konnte, daß sie wenigstens einigermaßen rein waren, sobald sie sich also in festem Zustande abschieden oder durch fraktionierte Destillation annähernd rein gewinnen ließen; zu letzteren gehörte auch das seit alter Zeit bekannte Zimtöl. Wir müssen zunächst im großen und ganzen zwei Zimtöle auseinander halten: 1. das Ceylonzimtöl (*Cinnamomum ceylanicum* Breyne) und 2. das chinesische Zimtöl oder Cassiaöl (*Cinnamomum Cassia* Bl.) Ferner müssen wir im Auge behalten, daß das erstere Öl durchaus verschiedene Bestandteile aufweist, je nachdem es aus der Rinde, den Blättern oder der Wurzel von *C. c.* gewonnen wird, während die aus *Cinnamomum Cassia* gewonnenen Öle im wesentlichen gleiche Bestandteile aufweisen, mögen sie aus Rinde, Blättern oder Wurzel destilliert sein. Das Rindenöl des Ceylonzimts und das Rinden-, Blätter- und Wurzelöl der Zimtcassia enthalten als Hauptbestandteil Zimtaldehyd (über weitere Bestandteile vgl. unter Vorkommen). — Die Rindenöle sind seit sehr langer Zeit bekannt und sicherlich häufig miteinander verwechselt worden. Aus dem Rindenöl des Ceylonzimts scheidet sich ein Stearopten ab, welches Zimtsäure ist, während aus dem Rindenöl des Cassiastrauches zwar auch ein fester Bestandteil auskristallisiert, dieser ist jedoch o-Methoxycumaraldehyd. Diese Bestandteile fielen den früheren Chemikern zwar zuerst auf, waren aber nur in geringer Menge vorhanden. Da ferner anfangs zweifellos nur Rindenöle zur Verfügung standen, deren Hauptbestandteil in allen Fällen Zimtaldehyd ist, so kam es auch, daß man sich alsbald mit dieser Verbindung beschäftigte, obwohl man sie nur durch fraktionierte Destillation in mehr oder weniger reinem Zustande abscheiden konnte.

Schon BLANCHET (A. **7** [1833], 163) machte die Beobachtung, daß bei der Wasserdampfdestillation des Ceylonzimts zwei verschiedene Öle erhalten werden, von denen das eine leichter, das andere schwerer als Wasser ist; chinesischer Zimt gab ihm nur das schwerere Öl. Auch auf diese Weise gelang es demnach, eine rohe Trennung der Bestandteile vorzunehmen. Man beschäftigte sich zunächst nur mit dem schwereren Bestandteil. Die Arbeiten von CHAUDIN, MARTIUS (A. **4**, 264) und GOEBEL waren nicht imstande, Klarheit über die Zusammensetzung des Öles zu bringen. Erst die Untersuchungen von DUMAS und PÉLIGOT (A. **12**, 24; **13**, 76; **14** [1835], 50) zeigten, daß der schwere Bestandteil des Zimtöls hauptsächlich nur einen Körper enthält, der die allgemeine Formel $(C_9H_8O)_x$ aufweist; sie nennen diesen Körper „Cinnamylwasserstoff" analog dem Benzoylwasserstoff von WÖHLER und LIEBIG. Überhaupt vergleichen DUMAS und PÉLIGOT (A. ch. **57**, 305; auch Repert. de Chim. III, 348) in richtiger Weise das „Zimtöl" mit dem „Bittermandelöl". — Die Untersuchungen von RICHTER (J. pr. **13**, 167), von FRÉMY (A. ch. **70**, 187; A. d. Pharm. **30**, 324), von PLANTAMOUR (A. d. Pharm. **27**, 329; A. d. Pharm. **30**, 241) und von MULDER (P. **41**, 398; J. pr. **15**, 307; A. **34**, 147; J. pr. **18**, 385, 253; **19**, 362; A. **34**, 297) hatten als Gegenstand ebenfalls das Zimtöl; die Genannten stellten einige Derivate dar, brachten aber keine wesentlich neuen Gesichtspunkte. — PERSOZ (A. **44** [1842], 312) oxydiert den Aldehyd mit Bichromat und Schwefelsäure und gewinnt Benzoesäure; bereits D. und P. hatten bei der Oxydation mit Salpetersäure Bittermandelölgeruch wahrgenommen. — APJOHN (J. pr. **15**, 168), SIMON (A. d. Pharm. **31**, 265), MARCHAND (J. pr. **16**, 60, 429), HERZOG (Ar. **17**, 72; **20**, 159; J. pr. **29**, 51), LAURENT (C. r. **10**, 531; J. pr. **27**, 309), MITSCHERLICH (J. pr. **22**, 193; A. **40**, 301), WACKENRODER (J. pr. **23**, 204), GERHARDT und CAHOURS (A. **38**, 96), STENHOUSE (J. pr. **26**, 136), ERDMANN und MARCHAND (J. pr. **26**, 49), DEVILLE (A. **44**, 304) bestätigten sämtlich bis zum Jahre 1847 die nahen Beziehungen des „Zimtöls" zum „Bittermandelöl".

Im Jahre 1855 gelang es STRECKER (A. **93**, 370), das „Zimtöl" künstlich darzustellen, indem er vom Styron aus, das er durch Destillation von flüssigem Storax mit Kalilauge dargestellt und das er (A. **70**, 10; WOLFF, A. **75**, 279) als Alkohol der Zimtsäure erkannt hatte, durch Oxydation mittels des Sauerstoffs der Luft bei Gegenwart von Platinschwarz „Cinnamylwasserstoff" erhielt. — BERTAGNINI (A. **85**, 179) hat im Jahre 1853 gezeigt, daß sich der „Cinnamylwasserstoff" analog dem Benzoylwasserstoff usw. mit Bisulfit verbindet; vermöge dieser Reaktion war STRECKER imstande, nachzuweisen, daß bei obiger Oxydation auch „Cinnamylwasserstoff" entstanden war.

CHIOZZA (A. **86**, 264) wies nach, daß sich Zimtsäure bei der Einwirkung von Kali in Benzoe- und Essigsäure spalten läßt; demselben Forscher (A. **97**, 350) gelang es im Jahre 1856 umgekehrt, den „Cinnamylwasserstoff" aus dem „Benzoylwasserstoff" und dem Acetaldehyd mittels Chlorwasserstoffsäure aufzubauen. — Auf anderem Wege gelang es PIRIA

(A. **100**, 105) ebenfalls „Cinnamylwasserstoff" zu erhalten, indem er ein Gemisch von zimtsaurem und ameisensaurem Calcium trocken destillierte.

Synthetisch läßt sich der Zimtaldehyd auch gewinnen, indem man Benzaldehyd (10 Tle.), Acetaldehyd (15 Tle.), Wasser (900 Tle.) und 10% gewöhnliche Natronlauge stehen läßt, allmählich ausschüttelt usw. (B. **17**, 2117).

Über die weitere geschichtliche Entwicklung der Aufklärung der Konstitution des Zimtaldehyds vgl. weiter unten Konstitution und Geschichte des Zimtaldehyds. Wir sehen, daß man jedenfalls im Jahre 1857 genau die Bruttoformel des „Cinnamylwasserstoffs" kannte, daß man ihn in richtige Beziehung zu den damals bekannten Aldehyden brachte, daß man ferner durch Abbau von ihm aus zum Benzaldehyd bzw. zur Benzoësäure gelangte, daß man ferner durch Aufbau vom Benzaldehyd aus zum „Cinnamylwasserstoff" kommen konnte, aber die volle Aufklärung der Konstitution brachte erst die nächste Periode 1857—1872.

Das Vorkommen des Zimtaldehyds ist, wie oben erwähnt, im wesentlichen auf eine kleine Gruppe von ätherischen Ölen beschränkt, die aus Spezies des Genus *Cinnamomum* gewonnen werden.

Lauraceae.

Das Ceylon-Zimtöl (*Cinnamomum ceylanicum* Breyne) (vgl. ob.) enthält, wenn es aus der Rinde gewonnen wird, als Hauptbestandteil Zimtaldehyd, wie schon Blanchet (A. **7** [1833], 163) sowie Dumas und Péligot (A. **14** [1835], 50) nachwiesen. Außerdem enthalten die schweren Anteile dieses Zimtöls ca. 4 bis 8% Eugenol. Die leichten Bestandteile weisen Phellandren auf (Sch. **1892**, I, 45, I, 47; **1892**, II, 47). In einer ausführlichen Untersuchung (Sch. **1902**, I, 64) wird dann nachgewiesen, daß das Ceylon-Zimtrindenöl außer 1. Zimtaldehyd, 2. Phellandren und 3. Eugenol mit Sicherheit enthält 4. Methyl-n-amylketon, 5. Pinen, 6. Cymol, 7. Furfurol, 8. Benzaldehyd, 9. Nonylaldehyd, 10. Cuminaldehyd, 11. Linalool, 12. Caryophyllen und mit ziemlicher Sicherheit 13. Hydrozimtaldehyd und 14. Linalylisobutyrat. Das Zimtblätteröl enthält Eugenol, Safrol, Terpene, Benzaldehyd und, wenn überhaupt, nur sehr wenig Zimtaldehyd (Weber, Ar. **230** [1892], 232). Das Zimtwurzelöl (Sch. **1892**, II, 46) scheidet gewöhnlichen Laurineenkampfer ab (Trommsd. Handb. der Pharm. **1827**, 666; Dumas und Péligot, A. **40** [1835], 50; Sch. **1892**, II, 46); außerdem ist in ihm ein Kohlenwasserstoff vorhanden (Holmes, Pharm. Journ. London III, 20 [**1890**], 749). — Der Gehalt des Ceylon-Zimtrindenöls an Zimtaldehyd schwankt (Sch. **1904**, II, 95) meist zwischen 70 und 75%, nur in seltenen Fällen sind die Grenzwerte 65 und 77% (Bisulfitmethode).

Das Cassiaöl (*Cinnamomum Cassia* Bl.), chinesisches Zimtöl weist hingegen, sei es, daß es aus der Rinde, den Blättern oder der Wurzel gewonnen wird, stets als Hauptbestandteil Zimtaldehyd auf (vgl. Blanchet, A. **7** [1833], 164; Dumas und Péligot, A. ch. **57** [1834], 305; A. **12** [1834], 24; **13** [1835], 76; **14** [1835], 50). Das „Cassiastearopten" wurde von ROCHLEDER und SCHWARZ (C. **1854**, 701) beschrieben; später stellten BERTRAM und KÜRSTEN (J. pr. II, **51** [1895], 310) fest, daß es Methyl-o-cumaraldehyd sei. BURGESS (The Analyst **29** [1904], 78) bestimmt den Gehalt des Cassiaöls an Zimtaldehyd zu 80 bis 95%, jenen des Ceylon-Zimtrindenöls zu 68, 72 und 74%. — Im japanischen Zimtöl *(Cinnamomum Loureirii* Nees) fand KEIMAZU (Journ. Pharm. of Japan **1906**) bei der Untersuchung des Öles der Stämme und der Wurzeln als Hauptbestandteil Zimtaldehyd.

Die **Isolierung und der Nachweis des Zimtaldehyds** (FR. **30**, 100, 740; SCH. **1890**, I, 12; **1890**, II, 12) (vgl. auch Bd. I und Bd. III: Bestimmung von Aldehyden und Ketonen) geschieht in der Weise, daß man 10 ccm von dem zu untersuchenden Öl in ein eigens für diesen Zweck hergestelltes Glaskölbchen von ungefähr 100 ccm Rauminhalt und 13 cm langem Halse, 8 mm innerer Weite, der in 10 zu 10 auf 6 ccm eingeteilt ist, benutzt. „Man fülle dann die Flasche bis ungefähr $^3/_4$ voll mit der sauren schwefligsauren Natronlösung, schüttle einige Male das Gerinnsel, das sich sofort beim Zugießen der Lösung zu dem Öl bildet, mit der Lösung kräftig, aber vorsichtig durcheinander, ohne daß ein Tropfen verspritzt wird und stelle darauf das Fläschchen in das heiße Wasser des Wasserbades. Mehrere Stunden, zuweilen wohl über einen halben Tag, ist der Flascheninhalt unter zeitweisem Umschütteln heiß zu halten, jedenfalls so lange, bis das Gerinnsel völlig gelöst ist und auf der wäßrigen Lösung nicht mehr ein Brei, sondern ein mit scharfer Begrenzung gegen die Salzlösung klares Öl schwimmt. Das Fläschchen wird nun aus dem Wasserbad herausgenommen und nach dem Erkalten mit schwefligsaurer Natronlösung gefüllt, zuletzt vorsichtig Tropfen für Tropfen, bis das Öl gänzlich in den Flaschenhals gestiegen ist und die untere Grenze der Ölschicht genau mit der untersten Marke auf dem Flaschenhalse abschneidet. Dieses Öl sind die Nichtaldehyde, deren Menge also von den angewandten 10 ccm Cassiaöl abzuziehen ist. Die Differenz gibt den Anteil Zimtaldehyd in 10 ccm Cassiaöl an. Angenommen, es werden 2,7 ccm Öl in dem Flaschenhalse abgelesen, so sind also 2,7 ccm Nichtaldehyde in 10 ccm Cassiaöl gewesen, oder mit andern Worten, das Cassiaöl enthielt 27% Nichtaldehyde und 73% Zimtaldehyd. Genau genommen, sind dies Volumen- und nicht Gewichtsprozente; da jedoch das spezifische Gewicht der Nichtaldehyde im Cassia-Öl (1,060 bei 20°gefunden) mit dem des Cassiaöls (1,059—1,061 bei 20°) fast genau übereinstimmt, so kann der eventuelle Unterschied nur gering und nicht von praktischer Bedeutung sein.“ Hierbei entsteht die wasserlösliche Verbindung $C_6H_5 \cdot CH_2 \cdot (CH \cdot SO_3Na) \cdot CHO \cdot NaHSO_3$. Der Aldehydgehalt des Öles aus der Cassiarinde beträgt 88,9%, aus den Flores Cassiae 80,4%, aus den Blütenstengeln 92%, aus den Blättern 93%, aus den Zweigen 90%, aus den Blättern, Blattstielen und jungen Zweigen 93%.

HANUŠ (Zeitschrift für Untersuchung der Nahrungsmittel **6** [1903], 817), bestimmt den Zimtaldehyd folgendermaßen quantitativ: 0,15 bis 0,2 g Zimtöl werden im Erlenmeyerkolben von 250 ccm Inhalt mit

85 ccm Wasser gut durchgeschüttelt, alsdann wird die $1\frac{1}{2}$fache Menge Semioxamazid hinzugesetzt, die ihrerseits in 15 ccm heißen Wassers gelöst wurde. Hierauf läßt man, nachdem die Mischung 5 Min. gut durchgeschüttelt ist, 24 Stunden stehen unter öfterem Umschütteln. Das abgeschiedene Semioxamazon wird gesammelt und bei 105° bis zur Gewichtskonstanz getrocknet. Den Prozentgehalt an Zimtaldehyd erhält man nach der Formel $\frac{a \cdot 60{,}83}{s}$, worin a = der gefundenen Menge Zimtaldehydsemioxamazon und s die angewandte Ölmenge ist. Als Verbesserung (SCH. **1904**, I, 17) wird angegeben, daß es zweckmäßig sei, das Öl vor dem Wasserzusatz in 10 ccm Alkohol von 90—95 Volumprozent zu lösen. SCH. u. Co. finden, daß diese Methode von Hanuš für andere Aldehyd- und Ketonbestimmungen nicht brauchbar sein dürfte.

Über die Aldehyd- und Ketonbestimmung von SADTLER mittels neutralen Natriumsulfits vgl. SADTLER (Soc. Chem. Ind. **23** [1904], 303) und BURGESS (The Analyst **29** [1904], 78).

Nach DUMAS und PÉLIGOT (A. **14**, 65) soll man zur Abscheidung des Zimtaldehyds Zimtöl mit konz. Salpetersäure schütteln, nach einigen Stunden die Kristalle abfiltrieren und sie durch Wasser zerlegen.

Das japanische Zimtöl (*Cinnamomum Loureirii* Nees) erhielt SHIMOYAMA (Apoth. Ztg. **11** [1896], 537), indem er verschiedene Teile der Pflanze destillierte, besonders auch die Wurzelrinde, zu 1,17%: d_{15} = 0,982; es weist Zimtaldehyd auf (s. dazu auch SCH. **1904**, II, 100); die nicht an Bisulfit gehenden Anteile zeigen Lavendelgeruch, sieden bei 175—176° und dürften hauptsächlich aus einem Terpen bestehen. Auch aus der Rinde einer in Australien einheimischen *Cinnamomum* Spec., *C. Oliveri* Bail., wurde ein Öl erhalten zu 0,75—1% (BAKER, Pharm. Ztg. **42** [1897], 859), von welchem 54% zwischen 230 und 253° siedeten. Durch Bisulfit wurden ca. 2% eines nach Zimt riechenden Aldehyds gewonnen.

Labiatae.

Aus dem Patschuliöl (*Pogostemon Patschouli*) wurden in einer ausführlichen Untersuchung (SCH. **1904**, I, 72) außer Cadinen und Patschulialkohol eine ganze Anzahl von Verbindungen isoliert, darunter auch Zimtaldehyd. Durch fraktionierte Destillation wurden einzelne Fraktionen dargestellt. „Spuren einer Bisulfitverbindung schieden sich beim Schütteln obiger Fraktionen mit Bisulfitlauge ab. Der daraus regenerierte Aldehyd roch entschieden nach Zimtaldehyd. Sein Semicarbazon zeichnete sich durch Schwerlöslichkeit in Alkohol aus und schmolz, wie das des synthetischen, bei 208°. Das Gemisch beider schmolz ebenda."

Physik. Eig. des Zimtaldehyds. Der Zimtaldehyd läßt sich nicht ganz ohne Zersetzung an der Luft destillieren: Sdp. 247°. — ALTSCHUL und SCHNEIDER (Ph. Ch. **16**, 24): Erstarr. bei —7,5°. — PEINE (B. **17**, 2110): Sdp._{20} = 128—130°.

Brühl (A. **235**, 18): $d_{24/4} = 1{,}0497$, Brech.-Verm. $\mu_a = 1{,}60852$. — Stohmann (Ph. Ch. **10**, 415): Mol.-Verbr. 1112,9 Kal.

Perkin (Soc. **69**, 1247): $Sdp._{250} = 209{,}5^0$ (i. D.); $d_{4/4} = 1{,}1202$, $d_{15/15} = 1{,}1129$, $d_{25/25} = 1{,}1076$, Magn. Dreh. 17,88 bei $15{,}7^0$.

Physiol. Eig. des Zimtaldehyds. Der Aldehyd besitzt den charakteristischen Geruch des Zimtöls.

Chem. Eig. des Zimtaldehyds. Der Zimtaldehyd hat zwar die Aldehydreaktionen mit dem bereits abgehandelten Benzaldehyd und Cuminaldehyd gemeinsam, indem er eine kristallisierte Bisulfitverbindung, ein Semicarbazon, Oxim, Phenylhydrazon usw. liefert, indem er sich ferner zum Alkohol reduzieren und zur Säure oxydieren läßt, aber die der Aldehydgruppe benachbart stehende doppelte Bindung unterscheidet den Zimtaldehyd doch bei vielen Reaktionen von den erwähnten Aldehyden und modifiziert vielfach die Aldehydreaktionen.

Durch **Reduktion** läßt sich einmal der Zimtalkohol (Styron) $C_6H_5 \cdot CH : CH \cdot CH_2OH$ gewinnen, jedoch ist die Ausbeute an Zimtalkohol sehr schlecht, da die Reduktion weiter geht, wobei zunächst Phenylpropylalkohol entsteht, dann aber auch Allylbenzol (Rügheimer, A. **172**, 122). Der Zimtalkohol zeigt: Smp. 33^0. — Perkin (Soc. **69**, 1247): Sdp. $257{,}5^0$, $d_{35/35} = 1{,}0397$ (vgl. Bestandteil Zimtalkohol). — Über den Phenylpropylalkohol vgl. Bestandteil Phenylpropylalkohol. —

Halogene und Halogenwasserstoffsäuren werden vom Zimtaldehyd zwar aufgenommen, jedoch entstehen damit keine kristallisierten Verbindungen.

Durch Oxydation geht der Zimtaldehyd in Zimtsäure $C_6H_5 \cdot CH : CH \cdot COOH$ über, bzw. durch weitere Oxydation in Benzaldehyd und Benzoësäure. Die Zimtsäure kristallisiert monoklin, zeigt den Smp. 133^0, Sdp. 300^0; bei längerem Erhitzen für sich zerfällt sie unter Bildung von **Styrol.**

Die kristallisierte Bisulfitverbindung erwähnt zuerst Bertagnini (A. **85**, 275); jedoch existiert eine zweite Verbindung $C_6H_5 \cdot C_2H_3(SO_3K) \cdot CH(OH) \cdot SO_3K + 2 H_2O$, welche einmal beim Kochen der kristallisierten normalen Verbindung mit Wasser entsteht oder aus Zimtaldehyd und zwei Molekülen $KHSO_4$ (Heusler, B. **24**, 1806); kocht man diese Verbindung mit verd. H_2SO_4, so entsteht die Säure $C_6H_5 \cdot C_2H_3(SO_3H) \cdot CHO$ (vgl. auch Citralbisulfitverbindungen, Bd. I).

Das Zimtanilid $C_6H_5 \cdot CH : CH \cdot CH : N \cdot C_6H_5$ (Doebner und Miller, B. **16**, 1675; Peine, B. **17**, 2117) bildet gelbe Blätter vom Smp. 109^0.

Das Cinnamylidenimid $C_6H_5 \cdot CH : CH \cdot CH : NH$ konnte bisher nur erhalten werden aus Phenyldithiobiazoloncinnamalsulfin und alkohol. Salzsäure (Busch, B. **29**, 2138).

Das Hydrocinnamid $C_{27}H_{24}N_2 + {}^1/_2\, H_2O = N_2(C_6H_5 \cdot C_3H_3)_3$ entsteht beim Einleiten von Ammoniakgas in Zimtöl (Laurent J. pr. **27**, 309) und schmilzt bei 106^0.

Cinnamaldiureïd $C_6H_5 \cdot CH:CH \cdot CH(NH \cdot CO \cdot NH_2)_2$ bildet sich beim Schütteln einer konz. wäßrigen Harnstofflösung mit Zimtaldehyd (BIGINELLI, G. **23**, I, 382): Smp. 171—172°.

Zimtaldoxim $C_6H_5 \cdot CH:CH \cdot CH:NOH$, a) das β-syn-Zimtaldoxim (BORNEMANN, B. **19**, 1512; BAMBERGER und GOLDSCHMIDT, B. **27**, 3429) schmilzt bei 138,5°; b) das α-anti-Zimtaldoxim (B. und G., B. **27**, 3428) schmilzt bei 64—65°. — Außer den Reaktionsprodukten des Hydroxylamins mit der Aldehydgruppe existieren auch Anlagerungsprodukte von NH_2OH an die doppelte Bindung.

Zimtaldehydsemicarbazon $C_6H_5 \cdot CH:CH \cdot CH:N \cdot NH \cdot CO \cdot NH_2$: Smp. 208°.

Das Zimtaldehydphenylhydrazon $C_6H_5 \cdot CH:CH \cdot CH:N \cdot NH \cdot C_6H_5$ zeigt den Smp. 168°.

Das Zimtaldehydsemioxamazon $C_6H_5CH:CH \cdot CH:N \cdot NH \cdot CO \cdot CONH_2$ zeigt den Smp. 274° unter Zersetzung (KERP u. UNGER, B. **30**, 590).

Das Benzylidenaceton, Cinnamylmethylketon $C_6H_5 \cdot CH:CH \cdot CO \cdot CH_3$, läßt sich außer durch Kondensation von Benzaldehyd mit Aceton auch durch Destillation von zimtsaurem mit essigsaurem Calcium gewinnen: Smp. 41—42°, Sdp. 262°.

Zur **Identifizierung des Zimtaldehyds** läßt man am besten die Isolierung mittels Natriumbisulfit voraufgehen (BERTAGNINI, A. **85**, 275). Durch Zersetzung der kristallisierten Verbindung erhält man den freien Zimtaldehyd. Man achte bei der Darstellung der primären Bisulfitverbindung darauf, daß ein Überschuß von Bisulfit sehr leicht die primär entstehende kristallisierte Verbindung in Lösung bringt (vgl. oben). Die physikalischen Daten, Siedepunkt, Volumgewicht, der außerordentlich hohe Brechungsexponent sind charakteristisch für den Zimtaldehyd. Auf chemischem Wege läßt sich der Zimtaldehyd sehr gut durch das Semicarbazon vom Smp. 208° und durch das Phenylhydrazon vom Smp. 168° charakterisieren.

Für die **Konstitution des Zimtaldehyds** C_9H_8O, dessen Bruttoformel bereits von DUMAS und PÉLIGOT ermittelt wurde, ergibt sich in bezug auf die Natur des Sauerstoffatoms wegen der verhältnismäßig glatten Oxydation zur Zimtsäure, daß eine Aldehydgruppe in der Verbindung vorliegen muß. Daß ein Benzolkern vorhanden ist, ergibt sich aus der Aboxydation des Zimtaldehyds zum Benzaldehyd bzw. zur Benzoësäure; fernerhin durch die bereits von KRAUT beobachtete Zerlegung in Benzoë- und Essigsäure, ebenso durch den Aufbau aus diesen Bruchstücken.

Geschichtlich ist den eingangs gebrachten Mitteilungen noch hinzuzufügen, daß seine Natur als Aldehyd nicht so bald und ohne Zweifel erkannt wurde. Der Zimtaldehyd ist imstande vermöge seiner doppelten Bindung Säuren, so z. B. Salpetersäure, anzulagern, als auch reagiert er vermöge seiner Aldehydgruppe mit Ammoniak. Aus letzterem Grunde stellte man ihn alsbald in eine Reihe mit anderen Aldehyden, aber immerhin bewirkte die doppelte Bindung derartige Verschiedenheiten, daß erst aus der Darstellung der kristallisierten Bisulfitverbindung vonseiten BERTAGNINIS die allgemeine Annahme der Aldehydnatur gefolgert wurde. Im Jahre 1857 hatte man demnach einmal wegen der großen Ähnlichkeit des Zimtaldehyds mit dem Benzaldehyd diese Verbindungen in eine Klasse gestellt, ferner auch weil durch Aboxydation Benzaldehyd bzw. Benzoësäure entstanden waren.

In der nächsten Periode, 1857—1872, wurde zwar nach Aufstellung der KEKULÉschen Benzoltheorie 1865 auch für den Zimtaldehyd ein Benzolkern angenommen, aber die allgemeine Bruttoformel der Zimtsäure $C_nH_{2n-10}O_2$ gegenüber der allgemeinen Formel $C_nH_{2n-8}O_2$ für die Benzoësäure bzw. Cuminsäure usw. machte für die Klarlegung der Konstitution der Zimtsäure bzw. des Aldehyds Schwierigkeiten. Erst ERLENMEYER (A. **137**, 350) zog die richtigen Konsequenzen aus der allgemeinen Bruttoformel $C_nH_{2n-10}O_2$ für die Zimtsäure, und zwar schloß er, daß diese ein monosubstituiertes Benzolderivat sein müsse, da sie bei der Oxydation nur Benzoësäure und keine Terephtalsäure usw. liefere. Es blieben zwar für den Rest $C_3H_3O_2$ in der Zimtsäure noch verschiedene Möglichkeiten in der Anordnung der Atome übrig, aber der Übergang der Zimtsäure in Styrol usw. ließen ERLENMEYER ganz richtig folgern, daß in der Zimtsäure ein Körper der Konstitution $C_6H_5 \cdot CH:CH \cdot COOH$ vorliegt, also mußte man für den Zimtaldehyd die entsprechende Aldehydformel annehmen.

In der Folgezeit, 1872 bis zur Gegenwart, wurde die Formel des Zimtaldehyds durch weitere Reaktionen gestützt und eine große Anzahl von Derivaten dargestellt; von letzteren erwiesen sich besonders jene mit Hydroxylamin, Semicarbazid usw. als wichtig und interessant, weil der Zimtaldehyd als leicht zugängliches Ausgangsmaterial das Studium aller hierher gehörigen Reaktionen gestattete. Auch das

Vorkommen des Zimtaldehyds wurde in der letzten Periode weiterhin konstatiert, wenn man auch immerhin fand, daß der Zimtaldehyd in seinem Vorkommen fast vollkommen beschränkt ist auf jene ätherischen Öle, die aus *Cinnamomum*-Arten gewonnen werden.

Die **Anwendung des Zimtaldehyds** ist in der Praxis eine mannigfaltige, da er zum Parfümieren in verschiedenen Industriezweigen Verwendung findet.

c) Ketone.

Acetophenon $C_6H_5 \cdot CO \cdot CH_3$.

Vorkommen usw. Es muß dahingestellt bleiben, ob Acetophenon als Bestandteil ätherischer Öle vorkommt, wenn auch zweifellos der Geruch von vielen Ölen bzw. Pflanzen auf die Gegenwart dieses Ketons hinweist.

d) Säuren.

d₁) Gesättigte Säuren.

Werfen wir einen Blick auf die bisher besprochenen Benzolderivate, so erkennen wir, daß neben wenigen Kohlenwasserstoffen sich besonders Phenole, deren Äther, Alkohole und Aldehyde finden, daß ferner Ketone selten sind. Vielfach herrschen erwähnte Verbindungen in einzelnen ätherischen Ölen vor und sind für den Geruch des Öles maßgebend; häufig kommen sie aber auch nur in geringer Menge vor und sind nichtsdestoweniger für den Geruch charakteristisch. Außer erwähnten Kategorien von Bestandteilen finden sich in einzelnen ätherischen Ölen Säuren, die zur Benzolreihe gehören; es sollen hier zunächst nur diejenigen beiden Säuren Erwähnung finden, welche außer der Carboxylgruppe keine Sauerstoffsubstitution im Kern aufweisen: es sind dies die gesättigte Benzoë- und die ungesättigte Zimtsäure. Für den Geruch des betreffenden ätherischen Öles sind diese Säuren durchaus belanglos, auch ist ihr prozentuales Vorkommen ein geringes. Die Entstehung dieser Säuren dürfte teilweise auf Verseifung von Estern zurückzuführen sein, teilweise dürften sie durch Oxydation der entsprechenden Aldehyde entstehen, oder aber auch von der Spaltung von Glykosiden herrühren. — Es ist ferner zu erwähnen, daß das Vorkommen dieser Säuren schon sehr frühzeitig beobachtet wurde, indem sie sich aus den ätherischen Ölen in kristallisiertem Zustande abschieden. Man rechnete sie deshalb schlechthin zuerst zu den Kampfern ohne Rücksicht auf ihre chemische Natur, auch zu den Stearoptenen, wie man die festen Bestandteile gegenüber den flüssigen Elaeoptenen nannte.

Schließlich verfiel man auch in den umgekehrten Fehler, daß man viele Kampferarten und Stearoptene für Benzoesäure ansah und als solche schlechthin bezeichnete. Sehr lange hat es gedauert, bis man Benzoë- und Zimtsäure auseinanderhielt. Auch das Vanillin, das sich auf den Vanilleschoten abscheidet, das Cumarin usw. wurden als Benzoesäure angesehen. Schon Dumas (Handb. V, 189) sagt: „Man will sie auch in der Vanille, dem Steinklee (*Melilotus offic.*), den Tonkobohnen und in dem Castorium gefunden haben, doch wäre zu wünschen, daß diese Beobachtungen erst noch durch wiederholte Versuche bestätigt würden.“ Durch dieses Referat soll gezeigt werden, wie schwer es war, selbst eine so gut definierte Verbindung, wie sie die Benzoësäure ist, in früheren Zeiten scharf nachzuweisen.

---

363. Benzoësäure $C_6H_5 \cdot COOH$.

Vorkommen, Isolierung und Synthese. Die Benzoësäure ist zuerst im Benzoëharz entdeckt, sodann in vielen anderen Harzen und Balsamen nachgewiesen worden (Drachenblut, Storax, Myrrhe, Tolubalsam usw.)

Vom 17. Jahrhundert an war die durch Sublimation erhaltene Benzoësäure offizinell; aber sicher hat man sie schon früher in Händen gehabt. Auch ihre Natur als Säure muß schon sehr lange bekannt gewesen sein. LÉMERY machte auf ihre sauren Eigenschaften aufmerksam (1645—1715) (Lehrbuch „Cours de Chymie"). Nach KOPP (Gesch. d. Ch. IV, 359) hat BLAISE DE VIGNIÈRE (Traité du fou et du sel) zuerst kristallisierte Benzoësäure durch Destillation von Benzoëharz erhalten. Über das Vorkommen vgl. auch FEHLING (Handwörterb., S. 1037).

Wenn nach diesen Mitteilungen auch die Benzoësäure schon sehr lange bekannt war, so kannte man doch nicht ihre Zusammensetzung. Erst nach LAVOISIER wurde festgestellt, daß die Benzoësäure eine reine org. chemische Verbindung sei (SCHEELE, Opuscula II, 23 und CRELL, Neue Entd. III, 98; LICHTENSTEIN, CRELL N. Entd. IV, 9; HERMBSTÄDT, CRELLS A. **1785**, II, 303; TROMMSDORFF ebenda **1790**, II, 203; BERZELIUS, GEHLENS Neues allg. Journ. der Chemie II, 277; ROBIQUET und BOUTRON-CHARLARD, A. ch. **44**, 352). Aber erst die Untersuchungen von LIEBIG und von WÖHLER und LIEBIG (P. **26**, 325; A. **3**, 249) bewiesen die Bruttoformel $C_7H_6O_2$; ferner trugen wesentlich zu ihrer Kenntnis bei MITSCHERLICH (P. **29**, 231) und PÉLIGOT (ERDMANN und SCHWEIGG.-SEIDELS Journ. III, 16). W. und L. nahmen das Radikal „Benzoyl" im Jahre 1832 an. DUMAS (Handb. V, 188) sagt im Jahre 1847: „Die Geschichte der Benzoësäure bot den Chemikern vor einigen Jahren noch wenig Interesse dar, allein gegenwärtig verhält sich dies anders. Aus ihrer Dunkelheit hervorgezogen, wurde diese Säure der Gegenstand äußerst glücklicher Untersuchungen, die zur Entdeckung von Gesetzen führten, welche ohne Zweifel später eine sehr allgemeine Anwendung finden werden. Beachtet man zugleich, daß die Benzoësäure bei vielen Reaktionen sich bildet, und daß sie aber auch in vielen organischen Substanzen schon als fertiges Produkt sich vorfindet, so ist leicht begreiflich, daß das Studium dieser Säure äußerst wichtig für den Chemiker sein muß."

Schon aus diesem Referat ist ersichtlich, daß es unmöglich ist, an dieser Stelle alle die zahlreichen Reaktionen und Verbindungen anzuführen, welche man aus der Benzoësäure gewann. Das von W. und L. angenommene hypothetische Radikal vergleicht DUMAS mit dem Kohlenoxyd, „mit dem es in seinen Hauptreaktionen viel Ähnlichkeit hat". Auf Grund der Radikaltheorie sah man alsdann den Benzaldehyd als „Benzoylwasserstoff" usw. an. Wenn man demnach auch in der Periode 1830—1857 über die Zusammensetzung der Benzoësäure in bezug auf ihre Bruttoformel im klaren war, wenn auch niemand mehr an ihrer Säurenatur Zweifel hegte, und sie in volle Analogie mit anderen organischen Säuren, so mit denen der Fettsäurereihe usw., gebracht werden konnte, so war man sich im Jahre 1857 natürlich über die nähere Anordnung der Atome im Molekül der Benzoësäure nicht klar; man wußte eben nicht, wie die Atome in dem Radikal „Benzoyl" miteinander verbunden waren. — Erst die nächste Periode, 1857—1872, brachte mit der Aufstellung der KEKULÉschen Benzoltheorie auch Klarheit über die

Konstitution der Benzoësäure; KEKULÉ (A. **137**, 178) synthetisierte sie aus Brombenzol + Na + CO_2; ebenso erhielt man, wie auch schon früher, aus Benzoësäure durch Destillation über Baryt Benzol. Anderseits erkannte BERTHELOT einen gewissen genetischen Zusammenhang zwischen Acetylen und den Benzolderivaten. Nichtdestoweniger nahm KEKULÉ sofort im Jahre 1864—1865 für die Benzoësäure die Konstitution $C_6H_5 \cdot COOH$ an, also einen bereits fertig gebildeten Benzolkern im Benzoësäuremolekül.

Das **Vorkommen der Benzoësäure** in ätherischen Ölen ist ein nur geringes; die große Kristallisationsfähigkeit dieser Säure bedingt es, daß sie sich trotzdem aus den betreffenden ätherischen Ölen abscheidet.

Magnoliaceae.

Das Champacaöl (*Michelia Champaca* L.) wird aus den frischen Blüten gewonnen und besitzt einen außerordentlich lieblichen Wohlgeruch: Volumgew. = 0,907—0,935, $\alpha_D = -12^0\,18'$ bis -52^0. Wir finden darüber folgende Angabe (SCH. **1882**, I, 7): „Das Champacaöl, welches wir früher empfingen, war in der Wärme flüssig, erstarrte aber schon bei mäßiger Kälte zu schönen, nadelförmigen Kristallen — ähnlich wie Rosenöl.“ SCH. u. Co. (SCH. **1894**, I, 58) sagen weiter über ein aus frisch gepflückten Champacablüten destilliertes Öl: „Es war von rötlich gelber Farbe und besaß einen unvergleichlich feinen Duft, der an den der Cassieblüten erinnerte. Aus diesem Öl schieden sich schon bei gewöhnlicher Temperatur reichliche Mengen von Kristallen ab,“ und noch später (SCH. **1897**, I, 11): „Champacaöl, leicht bräunlich gefärbt, hat ein spezifisches Gewicht von 0,938, ein Drehungsvermögen von $-52^0\,8'$ und eine Verseifungszahl von 77,3.“ „Der Geruch hat einen leisen Anklang an Ylang-Ylangöl. Wie dieses, enthält es Benzoësäure, die wir isolierten und durch ihren bei 121^0 liegenden Schmelzpunkt identifizierten.“

Anonaceae.

Das Ylang-Ylangöl sowie das Canangaöl (*Cananga odorata* Hook. et Thoms.) scheiden häufig Benzoësäure ab. SCH. u. Co. (SCH. **1893**, II, 45) berichten über ein Canangaöl: „Beim Stehen schieden sich aus dem Öle große, biegsame, spießförmige Kristalle (wahrscheinlich Benzoësäure) ab.“

Lauraceae.

Es muß dahingestellt bleiben, ob im Zimtblätteröl (*Cinnamomum ceylanicum*) die Benzoësäure in freiem Zustande vorkommt (STENHOUSE, A. **95** [1855], 103 und WEBER, Ar. **230** [1892], 232).

Hamamelidaceae.

Auch das aus dem Storax (*Liquidambar orientale* Mill.) gewonnene ätherische Öl setzt zuweilen Zimt- und Benzoësäure ab, die jedenfalls größtenteils von der Zersetzung der Ester dieser Säuren herrühren dürften.

Leguminosae.

Auch das Tolubalsamöl (*Toluifera Balsamum* Mill.) scheidet Benzoësäure ab, wahrscheinlich auch Zimtsäure, die sich beide größtenteils verestert im Tolubalsam finden.

Zur Abscheidung der Benzoësäure ist zu bemerken, daß man sie am besten zunächst mittels Sodalösung aus dem ätherischen Öle ausschüttelt und sie aus der wäßrigen Lösung durch Ansäuern fällt.

Physik. Eig. der Benzoësäure. Monokline Nadeln oder Blätter vom Smp. 121,4° und Sdp. 249,2°; Mol.-Verbr. 770,476 Kal. (Stohmann, Rodatz und Herzberg, J. pr. II, **36**, 2); 773,1 bzw. 772,8 Kal. (Berthelot und Recoura, A. ch. VI, **13**, 170). 1000 Tl. Wasser lösen bei 4,5° 1,823 Tl., bei 10° 2,068 Tl., bei 17,5° 2,684 Tl., bei 31° 4,27 Tl., bei 40° 5,551 Tl., bei 60,5° 12,132 Tl., bei 70° 17,81 Tl., bei 75° 21,931 Tl. (Bourgoin, A. ch. V, **15**, 168). Benzoësäure sublimiert bereits bei 100° und ist leicht flüchtig mit Wasserdämpfen. Über ihre Kristallform vgl. Negri (G. **26**, I, 63). Über das elektr. Leitverm. siehe Kortright (Am. **18**, 369) und Schaller (Ph. Ch. **25**, 497).

Chem. Eig. der Benzoësäure. Die Benzoësäure zeigt die Eigenschaften einer einbasischen Säure. Ihr Silber- und Kupfersalz sind in Wasser unlöslich. Durch Reduktion läßt sich die Benzoësäure in Benzaldehyd bzw. Benzylalkohol überführen. Durch Kohlensäureabspaltung entsteht aus ihr Benzol.

Die **Ester der Benzoësäure** sind angenehm riechende Flüssigkeiten. Methylester $C_6H_5 \cdot COOCH_3$ (Carius, A. **110**, 210): Sdp.$_{746,4}$ = 199,2° (kor.), d_0 = 1,1026, $d_{16,3}$ = 1,0876 (Kopp, A. **94**, 307) (vgl. Bestandteil Benzoësäuremethylester). — Äthylester $C_9H_{10}O_2$: Sdp.$_{745,5}$ = 212,9°, d_0 = 1,0657, $d_{10,5}$ = 1,0556 (Kopp). Linnemann (A. **160**, 208): Sdp. 211,2°, d_{16} = 1,0502. — Der Benzoësäurebenzylester $C_6H_5 \cdot COOCH_2C_6H_5$ kommt im Perubalsam (Kraut, A. **152**, 130) vor; er läßt sich aus Benzylalkohol und Benzoylchlorid (Cannizzaro, Gm. VI, 40) oder auch nach dem Claisenschen Verfahren aus Benzaldehyd und Natriumbenzylat darstellen: Smp. unter 20°, Sdp. 345°. Claisen (B. **20**, 647): Sdp. 323—324° (i. D. kor.), $d_{18,5}$ = 1,114. Sdp. 323° (v. Pechmann, B. **31**, 2645).

Benzamid $C_6H_5 \cdot CO \cdot NH_2$ (Liebig, Wöhler, A. **3**, 268): monokline Tafeln, Smp. 128°.

Benzoësäurenitril $C_6H_5 \cdot CN$. Nach Bittermandelöl riechende Flüssigkeit, Sdp. 190,7°, $d_{16,8}$ = 1,0084, $d_{24,8/4}$ = 1,0005 (Eykman, B. **12**, 185).

Zur **Identifizierung der Benzoësäure** dürfte die Feststellung der sauren Natur, sowie der Smp. von 121° wichtig sein; außerdem läßt sich die Benzoësäure aus heißem Wasser sehr gut umkristallisieren, da sie in kaltem bedeutend schwerer löslich ist; jedoch ist im Auge zu behalten, daß der Schmelzpunkt der Benzoësäure durch Verunreinigungen sehr leicht heruntergedrückt wird.

Über die **Konstitution und Geschichte** vgl. die oben gemachten Angaben.

---

d$_2$) Ungesättigte Säuren.

364. Zimtsäure

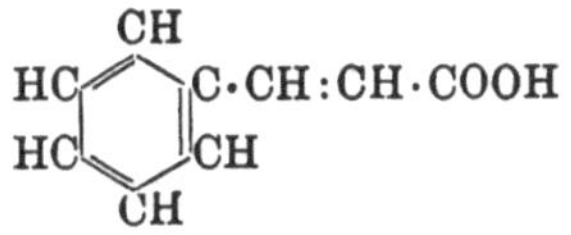

Vorkommen, Isolierung und Synthese. Außer Benzoësäure finden wir in ätherischen Ölen zuweilen Zimtsäure abgeschieden; auch diese Säure dürfte größtenteils aus der Zersetzung von Estern herrühren bzw. von der Oxydation des Zimtaldehyds. Zimtsäure wurde schon in früheren Jahrhunderten beobachtet. Ludovici (Ephemerides, medico physici Academiae naturalis. Curiosorum observationes **145**, 378) hat nachweislich im Jahre 1670 eine kristallinische Abscheidung in altem Zimtöl wahrgenommen, jedoch dürfte diese Beobachtung schon lange vor ihm gemacht worden sein. Dumas (Handb. VII, 155) sagt über dieses Vorkommen im Jahre 1847; „Sie erscheint darin in großen gelblichen Kristallen, welche von einigen mit Benzoësäure, von anderen mit Bernsteinsäure verwechselt worden sind. Frémy hat ihre Gegenwart im Tolubalsam und im flüssigen Perubalsam dargetan. Anm. Herr Apotheker E. Simon in Berlin hat die Zimtsäure auch im flüssigen Storax gefunden.“ Wie bereits erwähnt, ist die Zimtsäure vielfach verwechselt worden, so von Gaubius (Gaubii adversariorum varii argumenti liber unus. Leydae **1771**, 29) mit Kampfer, von Dumenille (Schweigg. Journ. **21** [1819], 224) und Stockmann (Trommsd. N. J. **14** [1827], 237) mit Benzoësäure. Erst Dumas und Péligot (A. ch. II, **57** [1834], 305; **14** [1835], 50) sprachen sie als besondere Säure an, analysierten sie und folgerten die richtige Formel $C_9H_8O_2$. — Es ist interessant zu sehen, wie die Zimtsäure, nachdem sie von Dumas und Péligot analysiert worden war, alsbald auch sonst in der Natur aufgefunden wurde. Frémy (A. ch. **70**, 150; A. **30**, 324) veröffentlichte im Jahre 1839: „Untersuchungen über die chemischen Eigenschaften der Balsame.“ Fr. fand, daß der Perubalsam Zimtsäure enthält, außerdem eine Substanz, der er den Namen „Cinnameïn“ gibt, das, wie sich später herausstellte, z. T. zimtsaurer Zimtalkohol ist. Auch aus dem Tolubalsam konnte Frémy mit verd. Alkali Zimtsäure extrahieren. — Simon (A. **31**, 265) stellte alsdann fest, daß ebensowenig wie im Peru- im Tolubalsam die darin früher angenommene Benzoësäure vorhanden sei, auch im flüssigen Storax finde sich Zimtsäure, und das Styrazin sei anzusehen als zimtsaurer Zimtalkohol. Als Erkennungs- und Unterscheidungszeichen von Benzoë- und Zimtsäure eignet sich nach seiner Angabe die Reaktion mit Salpetersäure, wobei die letztere den Geruch nach Bittermandelöl hervortreten lasse usw. — DEVILLE (A. ch. **3** [1841], 151; A. **44** [1842], 304) untersuchte den Tolubalsam und fand, daß dabei neben Benzoësäure auch „Cinnameïn“ usw. vorhanden ist (vgl. FRÉMY). — KOPP (C. r. **21**, 1376; A. **60** [1846], 269) untersucht einige Verbindungen der Zimtsäure, welche er aus dem Perubalsam darstellt und findet für die Säure: Smp. 129°, Sdp. 300—304°, spez. Gew. der festen Säure 1,245. Durch Destillation des zimtsauren Kupfers gewinnt er wie BLYTH und HOFMANN (A. **53**, 289) und HEMPEL (A. **59**, 317) Styrol. — CHIOZZA (A. **86** [1853], 259) beschäftigt sich mit „wasserfreien organischen Säuren“ und zieht dabei auch die Zimtsäure in Betracht. CH. findet, „daß die Zimtsäure sich bei Gegenwart von Kali gerade so wie die Angelicasäure verhält und daß sie mit derselben Leichtigkeit Essigsäure und eine andere Säure bildet, welche offenbar Benzoësäure sein muß: $C_9H_8O_2 + 2\,H_2O = C_2H_4O_2 + C_7H_6O_2 + H_2$.“ Inzwischen gelang es CHIOZZA (A. **97**, 350), den Zimtaldehyd zu synthetisieren, wobei ihn zweifellos der soeben skizzierte Gedankengang leitete. — BERTAGNINI (Il nuovo Cimento **IV**, 46; A. **100** [1856], 125) synthetisiert die Zimtsäure aus Benzaldehyd und Chloracetyl usw.

Aus dem Gesagten ist ersichtlich, daß man in der Periode von 1830—1857 im Vergleich zu der oberflächlichen Kenntnis, die man bis zum Jahre 1830 von der Zimtsäure hatte, Material herbeischaffte, das imstande war, die Kenntnisse über die Eigenschaften der Zimtsäure wesentlich zu erweitern. Man analysierte sie, stellte die richtige Bruttoformel auf, zeigte ihre Unterschiede von der Benzoësäure, stellte Ester und Salze dar, zeigte, daß sie sich in Benzaldehyd bzw. Benzoësäure überführen läßt, und stellte sie schließlich künstlich dar aus ihren Spaltungsprodukten. Wir sehen ferner, daß diese Kenntnisse über die Zimtsäure Hand in Hand gehen mit der Erforschung des Zimtaldehyds. Es war natürlich unmöglich bei dem damaligen Stande der Kenntnisse über den Bau eines Moleküls auch für die Zimtsäure die Bindungsart der einzelnen Atome unter sich festzustellen. Man hatte wohl die Zimtsäure usw. mit vielen anderen Molekülen, die wir heute zur Benzolklasse rechnen, abgetrennt von den übrigen, aber die Zusammengehörigkeit aller dieser Verbindungen erkannte man erst in der nächsten Periode mit der KEKULÉschen Benzoltheorie genauer. Die weitere geschichtliche Entwicklung der Kenntnis über die Konstitution der Zimtsäure vgl. weiter unten unter Geschichte der Zimtsäure.

Zur synthetischen Darstellung ist zu bemerken, daß SCHIFF (B. **3**, 412) Benzaldehyd und Essigsäure mit Salzsäure oder Chlorzink erhitzte. PERKIN (J. **1877**, 789), TIEMANN und HERZFELD (B. **10**, 68) erhitzten 2 Tl. Bittermandelöl mit 1 Tl. Natriumacetat und 3 Tl. Essigsäureanhydrid. Vgl. auch SLOKUM (A. **227**, 55). FITTIG (B. **16**, 1436) behandelte ein Gemenge von Benzaldehyd und malonsaurem Natrium mit Essigsäureanhydrid oder Eisessig. MICHAEL (Am. **5**, 205) erhitzte Benzaldehyd und Malonsäure auf

130°. Über die Darstellung des Zimtsäureäthylesters vgl. CLAISEN (B. **23**, 977; D.R.P. 53671), FIQUET (Bl. III, **7**, 12), W. WISLICENIUS und JENSEN (B. **25**, 3449). Vgl. ferner ANSCHÜTZ (B. **18**, 1948), welcher Zimtsäurephenylester bei langsamer Destillation von Fumarsäurediphenylester darstellt. Zimtsäure entsteht ferner beim Erwärmen von Allozimtsäure mit 5 Tl. Vitriolöl auf 100° (ERLENMEYER, A. **287**, 15), bei 10stündigem Erhitzen (160—180°) von Benzylidendiacetat, Eisessig und Natriumacetat (NEF, A. **298**, 309), durch Erhitzen von Benzalchlorid usw. mit wasserfreiem Alkaliacetat in Autoklaven auf 180—200° (Bad. Anil.- und Soda-F., D. R. P. 17467, 18332), aus Benzaldehyd und Malonsäure bei Gegenwart von NH_3 oder Aminen (KNOEVENAGEL, B. **31**, 2602; C. **1898**, II, 695), aus Benzylidenaceton und alkalischer Bromlösung usw. (Höchst. Fabw. D.R.P. 21162).

Das Vorkommen der freien Zimtsäure als Bestandteil ätherischer Öle beschränkt sich auf wenige Fälle. Es muß erwähnt werden, daß die Zimtsäure außer in ätherischen Ölen in der Pflanze verschiedentlich konstatiert worden ist, so in den Blättern und Stengeln von *Globularia alypum* und *G. vulgaris* (HECKEL und SCHLAGDENHAUFFEN, A. ch. V, **28**, 69), in den Blättern von *Enkianthus japonicus* (EYKMAN, R. **5**, 297).

Liliaceae.

Durch Wasserdampfdestillation des Xanthorrhoeharzes (*Xanthorrhoea hastile* R. Br.) wurden (SCH. **1897**, II, 66) 0,37 % Öl gewonnen; $d = 0{,}937$, $\alpha_D = -3° 14'$. „Die freie Säure wurde durch Ausschütteln mit verdünnter Natronlauge isoliert und durch ihren Schmelzpunkt 133° als Zimtsäure erkannt. Beim Verseifen des Öls mit alkohol. Kali wurde aus der Lauge ebenfalls Zimtsäure abgeschieden, und zwar in nicht unbedeutender Menge, denn 200 g Öl lieferten 40 g aus Wasser umkristallisierter Zimtsäure."

Lauraceae.

Daß Zimtsäure sich im Ceylon-Zimtöl und im chinesischen Zimtöl, namentlich in den älteren, findet, wurde bereits oben erwähnt.

Hamamelidaceae.

Dasselbe gilt vom Storaxöl (*Liquidambar orientale* Mill.). Besonders beschäftigt sich v. MILLER (A. **188**, 194) mit der Frage nach dem Vorkommen der Zimtsäure im freien Zustande im Storax. Durch Ausziehen mit kaltem Wasser gelang es ihm nachzuweisen, daß Zimtsäure zweifellos in großen Mengen im Storax vorkommt, also auch im Storaxöl.

Leguminosae.

Auch das Tolubalsamöl (*Toluifera Balsamum* Mill.) und das Perubalsamöl dürften freie Zimtsäure enthalten.

Physik. Eig. der Zimtsäure. Monokline Säulen (SCHABUS, J. **1850**, 392). — KRAUT (A. **133**, 93; **147**, 112): Smp. 133°, Sdp. 300°. — Über das elektr. Leitvermögen vgl. OSTWALD (Ph. Ch. **3**, 276). BRÜHL (B. **29**, 2907) berichtet über das Brechungsvermögen. — Über die elektr. Leitf. vgl. SCHALLER (Ph. Ch. **25**, 497). — Mol. Verbr. = 1042,3 Kal. (OSSIPOW, Ph. Ch. **3**, 614; **4**, 580); STOHMANN, KLEBER und LANGBEIN (J. pr. II, **14**, 136). Löst sich in 3500 Tl. Wasser von 17°, leichter in heißem Wasser.

Über das kryoskopische Verhalten vgl. BRUNI und GORNI (R. A. L. V, **8**, I, 264). — Nach LIEBERMANN und RIEBER (B. **33**, 2402) sublimiert die Zimtsäure im absol. Vakuum bei 108°.

Chem. Eig. der Zimtsäure. Zum Unterschiede von der Benzoësäure läßt sich die Zimtsäure reduzieren, und zwar läßt sie sich in die Hydrozimtsäure oder Phenylpropionsäure $C_6H_5 \cdot CH_2 \cdot CH_2 \cdot COOH$ überführen. ALEXEJEFF und ERLENMEYER (A. **121**, 375) reduzieren mittels Natriumamalgam; POPOW (Z. **1865**, 111) erhitzt Zimtsäure mit konz. Jodwasserstoffsäure. Smp. 48,7°, Sdp. 279,8°; lösl. in 168 Tl. Wasser von 20°, viel leichter lösl. in heißem Wasser. — Anderseits läßt sich die Zimtsäure in Zimtaldehyd bzw. Zimtalkohol überführen.

Durch Oxydation geht die Zimtsäure in Benzaldehyd und Benzoësäure über (SIMON). STENHOUSE (A. **55**, 1) oxydierte sie mit Bleisuperoxyd. — Zimtsäure, in den Organismus eingeführt, erscheint im Harn als Hippursäure (ERDMANN und MARCHAND, A. **44**, 344).

Mit rauchender Brom- oder Jodwasserstoffsäure verbindet sich Zimtsäure zu Brom- bzw. Jodhydrozimtsäure.

Der Methylester $C_6H_5 \cdot CH:CH \cdot COOCH_3$ schmilzt bei 33,4° und siedet bei 263° (ANSCHÜTZ und KINNICUTT, B **11**, 1220); Smp. 36°, Sdp. 259,6°, $d_{36/0}$ = 1,0415 (WEGER, A. **221**, 74). Er findet sich im ätherischen Öl aus den Wurzelstöcken von *Alpinia malaccensis* (vgl. Bestandteil).

Äthylester $C_6H_5 \cdot CH:CH \cdot COOC_2H_5$: Sdp. 271°, d_0 = 1,0662 (WEGER, A. **221**, 75). — Zimtsäurebenzylester $C_6H_5 \cdot CH:CH \cdot COOCH_2 \cdot C_6H_5$ kommt im Perubalsam vor (DE LA FONTAINE, Z. **1869**, 256; KRAUT, B. **2**, 180): Smp. 30°. — Zimtsäurezimtester (Styracin) $C_6H_5 \cdot CH:CH \cdot COO \cdot CH_2 \cdot CH:CH \cdot C_6H_5$ findet sich im Storax (MILLER, A. **188**, 200); TÖL, A. **70**, 1; SCHARLING, A. **97**, 91): Smp. 14°, $d_{16/5}$ = 1,085.

Zimtsäureamid $C_6H_5 \cdot CH:CH \cdot CONH_2$: Smp. 147° (AUTENRIETH, B. **34**, 186).

Die **Identifizierung der Zimtsäure** läßt sich nach ihrer Isolierung mittels Sodalösung und Wiederausfällen durch den Smp. 133° vornehmen, ferner durch Oxydation zu Benzaldehyd und Benzoësäure, sowie durch Darstellung des Methylesters vom Smp. 36°.

Die **Konstitution und Geschichte der Zimtsäure** wurde bereits oben ausführlich bis zum Jahre 1857 erörtert. In der Periode von 1857 bis 1872 zog ERLENMEYER 1866 (A. **137**, 350) durch den bekannten Abbau zum Benzaldehyd bzw. zur Benzoësäure die richtigen Konsequenzen aus der KEKULÉschen Benzoltheorie und faßte die Zimtsäure als monosubstituiertes Benzol auf. Die Überführung der Zimtsäure in Styrol, ihre Synthese aus Benzoësäure und Essigsäure ließen nunmehr nur noch die eindeutige Formel $C_6H_5 \cdot CH:CH \cdot COOH$ zu. Von 1872 ab bis zur Gegenwart wurden die Eigenschaften der Zimtsäure, ihre Synthesen usw. weiter studiert, auch ihr Vorkommen als Bestandteil in ätherischen Ölen weiterhin festgestellt.

III. Substitutionsprodukte der Kohlenwasserstoffe (soweit sie Benzolderivate sind) mit Substituenten in der Seitenkette und gleichzeitiger Substitution im Kern durch OH, Oxalkyl oder Oxalkylen.

a) Alkohole,

die gleichzeitig im Kern Wasserstoff durch Sauerstoff substituiert haben, also Alkohol-Phenole oder Alkohol-Phenoläther wären, sind bisher als Bestandteile ätherischer Öle nicht konstatiert worden. Erwähnt sei, daß das Saligenin $C_6H_4<^{OH\,(1)}_{CH_2OH\,(2)}$ ein derartiger Alkohol ist, daß er jedoch in ätherischen Ölen bisher nicht aufgefunden wurde. Das Saligenin entsteht durch Einwirkung von verd. Säuren oder Emulsin auf Salicin (PIRIA, A. **56**, 37), oder wie wir später sehen werden, bei der Reduktion von Salicylaldehyd mit Natriumamalgam (HUTCHINSON, B. **24**, 175): Smp. 86°.

b) Aldehyde.

Außer den gesättigten Aldehyden Benzaldehyd, Cuminaldehyd, Hydrozimtaldehyd und dem ungesättigten Zimtaldehyd finden sich als Bestandteile ätherischer Öle noch weitere Aldehyde. Diese sind jedoch gleichzeitig im Kern durch Hydroxyl, bzw. Oxyalkyl oder Oxyalkylen substituiert und daher als Phenol- bzw. Phenoläther-Aldehyd anzusehen. Die hierher gehörigen Aldehyde sind z. T. weit verbreitet. Gewöhnlich kommen sie aber nur in ganz geringen Mengen vor. Nichtsdestoweniger sind sie für den Geruch des betreffenden Öles bzw. der betreffenden Pflanze außerordentlich charakteristisch; zu Trägern desselben gehören sehr angenehm riechende ätherische Öle, so daß diese Aldehyde in der Parfümerie eine sehr große Rolle spielen: es sei nur an das Vanillin und Piperonal (Heliotropin) erinnert.

b₁) Monooxyaldehyde und ihre Ätherderivate.

Einwertige Aldehyde.

365. o-Oxybenzaldehyd, Salicylaldehyd; salicylige, spiroylige Säure.

$C_7H_6O_2$ =
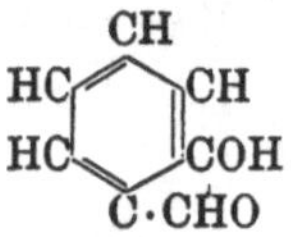

Vorkommen, Isolierung und Synthese. Ebenso wie der Benzaldehyd, der Cuminaldehyd und der Zimtaldehyd in den dreißiger bis vierziger Jahren des vergangenen Jahrhunderts für die Radikaltheorie und für die allgemeine org. Chemie von der größten Bedeutung waren, so war auch der Salicylaldehyd nach seiner Entdeckung das Ausgangsmaterial für eine ganze Anzahl von neuen chemischen Verbindungen und nicht wenig hat sein Studium zur Erweiterung unserer Kenntnisse in der organischen Chemie beigetragen. Besonders war der Salicylaldehyd deswegen hierzu befähigt, weil er, wie wir heute wissen, ein Phenol und ein Aldehyd ist, also gleichzeitig zu zwei Klassen von Verbindungen gehört, von denen man in den dreißiger und vierziger Jahren noch nichts wußte in bezug auf ihre Klassifizierung; sowohl von den Phenolen, als auch von den Aldehyden der Benzolreihe allein kannte man in den dreißiger und vierziger Jahren noch recht wenige Repräsentanten. Diese Doppelnatur des Salicylaldehyds war es auch, welche die Aufklärung seiner chemischen Natur so erschwerte. Wie schon aus der Bezeichnung hervorgeht, sah man den Salicylaldehyd anfangs als Säure an, da er sich, wie man alsbald wahrnahm, mit Alkalien verband.

Pagenstecher in Bern stellte 1835 das ätherische Öl von *Spiraea Ulmaria* dar (Buchn. Repert. B. **29**, 337) und berichtete über einige Eigenschaften dieses ätherischen Öles, jedoch werden von ihm keine Analysen angegeben. — Loewig in Zürich erhielt von P. etwas Öl, unterwarf es einer analytischen Untersuchung, „die durch die aufgezählten merkwürdigen Tatsachen allgemeines Interesse erregte" (P. **36**, 383) und teilte weitere Reaktionen mit. L. berichtet, daß das Öl als ein zusammengesetztes Radikal anzusehen sei, das mit Wasserstoff verbunden das Öl darstelle und daß dieser Wasserstoff durch Chlor, Brom, Jod, Kalium usw. ersetzt werden könne; er beschrieb weiter eine durch Salpetersäure daraus erhaltene Säure (vgl. auch Loewig und Weidmann, Lehrb. von Loewig); es wird für das Spiraeaöl die Formel $C_{13}H_{12}O_4$ in Vorschlag gebracht. — Ettling (A. **29**, 309) zeigt im Jahre 1839, daß die Bruttoformel der Verbindung $C_7H_6O_2$ ist und nennt sie „salicylige Säure", da sie identisch sei mit dem gleich zu erwähnenden Bestandteil, welchen Piria durch Oxydation des Glykosids Salicin gewonnen hatte. Loewig hatte das Spiraeaöl „spiroylige Säure" genannt.

Wie bereits angedeutet, ging mit diesen Untersuchungen über das Spiraeaöl ein Studium des Salicins parallel. Das Salicin war als fieberheilende Substanz im Jahre 1828 von BUCHNER (Repert. für Pharm. **29**, 405) in der Weidenrinde entdeckt und im darauffolgenden Jahre von LEROUX (A. ch. **43**, 440) in der Rinde von *Salix helix* konstatiert und aus ihr rein dargestellt worden. Auch *Populus*-Spezies enthalten dieses Glykosid. DRAKONO (A. ch. **44**, 296; P. **20**, 47, 621) untersuchte zwar die Einwirkung von Säuren auf das Salicin, aber erst PIRIA (C. r. **1838**, 22; A. **29**, 300; **30**, 151) zeigte, daß bei der Zersetzung des Salicins zwei Körper entstehen, von denen der eine eine zuckerartige Substanz sei und der andere eine harzartige Materie darstelle; wir wissen heute, daß das primär entstehende Saligenin leicht verharzt. Durch Einwirkung von Chromsäuregemisch auf Salicin erhält P. einen Körper $C_7H_6O_2$, den er „Salicylwasserstoff" nennt; P. findet, daß darin ein Wasserstoffatom leicht ersetzbar ist durch andere Atome usw. und nennt den unverändert bleibenden Rest $C_7H_5O_2$ „Salicyl". Auch erhält P. die Salicylsäure durch Einwirkung von überschüssigem Kali auf den Salicylwasserstoff.

Als DUMAS (A. **29**, 306) das oben erwähnte ätherische Öl von *Spiraea Ulmaria*, in welchem PAGENSTECHER bereits ein Radikal annahm, und für welches LOEWIG die Formel $C_6H_6O_2$ glaubte annehmen zu müssen, im Laboratorium von PAGENSTECHER zu Bern kennen lernte, fiel ihm die Ähnlichkeit mit dem von PIRIA aus dem Salicin gewonnenen „Salicylwasserstoff" auf. D. konstatierte, daß der schwere Bestandteil des Spiraeaöls mit dem „Salicylwasserstoff" denselben Geruch teile, daß beide Öle Eisenoxydsalze violett färben usw. — ETTLING (A. **29**, 309) bestätigte alsdann, daß die Vermutung DUMAS richtig sei und bewies dieselbe durch seine Analysen usw. und zeigte damit, daß der durch Spaltung und Oxydation des Salicins entstehende Salicylwasserstoff identisch ist mit der spiroyligen Säure, die er nunmehr salicylige Säure nennt, daß diese im ätherischen Öl von *Spiraea Ulmaria* vorkommt, und daß beiden die Bruttoformel $C_7H_6O_2$ zukommt.

WÖHLER (A. **51**, 146) weist alsdann den „Salicylwasserstoff" unter den Oxydationsprodukten der Chinasäure nach.

WICKE (A. **83**, 175) bringt im Jahre 1852 alsdann einen Aufsatz „Zur Physiologie der Spiraeen" und zeigt, daß die „spirige Säure", bisher nur aus den Blüten von *Sp. Ulmaria* dargestellt, auch aus dem Kraute und dem Wurzelstocke der genannten Pflanze erhalten werden kann. Aber auch drei andere krautartige Spiraeen, die nordamerikanischen Arten *Sp. digitata*, *Sp. lobata* und *Sp. Filipendula* liefern durch Destillation des Krautes „spirige Säure", ebenso die gefüllte Varietät von *Sp. Ulmaria*, dagegen konnte W. aus den Stauden und strauchartigen Spiraeen, *Sp. Aruncus* und *Sp. sorbifolia* keine „spirige Säure", wohl aber reichliche Mengen von Blausäure erhalten, so daß in diesen Amygdalin anzunehmen ist. In anderen strauchartigen Spiraeen, so in *Sp. laevigata*, *Sp. acutifolia*, *Sp. ulmifolia*, *Sp. opulifolia* konnten weder „spirige Säure" noch Blausäure aufgefunden werden. W. knüpft an diese Beobachtungen physiologische Betrachtungen, daß in einzelnen Spiraea-Spec. wahrscheinlich sich ursprünglich Salicin finde, aus der die salicylige Säure stamme, in anderen Amygdalin, aus der die Blausäure herrühre.

Bertagnini (A. **85**, 193) zeigte alsdann im Jahre 1853, daß der Salicylwasserstoff sich ebenfalls mit den zweifach schwefligsauren Alkalien verbindet, ebenso das Chlorsalicyl, Bromsalicyl usw. Hiernach wurde also eine große Ähnlichkeit nachgewiesen, die besteht zwischen dem Bittermandelöl, dem Zimtöl, dem „Anisylwasserstoff", dem „Cuminylwasserstoff" (Cuminol), dem Önanthaldehyd, dem Caprinaldehyd usw.

Buchner (A. **88**, 284; J. pr. **59**, 51) teilt seine Ansicht „Über die Bildung der salicyligen Säure in den Blüten der *Spiraea Ulmaria*" mit. B. findet, daß sich die in den Spiraeablüten enthaltene salicylige Säure aus Salicin bildet. Nach dem Verblühen ist sowohl die salicylige Säure, als auch das Salicin größtenteils verschwunden.

Um Klarheit über die Konstitution des Salicylwasserstoffs zu gewinnen, versuchten Cannizzaro und Bertagnini (A. **98**, 192) im Jahre 1856 den Salicylwasserstoff mit alkohol. oder wäßriger Kalilösung zu reduzieren, genau so wie sie es beim Benzoyl-, Anisylwasserstoff usw. getan hatten. Aber der Salicylwasserstoff verhielt sich natürlich anders. „Es ließ also auf diesem Wege der der Salicylsäure entsprechende Alkohol sich nicht erhalten. Die dem letzteren zukommende Zusammensetzung $C_{14}H_8O_4$ hat das Saligenin, welches auch in einzelnen Punkten (Umwandlung in das Aldehyd, den Salicylwasserstoff, durch einige Oxydationsmittel; Umwandlung in salicylsaures Kali unter Wasserstoffentwicklung bei Einwirkung von Kali in der Hitze) sich wie ein Alkohol verhält, aber weder die Flüchtigkeit der andern Alkohole teilt, noch mit Säuren ätherartige Verbindungen bildet." Dieses abweichende Verhalten des Salicylaldehyds erschwerte die Erkenntnis seiner Konstitution sehr.

Am Ende der Periode 1830—1857 kannte man demnach zweifellos die Bruttoformel der „spiroyligen Säure", wußte auch, daß sie große Ähnlichkeit mit dem Bittermandelöl usw. hatte, aber man sah nichtsdestoweniger im Jahre 1857 die „spiroylige Säure" als wirkliche Säure an, die aldehydische Eigenschaften habe. Man war nicht imstande, diese scheinbaren Widersprüche zu erklären. Erst die nächste Periode, 1857 bis 1872, brachte über die Konstitution des Salicylwasserstoffs als Aldehydphenol Klarheit (vgl. unten Geschichte).

Auf präparativem Wege hatte, wie erwähnt, Piria (A. **30**, 153) durch Oxydation des Saligenins oder Salicins Salicylaldehyd erhalten, ferner gewann ihn Wöhler (A. **51**, 146) durch trockne Destillation der Chinasäure. Späterhin stellten Tiemann und Reimer (B. **9**, 824; **10**, 213) den Salicylaldehyd neben p-Oxybenzaldehyd dar, indem sie eine Lösung von Phenol in Natronlauge mit Chloroform erhitzten.

Das **Vorkommen des Salicylaldehyds** als Bestandteil ätherischer Öle ist kein häufiges, obwohl man den Salicylsäuremethylester als den in Pflanzen am meisten verbreiteten Körper ansehen muß; fast ausnahmslos ist der Salicylaldehyd auf ätherische Öle beschränkt, die aus Rosaceen gewonnen werden, und zwar ist es hier das Genus *Spiraea*, das derartige Öle liefert. Aber nicht alle Spezies dieses Genus enthalten Salicylaldehyd.

Rosaceae.

Über das Vorkommen des Salicylaldehyds wurde oben bereits Mitteilung gemacht; PIRIA entdeckte ihn im Jahre 1835 im ätherischen Öl von *Spiraea Ulmaria*. WICKE (A. **83** [1852], 175) (vgl. oben) beschäftigte sich alsdann mit dem Nachweis des Salicylaldehyds auch in anderen Spiraea-Species und konnte konstatieren, daß sich dieser Körper nur in ganz bestimmten Spiraea-Species findet, die auch äußerlich gleiche anatomische Merkmale besitzen, daß hingegen andere Species Blausäure liefern. W. führt diesen Unterschied auf ursprüngliche Anwesenheit von Salicin bzw. Amygdalin zurück.

Borraginaceae.

Nach v. ROMBURGH (Buitenzorg **1898**, 29) kommt in *Cordia asperrima* D. C. neben Methylsalicylat ev. auch Salicylaldehyd vor.

Compositae.

WICKE berichtet im Jahre 1854 „über ein neues Vorkommen der spirigen Säure“ (A. **91**, 374), und zwar in *Crepis foetida*, „und zwar in solcher Menge, daß beim Zerquetschen der Wurzel oder des Stengels schon deutlich ihr Geruch wahrzunehmen ist. Das von der Pflanze erhaltene Destillat erscheint getrübt von ausgeschiedenen Öltropfen, die alle Reaktionen der spirigen Säure, die violette Färbung durch Eisenchlorid, die gelbe mit Kali und Ammoniak zeigen. Ob auch in dieser Pflanze ursprünglich Salicin vorhanden ist, müssen spätere Untersuchungen erst dartun.“

Physik. Eig. des Salicylaldehyds. PIRIA (A. **29**, 301) für Salicylwasserstoff: $d_{13,5} = 1,1731$, $\text{Sdp.}_{760} = 196,5^{0}$.

ETTLING (A. **35**, 248) fand für die spiroylige Säure aus *Spiraea Ulmaria*: „In dem kalten Winter von 1838 war das Öl in dem Fläschchen bei einer Temperatur von -18 bis -20^{0} R. vollkommen erstarrt und als die Kälte um einige Grade nachließ, wurde ein Teil wieder flüssig.“

BERTHELOT und RIVALS (A. ch. VII, **7**, 33): Mol. Verbr. 807, 3 Kal. — DELÉPINE und RIVALS (C. r. **129**, 520): Mol. Verbr. 796,6 Kal. (konst. Dr.).

PERKIN (Soc. **69**, 1243): Sdp. 197^{0} (i. D.), $d_{4/4} = 1,1626$, $d_{15/15} = 1,1530$, $d_{25/25} = 1,1461$, Magn. Dreh. (ibid.). — Über das kryosk. Verh. vgl. AUWERS (Ph. Ch. **30**, 300). — Über Dielektr. Konst. und elekt. Absorpt. DRUDE (Ph. Ch. **23**, 308).

Der Salicylaldehyd ist in Wasser nicht unbeträchtlich löslich und mischt sich in jedem Verhältnis mit Alkohol und Äther. Die wäßerige Lösung färbt sich mit den geringsten Mengen Eisenchlorid intensiv violett.

Physiol. Wirkung des Salicylsäurealdehyds. Der Aldehyd besitzt charakteristischen aromatischen Geruch. Über seine antiseptische Wirkung vgl. SALKOWSKI (C. **1899**, II, 674), über die physiolog. Wirkung MODICA (C. **1897**, II, 500).

Chem. Eig. des Salicylaldehyds. Der Salicylaldehyd zeigt alle Eigenschaften eines Aldehyds sowohl, als auch eines Phenols. Beim Titrieren in Gegenwart von Helianthin verhält er sich neutral, in Gegenwart von Phenolphtaleïn und Poirrierblau als einbasische Säure (ASTRUC u. MURCO, C. r. **131**, 943).

Durch Reduktion mit Natriumamalgam bildet sich der zugehörige Alkohol, das Saligenin $C_6H_4(OH) \cdot CH_2OH$ (BEILSTEIN und REINECKE, A. **128**, 179): Smp. 86°; es entsteht auch aus dem Salicin durch Behandlung mit Säuren usw.

Zur **Oxydation des Salicylaldehyds** ist zu erwähnen: Der Aldehyd reduziert nicht FEHLINGsche Lösung (TOLLENS, B. **14**, 1950). Durch Oxydationsmittel geht der Salicylaldehyd im übrigen in Salicylsäure $C_6H_4(OH) \cdot COOH$ über (PIRIA, A. **30**, 165): Smp. 155—156° (vgl. Bestandteil Salicylsäure).

Als Aldehyd zeigt der Salicylaldehyd analog dem Benzaldehyd, Cuminaldehyd usw. Kondensationsreaktionen mit primären und sekundären Basen und Ketonen, wenn letztere leicht beweglichen Wasserstoff, namentlich Methylengruppen, benachbart enthalten.

Das Salicylimid $(OH \cdot C_6H_4 \cdot CH)_3N_2$ (ETTLING, A. **35**, 261; PAAL und SENNINGER, B. **27**, 1801; HERZFELD, B. **10**, 1271) entsteht beim Schütteln von Salicylsäureanhydrid mit Alkohol und wäßrigem Ammoniak: Smp. 156°. —

Das Salicylaldoxim $C_6H_4(OH) \cdot C{:}NOH$ (LACH, B. **16**, 1782) schmilzt bei 57°.

Salicylhydrazon $C_6H_4(OH) \cdot CH{:}N \cdot NH_2$ (CAJAR, B. **31**, 2806): Smp. 96°.

Äther und Ester des Salicylaldehyds. Der Salicylaldehydmethyläther $CH_3O \cdot C_6H_4 \cdot CHO$ (PERKIN, A. **145**, 302) schmilzt bei 135° (VOSWINKEL, B. **15**, 2024). — Der Äthyläther $C_2H_5O \cdot C_6H_4 \cdot CHO$ (PERKIN, A. **45**, 306; Soc. **55**, 551) hat Smp. 20—22°, $Sdp._{25}$ = 143—147°, Sdp. 247—249° (LOEW, M. **12**, 396).

Acetylsalicylaldehyd $C_2H_3O_2 \cdot C_6H_4 \cdot CHO$ (PERKIN, A. **148**, 203): Smp. 37°.

Benzoylsalicylaldehyd $C_7H_5O_2 \cdot C_6H_4 \cdot CHO$ (PERKIN, A. **145**, 297): dickes Öl, siedet oberhalb 360°. — Das Helicin $C_6H_{11}O_5 \cdot O \cdot C_6H_4 \cdot CHO + {}^3/_4\,H_2O$ (PIRIA, A. **56**, 64; SCHIFF, A. **154**, 19) bildet sich bei der Oxydation von Salicin mit verd. Salpetersäure usw.; es verhält sich also zum Salicin wie der Aldehyd zum Alkohol.

Die **Identifizieruug des Salicylaldehyds** beschränkt sich zunächst darauf, daß man entweder mit Alkalien ausschüttelt und aus der alkalischen Lösung durch Säuren den Phenolaldehyd wieder in Freiheit setzt oder daß man die Aldehydnatur benutzt und nach BERTAGNINI mit Bisulfit die kristallinische Doppelverbindung darstellt und aus letzterer den Phenolaldehyd abscheidet. Die geringsten Spuren von Salicylaldehyd geben mit Eisenchlorid violettrote Farbenreaktion, ferner mit Alkalien gelbe Färbung. Von den chem. Reaktionen läßt sich zum Nachweis die Oxydation zu Salicylsäure verwerten, welche an ihrem Schmelzpunkt 155—156° zu erkennen ist. Die Trennung der Salicylsäure von Benzoësäure geschieht, indem durch überschüssiges Bromwasser die Salicylsäure in die unlösliche Dibromsalicylsäure umgewandelt wird; nach dem Abfiltrieren macht man mit Soda alkalisch, übersättigt nach dem Einengen mit HCl und schüttelt mit Chloroform aus (SCHAAP, Fr. **32**, 107). — Das Aldoxim des Salicylaldehyds schmilzt bei 57°, das Hydrazon bei 96°.

Zur **Geschichte und Konstitution des Salicylaldehyds** ist noch folgendes zu bemerken (vgl. oben Einleitung). Der Salicylwasserstoff war das erste typische Beispiel eines Oxyaldehyds. Auch hier sind es wiederum teilweise ätherische Öle gewesen, welche das Ausgangsmaterial für die Untersuchung dieser Gruppe von Verbindungen lieferten. Bald nach der Entdeckung der spiroyligen Säure 1835 im Spiraeaöl von seiten PAGENSTECHERS wurde eine neue Reihe von Verbindungen gebildet und die Salicylgruppe in die Radikaltheorie eingepaßt. Aber auch in seine Typentheorie konnte GERHARDT den Salicylwasserstoff einreihen, einmal unter den Aldehydtypus, alsdann unter den Wassertypus (Alkoholtypus), ohne jedoch die weiteren Konsequenzen zu ziehen. PIRIA zersetzte 1839 das Glykosid Salicin und erhielt bei gleichzeitiger Oxydation salicylige Säure. DUMAS erklärte 1839 spiroylige und salicylige Säure für identisch, so daß am Ende des Zeitabschnittes 1830—1857 die richtige Bruttoformel bekannt ist, ferner auch die Aldehydnatur, aber man hielt den Körper für eine Säure, da im allgemeinen der Phenolcharakter damals noch nicht so genau studiert und auch an andern Körpern noch nicht genügend scharf charakterisiert war.

Erst in der nächsten Periode, 1857—1872, brachten KOLBE und LAUTEMANN im Jahre 1860 ihre Mitteilung „Über die Konstitution und Basizität der Salicylsäure“; man hatte bis dahin die Salicylsäure bzw. den Salicylaldehyd zum Benzol bzw. zur Benzoësäure noch nicht in nähere Beziehung bringen können. Nur die Versuche von LIMPRICHT und USLAR (A. **102**, 264), welche eine Chlorbenzoësäure gewonnen hatten, schienen auf einen näheren Zusammenhang hinzudeuten. K. und L. (A. **113**, 125) hatten die Bildung der Salicylsäure durch Vereinigung von Phenol mit CO_2 angegeben und studierten sie jetzt näher. Es wird gezeigt, daß die Salicylsäure eine einbasische Säure ist, daß demnach das zweite Sauerstoffatom bzw. die zweite Hydroxylgruppe sich in ihrem Wesen den Alkoholen bzw. Phenolen anreiht. — Im Jahre 1863 (A. **128**, 179) betonen alsdann REINKE und BEILSTEIN, daß die salicylige Säure in ihren

Eigenschaften vielfach von den Aldehyden abweicht; als Reduktionsprodukt erhielten sie unter anderm Saligenin. Obwohl nun Kekulé seine Benzoltheorie in den sechziger Jahren entwickelte, so war man sich doch nicht ohne weiteres über die Konstitution des Salicylaldehyds klar; am meisten Schwierigkeiten machte die Erklärung der sauren Natur. Erst Perkin (A. **145**, 295) gab im Jahre 1868 die richtige Erklärung, indem er dem Salicylaldehyd den Charakter eines Alkohols (Phenols) und eines Aldehyds zuschrieb und darlegte, daß die Phenylgruppe in ihm wie jede andere Alkylgruppe ersetzt werden könne; kurzum die doppelte chemische Natur des Salicylaldehyds wurde von Perkin in klarer Weise ausgesprochen. Allerdings hatten schon Kolbe 1860 (a. a. O.) und Kekulé 1861 (A. **117**, 145) das Verhältnis der Salicylsäure zur Benzoësäure in Parallele gestellt mit dem der Glycolsäure zur Essigsäure, aber natürlich war der weitere Zusammenhang des Radikals nicht bekannt. Trotz der Annahme Perkins im Jahre 1868 war am Schluß der sechziger Jahre die Konstitution des Salicylaldehyds noch nicht nach jeder Richtung hin klargestellt, man wußte nur, daß im Molekül ein Benzolring vorhanden ist, eine Hydroxyl- und eine Aldehydgruppe, man war sich aber nicht über die relative Stellung dieser Gruppen klar. Noch 1870 (B. **3**, 112) wollte V. Meyer die Salicylsäure als m-Verbindung angesehen haben. Im Jahre 1871 hatte man als wichtigste Grundlage für Konstitutionsbestimmungen in der Benzolreihe nur die drei Phtalsäuren als sicherstes Ausgangsmaterial zur Verfügung. So kam es, daß v. Richter (B. **4**, 459) noch nicht in jeder Weise richtige Schlüsse auf die Konstitutionen des Salicylaldehyds fassen konnte.

Auch in der nächsten Periode noch, im Jahre 1873, sah Petersen (B. **6**, 377) die Salicylsäure als zur m-Reihe gehörig an. Nach v. Richter (B. **6**, 882) war auch im Jahre 1873 diese Frage noch nicht entschieden. V. Meyer (B. **6**, 1155) gibt alsdann in der Abhandlung „Zur Konstitution der Benzoësäure" an, daß die Salicylsäure mit der Phtalsäure, die Oxybenzoësäure mit der Isophtalsäure und die p-Oxybenzoësäure mit der Terephtalsäure zusammenzustellen seien, da die verschiedensten Übergänge von der einen zur anderen in diesen einzelnen Gruppen existieren. Auch V. v. Richter kannte natürlich alle diese Übergänge, nur konnte er sich noch nicht entschließen, sie als absolut genügend für die Ähnlichkeit dieser Verbindungen anzusehen. In der Folgezeit hat man alsdann die o-Stellung der Hydroxyl- zur Aldehyd- bzw. Carboxylgruppe im Salicylaldehyd bzw. in der Salicylsäure als bewiesen angenommen. Es hat sich bisher keine Reaktion gefunden, die gegen diese Annahme spricht.

In dem letzten Zeitabschnitt, 1887 bis zur Gegenwart, hat sich auch fernerhin der Salicylaldehyd als o-Derivat bestätigt; den Synthesen des Salicylaldehyds wurden neue hinzugefügt; eine große Anzahl weiterer Derivate, so das Oxim usw., wurden dargestellt. Jedoch ist es bisher nicht gelungen, den Salicylaldehyd als Bestandteil eines ätherischen Öles außer in den seit langer Zeit bekannten Fällen festzustellen.

p-Oxybenzaldehyd

C_7H_6O = 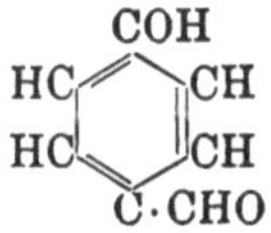 .

Vorkommen, Isolierung und Synthese. Der p-Oxybenzaldehyd gehört zu denjenigen Verbindungen, welche zuerst auf synthetischem Wege gewonnen, alsdann erst als Bestandteil eines ätherischen Öles aufgefunden und konstatiert wurden. TIEMANN und REIMER (B. **9**, 824) erhielten im Jahre 1876 den p-Oxybenzaldehyd neben dem Salicylaldehyd beim Erwärmen von Phenol mit Chloroform und Natronlauge (vgl. auch TIEMANN und HERZFELD, B. **10**, 63). BAMBERGER (M. **14**, 339) berichtet alsdann im Jahre 1894 über die Bestandteile der Xanthorrhoeaharze, die unter dem Namen Akaroidharz, Botanybay-Gummi, Grass-tree Gum oder Nuttharz in den Handel gebracht werden. Es gelang B. in dem Harze p-Oxybenzaldehyd nachzuweisen; er erhielt nach geeigneter Isolierungsmethode weiße Kristalle vom Smp. 116°, die mit Eisenchlorid eine violette Färbung gaben. Durch Kochen seines p-Oxybenzaldehyds mit Essigsäureanhydrid gewann B. den von TIEMANN und HERZFELD dargestellten Essigsäure-acetyl-p-Oxybenzaldehyd $C_6H_4<\begin{smallmatrix}CH(C_2H_3O_2)_2\\ O\cdot C_2H_3O\end{smallmatrix}$ vom Smp. 93°.

Ferner läßt sich der p-Oxybenzaldehyd nach GATTERMANN u. BERCHELMANN (B. **31**, 1766; D.R.P. 101333; C. **1899**, I, 960) gewinnen durch vierstündiges Einleiten von HCl in ein auf 40° erwärmtes Gemisch von 20 g Phenol, 20 g wasserfreier Blausäure und 30 g Benzol, welches in einer Kältemischung mit 30 g $AlCl_3$ versetzt wurde; weiter nach WALTHER und BRETSCHNEIDER (J. pr. II, **57**, 538) aus p-Aminobenzaldehyd durch Diazotieren in salzsaurer Lösung; durch Kondensation von Formaldehyd, Phenol und p-Tolylhydroxylamin-m-sulfonsäure und Spaltung des Kondensationsproduktes; aus p-Oxyphenylglyoxylsäure durch Kochen mit Dimethylanilin (BOUVEAULT, Bl. III, **17**, 948); aus p-Oxybenzaldehydtriacetat durch Kochen mit Säuren (THIELE und WINTER, A. **311**, 357).

Das Xanthorrhoeaharzöl, gewonnen durch Wasserdampfdestillation des oben erwähnten australischen gelben Xanthorrhoeaharzes (*Xanthorrhoea hastile* R. Br.) zu 0,37% (SCH. **1897**, II, 66), besitzt storaxähnlichen Geruch. Als freie Säure wurde darin Zimtsäure nachgewiesen (vgl. diese). Das verseifte Öl siedete zwischen 145 und 240°. Aus den zuerst übergehenden Anteilen wurde Styrol gewonnen. — Ferner liegt eine Untersuchung von TSCHIRCH und HILDEBRAND vor (Ar. **234** [1896], 703; C. **1897**, I, 421), nach welcher das rote und gelbe Xanthorrhoeaharz Zimtsäure und p-Cumarsäure in freiem Zustande und an Xanthoresinotannol gebunden enthält, ferner Styracin, p-Oxybenzaldehyd, sowie wahrscheinlich wenig Zimtsäurephenylpropylester und wenig Vanillin. Mit Wasserdämpfen ist der p-Oxybenzaldehyd nicht flüchtig, worauf eine Trennung vom Salicylaldehyd beruht, der mit Wasserdämpfen leicht übergeht. — Trotzdem ist der p-Oxybenzaldehyd hier als besonderes Molekül beschrieben worden, da er sich in eben genannten Harzen findet.

Physik. Eig. des p-Oxybenzaldehyds: Smp. 115—116°, sublimiert unzersetzt, schwerlöslich in kaltem Wasser. Über das kryoskopische Verhalten vgl. AUWERS (Ph. Ch. **30**, 300; **32**, 48); über die molekulare Verbrennungswärme 793,3 Kal. (DELÉPINE und RIVALS, C. r. **129**, 521).

Chem. Eig. des p-Oxybenzaldehyds. Dieser Aldehyd läßt sich zwar seiner ätherischen Lösung durch Schütteln mit Bisulfit entziehen, gibt aber mit $KHSO_3$ keine schwerl. Doppelverbindung. Durch Eisenchlorid wird seine wäßrige Lösung schwach violett gefärbt.

Reduktionsversuche ergaben, daß mit Natriumamalgam zwei isomere Dioxyhydrobenzoïne entstehen.

Durch wäßrige Oxydationsmittel wird der p-Oxybenzaldehyd nur langsam angegriffen, während durch Schmelzen mit Ätzkali leicht p-Oxybenzoësäure entsteht.

Äther und Ester des p-Oxybenzaldehyds. Der Methyläther des p-Oxybenzaldehyds $CH_3O \cdot C_6H_4 \cdot CHO$ ist der Anisaldehyd (vgl. Bestandteil): Smp. 0°, Sdp. 248°, $d_{18} = 1{,}1228$.

Verbindung mit Essigsäureanhydrid $C_2H_3O_2 \cdot C_6H_4 \cdot CH(C_2H_3O_2)_2$; TIEMANN und HERZFELD (B. **10**, 63): Smp. 93—94°.

Der p-Oxybenzaldehyd verhält sich beim Titrieren wie Salicylaldehyd (ASTRUC und MURCO, C. r. **131**, 943) (vgl. oben).

Zur **Identifizierung des p-Oxybenzaldehyds** ist zu bemerken, daß man den Aldehyd am besten isoliert durch Ausziehen mit verd. Alkali bzw. durch Behandlung einer ätherischen Lösung des Öles mit Bisulfitlösung, wobei er von letzterer aufgenommen wird. Sowohl aus der alkalischen, als auch aus der Bisulfitlösung läßt sich der Aldehyd in bekannter Weise abscheiden. Der Smp. 115—116° ist charakteristisch; von seinen chemischen Verbindungen eignet sich das Triacetylderivat vom Smp. 93° sehr gut zur Identifizierung.

Die **Konstitution des p-Oxybenzaldehyds** ergibt sich aus den zahlreichen Synthesen.

Geschichtlich gehört der p-Oxybenzaldehyd den beiden letzten Perioden an, indem er zuerst im Jahre 1876 von TIEMANN und HERZFELD synthetisch dargestellt wurde; später machten auf seine Gegenwart im Xanthorrhoeaharz BAMBERGER im Jahre 1894 sowie TSCHIRSCH u. HILDEBRAND im Jahre 1896 aufmerksam.

366. Alkylierter einwertiger Aldehyd. p-Methoxybenzaldehyd, Anisaldehyd

$C_8H_8O_2$ = 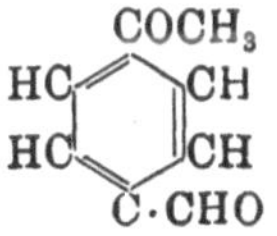

Vorkommen, Isolierung und Synthese. Im Anisaldehyd haben wir es mit einem derjenigen Bestandteile ätherischer Öle zu tun, die zweifellos häufiger auftreten, als sie bisher aufgefunden wurden. Da aber der Anisaldehyd nur in geringer Menge vorkommen dürfte und da er bei gewöhnlicher Temperatur flüssig ist, so ist sein Nachweis ein äußerst schwieriger. Es kommt hinzu, daß es sich namentlich um Blütenöle handeln dürfte, da besonders viele Blüten den ausgesprochenen Anisaldehydgeruch aufweisen. So z. B. besitzt der Weißdorn (*Crataegus Oxyacantha* L.) ausgesprochenen Anisaldehydgeruch, aber alle diese Blütenöle sind nur schwierig zu gewinnen, da bei ihnen die Wasserdampfdestillation nicht gut anwendbar ist und man zur Mazeration bzw. Enfleurage usw. greifen muß (vgl. weiter unten das Vorkommen des Anisaldehyds).

Bevor der Anisaldehyd als Bestandteil ätherischer Öle nachgewiesen wurde, gelang es, ihn auf präparativem Wege zu erhalten.

Cahours (A. ch. III, **14**, 484; **23**, 354; A. **56**, 307) fand im Jahre 1845, daß bei der Behandlung des Anisöls mit verd. Salpetersäure zu Beginn der Reaktion sich ein schweres Öl bildet, das von der Anisinsäure durch Kalilauge getrennt werden könne. C. nannte diesen Körper „Anisylwasserstoff", bestimmte seine physikalischen Eigenschaften und fand, daß er bei weiterer Oxydation in Anisinsäure übergeht. C. gewann ferner das „Bromanisyl" und das „Anishydramid"; durch Einwirkung von schmelzendem Kali entstand ebenfalls Anisinsäure usw. Cahours hatte demnach der damaligen Zeit entsprechend ganz richtig in dem Anisaldehyd das Radikal Anisyl angenommen und stellte den Anisylwasserstoff dadurch in eine Reihe mit dem damals bekannten Benzoylwasserstoff, Cuminylwasserstoff, Cinnamylwasserstoff und Salicylwasserstoff. Wir sehen, daß alle diese Aldehyde, wenn sie auch große Ähnlichkeit wegen der Aldehydgruppe besitzen, doch in der übrigen Konstitution große Verschiedenheit aufweisen, indem sie teils ungesättigter Natur (Zimtaldehyd), teils gleichzeitig Phenol waren (Salicylaldehyd), teils gleichzeitig einen Äther darstellten (Anisaldehyd). Gerade aus diesem Grunde war die Kenntnis der Konstitution dieser Verbindungen in der damaligen Zeit sehr erschwert.

Bertagnini (A. **85**, 268) zeigte alsdann im Jahre 1853, daß sich der „Anisylwasserstoff" ebenfalls mit zweifach schwefligsauren Alkalien verbindet.

Aus diesen Mitteilungen geht hervor, daß man den Anisylwasserstoff am Ende der Periode im Jahre 1857 zweifellos in vielfache Beziehung zu den anderen erwähnten Aldehyden brachte, aber der außer in der Aldehydgruppe noch anwesende Sauerstoff erschwerte die Erkenntnis der Konstitution. Die Destillation der Anissäure über Baryt, wobei Anisol entsteht, verbreitete Licht über die nähere Konstitution des Anisaldehyds (Cahours, A. **41**, 69; **48**, 65; **52**, 327; **74**, 298). Cahours (A. **78**, 226) zeigte, daß dieser Körper identisch ist mit dem synthetisch gewonnenen Aldehyd aus Phenol, Kali und Methyljodid. Aus diesen Beziehungen war auch die Konstitution des „Anisylwasserstoffs" im Jahre 1857 soweit geklärt, daß man in ihm die nahen Beziehungen zum Phenol (série phénique), also auch zur Benzolreihe, die man schon damals als besondere Gruppe (série benzoïque) kannte, in Händen hatte. Gerhardt (Grdt. III, 350) konnte deshalb schon im Jahre 1854 sagen: „Dans les composés anisiques on voit figurer le radical anisyl $C_8H_7O_2$, qui représente du salicyle dans lequel 1 atome d'hydrogène est remplacé par du méthyle:

salicyle $C_7H_5O_2$
anisyle $C_7H_4(CH_3)O_2$.

L'acide anisique, en effet, est isomère du salicylate de méthyle, et se convertit comme cet éther en phénate de méthyle (anisol) sous l'influence de la baryte caustique. Cette réaction rattache le groupe anisique au groupe phénique." — Klar und deutlich tritt hierin die Erkenntnis der Beziehung der Anisreihe, also auch des Anisaldehyds, zur Benzolreihe hervor; man wußte, daß im Anisaldehyd ein Methyläther vorlag, da er in Anisol, das C. synthetisch als Methyläther gewonnen hatte, übergeht. Aber man muß im Auge behalten, daß der „Phenolcharakter" im Jahre 1857 noch nicht in seinem Wesen erkannt war, wenn man auch das Phenol, das Kresol, das Thymol usw. als besondere Alkohole zusammenfaßte. Cannizzaro und Bertagnini (Il nuovo Cimento **I**, 99; A. **98**, 188) führten im Jahre 1856 den Anisylwasserstoff in Anisalkohol über. Durch diese Reaktion war die Aldehydnatur des Anisylwasserstoffs noch mehr gefestigt. — Ebenso war die Darstellung des Anisylwasserstoffs aus anissaurem und ameisensaurem Calcium von seiten Pirias (A. **100** [1856], 104) ein weiterer Beweis für die Aldehydnatur. Man kannte demnach im Jahre 1857 die Bruttoformel des Anisylwasserstoffs, man wußte, daß er ein Aldehyd war und außerdem einen Methyläther darstellte. Die weitere Entwicklung in der Erkenntnis der Konstitution vgl. weiter unten unter Geschichte des Anisaldehyds.

Zur **synthetischen Darstellung** haben wir bereits erwähnt, daß Cahours (A. **56**, 307) den Anisaldehyd durch Oxydation von Anethol gewann (vgl. auch Rossel, A. **151**, 28), späterhin stellte es sich heraus, daß auch das isomere Estragol, welches sich zum Anethol wie die Allyl- zur Propenylverbindung verhält, Anisaldehyd liefert, wenn auch in schlechterer Ausbeute. Ferner hatten Cannizzaro und Bertagnini (A. **98**, 189) durch Oxydation des Anisalkohols Anisaldehyd erhalten, schließlich Piria (A. **100**, 105) durch trockne Destillation von anissaurem mit ameisensaurem Calcium. Tiemann und Herzfeld (B. **10**, 63) gewannen den Anisaldehyd beim Kochen von p-Oxybenzaldehyd mit Kali, Methyljodid und Holzgeist. — GATTERMANN (B. **31**, 1151; D.R.P. 99568; C. **1899**, I, 461) erhielt ihn durch Einleiten von HCl in ein Gemisch von Anisol und wasserfreier Blausäure bei Gegenwart von $AlCl_3$ und Zersetzen des Reaktionsproduktes durch Kochen mit verd. Salzsäure. — OTTO u. VERLEY (D.R.P. 97620; C. **1898**, II, 693) gewinnen Anisaldehyd durch Oxydation von Estragol oder Anethol mit Ozon. — LABBÉ (Bl. III, **21**, 1076) löst 1 Tl. Anethol in 2 Tl. Eisessig, erwärmt mit 3,5 Tl. Salpetersäure (14° Bé) zunächst gelinde, alsdann $^1/_2$ Stunde stärker.

Das **Vorkommen des Anisaldehyds** als Bestandteil ätherischer Öle ist, wie bereits erwähnt, prozentual ein geringes, er dürfte sich aber in kleinen Mengen noch in vielen ätherischen Ölen nachweisen lassen. — Hauptsächlich ist der Anisaldehyd bisher in anetholhaltigen Ölen, besonders in alten, konstatiert worden; da dieser Methyläther sich allmählich an der Luft oxydiert, so nimmt der Aldehydgehalt mit zunehmendem Alter des betreffenden Öles zu.

Magnoliaceae.

Das Sternanisöl (*Illicium religiosum*) weist besonders in alten Ölen mehr oder weniger Anisaldehyd auf. In neuerer Zeit stellte diesen Gehalt des Sternanisöls an Anisaldehyd wiederum TARDY fest (Thèse, Paris **1902**).

Leguminosae.

Im Cassieblütenöl (*Acacia Cavenia* Hook. et Arn.) (SCH. **1903**, II, 14) wurde durch fraktionierte Destillation ein Anteil Sdp_{3-4} = 95—105° gewonnen. In dieser Fraktion konnten Eugenolmethyläther als Hauptbestandteil, ferner Anisaldehyd, vielleicht auch Jonon oder Iron konstatiert werden. Zum Nachweis des Anisaldehyds wurde aus der Fraktion durch Behandlung mit Semicarbazid ein Semicarbazon vom Smp. 203—204° gewonnen. „Der aus dem Semicarbazon regenerierte Anisaldehyd lieferte bei der Oxydation Anissäure."

Auch das Cassieblütenöl aus *Acacia Farnesiana* lieferte (SCH. **1904**, I, 22) Anisaldehyd. „Aus einer bei 90—105° (6 mm) siedenden Fraktion ließ sich eine nach dem Umkristallisieren aus Alkohol bei 200° unglatt schmelzende Semicarbazidverbindung gewinnen, die beim Destillieren mit verd. Schwefelsäure ein nach Cuminaldehyd und Anisaldehyd riechendes Öl abspaltete. Bei der Oxydation desselben mit verdünnter Kaliumpermanganatlösung wurde nur Anissäure vom Smp. 180° erhalten."

Umbelliferae.

In alten Anis- und Fenchelölen kann man stets Anisaldehyd nachweisen. Daß dieser Gehalt auf die Umwandlung von Anethol durch die Einwirkung des Lichtes und der Luft zurückzuführen ist, bewiesen SCH. u. Co. (SCH. **1904**, II, 38) an reinem Anethol, das sie zwei Jahre hindurch dem Einfluß des Lichtes und der Luft aussetzten: „Das veränderte Öl war von gelblicher Farbe und weniger leicht flüchtig als normales Anethol, der Geschmack war nicht mehr anisartig, sondern unangenehm und bitter. Mit Hilfe von Bisulfit konnte Anisaldehyd isoliert werden, dagegen war Anissäure nur in Spuren nachweisbar; der größte Teil des Anethols hatte sich polymerisiert."

Daß der Anisaldehyd wahrscheinlich auch noch in anderen Pflanzen vorkommt, betonen SCH. u. Co. (SCH. **1903**, II, 16 Anm.): „Außer dem bekannten Weißdorn *Crataegus Oxyacantha* L. riechen auch die Blüten von *Viburnum Tinus* (Laurustinus), sowie von *Erica arborea* auffallend nach Anisaldehyd."

Die **Isolierung des Anisaldehyds**, mögen wir es mit einem natürlichen oder synthetischen Produkt zu tun haben, geschieht am besten durch Ausschütteln mit Bisulfitlösung, aus welcher durch Zersetzung in bekannter Weise der Aldehyd regeneriert werden kann. Geringe Mengen lassen sich ev. auch durch das Semicarbazon hindurch reinigen.

Physik. Eig. des Anisaldehdys. CAHOURS (A. **56** [1845], 307) für Anisaldehyd, durch Oxydation des Anethols gewonnen: $d_{20} = 1,09$, „von gewürzhaftem, heuartigem Geruch und brennendem Geschmack". Sdp. 253—255°.

PERKIN (Soc. **55**, 551): Erstarrt im Kältegemisch und schmilzt bei 0°, $\text{Sdp.}_{210} = 199-199,5°$, Sdp. 248° (kor.).

ROSSEL (A. **151**, 28): $d_{18} = 1,128$.

PERKIN (Soc. **69**, 1242): $d_{4/4} = 1,1343$, $d_{15/15} = 1,1260$, $d_{25/25} = 1,1197$; vgl. daselbst magn. Dreh.

DELÉPINE (C. r. **126**, 343): Mol.-Verbr. (konst. Druck) 967,3 Kal.; konst. Vol.) 966,3 Kal. — Über die Oberflächenspannung und Viskosität vgl. JEANCARD und SATIE (Bl. III, **25**, 521).

Chem. Eig. des Anisaldehyds. Als Aldehyd zeigt der Anisaldehyd die charakteristischen Aldehydreaktionen; besonders ist der Anisaldehyd in letzter Zeit auch zur Darstellung von charakteristischen Verbindungen angewandt worden, um aus Aminen bzw. Ketonen Anisylidenverbindungen darzustellen.

Durch **Reduktion** geht der Anisaldehyd in den Anisalkohol $C_6H_4<^{CH_2OH}_{OCH_3}$ über (CANNIZZARO u. BERTAGNINI, A. **98**, 189), wenn man 1 Vol. Anisaldehyd in 1 Vol. Alkohol mit 3 Vol. alkohol. Kalilösung behandelt; diesen Alkohol erhält man auch aus p-Oxybenzylalkohol, CH_3J, KOH und CH_3OH bei 100° (BIEDERMANN, B. **19**, 2376) sowie aus Anissäureamid und Natriumamalgam in saurer Lösung (HUTCHINSON, B. **24**, 175): Smp. 45°, Sdp. 258,8°, $d_{26} = 1,1093$.

In alkoholischer Lösung von Anisaldehyd entsteht durch Einwirkung von Licht Hydroanisoïn (CIAMICIAN und SILBER, R. A. L. V, **10**, I, 100).

Durch Oxydation liefert der Anisaldehyd Anissäure $C_6H_4<^{COOH}_{OCH_3}$ (CAHOURS, A. **56**, 307): lange, monokline Prismen oder Nadeln, Smp. 184,2°, Sdp. 275—280° (vgl. Bestandteil Anissäure).

Über die Verbindungen des Anisaldehyds mit Alkalibisulfiten vgl. BERTAGNINI (A. **85**, 286).

Anishydramid $(CH_3O \cdot C_6H_4 \cdot CH)_3N_2$ (CAHOURS, A. **56**, 309; BERTAGNINI, A. **88**, 128): Smp. 120°.

Das Anishydranilid $CH_3O \cdot C_6H_4 \cdot CH:N \cdot C_6H_5$ (SCHIFF, A. **150**, 195) bildet goldgelbe Kristalle. — Das Anisylidenurethan $CH_3O \cdot C_6H_4 \cdot CH \cdot (NH \cdot CO_2C_2H_5)_2$ wird gebildet durch Vermischen von Anisaldehyd mit Urethan und wenig Salzsäure (BISCHOFF, B. **7**, 1080): Smp. 171—172°. — Das Anisodiureïd $CH_3O \cdot C_6H_4 \cdot CH(NH \cdot CO \cdot NH_2)_2$ kristallisiert in gelblichen Blättern (SCHIFF, A. **151**, 198).

Das Anisaldoxim $C_6H_4<^{CH:NOH}_{OCH_3}$ existiert in zwei Modifikationen, und zwar schmilzt das α-Anis-anti-aldoxim (WESTENBERGER, B. **16**, 2993; BECKMANN, B. **23**, 1687; GOLDSCHMIDT und POLONOWSKA, B. **20**, 2407; CARVETH, C. **1899**, II, 1015) bei 63°, das β-Derivat, das Anis-syn-aldoxim (BECKMANN, B. **23**, 1686; B. **23**, 2165; CARVETH, C. **1899**, II, 1015) bei 132°.

Das Semicarbazon des Anisaldehyds $CH_3O \cdot C_6H_4 \cdot CH:N \cdot NH \cdot CO \cdot NH_2$ schmilzt bei 203—204°.

Der **Identifizierung des Anisaldehyds** geht am besten wiederum die Isolierung mit Hilfe von Bisulfiten oder Semicarbazid vorauf. Der charakteristische Geruch des Anisaldehyds und seine physikalischen Daten deuten auf sein Vorkommen hin. Von den chemischen Reaktionsprodukten dürften sich zum Nachweis die durch Oxydation des Aldehyds entstehende Anissäure vom Smp. 184° sowie das bei 203—204° schmelzende Semicarbazon eignen.

Zur **Konstitution und Geschichte** des Anisaldehyds ist noch nachzutragen (vgl. die Einleitung), daß man am Ende der Periode 1830—1857 aus den ätherischen Ölen chemisch recht verschiedene Aldehyde gewonnen hatte, soweit sie, wie wir heute wissen, der Benzolreihe angehören: den Benzoyl-, Cuminyl-, Cinnamyl-, Salicyl- und Anisylwasserstoff. Man kannte von letzterem, wie erwähnt, die Bruttoformel, seine Aldehydnatur und daß er ein Methyläther ist. Auch war erwiesen, daß er zur Benzolreihe gehört.

In der nächsten Periode, 1857—1872, ging die weitere Konstitutionsaufklärung und Geschichte des Anisaldehyds natürlich parallel mit derjenigen des Anethols. Auf Grund der KEKULÉschen Benzoltheorie nahm man 1865 auch im Anisaldehyd, in der Anissäure und im Anethol einen Benzolring an. Es handelte sich nun noch darum, festzustellen, in welcher relativen Stellung sich im Anisaldehyd die Oxymethyl- zur Aldehydgruppe befindet. SAYTZEFF hatte 1863 (A. **127**, 129) durch Behandlung der Anissäure mit Jodwasserstoff die sogenannte Paraoxybenzoësäure erhalten. LADENBURG (A. **141** [1867], 241) synthetisierte die Anissäure aus dieser Parasäure und Jodmethyl. KOERNER (Z. **1868**, 326) stellte aus dem p-Kresolmethyläther die Anissäure dar. Da die relative Stellung der Methyl- und Oxymethylgruppe im p-Kresolmethyläther bekannt war, so wußte man nunmehr auch, daß in der Anissäure sowie im Anisaldehyd die Substituenten sich in p-Stellung befinden. Im Jahre 1872 stand demnach die Konstitution des Anisaldehyds als p-Oxymethylbenzaldehyd fest.

Von 1872 ab bis zur Gegenwart wurden nun zahlreiche weitere Derivate des Anisaldehyds dargestellt, namentlich wurde auch sein Verhalten gegen Hydroxylamin, Semicarbazid usw. studiert. Das Vorkommen in ätherischen Ölen wurde ebenfalls in dieser Zeit konstatiert.

Eine Anwendung dürfte der Anisaldehyd im wesentlichen in der Parfümerie wegen seines angenehmen Geruchs finden.

---

b$_2$) Zweiwertige Aldehyde.

367. Vanillin

$C_8H_8O_3$ = 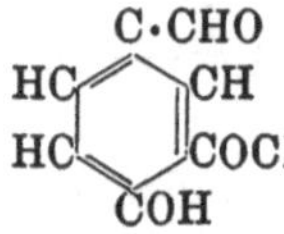 .

Vorkommen, Isolierung und Synthese. Unter den Phenolen bzw. Phenoläthern lernten wir als einwertige Verbindungen das Anethol bzw. Estragol kennen, welche in der Seitenkette eine C_3H_5-Gruppe enthalten, die im Estragol ein Allylradikal, im Anethol ein Propenylradikal ist. Durch Oxydation läßt sich aus beiden Verbindungen der Anisaldehyd gewinnen. Von den zweifach kernsubstituierten Verbindungen studierten wir unter den Phenolen bzw. Phenoläthern das Eugenol und Isoeugenol, sowie das Safrol und Isosafrol. Wir werden sehen, daß durch Oxydation des Eugenols und Isoeugenols, die ebenfalls eine Allyl- bzw. Propenylgruppe aufweisen, ein Aldehyd entsteht, der das Vanillin ist, und ferner durch Oxydation des Safrols sowie auch des Isosafrols wird ein Aldehyd gebildet, den wir als Piperonal bezeichnen (Heliotropin). Auch aus den dreifach sauerstoffsubstituierten Benzolderivaten, so vom Asaron, ferner vom Myristicin, Apiol usw. lassen sich durch Oxydation Aldehyde gewinnen, so der Asarylaldehyd, der Myristicinaldehyd, der Apiolaldehyd usw.

Alle diese Aldehyde treten jedoch in ihrem Vorkommen in ätherischen Ölen prozentualisch stark zurück, sind jedoch sonst sowohl theoretisch, als auch praktisch von der größten Wichtigkeit geworden. In theoretischer Beziehung haben sie unsere Kenntnisse in der organischen Chemie wesentlich erweitert, in der Praxis sind einige Repräsentanten unter ihnen von besonderer Bedeutung geworden, so das Vanillin und Piperonal in der Parfümerie. — Lernten wir im Benzaldehyd, Cuminaldehyd, Zimtaldehyd, Salicylaldehyd und Anisaldehyd Aldehyde kennen, welche schon in den dreißiger und vierziger Jahren des vergangenen Jahrhunderts in ihrem chemischen Verhalten usw. in ausgedehntem Maße studiert wurden, so kommen wir beim Vanillin, Piperonal usw. zu Aldehyden, die bedeutend später eine ausführliche Bearbeitung erfuhren. Es hängt dies damit zusammen, daß diese Aldehyde selten in der Natur vorkommen und daß sie auf präparativem Wege nach den alten Arbeitsmethoden aus anderen Verbindungen nur in schlechter Ausbeute gewonnen wurden, wie wir bei der Darstellung des Vanillins vom Eugenol aus und beim Heliotropin bei seiner Darstellung aus Safrol sehen werden.

Das Vanillin dürfte schon seit langer Zeit wenigstens seinem Äußerem nach bekannt gewesen sein, da es als kristallinischer Überzug auf den Vanilleschoten sicherlich beobachtet wurde. Anfänglich dürfte man diese kristallinische Ausscheidung für ein „Salz" gehalten haben, wie man es auch mit anderen derartigen kristallisierten Ausscheidungen tat, so mit dem Kampfer, der Benzoësäure usw. Späterhin hat man diese Ausscheidung zu den Kampferarten gestellt, ja sie sogar auch für Benzoësäure gehalten usw.

Von älteren Beobachtungen ist zu erwähnen, daß man in den dreißiger und vierziger Jahren des vergangenen Jahrhunderts zum Teil das Vanillin für identisch mit dem Cumarin hielt (WITTSTEIN und MÜNNICH). — BUCHHOLZ und VOGEL verwechselten es ebenfalls mit Benzoësäure bzw. Zimtsäure. BLEY (Arch. Pharm. **38**, 132; BERZ. J. **12**, 275) und MARTIUS sehen sie als eine eigentümliche kampferartige Substanz an (vgl. DOEBEREINER, Deutsch. Apothekerb. S. 510) (Vanillenkampfer nach BLEY). Nach derselben Quelle konnte BLEY kein ätherisches Öl aus den Vanilleschoten erhalten, was seinen Grund darin haben dürfte, daß die mit Wasserdampf flüchtigen Bestandteile sich größtenteils in Wasser leicht lösen.

Im allgemeinen nahm man im Jahre 1857 an, daß die Vanilleschoten einen eigentümlichen Riechstoff enthalten, der im Innern der Vanilleschoten aufgelöst sei und z. T. sich kristallinisch auf der Oberfläche abscheide, jedoch kannte man seine Zusammensetzung nicht. Auch erscheint es auffallend, daß die auf diesem Gebiet arbeitenden Chemiker, besonders BLANCHET und SELL, DUMAS, CAHOURS und GERHARDT diese Verbindung nicht näher untersuchten. Der verhältnismäßig sehr hohe Preis der Vanilleschoten sowie die geringe Ausbeute an Kristallen dürfte die Chemiker davon abgehalten haben.

Erst im nächsten Zeitabschnitt, 1857—1872, erkannte man, daß außer den auf der Oberfläche abgeschiedenen Kristallen sich aus den Vanilleschoten durch Ausziehen mit Weingeist usw. mehr davon gewinnen lasse. Besonders waren es GOBLEY (Journ. Pharm. III, **34**, 401; Rép. chim. appliquée **1**, 92; J. **1858**, 534) und VÉE (Journ. pharm. III, **34**, 412; Rép. chim. appliquée **1**, 26), welche zeigten, daß die Vanilleschoten mehr von dem Vanillin, dem sich auf der Oberfläche ausscheidenden Körper, enthalten. GOBLEY hatte mit dem Namen Vanillin den Riechstoff der Vanille bezeichnet. G. und V. wiesen nach, daß das Vanillin dem Cumarin nahe stehe, aber schon wegen seines merklich höheren Smp. 78° vom Cumarin verschieden sei.

Stokkeby (Z. **1865**, 467; J. **1864**, 612) fand den Smp. des Vanillins zu 82° gegenüber 76° (Gobley) und 78° (Vée) und nannte das Vanillin „Vanillinsäure". Während Gobley dem Vanillin die Formel $C_{10}H_6O_2$ gegeben hatte, erteilte Stokkeby ihm die Formel $C_{34}H_{22}O_{20}$ ($C = 6$; $O = 8$) zu. — Aus allen diesen Analysen geht hervor, daß die älteren Chemiker das Vanillin nicht in reinem Zustande vor sich gehabt haben dürften, und zwar weil dem Vanillin hartnäckig noch andere in den Vanilleschoten sich findende Körper anhafteten. — Carles (Bl. II, **17** [1872], 12; B. **5**, 215) nimmt die Untersuchung des Vanillins wieder auf, indem er die Bezeichnung von Stokkeby als „acide vanillique" beibehält; C. findet für Vanillin den Smp. 80—81°, beobachtet ebenfalls Sublimation und einen nicht scharfen Siedepunkt von 280°, wobei Verharzung eintreten soll. C. bringt alsdann richtige Analysenzahlen für $C_8H_8O_3$, berichtet über Salze und andere Derivate.

Es waren also namentlich die Untersuchungen von Carles, welche in der besprochenen Periode endlich Klarheit über die Bruttoformel des Vanillins brachten, jedoch weiß man im Jahre 1872 über die nähere Konstitution des Vanillins nichts weiter, obwohl C. bereits beobachtet hatte, daß Eisenoxyd- und Silbersalze durch Vanillin reduziert werden und daß schmelzendes Kali das Vanillin in eine Säure $C_8H_8O_4$ vom Smp. 169° überführt, ferner daß das Vanillin mit Jodwasserstoff Jodmethyl liefert.

Erst in der nächsten Periode, 1872—1887, konnten diese Beobachtungen von Carles richtig interpretiert werden. Es ist das Verdienst von Tiemann und Haarmann, die Konstitution des Vanillins weiterhin klargestellt zu haben. T. und H. (B. **7**, 608) teilen im Jahre 1874 ihre Untersuchungen „Über das Coniferin und seine Umwandlung in das aromatische Prinzip der Vanille" mit (vgl. weiter unten Synthese des Vanillins). Das Coniferin ist ein Glykosid, welches zuerst von Harting (Jahrb. für Förster **1861**, Bd. I [Pflanzenphysik] 263) in dem Kambialsafte von *Larix europaea* aufgefunden wurde und den Namen „Laricin" erhielt. Von anderer Seite wurde dieses Glykosid in anderen Coniferen aufgefunden und als „Abietin" bezeichnet, schließlich wurde von Kubel (J. pr. **97**, 243; Z **1866**, 339) der Name dieses Glykosids in „Coniferin" umgeändert und gezeigt, daß alle Coniferen dasselbe Glykosid enthalten. K. stellte dieses Glykosid in reinem Zustande dar, spaltete mit verd. Schwefelsäure Traubenzucker ab, konnte aber das Spaltungsprodukt nicht in reinem Zustande fassen, sondern nur „als harzige Substanz", die beim Kochen mit verd. Säuren Vanillegeruch entwickle. T. und H. fanden, daß das Coniferin durch Emulsin gespalten wird, daß es optisch aktiv ist und daß ihm die Formel $C_{16}H_{22}O_8 + 2\,H_2O$ zukommt, während Kubel die Formel $C_{24}H_{32}O_{12} + 3\,H_2O$ berechnet hatte. Durch Spaltung mittels Emulsin wurden Traubenzucker und ein Spaltungsprodukt $C_{10}H_{12}O_3$ gewonnen (Coniferylalkohol). Besonders durch Oxydation mit Chromsäuregemisch entsteht aus dem Coniferylalkohol Vanillin, von dem verschiedene Derivate gewonnen wurden; dieses künstlich dargestellte Vanillin erwies sich als identisch mit dem natürlich vorkommenden und stimmte in seinen Eigenschaften, soweit sie von CARLES mitgeteilt waren, mit ihm überein. Für die weitere Konstitutionserforschung als wichtig teilten T. und H. mit, daß das Vanillin, wenn man es in kleinen Portionen unter Umrühren mit Kalihydrat verschmelze, Protocatechusäure $C_6H_3\begin{cases}OH\\OH\\COOH\end{cases}$ vom Smp. 197 bis 198° bilde. Diese Protocatechusäure liefert bei der trocknen Destillation unter CO_2-Abspaltung Brenzcatechin vom Smp. 112°. Zur Konstitution des Vanillins geben T. und H. alsdann an, daß es ein primärer Methyläther des Protocatechusäurealdehyds sei. In der Tat erhielten T. und H. den Protocatechusäurealdehyd durch Behandlung des Vanillins mit verd. Salzsäure. Es erübrigte demnach nach dieser Arbeit von T. und H., noch die relative Stellung der Hydroxyl- und Oxymethylgruppe zur Aldehyd gruppe festzustellen, da aus den bisherigen Versuchen sich nicht folgern ließ, welche von den Hydroxylgruppen, ob die in m- oder p-Stellung sich findende, im Protocatechualdehyd durch Methyl substituiert ist.

Die Lösung dieser Frage erfolgte alsdann durch TIEMANN und NAGAI (B. **10**, 201) im Jahre 1877, indem es gelang, Homovanillinsäure darzustellen und aus dieser durch CO_2-Abspaltung ein Kreosol zu gewinnen dessen Konstitution vorher von TIEMANN und MENDELSOHN ermittelt worden war zu $C_6H_3\cdot(CH_3)\cdot(OCH_3)\cdot OH(1:3:4)$. Hiermit war nun auch die Konstitution des Vanillins gegeben als eines 3-Methyl-protocatechualdehyds.

Das Vanillin dürfte im Pflanzenreich sehr verbreitet sein, wenn es auch in ätherischen Ölen weniger häufig konstatiert wurde. JANNASCH und RUMP (B. **11**, 1635) fanden es in dem Siam-Benzoëharz. Nach SINGER (M. **3**, 409) soll das Vanillin in kleiner Menge in der Holzsubstanz der Pflanzen überall verbreitet sein (vgl. auch CZAPEK, H. **27**, 148), nach v. LIPPMANN (B. **18**, 3335) kommt es in den Spargelsprossen neben Coniferin vor. SCHMIDT (B. **19**, Ref. 705) sowie TSCHIRCH und POLAČEK (Ar. **235**, 126) geben an, daß es sich in der *Asa foetida* finde. KNITL (Ar. **237**, 258) konstatiert das Vorkommen des Vanillins im Umbelliferenopopanax zu 0,00272%. Ferner berichten BAMBERGER und LANDSIEDL (M. **18**, 502), daß es sich im Überwallungsharz der Lärche finde. In frischer Lindenrinde, dagegen nicht in solcher, welche in den Wintermonaten entnommen wurde, findet sich ebenfalls Vanillin (BRÄUTIGAM, Ar. **238**, 556; C. **1900**, I, 728). Nach SCHEIBLER (B. **13**, 335; siehe auch v. LIPPMANN, ibd. 662) ist es im rohen Rübenzucker vorhanden, nach BRAÜTIGAM im Kork (Pharm. Centralh. **38**, 424) und in Kartoffelschalen (Pharm. Ztg. **45**, 165), nach POLENSKE und BUSSE (Arb. des Kais. Gesundheitsamtes **15** [1898], 171) im Maté-Tee, nach LINDSEY und TOLLENS (A. **267**, 341) in der Sulfitlauge der Cellulosefabrikation. GRAFE (Wiener Akad. Ber. **113**, I [1904], 267) erhielt Vanillin beim Erhitzen von Holzmehl mit Wasser im geschlossenen Rohr auf 180°.

Als Bestandteil ätherischer Öle dürfte, wie erwähnt, das Vanillin vielleicht auch sehr verbreitet sein, aber wahrscheinlich kommt es immer nur in geringer Menge vor, so daß sein Nachweis sich sehr schwierig gestaltet.

Liliaceae.

HILDEBRANDT (Ar. **234** [1896], 703) findet, daß das Xanthorrhoeaharzöl Spuren von Vanillin enthält.

Orchidaceae.

Vanilla planifolia (inkl. *V. aromatica*), im östlichen Mexiko zu Hause, wird viel in den Tropen kultiviert und liefert die Vanille, das sind die künstlich gereiften Früchte der Pflanze.

Über das prozentische Vorkommen des Vanillins in den Vanilleschoten berichtet TIEMANN (B. **8** [1875], 1115). BUSSE (Arbeit. aus dem Kais. Gesundheitsamte B. **15**) bestimmte den Gehalt der Tahiti-Vanille und der deutsch-ostafrikanischen Vanille. Nach diesen Angaben enthält

Bourbon-	Vanille	1,91—2,48 %
mexikanische	„	1,69—1,86 %
Java- . . .	„	2,75 %
Tahiti- . .	„	2,02 %
deutsch-ostafr.	„	2,16 % Vanillin.

BUSSE berichtet ferner, daß in der Tahiti-Vanille 0,016—0,073 % Piperonal vorkommen, während die übrigen Sorten diesen Aldehyd nicht aufweisen. — Es ist zu erwähnen, daß die Vanillefrucht bei ihrer Ernte noch kein Vanillin enthält, sondern daß die Vanillinbildung durch einen Gärungsprozeß hervorgerufen wird, indem man die Frucht kurze Zeit in Wasser von 80° eintaucht, worauf man den Geruch nach Vanillin wahrnimmt. Das die Gärung bewirkende Ferment gehört nach LECOMTE (C. r. **133** [1901], 745; siehe auch BEHRENS, Tropenpflanzer **3** [1899], 299; C. **1900**, II, 769) zu den Oxydasen, und zwar findet sich dieses Ferment in den Blättern, Zweigen, Früchten usw. von *Vanilla planifolia*. Als Begleiter dieser Oxydase wurde auch hier ein Mangansalz festgestellt. Außerdem soll sich in der Frucht ein zweites Ferment finden, das hydrolysierend wirke; dieses letztere spalte das wahrscheinlich vorhandene Coniferin in Coniferylalkohol und Glukose. Nach erfolgter Spaltung werde alsdann der Coniferylalkohol durch die Oxydase zu Vanillin oxydiert. LECOMTE (Journ. de pharm. et chim. **17** [1903], 341) setzt seine Untersuchungen fort und zeigt, daß bei einer Temperatur von etwa 50° die Funktion der Oxydase gerade erst beginnt bzw. gesteigert wird. — RÜHLE (Chem. Zeitschr. **3** [1903], 177) berichtet über die hauptsächlichen verschiedenen Vanillesorten; er weist darauf hin, daß der Vanillingehalt nicht ohne weiteres den absoluten Wertmesser für die Vanilleschoten abgeben könne (über Prozentgeh. vgl. Originalarbeit).

Rosaceae.

Nach SCHNEEGANS und GEROCK (Journ. d. Pharm. für Elsaß-Lothringen **19** [1892], **3**, 55; J. **1892**, 164) enthält das *Spiraea Ulmaria*öl außer Salicylaldehyd auch Methylsalicylat sowie Spuren von Piperonal und Vanillin.

Leguminosae.

Auch das Perubalsamöl soll Vanillin enthalten (Ar. **237**, 271).

Myrtaceae.

Das Nelkenöl (*Eugenia caryophyllata* Thunb.) enthält in geringen Mengen Vanillin, das bereits in den Nelken enthalten ist (Jorissen und Hiars, C. **1890**, II, 828).

Auch in den Blüten von *Nigritella suavolens* (Lautenbrunner Tal) soll sich nach v. Lippmann (B. **27**, 3409) Vanillin finden.

Compositae.

Über das Vorkommen des Vanillins in den Dahlienknollen vgl. v. Lippmann (B. **39**, 4147); bereits Payen (A. ch. **24** [1823], 209) hatte die Beobachtung gemacht, daß sich Vanillin in den Daklienknollen findet. —

Es ist interessant zu beobachten, wie das Vanillin in ätherischen Ölen vorkommt, deren Stammpflanzen einerseits Coniferin enthalten, anderseits Eugenol, also Verbindungen, aus denen Vanillin gewonnen werden kann.

Die **künstliche Darstellung des Vanillins** aus dem Coniferin wurde bereits oben erwähnt. Das Coniferin war in den siebziger Jahren des vergangenen Jahrhunderts dasjenige Rohmaterial, aus dem hauptsächlich das Vanillin künstlich dargestellt wurde. — Reimer (B. **9**, 424; vgl. auch Tiemann und Koppe, B. **14**, 2023) fand alsdann, daß sich das Vanillin auch aus dem Guajakol $OH \cdot C_6H_4 \cdot OCH_3$ bildet, wenn man es mit Chloroform und Natronlauge behandelt. Tiemann und Mendelsohn (B. **9**, 1280) berichten alsdann über die Darstellung des Vanillins durch Behandlung von Vanillinsäure in Chloroformlösung mit Kalilauge. T. (B. **18**, 1124) gewinnt Vanillin durch trockne Destillation eines Gemisches von vanillinsaurem Calcium mit Calciumformiat. — Über die Gewinnung des Vanillins aus dem Eugenol zeigt Tiemann (B. **8** [1875], 1134 ff.), daß das Eugenol und der Coniferylalkohol sowie das Vanillin in nahem Zusammenhange stehen müssen. Tiemann (B. **9**, 52) kommt im Jahre 1876 hierauf zurück und berichtet: „Über eine Bildungsweise der Vanillinsäure und des Vanillins aus Eugenol, sowie über die Synthese der Ferulasäure." — Erlenmeyer (B. **9**, 273) kommt ebenfalls zu dem Ergebnis, daß aus dem Eugenol auf verschiedene Weise Vanillin zu erhalten sei. Zur Darstellung des Vanillins aus dem Eugenol durch Oxydation ist zu bemerken, daß die Ausbeuten an diesem Aldehyd schlecht sind, daß sie sich verbessern lassen, wenn man die OH-Gruppe des Eugenols durch Acetyl resp. Alkyl festlegt und dann erst oxydiert, wobei man acylierte bzw. alkylierte Vanilline erhält, die ihrerseits gespalten werden können. Aber da das Eugenol ein Allylderivat ist, so sind auch in diesem Falle die Ausbeuten noch schlecht;

man verbessert sie dadurch, da man das Eugenol in Isoeugenol umwandelt und alsdann die Oxydation, wie angegeben, vornimmt (vgl. Isoeugenol).

Das Vanillin läßt sich fernerhin auf künstliche Weise darstellen, indem man nach BERTRAM (D. R. P. 63007; FRDL. III, 895) die Dikaliumverbindung des Protocatechualdehyds mit CH_3J oder mit methylschwefelsaurem Kalium in alkohol. Lösung auf dem Wasserbade 4 Stunden hindurch erhitzt; oder nach SOMMER (D. R. P. 122851; C. **1901**, II, 517) durch Methylierung von Protocatechualdehyd mittels Dimethylsulfat. — SCHERING (D. R. P. 82816) methylieren Protocatechualdehyd-4--benzyläther und spalten mit konz. Salzsäure oder in alkohol. Lösung mit geringen Mengen von Mineralsäuren (BOEHRINGER und SÖHNE, D. R. P. 86789). — GILLARD, MONNET et CARTIER (D. R. P. 93187) stellen das Vanillin dar aus Protocatechualdehyd-p-kohlensäuremethylester und Dimethylsulfat in alkalischer Lösung. — MAJERT (D. R. P. 82924) erhält Vanillin durch 24stündiges Erhitzen von Vanillinmandeläthersäure oder Vanillin-ω-p-toluyläthersäure mit 5 Tl. konz. Salzsäure auf 80—90°. — Die Chem. Fabr. SCHERING (D. R. P. 80498) stellt den Aldehyd dar durch Kochen von p-Benzolsulfo- oder p-Toluolsulfo-protocatechualdehyd-m-methyläther mit Natronlauge, oder (D. R. P. 82747) durch Erhitzen von Benzolsulfoprotocatechualdehyd mit Natriummethylat in Methylalkohol auf 130°. — Weitere Darstellungsweisen sind folgende: v. HEYDEN Nachf. (D. R. P. 72600) durch Erhitzen von Aldehydguajakolcarbonsäure oder ihren Salzen über 180°. — TRAUB (D. R. P. 80195) aus Guajakol, Chloroform und alkohol. Kali (vgl. auch D. R. P. 72795). — GEIGY (D. R. P. 105798; C. **1900**, I, 523) durch Eintragen von Guajakol, Formaldehyd und Gußeisenspänen in eine Lösung von Nitrobenzolsulfonsäure wobei sich die Vanillin-aminobenzolsulfonsäure, bildet die gespalten werden kann. — PUM D. R. P. 92466) durch Oxydation von Eugenol mit HgO in alkal. Lösung. — HAARMANN und REIMER (D. R. P. 93938) durch Oxydation von Isoeugenol mit Superoxyden in alkal. Lösung. — v. HEYDEN Nachf. (D. R. P. 92007) durch elektrolyt. Oxydation von Isoeugenolsalzen. — OTTO und VERLEY (D. R. P. 97620) durch Einwirkung von Ozon auf Eugenol oder Isoeugenol in essigsaurer Lösung (vgl. auch VERLEY, Bl. III, **25**, 48) oder durch Einleiten von Ozon in eine auf 60° erwärmte Lösung von isoeugenolschwefelsaurem Kalium. — BOEHRINGER und SÖHNE (D. R. P. 65937; 86789) durch Oxydation von Isoeugenolbenzyläther mit $K_2Cr_2O_7$ und verd. H_2SO_4 und Spaltung des so erhaltenen Protocatechualdehyd-3-methyl-4-benzyläthers mittels Salzsäure. — PÉRIGNE, LESAULT u. Co. (D. R. P. 75264; 76061) aus Methylen-bisvanillin durch sukzessive Behandlung mit PCl_5 und Wasser bzw. durch Einwirkung von Chlor auf Methylenbisvanillin usw. — TRILLAT (C. r. **133** [1901], 822) gewann Vanillin mit 2,9% Ausbeute, als er Luft zusammen mit Dämpfen von Isoeugenol über eine glühende Platinspirale leitete. — Über weitere Darstellungsweisen usw. vgl. auch TIEMANN (B. **24**, 699).

Das Vanillin läßt sich isolieren bzw. quantitativ bestimmen, indem man es durch die Bisulfitverbindung abscheidet. TIEMANN und

Haarmann (B. 8, 1118) geben eine Methode an, nach der sie das Vanillin in der Vanille bestimmen, indem sie letztere mit Äther extrahieren usw. Der Rückstand des ätherischen Auszuges wird mit Wasser und Natriumbisulfitlösung geschüttelt; das Vanillin geht in die Bisulfitlösung, aus der es sich abscheiden läßt. — Hanuš (C. **1900**, II, 693) weist das Vanillin als p-Brom-phenylhydrazon nach; quantitativ bestimmt er es mittels m-Nitrobenzhydrazid (Zeitschrift für Unters. von Nahrungs- und Genußmitteln **10**, 585).

Physik. Eig. des Vanillins. Gobley (J. **1858**, 534): Smp. 76°, Vée (ebenda): 78°. Carles (Bl. II, **17** [1872], 12): Smp. 80—81°; es sublimiert, siedet nicht ganz unzersetzt bei 280°, löst sich in Wasser von 15° zu 1,2%, ist dagegen sehr ll. in kochendem Wasser, aus dem es umkristallisiert werden kann.

Berthelot (A. ch. VI, **7**, 186): siedet im Kohlensäurestrom unzersetzt bei 285°; Lösungswärme in H_2O = — 5,2 Kal.; Neutralisationswärme durch Natron 9,26°.

Stohmann (Ph. Ch. **10**, 415): Mol. Verbr. 914,7 Kal.

Tiemann und Nagai (B. **10**, 211): 1 g löst sich in 90—100 ccm Wasser bei 14° und in 20 ccm bei 75—80°.

Auwers (Ph. Ch. **32**, 49): Kryoskopisches Verhalten. — Bertram (vgl. oben D. R. P.): $Sdp._{15}$ = 170°.

Physiol. Eig. des Vanillins. Preusse (Z. f. physiol. Chem. **4**, 209) gibt an, daß Kaninchen bei einer Gabe von 13 g Vanillin sterben. Vanillin innerlich eingenommen oxydiert sich im Organismus zu Vanillinsäure und erscheint im Harn größtenteils als Äthersäure.

Über die desinfizierende Wirkung des Vanillins, Terpineols, Heliotropins und anderer Riechstoffe vgl. Marks (Chem. Repert. **27** [1903], 28; Apoth. Ztg. **18**, [1903], 7).

Pathogene Keime, wie Milzbrandsporen und Staphylococcus pyogenes aureus, werden im Wachstum durch erwähnte Verbindungen gehemmt. Die bakterizide Wirkung ist nach Marks bedingt durch die Fähigkeit der Riechstoffe, Sauerstoff zu aktivieren, indem sie z. B. aus Jodkalium Jod freimachen, Vanillin allerdings erst nach mehreren Stunden. Die bakterizide Wirkung soll sich wie das Aktivierungsvermögen genannter Öle verhalten.

Chem. Eig. des Vanillins. Das Vanillin gibt Aldehyd- und Phenolreaktionen, jedoch bildet es mit Bisulfit keine leicht abzuscheidende kristallisierte Verbindung; es reagiert mit Hydroxylamin, Phenylhydrazin, Semicarbazid usw. Als Phenol gibt es mit Eisenchlorid eine blaue Färbung, beim Kochen mit Eisenchloridlösung wird Dehydrodivanillin $(CH_3O)_2 \cdot C_{12}H_4(OH)_2 \cdot (COH)_2$ gebildet. Durch Reduktion des Vanillins sind bisher keine charakteristischen Verbindungen gewonnen worden, da die Phenolgruppe hierbei hinderlich wirkt; es gelingt, den p-Oxy-m-methoxybenzyliden-o-aminobenzylalkohol $(CH_3O) \cdot C_6H_3(OH) \cdot CH : N \cdot C_6H_4 \cdot CH_2OH$ darzustellen (Paal und Laubenheimer, B. **25**, 2972): Smp. 119°.

Einwirkung der Halogene. Bromvanillin $(CH_3O) \cdot C_6H_2Br \cdot (OH) \cdot CHO$ (CARLES, Bl. II, **17**, 12 und TIEMANN und HAARMANN, B. **7**, 615): Smp. 160—161°. Jodvanillin $CH_3O \cdot C_6H_2J \cdot (OH) \cdot CHO$ (CARLES): Smp. 174°.

Durch **Oxydation** geht das Vanillin in die Vanillinsäure $(CH_3O) \cdot C_6H_3(OH) \cdot COOH$ über, die auch aus dem Coniferin, Eugenol und Isoeugenol gewonnen wird, jedoch sind die Ausbeuten schlecht (vgl. oben); besser werden sie bei der Verwendung von Acyl- bzw. Alkylisoeugenol, wobei Acyl- oder Alkylvanilline resultieren, welche nachher Alkyl- oder Acylvanillinsäuren liefern, die ihrerseits Vanillinsäure $(CH_3O) \cdot C_6H_3 \cdot (OH) \cdot COOH$ geben (TIEMANN, B. **8**, 512, 1123; **9**, 52, 419; TIEMANN und NAGAI, B. **10**, 202; T. und MENDELSOHN, B. **10**, 59; T. und REIMER, B. **8**, 516): Smp. 207°; sie sublimiert unzersetzt. Die Methylvanillinsäure ist die Veratrumsäure $(CH_3O)_2 \cdot C_6H_3 \cdot CO_2H + H_2O$: Smp. 179,5°.

Äther und Ester des Vanillins. Den Methyläther $(CH_3O)_2 \cdot C_6H_3 \cdot CHO$ gewann TIEMANN (B. **8**, 1135; **11**, 663) beim Kochen von Vanillinkalium mit Methyljodid und Holzgeist: Smp. 42—43°, Sdp. 280—285°; er entsteht auch aus dem Isovanillin $C_6H_3 \cdot CHO \cdot OH \cdot OCH_3$ (1:3:4), das bei 116—117° schmilzt (TIEMANN und WILL, B. **14**, 968). — Der Vanillinäthyläther $(CH_3O) \cdot C_6H_3 \cdot (C_2H_5O) \cdot CHO$ schmilzt bei 64—65° (T., B. **8**, 1120). — Das Pikrylvanillin $CHO \cdot C_6H_3(OCH_3) \cdot O \cdot C_6H_2(NO_2)_3$, (EINHORN und FREY, B. **27**, 2459): hat den Smp. 114—116°.

Acetvanillin $(CH_3O) \cdot C_6H_3 \cdot (C_2H_3O_2) \cdot CHO$ (TIEMANN und NAGAI, B. **11**, 647): Smp. 77°; vgl. auch PSCHORR und SUMULEANU, B. **32**, 3407); das essigsaure Acetvanillin $(CH_3O) \cdot C_6H_3 \cdot (C_2H_3O_2) \cdot CH(C_2H_3O_2)_2$ (T. und N., B. **8**, 1143) schmilzt bei 88—89°. — Vanillinbenzoat $(CH_3O) \cdot C_6H_3 \cdot (O \cdot C_7H_5O) \cdot CHO$ (WÖRNER, B. **29**, 144): Smp. 75°.

Vanillinaldoxim $(CH_3O) \cdot C_6H_3 \cdot (OH) \cdot CH{:}NOH$ (T. und KEES, B. **18**, 1664): Smp. 121—122°. LACH (B. **16**, 1787) und MARKUS (B. **24**, 3654): Smp. 117°.

Vanillinbenzoylhydrazon $(CH_3O) \cdot C_6H_3(OH) \cdot CH{:}N \cdot NH \cdot CO \cdot C_6H_5$ (HANUŠ, C. **1900**, II, 692): Smp. 124,5°.

Die **Identifizierung des Vanillins** geschieht am besten, nachdem man dieses Aldehydphenol mit Bisulfitlösung bzw. als p-Bromphenylhydrazon isoliert hat. Der Smp. 80—81°, ferner der intensive Geruch nach Vanille sind für Vanillin charakteristisch. Von den chemischen Reaktionen läßt sich die Oxydation zu Vanillinsäure vom Smp. 207° zur Identifizierung verwerten, auch das Oxim vom Smp. 121—122°, sowie das Acetvanillin vom Smp. 77°.

Zur **Konstitution und Geschichte des Vanillins** ist noch nachzutragen, daß, nachdem TIEMANN im Jahre 1877 aus der Homovanillinsäure CO_2 abgespalten und ein Kreosol erhalten hatte, das seiner Konstitution nach bekannt war, ein Zweifel an der Konstitution nicht mehr möglich war. In der Folgezeit wurde die einmal angenommene Konstitutionsformel durch zahlreiche Derivate und Versuche bestätigt.

Während man sich in der Periode 1872—1887 besonders mit der Darstellung des Vanillins aus dem Coniferin, dem Eugenol bzw. Isoeugenol durch Oxydation beschäftigte, wurde auch in der letzten Periode, 1887 bis zur Gegenwart, die Darstellung des Vanillins, besonders auch von dem Isoeugenol aus, eingehend studiert (vgl. oben Synthese).

Obwohl das Vanillin in ätherischen Ölen in bezug auf sein prozentuales Vorkommen stark zurücktritt und immer nur in geringen Mengen zugegen zu sein scheint, so ist seine künstliche Darstellung und Anwendung in der Technik doch eine ganz bedeutende. Große Mengen werden sowohl in der Parfümerie verbraucht, als auch besonders als Ersatz für die Vanilleschoten in der Industrie der Nahrungs- und Genußmittel.

368. Piperonal (Heliotropin)

$C_8H_6O_3$ =

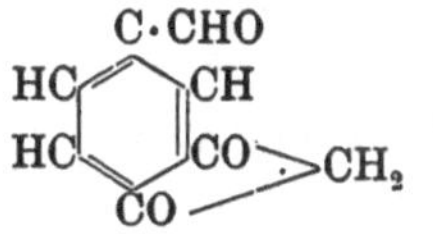

Vorkommen, Isolierung und Synthese. Der geschichtliche Verlauf der Untersuchungen über das Piperonal ist ähnlich wie jener über das Vanillin. Auch das Piperonal findet sich nur zerstreut als Bestandteil einzelner ätherischer Öle und auch dann nur sichtlich in geringen Mengen. Nichtsdestoweniger dürfte es zum Wohlgeruch namentlich vieler Blüten beitragen. Wie das Vanillin von TIEMANN und HAARMANN zu Beginn der siebziger Jahre durch Oxydation des Coniferins gewonnen wurde, so konnte auch das Piperonal zuerst nur aus einem Piperonalderivat mit ungesättigter Seitenkette, aus der Piperinsäure, am Ende der sechziger Jahre des vergangenen Jahrhunderts von FITTIG und MIELCK (A. **152**, 33) dargestellt werden. Wie es alsdann in den siebziger Jahren TIEMANN und ebenso ERLENMEYER gelang, im Eugenol ein Ausgangsmaterial zu finden, das, in geeigneter Weise behandelt, gute Ausbeuten an Vanillin liefert, so wurde in den achtziger Jahren das Safrol (Shikimol) als eine Verbindung erkannt, aus der sich in gleicher Weise Piperonal (Heliotropin) herstellen läßt. Das Eugenol verhält sich zum Vanillin wie das Safrol zum Piperonal, da sowohl Eugenol wie Safrol an Stelle der Aldehydgruppe eine Allylgruppe aufweisen. Alle jene Forscher, die sich mit dem Alkaloid Piperin beschäftigten, berichten über einen angenehmen Geruch, der bei dessen Oxydation auftrete. Dieser Geruch, der vom Piperonal herrührt, wird bald mit dem einen, bald mit dem anderen verglichen, häufig auch nur als Blumenduft bezeichnet. ANDERSON (C. r. **34**, 564; Report of the 20 Meeting of the Brit. Assoc. for the Advanc. of Science. Notices and Abstracts, **47**; A. **84** [1852], 345) erwähnt: „Piperin wird durch Salpetersäure heftig angegriffen unter Entwicklung salpetriger

Dämpfe, neben welchen sich ein dem von Bittermandelöl ähnlicher Geruch bemerklich macht." — v. Babo und Keller (J. pr. **72** [1857], 58 Anm.) konstatieren ebenfalls bei der Oxydation des Piperins das Auftreten eines Körpers, der mit Piperonal in Zusammenhang steht. — Wir ersehen daraus, daß bis zum Jahre 1857 das Piperonal in reinem Zustande nicht vorgelegen hat, geschweige denn, daß eine Analyse von diesem Körper ausgeführt worden wäre.

Erst in der nächsten Periode, 1857—1872, konnten Fittig u. Mielck (A. **152**, 35) durch Oxydation der Piperinsäure mit Chromsäure oder Kaliumpermanganat unter anderem eine indifferente Verbindung erhalten, die in prachtvollen, zolllangen, großen Säulen kristallisierte, die sie Piperonal nennen und welche die Zusammensetzung $C_8H_6O_3$ zeigte. „Es riecht sehr angenehm, dem Cumarin sehr ähnlich, schmilzt genau bei 37° und siedet bei 263° ohne Zersetzung. Das Piperonal besitzt den sehr scharf ausgeprägten Charakter eines Aldehyds." Durch Oxydation des Piperonals wird die Piperonylsäure vom Smp. 226,5—228,5° erhalten. Ferner wird das Monobrompiperonal usw. dargestellt. Über die Art der Bindung der beiden Sauerstoffatome, welche das Piperonal außer der CHO-Gruppe enthält, geben die Untersuchungen von F. und M. keinen sicheren Aufschluß. „Wir vermuten, daß sie in ähnlicher Weise wie im Chinon gebunden sind, daß dem Piperonal eine der beiden Formeln:

$$C_6H_3\begin{cases}\overset{\|}{O_2} \\ \underset{|}{C}H_2\cdot CHO\end{cases} \quad \text{oder} \quad C_6H_2\begin{cases}\overset{\|}{O_2} \\ CH_2 \\ CHO\end{cases}$$

zukomme."

Remsen und Fittig (Z. **1870**, 97) machen im Jahre 1870 weitere Mitteilungen über die Konstitution des Piperonals. Durch Reduktion des Piperonals mit Natriumamalgam bei Gegenwart von Wasser entstehen drei Körper, der Piperonylalkohol $C_8H_8O_3$, das Hydropiperoïn $C_{16}H_{14}O_6$ und das Isohydropiperoïn. Ferner wird das Verhalten des Piperonals gegen PCl_5 usw. studiert, wobei schließlich Protocatechualdehyd $C_6H_3\begin{cases}OH \\ OH \\ CHO\end{cases}$ entsteht; ebenso gewinnen R. und F. durch Einwirkung von Wasser und verd. Salzsäure auf die Piperonylsäure Protocatechusäure bzw. Brenzcatechin. R. und F. meinen nunmehr, daß die vorhin wiedergegebene Anschauung über die Konstitution des Piperonals als Chinon nach diesen Ergebnissen zu verlassen sei.

Im nächsten Jahre, 1871, kommen Fittig u. Remsen (A. **159**, 129) auf diese Reaktionen zurück, beschreiben sie ausführlicher und sagen a. a. O., S. 155: „Von den vielen anderen Konstitutionsformeln, welche man für das Piperonal und die Piperonylsäure aufstellen kann, entspricht, wie wir glauben, nur eine Art den sämtlichen, zum Teil sehr merkwürdigen Reaktionen, welche diese Körper zeigen. Es sind dieses die Formeln

$$C_6H_3\begin{cases}O\\O\end{cases}\!\!>CH_2 \\ \hphantom{C_6H_3}\;CHO \qquad \text{und} \qquad C_6H_3\begin{cases}O\\O\end{cases}\!\!>CH_2 \\ \hphantom{C_6H_3}\;CO\cdot OH,$$

Piperonal Piperonylsäure

nach welchen das Piperonal als der Methylenäther des Protocatechualdehyds und die Piperonylsäure als Methylenprotocatechusäure aufzufassen ist. Diese Formeln erklären zunächst das Verhalten gegen Wasserstoff im Entstehungszustand; denn ein Aldehyd von dieser Konstitution kann nicht mehr Wasserstoff als jeder andere Aldehyd aufnehmen und auf eine so konstituierte Säure kann Wasserstoff überhaupt nicht einwirken.“ Wir ersehen hieraus, daß die Chinonformel der neueren Formel weichen mußte, hauptsächlich weil durch Reduktion eine andere Sauerstoffgruppe außer der Aldehydgruppe keinen Wasserstoff aufnahm.

Barth spricht in einer Abhandlung „Über die Darstellung der Protocatechusäure aus Oxybenzoësäure und die Konstitution der ersteren“ (B. **4**, 633) noch in demselben Jahre auf Grund seiner Versuche die Meinung aus, daß im Brenzcatechin die Hydroxylgruppen benachbart ständen und daß in der Protocatechusäure die Substituenten in der Stellung 1:3:4 vorhanden seien. Diese Ansicht Barths hat sich in der Folgezeit als die richtige erwiesen; damit war aber auch die Konstitution des Piperonals, da Fittig und Remsen gezeigt hatten, daß es ein Methylenprotocatechualdehyd sei, als (1)CHO-(3.4)-oxymethylenbenzol am Ende der Periode im Jahre 1872 entschieden.

Lange ruhten nunmehr die Arbeiten über Piperonal, bis in der nächsten Periode, 1872—1887, Eykman im Jahre 1885 (R. **4**, 32) sich mit der Oxydation des Shikimols beschäftigte und aus dem Shikimol durch Oxydation Piperonylsäure erhielt. Da diese Säure aus dem Safrol bisher nicht erhalten worden war, nahm Eykman natürlich Anstand, Shikimol und Safrol für identisch zu erklären. Auch beobachtete Eykman bereits (a. a. O., S. 39 Anm.), daß sich während der Oxydation des Shikimols mit Kaliumpermanganat ein angenehmer Blumengeruch bemerkbar macht, der ohne Zweifel vom Piperonal herrührt: „Pendant cette opération il se développa une fine odeur de fleurs, provenant sans doute de pipéronal qui se volatilise. Selon cette observation on pourra peut-être utiliser le shikimol (respectivement: le safrol) à la fabrication artificielle de l’héliotropine.“ Poleck (B. **19** [1886], 1094) zeigte alsdann, daß auch durch Oxydation des Safrols Piperonylsäure gebildet wird; ferner wurde auch von ihm bei der Oxydation ein angenehmer Blumenduft bemerkt, welcher in das Destillat überging, als das weitere Eindampfen in einer Retorte stattfand. Da das Destillat Silbersalz reduzierte, wurde die Gegenwart eines Aldehyds wahrscheinlich gemacht, den Poleck ebenfalls als Piperonal ansprach, ohne daß es ihm jedoch gelungen wäre, ihn zu isolieren.

Im Jahre 1889 (B. **22**, 2861) zeigte Poleck alsdann, daß, wenn Safrol mit 4 $^0/_0$iger Kaliumpermanganatlösung oxydiert wird, bei der Wasserdampfdestillation ein indifferentes Produkt mitübergeht, das er durch

Ausschütteln mit Äther gewann. „Nach dessen Verdunstung blieb das Piperonal in Kristallen zurück, welche nach dem Umkristallisieren aus Alkohol den angenehmen Geruch dieses Körpers und den Smp. 37° C. besaßen.“ — Eykman sowohl (B. **23**, 860), als auch Ciamician u. Silber (B. **23**, 1190) konstatierten sodann im Jahre 1890, daß die Ausbeute an Piperonal und Piperonylsäure größer ist, wenn man bei der Oxydation nicht vom Safrol, sondern vom Isosafrol ausgeht. Es liegen demnach hier ganz analoge Verhältnisse vor, wie wir sie bei der Oxydation des Eugenols und Isoeugenols bzw. deren Derivaten wahrnahmen.

Aus dem Mitgeteilten ergibt sich, daß man den Aldehyd Piperonal zuerst aus der Piperinsäure im Jahre 1869 künstlich darstellte, alsdann erkannte man ihn mit aller Bestimmtheit als Oxydationsprodukt des Safrols bzw. Isosafrols am Ende der achtziger Jahre. — Das **Vorkommen des Piperonals** als Bestandteil eines ätherischen Öles wurde nicht früh beobachtet. Tiemann (B. **9**, 1290) teilt zuerst einzelne Beobachtungen mit und erwähnt von gewissen Vanilleschoten („Vanillon“): diese „riechen nicht sowohl nach Vanille, als vielmehr nach Heliotrop und werden ausschließlich für Zwecke der Parfümerie zur Herstellung von Heliotropessenzen verwandt. Der Geruch des Vanillons stimmt auffallend mit dem verdünnter Piperonallösungen überein, und wir vermuteten daher zuerst, daß in demselben das Vanillin, der Methylprotocatechualdehyd, durch das nahe verwandte Piperonal, den Methylenprotocatechualdehyd, vertreten sein möchte. Diese Vermutung ist durch den Versuch nicht bestätigt worden; als Hauptträger des Aromas haben wir auch in dem Vanillon Vanillin (im Durchschnitt 0,4—0,7 %) aufgefunden.“ Nichtsdestoweniger mußte durch neue Versuche festgestellt werden, ob nicht dennoch in einzelnen Vanillesorten Piperonal vorhanden ist. — Über das Vorkommen des Piperonals im Heliotrop (*Heliotropium* spec.) sagt Tiemann (a. a. O., S. 1291 Anm.) im Jahre 1876: „Die absolute und inzwischen von vielen Personen konstatierte Identität des Geruchs der Heliotropblüten und des Piperonals macht es fraglich, ob nicht in den ersteren Piperonal vorhanden ist; wir werden versuchen diesen Gegenstand weiter zu verfolgen.“

Vom Spiraeaol (*Spiraea Ulmaria*) berichten Schneegans u. Gerock (Journ. d. Pharm. für Els.-Lothr. **19** [1892], 3, 55; Ref. Jahr. für Pharm. **1892**, 164), daß es außer Salicylaldehyd auch Methylsalicylat, ferner wenig Heliotropin (Piperonal) und Vanillin enthalte.

Schließlich hat Busse (Ber. der Deutsch. Pharm. Ges. **14** [1904], 205): „Über Heil- und Nutzpflanzen Deutsch-Ostafrikas“ berichtet, besonders auch über solche, welche sich durch einen Gehalt an ätherischem Öl bzw. durch Riechstoffe auszeichnen. Unter anderem wurde an verschiedenen Pflanzen intensiver Heliotropgeruch bemerkt: z. B. eine im Gebiete des Nyassa-Sees blühende Rubiacee *Plectronia heliotropiodora* K. Sch. n. sp. Noch intensiver nach Piperonal roch eine weißblühende *Vernonia* spec., die zu den Compositen gehört. Schließlich riecht die Rutacee *Clausea anisata* Willd. nicht nach Anis, sondern nach Heliotrop; Heliotropgeruch zeigt auch *Ekretia* spec., die zu den Borraginaceen gehört und auf der Insel Kwale vorkommt.

Aus allen diesen Angaben über das Vorkommen des Piperonals in ätherischen Ölen ersehen wir, daß zwar das Piperonal besonders in vielen Blüten vorkommt, daß aber seine Menge immerhin gering ist und die Isolierung des qu. ätherischen Öles auf große Schwierigkeiten stößt.

Zur **Synthese des Piperonals** ist bereits berichtet worden, daß es aus der Piperinsäure, ferner aus dem Safrol und Isosafrol dargestellt werden kann. Zur Darstellung aus dem Safrol und Isosafrol ist noch zu bemerken, daß man als Oxydationsmittel Ozon verwenden kann (Otto und Verley, D. R. P. 97620; C. **1898**, II, 693).

Physik. Eig. des Piperonals. Fittig u. Mielck (A. **152** [1869], 36): Smp. 37°, Sdp. 263°, schwerl. in kaltem Wasser (in ungefähr 500—600 Tl.), leichter lösl. in heißem Wasser; es läßt sich aus letzterem in zolllangen Kristallen erhalten.

Stohmann (Ph. Ch. **10**, 415): Mol.-Verbr. 870,6 Kal.

Physiol. Eig. des Piperonals. Das Piperonal besitzt den charakteristischen Heliotropgeruch, der entfernt an Cumarin erinnert. Aus diesem Grunde wird das Piperonal vielfach in der Parfümerie angewandt. Der Geruch verschwindet allmählich, wenn die Piperonalkristalle an der Luft liegen, indem diese sich gelb färben; wahrscheinlich tritt Oxydation ein. Über sonstige physiologische Eigenschaften finden wir ausführliche Mitteilungen bei Sch. u. Co. (Sch. **1903**, I, 138). Nach Frignani besitzt das Piperonal antipyretische und antiseptische Eigenschaften. Wimmer („Weitere experimentelle Untersuchungen über das Piperonal", Diss. Berlin) konstatiert, daß das Piperonal Pepsin-, Pankreaswirkung, Milchsäuregärung, Fäulnis, aber nicht die Hefewirkung hemmt und die Temperatur normaler und fiebernder Tiere herabsetzt. Weitere ausführliche physiologische Untersuchungen Heffters werden referiert. Piperonal geht im Organismus in Piperonylsäure über; sei im übrigen, in größeren Dosen genommen, nicht tödlich; ferner sei zu erwähnen, daß das Piperonal bei Fröschen das Zentralnervensystem lähme, und zwar trete die Wirkung bei subkutanen Injektionen äußerst schnell ein; die letale Dosis betrage ca. 2,5 g pro kg Frosch. Ferner habe sich herausgestellt, daß das Strychnin für Frösche ein Mittel sei, welches die lähmende Wirkung des Piperonals, selbst wenn dies in doppelt tödlicher Dosis eingegeben sei, vollständig aufhebe; und umgekehrt sei das Piperonal ein vorzügliches Antidot gegen Strychninvergiftung.

Chem. Eig. des Piperonals. Das Piperonal zeigt als Aldehyd die charakteristischen Aldehydreaktionen, indem es sich zum Alkohol reduzieren läßt, ferner mit Ammoniak, Blausäure, Hydroxylamin, Phenylhydrazin, Semicarbazid usw. reagiert.

Durch **Reduktion** wird der Piperonylalkohol $(CH_2O_2)\cdot C_6H_3\cdot CH_2OH$ gebildet (Fittig und Remsen, A. **159**, 138): Smp. 51°.

Durch **Oxydation des Piperonals** entsteht Piperonylsäure $(CH_2O_2)\cdot C_6H_3\cdot COOH$ (Fittig u. Mielck, A. **152**, 40): Smp. 227,5—228°; sie entsteht ferner beim Behandeln von Protocatechusäure mit Ätzkali und Methylenjodid usw. (FITTIG und REMSEN, A. **168**, 94).

Brompiperonal $(CH_2O_2) \cdot C_6H_2Br \cdot CHO$ (FITTIG u. M., a. a. O.; OELKER, B. **24**, 2593): Smp. 129°. — Das Nitropiperonal $(CH_2O_2) \cdot C_6H_2 \cdot (NO_2) \cdot CHO$ (F. und R., A. **159**, 134) schmilzt bei 94,5°.

Piperonalammoniak $C_{24}H_{18}N_2O_6$ (LORENZ, B. **14**, 791): Smp. 172° bzw. 213°. — Das Piperonalanilid $(CH_2O_2) \cdot C_6H_3 \cdot CH : N \cdot C_6H_5$ schmilzt bei 65°.

Das Piperonaloxim $(CH_2O_2) \cdot C_6H_3 \cdot CH : NOH$ schmilzt als a) Antiderivat bei 104° (HANTZSCH, Ph. Ch. **13**, 526; MARKUS, B. **24**, 3656), nach ANGELI und RIMINI bei 110—112° (G. **26**, I, 11). b) Das Synderivat schmilzt bei 146°.

Das Piperonalthiosemicarbazon $(CH_2O_2) \cdot C_6H_3 \cdot CH : N \cdot NH \cdot CS \cdot NH_2$ schmilzt bei 185° (NEUBERG und NEIMANN, B. **35**, 2053).

Mit Bisulfit vereinigt sich das Piperonal zu perlmutterglänzenden Schüppchen, die bei 100° unverändert bleiben und sich in Wasser und Alkohol wenig lösen.

Die **Identifizierung des Piperonals** dürfte nach vorgenommener Isolierung mittels der Bisulfitverbindung am besten durch den Smp. 37° erfolgen; der Geruch nach Heliotrop ist ebenfalls sehr charakteristisch. Von den chemischen Verbindungen ist besonders die aus ihm durch Oxydation entstehende Piperonylsäure vom Smp. 227° zur Identifizierung zu empfehlen.

Die **Konstitution und Geschichte des Piperonals** ist gelegentlich der Besprechung seines Vorkommens usw. ausführlich abgehandelt worden; es sei hier noch folgendes erwähnt. Das Piperonal wurde als chemisches Individuum zuerst von FITTIG und MIELCK im Jahre 1869 dargestellt, und zwar durch Oxydation der Piperinsäure. Als Oxydationsprodukt des Safrols wurde es von EYKMAN im Jahre 1885 vermutet, von POLECK im Jahre 1889 isoliert und bestimmt nachgewiesen.

Die ausgedehnte **Verwendung des Piperonals** zu Parfümeriezwecken, und zwar besonders zur künstlichen Hervorbringung des Heliotropgeruches, wurde oben schon erwähnt.

---

b₃) Dreiwertige Aldehyde.

369. Asarylaldehyd

$C_{10}H_{12}O_4 =$

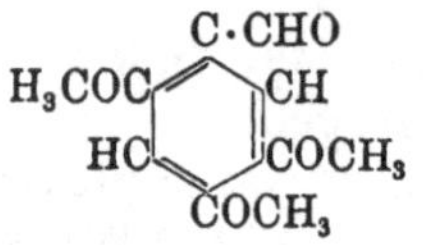

Vorkommen, Isolierung und Synthese. So verbreitet und in so großen Mengen zum Teil das Estragol, das Anethol, das Eugenol, das Safrol, das

Asaron, das Myristicin, das Apiol usw., kurzum alle die besprochenen Äther der Benzolreihe in ätherischen Ölen vielfach angetroffen werden, so wenig treten die zugehörigen Aldehyde quantitativ hervor. Der Anisaldehyd, das Vanillin und das Piperonal zeigten sich als für die Technik außerordentlich wichtig zur Hervorbringung von Wohlgerüchen. Der zum Asaron gehörige Asarylaldehyd besitzt zwar auch einen charakteristischen Geruch, jedoch scheint das Angenehme und Blütenartige im Geruch durch die Anhäufung der Oxymethylgruppen abgeschwächt zu werden. Auch der Asarylaldehyd ist zuerst auf künstlichem Wege gewonnen worden, und zwar beobachteten Butlerow und Rizza im Jahre 1887 (Ж. **19**, 3) (vgl. Asaron), daß man bei der Oxydation des Asarons mit Chromsäure oder Kaliumpermanganat den Asarylaldehyd erhält. — Gattermann und Eggers (B. **32**, 289) gingen vom Oxyhydrochinontrimethyläther aus, versetzten eine Mischung desselben mit Benzol und Blausäure mit gepulvertem Aluminiumchlorid, sättigten das auf 40—50° erwärmte Reaktionsgemisch mit HCl und zersetzten es alsdann mit Eiswasser. — Thoms und Beckstroem (B. **34**, 1023) lassen Luft auf ein öliges Produkt, das man dem Calmusöl (*Acorus Calamus* L.) durch Bisulfitlösung entziehen kann, einwirken, wobei geringe Mengen von Asarylaldehyd übrigbleiben.

Physik. Eig. des Asarylaldehyds. Der Asarylaldehyd bildet lange, seideglänzende Nadeln vom Smp. 114°, er sublimiert aber bereits bei 100°, löst sich schwer in kaltem Wasser und läßt sich aus heißem umkristallisieren.

Chem. Eig. des Asarylaldehyds. Der Asarylaldehyd löst sich in Natriumbisulfitlösung. Er liefert ein Oxim $(CH_3O)_3 \cdot C_6H_2 \cdot CH:NOH$ (Fabinyi, Ph. Ch. **12**, 578): Smp. 138,3°; das Hydrochlorid $C_{10}H_{13}O_4N \cdot HCl$ schmilzt bei 155,4°. Das Acetylderivat des Oxims schmilzt bei 14°.

Das Aldazin des Asarylaldehyds $(CH_3O)_3 \cdot C_6H_2 \cdot CH:N \cdot N:HC \cdot C_6H_2 \cdot (CH_3O)_3$ bildet nach Gattermann und Eggers (B. **32**, 290) gelbe Nadeln mit blauem Oberflächenschimmer vom Smp. 263°.

Der Asarylaldehyd liefert nach G. und E. mit Propionsäurealdehyd und Natriumpropionat auf 150° erhitzt Asaron und 2,4,5-Trimethoxy-β-methylzimtsäure.

Die **Identifizierung des Asarylaldehyds** dürfte am besten durch den Smp. 114° und durch sein Oxim vom Smp. 138° zu charakterisieren sein.

Die **Konstitution** ergibt sich einmal aus dem Abbau des Asarons (vgl. dieses), als auch aus seinem Aufbau aus dem Oxyhydrochinontrimethyläther von seiten Gattermanns und Eggers.

Die **Geschichte des Asarylaldehyds** gehört vollkommen der letzten Periode, 1887 bis zur Gegenwart, an, indem er zuerst im Jahre 1887 von Butlerow und Rizza in reinem Zustande dargestellt wurde, nachdem er vorher von Poleck und Staats (vgl. Asaron) ebenfalls in unreinem Zustande isoliert worden zu sein scheint.

Eine **Anwendung hat der Asarylaldehyd** bisher nicht gefunden.

Der **Myristicinaldehyd** und **Apionaldehyd** sind in der Natur als Bestandteile ätherischer Öle nicht aufgefunden worden.

Der Übersicht halber sei folgende Tabelle hinzugefügt, indem wir diejenigen Aldehyde an dieser Stelle berücksichtigen, von denen die Allyl- bzw. Propenylderivate als Bestandteile ätherischer Öle vorkommen:

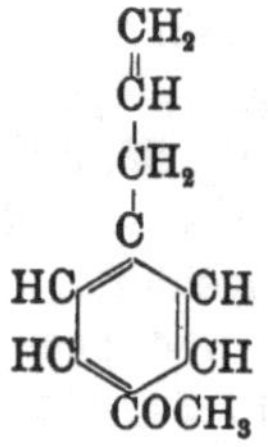

Estragol

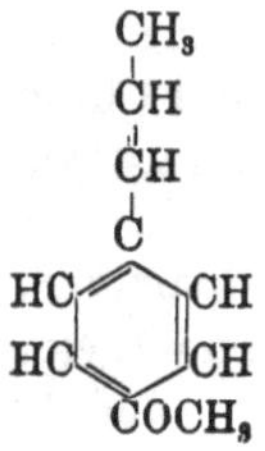

Anethol

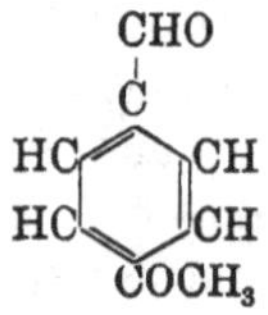

Anisaldehyd

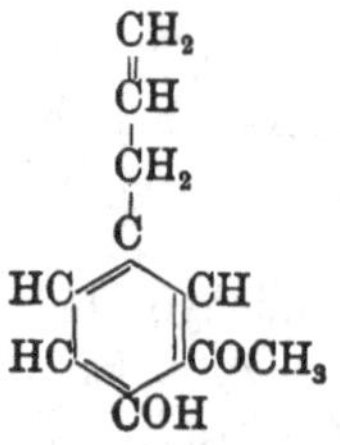

Eugenol

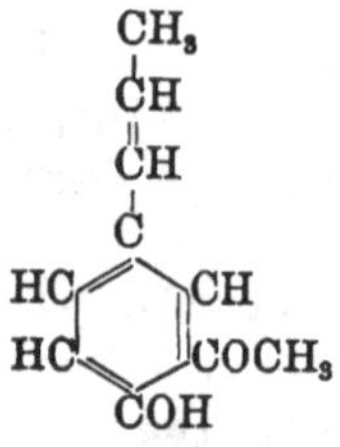

Isoeugenol

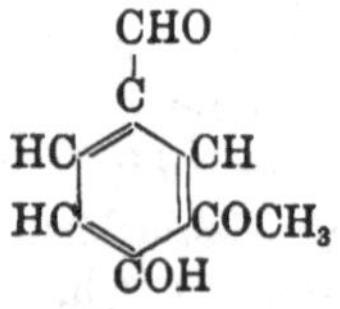

Vanillin

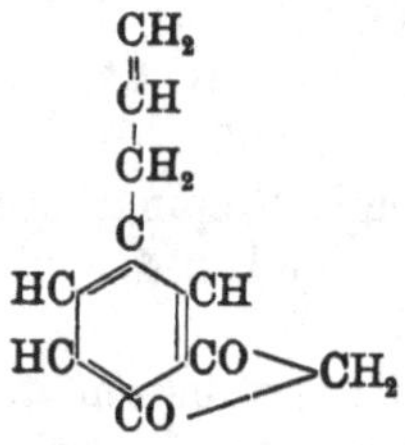

Safrol

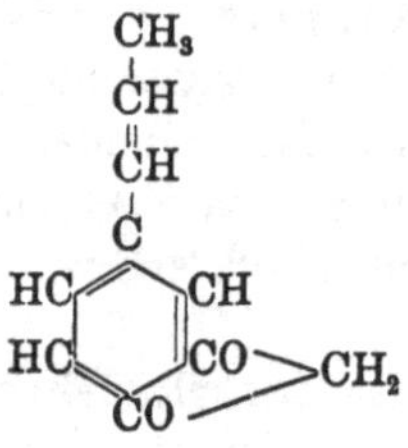

Isosafrol

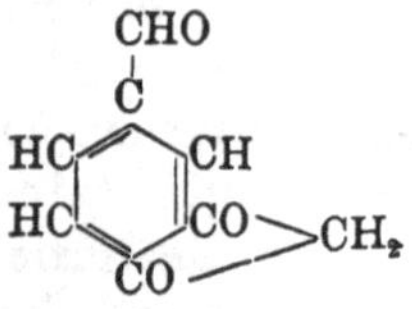

Piperonal

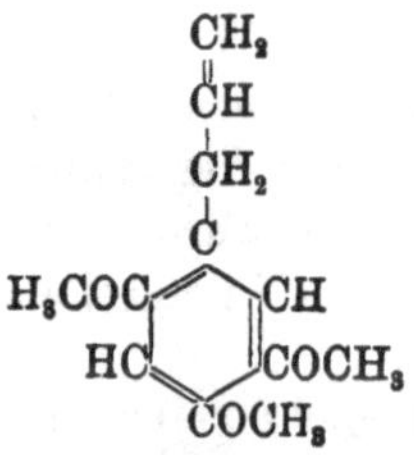

Asaron

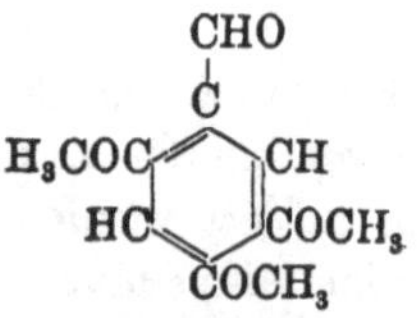

Asarylaldehyd

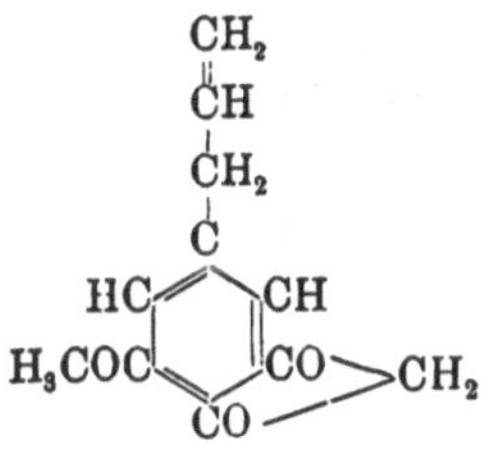

Myristicin

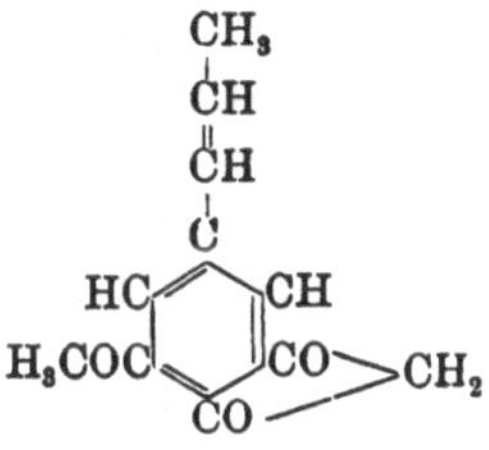

Isomyristicin

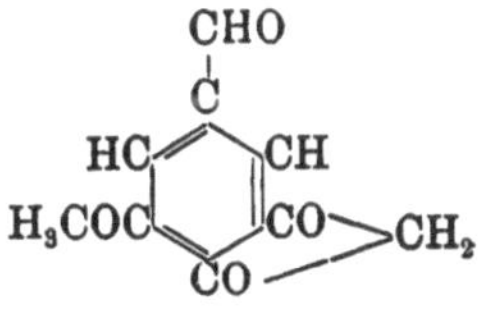

Myristicinaldehyd

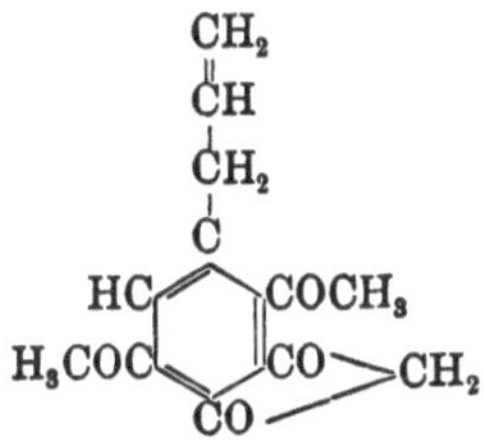

Petersilienapiol

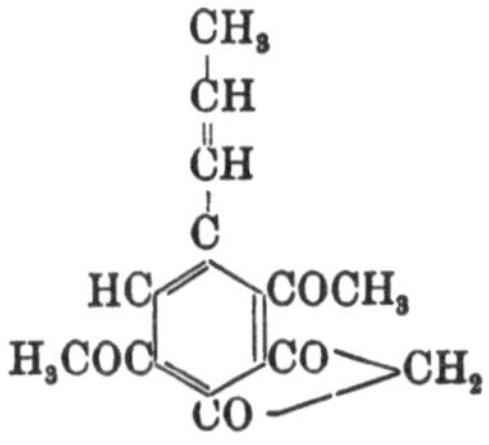

-isapiol

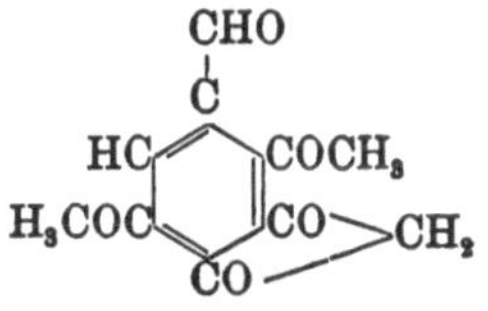

-aldehyd

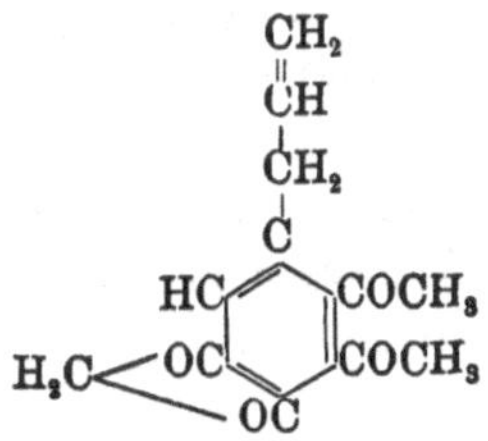

Dillapiol

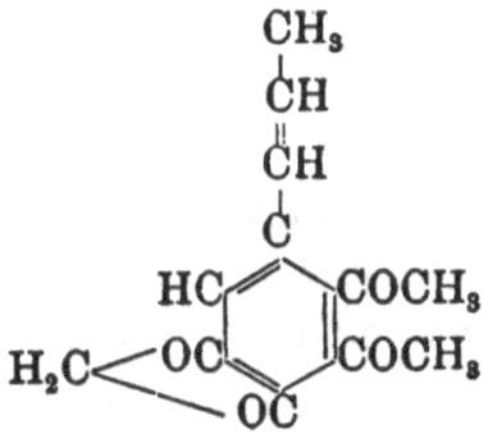

-isapiol

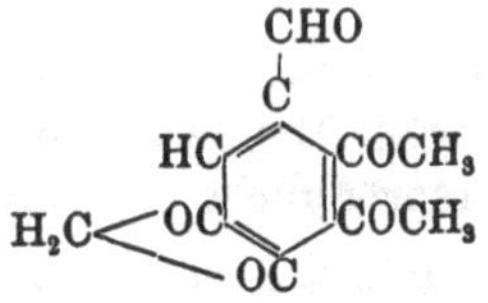

-aldehyd

Ungesättigte Aldehyde.

370. o-Methoxyzimtaldehyd, o-Cumaraldehydmethyläther

$C_{10}H_{10}O_2$ = 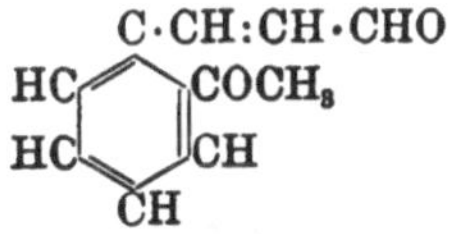 .

Vorkommen, Isolierung und Synthese. Während sich aus dem Ceylon-Zimtrindenöl als Stearopten zuweilen Zimtsäure abscheidet, findet sich hin und wieder als Stearopten im chinesischen Zimtcassienöl ein Körper, der schon frühzeitig die Aufmerksamkeit der Chemiker auf sich zog, aber erst in letzter Zeit in seiner Konstitution aufgeklärt wurde (Sch. **1894**, II, 9; J. pr. II, **51** [1895], 316). Rochleder (Wiener Akad. Ber. 1850) bringt die ersten Mitteilungen über dieses Stearopten. In einer weiteren Abhandlung machen ROCHLEDER und SCHWARZ (Wiener Akad. Ber. **12**, 192) im Jahre 1854 Angaben über die Einwirkung von zweifach-schwefligsauren Alkalien auf das Cassiastearopten. Nach ROCHLEDER hat der Körper die Zusammensetzung $C_{28}H_{30}O_5$; R. nennt den Körper Benzhydrol und sieht ihn als das Hydrat einer Verbindung $C_{14}H_{14}O_2$ an, welche sich vom Benzaldehyd durch den Mehrgehalt von 2 H-Atomen unterscheidet. Erst die ausführlichen Untersuchungen von BERTRAM und KÜRSTEN im Labor. von SCH. u. Co. bringen Klarheit in die Konstitution dieser Verbindung. Das von den Genannten untersuchte Stearopten hatte sich in beträchtlicher Menge aus dem Rektifikationsnachlauf von Cassiaöl abgeschieden.

Phys. Eig. des o-Methoxyzimtaldehyds. Smp. 45—46°, leichtlöslich in Alkohol, Benzol, Chloroform und Äther, schwerer in Petroläther; er ist optisch inaktiv, färbt die menschliche Haut intensiv und anhaltend gelb. Sdp. gegen 295° unter teilweiser Zersetzung, $Sdp._{12} = 160—161°$.

Physiol. Eig. des o-Methoxyzimtaldehyds. Besitzt einen lange anhaftenden, schwachen Geruch.

Chem. Eig. des o-Methoxyzimtaldehyds. Der Aldehyd ist leicht zersetzlich, indem er sich schon bei Abschluß von Licht und Luft allmählich färbt, während bei Zutritt von Licht und Luft Braunfärbung und das Auftreten eines stechenden Geruchs wahrzunehmen sind.

Durch Schütteln mit Bisulfitlösung wird eine kristallinische, jedoch in Wasser ll. Doppelverbindung gebildet, aus der mit Säuren oder Alkalien die ursprüngliche Substanz wieder abgeschieden werden kann.

Durch Oxydation mit Kaliumpermanganat wurde aus ihm die Methylsalicylsäure $C_6H_4(OCH_3)\cdot COOH$ gewonnen: Smp. 99°. Durch Kochen mit wässeriger Jodwasserstoffsäure ging letztere glatt in Salicylsäure vom Smp. 155—156° über. — Die Salicylsäure wurde auch aus dem o-Methoxycumaraldehyd beim Verschmelzen mit Kali erhalten.

Durch Oxydation mit Silberoxyd resultierte β-Methylcumarsäure $C_6H_4<^{(OCH_3)}_{CH:CH\cdot COOH}$: Smp. 182—183°; durch Reduktion mit Natriumamalgam entstand Methylmelilotsäure $C_6H_4(OCH_3)CH_2\cdot CH_2\cdot COOH$ vom Smp. 85—86°. Letztere Säure hinwiederum lieferte mit Jodwasserstoff das Melilotsäureanhydrid $C_6H_4<^{O}_{CH_2\cdot CH_2\cdot CO}$, welches durch Kochen mit Natriumalkoholat in die bei 83° schmelzende Melilotsäure $C_6H_4(OH)\cdot CH_2\cdot CH_2\cdot COOH$ überging. — Über die Einwirkung des Lichts auf die β-Methylcumarsäure vgl. B. und K. (J. pr. II, **51**, 323).

Das o-Methoxyzimtsäurealdehydaldoxim $C_6H_4(OCH_3)\cdot CH:CH:NOH$ schmilzt bei 125—126°. — Das Phenylhydrazon $C_6H_4(OCH_3)\cdot CH:CH:N\cdot NH\cdot C_6H_5$ bildet hellgelbe Kristalle vom Smp. 116—117°.

Zur **Identifizierung des o-Methoxycumaraldehyds** dürfte sich zunächst starkes Abkühlen empfehlen, wobei unter Umständen Abscheidung in

Kristallen erfolgt; der Smp. des Aldehyds liegt bei 45—46°. Von chemischen Reaktionen dürfte die Oxydation zur Methylsalicylsäure vom Smp. 99° sich zur Identifizierung eignen, ebenso die Bildung des Oxims vom Smp. 125—126° und des Phenylhydrazons vom Smp. 116—117°.

Die Natur des Körpers als Aldehyd wurde von B. und K. nach Festlegung der Bruttoformel $C_{10}H_{10}O_2$ aus der Bildung der Bisulfitverbindung, des Oxims, Phenylhydrazons und aus der Bildung der durch Oxydation erhaltenen β-Methylcumarsäure gefolgert. Das zweite Sauerstoffatom der Verbindung mußte ätherartig gebunden sein, da bei der Behandlung mit HJ die Bildung von Jodmethyl nachgewiesen werden könnte. Die weitere Konstitution ergab sich aus der Oxydation mit $KMnO_4$, wobei Methylsalicylsäure erhalten wurde, also konnte nur ein Skelett $C_6H_4(OCH_3)\cdot CH$: vorliegen; es war also, wie aus der Bildung der β-Methylcumarsäure mittels Silberoxyd hervorging, die Formel für den ursprünglichen Aldehyd nur eindeutig zu schreiben als $C_6H_4(OCH_3)\cdot CH:CHO$.

Geschichtlich ist noch zu bemerken, daß, obwohl bereits von Rochleder im Jahre 1850 und wahrscheinlich auch schon früher im chinesischen Zimtöl ein Stearopten bemerkt worden war, doch erst im Jahre 1894 im Labor. von Sch. u. Co. sowohl die Bruttoformel, als auch die sonstige chemische Natur dieses Körpers ermittelt wurde.

Eine praktische Verwendung hat dieser Aldehyd bisher nicht gefunden.

c) Ketone.

1. Ketone der Benzolreihe, in denen Wasserstoff im Kern durch Hydroxyl bzw. Oxyalkyl substituiert ist.

Die Ketone der Benzolreihe treten im Vergleich zu den der gleichen Reihe angehörenden Aldehyden als Bestandteile ätherischer Öle zurück, während wir sahen, daß in der hydriert-cyklischen Reihe sehr viele Ketone in den ätherischen Ölen anzutreffen waren und die Aldehyde zurücktraten.

Wie oben bereits erwähnt wurde, hat man Ketone, welche im Kern nicht durch Hydroxyl usw. substituiert sind, mit Sicherheit bisher in der Natur nicht aufgefunden; es ist aber nicht ausgeschlossen, daß sich das Acetophenon in einzelnen Ölen doch noch wird nachweisen lassen.

2. Ketone, welche Derivate von einwertigen Phenolen sind.

Hierher gehören je ein Derivat eines o-Ketons, sowie eines p-Ketons; dagegen ist ein m-Oxyketon bisher nicht aufgefunden worden.

371. u. 372. o-Oxyacetophenon und ev. sein Alkyläther.

$C_8H_8O_2$ = 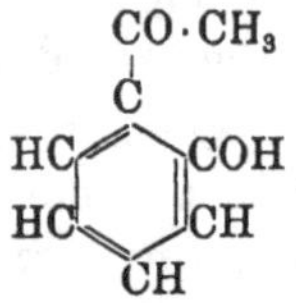 .

Vorkommen, Isolierung und Synthese. Das o-Oxyacetophenon wurde von TAHARA (B. **25**, 1309) im Jahre 1892 durch 6stündiges Erhitzen des Methyläthers mit konz. HCl auf 130° erhalten. Den Methyläther selbst erhielt T. bei 10stündigem Kochen von o-Methoxybenzoylessigsäureäthylester mit verd. Schwefelsäure. — DUNSTAN und HENRY (Soc. **75**, 66) untersuchten das ätherische Öl von *Chione glabra.* Das Genus *Chione* gehört zu den Rubiaceen und seine Arten sind fast ausschließlich auf Westindien beschränkt. Wegen des Wohlgeruchs seiner Blüte führt *Chione glabra* auf der westindischen Insel Grenada den Namen „Violette", während sie nach ENGLER und PRANTL auf Puerto Rico mit dem Namen „Palo blanco" belegt ist. Das Holz und noch mehr die Rinde dieses Baumes besitzen einen aromatischen, jedoch gleichzeitig fäkalartigen Geruch, der beim Liegen an der Luft allmählich verschwindet. Durch Wasserdampfdestillation wird aus der Rinde nach PAUL und COWNLEY (Pharm. Journ. IV, **7** [1898], 51) zu 1,5% ein blaugelbes äther. Öl gewonnen, das schwerer als Wasser ist und beim Abkühlen auf — 20° zu einem Magma von Kristallen erstarrt. DUNSTAN und HENRY (a. a. O.) haben dieses ätherische Öl untersucht und gefunden, daß es aus zwei Substanzen besteht, von denen die eine unter einem Druck von 34 mm bei 160° siedet und bei niederer Temperatur allmählich zu einer kristallinischen Masse erstarrt; die andere Substanz ist farblos, kristallinisch und hat den Smp. 82°. Außer diesen beiden Substanzen enthält das Öl Spuren stickstoffhaltiger Verbindungen, jedoch konnten von D. und H. Indol oder dessen Derivate, obgleich der Geruch auf ihre Anwesenheit hindeutete, nicht nachgewiesen werden.

Physik. und chem Eig. des o-Oxyacetophenons. Der bei gewöhnlicher Temperatur flüssige Bestandteil, der bei einem Druck von 34 mm bei 160—165° siedete, zeigte $d_{15/4}$ = 0,850. Es ist verhältnismäßig lösl. in Wasser; der Geruch ist aromatisch und schwach fäkalartig. Eine wässerige Lösung von Eisenchlorid ruft eine tiefrote Färbung hervor und Bromwasser gibt einen gelben kristallinischen Niederschlag, der sich in Alkalien löst. Durch Einwirkung von Essigsäureanhydrid wurde ein Acetat $C_8H_7O \cdot C_2H_3O_2$ erhalten. — Mit Hydroxylamin entstand das Oxim OH·C_8H_7:NOH vom Smp. 112°, mit Phenylhydrazin das Phenylhydrazon vom Smp. 108°. — Durch Einwirkung von Brom resultierte ein Bromkörper, der jedoch nicht ganz rein gewesen zu sein scheint. Beim Schmelzen mit Kalihydrat wurde Salicylsäure vom Smp. 155° mit allen ihren Reaktionen gewonnen. — Durch Einwirkung von Salpetersäure resultierte Pikrinsäure.

Konstitution des o-Oxyacetophenons. Aus allen diesen Reaktionen schließen D. und H., daß es sich um das o-Oxyacetophenon handelt. Dieses Keton war, wie oben erwähnt, bereits von Tahara auf künstlichem Wege dargestellt worden. Außerdem haben es Feuerstein und v. Kostanecki (B. **31**, 1762) beim Eindampfen von Flavon mit 30%iger Kalilauge neben Acetophenon, Benzoësäure und Salicylsäure erhalten sowie (B. **31**, 715) durch Spaltung von Phenazylidenflaven mit Natriumalkoholat. Friedländer und Neudörfer (B. **30**, 1080) stellten es dar durch Kochen von diazotiertem o-Aminoacetophenon mit Wasser. – D. und H. synthetisierten es, indem sie von der o-Nitrozimtsäure $NO_2 \cdot C_6H_4 \cdot CH:CH \cdot COOH$ ausgingen, diese in das Dibromprodukt $NO_2 \cdot C_6H_4 \cdot CHBr \cdot CHBr \cdot COOH$ und letzteres in die o-Nitrophenylpropiolsäure $NO_2 \cdot C_6H_4 \cdot C \vdots C \cdot COOH$ verwandelten; diese lieferte o-Nitrophenylacetylen $NO_2 \cdot C_6H_4 \cdot C \vdots CH$, letzteres o-Amidophenylacetylen $NH_2 \cdot C_6H_4 \cdot C \vdots CH$, dieses gab o-Amidoacetophenon, aus dem schließlich durch Diazotierung das o-Oxyacetophenon gewonnen wurde, das sich als identisch mit dem im äther. Öl von *Chione glabra* erwähnten Bestandteil erwies.

Das o-Methoxyacetophenon $OCH_3 \cdot C_6H_4 \cdot CO \cdot CH_3$ glauben D. und H. in der oben erwähnten kristallinischen Substanz vom Smp. 82° vor sich zu haben; jedoch konnte es wegen der geringen Menge nicht näher untersucht werden.

Die **Identifizierung** des freien Phenols sowie seines Methyläthers dürfte am besten bei ersterem durch das Oxim vom Smp. 112° bzw. das Phenylhydrazon vom Smp. 108° erfolgen, während für den Oxymethyläther der Smp. 82° charakteristisch sein dürfte. — Es darf nicht übergangen werden, daß das Volumgewicht $d_{15/4} = 0{,}850$ ein zu niedriges ist für einen Benzolkörper, so daß ev. ein Fehler in der Beobachtung vorliegt. Durch neue Untersuchung ist diese Frage einer nochmaligen Prüfung zu unterziehen.

---

373. p-Oxyacetophenonderivat: Anisketon

$C_{10}H_{12}O_2$ =

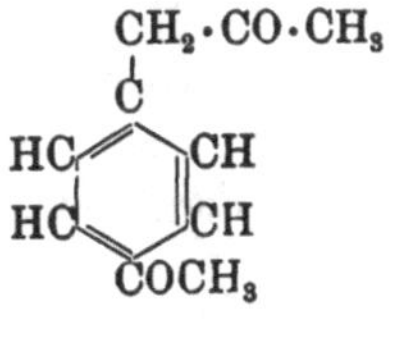

Vorkommen, Isolierung und Synthese. Bouchardat und Tardy (C. r. **122** [1896], 198; Bl. III, **15**, 612) berichten über die Zusammensetzung des russischen Anisöls (*Pimpinella Anisum* L.). Durch Behandlung mit Bisulfitlösung wurden, nachdem das Anethol durch Ausfrieren soviel wie möglich entfernt worden war, zwei Verbindungen abgeschieden, der Anisaldehyd und ein Keton $C_{10}H_{12}O_2$, das **Anisketon** genannt wurde, bei 263° siedete und sich mit Permanganat zu Anissäure oxydieren ließ. In einer späteren Arbeit gibt TARDY (Bl. III, **17** [1897], 660) an, in einem ätherischen Öle von französischem kultiviertem bitterem Fenchel (*Foeniculum vulgare* Gärtn.) außer den bekannten Körpern Pinen, Fenchon und Anethol Methylchavicol und Anisketon aufgefunden zu haben (ev. liegt bei diesen Ölen nach SCH. u. Co. (SCH. **1896**, I, 7) Verfälschung vor). Späterhin jedoch nimmt TARDY (THÈSE, Paris **1902**) die Untersuchung an einem russischen Anisöl auf, dessen Echtheit ihm garantiert war. Auch in diesem Öle konnte TARDY Anisketon nachweisen. — Das bei der Spaltung des Piceïns entstehende Piceol (TANRET, C. r. **119**, 80) ist nach CHARON und ZAMANOS (C. r. **133**, 741; C. **1901**, II, 1341) p-Oxyacetophenon.

Physik. und chem. Eig. des Anisketons. TARDY gibt an, daß das Anisketon eine bewegliche Flüssigkeit vom Sdp. 263° sei und ein Volumgewicht $d_0 = 1{,}095$ aufweise; der Geruch des Anisketons erinnere etwas an Bittermandelöl.

An der Luft werde das Anisketon zu Essigsäure und Anissäure oxydiert, Produkte, welche auch durch Oxydation mit Kaliumpermanganat entstehen.

Das Oxim des Anisketons soll bei 72° schmelzen.

Die **Identifizierung des Anisketons** dürfte am besten nach vorheriger Isolierung mittels der Natriumbisulfitverbindung durch Bestimmung der phys. Konstanten erfolgen. Von chem. Reakt. ist die Oxydation zu Essig- und Anissäure charakteristisch, sowie der Smp. 72° des Oxims.

Die **Konstitution des Anisketons** folgert TARDY einmal aus den Oxydationsprodukten (Essig- und Anissäure), sodann aus der Tatsache, daß es verschieden ist von dem Äthylanisylketon WALLACHS (B. **28** [1895], 2714), dagegen in seinen Eigenschaften übereinstimmt mit dem von BÉHAL und TIFFENEAU (Bl. III, **25** [1901], 275) dargestellten p-Methoxyphenylaceton, da die Oxime beider Verbindungen bei 72° schmelzen; schließlich ist der Siedepunkt des von TÖNNIES (B. **20** [1887], 2984] aus Anethol erhaltenen Ketons $C_6H_4(OCH_3)CH_2 \cdot CO \cdot CH_3$ der gleiche wie der des Anisketons.

Geschichtlich ist zu betonen, daß sowohl die künstliche Darstellung des Anisketons, als auch der von TARDY angegebene Nachweis in Umbelliferenölen vollkommen der Periode 1887 bis zur Gegenwart angehörten, indem die Untersuchungen über das Keton erst im Jahre 1895 beginnen.

3. Keton der Benzolreihe, welches sich von einem zweiwertigen Phenol ableitet.

374. Paeonol

$C_9H_{10}O_3$ =

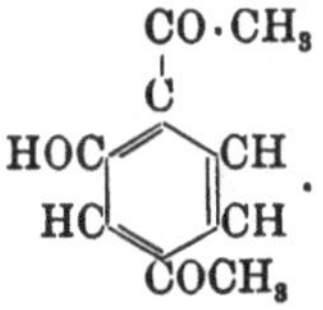

Vorkommen, Isolierung und Synthese. Martin und Jagi (Ar. **213** [1878], 335) isolierten aus der Wurzelrinde der zur Familie der Ranunculaceen gehörigen *Paeonia Moutan* Sims. einen aromatisch riechenden Bestandteil, dessen Smp. bei 45° lag und dessen Zusammensetzung derjenigen der Caprinsäure nahe stehen soll. M. und J. hielten die Substanz für eine Fettsäure. Die Wurzelrinde von *P. M.* ist eine in Japan und China häufig angewandte Droge, auf welcher sich die erwähnten weißen prismatischen Kristalle, die man auch durch Destillation mit Wasserdampf erhalten kann, vielfach ausgeschieden haben.

Will (B. **19**, 1776) bringt im Jahre 1886 eine „Notiz über einen Bestandteil der Wurzel von *Paeonia Moutan*". Auch W. konstatierte, daß in der ihm zu Gebote stehenden Wurzel einer japanischen *Paeonia* schon mit dem bloßen Auge Kristalle erkannt werden konnten, welche in feinen weißen Nadeln vom Smp. 47° kristallisierten und zu 3—4% aus der Wurzel zu erhalten sind. W. teilt fernerhin mit, daß diese Substanz identisch ist mit einer, welche Nagai als „Paeonol" bezeichnete und welche ebenfalls aus Japan stammt. Nagai sehe das Paeonol als ein aromatisches Keton an $C_6H_3 \left\langle \begin{array}{l} COCH_3\,(1) \\ OH\,(2) \\ OCH_3\,(4) \end{array} \right.$; dieses Keton liefere bei der Methylierung und darauffolgenden Oxydation β-Dimethylresorcylsäure, beim Verschmelzen mit Kalihydrat β-Resorcylsäure. Ferner wurde aus dem methylierten Paeonol p-Methoxysalicylsäure dargestellt und das entmethylierte Paeonol sei identisch mit dem von Nencki und Sieber (J. pr. II, **23**, 147) aus dem Resorcin gewonnenen Dioxyacetophenon.

Nagai (B. **24**, 2847) berichtet alsdann selbst im Jahre 1891 über das Paeonol.

Zur **Synthese des Paeonols** berichtet Tahara (B. **24**, 2459) im Jahre 1891, daß er vom Resacetophenon (Nencki und Sieber) ausging und diesen Körper partiell methylierte, wobei es ihm gelang, eine Verbindung vom Smp. 50° zu gewinnen, die vollständig übereinstimmte mit dem natürlichen Paeonol, indem T. das Methylpaeonol vom Smp. 40° hieraus gewann.

Physik. und chem. Eig. des Paeonols. NAGAI findet den Smp. 50° (TIEMANN, B. **24**, 2854, findet den Smp. zu 48°); es ist mit Wasserdämpfen flüchtig, riecht aromatisch, schmeckt brennend, löst sich wenig in kaltem, leichter in heißem Wasser. Eisenchlorid bewirkt in wässeriger Lösung eine rotviolette Färbung, während H_2SO_4 die Substanz ohne Farbenveränderung aufnimmt. Von Alkalicarbonaten und Ammoniak wird das Paeonol nicht gelöst, dagegen leicht von kaustischen Alkalien, mit denen es gut kristallisierte Alkalimetallsalze liefert.

Wird das Paeonol mit der 20fachen Menge Jodwasserstoff 5 Stunden lang im geschlossenen Rohr bei 150° behandelt, so wird es in Jodmethyl und Resacetophenon (Dioxyacetophenon)

$C_6H_3 \begin{cases} CO \cdot CH_3 (1) \\ OH (2) \\ OH (4) \end{cases}$ gespalten. Dieselbe Verbindung wird erhalten, wenn 1 Tl. Paeonol mit 4 Tl. Kaliumhydrat unter Zusatz von wenig Wasser in einer Silberschale verschmolzen wird: Smp. 142°; diese Substanz gibt mit $FeCl_3$ in alkohol. Lösung eine weinrote Färbung und zeigt alle Eigenschaften des von NENCKI und SIEBER (J. pr. II, **23**, 147) erhaltenen Resacetophenons. Außer dieser Verbindung wurde bei der Kalischmelze noch α-Resorcylsäure $C_6H_3 \begin{cases} COOH (1) \\ OH (2) \\ OH (4) \end{cases}$ erhalten: Smp. 201° (früher von TIEMANN und PARRISIUS, B. **13**, 2358, als β-Resorcylsäure bezeichnet); schließlich entsteht dabei auch Resorcin $C_6H_4 \begin{cases} OH (2) \\ OH (4) \end{cases}$.

Um die Konstitution des Paeonols in bezug auf die Stellung der drei Substituenten festzustellen, wurde zur Oxydation geschritten, jedoch zunächst die Hydroxylgruppe durch Acetylierung festgelegt, wobei das Acetylpaeonol $C_6H_3 \begin{cases} CO \cdot CH_3 (1) \\ OCOCH_3 (2) \\ OCH_3 (4) \end{cases}$ gewonnen wurde: Smp. 46,5°. Dieses Acetylpaeonol wurde durch Oxydation mit Kaliumpermanganat in p-Methoxyacetylsalicylsäure $C_6H_3 \begin{cases} COOH \\ OCOCH_3 \\ OCH_3 \end{cases}$ vom Smp. 140° übergeführt; Eisenchlorid färbt diese Säure nicht. Durch Verseifen mit Kalilauge entsteht aus ihr p-Methoxysalicylsäure $C_6H_3 \begin{cases} COOH (1) \\ OH (2) \\ OCH_3 (4) \end{cases}$ vom Smp. 156° (TIEMANN und PARRISIUS, B. **13**, 2376 sowie KOERNER und BERTONI, B. **14**, 847). — Das Methylpaeonol $C_6H_3 \begin{cases} CO \cdot CH_3 \\ OCH_3 \\ OCH_3 \end{cases}$ schmilzt bei 40° (TAHARA, B. **24**, 2460).

Das Paeonolketoxim $C_6H_3 \begin{cases} C(:NOH) \cdot CH_3 (1) \\ OH (2) \\ OCH_3 (4) \end{cases}$ gewinnt TIEMANN (B. **24**, 2854) als einen aus feinen Nadeln bestehenden Körper; das Phenylhydrazon $C_6H_3\begin{cases}C(:N\cdot NH\cdot C_6H_5)\cdot CH_3\,(1)\\ OH\,(2)\\ OCH_3\,(4)\end{cases}$ bildet schwach gelbe, bei 107° schmelzende Nadeln.

Schließlich sei erwähnt, daß Nagai (B. **25** [1892], 1284) und Tahara (B. **25**, 1292) sich mit den Einwirkungsprodukten, welche aus dem Paeonol und Essigsäureanhydrid außer dem normalen Acetat entstehen, beschäftigen. Das Dehydrodiacetylpaeonol

$C_{13}H_{12}O_4$ =

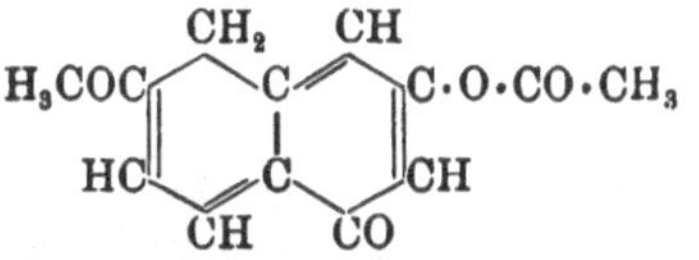

schmilzt bei 160°, das Bromdehydroacetylpaeonol $C_{11}H_9BrO_3$ bei 175—177°. Das Hydroxyacetylpaeonol

$C_{11}H_{12}O_4$ =

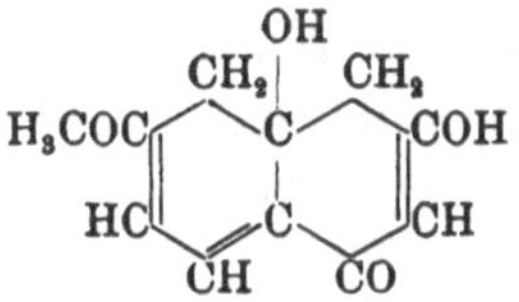

bildet Nadeln vom Smp. 68°, während das Dehydroacetylpaeonol

$C_{11}H_{10}O_3$ =

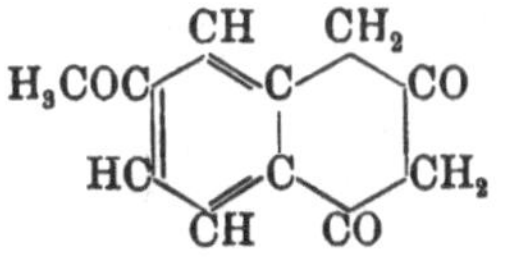

in Prismen vom Smp. 113° kristallisiert (vgl. Originalarbeiten).

Die **Identifizierung des Paeonols** dürfte durch seinen Smp. 48—50° erfolgen. Von seinen Derivaten schmilzt das Phenylhydrazon bei 107°.

Die **Konstitution des Paeonols** folgert Nagai nach Feststellung der Zusammensetzung zu $C_9H_{10}O_3$ aus der Kalischmelze des Paeonols, wobei Resorcylsäure, Resorcin usw. gewonnen werden. Die relative Stellung der Oxymethylgruppe usw. ergab sich aus der Aboxydation, wobei p-Methoxysalicylsäure resultierte. Bestätigt wurde diese Ansicht Nagais über die Konstitution des Paeonols durch die Synthese dieses Körpers von seiten Taharas, der dabei vom Resacetophenon ausging.

Obwohl das Paeonol sicherlich seit langer Zeit als Ausscheidung auf der ostasiatischen *Paeonia Moutan*-Wurzel beobachtet worden ist, so scheinen doch die ersten Mitteilungen über diese Verbindung von Martin und Jagi aus dem Jahre 1878 herzurühren. Aber erst die Untersuchungen Nagais in der Mitte und Ende der achtziger Jahre des vergangenen Jahrhunderts brachten Klarheit über die Konstitution dieses Körpers, ebenso die von Tahara im Jahre 1891 ausgeführte Synthese.

d) Säuren der Benzolreihe, welche im Kern durch Hydroxyl bzw. Oxyalkyl usw. substituiert sind.

375. Salicylsäure.

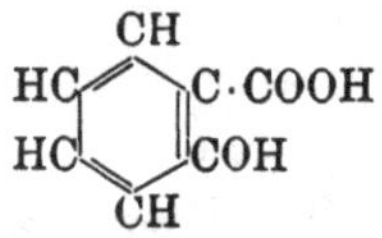

Vorkommen, Isolierung und Synthese. Die Salicylsäure ist im Pflanzenreich sehr verbreitet; wenn sie auch im freien Zustande weniger häufig angetroffen wird, so kommen doch Derivate von ihr überall in der Pflanze vor, sei es als Glykosid wie das Salicin oder als Ester wie das Gaultheriaöl oder im freien Zustande wie im Spiraeaöl usw. Piria (A. ch. **69**, 298; A. **29**, 300; **30** 151; C. r. **1838**, Nr. 22) teilt seine überaus wichtigen Untersuchungen über das Salicin und die daraus entstehenden Produkte mit. Es gelingt Piria gelegentlich dieser Arbeit die Salicylsäure, deren Name demnach von Salicin hergenommen ist, aus dem „Salicylwasserstoff" (Salicylaldehyd) durch Erhitzen mit Kali zu erhalten. P. stellt eine Anzahl Derivate dar. Loewig und Weidmann (P. **46**, 57; J. pr. **19**, 236) fanden alsdann diese Säure in den Blüten von *Spiraea Ulmaria* auf. Immerhin war die Darstellung der Salicylsäure wegen der Knappheit des Ausgangsmaterials schwierig. — Delalande (A. **45**, 336) stellt im Jahre 1843 fest, daß auch beim Schmelzen des Cumarins Salicylsäure entstehe.

Gerhardt (A. **45**, 19) berichtet über die Zusammensetzung des Salicins sowie über die Beziehungen zwischen der Salicyl-, Phenyl- und Indigogreihe und zeigt, daß Salicylsäure beim Verschmelzen des Salicins mit Kalihydrat gebildet wird. — Aber erst die Entdeckung Cahours', daß man aus dem ätherischen Öl von *Gaultheria procumbens* Salicylsäure gewinnen könne, und daß das Gaultheriaöl Salicylsäuremethylester sei, machte die Säure leichter zugänglich. Gleichzeitig mit Cahours hatte auch Procter (A. **48**, 66) Gaultheriaöl untersucht und war zu dem gleichen Resultat gekommen. — Cahours (A. **52**, 343) erhielt die Salicylsäure auch aus dem Indigo. — Gerland (A. **86**, 147) erhielt Salicylsäure aus Anthranilsäure und HNO_2.

Piria (A. **93**, 362) zeigte alsdann, daß die Salicylsäure zweibasischer Natur sei. Bereits Kolbe (A. **86**, 148 Anm.) spricht die Salicylsäure im Jahre 1853 als Phenylkohlensäure an. — Wir sehen daraus, daß man am Ende der Periode 1830—1857 nach der Entdeckung der Salicylsäure durch Piria ihre Bruttoformel genau kannte, man wußte ferner, daß sie, ähnlich der Benzoësäure, ein Radikal Salicyl bilde, jedoch fehlte immerhin noch die Überführung der Salicylsäure in die Benzoësäure, in das Phenol oder Benzol bzw. umgekehrt, kurzum, man war sich über die Konstitution der Salicylsäure im Jahre 1857 durchaus nicht klar.

Erst in der nächsten Periode, 1857—1872, führten Kolbe und Lautemann (A. **113**, 126; **115**, 157; J. pr. II, **8**, 41) die Synthese im Jahre 1860 aus, indem sie Phenol, CO_2 und Natrium auf einander einwirken ließen, wodurch Kolbe seine ursprünglich geäußerte Ansicht, daß Salicylsäure Phenolkohlensäure sei, bewies. Kraut gab ebenfalls (Z. **1865**, 585) der Salicylsäure eine der Glycolsäure ähnliche Konstitution. Durch die Kolbeschen Versuche war die Auffassung der Salicylsäure als Oxybenzoësäure gegeben (vgl. Salicylaldehyd), jedoch erst nach der Aufstellung der Kekuléschen Benzoltheorie erkannte man mit voller Schärfe, daß in der Salicylsäure eine Oxybenzoësäure vorliege; es war jedoch noch die relative Stellung der Hydroxyl- und Carboxylgruppe festzustellen. Diese Frage sollte noch nicht so schnell entschieden werden; noch im Jahre 1870 (B. **3**, 112) sah V. Meyer die Salicylsäure als m-Verbindung an, so daß am Ende der Periode im Jahre 1872 die Frage nach der Konstitution der Salicylsäure noch nicht endgültig entschieden war.

Zu Beginn der nächsten Periode dauerten die Versuche fort, welche die relative Stellung der Substituenten in der Salicylsäure entscheiden sollten. Noch im Jahre 1873 betonte v. Richter (B. **6**, 882), daß man die Frage nach der Konstitution der Salicylsäure noch nicht mit gutem Gewissen als erledigt ansehen könne. — Aus der Beziehung der Salicylsäure zur Phtalsäure usw. folgert V. Meyer (B. **6**, 1155) alsdann, daß in der Salicylsäure o-Stellung der Hydroxyl- zur Carboxylgruppe anzunehmen sei. — Hieraus erkennen wir, daß die für die Chemie der ätherischen Öle wichtige Konstitution der Salicylsäure erst im Jahre 1873 mehr oder weniger fest angenommen war; in der Folgezeit hat sich diese Annahme als richtig erwiesen.

Im freien Zustande kommt die Salicylsäure in einzelnen ätherischen Ölen vor, wenn auch meistens nur in geringer Menge. Ihre Entstehung dürfte vielfach auf Zersetzung von Estern bzw. auf die Oxydation von Salicylaldehyd zurückzuführen sein; schließlich dürfte auch die Zersetzung von Glykosiden eine Rolle spielen.

Lauraceae.

Das Spice-woodöl (Benzoë-Lorbeeröl) (*Benzoin odoriferum* Nees bzw. *Laurus Benzoin* L.) wird aus allen Teilen des Strauches gewonnen. Sch. u. Co. (Sch. **1885**, II, 28) berichten: „Bei der Behandlung mit Natronlauge wurden aus 200 g Öl 16 g Salicylsäure erhalten, herrührend von einem im Öl enthaltenen Methyläther, welcher ungefähr 9—10% des Gewichtes betragen dürfte.“ — Aus der Rinde (Sch. **1890**, II, 49) wurden 0,43% Öl gewonnen. Die Rinde wird in den Vereinigten Staaten gegen Wechselfieber gebraucht. Die Beeren lieferten 5% eines aromatisch gewürzhaft und kampferartig riechenden Öles, $d = 0{,}855$, während jenes aus der Rinde 0,923 zeigte; die Schößlinge lieferten 0,3% eines kampfer-

und kalmusartig riechenden Öles, spez. Gew. 0,923; schließlich wurden aus den Blättern 0,3 % eines Öles gewonnen, welches lavendelartig roch. — Es muß dahingestellt bleiben, ob sämtliche Salicylsäure in dem Spicewoodöl als Ester vorkommt, oder ob sich nicht auch ein Teil im freien Zustande findet.

Rosaceae.

Nach den Untersuchungen von SCHNEEGANS und GEROCK (J. **1892**, 164) sowie früher von LOEWIG und WEIDMANN (P. **46**, 57) dürfte sich auch in dem ätherischen Öle aus den Blüten von *Spiraea Ulmaria* freie Salicylsäure finden.

Leguminosae.

Das Cassieblütenöl (*Acacia Cavenia* Hook. et Arn.) gewannen SCH. u. Co. (Sch. **1903**, II, 14) durch Wasserdampfdestillation von 1,6 kg des Blütenextraktes (Cassie romaine). Es stellte sich heraus, daß das hierbei gewonnene Öl zum großen Teil in verd. Natronlauge löslich war. „Die in Lauge löslichen Teile betrugen 94 g und bestanden zu 73 g aus Eugenol und zu 21 g aus Salicylsäure vom Smp. 156°. Die nach der Behandlung mit Lauge zurückbleibenden Anteile des Öles betrugen nach nochmaliger Destillation mit Wasserdampf und Rektifikation im Vakuum 103 g. Außer Salicylsäure, die wie bei dem Öl der *Acacia Farnesiana* auch in diesem Öle jedenfalls zum großen Teil als Salicylsäuremethylester vorkommt, wurde nur eine kleine Menge einer flüssigen, noch unbekannten Säure aufgefunden.“

Rutaceae.

Auch im Rautenöl findet sich Salicylsäure, die wahrscheinlich ebenfalls ursprünglich vom Methylester herstammt (THOMS, Ber. d. deutsch. Pharm. Ges. **11** [1901], 3; HOUBEN, B. **35** [1902], 3587; POWER und LEES, Soc. **81** [1902], 1585).

Theaceae.

Über das Teeöl (*Thea chinensis*) liegen Angaben vor (S'Lands Plantentuin te Buitenzorg. Jaar 1896, S. 166), nach denen aus frisch vergorenen jungen Teeblättern bei der Destillation mit Wasserdampf ein Destillat gewonnen wird, das mit Eisenchlorid schwache Reaktion auf Salicylsäure gibt.

Aus diesen Mitteilungen über das Vorkommen der Salicylsäure geht hervor, daß dies meist auf den fast stets gleichzeitig nachgewiesenen Salicylsäuremethylester zurückzuführen sein dürfte. — Über das Vorkommen der Salicylsäure im Nelkenöl, an Eugenol gebunden, vgl. SCHEUCH (A. **125**, 14) und ERDMANN (J. pr. II, **56**, 152).

Die **Synthese der Salicylsäure** aus Phenolnatrium und CO_2 wurde bereits oben erwähnt. — DRECHSEL (Z. **1865**, 580) erhitzte Phenol mit $KHCO_3$ auf 160°. — ETTLING (A. **53**, 83) destillierte benzoësaures Kupfer,

SMITH, (Am. **2**, 338) erhitzte dieses Salz mit 3 Tl. Wasser auf 180°. — BARTH (A. **154**, 360) verschmolz o-Kresol mit KOH, WOLKOW (Z. **1870**, 326) verschmolz o-Toluolsulfosäure usw.

Physik. Eig. der Salicylsäure: Smp. 155—156°, sublimiert bei vorsichtigem Erhitzen unzersetzt, ist mit Wasserdämpfen flüchtig. Mol. Verbr. (bei konst. Vol.) = 735,0 Kal. (BERTHELOT und RECOURA, A. ch. VI, **13**, 320), 727,1 Kal. (STOHMANN, J. pr. II, **50**, 389). — Über elektr. Leitv. vgl. OSTWALD (Ph. Ch. **3**, 347).

Physiol. Eig. der Salicylsäure. Die freie Sylicylsäure (nicht ihr Na-Salz oder ihre Ester) hat starke antiseptische Eigenschaften, hemmt die Fäulnis und Gärung (KOLBE, J. pr. II, **10**, 107); innerlich eingenommen geht die Salicylsäure in den Harn als Salicylursäure über.

Chem. Eig. der Salicylsäure. Durch Eisenchlorid wird in wässeriger Salicylsäurelösung eine charakteristische violette Färbung hervorgerufen, während p- und m-Oxybenzoësäure diese Reaktion nicht geben.

Bromwasser gibt in einer wässerigen Lösung von (0,1 °/₀) Salicylsäure einen Niederschlag von Tribromphenolbrom $C_6H_2Br_3 \cdot OBr$.

Durch Reduktion mit Na und Fuselöl bildet sich aus der Salicylsäure normale Pimelinsäure (EINHORN und WILLSTAETTER, B. **26**, 2913; **27**, 331). Durch Natriumamalgam in saurer Lösung entsteht ein Harz VELDEN, J. pr. II, **15**, 164).

Durch Oxydation mit Chromsäure entsteht CO_2 und etwas Ameisensäure (KRAUT, A. **150**, 9).

Ester der Salicylsäure. Der Methylester (Gaultheriaöl) (vgl. dieses) $OH \cdot C_6H_4 \cdot CO_2CH_3$ gehört zu denjenigen Verbindungen, die in den Pflanzen am verbreitetsten sind. Schon CAHOURS erhielt ihn auf synthetischem Wege bei der Destillation von Salicylsäure mit Holzgeist und Schwefelsäure: Sdp. 224°, d_{16} = 1,1819 (KOPP, A. **94**, 301). — Der Salicylsäurephenylester (Salol) $OH \cdot C_6H_4 \cdot CO_2 \cdot C_6H_5$ schmilzt bei 42°, $Sdp._{12}$ = 172—173°. — Der Methylsalicylsäuremethylester $CH_3O \cdot C_6H_4 \cdot CO_2 \cdot CH_3$ zeigt $Sdp._{760}$ = 228° (FOELSING, B. **17**, 486).

Die **Identifizierung der Salicylsäure** dürfte am besten durch den Smp. 155—156°, ferner durch die violette Eisenchloridreaktion erfolgen oder aber man schüttelt nach SPICA (G. **25**, I, 207) das zu untersuchende Öl mit Äther aus, verdunstet den ätherischen Auszug und erwärmt mit konz. HNO_3, wobei bei Anwesenheit von Salicylsäure Pikrinsäure entsteht. — Zur quantitativen Bestimmung der Salicylsäure trägt man in überschüssiges Bromwasser ein, worauf das Produkt mit KJ und K_2SO_3 zur Entfernung des freien Broms behandelt wird; mit Wasserdämpfen destilliert man nunmehr das Tribromphenol ab (ELION, R. **7**, 211). Oder man benutzt die bei den Phenolen erwähnte Methode von MESSINGER und VORTMANN (B. **23**, 2755) mit Jod: $C_7H_6O_3 + 6J + 4NaOH = Na \cdot C_7H_2J_3O_3 + NaJ + 4H_2O$. — Über die Trennung der Salicylsäure von der Benzoësäure vgl. SCHAAP (Fr. **32**, 107).

Die **Konstitution der Salicylsäure** ergibt sich, wie oben eingehend erörtert wurde, aus ihrem Abbau und aus ihrer Synthese (vgl. Salicylaldehyd).

Mit letzterem Aldehyd ist auch die **Geschichte der Salicylsäure** eng verbunden, wie aus der Darstellung von seiten Pirias aus dem Salicin hervorgeht, wobei Salicylaldehyd und auch Salicylsäure gewonnen wurden, als auch aus der Konstitutionsaufklärung.

Die **Anwendung der Salicylsäure** in der Medizin ist eine sehr umfangreiche, auch zu Desinfektionszwecken, sowie zum Haltbarmachen von Nahrungsmitteln wird sie verwendet.

---

376. Anissäure

$C_8H_8O_3$ =

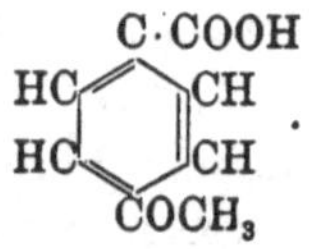

Vorkommen, Isolierung und Synthese. Wie außer dem Benzaldehyd die Benzoësäure, außer dem Salicylaldehyd die Salicylsäure, außer dem Zimtaldehyd die Zimtsäure als Bestandteile in äther. Ölen vorkommen, so findet sich neben dem Anisaldehyd auch die Anissäure. Cahours (A. **41**, 56) berichtet über Untersuchungen das Fenchelöls, Sternanisöls und Anisöls (vgl. auch **35**, 312). Durch Oxydation des „Anisöls" usw. erhält C. neben dem „Anisylwasserstoff" auch eine Säure $C_8H_7O_3$, für welche er zunächst den Namen „Anisinsäure" annimmt; es werden von ihr verschiedene Derivate dargestellt. Laurent (A. **44**, 313) beschäftigt sich im Jahre 1842 mit den Verbindungen des Esdragonöls und erhält aus diesem durch Oxydation eine Säure, die er „Dragon"säure nennt, und deren Formel er zu $C_{16}H_{15}O_3$ annimmt. Nebenher sei erwähnt, daß im Anisöl usw. die Propenylverbindung Anethol vorkommt, wohingegen das Esdragonöl die Allylverbindung, das Estragol, enthält.

Gerhardt (A. ch. III, **7**, 292) zeigt alsdann, daß Anisin- und Dragonsäure identisch sind, weist nach, daß sie beide die Formel $C_8H_8O_3$ haben und nimmt für sie den Namen „acide anisique" an.

Persoz (C. r. **13**, 433; A. **44**, 311) berichtet über Oxydationsprodukte mehrerer äther. Öle durch Chromsäure und findet, daß aus dem Anis-, Sternanis- und Fenchelöl zwei kristallisierbare Säuren entstehen, welche er „Umbellin"- und „Badiansäure" nennt, trotzdem Cahours bereits den Hauptbestandteil dieser Öle mit dem Anethol als identisch nachgewiesen hatte.

Hempel (Gm. VI, 488) weist alsdann nochmals nach, daß alle diese Säuren identisch sind.

Am Ende der Periode 1830—1857 kannte man daher die Bruttoformel der Anissäure und hatte auch schon die nahen Beziehungen dieser Säure zum Phenol erkannt, da CAHOURS (vgl. Anisaldehyd) durch Destillation der Anissäure über Baryt Anisol erhalten hatte; CAHOURS (A. **78**, 226) wies ferner nach, daß dieser Körper identisch sei mit dem auf synthetischem Wege aus Phenol, Kali und Methyljodid gewonnenen. Demnach war das Radikal „Anisoyl" in seiner Konstitution soweit geklärt, daß man in ihm einen nahen Verwandten des Phenols, also auch des Benzols annahm.

In der nächsten Periode, 1857—1872, hatte SAYTZEFF (A. **127**, 129) im Jahre 1863 die Anissäure in die sog. „Paraoxybenzoësäure" übergeführt. LADENBURG (A. **141**, 241) synthetisierte alsdann im Jahre 1867 die Anissäure aus dieser Paraoxybenzoësäure und Jodmethyl. Jedoch erst nach den Versuchen von KÖRNER wurde im Jahre 1868 (Z. **1868**, 326) durch Oxydation des p-Kresolmethyläthers die Anissäure erhalten und damit die Konstitution der letzteren endgültig bewiesen.

Als Bestandteil ätherischer Öle konnte die Anissäure bisher nur in solchen Ölen nachgewiesen werden, in denen sich Anethol bzw. Anisaldehyd finden. Da das Anethol ein Propenylderivat ist, so erfolgt seine Oxydation verhältnismäßig leicht und deshalb wird man namentlich in alten Ölen, die Anethol enthalten, häufiger Anisaldehyd und Anissäure antreffen.

Magnoliaceae.

Das Sternanisöl (*Illicium religiosum* Sieb.) enthält als wichtigsten Bestandteil Anethol. In älteren Ölen werden unter Umständen in reichlicher Menge Anisaldehyd und Anissäure angetroffen.

Umbelliferae.

Das, was soeben vom Sternanisöl gesagt wurde, gilt mut. mut. auch vom Fenchelöl, indem auch hier ein Teil des Hauptbestandteils Anethol in alten Ölen eine Umwandlung in Anisaldehyd und Anissäure erfährt.

Auf künstlichem Wege wurde die Anissäure außer durch Oxydation des Anethols und Estragols bzw. des Anisaldehyds, wie oben bereits erwähnt, von LADENBURG aus der p-Oxybenzoësäure und Jodmethyl gewonnen, bzw. von KÖRNER aus p-Kresolmethyläther durch Oxydation mit Chromsäuregemisch. GRIESS (B. **29**, 979), sowie REMSEN und GRAHAM (Am. **11**, 327) erhielten die Anissäure beim Kochen von p-Diazobenzoësäuresulfat mit Holzgeist, WEIDA (Am. **19**, 556) stellte sie dar aus p-Diazobenzoësäure und Holzgeist.

Physik. Eig. der Anissäure. Die Anissäure bildet monokline Prismen oder Nadeln (MÜGGE, J. **1879**, 683; **1886**, 375): Smp. 184,2° (kor.) Sdp. 275—280°. — Mol.-Verbr. 895,2 Kal. (STOHMANN und LANGBEIN, J. pr. II, **50**, 390). — Über elektr. Leitv. vgl. OSTWALD (Ph. Ch. **3**, 266) und SCHALLER (Ph. Ch. **25**, 497).

Nach ROSSEL (A. **151**, 44) löst sich Anissäure in 2500 Tl. Wasser von 18°; dagegen ist sie ll. in heißem H_2O, aus dem sie umkristallisiert werden kann.

Chem. Eig. der Anissäure. Die Anissäure liefert beim Glühen mit Baryumhydroxyd CO_2 und Anisol $C_6H_5 \cdot OCH_3$. Für letzteres gibt CAHOURS (A. **41**, 69; **48**, 65; **52**, 327; **74**, 298) an: Sdp. 154,3°, $d_0 = 1{,}0110$; SCHIFF (A. **220**, 105): Sdp. 155,8°, $d_{21/4} = 0{,}98784$; Mol-Brech. 53,45 (EYKMAN, R. **12**, 182 und NASINI und BERNHEIMER, G. **15**, 84).

Anissäure liefert mit Jodwasserstoffsäure erhitzt p-Oxybenzoësäure $OH \cdot C_6H_4 \cdot COOH$: diese kristallisiert mit einem Mol. H_2O in monoklinen Prismen, verliert bei 100° das Kristallwasser und schmilzt dann bei 210°.

Der Anissäuremethylester $CH_3O \cdot C_6H_4 \cdot COO \cdot CH_3$ schmilzt bei 45—46° und siedet bei 255°.

Die Anishydroxamsäure $CH_3O \cdot C_6H_4 \cdot C(:NOH) \cdot OH$ schmilzt bei 156—157° (LOSSEN, A. **175**, 286).

Die **Identifizierung der Anissäure** erfolgt durch den Smp. 184°, durch die Überführung in Anisol und durch Darstellung des Methylesters vom Smp. 45—46°.

Die **Konstitution der Anissäure** ist oben ausführlich besprochen worden und ergibt sich sowohl aus ihren Abbauprodukten, als auch aus ihrer Synthese.

Die **Geschichte der Anissäure** hängt eng zusammen mit jener des Anethols bzw. Anisaldehyds. Hauptsächlich beschäftigten sich mit ihr, wie oben erwähnt, besonders anfangs der vierziger Jahre des vergangenen Jahrhunderts die französischen Forscher CAHOURS, LAURENT und GERHARDT. Alsdann trugen in den sechziger Jahren wesentlich zu ihrer Konstitutionsaufklärung bei SAYTZEFF, LADENBURG und KÖRNER. Ihr Nachweis als Bestandteil alter anetholhaltiger Öle geschah jedoch erst später in den achtziger bzw. neunziger Jahren.

e) Laktone.

Als Bestandteile ätherischer Öle sind besonders zwei Verbindungen zu erwähnen, welche Laktonnatur besitzen und sich von der Dihydrozimtsäure bzw. von der Zimtsäure ableiten. Ihre Stammsubstanzen sind die o-Oxydihydro- und die o-Oxyzimtsäure.

377. Dihydrocumarin, Melilotin

$C_9H_8O_2$ = 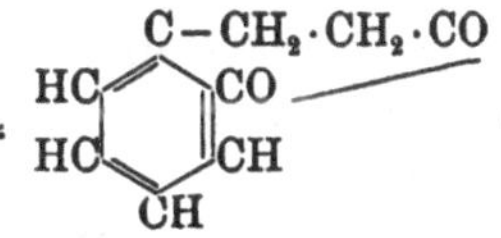

Vorkommen, Isolierung und Synthese. Es sei vorausgeschickt, daß das gewöhnliche Cumarin und das Dihydrocumarin früher häufig verwechselt wurden. FONTANA (BERZ. J. **14**, 311), GUILLEMETTE (A. **14**, 328) und GOBLEY (Journ. de Pharm. III, **17**, 348) finden für das „Cumarin" aus dem Steinklee, *Melilotus officinalis*, einen Smp. 120°, ebenso soll das Cumarin aus den Fahamblättern (G., A. **76**, 354) (*Angraecum fragans*) bei dieser Temperatur schmelzen und auch eine andere Zusammensetzung haben (GUILLEMETTE, Journ. de Pharm. II, **21**, 172) als das aus den Tonkabohnen und dem Waldmeister erhaltene Cumarin, das bedeutend niedriger schmelze und für welches ZWENGER und DRONKE (A. **123**, 148) im Jahre 1862 den Smp. 67° angeben. ZWENGER und BODENBENDER (A. **126**, 257) berichten im Jahre 1863 über das Cumarin aus dem Steinklee (*Melilotus officinalis*). Zunächst machen sie Angaben über die Darstellung. Es wird festgestellt, daß dieses „Cumarin" mit dem gewöhnlichen Cumarin aus den Tonkabohnen gar nichts zu tun habe, sondern daß der Smp. des „Cumarins" aus dem Steinklee bei ca. 128° liege, außerdem reagiere es sauer und sei eine salzartige Verbindung des gewöhnlichen Cumarins mit der Melilotsäure. Diese Verbindung lasse sich in der Kälte bereits durch Ammoniak spalten, wobei melilotsaures Ammoniak entstehe, während das abgespaltete Cumarin größtenteils ungelöst zurückbleibe; dieses letztere schmelze nunmehr bei 67°. Die Melilotsäure habe die Zusammensetzung $C_9H_{10}O_3$. „Freies Cumarin haben wir in dem von uns untersuchten Steinklee nicht finden können, obgleich es wohl möglich ist, daß es namentlich in der jungen, frischen Pflanze vorkommt." „Die Melilotsäure ist wahrscheinlich zweibasisch. Das leichte Zerfallen in Anhydrid und Wasser beim Erhitzen und die Bildung sauer reagierender Salze weist wenigstens darauf hin." „Von der Cumarsäure ($C_{18}H_8O_6$) unterscheidet sie sich nur durch 2 Äqu. Wasserstoff, die sie mehr enthält. Es liegt deswegen nahe die Melilotsäure als Hydrocumarsäure zu betrachten, ein Name, der aber erst dann seine volle Berechtigung erhalten wird, wenn es uns gelingen sollte, die eine Säure in die andere umzuwandeln." Z. und B. finden, daß der Smp. der Melilotsäure bei 82° liegt, daß sie bei stärkerem Erhitzen Wasser abspaltet und in ein nach Zimtöl riechendes Öl übergeht, das in Berührung mit Wasser wiederum Melilotsäure bildet, woraus hervorgeht, daß die Melilotsäure beim Erhitzen vollständig in ihr Anhydrid und Wasser zerfällt.

ZWENGER berichtet alsdann (Spl. **5**, 100) im Jahre 1867 „Über Melilotsäure und deren künstliche Darstellung aus Cumarin". Das Anhydrid der Melilotsäure $C_9H_8O_2$ stellt Z. dar und findet dafür den Smp. 25°,

Sdp. 272°. „Bei gewöhnlicher Temperatur riecht es dem Cumarin, von dem es sich nur durch 2 Atome Wasserstoff unterscheidet, in hohem Grade ähnlich; bei höherer Temperatur entwickelt es einen sehr angenehmen Geruch, der an den des Zimtöls und Nitrobenzols lebhaft erinnert." Durch Reduktion des Cumarins oder der Cumarsäure mit Natriumamalgam erhielt Z. alsdann Melilotsäure.

Phipson (Chem. N. **32**, 25; J. **1875**, 852) gewinnt durch Wasserdampfdestillation des blühenden Krautes von *Melilotus officinalis* 0,2% Melilotol, welches nach seiner Angabe leicht in Melilotsäure übergeführt werden kann. Dieser Körper soll der blühenden Pflanze ihren eigentümlichen Geruch verleihen.

In einer späteren Abhandlung (C. r. **86**, 830; J. **1878**, 797) gibt Ph. die Formel des Melilotols zu $C_9H_8O_2$ an und ist der Meinung, daß das Melilotol bei der Reduktion des Cumarins mit Natriumamalgam sich als intermediäres Produkt bildet.

Aus dem Mitgeteilten erkennen wir, daß das Lakton Melilotin bisher nur im Steinklee aufgefunden worden ist, in dem es als melilotsaures Cumarin, das sich leicht spalten läßt, und wahrscheinlich auch im freien Zustande vorkommt. Die Umwandlung der Melilotsäure in das Anhydrid Melilotin ist nach Hochstetter (A. **226**, 359) eine vollständige, wenn Melilotsäure einen Tag lang mit bei 0° gesättigter Jodwasserstoffsäure stehen bleibt.

Physik. Eig. und chem. Eig. des Melilotin. Das Melilotin schmilzt bei 25° und siedet bei 272°; es riecht nach Cumarin, ist unlösl. in kaltem Wasser, wenig lösl. in kochendem, leicht in Chloroform. — Läßt man Bromdämpfe bei 170° auf das Anhydrid einwirken, so erhält man Cumarin.

Durch längeres Kochen mit Wasser oder Potasche geht das Melilotin in Melilotsäure über.

Das Hydrocumaroxim $C_6H_4\left<\begin{array}{l}CH_2\cdot CH_2\\ O—C:NOH\end{array}\right.$ (Tiemann, B. **39**, 1664) ist flüssig.

Die Brommelilotsäure $OH\cdot C_6H_3Br\cdot C_2H_4\cdot CO_2H$ entsteht beim längeren Kochen des Bromanhydrids mit Wasser (Hochstetter, A. **226**, 362): Smp. 141—142°. Das Anhydrid $C_9H_7BrO_2$ schmilzt bei 106°.

Die **Identifizierung des Melilotins** dürfte zunächst am besten durch die physikalischen Konstanten bewirkt werden; charakteristisch ist der an Cumarin erinnernde Geruch des Melilotins. Es hat den Anschein, als ob die Zersetzung des Cumarins im Steinklee besonders in der Blüte vor sich geht. Von chemischen Reaktionen ist die Überführung in Melilotsäure vom Smp. 82—83° zur Identifizierung charakteristisch; die wäßrige Lösung dieser Säure gibt mit Eisenchlorid eine vorübergehende bläuliche Färbung; durch Oxydation läßt sie sich in Salicylsäure überführen.

Die **Konstitution des Melilotins** wurde von Zwenger gefolgert aus der Überführung in Melilotsäure; letztere synthetisierte Z. aus dem

Cumarin bzw. der Cumarsäure, womit auch die Konstitution der ersteren gegeben war. Wir erkennen demnach, daß die geschichtliche Entwicklung unserer Kenntnisse über das Melilotin schon in den fünfziger Jahren und früher mit GOBLEY und GUILLEMETTE (vgl. oben) beginnt, daß dagegen erst in den sechziger Jahren des vergangenen Jahrhunderts von ZWENGER die nahen Beziehungen des Melilotins bzw. der Melilotsäure zum Cumarin nachgewiesen werden. Mit der Aufklärung der Konstitution des Cumarins (vgl. dieses) war auch die des Melilotins gegeben. Durch Destillation mit Wasserdampf wurde das Melilotin aus dem blühenden Kraut des Steinklees im Jahre 1875 abgeschieden.

Eine Anwendung im großen dürfte das Dihydrocumarin bisher kaum gefunden haben; kleine Mengen werden in der Parfümerie verbraucht.

---

378. Cumarin

$C_9H_6O_2$ =

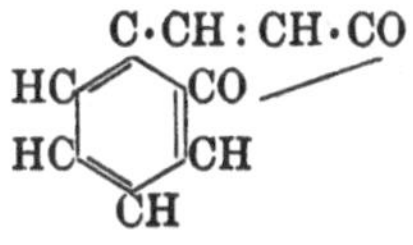

Vorkommen, Isolierung und Synthese. Das Cumarin gehört zu denjenigen Bestandteilen der ätherischen Öle, welche man als Ausscheidungen, ähnlich dem Vanillin, früher kennen gelernt hat als es gelang, es etwa in einem ätherischen Öl nachzuweisen. Würde man die cumarinhaltigen Pflanzenteile mit Wasserdampf destillieren, so würde in den meisten Fällen nur wenig äther. Öl erhalten werden, sondern die Cumarinkristalle würden mit H_2O-Dämpfen schwer übergehen und sich als Kristalle wiederum abscheiden. Wegen seiner Kristallisations- und Abscheidungsfähigkeit ist das Cumarin seinem Äußeren nach zweifellos schon sehr lange bekannt, und zwar solange man überhaupt die Pflanzenteile, aus denen es sich häufig in schönen Kristallen abscheidet, beobachtet hat.

Es muß jedoch betont werden, daß das Cumarin auch häufig verwechselt worden ist, und zwar, wie wir beim Melilotin gesehen haben, mit dem melilotsauren Cumarin, das sich im Steinklee (*Melilotus officinalis*) findet (FONTANA, BERZ. J. **14**, 311; GUILLEMETTE, A. **14**, 328; vgl. Melilotin).

Den schriftlichen Überlieferungen nach berichtet VOGEL zuerst über das Vorkommen des Cumarins in den Tonkabohnen (*Dipterix odorata* Willd.) (GILB. Ann. **64**, 161) im Jahre 1820. V. und GRISCHOW hielten die Kristalle der Tonkabohnen für Benzoësäure, da sie sauer reagierten und man damals alle sauer reagierenden Stearoptene der äther. Öle usw. für Benzoësäure erklärte. Die Untersuchungen von GUIBOURT (Histoire des drogues simples), von BOULLAY und BOUTRON-CHARLARD (Journ. de Pharm. **11**, 480; BUCHN. Repert. **23**, 225), von TRAUTWEIN (Buchn. Repert.

24, 98) und von BUCHNER (Repert. für Pharm. **24**, 126) ergaben, daß die Kristalle der Tonkabohnen ein besonderes chemisches Individuum sind, GUIBOURT, der die Individualität besonders betonte, nannte den „Tonkakampfer“ Cumarin nach dem Genus Coumarina. DELALANDE (A. ch. III, **6**, 343; A. **45**, 332) und HENRY (Journ. de Pharm. **21**, 272) untersuchten die Kristalle ebenfalls näher. Alle diese Forscher dürften sich mit den Kristallen von den Tonkabohnen beschäftigt haben.

DELALANDE (a. a. O.) hatte im Jahre 1843 das Cumarin am eingehendsten untersucht, fand den Smp. 50°, den Sdp. 270°; durch Erwärmen mit Kalilauge erhielt er die „Cumarinsäure“. Aus der Analyse des Cumarins schließt DELALANDE auf die Zusammensetzung „$C_{18}H_{14}O_4$“. „Nach dieser Zusammensetzung gehört das Coumarin in die von DUMAS und PÉLIGOT entdeckte Cinnamylreihe.“ Durch Behandlung mit schmelzendem Kali erhält D. Salicylsäure usw. — DUMAS (Handb. **7**, 169) ändert im Jahre 1846 die Formel des Cumarins, der Cumarinsäure usw. um in „$C_{36}H_{12}O_4$“, was nach unseren Atomzahlen $C_9H_6O_2$ entspricht, und für Cumarinsäure „$C_{36}H_{16}O_6$“ = $C_9H_8O_2$; danach hat DUMAS in durchaus richtiger Weise die Formel DELALANDES nach dessen Analysen umgeändert. „Dieser Ansicht zufolge wäre das Cumarin nichts anderes als Zimtöl, worin zwei Äquivalente Wasserstoff durch zwei Äquivalente Sauerstoff ersetzt sind.“

Das zweite Vorkommen des Cumarins, wenn wir von dem Steinklee absehen, in dem es sich als melilotsaures Cumarin befindet, ist jenes im Waldmeister (*Asperula odorata*). VOGET (Generalber. der Königl. Preuß. Rhein. Mediz. Kollegii über das Jahr 1835. Koblenz, S. 240; vgl. A. **59**, 147) hatte bereits im Jahre 1835 aus dem Waldmeister eine kristallisierte Substanz abgeschieden, von der er mitteilt, daß sie ähnlich wie Tonkabohnen und Melilotus rieche und sich nach allen damit vorgenommenen Versuchen als Benzoësäure erwiesen habe. — KOSSMAN (Journ. de Pharm. et de Chim. III, 393; A. **52**, 387) zeigt im Jahre 1844, daß die Kristalle des Waldmeisters bei 40° schmelzen und den intensiven Geruch der Tonkabohnen besitzen, woraus er ebenfalls die Identität mit dem Cumarin herleitet; eine Analyse wurde von ihm jedoch nicht gemacht, auch nicht die Überführung in Salicylsäure durch schmelzendes Kali ausgeführt (vgl. DELALANDE). — Erst die Untersuchungen von BLEIBTREU (A. **59**, 177) im Laborat. von A. W. HOFMANN zeigen im Jahre 1846, daß die Kristalle aus *Asperula odorata* identisch sind mit dem Cumarin aus der Tonkabohne und daß die Formel beider $C_9H_6O_2$ ist, daß sie also zwei Wasserstoffatome weniger enthält als DELALANDE annimmt, wie aber bereits von DUMAS richtig korrigiert sei. B. bespricht alsdann die Bildung der Cumarinsäure, die ohne Wasserstoffentwicklung vor sich gehe. Ferner wird der Übergang des Cumarins in Salicylsäure erörtert. — Später weist BLEIBTREU (a. a. O., S. 197) nach, daß auch in *Anthoxanthum odoratum*, in dem Ruchgrase, sich Cumarin findet.

GOBLEY (Journ. de Pharm. et de Chim. III, **17**, 348; A. **76**, 354) zeigt alsdann, daß auch das riechende Prinzip der Fahamblätter (*Angraecum* *fragans*), die von einer von der Insel St. Moritz stammenden Orchidee gesammelt werden, Cumarin ist, indem er eine Analyse ausführt.

Über die Darstellung des Cumarins aus den Tonkabohnen macht alsdann GÖSSMANN (A. **98**, 66) im Jahre 1856 einige Mitteilungen.

Wir erkennen, daß bis zum Jahre 1857 das Cumarin in den Tonkabohnen (*Dipterix odorata*), im Waldmeister (*Asperula odorata*), im Ruchgras (*Anthoxanthum odoratum*), in den Fahamblättern (*Angraecum fragans*) nachgewiesen worden war und daß man das melilotsaure Cumarin im Steinklee (*Melilotus officinalis*) irrtümlich für Cumarin hielt. Man kannte am Ende dieser Periode die Bruttoformel des Cumarins, wußte auch, daß es durch Wasseraufnahme in die Cumarinsäure übergeht und daß schließlich durch geeignete Behandlung aus dem Cumarin Salicylsäure entsteht; einen näheren Einblick in die Konstitution des Cumarinmoleküls hatte man natürlich noch nicht.

Erst in der nächsten Periode, 1857—1872, wurde die Konstitution zunächst der Salicylsäure als Oxybenzoësäure durch die Synthese KOLBES erkannt, aber die Beziehung des Cumarins zur Salicylsäure nicht weiter beachtet. Erst PERKIN (Soc. **6**, 53; A. **147**, 229) zeigt im Jahre 1868, daß durch Behandlung des Natriumsalicylaldehyds $C_6H_4<^{ONa}_{CHO}$ mit Essigsäureanhydrid Cumarin gebildet wird, indem er einen Versuch von CAHOURS über die Darstellung von Acetylsalicylwasserstoff nacharbeitete. P. stellte auch das Buttersäurecumarin, Baldriansäurecumarin usw. dar; auch erhielt er wirklich Acetosalicylwasserstoff, den bereits von CAHOURS angenommenen Körper. Über die Konstitution der Cumarsäure sagt P.: „So formuliert wäre die Cumarsäure ein Phenol und nicht eine wahre Säure, und wenn wir das Radikal Salicyl ebensowohl als ein Phenol-, wie als ein Säureradikal betrachten:

$$\left(\begin{matrix}CO & \\ C_6H_4 & \\ H & \end{matrix}\right\}O\Bigg),$$

Salicyl

so wird auch die Cumarsäure ein gemischtes Säureradikal, Acetyl- Salicyl-."

Man erkennt demnach, daß (vgl. auch PERKIN, A. **148**, 206) PERKIN im Jahre 1868 zwar den Vorgang bei der Synthese des Cumarins richtig interpretierte, sich aber über die Konstitution der Verbindung nicht klar war.

FITTIG (Z. **1868**, 595) ist der Ansicht, daß die Interpretation PERKINS nicht richtig sei, sondern daß die PERKINsche Reaktion bei der Darstellung des Cumarins ähnlich verlaufe wie die von BERTAGNINI bei der künstlichen Darstellung der Zimtsäure aus Bittermandelöl und Acetylchlorid. Da die salicylige Säure Oxybenzaldehyd $C_6H_4\begin{cases}OH\\CHO\end{cases}$ sei, so verlaufe die Reaktion folgendermaßen:

$$C_6H_4\begin{cases}OH\\CHO\end{cases} + CH_3COCl = C_6H_4\begin{cases}OH\\CH:CH\cdot COOH\end{cases} + HCl \text{ usw.}$$

„Bei der hohen Temperatur zersetzt sich die entstehende Oxysäure, ebenso wie die Milchsäure bei ihrem Übergange in Laktid, in Anhydrid und Wasser.“ „Das Cumarin ist danach das Anhydrid der Cumarsäure und der leichte Übergang derselben in diese Säure beim Behandeln mit Kalilauge ist leicht verständlich.“ Beim Behandeln mit Wasserstoff im Entstehungszustande geht die Cumarsäure in Melilotsäure über, ebenso wie die Zimtsäure in Hydrozimtsäure (Phenylpropionsäure). Die Melilotsäure ist danach Oxyphenylpropionsäure.“ Das Anhydrid der Melilotsäure wird richtig als Hydrocumarin aufgefaßt. Vgl. auch Fittig und Bieber (A. **153** [1870], 358). Wir sehen daraus, daß am Ende der Periode 1857—1872 die Konstitution des Cumarins zweifellos feststeht.

In den nächsten Perioden hat sich diese Formel des Cumarins als richtig erwiesen; zahlreiche neue Derivate sind dargestellt worden. Besonders ist das Vorkommen des Cumarins häufig im Pflanzenreich beobachtet worden. Zweifellos kommt das Cumarin noch häufiger vor, als bisher beobachtet wurde, indem es vielen Pflanzen einen lieblichen Geruch mitteilt, wie schon aus der Bezeichnung der cumarinhaltigen Pflanzen hervorgeht (odorata), so *Liatris odoratissima, Asperula odorata, Anthoxanthum odoratum, Dipterix odorata* usw. — Über die Entstehung des Cumarins ist zu bemerken, daß es sich wie viele andere Bestandteile äther. Öle nicht immer fertig gebildet in der Pflanze vorfindet, sondern in ester- bzw. glykosidartiger Bindung in der Pflanze vorkommt. So findet es sich im Steinklee als melilotsaures Cumarin, ferner ist nach den Untersuchungen von Senft (Apoth. Ztg. **19** [1904], 271) in der Fruchtschale von *Dipterix odorata* Willd. kein Cumarin enthalten; es soll vielmehr in den Gewebezellen der Keimblätter in fettem Öl gelöst vorkommen. Bis zu 10 % könne der Gehalt der Bohnen betragen. Infolge der Schrumpfung der peripherischen Zellen der Keimlappen werde das äther. Öl herausgepreßt, aus welchem sich alsdann auf den zugekehrten Kotyledonen oder auf der Testa das Cumarin ablagere. Wahrscheinlich findet sich das Cumarin vielfach glykosidartig gebunden, indem der Geruch erst nach dem Absterben der Pflanzen auftritt, wobei ein gleichzeitig vorhandenes Ferment in Wirkung tritt. So beobachten wir, daß das Gras von *Anthoxanthum odoratum* erst den angenehmen Heugeruch annimmt, wenn es getrocknet wird. Molisch (Apoth. Ztg. **17** [1902], 46, 138) machte analoge Beobachtungen, indem er an einer auf Java einheimischen und bei uns kultivierten Acanthacee *Peristrophe angustifolia* zeigte, daß trockne Exemplare starken Cumaringeruch verbreiteten, während die lebenden Exemplare geruchlos waren. Wenn M. nun durch Eintauchen der Blätter der lebenden Pflanze in siedendes Wasser oder 95 %igen Alkohol die Fermente vernichtete, so blieben die Pflanzen nach dem Trocknen geruchlos. Analoge Beobachtungen sind früher bereits von Behrends an der Composite *Ageratum mexicanum*, die ebenfalls Cumarin enthält, gemacht worden. Auch in der Vanillefrucht verlaufen ähnliche Vorgänge bei der Bildung des Vanillins (vgl. Greshof, Ber. pharm. **9**, 214).

Gramineae.

Das Vorkommen des Cumarins in *Anthoxanthum odoratum* wurde bereits oben erwähnt.

Palmae.

Nach Kletzinski (J. **1858**, 534) enthalten die Datteln (*Phoenix dactylifera*) 0,1 % Cumarin und Citronensäure.

Orchidaceae.

Das Vorkommen des Cumarins in den Fahamblättern (*Angraecum fragrans*) wurde von Gobley (Journ. de Pharm. et Chim. III, **17**, 348 [vgl. oben]) beobachtet. — Auch in *Orchis fusca* (Bley, Ar. **92**, 32) soll sich Cumarin finden, ferner in *O. militaris* (Paulsen, Bot. Centralbl. **15**, 415; s. auch Crouzel, Chem. Ztg. **1900**, Rep. 384).

Rosaceae.

Das Vorkommen von Cumarin in *Prunus Mahaleb* erwähnt Kittel (J. pr. Ph. **7**, 12).

Leguminosae.

Leroy beobachtet das Vorkommen von Cumarin in *Myroxylon toluiferum* (Journ. Pharm. **3**, 237). — Nach Tschirch (Pharm. Centralhalle **46** [1905], 803) enthält der echte Perubalsam (*Myroxylon Pereirae*) keine Zimtsäure, sondern Cumarin. — Daß in dem Steinklee (*Melilotus officinalis*) sich Cumarin an Melilotsäure gebunden findet, wurde eingangs schon erwähnt. — Das Vorhandensein des Cumarins in den Tonkabohnen (*Dipterix odorata* Willd.) und über die Bildung desselben aus einem Glykosid wurden ausführliche Mitteilungen bereits gebracht (vgl. auch Apoth. Ztg. **19** [1904], 271).

Labiatae.

Das französische Lavendelöl (*Lavandula vera* D. C.) enthält ebenfalls Cumarin. „Wir haben uns davon überzeugt, daß Cumarin ein normaler Bestandteil des Lavendelöls ist und nicht nur ein zufälliger, der etwa in der Absicht, den Geruch zu verbessern, zugesetzt sein könnte. Aus einem größeren Posten getrockneter Lavendelblüten haben wir selbst das Öl destilliert und auch in diesem Cumarin nachweisen können" (Sch. **1900**, II, 41).

Acanthaceae.

Die Bildung des Cumarins aus einem ev. Glycosid der auf Java einheimischen und bei uns häufig kultivierten Acanthacee *Peristrophe angustifolia* beobachtete Molich (Apoth. Ztg. **17** [1902], 46, 138).

Rubiaceae.

Daß der Waldmeister (*Asperula odorata*) seinen angenehmen Geruch der Anwesenheit von Cumarin verdankt, wurde von BLEIBTREU (A. **59**, 177) (vgl. oben) nachgewiesen. — Siehe ferner über das Vorkommen des Cumarins in *Galium triflorum* v. COTZHAUSEN (Am. Journ. pharm. **4**, VI [1876], 405).

Compositae.

Auch in *Ageratum mexicanum* wiesen MOLISCH und ZEISEL (Ber. d. bot. Ges. **6**, 353, 1888), sowie später BEHRENDS (SCH. **1902**, I, 97) Cumarin nach. — Über das Vorkommen einer cumarinhaltigen Pflanze in Deutsch-Ostafrika berichtet BUSSE (Ber. d. Deutsch. Pharm. Ges. **14** [1904], 205): *Eupatorium africanum* Hiern., vom Hochlande von Ungoni, entwickelt nach dem Verwelken ein außerordentlich starkes Aroma nach Cumarin. — Daß die Liatrisblätter (*Liatris odoratissima*) Cumarin enthalten, wurde bereits von PROCTER (C. **1860**, 896) erkannt. Eine Zusammenstellung aller bis 1887 bekannten Cumarin führenden Pflanzen hat LOJANDER geliefert (s. JUSTS botan. Jahresber. **1887**, Ber. **1**, 181).

Zur PERKINschen Synthese des Cumarins ist zu erwähnen, daß PERKIN (B. **8**, 1599) Salicylaldehyd mit Natriumacetat und Essiganhydrid erhitzt. — PECHMANN (B. **17**, 929) erhitzte ein Gemenge von Phenol und Äpfelsäure in Vitriolöl. — HOCHSTETTER (A. **226**, 360) leitet Bromdämpfe bei 170° in Melilotsäureanhydrid. — PECHMANN und KRAFFT (B. **34**, 423) destillieren cumarin-β-carbonsaures Silber. — BEYCHLE (Bl. III, **17**, 515) erhitzt 61 g Salicylaldehyd mit 102 g Essigsäureanhydrid auf 180° im Rohr.

Physik. Eig. des Cumarins. Rhomb. Kristalle (PROVOSTAYE, A. ch. III, 6, 353 und SCACCHI, G. **14**, 563). — ZWENGER und DRONKE (A. **123**, 148): Smp. 67°. — PERKIN (A. **147**, 232): Sdp. 290—290,5°; es löst sich schwer in kaltem H_2O, läßt sich aus heißem gut umkristallisieren. Cumarin läßt sich unzersetzt sublimieren, ein Verhalten, das dazu benutzt wurde, Cumarin in Pflanzen nachzuweisen (NESTLER, Ber. d. bot. Ges. **19** [1901], 350). — Über Kristallisationsgeschwindigkeit vgl. BOGOJAWLENSKY (Ph. Ch. **27**, 526); über Brechungsvermögen ANDERLINI (G. **25**, II, 142).

Chem. Eig. des Cumarins. Das Cumarin wird durch Kalilauge in o-Cumarsäure $OH \cdot C_6H_4 \cdot CH:CH \cdot CO_2H$ aufgespalten: Smp. 207—208° (PERKIN, A. **147**, 232) (vgl. Bestandteil o-Cumarsäure). — Durch Reduktion mit Natriumamalgam in wäßriger Lösung entsteht aus dem Cumarin Melilotsäure $OH \cdot C_6H_4 \cdot CH_2 \cdot CH_2 \cdot COOH$ (ZWENGER, Spl. **5**, 122).

Das Cumarin nimmt 1 Mol. Brom auf und liefert die Verbindung $C_9H_6O_2Br_2$ (PERKIN, A. **157**, 116): Smp. 105°. — Mit HBr bei 0° entsteht ein unbeständiges Additionsprodukt (EBERT, A. **226**, 347).

Das Cumaroxim $C_6H_4\langle\begin{matrix} CH:CH \\ O\cdots\cdots C:NOH \end{matrix}$ (TIEMANN, B. **19**, 1662) schmilzt bei 131°.

Es liefert beim Schmelzen mit KOH Salicylsäure (vgl. oben).

Zur **Identifizierung des Cumarins** eignet sich der Smp. 67°, ferner die Überführung durch Schmelzen mit KOH in Salicylsäure. — Mit Jod liefert das Cumarin eine kristallinische Verbindung. Die kleinsten Mengen des festen oder auch in Wasser gelösten Cumarins sind mit Hilfe von Chlorzinkjod nachzuweisen (Apoth. Ztg. **19** [1904], 271). Eine quantitative Bestimmung des Cumarins neben Vanillin geben Winton und Bailey (Pharm. Journ. **75** [1905], 476) an.

Die **Konstitution und Geschichte des Cumarins** sind bereits eingehend erörtert worden.

Die **Anwendung des Cumarins** in der Parfümerie ist eine sehr ausgedehnte, es findet zur Darstellung der verschiedensten Wohlgerüche Verwendung.

p-Oxyzimtsäure = p-Cumarsäure

$C_9H_8O_3$ = 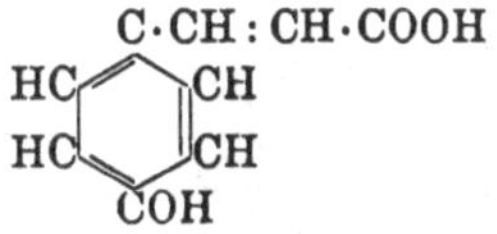

Vorkommen, Isolierung und Synthese. Die p-Cumarsäure wurde von Bamberger (M. **12**, 458) aus dem Überwallungsharz der Schwarzföhre (*Pinus Laricio* Poir.) erhalten, ferner von demselben Forscher (M. **14**, 337) aus dem gelben Harz von *Xanthorrhoea hastilis*. — Hildebrandt (Ar. **234** [1896], 703) untersuchte ebenfalls das Xanthorrhoeaharz und fand darin Zimtsäure und p-Cumarsäure.

Physik. und chem. Eig. der p-Cumarsäure: Die Säure kristallisiert mit 1 Mol. H_2O und schmilzt bei 206° (Tiemann und Herzfeld, B. **10**, 266). Die alkohol. Lösung gibt mit Eisenchlorid eine dunkel goldbraune Färbung.

Neuere Untersuchungen müssen erst feststellen, ob bei der Wasserdampfdestillation diese Säure in größeren Mengen in das Xanthorrhoeaharzöl übergeht. — Den Äthylester einer Methoxy-γ-Cumarsäure will Thresh im Rhizom von *Hedychium spicatum* entdeckt haben (B. **17**, Ref. 583).

379. u. 380. Laktone von Dioxysäuren. Umbelliferon = Oxycumarin

$C_9H_6O_3$ = 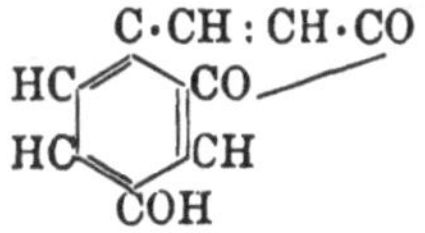

Vorkommen, Isolierung und Synthese. Das Umbelliferon wurde zuerst bei der trocknen Destillation von Umbelliferenharzen (Sommer, J.

1859, 573) und des alkohol. Extraktes von *Daphne Mezereum* (Seidelbast) (ZWENGER, A. **115**, 15) erhalten.

KNITL untersucht in Bern (Ar. **237** [1899], 256) das Öl des echten Opopanax (Umbellifere *Ferula Opopanax* L.) und gibt an, Umbelliferon erhalten zu haben.

Physik. und chem. Eig. des Umbelliferons: Smp. 223—224° (TIEMANN und REIMER, B. **12**, 994), fast unlösl. in kaltem Wasser, lösl. in 100 Tl. siedenden Wassers. Die Lösung in konz. H_2SO_4 zeigt eine intensiv blaue Fluoreszenz; geht beim Behandeln mit Natriumamalgam in Hydroumbellsäure $C_9H_{10}O_4$ über.

Der Umbelliferon-4-methyläther $C_{10}H_8O_3 = CH_3O \cdot C_6H_3O \cdot C_3H_2O$ findet sich in den Blättern des Bruchkrautes (*Herniaria hirsuta* L.) (BARTH und HERZIG, M. **10**, 162): Smp. 117—118°; er riecht, ebenso wie das Umbelliferon, beim Erhitzen cumarinartig.

Im Anschluß an die erwähnten Säuren sollen zwei Verbindungen beschrieben werden, die sich in Rutaceenölen finden, das Citropten und Bergapten. Mit Wasserdämpfen dürften diese Verbindungen fast garnicht flüchtig sein, jedoch stehen sie in nahen Beziehungen zu Bestandteilen der äther. Öle und sind

Derivate von Trioxysäuren. Citrapten = Limettin (Citronenölstearopten, Citronenölkampfer, Citropten) =

$C_{11}H_{10}O_4$ =

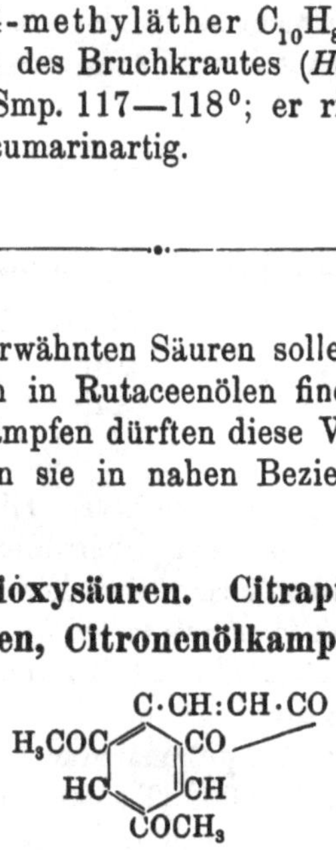

Vorkommen, Isolierung und Synthese. Schon seit langer Zeit ist es bekannt, daß sich aus den gepreßten Ölen der Früchte der Citrus-Spec. ein Stearopten abscheidet. BOISSENOT (J. d. Ph. **1829**, 324; BUCHN. Rep. **40**, 179) bezeichnet dieses Stearopten als „Citronenölkampforid". BLANCHET und SELL (A. **6**, 281) beschäftigen sich ebenfalls mit dieser Verbindung. — MULDER (A. **31**, 69) gibt im Jahre 1839 den Smp. zu 46° an, sowie daß die Verbindung bei etwas höherer Temperatur sublimiert; die Analyse stimmt auf die Formel $(C_2H_4O)_x$.

BERTHELOT (A. **88**, 346) berichtet im Jahre 1853 über das Stearopten des Citronenöls: „Aus dem Rückstande in der Retorte kristallisierte beim Erkalten eine eigentümliche Substanz in farblosen flüchtigen Kristallen, welche erst über 100° schmolzen, in Wasser fast unlöslich (die Lösung zeigte Dichroismus), in heißem Weingeist sehr wenig löslich waren (die Lösung erstarrte beim Erkalten gallertartig), und 58,0% Kohlenstoff, 7,5% Wasserstoff und 34,5% Sauerstoff ergaben."

Aus diesen Mitteilungen geht hervor, daß man bis zum Jahre 1857 wohl wußte, daß sich in verschiedenen Citrusölen ein fester Bestandteil findet, jedoch kannte man seine Bruttoformel nicht, da er sehr schwer von den anderen Bestandteilen zu befreien ist. Auch die nächsten Perioden bis zum Jahre 1887 brachten keine Aufklärung über diesen Körper.

Erst in der letzten Periode, 1887 bis zur Gegenwart, gelang es, völlige Klarheit über dieses Molekül zu schaffen.

Crismer (Bl. III. **6**, 30; B. **24** [1891], Ref. 661) berichtet im Jahre 1891 „Über die kristallisierten Produkte des Citronen- und Bergamottöls". Aus dem Citronenöl gibt er an zwei Substanzen erhalten zu haben, eine vom Smp. 143—144° und der Zusammensetzung $C_{10}H_{10}O_4$, und aus dem Petroläther, aus welchem die Kristalle sich abgeschieden hatten, eine zweite Verbindung, welche bei 50° schmilzt.

Tilden beschäftigt sich ausführlich mit dem Citropten (Limettin). Tilden und Beck (Soc. **1890**, I, 323; B. **23**, Ref. 500) erhalten aus *Citrus Limetta* das Limettin: $C_{16}H_{14}O_6$, Smp. 121—122°, es liefert ein Bromprodukt $C_{16}H_{11}Br_3O_6$ und gebe beim Schmelzen mit Kali Phloroglucin usw. Dagegen werde aus den Früchten von *Citrus Limonum* ein bei 115—116° schmelzender Körper von der Zusammensetzung $C_{14}H_{14}O_6$ erhalten. — In einer späteren Abhandlung berichtet Tilden (Soc. **1892**, I, 344; B. **25**, Ref. 585) im Jahre 1892 über Limettin und gibt an, daß das reine Limettin die Zusammensetzung $C_{11}H_{10}O_4$ habe und bei 147,5° schmelze; es wurden ein Trichlorlimettin vom Smp. 188,5° und ein Dibromlimettin vom Smp. 297° und ein Monochlordibromlimettin $C_{11}H_7Br_2ClO_4$ vom Smp. 202° erhalten. — Tilden und Burrows (Soc. **61**, 344; C. **1892**, I, 560, 780; Proc. **17**, 216; C. **1902**, I, 118; Soc. **81**, 508; C. **1902**, I, 1333) kommen zu dem Resultat, daß das Limettin ein 4,6-Dimethoxycumarin $(CH_3O)_2\cdot C_6H_2\Big\langle\begin{array}{l}CH:CH\\ O-\!\!-CO\end{array}$ sei. Aus dem Dibromlimettin wurde mittels KOH Brom-4,6-dimethoxycumarilsäure $C_{11}H_9O_5Br$ vom Smp. 239° gewonnen. Die aus dem Ag-Salz des Limettins und Methyljodid erhaltene Verbindung $C_{12}H_{12}O_4$ sei 4,6-Dimethoxy-α-methylcumarin $(CH_3O)_2\cdot C_6H_2\Big\langle\begin{array}{l}CH:C\cdot CH_3\\ O-\!\!-CO\end{array}$: Nadeln; diese Verbindung liefert bei der Einwirkung von Brom in Essigsäure das Dimethoxy-α-methyl-β-bromcumarin $(CH_3O)_2\cdot C_6H_2\Big\langle\begin{array}{l}CBr:C\cdot CH_3\\ O-\!\!-CO\end{array}$: Smp. 260°. Aus dieser Verbindung wird durch Erhitzen mit Alkali das Brom eliminiert unter Bildung von Dimethoxy-α-methyl-β-hydroxycumarin

$$(CH_3O)_2\cdot C_6H_2\Big\langle\begin{array}{l}C(OH):C\cdot CH_3\\ O-\!\!-\!\!-\!\!-CO\end{array}:$$

Smp. 248°. Dieses Hydroxycumarin gibt mit Alkali keine Cumarilsäure.

KOSTANECKI und DE RUIJTER DE WILD (B. **35**, 861, C. **1902**, I, 812; zeigen, daß das Limettin kein 1,3-Dimethoxycumarin-chromon ist

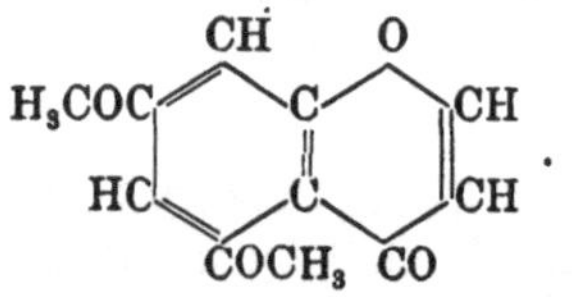

BURGESS (Chem. Ztg. **25** [1901], 602) erhielt aus Citronenöl, das er mit Aceton schüttelte, auf Wasserzusatz zwei Schichten, auf deren unterer sich nach 24-stündigem Stehen in den auf ihr schwimmenden Öltropfen Kristalle vom Smp. 145° abschieden. Die alkoh. Lösung der Substanz zeigte deutliche blaue Fluoreszenz; B. erhielt aus dieser Verbindung ein Dibromid und bei der Oxydation Oxal- und Kohlensäure.

Völlige Klarheit über die Konstitution des Citroptens brachten alsdann die Untersuchungen von SCHMIDT (Apoth. Ztg. **16**, 619; C. **1901**, II, 809; Ar. **242**, 288), der schließlich seine Versuche durch die Synthese des Citroptens krönte. SCHMIDT zeigte, daß Citropten und Limettin identisch sind, daß beide Verbindungen bei 146—147° schmelzen, sich in Alkohol mit blauer Fluoreszenz lösen, daß die Zusammensetzung $C_{11}H_{10}O_4$ sei, daß das Citroptendibromid $C_{11}H_{10}O_4Br_2$ bei 250—260° schmilzt, daß es ein Säureanhydrid bzw. Lakton ist, daß es einen Methyläther mit sauren Eigenschaften vom Smp. 215° liefert, daß es zu den Dioxycumarinen gehört und ein vom Phloroglucin sich ableitendes Isomeres des Dimethyl-Aesculetins und Dimethyl-Daphnetins sei. Aus den Citronenölrückständen wurde schließlich ein Phenol vom Smp. 89° isoliert. Das Citropten wurde von SCHMIDT und FLÄCHER synthetisiert, indem sie aus Phloroglucinaldehyd Dioxycumarin darstellten und letzteres in methylalkohol. Lösung mit 2 Mol. KOH und 2 Mol. Jodmethyl bis zum Eintritt der neutralen Reaktion am Rückflußkühler erhitzten:

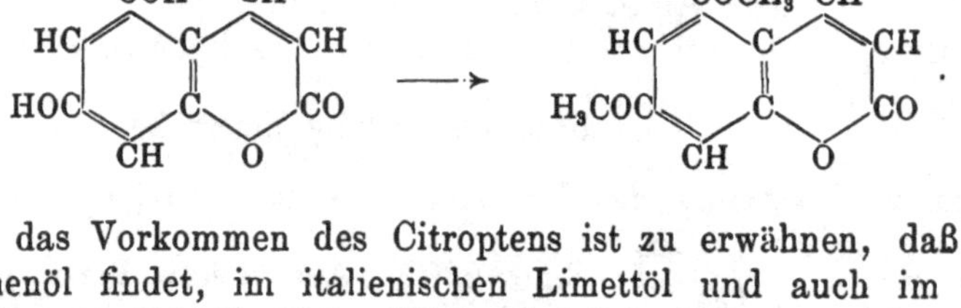

Über das Vorkommen des Citroptens ist zu erwähnen, daß es sich im Citronenöl findet, im italienischen Limettöl und auch im Cedroöl. (The Analyst **26** [1901], 260). Wahrscheinlich findet es sich aber auch noch in anderen nahe verwandten Citrusölen.

Die **physikalischen und chemischen Eig.** wurden bereits erwähnt; der Smp. der reinen Substanz dürfte bei 147° liegen.

Bergapten

$C_{12}H_8O_4$ =

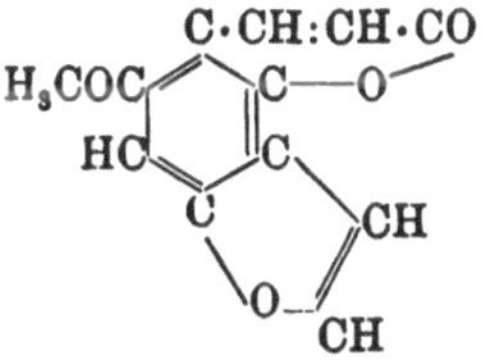

Vorkommen, Isolierung usw. Im gepreßten Bergamottöl (*Citrus Bergamia* Risso) finden sich ebenfalls Stearoptene, die aber in der Hauptsache chemisch verchieden sind von den Stearoptenen des Citronenöls usw. Nach Ausarbeitung der Elementaranalyse untersuchte man in den dreißiger Jahren des achtzehnten Jahrhunderts neben anderen Stearoptenen ätherischer Öle das sich aus dem Bergamottöl abscheidende Stearopten. Aber schon vorher hatte Karlbrunner (Baumgärtners Jahrb. der Phys. **3**, 367) dieses Stearopten, das auch Bergamottkampfer genannt wurde, beobachtet. Dumas (l'Institut) gibt an, daß das Stearopten des Citronenöls und des Bergamottöls dieselbe Zusammensetzung habe, ebenso Boissenot. Mulder (A. **31**, 70) beschäftigt sich ebenfalls im Jahre 1839 mit dem Stearopten des Bergamottöls und fand dafür den Smp. 206,5°, sowie daß es sublimiert, durch H_2SO_4 trete Rotfärbung ein, Zusammensetzung sei $(C_3H_2O_1)_n$. „Das Stearopten des Bergamottöls unterscheidet sich wesentlich von dem des Citronenöls; die beiden Öle haben also wahrscheinlich nicht dieselbe Konstitution."

Ohme (A. **31**, 316; A. **37**, 197) bringt ebenfalls im Jahre 1839 Mitteilungen über die Zusammensetzung des Bergamottöls und bezeichnet als „Bergapten" den stearoptenartigen Körper des letzteren: er kristallisiert in kurzen feinen Nadeln, sublimiert unzersetzt und hat die Zusammensetzung $(C_3H_2O_1)_n$. Auch Ohme ist der Ansicht, daß das Bergapten durch den oxydierenden Einfluß der Luft aus dem Kohlenwasserstoff des Bergamottöls entstanden sei.

Soubeiran und Capitaine (Journ. de Pharm. **26**, 68, 509; A. **34**, 321; **35**, 313) sind ebenfalls der Ansicht, daß das Bergamottöl ein oder zwei Öle aus der Klasse der Kampfene $C_{10}H_{16}$ nebst einem Hydrat, dessen Zusammensetzung noch unbekannt sei, enthalte und wahrscheinlich noch eine kleine Quantität eines sauerstoffhaltigen Öls, das sich durch Absorption von atmosphärischem Sauerstoff bilde. Wahrscheinlich sei dies das Bergapten.

Genau so wie beim Citropten weiß man bis zum Jahre 1857 sehr wenig über die Zusammensetzung des Bergaptens, wenn man auch richtige Analysen $(C_3H_2O)_n$ hat. Lange Zeit hindurch beschäftigt man sich nicht mit dem Bergapten, ebenso wenig wie mit dem Citropten.

Aus den beiden Perioden 1857—1872 und 1872—1887 liegt im wesentlichen nur eine Arbeit von Franke über das Bergapten (Diss.

Erlangen **1880**) vor, der jedoch für diese Verbindung die Zusammensetzung $C_{17}H_{16}O_5$ annahm und nur konstatierte, daß das Bergapten ein sehr widerstandsfähiger Körper sei.

Erst die Untersuchungen von POMERANZ (M. **12**, 379; M. **14**, 28) in den Jahren 1891 und 1893 brachten weitere Klarheit über die Konstitution des Bergaptens. P. findet den Smp. im Gegensatz zu den Beobachtungen früherer Forscher zu 188°, bestätigte die Analysen von MULDER und OHME, stellte die Molekularformel zu $C_{12}H_8O_4$ fest und fand, daß Bergapten sich in Kalilauge erst bei längerem Kochen auflöst, dagegen nicht in Alkalicarbonaten, daß Essigsäureanhydrid nicht einwirkt, ebensowenig Phenylhydrazin. Durch Behandlung mit Jodwasserstoffsäure wurde eine Oxymethylgruppe nachgewiesen. Bei der Behandlung mit Jodmethyl und KOH resultierte ein Dimethylbergapten $C_{14}H_{14}O_5$ und eine Methylbergaptensäure $C_{13}H_{12}O_5$ vom Smp. 138°. Durch Einwirkung von schmelzendem Kali auf das Bergapten wurde Phloroglucin gewonnen. P. schließt nun, daß das Bergapten der Methyläther eines Oxycumarins sei, das sich vom Cumaron ableitet und zu letzterem in derselben Beziehung stehe wie etwa das Methylumbelliferon zum Benzol. Es wird das Nitrobergapten $C_{12}H_7(NO_2)\cdot O_4$ vom Smp. 246° dargestellt; durch Oxydation des letzteren wird eine Säure $C_{10}H_7(NO_2)\cdot O_5$ erhalten, die zum Bergapten in derselben Beziehung stehe wie die Salicylsäure zum Cumarin, also eine Nitromethoxycumaroncarbonsäure sei: Smp. 200°.

Zur **Konstitution** ist noch zu bemerken, daß die Bruttoformel $C_{12}H_8O_4$ durch die Untersuchungen von POMERANZ feststeht und daß das Bergapten einmal ein Cumarinabkömmling ist, daß es aber auch einen zweiten Ring, einen Furanring, enthält, so daß es gleichzeitig ein Cumaron ist.

Interessant ist es zu beobachten, wie die **geschichtliche Entwicklung** in der Erkenntnis des Citroptens und Bergaptens große Ähnlichkeit besitzt, indem mit jedem Fortschritt, der in der Strukturchemie usw. gemacht wurde, auch beide Moleküle sofort näher in Angriff genommen und in ihrer Konstitution weiter aufgeklärt werden. — Für den Geruch der ätherischen Öle, in denen diese Bestandteile vorkommen, sind die letzteren wertlos.

Werfen wir noch einmal einen Blick auf das Vorkommen der Säuren und Laktone der Benzolreihe als Bestandteile ätherischer Öle, so nehmen wir wahr, daß sie als solche in quantitativer Hinsicht eine untergeordnete Rolle spielen; nichtsdestoweniger sind sie im allgemeinen für die Entwicklung der Chemie, sowie im speziellen für die Erkenntnis der Bestandteile der ätherischen Öle von großer Wichtigkeit gewesen. Die Erschließung der Konstitution der Benzoësäure, Salicylsäure, Anissäure, Zimtsäure usw. war für die Chemiker eine große Aufgabe; doch nicht genug damit, die ätherischen Öle bildeten für alle diese Verbindungen ein bequemes und eine Zeitlang das einzige Ausgangsmaterial für die Darstellung einer unendlichen Fülle von chemischen Verbindungen gerade auch der

Benzolreihe. — Für die Praxis haben sich die Säuren insofern als nicht so wichtig erwiesen, als sie z. B. für das Aroma der ätherischen Öle von keiner Bedeutung sind, also auch in der Parfümerie keine Anwendung finden; dagegen haben einzelne Glieder der Reihe in der Medizin Bedeutung erlangt, so Benzoësäure, Salicylsäure usw. Wichtiger für die Parfümerie erwiesen sich einige Laktone der hierher gehörigen Säuren, so das Cumarin, das außerordentlich beliebt ist und in sehr großen Quantitäten Verwendung findet.

f) Ester von Säuren der Benzolreihe.

Ebenso wie es Ester von Säuren als Bestandteile der ätherischen Öle gibt, welche zur aliphatischen Reihe gehören bzw. zur hydriertcyklischen, finden sich als Bestandteile ätherischer Öle auch solche Ester, deren Säuren Benzolabkömmlinge sind. Ester, deren Säuren hydriertcyklische Natur besitzen, treten außerordentlich zurück. Ester, deren Säuren zur Benzolreihe gehören, erreichen zwar in quantitativer Beziehung nicht die Wichtigkeit, wie die im Bd. I abgehandelten Ester, deren Säuren aliphatisch sind, aber nichtsdestoweniger sind sie im allgemeinen für den Gang der Entwicklung der organischen Chemie von großer Bedeutung gewesen, als auch sind sie für die Technik, und zwar hauptsächlich für die Parfümerie, teilweise von ganz außerordentlicher Bedeutung. Ich erinnere in dieser Hinsicht an den Salicylsäuremethylester. Auch das Vorkommen dieser Ester in den einzelnen Ölen ist in quantitativer Hinsicht zum Teil ein recht bedeutendes, indem z. B. das Gaultheriaöl im wesentlichen aus Salicylsäuremethylester besteht; aber der Salicylsäuremethylester gehört ferner zu denjenigen Verbindungen, die in bezug auf das häufige Vorkommen eines Bestandteils in den ätherischen Ölen zu den am weitesten verbreiteten gehören, wie später eingehend erörtert werden wird.

Ester von Säuren der Benzolreihe, die im Kern nicht durch Sauerstoff substituiert sind.

Ester von gesättigten Säuren.

Ester der Benzoësäure.

Genau so wie wir den Benzylalkohol, den Benzaldehyd und die Benzoësäure als Bestandteile ätherischer Öle kennen lernten, so findet sich letztere auch verestert in vielen Pflanzen. Der alkoholische Bestandteil des Esters wechselt, indem wir es bald mit einem Alkohol der

Methanreihe gesättigter oder ungesättigter Natur, bald mit einem Alkohol der hydriert-cyklischen Reihe oder schließlich einem solchen der Benzolreihe zu tun haben können.

Ester der Benzoësäure, deren alkohol. Bestandteil zur Methanreihe gehört.

381. Benzoësäuremethylester $C_8H_8O_2 = C_6H_5 \cdot COOCH_3$.

Vorkommen, Isolierung und Synthese. Der Benzoësäuremethylester wurde bald nach Festlegung der Beziehungen des Benzoylwasserstoffs zur Benzoësäure, nach Aufstellung der Radikaltheorie dargestellt; besonders nachdem die Natur des Holzgeistes ebenfalls im Lichte der Radikaltheorie erkannt worden war und man seine Analogie mit dem Weingeist festgestellt hatte, wurden Verkuppelungen zwischen Säure und dem Holzgeist so auch mit der Benzoësäure, ausgeführt. Dumas und Péligot (A. **15**, 37) dürften gelegentlich ihrer umfassenden Arbeit über Holzgeist den Benzoësäuremethylester im Jahre 1835 zuerst gewonnen haben.

Kopp (A. **94**, 307) untersuchte das benzoësaure Methyl alsdann näher und stellte seine physikalischen Konstanten fest; der Ester war erhalten worden durch Sättigen einer Lösung von Benzoësäure in Holzgeist mit Salzsäure.

Carius (A. **110**, 210) berichtet alsdann im Jahre 1859, daß die Bildung des Benzoësäuremethylesters außerordentlich leicht nach der angegebenen Methode vor sich gehe und daß beim Sättigen einer Lösung von Benzoësäure in überschüssigem Methylalkohol mit Salzsäuregas eine 2—3stündige Digestion auf dem Wasserbade genüge, um eine quantitative Ausbeute zu erzielen.

Völlig aufgeklärt wurde natürlich die Konstitution des benzoësauren Methylesters erst, sobald in den sechziger Jahren die Konstitution der Benzoësäure erschlossen worden war. — In den nächsten Perioden wurden alsdann weitere physikalische Konstanten bestimmt und schließlich gelang es auch in der letzten Periode, 1887 bis zur Gegenwart, das Methylbenzoat als Bestandteil ätherischer Öle nachzuweisen.

Amaryllidaceae.

Das ätherische Öl der Tuberosenblüte (vgl. Bestandteil Benzylalkohol) wird durch Extraktion mittels eines flüssigen Lösungsmittels oder durch Enfleurage gewonnen; im ersten Falle wird das flüchtige Lösungsmittel entfernt (Hesse, B. **36**, 1460) und es resultiert die „essence concrète de Tubéreuse“ bzw. das durch Befreien von Pflanzenwachs erhaltene „Tubéreuse pure“ oder „liquide“, im zweiten Falle die Tuberosenpomade

H. untersuchte nun das ätherische Öl, wie es in der Tuberosenblüte vorkommt, alsdann auch, wie es bei der Enfleurage gewonnen wird, und kommt zu dem Resultat, „die geringen in der Tuberosenblüte befindlichen Mengen ätherischen Öles (ca. 0,0066 %) enthalten prozentual reichliche Mengen aromatischer Ester [darunter Anthranilsäuremethylester (ca. 1,13 % = 0,75 g pro 1000 kg Blüten), Ester der Benzoësäure (ca. 12—15 % = 8—10 g pro 1000 kg Blüten), Benzylalkohol frei und als Ester]". Nach der Behandlung des Tuberosenöls mit Ätherschwefelsäure und alkoh. Kalilauge in trockner ätherischer Lösung in der Kälte usw. wurden ca. 80 % des angewandten Öles zurückerhalten: $d_{15} = 1{,}022$, V. Z. = 154. Beim Behandeln mit Kaliumpermanganat (Chem. Zeitschrift **2** [1903], 435), um aromatische Ester und Alkohole zu isolieren, hinterbleibt schließlich eine helle klare Lösung, auf welcher der größte Teil des von Permanganat nicht angegriffenen Öles schwimmt. Bei dieser Oxydation hinterblieben ca. 25 %: $d = 1{,}047$, $\alpha_D = +1^0$, V. Z. = 285,6, als gegen Permanganat beständig. Durch sorgfältige fraktionierte Destillation wurden alsdann einzelne Fraktionen erhalten, welche zweifellos aus Estern der Benzoësäure bestanden, jedoch konnte nicht mit voller Sicherheit festgestellt werden, ob Benzoësäuremethylester vorlag, wenn auch die niedrigsiedenden Anteile darauf hinwiesen. Sch. u. Co. (Sch. **1903**, I, 75) hatten gelegentlich einer Untersuchung des Tuberosenöls nach vorgenommener Trennung und Reinigung mit $KMnO_4$ die Ansicht ausgesprochen, daß ein in geringer Menge isolierter Bestandteil des Öles Benzoësäuremethylester sei. „Dieses mit Wasserdampf ziemlich leicht flüchtige Öl wurde im Wasserdampfstrom abdestilliert; es war schwerer als Wasser, aber die Menge war zu gering, um die Konstanten genau festzustellen. Daß dies Öl in der Tat im wesentlichen Benzoësäuremethylester war, ergab sich beim Erwärmen desselben mit alkoholischem Kali, wobei in guter Ausbeute Benzoësäure entstand." In der nächsten Abhandlung (Sch. **1903**, II, 68) gehen Sch. u. Co. nochmals auf das Vorkommen des Methylbenzoats im Tuberosenblütenöl ein und sind der Meinung, daß zweifellos nach den Hesseschen Versuchen Benzylbenzoat vorkomme. „Es bleibt immerhin auffallend, daß das durch Oxydation isolierte Estergemisch verhältnismäßig leicht flüchtig ist. Hesse gibt den Sdp. der ersten Hälfte des Gemisches von unter 199—240° an, während die andere Hälfte über 240° siedet. Der Sdp. des Benzylbenzoats liegt aber bei 324°. Hiernach sind doch auch niedriger siedende Ester vorhanden und die Gegenwart von Benzoësäuremethylester (Sdp. 199—200°) wäre danach nicht ausgeschlossen."

Anonaceae.

Im Ylang-Ylangöl weisen Sch. u. Co. (Sch. **1901**, II, 58; **1902**, I, 64; siehe auch Darzens, Bl. III, **27**, 83) unter anderem Ester der Benzoësäure und Salicylsäure nach. „Beide Säuren sind, teils an Methylalkohol, teils an Benzylalkohol gebunden, in dem Öle in Gestalt von Estern vorhanden."

Lauraceae.

In der Cotorinde wies O. Hesse (J. pr. II, **72** [1905], 245) Benzoesäuremethylester nach.

Myrtaceae.

Auch für das Nelkenöl (*Eugenia caryophyllata* Thunb.) (Sch. **1902**, I, 44) weisen Sch. u. Co. auf das ev. Vorkommen von Methylbenzoat hin, wenn dieses auch nur einen minimalen Bestandteil des Öles ausmache. Alsbald (Sch. **1903**, I, 51) wird berichtet: „Neuere Versuche haben unsere Annahme bestätigt.“ „Zur Isolierung des Benzoësäureesters diente das bei 180—210° übergehende Öl. Dasselbe wurde bei gewöhnlicher Temperatur mit einer 1—2%igen Permanganatlösung so lange oxydiert, bis die violette Farbe der nach und nach in kleinen Mengen zum Öl gegebenen Lösung bestehen blieb. Auf diese Weise erhielten wir eine deutlich nach Benzoësäuremethylester riechende Flüssigkeit vom Sdp. 190—200°, welche, da sie wenig leichter als Wasser war, noch beträchtliche fremde Beimengungen in sich schließen mußte.“

Aus allen diesen Mitteilungen über das Vorkommen erkennen wir, daß der Benzoësäuremethylester sich in mehreren ätherischen Ölen als Bestandteil finden dürfte, daß aber sein Vorkommen in allen Fällen ein wohl nur geringes ist.

Physik. Eig. des Methylbenzoats. $Sdp._{746,4} = 199{,}2^0$, $d_0 = 1{,}1026$, $d_{16,3} = 1{,}0876$ (Kopp, A. **94**, 307).

Stohmann, Rodatz u. Herzberg (J. pr. II, **36**, 4): $Sdp._{768} = 195{,}5^0$, $d_{15} = 1{,}103$, Mol.-Verbr. 943,976 Kal. — Über die mittlere spez. Wärme vgl. Schiff (A. **234**, 316); über die elektr. Leitfähigk. Bartoli (G. **24**, II, 161).

Perkin (Soc. **69**, 1237): Sdp. 198,6° (i. D.), $d_{4/4} = 1{,}1035$, $d_{15/15} = 1{,}0942$, $d_{25/25} = 1{,}0869$; Magn. Dreh. 12,76 bei 11,5°. — Über Dampfspannungskurve vgl. Kahlbaum (Ph. Ch. **26**, 612); über die Dielektrizitätskonstante Drude (Ph. Ch. **23**, 308) und Loewe (W. **66**, 394).

Chem. Eig. des Methylbenzoats. Liefert durch Verseifung mit Kalilauge Benzoësäure und Methylalkohol. — Nach Tawerne (R. **17**, 96) entsteht durch Einwirkung von reinster HNO_3 auf Methylbenzoat der m-Nitrobenzoësäureester neben wenig o-Nitrobenzoësäureester. — Nach Raikow (Ch. Ztg. **24**, 368) liefert Methylbenzoat mit konz. Orthophosphorsäure eine kristallinische Verbindung, während die Benzoate der homologen Alkohole eine solche nicht liefern.

Der **Identifizierung des Methylbenzoats** geht am besten eine Reinigung der von 195—205° siedenden Anteile, nachdem ev. natürlich Aldehyde usw. mit Bisulfit entfernt worden sind, durch verd. Kaliumpermanganatlösung in der Kälte vorauf. Dieses Oxydationsmittel läßt Methylbenzoat unverändert. Die physikalischen Daten werden bestimmt, alsdann wird zweckmäßig in wäßriger Lauge verseift; die ev. Komponenten Benzoësäure vom Smp. 121° und Methylalkohol lassen keinen Zweifel an dem Vorhandensein von Methylbenzoat.

Die **Konstitution des Methylbenzoats** ergibt sich ohne weiteres aus dem Aufbau und Abbau dieses Moleküls.

Geschichtlich ist noch zu betonen, daß das Methylbenzoat bereits in den dreißiger Jahren des vergangenen Jahrhunderts bekannt war, daß es aber erst in den letzten fünf Jahren als Bestandteil einiger ätherischer Öle nachgewiesen worden ist.

Die **Anwendung des Methylbenzoats** in der Parfümerie dürfte einer weiteren Ausdehnung fähig sein; jetzt wird es schon ziemlich viel unter der Bezeichnung „Niobeöl" benutzt.

Ester der Benzoësäure mit ungesättigten aliphatischen Alkoholen.

382. Geranylbenzoat $C_6H_5 \cdot COO \cdot C_{10}H_{17}$.

Vorkommen, Isolierung und Synthese. Es hat sich herausgestellt, daß die Benzoësäure in ätherischen Ölen häufig mit hochsiedenden Alkoholen verkuppelt ist, so daß diese Ester wegen der allein schon hochsiedenden Komponenten beträchtlich hoch sieden und sich unzersetzt nur bei sehr gutem Vakuum destillieren lassen; auch sind diese Ester mit Wasserdämpfen nur sehr schwer flüchtig und aus diesem Grunde dürfte das Vorkommen solcher Benzoate in ätherischen Ölen noch häufiger sein, als es bis jetzt konstatiert wurde.

Zu derartigen Benzoaten gehört auch das Geranylbenzoat. Reychler (Bl. III, **11**, 407, 576, 1045; **13**, 140) untersuchte das Ylang-Ylang- und Canangaöl (*Unona odoratissima*); R. stellte fest, daß sich in diesen Ölen sowohl Acetate, als auch Benzoate finden und daß aliphatische Alkohole, besonders Linalool (Ylangöl) und Geraniol, mit diesen Säuren verestert vorkommen. Es ist jedoch nicht gelungen, das Geranylbenzoat in reinem Zustande abzuscheiden.

Physik. und chem. Eig. des Geranylbenzoats. Auf synthetischem Wege wurde das Geranylbenzoat von Erdmann und Huth (J. pr. II, **56**, 6) und von Erdmann (B. **31**, 358) dargestellt und gefunden, daß sein Sdp.$_{12}$ bei 194—195° liegt. — Durch Verseifung des Esters erhält man Benzoësäure und Geraniol zurück, die an ihren physikalischen Konstanten bereits zu erkennen sind; über die weitere Identifizierung des Geraniols s. diesen Alkohol Bd. I.

Geschichtlich ist zu betonen, daß das Geranylbenzoat natürlich erst in der letzten Periode, 1887 bis zur Gegenwart, sowohl künstlich dargestellt, als auch in einem ätherischen Öl konstatiert werden konnte, nachdem am Ende der achtziger und zu Beginn der neunziger Jahre des vergangenen Jahrhunderts das Geraniol durch Semmler in seiner Konstitution usw. erschlossen war.

383. Linalylbenzoat

$$C_6H_5 \cdot COO \cdot C_{10}H_{17} = {CH_3 \atop CH_2}\!\!>\!C \cdot CH_2 \cdot CH_2 \cdot CH_2 \cdot \underset{CH_3}{\overset{OOC \cdot C_6H_5}{C}} \cdot CH:CH_2.$$

Vorkommen, Isolierung und Synthese. Das vom Geranylbenzoat Gesagte gilt mut. mut. auch vom Linalylbenzoat. Das Linalylbenzoat ist bisher auf präparativem Wege nicht gewonnen worden. REYCHLER (Bl. III, **11** [1894], 407, 576, 1045; **13** [1895], 140) erhielt gelegentlich der Untersuchung des Ylang-Ylang- und Canangaöls beim Verseifen als saure Bestandteile Benzoësäure, Essigsäure usw., als alkoholische Bestandteile das Linalool (Ylangol) und Geraniol. Er schließt daraus, daß das Linalool — als solches muß das Ylangol angesehen werden — mit der Benzoësäure verestert in genannten Ölen vorkommt.

Physik. und chem. Eig. werden weiter nicht angegeben. — Es dürfte sich bei dem Linalool im wesentlichen um die Linksmodifikation handeln, da für diesen Alkohol beobachtet wurde: Sdp. 196—198°, $d_{20} = 0,874$, $\alpha_D = -16^\circ 25'$.

Der Zeit nach konnten diese Untersuchungen erst im letzten Zeitabschnitt vorgenommen werden, nachdem die Konstitution des Linalools festgelegt worden war.

Im Anschluß hieran möge das

Peruviolbenzoat

Erwähnung finden, wenn es auch nicht feststeht, daß dieser Körper bei der Destillation mit Wasserdampf mit in das Perubalsamöl übergeht. Gewöhnlich wird das Perubalsamöl durch Extrahieren mit Petroläther gewonnen. THOMS (Ar. **237**, 271; C. **1899**, II, 315) beschäftigte sich mit dem „Cinnameïn" oder Perubalsamöl. TH. stellte fest, daß die Alkohole des „Cinnameïns" aus Benzylalkohol und Peruviol $C_{13}H_{22}O$ ($d_{17,5}$ = 0,886, Sdp.$_7$ = 139—140°, angenehm honigartig oder narzissenähnlich riechend, $\alpha_D = +13^\circ$ [100 mm-Rohr]), bestehen. Das Säuregemisch des „Cinnameïns" besteht aus Benzoë-, Zimt- und Dihydrobenzoësäure. Hiernach ist anzunehmen, daß das „Rohcinnameïn" im wesentlichen aus Estern der Benzoësäure und Zimtsäure mit Benzylalkohol und Peruviol besteht. In reinem Zustande sind die Ester des Peruviols bisher nicht gewonnen worden. Die Esterifizierung dieses Alkohols gestaltet sich überhaupt schwierig; TH. nimmt an, daß dieser Alkohol zur hydroaromatischen Reihe gehöre; sein Molekül soll in den Seitenketten zwei Äthylenbindungen und außerdem eine endständige CH_2-Gruppe enthalten. Es wurde bisher nur das Peruviolcinnamat in hyazintenartig riechenden Kristallen gewonnen.

Ester der Benzoësäure mit Alkoholen der Benzolreihe.

384. Benzylbenzoat $C_6H_5 \cdot COO \cdot CH_2 \cdot C_6H_5$.

Vorkommen, Isolierung und Synthese. Etwas häufiger als die eben erwähnten Ester der Benzoësäure mit Alkoholen der Methanreihe finden sich als Bestandteile ätherischer Öle Benzoate von Alkoholen der Benzolreihe, und zwar besonders das Benzylbenzoat. CANNIZZARO (Gm. **6**, 40) stellte das Benzylbenzoat aus Benzylalkohol und Benzoylchlorid dar. — KRAUT (A. **152** [1869], 130) zeigte, daß sich Benzylbenzoat auch im Perubalsam findet. — CANNIZZARO erhielt den Ester in Form von farblosen Kristallblättern, die unterhalb 20° schmolzen und beim Erkalten lange flüssig blieben; den Sdp. fand er zu 345°. KRAUT findet, daß der Perubalsam bei der fraktionierten Destillation (am besten im Vakuum und im Kohlensäurestrom) sich hauptsächlich in drei Anteile zerlegen läßt, von denen der zweite, der gegen 300° übergeht, beim Verseifen Benzylalkohol und Benzoësäure liefert; der Benzoësäurebenzylester bilde nach seinen Beobachtungen eine farblose Flüssigkeit vom Sdp. 303—304° und $d_{18,5}$ = 1,114. Der erste Anteil war nicht völlig reiner Benzylalkohol, der dritte Anteil Zimtsäurebenzylester usw.

Zur Synthese des Benzylbenzoats ist zu bemerken, daß CLAISEN (B. **20**, 647) diesen Ester durch mehrtägiges Erwärmen von 200 g Benzaldehyd mit einer Lösung von 1,5 Na in genügend Benzylalkohol auf dem Wasserbade erhält. CL. beobachtet den Sdp. 323—324°. — KOHN und TRANTOM (Soc. **75**, 1155) erhalten den Ester bei der Einwirkung von NaOH auf Benzaldehyd in benzolischer Lösung unter Ausschluß von Wasser: Sdp. 316,8°. — v. PECHMANN (B. **31**, 2645) gewinnt ihn durch Erwärmen von Nitrosobenzoylbenzylamin mit Alkohol: Sdp. 323°.

Das Vorkommen des Benzylbenzoats ist in verschiedenen ätherischen Ölen konstatiert worden; es ist aber wahrscheinlich, daß dieser Ester noch verbreiteter ist; nur seine schwere Flüchtigkeit mit Wasserdämpfen dürfte bewirken, daß er aus dem Pflanzenmaterial nicht leicht zu entfernen ist.

Amaryllidaceae.

HESSE (B. **36**, 1459) stellt gelegentlich einer ausführlichen Untersuchung des Tuberosenöls (*Polyanthes Tuberosa*) fest, daß die durch geeignete Behandlung abgetrennten Ester bei der fraktionierten Destillation von 199° bis über 240° sieden. Durch Verseifen wurden unter anderem Benzoësäure und Benzylalkohol erhalten. Hieraus geht hervor, daß ein Teil der Ester jedenfalls aus Benzylbenzoat besteht.

Anonaceae.

Vom Ylang-Ylangöl wurde von REYCHLER (Bl. III, **11** [1894], 407, 576, 1045; **13** [1895], 140) und von SCH. u. Co. (SCH. **1901**, II, 58) nachgewiesen, daß sich in ihm Benzoësäure findet; SCH. u. Co. konstatierten auch Salicylsäure. „Beide Säuren sind, teils an Methylalkohol, teils an Benzylalkohol gebunden, in dem Öle in Gestalt von Estern vorhanden.“ Ferner SCH. u. Co. (SCH. **1902**, I, 64): „Die Benzoësäure des Ylang-Ylangöls ist aber auch an Benzylalkohol gebunden in diesem Öle vorhanden. Dieses Resultat wurde erhalten beim Rektifizieren einer größeren Menge des Öles mit Wasserdampf, wobei ein schwer flüchtiger Rückstand übrigblieb, der beim Verseifen in Benzoësäure und Benzylalkohol zerfiel. Letzterer wurde durch seine Konstanten und durch Überführung in Benzaldehyd und das bei 78° schmelzende Phenylurethan näher bestimmt“ (vgl. auch SCH. **1903**, I, 79).

Hamamelidaceae.

Das ätherische Tolubalsamöl (*Toluifera Balsamum* Mill.) dürfte Benzoësäure- und Zimtsäurebenzylester enthalten, da BUSSE (B. **9** [1876], 830) im Balsam selbst diese Ester nachwies. — Über das Vorkommen des Benzylbenzoats im Perubalsamöl vgl. Ar. **237**, 271. Vgl. auch KRAUT (B. **2**, 180).

Rutaceae.

Gelegentlich einer ausführlichen Untersuchung des Neroliöls (SCH. **1902**, II, 61) wurde festgestellt, daß bei dem Verseifen des Destillationsrückstandes als Säure Benzoësäure und Phenylessigsäure erhalten werden. „Es ist wohl anzunehmen, daß beide Säuren nicht als solche, sondern in Form von Estern im Öle enthalten sind. In Anbetracht des hohen Siedepunktes der Fraktionen, in denen sie nachgewiesen wurden, ist es wahrscheinlich, daß sie an Benzylalkohol oder Phenyläthylalkohol gebunden sind.“ Vgl. ferner die ausführlichen Arbeiten über das Neroliöl von HESSE und ZEITSCHEL (J. pr. II, **64** [1901], 259) (vgl. Bestandteil Benzylalkohol).

Physik. Eig. des Benzylbenzoats. Das Benzylbenzoat dürfte bei 323—325° sieden, sein Smp. liegt unter 20°; $d_{18,5} = 1,114$ (KRAUT).

Chem. Eig. des Benzylbenzoats. Das Benzylbenzoat läßt sich glatt zu Benzylalkohol und Benzoësäure verseifen; es liefert mit Natriumäthylat dieselbe Verbindung von $C_6H_5 \cdot C(CH_3 \cdot ONa) \cdot O \cdot CH_2 \cdot C_6H_5$, der sich auch aus Benzaldehyd und CH_3ONa, ferner aus Methylbenzoat und $C_6H_5 \cdot CH_2 \cdot ONa$ bildet.

Die **Identifizierung des Benzylbenzoats** dürfte am besten durch den hohen Siedepunkt sowie durch die Verseifung erfolgen. Die beiden Komponenten Benzoësäure und Benzylalkohol sind einmal an dem Smp. 121°, sowie an dem Phenylurethan des letzteren vom Smp. 78° zu erkennen.

Die Konstitution ergibt sich aus der Aufspaltung und aus der Synthese. — Wenn auch seit langer Zeit durch Synthese bereits von CANNIZZARO erhalten, wurde mit voller Sicherheit doch erst in den letzten Jahren nachgewiesen, daß das Benzylbenzoat bei der Wasserdampfdestillation mit in das ätherische Öl übergeht.

---

385. Benzoësaurer Phenyläthylalkohol $C_6H_5 \cdot COO \cdot CH_2 \cdot CH_2 \cdot C_6H_5$.

Vorkommen, Isolierung und Synthese. Auch das Phenyläthylbenzoat scheint sich als Bestandteil von ätherischen Ölen zu finden. Das Vorkommen des freien Phenyläthylalkohols wurde besonders in den Rosen konstatiert, und zwar findet er sich weniger in dem Rosenöl selbst, als in dem bei der Wasserdampfdestillation der Rosen abfallenden Destillationswasser, da der Alkohol in Wasser leicht löslich ist. Gelegentlich der ausführlichen Untersuchung des Neroliöls (Sch. **1902**, II, 61) wurden durch fraktionierte Destillation verschiedene Anteile erhalten; „Die Verseifung eines Teiles der bei 82—97° unter 7—8 mm Druck siedenden Fraktionen, deren Verseifungszahl 58 war, ergab eine honigartig riechende Säure, die in gut ausgebildeten Blättchen aus Wasser kristallisierte. Rein schmolz sie bei 76—77°, also wie Phenylessigsäure." Sch. u. Co. schließen daraus, daß in Anbetracht des hohen Siedepunktes der Fraktion sowohl die Phenylessigsäure, als auch die sich gleichzeitig findende Benzoësäure an Benzylalkohol oder Phenyläthylalkohol gebunden auftreten. — Hesse und Zeitschel (J. pr. II, **64** [1901], 259) hatten schon vorher gelegentlich der Untersuchung des Orangenblütenwasseröls durch Verseifung Geraniol neben Phenyläthylalkohol nachweisen können, ebenso Phenylessigsäure.

In reinem Zustande ist das Phenyläthylbenzoat bisher nicht dargestellt worden. Seine Identifizierung dürfte am besten durch Verseifung und Charakterisierung der Komponenten erfolgen.

Ester der Phenylessigsäure.

Obwohl die Phenylessigsäure und der Phenylacetaldehyd einen ausgesprochen süßen Geruch besitzen, der in vieler Beziehung an den Geruch einiger Blüten erinnert, so sind diese Verbindungen als Bestandteil äther. Öle bisher nur selten aufgefunden worden, der Phenylacetaldehyd mit Bestimmtheit überhaupt noch nicht. Dagegen ist es gelungen, das Vorkommen der Phenylessigsäure in Form von Estern als Bestandteile äther. Öle festzustellen.

386. Phenylessigsaurer Benzylester $C_6H_5 \cdot CH_2 \cdot COO \cdot CH_2 \cdot C_6H_5$.

Vorkommen, Isolierung usw. Wie gelegentlich der Besprechung der Ester der Benzoësäure erwähnt wurde, konnten bei der Untersuchung des Neroliöls sowohl von seiten HESSES und ZEITSCHELS (J. pr. II, **64**, 259; **66**, 481), als auch von SCH. u. Co. (Sch. **1902**, I, 47; **1902**, II, 61) nach dem Verseifen Phenylessigsäure, Benzylalkohol und Phenyläthylalkohol nachgewiesen werden. H. und Z. kommen (J. pr. II, **66**, 511) zu dem Resultat, daß die in Wasser leichter löslichen Anteile, die Alkohole, in größerem Prozentsatz im Orangenblütenwasseröl vorhanden sind (50—51 %), als im Neroliöl (35—38 %); von den Estern löse sich in Wasser prozentual sehr viel mehr Anthranilsäuremethylester (im Neroliöl 0,6 %, im Wasseröl 12—16 %), als Terpenalkoholester (im Neroliöl 15—16 %, im Wasseröl 3—5 %). Vorher (J. pr. II, **64**, 259) hatten H. und Z. bereits konstatiert, daß in dem vom Anthranilsäuremethylester befreiten und verseiften Wasseröle Geraniol und Phenyläthylalkohol nachgewiesen und charakterisiert werden können; die Verseifungslaugen enthalten Phenylessigsäure.

SCH. u. Co. (SCH. **1902**, II, 60) untersuchten ein Neroliöl, in welchem sie nach Verseifung die Anwesenheit unter anderen von Phenylessigsäure und Phenyläthylalkohol nachweisen konnten. — Hiernach dürfte anzunehmen sein, daß sowohl die Phenylessigsäure mit dem Benzyl- als auch dem Phenyläthylalkohol verestert zusammen im Neroliöl bzw. im Neroliwasseröl vorkommt.

Der phenylessigsaure Benzylester wurde von SLAWIK (B. **7**, 1056) dargestellt.

Physik. Eig. des Phenylessigsäure-Benzylesters: Sdp. 317—319° (SLAW.). — HODGKINSON (Soc. **37**, 481): $Sdp._{160} = 270°$, $d_{17} = 1,0938$.

Chem. Eig. des Phenylessigsäure-Benzylesters. Dieser Ester zerfällt bei der Verseifung in seine Komponenten Phenylessigsäure vom Smp. 76,5° und Sdp. 265° und Benzylalkohol.

Die Eigenschaften des Phenylessigsäure-Benzylesters sind zu wenig studiert, als daß weitere angegeben werden könnten. Wegen seines hohen Siedepunktes dürfte es nur bei ganz vervollkommneten Apparaten gelingen, durch Wasserdampfdestillation diesen in den Pflanzen enthaltenen Ester überzutreiben. Die Identifizierung erfolgt wohl am besten durch die Verseifung, da die Komponenten Phenylessigsäure und Benzylalkohol, wie oben erwähnt, bequem nachgewiesen werden können. — Ebenso ergibt sich die Konstitution aus den erwähnten Spaltungsprodukten. Weitere Versuche mit diesem Ester, der ebenso wie der gleich zu besprechende Phenyläthylester erst in der letzten Periode als Bestandteil äther. Öle aufgefunden wurde, müssen zeigen, inwieweit diese Verbindungen von Wichtigkeit und für die Parfümerie usw. verwertbar sind. —

387. Phenylessigsaurer Phenyläthylalkohol $C_6H_5 \cdot CH_2 \cdot COO \cdot CH_2 \cdot CH_2 \cdot C_6H_5$.

Vorkommen, Isolierung usw. Was über das Vorkommen usw. des phenylessigsauren Benzylalkohols gesagt wurde, gilt auch für den Ester mit dem Phenyläthylalkohol. Es ist anzunehmen, daß im Neroliöl ebenso wie im Neroliwasseröl die Phenylessigsäure verestert mit dem Phenyläthylalkohol vorkommt.

Physik. und chem. Eig. des reinen Produktes können nicht angegeben werden, da Beobachtungen über die Eigenschaften des reinen Esters bisher nicht vorliegen.

Da dieser Ester mit Wasserdämpfen noch schwerer flüchtig sein muß als der korrespondierende Benzylester, so ist es nicht ausgeschlossen, daß er sich in Pflanzen noch häufiger findet, als er bisher konstatiert worden ist. Weitere Versuche müssen auch nach dieser Richtung hin Aufklärung schaffen.

Ester von Säuren der Benzolreihe mit ungesättigter Seitenkette, die im Kern nicht durch Sauerstoff substituiert sind.

Korrespondierend dem Vorkommen von Bestandteilen ätherischer Öle, die zur Benzolreihe gehören, aldehydische oder alkoholische Natur besitzen und in der Seitenkette ungesättigt, im Kern aber nicht durch Sauerstoff substituiert sind, kommen außer den hierher gehörigen freien Säuren auch ihre Ester vor. Es handelt sich jedoch in allen Fällen hauptsächlich um Verbindungen der Cinnamylreihe. Wenn auch der entsprechende Kohlenwasserstoff, das Propenylbenzol $C_6H_5 \cdot CH:CH \cdot CH_3$ bisher als Bestandteil eines äther. Öles nicht aufgefunden worden ist, sondern dafür das Styrol $C_6H_5 \cdot CH:CH_2$, ein Körper, den man sich durch CO_2-Abspaltung aus der Zimtsäure entstanden denken kann, so hat man doch bisher in ätherischen Ölen den Zimtalkohol, Zimtaldehyd und die Zimtsäure aufgefunden. Genau so wie die Benzoësäure verestert in den ätherischen Ölen auftritt mit Alkoholen der aliphatischen Reihe, der hydriert-cyklischen und Benzolreihe — im letzteren Falle mit Alkoholen gesättigter und ungesättigter Seitenkette —, so liegen die Verhältnisse analog bei der Zimtsäure. Die Ester der Zimtsäure gehören zum Teil zu den am längsten bekannten Verbindungen ätherischer Öle. Vielfach zeichnen sie sich schon wegen des hohen Siedepunkts der Zimtsäure durch Schwerflüchtigkeit mit Wasserdämpfen aus, namentlich wenn der alkoholische Bestandteil ebenfalls hoch siedet, wie z. B. der Benzyl- oder Zimtalkohol. Die Ester der Zimtsäure sind als Bestandteile ätherischer Öle nicht allzu häufig verbreitet; das wichtigste Vorkommen dürfte dasjenige in äther. Ölen sein, die durch Wasserdampfdestillation gewisser Balsame, wie Tolu- und Perubalsam, gewonnen werden. Die Ester selbst besitzen nur schwachen, aber angenehmen Geruch; die Anwendung der Ester bzw. der Balsame, deren Hauptbestandteil die Ester sind, dürfte auf dem Auftreten von Zersetzungsprodukten, die einen angenehmen Geruch besitzen, beruhen; so dürften sich Benzaldehyd, Zimtaldehyd, Alkohole, Kohlenwasserstoffe usw. unter diesen Zersetzungsprodukten befinden.

Es ist aber vorauszuschicken, daß sich die Ester selbst durch angenehmen Geruch auszeichnen.

Ester der Zimtsäure mit aliphatischen Alkoholen.

In einzelnen Fällen findet sich die Zimtsäure verestert mit Alkoholen der Fettreihe; es handelt sich in diesem Falle um das Methyl- und Äthylcinnamat.

---

388. Zimtsäuremethylester (Methylcinnamat) $C_6H_5 \cdot CH:CH \cdot CO_2 \cdot CH_3$.

Vorkommen, Isolierung und Synthese. Obwohl die Zimtsäure als Derivat des Cinnamylwasserstoffs bereits in den dreißiger Jahren des vergangenen Jahrhunderts in größerer Menge zur Verfügung stand, so dauerte doch die Darstellung ihrer Ester längere Zeit, weil die anfangs gebräuchliche Darstellungsweise der Ester — durch Einleiten von gasförmiger Salzsäure in das Säure- und Alkoholgemisch — bei der Zimtsäure vielfach zu unerquicklichen Produkten führte, die erst durch langwierige fraktionierte Destillation getrennt werden konnten.

Kopp (A. **60**, 269) berichtet im Jahre 1846 über Zimtsäure; er stellte den Methyl- und Äthylester durch Einleiten von Salzsäure usw. dar. Jedoch dürfte Kopp keine reinen Verbindungen in Händen gehabt haben. — Erst Anschütz und Kinnicutt (B. **11**, 1219) bringen Daten über physikalische Eigenschaften, die an reinem Material bestimmt wurden, ebenso Weger (A. **221**, 74).

Als Bestandteil ätherischer Öle wurde der bei gewöhnlicher Temperatur feste Zimtsäuremethylester durch die Untersuchungen von v. Romburgh im Jahre 1898 nachgewiesen (Koninglijke Akademie van Wetenshapen te Amsterdam **1898**, 550; vgl. Sch. **1899**, I, 52). Außerdem wurde von Sch. u. Co. (Sch. **1901**, I, 62) im Wartaraöl dieser Körper nachgewiesen.

Zingiberaceae.

Durch Wasserdampfdestillation des frischen Wurzelstockes der in der Umgegend von Buitenzorg wild wachsenden „Ladja goah" genannten Zingiberacee *Alpinia malaccensis* Roscoë erhielt v. Romburgh 0,25 $^0/_0$ eines angenehm riechenden äther. Öles: $d_{27} = 1{,}039$—$1{,}047$, schwach rechtsdrehend (0,25°—1,5° bei 200 mm Säulenlänge); das Öl erstarrte bei geringer Abkühlung fast vollständig. Der kristallinisch ausgeschiedene

Bestandteil erwies sich in allen seinen Eigenschaften als identisch mit Zimtsäuremethylester, der damit zum erstenmal als Bestandteil eines ätherischen Öles nachgewiesen worden war. — In einer späteren Mitteilung (Amsterdam, **1900**, 445) teilt v. ROMBURGH mit, daß 700 kg frische Blätter 1100 ccm = 0,16 % Öl geliefert hätten: $d_{26} = 1{,}02$, $[\alpha]_D = + 6{,}5^0$. Durch fraktionierte Wasserdampfdestillation ließ sich Pinen aus diesem Öl übertreiben, während 75 % Methylcinnamat schwerer flüchtig waren und zurückblieben. — Auch das äther. Öl von *Alpinia nutans* Roscoë dürfte Zimtsäureester enthalten. „Zimtsäureester sind wahrscheinlich auch im ätherischen Öle einer anderen Alpiniaart, der *Alpinia nutans* Rosc., enthalten, denn die bei 255—265° übergehende Fraktion dieses Öles liefert beim Verseifen eine bei 134° schmelzende Säure, die unzweifelhaft mit Zimtsäure identisch ist" (SCH. **1899**, I, 53).

Rutaceae.

Die Wartarafrüchte (*Xanthoxylum piperitum* D. C.) liefern (SCH. **1900**, I, 50; **1901**, I, 62) ca. 2 % eines nach Koriander riechenden Öles, in welchem Dipenten und Linalool nachgewiesen wurden. Außerdem wurde durch fraktionierte Destillation ein hochsiedender Anteil abgetrennt, der allmählich erstarrte: Smp. 36°, $Sdp._{745} = 256^0$. Die Substanz stimmte in allen ihren Eigenschaften mit dem Zimtsäuremethylester überein.

Physik. Eig. des Zimtsäuremethylesters. ANSCHÜTZ und KINNICUTT (B. **11**, 1220): Smp. 33,4°, Sdp. 263°.

WEGER (A. **221**, 74): Sdp. 259,6°, $d_{36/0} = 1{,}0415$ usw. — Mol.-Verbr. = 1213,6 Kal. vgl. STOHMANN (J. pr. II, **40**, 346). — Alle diese Angaben beziehen sich auf synthetischen Zimtsäuremethylester.

Für Zimtsäuremethylester aus Wartaraöl fanden SCH. u. Co.: Smp. 36°, $Sdp._{745} = 256^0$.

Über das Brechungsvermögen vgl. BRÜHL (B. **29**, 2907).

Chem. Eig. des Zimtsäuremethylesters. Beim Verseifen des Methylcinnamats erhält man die beiden Komponenten Zimtsäure vom Smp. 133° und Methylalkohol.

Die **Identifizierung des Zimtsäuremethylesters** dürfte durch den Smp. 36° und den Sdp. 256°, sowie durch Spaltung in Zimtsäure und Methylalkohol erfolgen.

Die **Konstitution des Esters** ergibt sich einerseits aus den Verseifungsprodukten, anderseits aus dem Aufbau.

Zur **Geschichte des Methylcinnamats** ist zu bemerken, daß, obwohl man die Ester der Zimtsäure schon seit sehr lange kennt, dennoch die einzelnen reinen Verbindungen, namentlich auch das Methylcinnamat, erst später bekannt wurden. Alle jene Harze und Balsame, welche Zimtsäureester enthalten, spielen eine große Rolle bei ihrer Anwendung zu religiösen Zeremonien usw., da sich bei ihrer Zersetzung angenehm riechende Verbindungen, wie Benz- und Zimtaldehyd, ferner empyreumatische Öle, wie Kresole usw., entwickeln, welche vielfach angenehmen Geruch verbreiten. —

In nicht ganz reinem Zustande scheint Kopp im Jahre 1846 (A. **60**, 269) das Methylcinnamat in Händen gehabt zu haben. — In der Periode 1857—1872 beschäftigte man sich nicht näher mit dieser Verbindung. — In der nächsten Periode, 1872—1887, erhielten Anschütz und Kinnicutt im Jahre 1878 den Zimtsäuremethylester in festem Zustande und bestimmten seine physikalischen Konstanten usw. — Erst in der letzten Periode, 1887 bis zur Gegenwart, gelang es, das Methylcinnamat auch als Bestandteil ätherischer Öle aufzufinden, und zwar wurde es zu 75%, also zu einem außerordentlich hohen Prozentsatz, im Jahre 1898 von v. Romburgh in einer *Alpinia*-Spec. nachgewiesen; von Sch. u. Co. alsdann im Jahre 1901 in dem äther. Öl der Wartarafrüchte.

---

389. Zimtsäureäthylester $C_6H_5 \cdot CH : CH \cdot CO_2 \cdot C_2H_5$.

Vorkommen, Isolierung und Synthese. Das Äthylcinnamat wurde gleichzeitig mit der Methylverbindung von Kopp (A. **60**, 269; A. **95**, 320) dargestellt und seine physikalischen Konstanten von demselben Forscher näher bestimmt. — Anschütz und Kinnicutt (B. **11**, 1220) stellten im Jahre 1878 diese Verbindung von neuem dar und fanden etwas abweichende physikalische Daten, ebenso Weger (A. **221**, 75) im Jahre 1883. — Brühl (A. **235**, 19) vervollständigte im Jahre 1886 die Angaben über die physikalischen Daten.

Die synthetischen Versuche sind sämtlich derartig ausgeführt worden, daß man Salzsäure in die äthylalkoholische Lösung der Zimtsäure einleitete.

Als Bestandteil begegnet W. v. Miller (A. **178**, 184) im Jahre 1877 zuerst dem Zimtsäureäthylester im flüssigen Storax (*Liquidambar orientale*). Durch Wasserdampfdestillation konnten aus dem Storax geringe Mengen von Zimtsäureäthylester gewonnen werden. Durch Verseifung der überdestillierenden Anteile gewann v. M. Zimtsäure und Methylalkohol. Außerdem ist zu erwähnen, daß Plantamour (A. **30**, 343) den Ester im Perubalsam gefunden haben will, jedoch konnte Kraut (A. **152**, 131) diese Angabe nicht bestätigen. — Weitere Untersuchungen müssen diese Angaben von neuem bestätigen. Über flüssigen Storax vgl. auch Laubenheimer (A. **164**, 289).

Später wies v. Romburgh (Kon. Akad. van Wet. Amsterdam, Mai **1902**, 618) nach, daß die flüssigen Anteile des ätherischen Öles von *Kaempferia Galanga* eine Fraktion $Sdp._{30} = 155—165^0$ geben, die durch Verseifen in Zimtsäure und Äthylalkohol gespalten werden konnte, die also im wesentlichen aus Zimtsäureäthylester bestand. Es war schwierig, diesen Ester, der ca. den vierten Teil des Öles ausmachte, von einer fast ebenso hoch siedenden Beimengung zu befreien; jedoch konnte die Trennung durch 80%igen Alkohol bewirkt werden, in dem die Hauptmenge des Esters sich löste; der sich nicht lösende Anteil war Pentadekan $C_{15}H_{32}$.

Physik. Eig. des Äthylcinnamats. KOPP (A. **95**, 320): $d_{20,2} = 1{,}0498$, $d_0 = 1{,}0656$.

WEGER (A. **221**, 75): Sdp. 271°, $d_0 = 1{,}0662$. — FRIEDLÄNDER (A. **221**, 75): Smp. 12°. — BRÜHL (A. **235**, 19): $\mu_\alpha = 1{,}55216$. — Über elektr. Leitv. vgl. BARTOLI (G. **24**, II, 164).

Chem. Eig. Durch Verseifung läßt sich das Äthylcinnamat in seine Komponenten zerlegen.

Die **Identifizierung des Zimtsäureäthylesters** erfolgt einmal durch seine physikalischen Konstanten (Smp. 12°, Sdp. 271°), alsdann durch die bei seiner Verseifung entstehenden Spaltungsprodukte. — Aus der Spaltung des Esters, sowie aus seiner Synthese ergibt sich auch die Konstitution.

Geschichtlich ist zu erwähnen, daß die Ausführung der Synthese des Äthylcinnamats mit jener der Methylverbindung zusammenfällt, die KOPP im Jahre 1846 ausführte. Als Bestandteil des Perubalsams glaubte PLANTAMOUR in den dreißiger Jahren bereits das Äthylcinnamat annehmen zu müssen, während KRAUT dies in einer späteren Arbeit bestreitet. Erst die Untersuchungen von v. MILLER ergeben, daß das Äthylcinnamat sich im ätherischen Öl des flüssigen Storax von *Liquidambar orientale* findet.

390. Zimtsaures Peruviol (Zimtsäureperuvylester) $C_6H_5 \cdot CH:CH \cdot COO \cdot C_{13}H_{21}$.

Vorkommen, Isolierung und Synthese. Der Vollständigkeit halber sei hier eine Verbindung erwähnt, die einen Ester der Zimtsäure darstellt, dessen Alkohol von THOMS (Ar. **237**, 271; C. **1899**, II, 316) im Jahre 1899 im Perubalsam *Myroxylon peruiferum* L. nachgewiesen wurde (nach TSCHIRCH, Pharm. Centralhalle **46** [1905], 803, soll der sog. weiße Perubalsam von Honduras von echtem weißem Perubalsam, der aus den Früchten von *M. Peireirae* stammt, verschieden sein; im echten Balsam lasse sich überhaupt keine Zimtsäure nachweisen, wohl aber Cumarin, während der weiße Perubalsam von Honduras neben freier Zimtsäure einen festen Harzester der Zimtsäure und ein Gemisch flüssiger Harzester mit Alkohol enthalte). Wegen des außerordentlich hohen Siedepunktes dürfte bei der Gewinnung der ätherischen Öle durch Wasserdampfdestillation sehr wenig von diesem Ester mit den Wasserdämpfen übergehen.

Vielleicht liegt in dem Peruviol ein olefinischer Alkohol vor wegen seines geringen Volumgewichts; die Bromaddition ist in diesem Falle nicht entscheidend, da im Peruviol ein konjugiertes System von zwei doppelten Bindungen vorliegen kann, und letzteres glatt nur zwei Atome Br aufnimmt.

Die weiteren **physik. und chem. Eig.** des Peruvylcinnamats müssen durch erneute Versuche festgestellt werden (vgl. Bestandteil Peruvylbenzoat). — Erst in den letzten Jahren ist von THOMS im Jahre 1899 auf das Vorhandensein von Peruvylestern im Perubalsamöl aufmerksam gemacht worden.

Zimtsäureester, deren alkoholischer Bestandteil der Benzolreihe angehört.

391. Zimtsäurebenzylester = Cinnameïn $C_6H_5 \cdot CH : CH \cdot CO_2 \cdot CH_2 \cdot C_6H_5$.

Vorkommen, Isolierung und Synthese. Der Zimtsäurebenzylalkohol gehört zu denjenigen Verbindungen, deren Isolierung aus dem Perubalsam frühzeitig angegeben worden ist. Wird Perubalsam mit Kalilauge geschüttelt, so bilden sich zwei Schichten. STOLTZE nennt die Ölschicht „Perubalsamöl" (vgl. Lit. Gm. **6**, 638; A. **107**, 208; **109**, 255), FRÉMY bezeichnet sie als „Cinnameïn", das von PLANTAMOUR, FRÉMY und DEVILLE und von SCHARLING näher untersucht wurde. Auch KRAUT (B. **2** [1868], 180) beschäftigt sich wiederholt mit dem Perubalsamöl und zeigt, daß daraus durch fraktionierte Destillation 1. nicht völlig reiner Benzylalkohol, 2. als Hauptprodukt Benzoësäurebenzylester und 3. Zimtsäurebenzylester erhalten werden; letzterer destilliere bei ca. Quecksilbersiedehitze. Die freien Säuren des Perubalsams bestehen aus Zimtsäure und Benzoësäure. DELAFONTAINE (Z. **1869**, 156) beschäftigt sich ebenfalls mit dem „Cinnameïn" und konstatiert, daß es kein chemisches Individuum, sondern ein Gemenge von unzersetzt destillierbarem Zimtsäurebenzylester und nicht destillierbarem Zimtsäurezimtester sei. Durch Verseifen erhielt er Zimtsäure einerseits und Benzylalkohol (Sdp. 205°) und Zimtalkohol (Sdp. 222°) anderseits.

Gleichzeitig stellte GRIMAUX (Z. **1869**, 157) den Zimtsäurebenzylester synthetisch dar.

Mit der Zusammensetzung des „Cinnameïns" oder „Perubalsamöls" beschäftigte sich außer anderen Forschern sodann THOMS (Ar. **237**, 271); er kommt zu dem Resultat, daß das „Cinnameïn" im wesentlichen aus Estern der Benzoësäure und Zimtsäure mit Benzylalkohol und Peruviol bestehe. — Schließlich sei eine Arbeit von TSCHIRCH erwähnt (Pharm. Centralh. **46** [1905], 803), in welcher ausgeführt wird, daß der echte weiße Perubalsam (*Myroxylon Peireira*) verschieden sei von dem sog. weißen Perubalsam von Honduras, und daß der echte Balsam überhaupt keine Zimtsäure, dagegen Cumarin enthalte.

Über ein weiteres Vorkommen des Benzylcinnamats im *Liquidambar orientale* vgl. LAUBENHEIMER (A. **164**, 289). L. glaubt Benzylalkohol nachgewiesen zu haben. „Sollte sich diese Tatsache als sicher bestätigen, so würde das Vorkommen des Benzylalkohols in Form des Zimtsäureäthers im Storax ein neues Band zwischen diesem und dem sonst so nahe verwandten Perubalsam knüpfen, der nach KRAUT hauptsächlich aus Zimtsäurebenzyläther besteht, aber auch nach MARC DELAFONTAINE Zimtsäurezimtäther (Styracin) enthält."

Physik. Eig. des zimtsauren Benzylalkohols: Smp. 39° (GRIMAUX, C. r. **67**, 1049; Z. **1869**, 157); er siedet bei ca. 350° unter Zersetzung in Zimtsäure und ölige Substanzen (für ein durch Kochen von Benzylchlorid mit zimtsaurem Na und Alkohol künstlich erhaltenes Produkt).

Chem. Eig. des zimtsauren Benzylalkohols. Der Ester läßt sich durch Verseifen in Zimtsäure und Benzylalkohol spalten.

Durch diese Spaltungsprodukte erfolgt auch der Beweis für die **Konstitution** und die **Identifizierung.** — Geschichtlich gehört das Benzylcinnamat besonders der Mitte des vergangenen Jahrhunderts an, aber bis zur Gegenwart hat man noch nicht von diesem Körper in absolut reinem Zustande die physikalischen usw. Daten in einwandfreier Weise bestimmt.

392. Zimtsäurephenylpropylester $C_6H_5 \cdot CH : CH \cdot CO_2 \cdot CH_2 \cdot CH_2 \cdot C_6H_5$.

Vorkommen, Isolierung und Synthese. v. MILLER (A. **188**, 184) berichtet im Jahre 1877 über die chemischen Verbindungen im flüssigen Storax (*Liquidambar orientale*) (vgl. Methylcinnamat). Durch geeignete Behandlung gelingt es v. M. aus dem flüssigen Storax das „Styracin" usw. abzuscheiden; schließlich wurde mit Wasserdampf destilliert, wobei der leichter flüchtige Zimtsäureäthylester überging, während der viel schwerer flüchtige Phenylpropylester zurückblieb. Dieser in dem sog. „Rohstyracin" neben dem „Styracin" sich findende Phenylpropylester wird alsdann (A. **189**, 338) von v. M. weiter untersucht. v. M. glaubt annehmen zu müssen, daß das „Styrokampfen" VAN'T HOFFS (B. **9**, **5**, 1333) ev. ein Zersetzungsprodukt des Zimtsäurephenylpropylesters sei; letzterer lasse sich nicht unzersetzt destillieren, sondern liefere hierbei ein Produkt, das mit dem VAN'T HOFFschen „Styrokampfen" gleiche Zusammensetzung habe. Durch Verseifung erhielt v. M. aus dem Ester einerseits Zimtsäure vom Smp. 133°, anderseits Phenylpropylalkohol vom Sdp. 235°. — Durch Reduktion des „Dibromstyracins" mit Zink und einer alkohol. Lösung von Ätherschwefelsäure war v. M. imstande, den Zimtsäurephenylpropylester synthetisch zu gewinnen.

Über das weitere Vorkommen des Esters ist folgendes zu erwähnen:

Liliaceae.

Das Xanthorrhoeaharzöl (Acaroidharz) von *Xanthorrhoea hastilis* R. Br. enthält, wie verschiedentlich festgestellt worden ist, unter anderem zweifellos den Ester der Zimtsäure; HILDEBRAND glaubt, daß außer dem „Styracin" (Zimtsäurezimtester) auch geringe Mengen von Zimtsäurephenylpropylester vorkommen (Ar. **214** [1896], 703).

Hamamelidaceae.

Der Nachweis des Vorkommens des Zimtsäurebenzylesters im flüssigen Storax (*Liquidambar orientale*) durch v. MILLER wurde oben bereits erwähnt.

Das ätherische Öl aus amerikanischem Storax (*Liquidambar styraciflluum* L.) untersuchten bereits BONASTRE (Journ. de Pharm. II, **16** [1830], 88; II, **17** [1831], 338), ferner PROCTER (Am. Journ. Pharm. **29** [1857], 261; **38** [1866], 33) und HARRISON (Ar. **206** [1875], 541). v. M. (Ar. **220** [1882], 648) zeigte, daß es Styrol und wahrscheinlich ein Terpen enthält. Aus diesen Untersuchungen geht hervor, daß der amerikanische Storax außer etwas Zimtsäurephenylpropylester im wesentlichen aus „Styracin" besteht.

Physik. Eig. des Zimtsäurephenylpropylesters. Bildet ein zähflüssiges Öl, das sich nicht unzersetzt destillieren läßt.

Chem. Eig. des Zimtsäurephenylpropylesters. v. MILLER (A. **189**, 354) verseift Zimtsäurephenylpropylester und erhält die Komponenten, Zimtsäure vom Smp. 133° und Phenylpropylalkohol vom Sdp. 235°. — Durch Einwirkung von Brom auf Zimtsäurephenylpropylester gewann v. M. „Styracindibromür" vom Smp. 151°, wobei das Brom demnach Wasserstoff im Alkoholradikal ersetzt und Zimtsäurephenyldibrompropylester gebildet hat. Jedoch gelang es v. M. auch, das „Styracintetrabromür" zu erhalten, in dem nicht nur Substitution durch Brom, sondern auch Addition an die doppelte Bindung stattgefunden hat.

Die **Identifizierung** erfolgt durch Verseifung zu Zimtsäure und Phenylpropylalkohol; letzterer Alkohol wurde von RÜGHEIMER (A. **172**, 123) aus „Styron" (Zimtalkohol) durch Reduktion gewonnen, außerdem wird er als Nebenprodukt bei der Darstellung des Styrons aus Storax erhalten; der Phenylpropylalkohol liefert bei der Oxydation (Chromsäure und Eisessig Hydrozimtsäure vom Smp. 49°.

Die **Konstitution** des Zimtsäurephenylpropylesters ergibt sich aus seinem Aufspaltungsprodukten und seiner Synthese.

Die Feststellung aller erwähnten Reaktionen und die Synthese fällt im wesentlichen in die Periode 1872 bis 1887 bzw. 1887 bis zur Gegenwart.

Anhangsweise sei das

Zimtsaure Xanthoresinotannol

erwähnt, welches von HILDEBRANDT (Ar. **234** [1896], 703) in dem Xanthorrhoeaharz (*Xanthorrhoea hastilis* R. Br.) angenommen wird. Jedoch liegen genauere Mitteilungen darüber nicht vor. Des hohen Siedepunktes der Komponenten wegen müssen wir annehmen, daß dieser Ester mit Wasserdämpfen außerordentlich schwer flüchtig sein muß, daher sich als ätherisches Öl nur in geringen Mengen gewinnen lassen dürfte. Neuere Untersuchungen müssen weitere Eigenschaften dieser Verbindung feststellen.

Ester der Zimtsäure mit ungesättigten Alkoholen der Benzolreihe.

393. Styracin (Zimtsäurezimtester)

$C_{18}H_{16}O_2 = C_6H_5 \cdot CH{:}CH \cdot CO \cdot O \cdot CH_2 \cdot CH{:}CH \cdot C_6H_5$.

Vorkommen, Isolierung usw. Bonastre hatte bereits in den Jahren 1827 und 1831 (Journ. de Pharm. Juni **1831**, 338) aus dem flüssigen Storax (*Liquidambar styraciflluum*) einen Körper isoliert, den er Styracin nannte. Simon (A. **31**, 265) beschäftigte sich ausführlich mit dem Hauptbestandteil des flüssigen Storax bzw. mit dem „Styracin", um festzustellen, ob die beim Verseifen entstehende Säure Zimt- oder Benzoësäure sei. S. erhielt durch Oxydation Benzaldehyd, ferner gelang es ihm, den Kohlenwasserstoff „Styrol" zuerst darzustellen. Für das „Styracin", nahm er die Formel „$C_{12}H_{22}O_2$" an. Toel (A. **70**, 1) bringt im Jahre 1849 wichtige Mitteilungen über das „Styracin" indem er den Smp. 44°, Analyse zu „$C_{60}H_{28}O_6$" angibt, womit aber die Zahlen von Marchand nicht übereinstimmen. Durch Zersetzung mit Kali erhält er Zimtsäure und „Styron"; für letzteres findet er den Smp. 33°, er berechnet aber ebenfalls eine nicht richtige Formel für das Styron.

Strecker (A. **70**, 10) veröffentlicht dann in demselben Jahre eine Arbeit „Über die Konstitution des Styracins" und findet, daß eine gewisse Analogie in der Konstitution des „Styracins" mit der der natürlich vorkommenden Fette vorhanden sei, ebenso besonders mit jener der gepaarten Alkoholverbindungen. Das „Styron" sieht Str. richtig als den „Alkohol der Zimtsäure" $C_9H_{10}O$ an, die Zusammensetzung des Styracins gibt er zu $C_{18}H_{16}O_2$ an, wonach das Styracin Zimtsäure + -alkohol — 1 Mol. Wasser sei.

Kopp (l'Institut **1848**, 805; C. r. **1850**, 540) und Plantamour (A. **22**, 239; **30**, 341) hatten sich ebenfalls mit dem Styracin beschäftigt.

Im Jahre 1857 kannte man demnach die Bruttoformel des „Styracins" und wußte besonders auf die Annahme von Strecker hin, daß das Styracin ein Ester der Zimtsäure mit dem Zimtalkohol sei; jedoch kannte man die nähere chemische Natur dieser beiden Komponenten noch nicht. Wir wissen aus den Mitteilungen über diese beiden letzteren „Bestandteile", daß die Frage nach ihrer Konstitution erst in der Periode 1857—1872 gelöst wurde.

Am Ende der nächsten Periode, 1857—1872, sehen wir also über die Zusammensetzung des Styracins vollkommen klar.

Zur Darstellung des Styracins aus dem flüssigen Storax ist zu bemerken, daß man nach v. Miller (A. **188**, 200) filtrierten Storax so lange mit verd. Natronlauge waschen soll, als sich letztere noch färbt; schließlich wäscht man mit kaltem Wasser und kristallisiert den Rückstand aus Alkohol um. Oder man destilliert flüssigen Storax mit Wasserdampf aus, kocht den Rückstand mehrere Male mit Sodalösung zur Entfernung der Säuren usw. und mazeriert das zurückbleibende Harz mit kaltem Weingeist.

Das Styracin dürfte in den Pflanzen noch weiter verbreitet sein, als man bis jetzt festgestellt hat, jedoch die außerordentlich schwere Flüchtigkeit mit Wasserdämpfen hindert eine größere Ansammlung in den äther. Ölen selbst.

Liliaceae.

Nach Hildebrand (Ar. **234** [1896], 703) findet sich im Xanthorrhoeaharz (*Xanthorrhoea hastilis* R. Br.) auch Styracin.

Hamamelidaceae.

Im amerikanischen Storax (*Liquidambar styraciflumm* L.) findet sich nach den Untersuchungen von v. Miller (Ar. **220** [1882], 648), sowie nach den älteren Forschungen (vgl. oben und Zimtsäurephenylpropylester) außer Styrol, einem Terpen, Styracin usw. Zimtsäurephenylpropylester, aber weder Zimtsäureäthylester, noch Zimtsäurebenzylester.

Der flüssige Storax (*Liquidambar orientale* M.) enthält, wie oben mitgeteilt, Styrol, „Styrokampfen", ferner die schwer flüchtigen Zimtsäureester des Äthyl-, Benzyl-, Phenylpropyl- und Zimtalkohols (Laubenheimer, A. **164** [1872], 289; v. Miller, A. **188** [1877], 184).

Phys. Eig. des Styracins. Smp. 44° (v. Miller, A. **188**, 200), $d_{16,5} = 1{,}085$ (in flüssigem, unreinem Zustande) (Scharling, A. **97**, 91); es löst sich in 3 Tl. kochenden und 20—22 Tl. kalten Alkohols, in 3 Tl. kalten Äthers (Simon, A. **31**, 273).

Chem. Eig. des Styracins. Das Styracin läßt sich durch Verseifung in seine Bestandteile Zimtalkohol und Zimtsäure zerlegen. — Vermöge der doppelten Bindungen in diesen beiden Komponenten ist das Styracin befähigt, Halogene zu addieren. So stellte Toel (A. **70**, 6) ein Tetrachlorstyracin $C_{18}H_{12}Cl_4O_2$ als zähe, klebrige Masse dar, die bei der Behandlung mit alkohol. Kali Chlorzimtsäure liefert. — Das Styracindibromid $C_9H_7O_2 \cdot CH_2 \cdot CHBr \cdot CHBr \cdot C_6H_5$ erhält v. Miller (A. **189**, 344): Smp. 151°; es liefert bei der Reduktion mit Zn und H_2SO_4 in alkoh. Lösung Zimtsäurephenylpropylester. — Derselbe Forscher erhält auch das Styracintetrabromid $C_9H_7Br_2O_2 \cdot C_9H_9Br_2$ als zähes Harz, das bei der Behandlung mit Natriumamalgam in Hydrozimtsäurephenylpropylester $C_9H_9O_2 \cdot C_9H_{11}$ übergeht.

Die **Identifizierung des Styracins** erfolgt durch den Smp., sowie durch die bei der Verseifung entstehenden Spaltungsprodukte, Zimtsäure (Smp. 133°) und Zimtalkohol (Styron; Smp. 33°), die als solche leicht zu charakterisieren sind. STRECKER (A. **93**, 370) führte den Zimtalkohol durch Oxydation mit Platinmohr in Zimtaldehyd über.

Die **Konstitution** des Styracins ergibt sich aus den Spaltungsprodukten Zimtsäure und Zimtalkohol. — **Geschichtlich** interessant ist, daß das Styracin zu denjenigen chemischen Verbindungen gehört, die schon in den zwanziger Jahren, so von BONASTRE 1827, in verhältnismäßig reinem Zustande gewonnen wurden, auch in den dreißiger Jahren alsbald analysiert wurden, jedoch erst die wahre Bruttoformel von STRECKER im Jahre 1849 erschlossen wurde. Auch die Natur der Komponenten Zimtsäure und Zimtalkohol, die dieser Forscher alsbald gleichzeitig annahm und deren Vorhandensein von den späteren Forschern bewiesen wurde, erkannte man bald. Nichtsdestoweniger kommt das Styracin als Bestandteil ätherischer Öle doch sehr selten vor, da es außerordentlich schwer mit Wasserdämpfen flüchtig ist. Immerhin hat dieser Ester großes Interesse, weil wir seinen Spaltungsprodukten bzw. Abkömmlingen desselben häufiger in der Natur begegnen und weil die Harze und Balsame, welche das Styracin enthalten, grade wegen dieses Gehalts an Ester Verwendung finden, indem, wie wir sahen, die Spaltungsprodukte, die besonders beim Erhitzen entstehen, äußerst angenehm riechen.

Ester von Säuren der Benzolreihe, welche im Kern durch Sauerstoff substituiert sind.

Ester von gesättigten Säuren.

Einwertig substituierte Benzoësäureabkömmlinge.

Bei der Besprechung der Kohlenwasserstoffe, Phenole, Äther, Alkohole, Aldehyde, Säuren usw. konnte festgestellt werden, daß sich in jeder Reihe auch solche Benzolabkömmlinge als Bestandteile äther. Öle nachweisen lassen, welche im Kern Sauerstoffsubstitution erfahren haben, d. h. Phenole, Phenoläther usw. darstellen. Besonders häufig waren es Allyl- bzw. Propenylphenole oder deren Äther, denen wir begegneten, so dem Anethol, Eugenol, Safrol, Vanillin usw. Auch die zugehörigen Säuren kommen, wenn auch nur selten, als Bestandteile vor, so z. B. die Anissäure. Es ist deshalb von Hause aus wohl anzunehmen, daß sich als Bestandteile äther. Öle auch Ester finden werden, welche gleichzeitig Phenole sind bzw. Phenoläther darstellen. Aber gerade die Ester, die mit erwähnten Verbindungen, wie mit dem Anethol usw., verwandt sind, treten selten als Bestandteile äther. Öle auf. Hieraus geht hervor, daß die Bildung des

Eugenols, Vanillins usw. in der Pflanze nicht durch die zugehörigen Säuren hindurchgehen dürfte, sondern daß umgekehrt letztere Verbindungen in der Pflanze aus den Säuren entstehen. Nur eine einzige Ausnahme treffen wir an, das ist der Salicylsäuremethylester; es findet sich zwar der Salicylaldehyd ebenfalls als Bestandteil äther. Öle, aber nur selten, dagegen ist gar nicht bekannt das zugehörige Allyl- bzw. Propenylderivat. Auch sonst könnte auf den ersten Blick das Vorkommen des Salicylsäuremethylesters als Ausnahme erscheinen, insofern als der Salicylsäuremethylester ein o-Oxybenzoësäureester ist und wir es gewöhnlich bei den hier in Betracht kommenden Verbindungen mit p- bzw. m-Derivaten der Benzolreihe zu tun haben; natürlich kommen auch, aber seltener, o-substituierte Verbindungen vor.

---

394. Salicylsäuremethylester (Gaultheriaöl).

$$C_6H_4<\begin{matrix}COO\cdot CH_3\\ OH\end{matrix}\ .$$

Vorkommen, Isolierung und Synthese. Dafür, daß die Bildung der ätherischen Öle im Pflanzenorganismus vielfach durch Glykoside hindurchgeht, bietet der Salicylsäuremethylester ein recht deutliches Beispiel. Anderseits ist jedoch nicht gesagt, daß überall, wo sich Salicylsäuremethylester als Bestandteil äther. Öle nachweisen läßt, dieser Ester auch aus einem Glykosid entstanden sein muß, sondern es findet sich der Ester vielfach bereits fertig gebildet vor. So konnte van Romburgh (R. **13**, 425) nachweisen, daß die Cocablätter (*Erythroxylon Coca* Lam.) bereits fertig gebildetes Methylsalicylat aufweisen, so daß in diesem Falle der Ester nicht erst durch Fermentation der Blätter, wie z. B. bei der Rinde von *Betula lenta* entsteht. Von Schneegans und Gerock (Ar. **232** [1894], 437) wurde im Jahre 1894 das Gaultherin in der Rinde von *Betula lenta* aufgefunden. Bereits Procter hatte im Jahre 1843 (Am. Journ. Pharm. **15**, 241) die Vermutung ausgesprochen, daß das äther. Öl in der Rinde von *Betula lenta* nicht fertig gebildet vorkomme, sondern durch Wechselwirkung zweier Verbindungen unter Zufuhr von Wasser gebildet werde, genau so, wie sich die Bildung des Bittermandelöls aus dem Amygdalin usw. vollziehe. Erst Schneegans (Journ. der Pharm. von Els.-Lothr. **23** [1896], 17) zeigte, daß das Ferment Betulase sei und daß das Gaultherin (vgl. oben) durch dieses Ferment unter Mitwirkung von Wasser gespalten werde:

$$\underset{\text{Gaultherin}}{C_{14}H_{18}O_8} + H_2O = \underset{\text{Salicylsäure-methylester}}{C_6H_4<\begin{matrix}COO\cdot CH_3\\ OH\end{matrix}} + \underset{\text{Traubenzucker}}{C_6H_{12}O_6}.$$

Sehr interessante weitere Beobachtungen über die Entstehung des Salicylsäureesters aus diesem Glykosid auch in anderen Pflanzen machte BOURQUELOT (C. r. **119**, 802); er zeigte, daß die Wurzeln verschiedener Polygalaarten, ferner die Stengel von *Monotropa Hypopitys* bei der Destillation mit Wasserdampf Methylsalicylat geben und daß in ihnen wahrscheinlich ein Glykosid vorhanden ist, welches bei der Einwirkung eines Ferments Zucker und Methylsalicylat liefert. Als B. (C. r. **122**, 1002) die Wurzel von *Mon. Hyp.* mit Alkohol extrahierte, erhielt er eine geruchlose zähflüssige Masse, die beim Erwärmen mit Schwefelsäure Methylsalicylat gab. Ferner zeigte B., daß das Glykosid von *M. Hyp.* auch gespalten wird durch ein Ferment, und daß in den Wurzeln von *Spiraea Ulmaria, S. filipendula* und *S. salicifolia*, in den Wurzeln von *Polygala*, in der Rinde von *Betula lenta*, in den Blättern von *Gaultheria procumbens* und schließlich in den Blumenblättern von *Azalea* ein Ferment vorhanden ist. Schon SCHNEEGANS und GEROCK hatten gefunden, daß das Gaultherin, um das es sich nach den Angaben von BOURQUELOT in diesen Fällen handelt, weder durch Speichelferment, noch durch das Emulsin der Mandeln, noch durch Malzdiastase gespalten wird; auch BOURQUELOT machte an seinem Glykosid dieselbe Erfahrung.

Schließlich sei erwähnt, daß nach den Untersuchungen von VAN ROMBURGH (vgl. SCH. **1898**, II, 51) von einer sehr großen Anzahl untersuchter Pflanzen das Destillat der frischen Blätter keine Reaktion auf Methylsalicylat gab, daß dagegen Reaktion eintrat bei denjenigen Blättern, welche am Tage vor der Destillation gepflückt waren; also auch hiernach muß das Methylsalicylat glykosidartig gebunden sein.

Der Salicylsäuremethylester gehört zu denjenigen Verbindungen, welche seit sehr langer Zeit bekannt sind. Das Wintergrünöl (*Gaultheria procumbens*) (kanadischer Tee) wird von einer in Nordamerika, namentlich in New Jersey häufig wachsenden strauchartigen Ericacee gewonnen und wurde schon seit langer Zeit zum Parfümieren der verschiedensten Stoffe benutzt. Daß diese Pflanze einen ähnlichen Geruch besitzt wie die ebenfalls in Nordamerika einheimische *Betula lenta* L., wurde bereits im Jahre 1818 beobachtet (BIGELOW, Am. Med. Bot. Boston 1818, Bd. II, **28**, 241). Eine chemische Untersuchung des Gaultheriaöls nahm jedoch erst CAHOURS im Jahre 1843 (A. **48**, 60; A. ch. III, **10**, 327; **27**, 5) vor. Gleichzeitig beschäftigte sich PROCTER (A. **48**, 66) mit diesem Öl; jedoch liegen von seiten PR's. keine Analysen vor, so daß aus den Beobachtungen CAHOURS allein die wichtigen Schlüsse zu ziehen sind. Die Salicylsäure war kurz vorher von PIRIA (A. **30**, 165) durch Oxydation des Salicylaldehyds bzw. des Saligenins, ferner von GERHARDT (A. **45**, 21) durch Schmelzen des Salicins mit Kalihydrat, sowie von DELALANDE (A. **45**, 336) durch Verschmelzen des Cumarins mit Kalihydrat dargestellt worden. Wir sehen, daß nach der Entdeckung der Salicylsäure durch PIRIA am Ende der dreißiger Jahre des vergangenen Jahrhunderts diese Säure auch alsbald auf verschiedene andere Weise gewonnen wurde. Die Entdeckung von seiten CAHOURS jedoch machte das Gaultheriaöl zum wichtigsten Ausgangsmaterial für die Darstellung von Salicylsäure. Cahours stellte gleichzeitig den Salicylsäuremethylester künstlich dar und fand, daß er identisch sei mit dem Gaultheriaöl. Interessant ist die Aufklärung der Konstitution des Gaultheriaöls als Methylsalicylat von seiten Cahours auch deswegen, weil zum ersten Mal der Methylalkohol als Bestandteil eines Pflanzenstoffs nachgewiesen wurde: „Ohne mir für den Augenblick Rechenschaft geben zu wollen, wie das Methyloxyd in diesem Öle entsteht, mache ich nur auf einen merkwürdigen Umstand aufmerksam, daß man nämlich hier den Holzgeist, der bisher nur unter den Produkten der trockenen Destillation beobachtet wurde, in einer unter dem Einfluß der Vegetation entstandenen Materie findet." (Über das Vorkommen einer Äthyloxydverbindung in dem Peruvianischen Balsam siehe Plantamour, A. **30**). Cahours beobachtete, daß das Gaultheriaöl sich wie eine Säure verhält, „obwohl es die Zusammensetzung eines neutralen Äthers besitzt".

Die Untersuchungen Gerhardts „Über neue Salicylverbindungen" (C. r. **38**, 32; A. **89**, 360) bringen im Jahre 1854 weitere Aufklärung über die saure Natur des Gaultheriaöls. G. ersetzt H durch Halogen, durch Benzoyl usw.; er faßt das Methylsalicylat sehr richtig auf als eine Verbindung, die sich ähnlich wie ein Alkohol verhält. „In der Tat ist nichts leichter als die Ätherarten der Salicylsäure zu ätherifizieren, wie man den Weingeist oder Holzgeist ätherifiziert." Gerhardt nimmt also richtig an, daß in den Ätherarten der Salicylsäure ein Wasserstoffatom im Radikal „Salicyl" noch zu ersetzen sei. — Auch Cahours (C. r. **39**, 256; A. **92**, 315) stimmt den Ansichten Gerhardts bei und stellt durch Einwirkung von Jodmethyl und Kali auf Gaultheriaöl usw. Methyl-Gaultheriaöl usw. dar, Verbindungen, die sich nunmehr als vollkommen indifferent erweisen.

Aus den gebrachten Mitteilungen erkennen wir demnach, daß man am Ende dieser Periode, im Jahre 1857, zweifellos über die Bruttoformel des Gaultheriaöls im klaren war, daß man ferner wußte, daß dieses Öl eine ätherartige Verbindung der Salicylsäure mit dem Methylalkohol war. Natürlich hatte man noch nicht einen näheren Einblick in die scheinbar doppelt saure Natur der Salicylsäure; anderseits wußte man nach den Untersuchungen Gerhardts, daß sich die Salicylsäure teils wie eine Säure, teils wie ein Alkohol verhält.

Erst zu Beginn der nächsten Periode, 1857—1872, wurde die Salicylsäure in ihrer Konstitution aufgeklärt (vgl. „Bestandteil" Salicylsäure und Salicylaldehyd), namentlich zunächst durch die Synthese Kolbes usw. Am Ende dieser Periode, im Jahre 1872, war demnach jeder Zweifel an der Konstitution des Gaultheriaöls behoben.

Die chemische Identität des ätherischen Öls von *Betula lenta* mit dem Gaultheriaöl wurde bereits im Jahre 1843 von Procter (Am. Journ. Pharm. **15**, 241) dargetan. — Broughton (J. **1876**, 588) zeigte alsdann, daß das äther. Öl von *Andromeda Leschenaultii*, die in großer Menge auf den Neilgherriehügeln wächst, fast nur aus Salicylsäuremethylester besteht.

Köhler (B. **12**, 246) teilte im Jahre 1879 mit, daß die ätherischen Öle von *Gaultheria punctata* und *G. leucocarpa* dieselben Bestandteile aufweisen wie das Wintergrünöl, nachdem de Vrij schon vorher darauf aufmerksam gemacht hatte (siehe später).

In rascher Aufeinanderfolge wurden in den achtziger und neunziger Jahren bis zur Gegenwart eine große Anzahl ätherischer Öle aufgefunden, welche Methylsalicylat enthalten. Es hat sich herausgestellt, daß dieser Ester außerordentlich verbreitet im Pflanzenreich ist, besonders in Ölen, deren Stammpflanzen zu den Leguminosen gehören. Jedoch zeigt es sich, daß dieser Ester auch in Pflanzen, die verwandtschaftlich weit auseinanderstehen, angetroffen wird.

Kremers und James (Pharm. Rev. **16** [1898], 100 ff.) bringen eine Zusammenstellung aller derjenigen Pflanzen, in deren ätherischen Ölen der Ester bis zu ihrer Veröffentlichung nachgewiesen wurde. van Romburgh (Akad. der Wissensch. zu Amsterdam **1898**) untersuchte 900 Pflanzen auf Methylsalicylat und fand, daß 160 davon, also ca. 18% ein diesen Ester enthaltendes Destillat lieferten. Wie oben erwähnt, wurden nur dann Öle mit einem Gehalt an Methylsalicylat erhalten, wenn die Blätter einen Tag vor dem Destillieren gepflückt worden waren. Im folgenden sollen die Familien angeführt werden, aus denen Pflanzen untersucht wurden, welche, mit Wasserdampf destilliert, ein Öl lieferten, in dem sich Salicylsäuremethylester nachweisen ließ. Das Vorkommen dieses Esters ist nicht auf einen bestimmten Pflanzenteil beschränkt, sondern sowohl Wurzeln wie Blätter, Blüten und Rinde weisen unter Umständen davon auf.

Taxaceae.

Nach van Romburgh (Buitenzorg **1897**, 37; **1898**, 29) kommt in *Rodocarpus chinensis* Wall. und *P. Nagera* R. Braun Methylsalicylat vor.

Gnetaceae.

Gnetum Gnemon L. *β ovalifolium* enthält nach v. Romburgh (a. a. O.) ebenfalls Salicylsäuremethylester.

Gramineae.

Auch in verschiedenen Spezies der Gramineen findet sich nach v. R. Methylsalicylat.

Amaryllidaceae.

Vom Tuberosenblütenöl (*Polyanthes Tuberosa*) stellt Hesse (B. **36** [1903], 1459) fest, daß in dem aus der Pomade gewonnenen Öle Salicylsäuremethylester vorkommt, im Extraktöl dagegen nicht.

Betulaceae.

Das Vorkommen des Salicylsäuremethylesters im äther. Öl von *Betula lenta* L. wurde eingangs erwähnt; es wurde von Procter im Jahre 1847 in ihm entdeckt, nachdem man schon lange vorher auf die Ähnlichkeit des Geruchs mit dem Gaultheriaöl aufmerksam geworden war. — Auch in *Betula lutea* Michaux dürfte Methylsalicylat vorkommen, jedoch ist es darin noch nicht sicher nachgewiesen.

Fagaceae.

In der Abteilung der Cupuliferae findet sich ebenfalls in einzelnen Species nach v. R. Methylsalicylat, so in *Castanopsis javanica* A. D. C., *C. javanica* Miq. var., *C. Tungurrut* Miq., C. spec. *Bangka*, *Quercus spec.*, *Q. bancana* Scheff., *Q. glandulifera* Bl., *Q. Junghuhnii* Miq. (Destillat reagiert alkalisch), *Q. Teysmannii* Miq.

Moraceae.

Die Unterfamilie Artocarpaceae ist nach v. R. ebenfalls reich an Methylsalicylat: *Cecropia Schiedenana* Kltsch., *Ficus elastica* Roxb.. *F. benjamina* L., *F. benjamina* L. var. *crassinerve*, *F. annulata* Bl., *F. geniculata* King, *F. pilosa* Reinw., *F. pilosa* var. *chrysocannia?*, *F. retusa* L. var. *nitida*, *F. xylophylla* Wall., *Streblus mauritianus* Bl., *Sloetia sideroxylon* T. et B.

Urticaceae.

Die Species *Gironniera subaequalis* Planch., *G. spec.* Ambon enthalten Methylsalicylat.

Menispermaceae.

Vereinzelt findet sich nach v. R. in einigen Species auch dieser Familie der Ester.

Anonaceae.

Sch. u. Co. (Sch. **1900**, I, 48) weisen in dem äther. Öl aus den Blüten von *Cananga odorata* Hook. et Thoms. Methylsalicylat nach.

Myristicaceae.

v. R. macht auf den Gehalt an Ester in dieser Familie a. a. O. aufmerksam.

Lauraceae.

Auf den Gehalt des äther. Öles von *Lindera Benzoïn* Meissner an Methylsalicylat machen Sch. u. Co. im Jahre 1885 aufmerksam.

Rosaceae.

Die verschiedenen ätherischen Öle von *Spiraea*-Species weisen ebenfalls Methylsalicylat auf. Schneegans und Gerock (Jahrb. für Pharm. **1892**, 164) finden Methylsalicylat in *Spiraea Ulmaria*. Über *Sp. filipendula* und *salicifolia* vgl. Bourquelot (C. r. **119**, 802).

Das Vorkommen dieses Esters in *Gaultheria punctata* und *G. leucocarpa* wurde bereits eingangs erwähnt; in diesen Ölen ist es zuerst von DE VRIJ (Pharm. Journ. and Trans. III, **2**, 503) beobachtet, alsdann von KÖHLER bestätigt worden. — v. R. (a. a. O.) findet den Ester in *Rubus sundaicus* Bl., ferner in einigen andern Pomaceen und Chrysobalanaceen. — Nach PORTES und DESMOULIÈRES (Journ. de Pharm. et de Chim. VI, **14** [1901], 342) findet sich in den Erdbeeren Methylsalicylat, denn sie geben mit sehr verdünnter Eisenchloridlösung violette Farbreaktion, die auf Salicylsäure hindeutet und ev. von dem Methylester herrührt.

Leguminosae.

Nach v. R. ist die Familie der Leguminosen außerordentlich reich in ihren verschiedensten Species an Methylsalicylat. Nach SCH. u. Co. (SCH. **1903**, II, 14; **1904**, I, 21) kommt der Ester auch im Cassieblütenöl vor (*Acacia* spec.); durch Ausschütteln mit 1 $^0/_0$iger Natronlauge usw. konnten daraus Phenole abgeschieden werden, die zum größten Teil aus Salicylsäuremethylester bestanden. Sdp. 224—226°, d_{15} = 1,1770.

Erythroxylaceae.

v. R. (R. **13**, 425) zeigt, daß in den Cocablättern (*Erythroxylon Coca* Lam.) Methylsalicylat vorkommt; jedoch ist er in den Blättern bereits fertig gebildet vorhanden und entsteht nicht erst, wie bei *Betula lenta*, durch Fermentation. — Ev. findet sich der Ester auch in *E. bolivianum*.

Rutaceae.

Das Vorkommen des Esters auch in einigen Rutaceen wird von v. R. erwähnt. — POWER und LEES (Soc. **81** [1902], 1585) wiesen nach, daß die schon von THOMS und von HOUBEN beobachteten Kristalle im ätherischen Öl von *Ruta graveolens* Salicylsäure sind und daß sie wahrscheinlich vom Methylester herstammen, der ebenfalls in geringer Menge im Öl konstatiert wurde.

Burseraceae.

v. R. (a. a. O.) macht auf das Vorkommen von Methylsalicylat in *Canarium* spec. Key aufmerksam.

Polygalaceae.

BOURQUELOT (C. r. **119**, 803) zeigte, daß in den Wurzeln von *Polygala* spec. ein Ferment vorhanden sei, das das Glykosid Gaultherin spalte. B. weist den Ester nach in *P. serpyllacea* Weihe (syn. *P. depressa* Warden), *P. calcarea* F. Schultz, *P. vulgaris* L. Im gleichen Jahre 1894 konstatiert v. R. Methylsalicylat in *P. variabilis* H. B. K. *albiflora* D. C., *P. javana* D. C. und *P. oleïfera* Heckel. Schon vorher war auf den Ester in *P.*

Senega L. von LANGBECK im Jahre 1881 und in *P. Senega* var. *latifol.* Torrey und Gray und *P. alba* von REUTER im Jahre 1889 und in *P. Baldwinii* Nutt. von Maisch im Jahre 1890 aufmerksam gemacht worden. Ferner findet v. R. (Buitenzorg **1901**, 58) in den saprophytisch lebenden Polygalaceen *Epirrhizanthes elongata* Bl. und *E. cylindrica* Bl. Methylsalicylat.

Euphorbiaceae.

v. R. weist in vielen Euphorbiaceen Methylsalicylat nach: *Antidesma diandrum* Spr., *Adenocrepis javanica* Bl., *Agyreia multiflora* Hsskl., *A. spec.* Timor, *Baccaurea spec.* Ceram, *Cyclostemon spec.*, *Elateriospermum* Tokbray Bl., *Cluytia oblongifolia* Roxb., *Euphorbiacea spec.* Mont Salak, *Leiocarpus spec.* Bangka, *L. spec.* Lampong, *L. arborens* Bl., *Pierardia dulcis* Jacq., *P. spec.* Bangka, *P. spec.* Palembang, *P. spec.* Sumatra, *Phyllanthus zeylanicus* Müll., *Rottlera dispar* Bl., *Sphaenodesma* Wallichi Schauer., *Trewia spec.*

Anacardiaceae.

Auch in der Unterabteilung Celestrineae der Anacardiaceen findet v. R. Methylsalicylat; in *Mangifera* spec., *Semicarpus* spec.

Melianthaceae.

In der Unterabteilung der Meliosmeae weist v. R. ebenfalls Methylsalicylat nach.

Staphyleaceae.

Ebenso in verschiedenen Spezies dieser Familie.

Sapindaceae.

Ebenfalls v. R. (a. a. O.).

Rhamneae.

Auch in diesen konstatiert v. R. (Buitenzorg **1897**, 37) Methylsalicylat.

Tiliaceae.

Die Species *Elaeocarpus resinosus* Bl. zeichnet sich nach v. R. durch einen Gehalt an Methylsalicylat aus.

Dilleniaceae.

Desgleichen nach v. R. (Buitenzorg **1897**, 37) in Arten dieser Gattung.

Theaceae.

v. R. (Buitenzorg **1896**, 166; SCH. **1898**, I, 53) berichtet, daß das äther. Öl von *Thea chinensis* ebenfalls Methylsalicylat enthält. — Auch die Unterfamilie der Ternstroemiaceae weist nach v. R. in *Calpandria lanceolata* Bl. und in *Thea cochinchinensis* Lour Methylsalicylat auf.

Bixaceae.

Ebenso Spezies dieser Familie nach v. R.

Violaceae.

Schon v. R. macht auf das Vorkommen von Methylsalicylat in einzelnen Species dieser Familie aufmerksam (s. dazu Sch. **1899**, II, 58). In neuerer Zeit wurde nochmals von Desmoulières (Journ. Pharm. Chim. VI, **19** [1904], 121) auf diesen Ester in *Viola tricolor* aufmerksam gemacht. Nach D. ist er auch in dieser Pflanze als Glykosid vorhanden, das sowohl mit verd. Schwefelsäure, als auch mit dem in der Pflanze gleichzeitig vorhandenen Ferment Methylsalicylat liefert. D. erhält das Gaultherin in amorpher Form, während er das Ferment Betulase oder Gaultherase nicht isolieren konnte; D. schließt daraus, daß Ferment und Glykosid in verschiedenen Pflanzenteilen der einzelnen Violaceen vorhanden sind.

Myrtaceae.

Nach v. R. enthält *Memecylon spec.* Bangka ebenfalls Methylsalicylat.

Pyrolaceae.

In *Hypopithys multiflora* Scop. (syn. *Monotropa Hyp.* L.) wurde von Bourquelot (C. r. **119**, 892) bereits im Jahre 1894 Salicylsäuremethylester nachgewiesen.

Ericaceae.

Über das Vorkommen von Methylsalicylat in *Gaultheria procumbens* L. berichtet Cahours 1843 (vgl. oben); gutes Gaultheriaöl soll mindestens 98 $^0/_0$ Methylsalicylat enthalten. In *G. fragrantissima* Wall. findet Broughton im Jahre 1867, in (syn. *G. punctata* Blume und *G. Leschenaultii* D. C.) und *G. leucocarpa* Blume de Vrij und Köhler im Jahre 1879 diesen Ester; auch v. R. (Buitenzorg 1897) macht auf das Vorkommen von Methylsalicylat in einigen Ericaceen aufmerksam.

Myrsineae.

Ebenfalls v. R. findet in der Unterabteilung der Myrsineae Methylsalicylat.

Sapotaceae.

Ebenso v. R. in einzelnen Spezies dieser Familie.

Ebenaceae.

Gleichfalls v. R.

Styraceae.

v. R. (Buitenzorg **1898**, 29) findet in einer *Symplocos spec.* Methylsalicylat.

Oleaceae.

Desgleichen v. R. in der Unterfamilie Jasmineae.

Apocynaceae.

v. R. (Buitenzorg **1898**, 29) konstatiert in *Allamanda Hendersoni* Bull., *Chilocarpus densiflorus* Bl., *Ch. denudatus* Bl., *Melodinus laevigatus* Bl., *M. orientalis* Bl., *Landolphia Watsonii* Methylsalicylat.

Asclepiadaceae.

Ebenso v. R. in einigen Asclepiadaceen.

Boraginaceae.

Cordia asperrima D. C. enthält nach v. R. ebenfalls Methylsalicylat, ev. auch Salicylaldehyd.

Bignoniaceae.

Ebenfalls nach v. R.

Acanthaceae.

Gleichfalls nach v. R.

Rubiaceae.

Das Methylsalicylat ist in dieser Familie sehr verbreitet. Nach v. R. in: *Canthium spec.* Bangka, *Gardenia Schoemanni* T. et B., *Nauclea spec.* Ambon, *Pavetta angustifolia* R. et S., *P. arborea* Bl., *P. barbata* Sm., *P. grandiflora* Ker. *var. lutea et aurantiaca, P. littorea* Miq., *P. longiflora* A. Rich., *P. rosea* D. C., *P. palludosa* Bl. (*major*), *P. longipes* D. C., *P. spec.* Bangka, *P. spec.* Amboina, *Petunga variabilis* Hsskl., *P. spec.* Borneo, *Psychotria celastroides* Griseb., *Wendlandia spec.* Borneo.

Caprifoliaceae.

Die Unterabteilung Lonicereae enthält nach v. R. ebenfalls Methylsalicylat. — Derselbe Forscher (Buitenzorg **1901**, 58) konstatiert den Ester in dem Fruchtfleisch von *Coffea liberica* und *C. stenophylla*, jedoch nicht in *C. arabica*, aber anderseits konnte im Fruchtfleisch von Hybriden zwischen *Coffea arab.* und *C. liber.* Methylsalicylat nachgewiesen werden.

Compositae.

Ebenfalls nach v. R. (Buitenzorg **1897**).

Aus diesen Angaben über das Vorkommen des Methylsalicylats ist zu erkennen, wieweit dieser Ester im Pflanzenreich verbreitet ist. Es ist zweifellos, daß er sich noch weiterhin wird auffinden lassen. Wie schon oben erwähnt, ist die physiolog. Rolle, welche dieser Ester im Pflanzenreich spielt, noch nicht mit Sicherheit festgestellt worden.

Die synthetische Darstellung aus Salicylsäure, Holzgeist und Schwefelsäure von CAHOURS ist bereits eingangs erwähnt worden.

Der Nachweis des Methylsalicylats geschieht am besten dadurch, daß man verseift und auf gebildete Salicylsäure mit Eisenchlorid prüft (vgl. „Bestandteil" Salicylsäure). Die quantitative Bestimmung des Methylsalicylats erfolgt entweder ebenfalls durch Verseifung und darauffolgende Wägung der Salicylsäure oder aber vorteilhafter bestimmt man den Gehalt titrimetrisch. Im ersteren Falle kann man nach EVING (Proc. Am. Pharm. Assoc. **40** [1892], 196) verfahren, indem man 1,5 bis 2 g des Öles in einem 50 ccm-Kolben mit wenig Überschuß von konz. Natronlauge verseift. Alsdann säuert man die wäßrige Lösung mit Salzsäure an und äthert die ausgeschiedene Säure aus. Nach dem Absieden des Äthers wird die isolierte Salicylsäure bis zum konstanten Gewicht über Schwefelsäure getrocknet. Bei dieser Bestimmung muß man im Auge behalten, daß ein Öl vorliegen muß, das fast nur aus Methylsalicylat bestehen darf. — Bei der titrimetrischen Bestimmung des Methylsalicylats wiegen KREMERS und JAMES (Pharm. R. **16** [1898], 130) 2—5 g Öl ab, setzen einen Überschuß von Normallauge hinzu, verseifen auf dem Wasserbade und titrieren mit n-Salzsäure zurück. — Die durch Verseifung gewonnene Salicylsäure läßt sich auch nach der mehrfach erwähnten Methode von MESSINGER und VORTMANN (B. **22** [1889], 2321; **23** [1890], 2755) quantitativ bestimmen; Salicylsäure wird nach dieser Methode bei Gegenwart von viel Alkali durch eine Jodlösung (von bekanntem Gehalt) in Dijodsalicylsäure übergeführt; das nicht verbrauchte Jod wird mit Thiosulfatlösung zurücktitriert. Bei der ersteren Reaktion haben wir folgende Gleichung:

$$C_6H_4(OH)COOK + 3\,KOH + 6\,J = C_6H_2J_2(OJ)COOK + 3\,KJ + 3\,H_2O.$$

KREMERS und JAMES (Pharm. Rev. **16**, 130) führen unter Zugrundelegung dieser Reaktion die Bestimmung des Methylsalicylats aus. Es gilt die Gleichung: 1 Mol. Methylsalicylat: 6 At. J = 151,64 : 759,2 = 0,19974314. Man gewinnt demnach durch Multiplikation der erhaltenen Jodmenge mit dem Faktor 0,19974314 die korrespondierende Menge Methylsalicylat; hieraus läßt sich natürlich der Prozentgehalt an Methylsalicylat im Öle berechnen. — Über die quantitative Bestimmung der Salicylsäure als Tribromphenol vgl. unter „Bestandteil" Salicylsäure (ELION, R. **7**, 211). — Über die volumetrische Bestimmung von Salicylsäure und Salicylaten s. BARTHE (Bl. III, **11**, 517).

Physik. Eig. des Methylsalicylats. Sdp. 224°, d_0 = 1,1969, d_{16} = 1,1819 (KOPP, A. **94**, 301). — SCHREINER (A. **197**, 17): Sdp.$_{730}$ = 217°. —

Stohmann, Rodatz und Herzberg (J. pr. II, **36**, 364): Mol.-Verbr. 898,776 Kal.

Schneider (Ph. Ch. **22**, 233); Smp. $-8,3^0$ (kor.).

Perkin (Soc. **69**, 1238): Sdp. $222,2^0$ (i. D.), $d_{4/4} = 1,1992$, $d_{15/15} = 1,189$, $d_{25/25} = 1,1817$, magn. Dreh. = 14,26 bei $15,8^0$. — Delffs (J. **1854**, 26): $d_{20,5} = 1,1843$. — Über das kryoskop. Verh. vgl. Auwers (Ph. Ch. **30**, 300). — Über die Dielektrizitätsk. und das elektr. Absorptverm.: Drude (Ph. Ch. **23**, 311).

Chem. Eig. des Methylsalicylats. Der Salicylsäuremethylester ist als Phenol imstande, mit Alkalien zu reagieren und damit Salze zu bilden. Anderseits kann das Phenolhydroxyl durch Halogen ersetzt werden bzw. das Wasserstoffatom der Hydroxylgruppe durch Alkyle bzw. Acyle usw.

Der Methylester $CH_3O \cdot C_6H_4 \cdot CO_2CH_3$ zeigt den $Sdp._{760} = 228^0$ (Fölsing, B. **17**, 486).

Durch Verseifen entsteht aus dem Gaultheriaöl Salicylsäure und Methylalkohol. — Beim Einleiten von trocknem Ammoniak in siedendes Gaultheriaöl bildet sich nach Tingle (Am. **24**, 280; **25**, 144) Dimethylamin und Salicylsäureamid, nach demselben Forscher (Am. **24**, 58) entsteht beim Kochen mit Anilin Methylanilin und Phenol.

Die **Identifizierung des Methylsalicylats** ergibt sich aus den charakteristischen physikalischen Konstanten sowie aus dem chemischen Verhalten insofern, als der Ester befähigt ist, an Alkalien zu gehen und bei dem Verseifen leicht nachweisbare Salicylsäure zu liefern.

Aus den Verseifungsprodukten Salicylsäure und Methylalkohol und ebenso aus seinem Aufbau aus diesen Bruchstücken ergibt sich auch die Konstitution des Esters.

Geschichtlich möge nochmals betont werden, daß alsbald nach der Entdeckung der Salicylsäure durch Piria, durch Oxydation des Salicylwasserstoffs usw. (vgl. oben), auch die Natur des Gaultheriaöls bald aufgeklärt werden konnte, insofern als der Nachweis der Salicylsäure sehr leicht war und auch die klassische Bearbeitung des Methylalkohols von Dumas in den dreißiger Jahren ausgeführt worden war. Cahours war demnach alsbald in der Lage, zeigen zu können, daß das Gaultheriaöl eine esterartige Verbindung der Salicylsäure und des Methylalkohols ist; hiermit wies C. aber auch zum ersten Mal das Vorkommen des Methylalkohols im Pflanzenreich, wenn auch nur im veresterten Zustande, nach; ja es war dieser Nachweis eines Alkohols in der Pflanze überhaupt der erste einwandfreie.

Die **Anwendung des Methylsalicylats** ist in der Technik, namentlich in der Parfümerie und hier wiederum besonders zu Zwecken der Seifenparfümierung, eine außerordentlich große. Wir müssen aber hierbei im Auge behalten, daß dem Salicylsäuremethylester außer seinem Wohlgeruch auch noch desinfizierende Eigenschaften zukommen.

Ester der Salicylsäure mit Alkoholen der Benzolreihe.

395. Benzylsalicylat

$$C_6H_5<^{CO_2 \cdot CH_2 \cdot C_6H_5}_{OH} .$$

Vorkommen, Isolierung und Synthese. Der hohe Siedepunkt dieses Esters verhindert es, daß er bei der Wasserdampfdestillation in größerer Menge in ätherische Öle übergeht, wenn er sich wirklich häufiger in Pflanzenteilen finden sollte. — Sch. u. Co. (Sch. **1901**, II, 57) betonen, daß zwar seit langer Zeit bekannt war, daß mit dem Ylang-Ylangöl (*Unona odoratissima*) Farbreaktionen mit Eisenchlorid hervorgerufen werden, ein Umstand, der für das Vorhandensein von Phenolen spreche, doch sei die Natur der letzteren noch nicht nachgewiesen. Es gelang ihnen nunmehr, Isoeugenol und Kreosol nachzuweisen. Die mit Sodalösung den Rohphenolen entzogenen Säuren schmolzen bei 116° und stellten ein Gemenge von Benzoë- und Salicylsäure dar; letztere Säure wurde auch im Canangaöl konstatiert. „Beide Säuren sind, teils an Methylalkohol, teils an Benzylalkohol gebunden, in dem Öle in Gestalt von Estern vorhanden."

Physik. und chem. Eig. sind von dem Benzylsalicylat nicht weiter angegeben worden.

Identifizierung und **Konstitution** ergeben sich aus den Verseifungsprodukten Salicylsäure und Benzylalkohol.

Wenngleich das Vorkommen von Phenolen im Ylang-Ylang- bzw. Canangaöl seit langer Zeit vermutet worden war, so gelang es doch erst in der letzten Periode, wie oben erwähnt, exakt nachzuweisen, daß in dem Öl Salicylsäure in Form ihres Methyl- und Benzylesters enthalten ist.

Ester von Dioxysäuren bzw. deren Derivaten.

396. Methylester der m-Methoxysalicylsäure

$C_9H_{10}O_4$ =

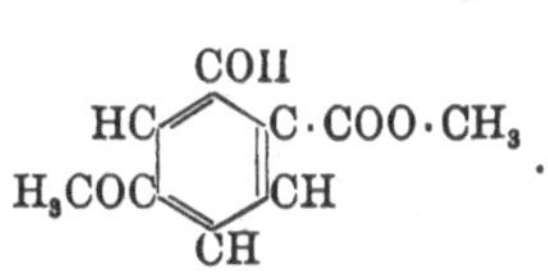

Vorkommen, Isolierung und Synthese. Die Wurzel von *Primula veris* L. liefert bei der Wasserdampfdestillation ein äther. Ol, das allmählich zu einer halbfesten Masse erstarrt. Mutschler (A. **185** [1877], 222) (Hünefeld, J. pr. **7** [1836], 57; **16** [1839], 111) findet den Smp. des Primulakampfers bei 49°, Sdp. oberhalb 200°; M. konstatiert ferner, daß die alkohol. Lösung dieses Kampfers sich mit Eisenchlorid tiefviolett bis violettblau färbt. BRUNNER (Schweiz. W. für Chem. Pharm. **42** [1904], 309) erhält durch Destillation von 300 kg Wurzeln mit Wasserdampf ca. 170 g Rohkampfer: Smp. 49°, Sdp. 255°. B. spricht die Verbindung als den Methylester der m-Methoxysalicylsäure an.

Physik. und chem. Eig. des Primulakampfers: Smp. 49°, Sdp. 255°; er gibt mit Eisenchlorid eine intensiv blauviolette Färbung, enthält im Molekül zwei Methoxylgruppen und liefert bei der Verseifung m-Methoxysalicylsäure vom Smp. 140°.

Die **Identifizierung dieses Kampfers** dürfte am besten durch den Smp., Sdp. und die Verseifung zur m-Methoxysalicylsäure erfolgen.

Die **Konstitution** des Kampfers ergibt sich aus seiner Aufspaltung, sowie aus der von BRUNNER ausgeführten Synthese.

Geschichtlich ist interessant, daß, obwohl der Primulakampfer seit langer Zeit bekannt ist, Klarheit in seine Konstitution doch erst durch die im Jahre 1904 ausgeführte Untersuchung von BRUNNER gekommen ist.

Ester der Veratrumsäure.

Die Veratrumsäure ist ein Abkömmling der 3,4-Dioxybenzoesäure, und zwar der Dimethyläther der letzteren, demnach auch ein Abkömmling des Brenzcatechins. Letzteres sowohl wie die 3,4-Dioxybenzoësäure hängen eng zusammen mit einer ganzen Anzahl von Bestandteilen ätherischer Öle, so mit dem Eugenol, Isoeugenol, Safrol, Vanillin, Piperonal usw. Die 3,4-Dioxybenzoësäure wird auch Protocatechusäure genannt und entsteht bei der Kalischmelze vieler Harze; es spielen demnach diese Säure bzw. ihre Abkömmlinge eine große Rolle im pflanzlichen Organismus. In geringer Menge kommen auch Ester der Veratrumsäure, also der Dimethylprotocatechusäure, unter den Bestandteilen ätherischer Öle vor.

397. Veratrumsäuremethylester $C_{10}H_{12}O_4 = C_6H_3\begin{cases}COO\cdot CH_3\\OCH_3\\OCH_3\end{cases}$.

Vorkommen, Isolierung und Synthese. Die Veratrumsäure selbst findet sich in kleiner Menge im Sabadillsamen (*Veratrum Sabadilla*) und wurde im Jahre 1839 von MERCK (A. **29**, 188) darin entdeckt, ohne daß er näheres über sie angibt.

SCHROETTER (A. **29**, 190) analysierte die Veratrumsäure und ermittelte die richtige Zusammensetzung $C_9H_{10}O_4$.

WILL (A. **37**, 198) stellte alsdann den Äthylester dieser Säure dar. Am Ende der Periode, im Jahre 1857, ist demnach weiter nichts bekannt, als daß diese eigentümliche Säure existiert, sowie ihre Bruttoformel; ihre nähere Konstitution kannte man nicht.

In der nächsten Periode, 1857—1872, ruht die Untersuchung über diese Säure eine ganze Zeit. GRAEBE und BORGMANN (A. **158**, 282) erhalten durch Oxydation des Methyleugenols im Jahre 1871 eine Dimethoxybenzoësäure vom Smp. 179—180°. — KÖLLE (A. **159**, 240) stellt gleichfalls im Jahre 1871 Dimethylprotocatechusäure dar, Smp. 170 bis 171°; aber auch er erkennt den Zusammenhang mit der Veratrumsäure nicht.

Erst in der nächsten Periode, 1872—1887, sollte man vollständige Klarheit über die gegenseitigen Beziehungen dieser Säuren bekommen. TIEMANN und MENDELSOHN (B. **8**, 1137) berichten im Jahre 1875 über die Oxydation des Dimethylhomobrenzcatechins, wobei sie eine Säure vom Smp. 174° erhalten, die sie als identisch mit der Dimethylprotocatechusäure ansehen. — TIEMANN und MATSMOTO (B. **9**, 937) berichten über Abkömmlinge der Dimethylprotocatechusäure und der Vanillinsäure (Monomethylprotocatechusäure) im Jahre 1876. Für die Dimethylprotocatechusäure geben sie den Smp. 174—175° an und stellen den Äthylester der Dimethylprotocatechusäure dar: Smp. 43—44°, Sdp. 295—296°.

KÖRNER (B. **9**, 582) hatte kurz vorher nachgewiesen, daß die Veratrumsäure beim Verschmelzen Protocatechusäure liefert, ebenso daß sie mit Jodwasserstoffsäure Jodmethyl gibt, woraus er schloß, daß die Veratrumsäure Dimethylprotocatechusäure und daß das durch trockne Destillation entstehende Veratrol nichts anderes als Dimethylbrenzcatechin sei.

Hiermit war im Jahre 1876 die Identität der Veratrumsäure mit der Dimethylprotocatechusäure erwiesen; die Konstitution der letzteren als 3,4-Dioxybenzoësäure wurde ebenfalls in den siebziger Jahren erschlossen, so daß ein Zweifel an der Konstitution der Veratrumsäure im Jahre 1887 nicht mehr vorhanden sein konnte (vgl. Eugenol und Isoeugenol).

Der Methylester der Veratrumsäure wurde von KÖRNER (J. **1876**, 601) dargestellt, ebenso von MATSMOTO (B. **11**, 128); vgl. auch HEINISCH (M. **14**, 456).

Als Bestandteil eines äther. Öles wurde der Veratrumsäuremethylester erst in der letzten Periode, 1887 bis zur Gegenwart, wahrscheinlich gemacht. OPITZ (Ar. **229**, 265) beschäftigte sich mit der Untersuchung des äther. Öles der Sabadillsamen (*Sabadilla officinalis*). OP. fand, daß der Gehalt der Samen an äther. Öl durchschnittlich 0,32 $^0/_0$ beträgt; die Öle zeigten neutrale Reaktion und $d = 0{,}917$, 0,902, 0,928 und 0,908. Die äther. Öle bestanden aus unverseifbaren aromatischen Anteilen, ferner aus den Estern zweier Säuren, nämlich denen der Oxymyristinsäure und Veratrumsäure, und Aldehyden. Diese Säuren finden sich verestert mit Methyl- bzw. Äthylalkohol; ferner kommen Aldehyde der niederen Fettsäuren und ein hochsiedendes Polyterpen, Sdp. 220°, $[\alpha]_j = -6{,}05°$, darin vor. OP. beobachtete, daß sich die Ester der Veratrum- und Oxymyristicinsäure sehr leicht zersetzen, eine Zersetzung, die schon bei längerem Aufbewahren der Samen vor sich gehen soll. Aus diesem Grunde kommt es, daß alter Samen den Geruch verliert und daß dann durch Wasserdampfdestillation aus diesem Samen ein äther. Öl nicht mehr zu erhalten ist. So wurden aus 100 kg altem Sabadillsamen nur 12 g eines hauptsächlich aus Fettsäuren und nur zu 25% aus unverseifbaren Anteilen bestehenden Körpers erhalten. Anfangs neutrales äther. Öl zersetzt sich schon beim Stehen in der Flasche, reagiert dann sauer und scheidet Fettsäuren in Nadeln ab.

Physik. Eig. des Veratrumsäuremethylesters: Smp. 58° (KÖRNER, J. **1876**, 601). — MATSMOTO (B. **11**, 128): Smp. 59—60°. — HEINISCH (M. **14**, 456): Sdp. 283°.

Chem. Eig. des Veratrumsäuremethylesters. Der Ester zeigt keine Eisenchloridreaktion, er geht auch nicht an Alkalien. Durch Verseifung entstehen aus ihm Veratrumsäure vom Smp. 179,5° und Methylalkohol.

Die **Identifizierung des Veratrumsäuremethylesters** ergibt sich aus dem Smp. 59—60°, dem Sdp. 283°, sowie den Verseifungsprodukten. Aus letzteren, sowie aus der Synthese aus den Komponenten ergibt sich auch die Konstitution des Esters.

Geschichtlich ist zu betonen, daß, obwohl die Veratrumsäure bereits im Jahre 1839 aufgefunden und richtig analysiert, sowie auch in ihrer Bruttoformel richtig angesprochen war, doch erst in den siebziger Jahren die Aufklärung ihrer Konstitution erfolgte. Diese Erscheinung hat darin ihren Grund, daß es sehr schwer war, die Säuren der zweiwertigen Phenole in ihrer Konstitution genau festzustellen, so daß man zuerst an die Konstitutionsaufschließung der einwertigen Phenolsäuren ging. Der Methylester der Veratrumsäure selbst wurde zuerst im Jahre 1876 von KÖRNER dargestellt, als Bestandteil eines äther. Öles jedoch erst im Jahre 1891 von OPITZ nachgewiesen.

Eine **Anwendung des Veratrumsäuremethylesters** ist bisher nicht bekannt geworden.

---

398. Veratrumsäureäthylester $C_{11}H_{14}O_4 = C_6H_3\begin{cases}COO\cdot C_2H_5\\ -OCH_3\\ OCH_3\end{cases}$.

Vorkommen, Isolierung und Synthese. Das über den Methylester der Veratrumsäure Mitgeteilte hat mut. mut. auch Gültigkeit für den Äthylester. WILL (A. **37**, 198) stellte den Äthylester im Jahre 1841, also früher dar, als der Methylester gewonnen wurde. TIEMANN und MATSMOTO (B. **9**, 942) erhalten ihn später in reinerem Zustande und bestimmen dann auch seine physik. Daten genauer.

Als Bestandteil eines äther. Öles wird der Veratrumsäureäthylester im Zusammenhang mit dem Methylester von OPITZ (Ar. **229**, 265) erwähnt.

Physik. Eig. des Veratrumsäureäthylesters. TIEMANN und MATSMOTO: Smp. 43—44°, Sdp. 295—296°; er ist in Wasser unlösl., dagegen ll. in Alkohol und Äther.

Die **chemischen Eigenschaften und Identifizierung sowie Konstitution** des Esters ergeben sich aus den Spaltungsprodukten und aus der Synthese. T. und M. sättigen eine alkohol. Lösung der Dimethylprotocatechusäure mit Salzsäure, destillieren den überschüssigen Äthylalkohol ab und fällen mit Wasser aus.

Über die **geschichtlichen** Daten vgl. das über den Methylester Gesagte.

Ester von ungesättigten Säuren der Benzolreihe, die gleichzeitig im Kern durch Sauerstoff substituiert sind.

Ebenso wie die Oxybenzoësäuren und ihre Ester ausgenommen Methylsalicylat als Bestandteile äther. Öle selten auftreten, so liegen auch gleiche Verhältnisse vor bei den ungesättigten Oxysäuren der Benzolreihe. Ihre Schwerflüchtigkeit verhindert es, daß größere Mengen beim Ausdestillieren der Pflanzenteile mittels Wasserdampf in die äther. Öle übergehen.

---

399. p-Oxymethylzimtsäureäthylester (p-Cumarsäuremethylester)

$$C_{12}H_{14}O_3 = OCH_3 \cdot C_6H_4 \cdot CH : CH \cdot CO_2C_2H_5.$$

Vorkommen, Isolierung und Synthese. Die diesem Ester zugrunde liegende p-Cumarsäure lernten wir bereits als Bestandteil des Xanthorrhoeaharzes kennen (TSCHIRCH und HILDEBRAND, C. **1897**, I, 421), ferner findet sie sich im Überwallungsharz der Fichte (BAMBERGER und LANDSIEDL, M. **18**, 493) und in der Kap-Aloë (TSCHIRCH und PEDERSEN, Ar. **236**, 202). Gelegentlich der Untersuchung des Kaempferiaöls aus dem Rhizom von *Kaempferia Galanga* L., die auf Java von den Eingeborenen vielfach angebaut wird, konnte v. ROMBURGH (Kon. Akad. van Wetensch. Amsterdam, Mai 1900) feststellen, daß die schwerer flüchtigen Anteile des Öles im Wasser untersinken und teilweise zu einer kristallinischen Masse erstarren. Die Kristalle wurden durch Umkristallisieren aus Alkohol gereinigt; ihre Zusammensetzung ergab sich zu $C_{12}H_{14}O_3$.

Physik. Eig.: Smp. 50°.

Chem. Eig. Durch Verseifen mit Kali erhielt v. R. neben Methylalkohol p-Methoxyzimtsäure. Umgekehrt konnte er durch Behandlung der in Äthylalkohol gelösten Säure mit Salzsäure den bei 50° schmelzenden Ester zurückgewinnen.

Die **Identifizierung des Esters** erfolgt am besten durch Verseifung des Öles, wobei Methyl-p-Cumarsäure vom Smp. 171° und Äthylalkohol gewonnen werden; die Methyl-p-Cumarsäure läßt sich zu Anissäure oxydieren (vgl. diese).

Die **Konstitution** ergibt sich aus der Verseifung und aus der Synthese. **Geschichtlich** interessant ist, daß es v. ROMBURGH zum erstenmal gelungen ist, diesen Ester in einem ätherischen Öl nachzuweisen; allerdings konnte die Konstatierung dieses Vorkommens erst in der letzten Periode erfolgen.

Ein zweites Vorkommen der p-Cumarsäure sei noch in folgendem anhangsweise erwähnt. Nach den Untersuchungen von HILDEBRANDT (Ar. **234** [1896], 703) kommt im Xanthorrhoeaharzöl wahrscheinlich

p-cumarsaures Xanthoresinotannol

vor; Angaben über diesen Körper werden weiter nicht gemacht. Seinem hohen Siedepunkt nach dürften auch nur geringe Mengen dieser Verbindung in dem Xanthorrhoeaharzöl vorhanden sein, ebenso wie von dem zimtsauren Xanthoresinotannol.

Hydrocumarsaures Cumarin (melilotsaures Cumarin)

$C_9H_9O_3 \cdot C_9H_7O_2$ =

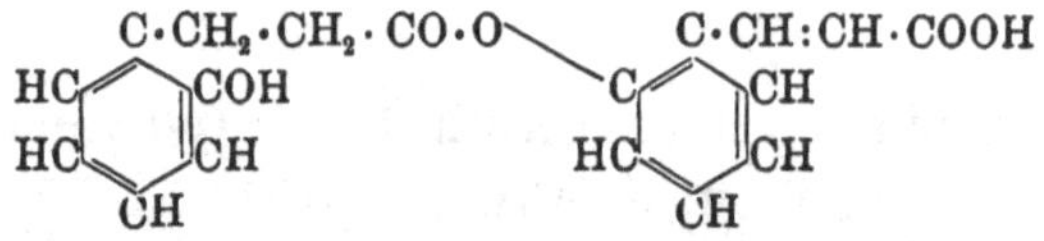

Vorkommen, Isolierung und Synthese. Obwohl dieser Körper sich schwerlich als Bestandteil eines äther. Oles finden dürfte, da er mit Wasserdämpfen außerordentlich schwer flüchtig ist und auch während der Destillation sich zersetzen dürfte, so erfolgt seine Erwähnung hier doch, weil er in nahem Zusammenhange mit dem Cumarin und Melilotin steht. Es findet sich dieser Ester im Steinklee (*Melilotus officinalis*); er ist früher verwechselt worden mit dem Cumarin selbst (FONTANA, BERZ. **14**, 311, und GUILLEMETTE, A. **14**, 328). Erst die Untersuchungen von ZWENGER und BODENBENDER (A. **126**, 257) zeigten, daß diese Anschauung nicht richtig ist, wie schon aus dem höheren Smp. hervorgeht (120°).

Physik. und chem. Eig. Smp. 128°. Das hydrocumarsaure Cumarin spaltet sich mit Alkalien sehr leicht in Hydrocumarsäure und Cumarsäure. Aber auch schon bei der Wasserdampfdestillation und in der Pflanze findet diese Spaltung statt, wobei also zunächst Dihydrocumarsäure (Melilotsäure) und Cumarsäure resultieren. Letztere beiden Säuren spalten als δ-Oxysäuren leicht Wasser ab und gehen in die entsprechenden Anhydride (Hydrocumarin = Melilotin und Cumarin) über. Der Geruch des Steinklees dürfte sich demnach aus jenem des Melilotins und Cumarins zusammensetzen. Jedoch müssen weitere Untersuchungen hierüber angestellt werden.

Ester unbekannter Konstitution.

Bereits in Bd. I und Bd. II ist auf Ester unbekannter Konstitution aufmerksam gemacht worden, deren Säuren wahrscheinlich zur Methanreihe oder hydriert-cyklischen Reihe gehören. Es finden sich nun auch Bestandteile unter den ätherischen Ölen, welche Ester sind, deren Säuren zur Benzolreihe gehören, deren Alkohole jedoch unbekannt sind. So dürften sich in dem mehrfach erwähnten

Xanthorrhoeaharzöl (*Xanthorrhoea hastilis*)

noch Ester der Benzoë- und Zimtsäure usw. mit bisher nicht genauer charakterisierten Alkoholen finden (HILDEBRANDT, Ar. **234** [1896], 703; SCH. **1897**, II, 66).

Auch das

Tolubalsamöl (*Toluifera Balsamum* Mill.)

dürfte noch verschiedene Ester der Benzoë- und Zimtsäure enthalten, die ihrer Natur nach noch nicht aufgeklärt sind.

---

g) S- und N-haltige Bestandteile ätherischer Öle, soweit sie der Benzolreihe angehören.

In der Methanreihe, weniger in der hydriert-cyklischen Reihe, lernten wir eine ganze Anzahl Verbindungen als Bestandteile äther. Öle kennen, welche Schwefel und Stickstoff enthalten. Unter diesen waren solche, welche nur Schwefel aufwiesen; es sei an das Allyldisulfid erinnert. Ferner begegneten wir, aber nur in ganz verschwindender Menge, Bestandteilen, die nur Stickstoff aufwiesen, also Basen waren; außer den Basen kamen noch Blausäure und deren Ester vor. Schließlich begegneten wir Bestandteilen, welche gleichzeitig Schwefel und Stickstoff im Molekül enthielten, den Senfölen.

Es sei vorausgeschickt, daß aus der Benzolreihe Verbindungen, die nur Schwefel enthalten, die also in Parallele z. B. mit dem Allyldisulfid zu setzen wären, als Bestandteile äther. Öle bisher nicht aufgefunden worden sind; dagegen gibt es Moleküle, die zur Benzolreihe gehören, Stickstoff enthalten und Basen sind, sowie solche, welche nicht Basen sind. Die letzteren Verbindungen sind auch in der Benzolreihe Abkömmlinge der Blausäure; enthalten sie gleichzeitig Schwefel, so haben wir es auch hier mit Estern der Isothiocyansäure CSNH zu tun, also mit Senfölen. Hingegen sind Ester der Cyansäure CNOH bzw. der Isocyansäure CONH auch in der Benzolreihe unter den Bestandteilen äther. Öle nicht konstatiert worden. Es werden im folgenden zunächst die Derivate der Blausäure, also die Nitrile, alsdann die Derivate der Isothiocyansäure, also die Senföle, abgehandelt werden, schließlich die Basen.

---

g_1) Nitrile der Benzolreihe (Ester der Blausäure).

Obwohl die nunmehr zu besprechenden Verbindungen Derivate der Blausäure HCN sind, ferner die alsdann abzuhandelnden Senföle Derivate der Isothiocyansäure CSNH, also obwohl wir es in beiden Fällen mit Derivaten zweier zur Methanreihe gehöriger Verbindungen zu tun haben, so sollen sie doch in der Benzolreihe Erwähnung finden und nicht in der Methanreihe, weil die Alkoholradikale der zu erwähnenden Ester sämtlich der Benzolreihe angehören.

---

400. Phenylessigsäurenitril (Benzylcyanid) $C_6H_5 \cdot CH_2 \cdot CN$.

Vorkommen, Isolierung und Synthese. Zur Entstehung der Nitrile in den Pflanzen ist zu bemerken, daß sie wahrscheinlich in den meisten Fällen aus Glykosiden hervorgehen; vielfach können wir diese Entstehungsart noch nachweisen, oftmals nicht mehr. Wir dürfen bei den Nitrilen nicht aus dem Auge verlieren, daß sie aus Isothiocyansäureestern, aus den Senfölen, dadurch entstanden sein können, daß letzteren Schwefel entzogen worden ist. Diese Schwefelentziehung kann bereits in der Pflanze vor sich gegangen sein oder sie kann während der Destillation vollzogen werden, abgesehen davon, daß z. B. kupferne Gefäße hierzu beitragen können. Ein prägnantes Beispiel für die Entstehung entweder eines Nitrils oder eines Senföls bietet die Kapuzinerkresse (*Tropaeolum majus* L.). A. W. Hofmann (B. **7**, 518) konstatierte, wie wir alsbald sehen werden, in dem Kapuzinerkressenöl nur wenig Schwefel, dagegen Phenylessigsäurenitril. Zu ganz andern Resultaten in bezug auf Gartenkresse und Kapuzinerkresse kam Gadamer (B. **32**, 2337; Ar. **237** [1899], 111), als er das Öl sowohl durch Extraktion des Saftes mit Äther, als auch durch Wasserdampfdestillation der sorgsam zerkleinerten Pflanzenteile gewann. Das von G. erhaltene Öl lieferte mit Ammoniak quantitativ Benzylthioharnstoff vom Smp. 162°, woraus zu schließen ist, daß ursprünglich Benzylsenföl vorhanden gewesen ist, das aus dem Glykosid Glucotropaeolin $C_{14}H_{18}KNS_2O_9 + xH_2O$ durch Einwirkung eines Ferments entstanden ist. Glykosid und Ferment sind also in getrennten Zellen vorhanden, so daß die Einwirkung beider aufeinander nur stattfinden kann, wenn die Pflanzenteile sorgsam zerkleinert worden sind. Wird nun vor der gründlichen Zerkleinerung destilliert, so wird das Glykosid gespalten, ohne daß das Ferment einwirken konnte und dann bildet sich das von HOFMANN beobachtete Benzylcyanid. — In anderen Fällen dürfte die Reduktion der Senföle in der Pflanze noch auf andere Weise vor sich gehen, vielleicht schon in den Glykosiden selbst. Weitere Versuche müssen diese Frage entscheiden.

Das Benzylcyanid wurde zuerst auf synthetischem Wege gewonnen, und zwar von CANNIZZARO im Jahre 1855 (C. r. **45**, 517; A. **96**, 247), indem er Cyankalium auf Benzylchlorid usw. einwirken ließ.

Über die Konstitution dieser Verbindung war man sich im Jahre 1857 natürlich noch nicht im klaren. Erst die nächste Periode, 1857—1872, brachte völlige Klarheit nach Aufstellung der Benzoltheorie durch KEKULÉ.

Aber erst in dem nächsten Zeitabschnitt, 1872—1887, gelang es A. W. HOFMANN (B. **7**, 518, 1293), das Benzylcyanid in zwei ätherischen Ölen nachzuweisen, und zwar in dem von *Tropaeolum majus* (Kapuzinerkresse) und in dem von *Lepidium sativum*. —

Zum Vorkommen des Benzylcyanids als Bestandteil äther. Öle ist zu bemerken, daß es sich verhältnismäßig selten findet, daß es aber eigentümlicherweise nicht nur in Cruciferen und in Tropaeolaceen vorkommt, sondern auch im Neroliöl, das von einer Rutacee stammt.

Cruciferae.

Nachdem A. W. HOFMANN das Vorkommen von Nitrilen in *Tropaeolum majus* (Kapuzinerkresse) (Benzylcyanid) und *Nasturtium officinale* (Brunnenkresse) (Phenyläthylcyanid) nachgewiesen hatte, untersuchte er auch das ätherische Öl der gewöhnlichen Gartenkresse (*Lepidium sativum*) (B. **7**, 1293). Das äther. Öl wurde nach dem vollständigen Abblühen der Pflanze durch Wasserdampfdestillation gewonnen; 73 kg der Pflanze lieferten 64 g nahezu reinen Öles. Durch Verseifung gewann H. daraus Phenylessigsäure. — Über das abweichende Resultat, zu dem GADAMER (B. **37**, 2 337; Ar. **237** [1899], 174) kam, vgl. oben. G. fand, daß ursprünglich Benzylsenföl entsteht.

Tropaeolaceae.

Im Jahre 1874 untersuchte A. W. HOFMANN (B. **7**, 518) das ätherische Öl von *Tropaeolum majus*. Durch den ähnlichen Geruch des Benzylsenföls mit der Kapuzinerkresse (*Tr. maj.*) veranlaßt, glaubte H., daß letztere diese Verbindung enthalte. 300 kg der Pflanze wurden mit Wasserdampf destilliert, wobei 75 g Öl resultierten. H. stellte fest, daß dieses Öl von 160—300° siedete, wobei ein bedeutender brauner Rückstand blieb; der Hauptbestandteil siedete bei 226° und stellte sich als identisch mit dem Benzylcyanid heraus, das von RADZISZEWSKI (B. **3**, 198) und CANNIZZARO näher untersucht worden war. — Über die Resultate, zu denen GADAMER (Ar. **237** [1899], 111) kam, vgl. oben; er wies nach, daß in der Tat bei geeigneter Behandlung von *Tr. m.* Benzylsenföl entsteht.

Rutaceae.

Hesse und Zeitschel (J. pr. II, **66**, 507) machen gelegentlich ihrer Untersuchungen über das Orangenblütenwasser im Jahre 1902 darauf aufmerksam, daß bei der Verseifung des Orangenblütenwasseröls nicht unbedeutende Mengen Ammoniak erhalten werden, woraus sich ergebe, daß darin noch andere stickstoffhaltige Substanzen vorkommen als Anthranilsäureester und Indol. Da bei der Verseifung Phenylessigsäure entsteht, so wird darauf hingewiesen, daß ev. Phenylacetonitril vorliegen könne. Zu demselben Resultat in bezug auf das Neroliöl kommen Sch. u. Co. (Sch. **1903**, II, 55 und früher).

Zur **synthetischen Darstellung** ist zu bemerken, daß Purgotti (G. **25**, I, 120) das Benzylcyanid durch Kochen einer alkohol. Lösung von Mandelsäurenitril mit N_2H_4 erhielt.

Physik. Eig. des Phenylessigsäurenitrils: Smp. — 24,6° (Schneider, Ph. Ch. **22**, 233).

Perkin (Soc. **69**, 1244): Sdp. 233,5° (i. D.), $d_{4/4}$ = 1,0296, $d_{15/15}$ = 1,0214, $d_{25/25}$ = 1,0154; magn. Dreh. = 12,47 bei 15,2°. — Über die Dielektrizitätskonst. und elektr. Absorpt. vgl. Drude (Ph. Ch. **23**, 309); über Mol.-Brech. Brühl (Ph. Ch. **16**, 218) und Eykman (R. **12**, 185). — Berthelot und Petit (A. ch. VI, **17**, 124): Mol. Verbr. 1023,8 Kal.

Die **chem. Eig. des Nitrils** sind im allgemeinen jene der Nitrile. Durch Verseifen entsteht Phenylessigsäure vom Smp. 76,5°, Sdp. 265°. — Das Phenylamidoxim $C_6H_5 \cdot CH_2 \cdot C(:NOH) \cdot NH_2$ schmilzt bei 67° (Knudsen, B. **18**, 1068).

Die **Konstitution und Identifizierung** ergibt sich aus den eben erwähnten physikalischen und chemischen Eigenschaften.

Geschichtlich ist zu bemerken, daß, obwohl bereits Cannizzaro im Jahre 1855 das Benzylcyanid künstlich gewann und A. W. Hofmann es im Jahre 1874 in den äther. Ölen von *Tr. m.* und *Lep. sat.* nachwies, doch erst durch die Untersuchungen von Gadamer im Jahre 1899 festgestellt wurde, daß das Nitril nicht unter allen Umständen das Spaltungsprodukt des in diesen Pflanzen vorhandenen Glykosids ist, sondern daß es durch Einwirkung eines Ferments auf Benzylcyanid entsteht.

401. Nitril der Phenylpropionsäure $C_6H_5 \cdot CH_2 \cdot CH_2 \cdot CN$.

Vorkommen, Isolierung und Synthese. Fittig und Kiesow (A. **156**, 245) dürften das Nitril der Phenylpropionsäure im Jahre 1870 zuerst in Händen gehabt haben, als sie das Monochloräthylbenzol durch Einführung der CN-Gruppe in Phenylpropionsäure umwandelten. Das Nitril könne in dem Reaktionsprodukt des Monochloräthylbenzols mit Cyankalium, das die

Genannten durch Kochen mit Alkalien in Phenylpropionsäure umwandelten, vorhanden gewesen sein. HOFMANN (B. **7**, 520) beschäftigte sich mit dem äther. Öl von *Nasturtium officinale* (Brunnenkresse). 600 kg Pflanzen, in der Blütezeit gesammelt, wurden mit Wasserdampf destilliert, wobei nur ca. 40 g ätherisches Öl erhalten wurden. Über dieses sagt HOFMANN: „Das mir übersendete Öl roch nicht mehr nach Kresse." Die Hauptfraktion siedete bei 261° (kor.) und zeigte $d_{18} = 1{,}0014$; die Analyse ergab die Zusammensetzung C_9H_9N. Durch Verseifen wurde Phenylpropionsäure (Hydrozimtsäure $C_9H_{10}O_2$) vom Smp. 47° erhalten. Außer dem Nitril der Phenylpropionsäure waren in dem Nasturtiumöl ev. Kohlenwasserstoffe zugegen. Aus den höheren Fraktionen setzten sich einige schön ausgebildete Dodekaëder ab, die jedoch nicht näher untersucht wurden. Schon A. W. HOFMANN spricht die Vermutung aus, daß ev. das Nitril nicht ursprünglich in der Pflanze vorhanden gewesen sei, sondern das zugehörige Senföl; jedoch gelang es ihm nicht, ähnliche Senföle durch Destillation in metallenen Gefäßen usw. zu entschwefeln. Erst GADAMER (B. **32**, 2339) gelang es zu zeigen, daß in der Tat auch in diesen Pflanzen ein Glykosid vorhanden ist, das durch geeignete Fermentbehandlung Senföl und nicht ein Nitril liefert. Bei der Wasserdampfdestillation muß also nicht genügende Einwirkung auf das Material stattgefunden haben bzw. das Ferment nicht genügenden Einfluß ausgeübt haben, so daß die Zersetzung des Glykosids in anderem Sinne vor sich gegangen ist.

Zur **Synthese** ist zu erwähnen, daß DOLLFUS (B. **26**, 1971) das Nitril erhielt, indem er auf Hydrozimtaldehyd Essigsäureanhydrid oder Acetylchlorid einwirken ließ.

Physik Eig.: Sdp. 261° (kor.), $d_{18} = 1{,}0014$.

Chem. Eig. des Nitrils der Phenylpropionsäure. Durch Verseifen geht das Nitril in Hydrozimtsäure vom Smp. 48,7°, Sdp. 279,8° über.

Die **Hydrozimthydroxamsäure** $C_6H_5 \cdot CH_2 \cdot CH_2 \cdot C(OH):NOH$ (THIELE und PICCARD, A. **309**, 197) schmilzt bei 78°.

Die **Identifizierung und Konstitution des Nitrils der Phenylpropionsäure** ergibt sich aus den mitgeteilten physikalischen und chemischen Eigenschaften.

Geschichtlich ist zu erwähnen, daß dieses Nitril auf präparativem Wege zuerst von FITTIG und KIESOW im Jahre 1870 dargestellt wurde, während es A. W. HOFMANN im Jahre 1874 zuerst im Nasturtiumöl auffand. Die Beobachtung von GADAMER, daß unter Umständen das Glykosid der Nasturtiumpflanze das zugehörige Senföl liefert, wurde im Jahre 1899 veröffentlicht.

402. Phenyloxyacetonitril (Mandelsäurenitril, Benzaldehydcyanhydrin) $C_6H_5 \cdot CH(OH) \cdot CN$.

Vorkommen, Isolierung und Synthese. Die Entstehung des Bittermandelöls (vgl. Bestandteil „Benzaldehyd“ und „Blausäure“) war lange Zeit in Dunkel gehüllt. Erst durch die Entdeckung des Glykosids Amygdalin durch ROBIQUET und VOGEL im Jahre 1830 (vgl. jedoch Journ. der Pharm. II, **8** [1822], 293; TROMMSD. N. J. der Pharm. VII, **1** [1823], 217; A. ch. **15** [1810], 29; **21** [1822], 250), sowie durch BOUTRON-CHARLARD (A. ch. **44** [1837], 352; A. **25** [1838], 175), sowie die Untersuchung von LIEBIG und WÖHLER (A. **22** [1837], 1) kam Klarheit in diese Verhältnisse und es zeigte sich, daß das Amygdalin in Benzaldehyd und Blausäure zerfällt. Jedoch hat sich herausgestellt, daß außer diesen Verbindungen sich noch Phenyloxyacetonitril im Bittermandelöl findet. Dieses Nitril kann sekundär nach folgender Gleichung entstanden sein:

$$C_6H_5 \cdot CHO + CNH = C_6H_5 \cdot CH(OH) \cdot CN;$$

es ist aber auch nicht ausgeschlossen, daß bei der Glykosidspaltung bereits die Bildung dieses Oxynitrils vor sich geht. Erst FILETI (G. **8** [1878], 446; B. **12** [1879], Ref. 296) zeigte, daß sich im Bittermandelöl das Mandelsäurenitril findet. Als F. nämlich auf ein Gemenge von Benzaldehyd und Cyanwasserstoff naszierenden Wasserstoff einwirken ließ, gewann er nur Methylamin, jedoch bei der Reduktion von z. B. Kirschlorbeeröl gewann er die Base $C_6H_5 \cdot CH_2 \cdot CH_2 \cdot NH_2$. Schon OGLIALORO hatte 1870 die Ansicht ausgesprochen, daß Amygdalin nicht als Amid, sondern als Nitril der Amygdalinsäure, also gleich

$$C_{12}H_{14}O_3 \begin{cases} (OH)_7 \\ O \cdot C_7H_7 \cdot CN \end{cases}$$

aufzufassen sei und daß bei der Spaltung zunächst Glykose und Hydrocyanbenzaldehyd $C_6H_5 \cdot CHOH \cdot CN$ entstehen. Auch im Bittermandelöl wies FILETI die Gegenwart von Mandelsäurenitril nach.

Auf präparativem Wege erhielt bereits VOELCKEL (A. **52**, 361) beim Abdampfen einer Mischung von blausäurehaltigem Bittermandelöl mit Salzsäure unter 100° das Mandelsäurenitril. SPIEGEL (B. **14**, 239) übergießt mit Wasser angefeuchtetes Cyankalium mit Bittermandelöl und gibt allmählich Salzsäure hinzu. HOFMANN und SCHOETENSACK (D. R. P. 85230; FRDL. **IV**, 160) läßt wäßrige Cyankaliumlösung auf die Bisulfitverbindung des Benzaldehyds einwirken.

Physik. Eig. des Mandelsäurenitrils. Spez. Gew. = 1,124; es läßt sich bei — 10° zum Erstarren bringen (TIEMANN u. FRIEDLAENDER, B. **14**, 1967), ist unlösl. in Wasser, lösl. in Alkohol und Äther.

Chem. Eig. des Mandelsäurenitrils. Das Nitril zerfällt bei 170° in

Blausäure und Bittermandelöl; beim Abdampfen mit Salzsäure entstehen Chlorammonium und Mandelsäure vom Smp. 118°.

Das Acetylmandelsäurenitril $C_6H_5 \cdot CH(C_2H_3O_2) \cdot CN$ bildet ein dickes Öl vom Sdp.$_{25}$ = 152° (MICHAEL und JEANPRÊTRE, B. **25**, 1681), das mit Na und Äther reduziert Benzoïn liefert.

Durch Verseifung entsteht Mandelsäure.

Sowohl die **Identifizierung**, als auch die **Konstitution des Mandelsäurenitrils** ergeben sich aus den mitgeteilten physikalischen und chemischen Eigenschaften, sowie aus der Synthese.

Geschichtlich interessant ist, daß, obwohl das Amygdalin und das Bittermandelöl durch die Untersuchungen der oben erwähnten Forscher in ihren gegenseitigen Beziehungen ziemlich klargestellt zu sein schienen, doch erst von OGLIALORO, besonders aber von FILETI im Jahre 1870 gezeigt wurde, daß sich im Bittermandelöl, Kirschlorbeeröl usw. Mandelsäurenitril findet.

---

g_2) Ester der Isothiocyansäure CS:NH; Senföle der Benzolreihe.

Die Senföle wurden als Bestandteile ätherischer Öle schon einmal (Bd. I) erwähnt; als typisches Senföl lernten wir damals das Allylisothiocyanat $C_3H_5N:CS$ kennen. Als Derivat der hydriert-cyklischen Reihe konnte unter den Bestandteilen der ätherischen Öle kein Senföl nachgewiesen werden, wenn es auch auf künstlichem Wege gelungen ist, aus dem Dihydrocarvon, Tanaceton usw. derartige Senföle zu gewinnen. — In der Benzolreihe sind die Senföle ebenfalls nicht zu häufig vertreten. Wie bereits oben mitgeteilt, müssen wir jedoch annehmen, daß auch diese Senföle in den Pflanzen weiter verbreitet sind; namentlich dort, wo Nitrile nachgewiesen wurden, können wir annehmen, daß durch Einwirkung eines Ferments auf das entsprechende Glykosid sich auch Senföl bilden wird.

---

403. Benzylsenföl $CS:N \cdot CH_2 \cdot C_6H_5$.

Vorkommen, Isolierung und Synthese. Auf künstlichem Wege erhielt HOFMANN (B. **1**, 201) im Jahre 1868 das Benzylsenföl, indem er Benzylamin in Schwefelkohlenstoff löste und die primär entstehende Verbindung mit Alkohol und $HgCl_2$ behandelte. Bereits H. gibt an, daß das Benzylsenföl auffallend nach Kresse rieche; jedoch bei der Untersuchung dieses Öles im Jahre 1874 konnte er nur Benzylcyanid nachweisen. Erst GADAMER (Ar. **237** [1899], 114; B. **32**, 2340) zeigte, daß das Benzylsenföl Hauptbestandteil des Kapuzinerkressenöls (*Tropaeolum majus*) und des Gartenkressenöls (*Lepidium sativum*) ist, wenn man die möglichst zerkleinerten frischen Kressearten mit Wasserdampf destilliert.

Hierbei kommt das in diesen Kressen vorhandene Glykosid in genügend lange Berührung mit einem Ferment, von welchem es schließlich unter Bildung von Benzylsenföl gespalten wird; es liegen demnach ganz analoge Verhältnisse vor wie bei dem gewöhnlichen Senföl, dem Allylisothiocyanat. Es gelang GADAMER jedoch nicht, das Glykosid von *Tropaeolum majus* darzustellen, wohl aber konnte er die Zusammensetzung desselben durch Darstellung der Silber-Ammoniakverbindung ermitteln (vgl. über SINIGRIN, Ar. **235**, 577; C. **1898**, I, 512). G. gibt dem Glykosid die Formel $C_6H_5 \cdot CH_2 \cdot N : C(S \cdot C_6H_{11}O_5)(OSO_3K) + xH_2O$ und nennt das Tropaeolumglykosid Glucotropäolin und die ihm zugrunde liegende Säure Glucotropäolinsäure (Die Existenz dieses Glykosids wird von BEYERINCK in in Abrede gestellt; Centr. Bact. [II] **5** [1899], 429; TER MEULEN, R. **19** [1902], 37). Nach Abspaltung des Zuckers wird die zweibasische Tropäolinsäure $C_8H_9O_4NS_2 = HO \cdot SO_2 \cdot O \cdot C(: N \cdot CH_2 \cdot C_6H_5) \cdot SH$ erhalten; er gewann sie sowohl aus dem Extrakt von *Tropaeolum majus,* als auch aus dem von *Lepidium sativum.* Das Benzylsenföl entsteht auch durch Einwirkung von Myrosin auf das Glykosid von *Trop. maj.* usw.

Sowohl das natürliche, als auch das von A. W. HOFMANN künstlich dargestellte Benzylsenföl haben sich als identisch erwiesen.

Physik. Eig. Sdp. 243°, schwerer als Wasser und darin unlöslich.

Chem. Eig. des Benzylsenföls. Das Benzylsenföl läßt sich in Benzylthioharnstoff $NH_2 \cdot CS \cdot NH \cdot CH_2 \cdot C_6H_5$ überführen (DIXON, Soc. **59**, 552, und SALKOWSKI, B. **24**, 2727): Smp. 162—163°.

Die **Identifizierung des Benzylsenföls** erfolgt durch Bestimmung des Siedepunkts und durch die Analyse; unter den chemischen Derivaten dürfte sich besonders der Thioharnstoff vom Smp. 162—163° als charakteristisch erweisen.

Aus dem physikalischen und chemischen Verhalten folgt auch die **Konstitution** des Hauptbestandteils des Kapuziner- und Gartenkressenöls als Ester der Isothiocyansäure.

Äußerst bezeichnend ist die **geschichtliche Entwicklung** über die Zusammensetzung genannter beiden Öle, indem durch die Untersuchungen A. W. HOFMANNS im Jahre 1874 mit vollem Recht nachgewiesen zu sein schien, daß sich in ihnen Benzylcyanid findet; durch Abänderung der Darstellungsmethoden dieser ätherischen Öle konnte von GADAMER im Jahre 1899 gezeigt werden, daß das Glykosid der beiden Stammpflanzen sich bei der Einwirkung von Fermenten in Glucose und Benzylsenföl zersetzt.

404. Phenyläthylsenföl $CS : N \cdot CH_2 \cdot CH_2 \cdot C_6H_5$.

Vorkommen, Isolierung und Synthese. Auf künstlichem Wege wurde dieses Senföl von MAINZER (B. **16**, 2020) erhalten, als er Diphenäthylthioharnstoff mit Phosphorsäure kochte, dann Salzsäure hinzugab und das Phenäthylsenföl abdestillierte.

BERTRAM und WALBAUM (J. pr. II, **50**, 555) beschäftigen sich mit dem ätherischen Öl der Resedawurzeln (*Reseda odorata* L.); diese Wurzel zeichnet sich durch einen scharfen, rettigartig riechenden Bestandteil aus, wie schon VOLLRATH (Ar. **198**, 156) im Jahre 1871 wahrnahm. V. vermutete, daß es sich um ein Senföl handele, vielleicht um Allylsenföl; B. und W. zeigten, daß die erstere Vermutung wohl richtig sei, daß in dem Senföl aber keine Allylverbindung vorliege (vgl. auch SCH. **1894**, II, 72). Aus 1300 kg Resedawurzeln wurden 310 g ätherisches Öl gewonnen: $d_{15} = 1{,}067$, $\alpha_D = +1^0 30'$ (bei 100 mm Säulenlänge); bei 255° begann das Öl zu sieden, jedoch trat hierbei Zersetzung ein. Durch Darstellung des Phenyläthylharnstoffs, des Phenyläthylamins usw. konnten B. und W. nachweisen, daß es sich zweifellos um Phenyläthylsenföl handelt.

Synthetisch wurde, wie oben erwähnt, dieses Senföl von MAINZER erhalten. NEUBERT (B. **19**, 1822) stellte nach dem HOFMANNschen Verfahren aus Phenyläthylamin und Schwefelkohlenstoff ebenfalls dieses Senföl dar. — B. und W. (a. a. O., S. 559) benutzen gleichfalls zur Synthese die HOFMANNsche Reaktion, wobei sie zunächst das Phenyläthylamin aus dem Amid der Hydrozimtsäure darstellten. Dieses Phenyläthylamin stimmte in allen Eigenschaften mit der Base aus der Resedawurzel überein. Die Base wurde alsdann mittels Schwefelkohlenstoff (B. **1**, 169, 201) in das phenyläthylsulfocarbaminsaure Phenyläthylamin verwandelt und dieses mit einer Lösung von Quecksilberchlorid erwärmt; es wurde nunmehr ein Senföl gewonnen, das denselben bei 137° schmelzenden Thioharnstoff lieferte wie das aus dem Resedawurzelöl dargestellte. — Zum Vergleich suchten B. und W. noch das Rettigöl zu gewinnen, da der Geruch der Resedawurzel an Rettig erinnert; jedoch wurde zu wenig Öl erhalten, auch roch dieses nicht mehr nach Rettig, sondern nach Kohlrüben. Ein Thioharnstoff ließ sich aus dem Öle nicht erhalten.

Ein weiteres Vorkommen des Phenyläthylsenföls wurde von GADAMER (B. **32**, 2339) im ätherischen Öl der Brunnenkresse (*Nasturtium officinale*) und der Winterkresse (*Barbaraea praecox*) konstatiert. A. W. HOFMANN hatte aus *Nast. off.* Phenylpropionitril erhalten (vgl. oben), jedoch G. zerkleinerte das Pflanzenmaterial sehr sorgfältig und destillierte alsdann erst. G. stellte die Glukoside beider Pflanzen dar, jedoch gelang es ihm nur, sirupöse Extrakte mit einem Gehalt von 35% an Glykosid zu gewinnen. Mit Silbernitrat erhielt er einen rein weißen Niederschlag der Zusammensetzung $C_9H_9NAg_2S_2O_4 + H_2O$. Da die Extrakte reichlich Kalium enthielten, so folgerte G. daraus, daß auch die vorkommenden Glykoside als Kaliumsalze aufzufassen seien und gibt ihnen dementsprechend die Formel $C_{15}H_{20}NS_2KO_9 + xH_2O$ oder

$$C\begin{cases} O\cdot SO\cdot OK \\ S\cdot C_6H_{11}O_5 \\ N\cdot CH_2\cdot CH_2\cdot C_6H_5 \end{cases} + xH_2O;$$

G. nennt das Glykosid „Gluconasturtiin" und die demselben zugrunde liegende Säure die „Gluconasturtiinsäure" und schließlich die Säure, von der sich das erwähnte Silbersalz ableitet „Nasturtiinsäure". Die Silberverbindungen lösen sich beim Schütteln mit überschüssigem Natriumthiosulfat zunächst klar auf unter gleichzeitiger Bildung des Senföls:

$$C\begin{matrix}\diagup O\cdot SO_2\cdot OAg\\ -S\cdot Ag\\ \diagdown N\cdot R\end{matrix} + 2Na_2S_2O_3 = C\begin{matrix}\diagup O\cdot SO_2\cdot ONa\\ -S\cdot Na\\ \diagdown N\cdot R\end{matrix} \left(+ Ag_2S_2O_3 + NH_2S_2O_3\right)$$

$$C\begin{matrix}\diagup O\cdot SO_2\cdot ONa\\ -S\cdot Na\\ \diagdown N\cdot R\end{matrix} = \underset{\text{Senföl}}{SC:N\cdot R} + Na_2SO_4.$$

Physik. Eig. des Phenyläthylsenföls: Sdp. 255,5—256°.

Chem. Eig. Phenyläthylamin $C_6H_5\cdot CH_2\cdot CH_2\cdot NH_2$. B. und W. (a. a. O., S. 556) schließen 20 g Resedawurzelöl mit konz. Salzsäure in ein Rohr ein und erhitzen einige Stunden lang auf 200°. Aus der salzsauren Lösung wird mit Natronlauge die Base in Freiheit gesetzt: Smp. des Chlorhydrats 217°; mit Oxalsäureäthylester vereinigt sich die freie Base zum Diphenyläthyloxamid vom Smp. 186°.

Der Phenyläthylsulfoharnstoff $CS\begin{matrix}\diagup NH\cdot CH_2\cdot CH_2\cdot C_6H_5\\ \diagdown NH_2\end{matrix}$ schmilzt bei 137° und wird erhalten aus dem Resedawurzelöl durch Erwärmen mit alkohol. Ammoniak. Aus diesem Sulfoharnstoff entsteht der Phenyläthylharnstoff $CO\begin{matrix}\diagup NH\cdot CH_2\cdot CH_2\cdot C_6H_5\\ \diagdown NH_2\end{matrix}$ beim Behandeln mit Silbernitrat und Barytwasser; Smp. 111—112°.

Zur **Identifizierung des Phenyläthylsenföls** eignet sich der Sdp. 255°, die Darstellung des Thioharnstoffs $C_9H_{12}N_2S$ vom Smp. 137°, ferner die durch Behandlung mit konz. Salzsäure ev. zu erhaltende Base Phenyläthylamin, deren Chlorhydrat bei 217° schmilzt, während das Diphenyläthyloxamid den Smp. 186° zeigt.

Aus diesen physikalischen und chemischen Eigenschaften ergibt sich auch die **Konstitution** des Hauptbestandteils des Resedawurzelöls, der Brunnen- und der Winterkresse als Phenyläthylsenföl.

In **geschichtlicher** Beziehung gilt von letzteren Ölen dasselbe, was beim Benzylsenföl erwähnt wurde, insofern als Hofmann 1874 aus diesen Ölen zuerst Phenyläthylcyanid abschied, während nach der Gadamerschen Arbeitsmethode das zugehörige Senföl erhalten wurde. Zuerst wurde jedoch dieses Phenyläthylsenföl im Lab. von Sch. u. Co. von Bertram und Walbaum im Resedawurzelöl im Jahre 1894 nachgewiesen.

---

405. p-Oxybenzylsenföl $CS:N\cdot CH_2\cdot C_6H_4\cdot OH(1:4)$.

Vorkommen, Isolierung und Synthese. Unter allen Senfölen ist zweifellos das Senföl par excellence, das Allylsenföl, das verbreitetste; es entsteht unter anderen aus den Samen des schwarzen Senfs (*Brassica* *nigra*), aus den Samen von *Thlaspi arvense* (A. Ph. **58**, 36), von *Alliaria officinalis* (WERTHEIM, A. **52**, 52), *Capsella Bursa pastoris, Cardamine* und *Sisymbrium* spec. bei der Behandlung mit warmem Wasser und kommt ferner im Meerrettig (*Armoracia sativa*) (HUBATCA, A. **47**, 153) vor. Das Isobutylsenföl wies A. W. HOFMANN (B. **7**, 508) im Löffelkrautöl (*Cochlearia officinalis*) nach. Über das weitere Vorkommen der Senföle wurde eben berichtet, vgl. ferner Senföle im Bd. I.

Man hatte nachgewiesen, daß die Senföle in den Stammpflanzen nicht fertig gebildet vorkommen, sondern daß ursprünglich ein Glykosid vorhanden ist, das durch Einwirkung eines Ferments in Glucose und Senföl gespalten wird. So hatte man aus dem schwarzen Senf (*Sinapis nigra* L.) das Glykosid Sinigrin gewonnen, das durch Einwirkung des eiweißartigen Ferments Myrosin bei Gegenwart von Wasser gespalten wird: $C_{10}H_{16}NS_2KO_9 + H_2O = CS{\cdot}N{\cdot}C_3H_5 + C_6H_{12}O_6 + KHSO_4$. Das Glykosid des weißen Senfs (*Sinapis alba* L.) ist jedoch nicht das Sinigrin, sondern das Sinalbin. Letzteres wurde zwar zuerst von ROBIQUET und BOUTRON-CHARLARD (Journ. de Pharm. II, **17** (1831), 279) durch Auskochen des vom fetten Öl usw. befreiten Senfsamens mit Alkohol gewonnen, jedoch erst die Untersuchungen von WILL und LAUBENHEIMER (A. **199** [1879], 150) sowie von GADAMER (Ar. **235** [1897], 83) brachten völlige Klarheit über die Zusammensetzung des Sinalbins. — SALKOWSKI (B. **22**, 2137) wies im Jahre 1889 nach, daß das auf künstlichem Wege erhaltene p-Oxybenzylsenföl identisch sei mit jenem ätherischen Öl, das durch Spaltung des Sinalbins gewonnen werde. S. stellte das p-Oxybenzylsenföl synthetisch dar aus dem p-Oxybenzylamin. Dieses letztere war seinerseits aus dem p-Amidobenzylamin dargestellt worden, so daß ein Zweifel an der Konstitution dieser Verbindungen nicht bestehen kann.

Besonders die Untersuchungen von GADAMER zeigten alsdann, daß die Spaltung des Sinalbins nach folgender Gleichung vor sich geht:

$$\underset{\text{Sinalbin}}{C_{30}H_{42}N_2S_2O_{15}} + \underset{\text{Wasser}}{H_2O} = \underset{\text{Sinalbin-Senföl}}{OH{\cdot}C_6H_4{\cdot}CH_2{\cdot}N{:}CS} + \underset{\text{Traubenzucker}}{C_6H_{12}O_6} + \underset{\text{saures Sinalbinsulfat.}}{(C_{16}H_{24}N_2O_5){\cdot}HSO_4}$$

Von den frühesten Untersuchungen über das Glykosid des weißen Senfsamens ist zu erwähnen, daß nach HENRY und GAROT (Journ. chem. med. **1**, 439, 467; BERZ. J. **6**, 242; Journ. Pharm. **17**, 1; BERZ. Jahr. **12**, 263) aus dem weißen Senf durch Behandlung mit Weingeist ein kristallisierbarer Körper, der Stickstoff und Schwefel enthält, zu isolieren ist, den sie „Sulfosinapesin" nannten. Jedoch schon v. BABO und HIRSCHBRUNN zeigten, daß diese Verbindung sulfocyansaures Sinapin $C_{16}H_{23}NO_5HSCN$ ist. Wie oben erwähnt, stellten alsdann ROBIQUET und BOUTRON-CHARLARD das wahre Glykosid, das Sinalbin, dar, über welches (Wien. Akad. Ber. II, **61**, 178) berichtet wurde. Jedoch erst die Untersuchungen von WILL und LAUBENHEIMER (A. **199**, 150) brachten im Jahre 1879 Klarheit (vgl. Originalarbeit).

Physik. Eig. des p-Oxybenzylsenföls. Das Sinalbinsenföl bildet ein gelbes Öl und schmeckt sehr scharf; obwohl es auf der Haut Blasen zieht, wirkt es nicht so energisch wie Allylsenföl; es ist fast unl. in Wasser, sehr ll. in Alkohol und Äther.

Chem. Eig. des p-Oxybenzylsenföls. Das Sinalbinsenföl zersetzt sich beim Versuch es zu destillieren; es wird durch Eisenchlorid nicht gerötet, aber nach dem Erhitzen mit Alkalien gibt es die Rhodanreaktion. Nach SALKOWSKI (a. a. O.) löst sich das p-Oxybenzylsenföl in verd. Alkalien; mit Wasserdämpfen ist es nur spurenweise flüchtig.

Die mitgeteilten physik. und chem. Eigenschaften dieses Senföls, namentlich die Löslichkeit in verd. Alkalien, sind für dasselbe charakteristisch und lassen sich zur **Identifizierung** verwerten.

Die **Konstitution des Sinalbinsenföls** wurde aus den Zersetzungsprodukten von SALKOWSKI gefolgert; das Nitril der p-Oxyphenylessigsäure $C_6H_4(OH)(CH_2 \cdot CN)(1:4)$ wurde von S. künstlich hergestellt und als identisch durch den Smp. 69—70° sowie durch die kristallographischen Bestimmungen usw. erkannt (vgl. Originalarbeit). Dieses Oxycyanid ist aus dem Sinalbin zweifellos in ähnlicher Weise entstanden wie das Benzylcyanid und das Phenyläthylcyanid, welches A. W. HOFMANN in den Kressenölen nachwies. Es entsteht also auch aus dem Sinalbin neben wenig Oxybenzylcyanid das p-Oxybenzylsenföl.

Geschichtlich ist bemerkenswert, daß, obwohl das Sinalbin bereits von ROBIQUET und BOUTRON-CHARLARD, vielleicht auch noch früher in unreinem Zustande von HENRY und GAROT dargestellt wurde, und obwohl vom Sinigrin sehr bald nachgewiesen werden konnte, daß es in Allylsenföl usw. zerfällt, doch erst die Untersuchungen von WILL und LAUBENHEIMER im Jahre 1879, von SALKOWSKI im Jahre 1889 und von GADAMER im Jahre 1899 den wahren Sachverhalt der bei der Aufspaltung des Sinalbins zum p-Oxybenzylsenföl, dem einzigen bisher als Bestandteil äther. Öle bekannten Phenolsenföl, vorgehenden Reaktion zeigten.

---

g_3) Basen der Benzolreihe.

Wie schon bei der Besprechung der Basen der Methanreihe, soweit sie als Bestandteile äther. Öle in Frage kommen, hervorgehoben wurde, müssen wir von Hause aus folgern, daß sich basische Verbindungen als Bestandteile äther. Öle äußerst selten finden werden, da die Pflanzensäfte in den meisten Fällen sauer reagieren und daher die Basen von den Säuren zurückgehalten werden, wenn nicht eine teilweise Zersetzung der Verbindungen bei der Wasserdampfdestillation eintritt. Wir werden deshalb auch nur in dem letzteren Falle basischen Bestandteilen in den äther. Ölen begegnen, ferner da, wo die saure Natur der Pflanzensäfte zurücktritt, schließlich dann, wenn wir die Pflanzenteile nicht unmittelbar nach der

Entfernung von der lebenden Pflanze der Wasserdampfdestillation unterwerfen, sondern wenn einige Zeit bis zur Destillation verstreicht. Wie schon früher bemerkt, treten alsbald nach Entfernung der Pflanzenteile von der Pflanze Zersetzungsprodukte in ihrem Innern auf, die zum Teil durch Organismen hervorgerufen werden, zum Teil, wie wir uns ausdrücken, auf Gärung hinauslaufen. Hierbei finden auch chemische Prozesse statt: die saure Reaktion verschwindet, dafür treten basisch reagierende Bestandteile auf.

Von diesen Gesichtspunkten aus erklärt sich das Vorkommen basischer Bestandteile in vielen Blütenölen, erklärt sich ferner das prozentualiter größere Vorkommen von basischen Bestandteilen in äther. Ölen, die z. B. aus den abgepflückten Blüten nach dem Verfahren der Enfleurage gewonnen werden. Die basischen Bestandteile in den äther. Ölen verdanken demnach ihre Gegenwart in diesen hauptsächlich sekundären Prozessen, die erst nach dem Absterben der Pflanzen vor sich gehen. — Die Geschichte der Chemie der basischen Bestandteile der äther. Öle ist äußerst jung; erst in dem letzten Zeitabschnitt ist man auf derartige Bestandteile aufmerksam geworden, ein Umstand, der dadurch hervorgerufen wurde, daß diese basischen Bestandteile gewöhnlich nur in äußerst geringen Mengen vorkommen. — Jedoch nichtsdestoweniger gehören diese basischen Bestandteile zu den äußerst intensiv riechenden Verbindungen. Spuren von ihnen genügen, um sich durch den Geruch bemerkbar zu machen, und sind hinreichend, um denjenigen äther. Ölen, in welchen sie vorkommen, ihr charakteristisches Gepräge zu verleihen.

Sehen wir von dem Damascenin ab, das eine untergeordnete Rolle spielt, so sind es Sch. u. Co. gewesen, welche die Anwesenheit des Anthranilsäuremethylesters im Neroliöl in den neunziger Jahren zuerst konstatierten; bald darauf wurde das Vorkommen dieses Esters in demselben Öle auch von anderen Forschern bestätigt, ebenso wie es gelang, ihn auch in sonstigen Ölen aufzufinden. Außerdem ließen sich noch weitere Basen in anderen Ölen nachweisen, jedoch soll hier zunächst nur von denjenigen Basen die Rede sein, welche einen Benzolkern aufweisen und nicht heterocyklisch sind.

---

406. Anthranilsäuremethylester $NH_2 \cdot C_6H_4 \cdot COO \cdot CH_3$ (1 : 2).

Vorkommen, Isolierung und Synthese. Der Anthranilsäuremethylester wurde synthetisch früher dargestellt, als man ihn als Bestandteil eines äther. Öles nachwies. Bereits Limpricht (Lehrb. **1862**, 923) gibt an, daß er in Weingeist und Äther leicht, in Wasser kaum lösliche, seideglänzende Blättchen von saurer Reaktion bilde. E. v. Meyer und Schmidt (J. pr. II, **36** [1887], 374) gewannen den Ester, indem sie 5 g Isatosäure mit 15 g Methylalkohol im zugeschmolzenen Rohr auf 130° erhitzten, die erhaltene Lösung auf dem Wasserbade eindampften und den gelben Rückstand mit Wasserdämpfen behandelten: „Hierbei ging in milchiger Form ein Öl über, welches dem Wasser mit Äther entzogen wurde; nach Verdunsten des letzteren wurde das gelbliche Liquidum über Chlorcalcium getrocknet und analysiert. Wie zu erwarten war, hatte es die Zusammensetzung des Anthranilsäuremethylesters."

Erst in der letzten Periode, 1887 bis zur Gegenwart, machen Sch. u. Co. (Sch. **1895**, I, 72; **1899**, I, 34) die Beobachtung, daß im Neroliöl ein stickstoffhaltiger Körper vorhanden ist, der wesentlich zum Aroma dieses Öles beiträgt. Walbaum (J. pr. II, **59**, 350) berichtet im Jahre 1899 über die Ergebnisse dieser Untersuchung in der Mitteilung „Über einen wichtigen Bestandteil des Orangenblütenöls (Neroliöl) *Citrus Bigaradia* Risso". W. berichtet, daß dieser stickstoffhaltige Körper durch wiederholtes Ausschütteln von 3 kg französischem Orangenblütenöl mit 30%iger Schwefelsäure und Übersättigen der sauren Lösung mit Soda gewonnen worden war, und zwar zunächst in Form eines braunen, stark narkotisch riechenden Öles (40 g). Zur Reinigung wurde die Base in alkohol. Lösung mit Schwefelsäure versetzt und stark abgekühlt, wobei ein Sulfat auskristallisierte. Aus letzterem wurde eine Verbindung $C_8H_9NO_2$ in Freiheit gesetzt: $Sdp._9 = 124—125^0$, Smp. $25{,}5^0$; ihre Lösungen, namentlich die alkoholischen, fluoreszierten mit prachtvoll blauer Farbe. Durch Erwärmen mit Jodwasserstoff konnte eine Oxymethylgruppe nachgewiesen werden; mit alkohol. Kalilauge erwärmt entstand Anthranilsäure, deren Chlorhydrat bei 191^0 schmolz. W. synthetisierte den Körper, indem er z. B. die methylalkohol. Lösung der Anthranilsäure mit Salzsäure sättigte. Der synthetisch dargestellte Körper zeigte: $Sdp._{14} = 132^0$, $d_{15} = 1{,}168$, Smp. $24—25^0$, Erstp. 24^0. —

Der Anthranilsäuremethylester wurde im Neroliöl zu 1,35% ermittelt (Weiteres vgl. unten).

Im Jahre 1899 (B. **32**, 1213) bringen Ernst und Hugo Erdmann Mitteilungen „Zur Kenntnis des Neroliöles" und konstatieren, daß sich Anthranilsäuremethylester in diesem Öl findet. Gleichzeitig geben sie die synthetische Darstellung des Anthranilsäuremethylesters (a. a. O., S. 1215) an, die ebenfalls darauf beruht, Anthranilsäure in Methylalkohol zu lösen, mit Salzsäure zu sättigen, eine Stunde am Rückflußkühler zu kochen usw. Ferner werden ausführlich die physikalischen und chemischen Eigenschaften des Esters mitgeteilt.

Das **Vorkommen des Anthranilsäuremethylesters** in ätherischen Ölen gestaltet sich folgendermaßen:

Amaryllidaceae.

Im ätherischen Tuberosenblütenöl (*Polyanthes Tuberosa*) wurde von Sch. u. Co. (Sch. **1903**, I, 74; II, 68) ebenfalls Anthranilsäuremethylester gefunden. Das ätherische Öl war aus 100 g Extrakt mit Wasserdampf ausdestilliert worden, wobei ein milchig trübes, wäßriges Destillat gewonnen wurde (5 g Ölausbeute). „Das daraus nach Zusatz von Kochsalz ausgeätherte ätherische Öl besaß den charakteristischen Geruch der Tuberose und zeigte deutlich blaue Fluoreszenz. Letztere spricht für das Vorhandensein des in den Blütenölen mehrfach nachgewiesenen Anthranilsäuremethylesters." — Hesse (B. **36** [1903], 1459) bringt alsdann den exakten Nachweis des Anthranilsäuremethylesters im Tuberosenblütenöl; der Gehalt des Öles an Ester, der durch das schwerlösliche Sulfat abgeschieden wurde, wurde zu 1,13 % bestimmt.

Anonaceae.

Auch im Ylang-Ylangöl (*Unona odoratissima*) findet sich Anthranilsäuremethylester (Sch. **1903**, I, 79).

Rutaceae.

Das Vorkommen im Neroliöl (*Citrus Bigaradia* Risso), von Sch. u. Co. bzw. Walbaum, sowie von E. und H. Erdmann konstatiert, wurde schon erwähnt. — In einer späteren Arbeit (Sch. **1903**, II, 52) wird das Ergebnis einer Untersuchung von äther. Orangenblütenextraktöl mitgeteilt, wobei etwas über 3 kg Extrakt verarbeitet wurden. In zwei Portionen getrennt wurde das Extrakt zunächst mit Spiritus erschöpft, alsdann der Spiritus im Vakuum entfernt und das äther. Öl mit Wasserdampf übergetrieben. Aus 2300 g Extrakt wurden 280 g Öl gewonnen: $d_{15} = 0{,}9293$, V. Z. = 31,3, entsprechend 32 % Linalylacetat; der Gehalt an Anthranilsäuremethylester wurde nach der Methode (vgl. weiter unten) von Erdmann zu 9,6 %, nach der von Hesse und Zeitschel zu 9,5 % ermittelt, aus der zweiten Extraktportion wurden noch 120 g äther. Öl gewonnen, so daß sich der Gehalt an Anthranilsäuremethylester auf ca. 15,0 % stellt.

Schon vorher hatten Hesse und Zeitschel (J. pr. II, **66**, 513) im Jahre 1902 ein äther. Extraktöl untersucht; unter „Extrakt" verstehen wir denjenigen Rückstand, welcher bleibt, wenn Pflanzenteile mit einem indifferenten Lösungsmittel (z. B. Petroläther) extrahiert werden und alsdann das Lösungsmittel entfernt wird. Hesse und seine Mitarbeiter hatten konstatiert, daß die ätherischen Öle sich wesentlich in ihrer Zusammensetzung unterscheiden, je nachdem das äther. Öl 1. durch Wasserdampfdestillation der Pflanzenteile, 2. durch Extraktion mit flüchtigen Lösungsmitteln, 3. durch Enfleurage (Mazeration mit Fetten usw.) gewonnen worden ist. „In dem nicht mit Dampf rektifizierten Extrakt ist das ätherische Öl, gemischt mit Harzen, Wachs, Farbstoffen usw. sicher im wesentlichen so enthalten, wie in der Blüte. Daß speziell für die Orangenblüte die für den Geruch derselben wichtigen Bestandteile, Anthranilsäuremethylester und Indol, fertig gebildet in der Blüte enthalten sind und nicht wie bei der Jasminblüte (A. Hesse, B. **34**, 2930) sekundär beim Weiterleben der Blüte während der Enfleurage oder bei der Destillation entstehen, ergibt sich aus folgenden Versuchen, welche mit dem nicht mit Wasserdampf behandelten Extraktöl angestellt wurden." H. und Z. stellten darin 6,25 % Anthranilsäuremethylester fest.

Theulier (Bl. III, **25** [1901], 762) stellt in einer Tabelle die physikalischen und chemischen Eigenschaften von Orangenblütenölen verschiedener Herkunft zusammen, die durch Destillation der Blüten mit Wasser ohne Kohobation gewonnen wurden: d_{15} = 0,869—0,8726, $[\alpha]_D$ = + 2° 50′ bis + 7° 20′, Linalylacetat 8,08—14,7 %, Anthranilsäuremethylester 0,42—1,10 %.

Hesse und Zeitschel (J. pr. II, **64**, 245) zeigen, daß bei der Wasserdampfdestillation der Blüten ein Teil des Öles in das Orangenblütenwasser übergeht. Durch Ausäthern des Destillationswassers wurde die relative Menge des in Wasser gehenden Öles bestimmt und zu $^1/_3$ des gesamten Öles der Orangenblüte gefunden. Das Wasseröl zeigte: d_{15} = 0,950, $[\alpha]_D$ = + 2° 0′, V. Z. = 72, Anthranilsäuremethylester 16 %, woraus geschlossen wird, daß der Gehalt des gesamten Öles der Orangenblüte an Anthranilsäuremethylester ca. 5 % betragen müßte, während im gewöhnlichen Neroliöle selten über 1 % dieses Esters vorkommen. Für das Gesamtöl aus der Orangenblütenpomade fanden H. und Z.: d_{15} = 0,913, $[\alpha]_D$ = — 5°, V. Z. = 78, Anthranilsäuremethylester 9,29 %. Es wurde ferner festgestellt, daß die mit Fett mazerierten Blüten noch ätherisches Öl enthielten; dieses wurde bei der Destillation der Abfallblüten gewonnen, wobei es sich zum Teil als äther. Öl auf dem Destillationswasser abschied, zum Teil in ihm gelöst blieb. Das erstere enthielt 0,35 %, das letztere, durch Ausäthern gewonnen, 8,85 % Anthranilsäuremethylester. In dem durch Extraktion von Orangenblüten gewonnenen Öl wurden 7,6 % Anthranilsäuremethylester ermittelt. Das durch Enfleurage von Orangenblüten dargestellte Öl hatte einen Gehalt an Anthranilsäuremethylester, wie erwähnt, von 5,2 %.

In spanischen Orangenblütenölen und zwar in Neroli Bigarade konnten Sch. u. Co. (Sch. **1903**, II, 81) 0,5 % Anthranilsäuremethylester, in Neroli Portugal 0,3 % dieses Esters konstatieren.

H. v. Soden (J. pr. II, **69**, 262) berichtete im Jahre 1904 über ätherisches Orangenblütenextraktöl; v. S. fand: d_{15} = 0,9245, α_D = — 2° 30′ (100 mm-Rohr), S. Z. = 4; E. Z. = 102, entsprechend 35,70 % Ester (auf Linalylacetat ber.), Anthranilsäuremethylester 6,90 %, woraus sich 26,7 % Linalylacetat inkl. anderer Acetate berechnen.

In dem ätherischen Öle, das aus süßen Pomeranzenschalen (*Citrus Aurantium* Risso) gewonnen wird, glaubt Parry (Chem. and Drugg. **56** [1900], 462, 722) das Vorkommen von Anthranilsäuremethylester annehmen zu müssen. Sch. u. Co. (Sch. **1900**, I, 18) sagen dazu: „Wir können Parrys Vermutung bestätigen, denn wir haben schon vor längerer Zeit Anthranilsäuremethylester im Pomeranzenschalenöl mit aller Schärfe nachgewiesen, ohne daß freilich eine Publikation über diesen Befund erfolgt ist.“

Im italienischen Limettblütenöl (*Citrus Limetta* Risso) glaubt Parry (Chem. and Drugg. **56** [1900], 460, 993) ebenfalls Anthranilsäuremethylester annehmen zu können. Nach demselben Forscher soll Anthranilsäuremethylester auch im Petitgrainöl vorkommen, ebenso spurenweise in dem gewöhnlichen Citronenöl und im Limettöl (a. a. O. **56**, 993).

Jedoch werden zunächst keine weiteren Beweise dafür erbracht. Über ein mit der Hand gepreßtes westindisches Limettöl aus Barbados (*Citrus medica* L. var. *acida* Brandis) bringen Sch. u. Co. (Sch. **1904**, II, 54) Angaben: $d_{15} = 0{,}9008$, $\alpha_D = +36^{\circ}17'$. „Die verdünnte alkoholische Lösung zeigt geringe blaue Fluoreszenz, was die Anwesenheit von Anthranilsäureester wahrscheinlich macht.“ Eine weitere Untersuchung muß zeigen, welcher Anthranilsäureester vorliegt.

Über das Vorkommen des Anthranilsäuremethylesters im Petitgrainöl berichten Sch. u. Co. (Sch. **1901**, II, 69) gelegentlich einer ausführlichen Untersuchung: „Eine schwache, aber immerhin deutlich wahrzunehmende blaue Fluoreszenz, die allen von 100—114° bei vermindertem Druck übergehenden Fraktionen eigen war, dürfte vielleicht von einer minimalen Beimengung von Anthranilsäureester herrühren.“

Über das ätherische Öl der Bergamottblätter (*Citrus Bergamia* Risso) teilt Gouilly (Chem. und Drugg. **60** [1902], 995) mit, daß 100 kg Blätter nur 150 g Öl ergeben: $d = 0{,}870—0{,}873$, $\alpha_D = +25$ bis $+26^{\circ}$; es soll ca. 32—34 % Ester (ber. als Linalylacetat) neben wenig Anthranilsäuremethylester enthalten.

Über das Vorkommen des Anthranilsäuremethylesters im süßen Orangenschalenöl vgl. Sch. u. Co. (C. **1900**, I, 906).

Oleaceae.

Bezüglich des Vorkommens des Anthranilsäuremethylesters im Jasminblütenöl (*Jasminum officinale*) konstatieren Sch. u. Co. (Sch. **1901**, II, 28), daß dieser Ester bereits im Jahre 1895 von ihnen außer anderen Bestandteilen im genannten Öle nachgewiesen worden sei.

Unabhängig von dieser Arbeit stellt Hesse (B. **32**, 2611) im Jahre 1899 fest, daß im Jasminblütenöl außer Alkoholen und Estern (B. **32**, 565, 765) stickstoffhaltige Verbindungen vorkommen, und zwar 2½ % Indol und ca. 0,5 % Anthranilsäuremethylester. — In einer weiteren Abhandlung (B. **33**, 1590) berichtet Hesse über das Jasminblütenextraktöl und findet, daß es weder Anthranilsäuremethylester noch Indol enthält und schließt daraus, daß diese beiden stickstoffhaltigen Verbindungen erst nach dem Abpflücken der Jasminblüten entstehen. — Alsdann (B. **34**, 29) stellt H. fest, daß „Jasminblüten nach dem Abpflücken während der 24 stündigen Enfleurage noch dreimal so viel Öl produzieren, als sie beim Abpflücken enthielten“. Es wird gefunden, daß sowohl das aus der reinen Jasminpomade gewonnene ätherische Jasminblütenöl, als auch das aus der Jasminvaseline isolierte flüchtige Öl eine deutlich sichtbare Fluoreszenz zeigen, die von geringen Mengen Anthranilsäuremethylester herrührt.

E. Erdmann berichtet auf der Naturforscherversammlung in München (Verhandl. **1899**, I, 139), daß sich Anthranilsäuremethylester im Jasminblütenöle findet (vgl. B. **34**, 2281). E. hält es für ausgeschlossen, daß sich dieser Ester während der Enfleurage bilde, auch glaubt er nicht, daß die Jasminblüten während der Enfleurage soviel mal mehr Öl produzieren, als sie ursprünglich enthalten.

Gegen diese Ausführungen wendet sich HESSE (B. **34**, 2916) und zeigt an neuem Material, daß die früher von ihm mitgeteilte Ansicht durchaus richtig ist. In bezug auf den Anthranilsäuremethylester wird gezeigt, daß Petroläther aus frischen Blüten keine nachweisbare Menge dieses Esters extrahiert; „bei der Destillation von 1000 kg Blüten erhält man 2,87 g, bei der Enfleurage 5,3 g und aus den Abfallblüten noch 2,86 g dieses Esters". Hieraus ist zu folgern, daß der Anthranilsäuremethylester unmöglich a priori im freien Zustande in der Blüte enthalten sein kann. Mit aller Deutlichkeit geht hieraus hervor, daß sich der Anthranilsäuremethylester aus einer komplizierteren Verbindung sowohl bei der Wasserdampfdestillation, als auch bei der Enfleurage bilden muß. Weitere Versuche müssen zeigen, einmal, welches diese Verbindung ist, und dann, auf welchen Prozessen diese Zersetzung beruht (vgl. auch SCH. **1901**, II, 28).

v. SODEN (J. pr. II, **69**, 267) berichtet im Jahre 1904 über ätherisches Jasminblütenextraktöl, das in einer Ausbeute von 0,007 %, also aus 1000 kg Blüten 770 g Öl, gewonnen worden war; das Jasminblütenextraktöl ist von rötlich gelber Farbe: $d_{15} = 0{,}9955$, $\alpha_D = -1^0$ (100 mm), S. Z. = 2,5, E. Z. = 190 gleich 51 % Ester (auf Benzylacetat ber.); es besitzt schwach bläuliche Fluoreszenz und enthält relativ reichliche Mengen Indol. Durch Fraktionieren des ätherischen Jasminblütenöls ergab sich eine unter 5 mm Druck von 100—120° siedende Fraktion, „die in alkohol. Lösung stark fluoreszierte (was auf die Gegenwart von Anthranilsäuremethylester hindeutet)." — Hiernach dürfte sich unter Umständen der Anthranilsäuremethylester aus der komplizierteren Verbindung, in der er sich in der Jasminblüte befindet, leichter abscheiden, da, wie HESSE beobachtete, dieser Ester in den von ihm gewonnenen Extraktölen nicht nachzuweisen war. — Über die Entwicklung des Jasminriechstoffes vgl. auch A. HESSE (Chem. Industrie **25**, 1—6).

Rubiaceae.

PARONE (Boll. chim. Farm. **41**, 489; C. **1902**, II, 703) untersuchte das Gardeniaöl (*Gardenia* spec.), das durch Mazeration der Blüten mit Vaselinöl gewonnen worden war. P. berichtet unter anderem auch über das Vorkommen von Anthranilsäuremethylester im Gardeniaöl; ferner konnte P. den Styrolylessigester $C_6H_5 \cdot CH(OC_2H_3O) \cdot CH_3$ im Öl nachweisen.

Über die **synthetische Darstellung des Anthranilsäuremethylesters** wurde eingangs bereits referiert. — E. und H. ERDMANN (B. **32**, 1213) kochen Anthranilsäure mit methylalkohol. Salzsäure. — ERDMANN (D. R. P. 113942; C. **1900**, II, 831) stellt den Ester dar aus Acetanthranilsäure, Methylalkohol und Mineralsäuren oder aus acetanthranilsauren Salzen und Methylhalogenid und darauffolgende Abspaltung der Acetylgruppe. — E. ERDMANN (B. **32**, 2169) erhitzt Isatosäureanhydrid mit Methylalkohol auf 140° — BREDT und HOF (B. **33**, 28) erhitzen 25 g Isatosäureanhydrid mit der Lösung von 3,5 g Natrium in 100 ccm absol. Methylalkohol $^1/_2$ Stunde lang und lassen auf das erhaltene Natriumsalz des Carboxyanthranilsäuremethylesters Wasser einwirken.

Zum Nachweis und zur quantitativen Bestimmung ist folgendes zu bemerken. HESSE (B. **32**, 2616; **33**, 1589) gibt zunächst an, daß, wenn der Anthranilsäuremethylester in etwas größerer Menge (1—2 %) vorhanden ist, man konz. Schwefelsäure unter Kühlung mit 5—6 Volumteilen Äther versetzt, alsdann zu 1 ccm dieser Mischung $^1/_2$ ccm des betreffenden Öles hinzusetzt; es scheidet sich bei Gegenwart von ca. 1 % Anthranilsäuremethylester sehr bald kristallinisches Anthranilsäuremethylestersulfat aus. — HESSE und ZEITSCHEL (B. **34**, 296) geben alsdann ein weiteres Verfahren zur quantitativen Bestimmung des Anthranilsäuremethylesters an, wobei man den Ester als in trocknem Äther unlösl. Sulfat fällt und die gebundene Schwefelsäure durch Titration mit $^1/_2$-n Kali bestimmt (Indikator Phenolphtaleïn); es wird mit alkoholischer Kalilauge verseift und aus der Menge der verbrauchten Anzahl (a) ccm $^1/_2$-n Kalilauge und dem Gewicht S des angewandten Öles der Gehalt (x) des Öles an Anthranilsäuremethylester berechnet, und zwar nach der Gleichung $x = \frac{100 \cdot a \cdot 0{,}0755}{S}$. Auf diese Weise können die übrigen in einem ätherischen Öl vorhandenen Anteile wieder gewonnen und weiter untersucht werden.

ERDMANN (B. **35** [1902], 24) gibt ebenfalls eine Erkennung und quantitative Bestimmung von Anthranilsäuremethylester an, die darauf beruht, daß primäre aromatische Basen, zu denen der Ester gehört, Azofarbstoffe bilden (vgl. Originalarbeit). — HESSE und ZEITSCHEL (B. **35**, 2355) äußern sich zu dieser Methode und meinen, daß sie zur quantitativen Bestimmung des Esters in ätherischen Ölen, da die Fällung des Esters keine vollständige sei, nicht genüge, daß die ERDMANNsche Methode, in Verbindung mit der von HESSE und ZEITSCHEL angegebenen, genauere Resultate liefere, daß es allerdings praktisch sein dürfte bei Gegenwart von Methylanthranilsäuremethylester oder einer anderen sekundären oder tertiären Base beide Methoden anzuwenden.

Physik. Eig. des Anthranilsäuremethylesters: WALBAUM (J. pr. II, **59**, 350) (aus Neroliöl isoliert): Smp. 25,5°, $Sdp._9$ = 124—125°. Für synthetischen Ester: $Sdp._{14}$ = 132°, d_{15} = 1,168, Smp. 24—25°, Erstarrungspunkt 24°.

BREDT und HOF (B. **33**, 28) für synthetischen Ester: $Sdp._{15}$ = 135,5°.

E. und H. ERDMANN (B. **32**, 1213) für Ester aus Neroliöl: Smp. 23 bis 24°; für synthetischen Ester: große, flächenreiche Kristalle vom Smp. 24,5°, $Sdp._{11}$ = 127°, $Sdp._{12,5}$ = 130—131°, d_{26} = 1,163; der Ester ist ll. in verd. Mineralsäuren, Alkohol, Äther usw. und löst sich auch in Wasser nicht unbeträchtlich. Der Ester ist mit Wasserdämpfen flüchtig.

Die Kristalle des Anthranilsäuremethylesters fluoreszieren blau, am stärksten tritt jedoch diese Fluoreszenz in Lösungen hervor, so in solchen mit Alkohol, Äthyläther, oder Ölen. — Der Anthranilsäuremethylester besitzt orangeähnlichen Geruch; er ist mit Wasserdämpfen flüchtig.

Chem. Eig. des Anthranilsäuremethylesters. Als schwache Base löst sich, wie erwähnt, der Anthranilsäuremethylester in verd. Säuren; er liefert mit Säuren Salze und färbt einen mit Salzsäure befeuchteten Fichtenspan orange.

Das Sulfat $(C_8H_9O_2N)\cdot H_2SO_4$ (Walbaum, J. pr. II, **59**, 350) ist schwerlöslich und läßt sich zur quantitativen Bestimmung des Esters benutzen. — Das Hydrochlorid $(C_8H_9O_2N)\cdot HCl$ (E. und H. Erdmann, B. **32**, 1216) wird aus einer ätherischen Lösung des Esters durch trocknes Salzsäuregas in weißen Kristallnadeln vom Smp. 178° gefällt; mit Platinchlorid entsteht ein schwerlösliches Platindoppelsalz $C_{16}H_{20}N_2O_4PtCl_6$, gelbe Nadeln.

Durch Verseifung des Esters entstehen Anthranilsäure und Methylalkohol. Die Anthranilsäure ist triklin und schmilzt bei 144—145°; ihr Chlorhydrat schmilzt bei 191°. Wird die Anthranilsäure mit konz. Salzsäure im Rohr auf 200° erhitzt, so tritt Kohlensäureabspaltung ein unter gleichzeitiger Bildung von Anilin. Die Anthranilsäure sublimiert gegen 100°, ist schwerl. in kaltem Wasser, leichter dagegen in verd. Mineralsäuren, läßt sich diazotieren und liefert mit Naphtoldisulfonsäure gekuppelt einen gelbroten, aus heißem Wasser in verfilzten Nadeln kristallisierenden Farbstoff.

Die Acetylverbindung des Anthranilsäuremethylesters (Sch. **1903**, II, 121) $C_6H_4<\begin{smallmatrix}NH\cdot CO\cdot CH_3\\COO\cdot CH_3\end{smallmatrix}$ wurde von Kleist näher untersucht, namentlich in physiol. Hinsicht; sie bildet ein loses, flüchtiges, geruch- und geschmackloses Pulver von weißer Farbe und besitzt die Fähigkeit zu sublimieren; in kaltem und heißem Wasser ist sie schwer, in konz. Salzsäure leicht löslich, ihre Lösungen fluoreszieren nicht. Die physiol. Wirkung der Acetylverbindung ist ebenfalls gering. Im tierischen Organismus wird die Acetylgruppe vollständig abgespalten und der Anthranilsäuremethylester läßt sich im Harn nach seiner Isolierung mittels der Diazoreaktion nachweisen. Die Wirkung ist im allgemeinen jener der Anthranilsäure ähnlich (über Weiteres vgl. die Originalarbeit).

Benzoyl-Anthranilsäuremethylester $C_6H_4<\begin{smallmatrix}COO\cdot CH_3\\NH\cdot COC_6H_5\end{smallmatrix}$ (E. u. H. Erdmann, B. **32**, 1216) schmilzt bei 99—100°.

Zur quantitativen Bestimmung des Anthranilsäuremethylesters kann ferner eine von Freundler (Bl. III, **31** [1904], 882) angegebene Reaktion verwendet werden. Mac Coy (B. **30** [1897], 1688) hatte aus Anthranilsäure durch Erwärmen mit Phenylsenföl und alkohol. Natronlauge das Thiophenylketotetrahydrochinazolin gewonnen; dieselbe Verbindung stellt Fr. dar durch Erhitzen von Anthranilsäuremethylester mit Phenylsenföl auf 100—120°:

$$C_6H_4<\begin{smallmatrix}COO\cdot CH_3\\NH_2\end{smallmatrix} + SC:N\cdot C_6H_5 = C_6H_4<\begin{smallmatrix}CO—N\cdot C_6H_5\\ \vert \\NH—CS\end{smallmatrix} + CH_3OH;$$

Smp. über 300°, ll. in Natronlauge, sehr schwer in Alkohol. Ferner stellt Fr. das

Pikrat des Anthranilsäuremethylesters dar: Smp. 103—104°, gelbe, ll. Nadeln. SCH. u. Co. (SCH. **1904**, II, 67) beobachten Smp. 105 bis 106°.

„Über Abkömmlinge der Anthranilsäure" vgl. ferner HANS MEHNER (J. pr. II, **63** [1901], 241). Durch Einwirkung von Formaldehyd auf Anthranilsäureester entsteht Diphenylmethylendiamindicarbonsäuredimethylester $CH_2 < \begin{matrix} NH\cdot(1)\cdot C_6H_4\cdot(2)\cdot COOCH_3 \\ NH\cdot(1)\cdot C_6H_4\cdot(2)\cdot COOCH_3 \end{matrix}$, Smp. 119—120°, Sdp. 280° unter teilweiser Zersetzung. Über Derivate usw. vgl. Originalarbeit. Vgl. ferner eine Arbeit von H. ERDMANN: „Notiz über die Einwirkung von Formaldehyd auf Anthranilsäuremethylester."

Die **Identifizierung des Anthranilsäuremethylesters** läßt sich gleichzeitig mit der quantitativen Bestimmung, wie sie oben nach dem Vorgehen von HESSE und ZEITSCHEL angegeben wurde, vornehmen, wobei die Abscheidung als Sulfat erfolgt. — Ist gleichzeitig Methylanthranilsäuremethylester zugegen oder aber eine andere Base, die analog reagiert, so kombiniert man diese Methode mit der von H. ERDMANN. Auf alle Fälle ist es nötig, die als Sulfat abgeschiedene Base zu zersetzen und die abgespaltene Base weiter zu untersuchen. Charakteristisch sind die physik. Eigenschaften, Smp. 24—25° usw. Von den chemischen Reaktionen ist zu erwähnen die Verseifung des Esters zu Anthranilsäure vom Smp. 144 bis 145° und Methylalkohol; das Hydrochlorid der Anthranilsäure schmilzt bei 191°. Ferner sind für den Anthranilsäuremethylester charakteristisch das Thiophenylketotetrahydrochinazolin vom Smp. oberhalb 300°, sowie das Pikrat vom Smp. 105—106°. Außerdem zeichnen sich die alkohol. oder ätherischen Lösungen durch Fluoreszenz aus, eine Eigenschaft, die sie jedoch mit denen der Methylanthranilsäure usw. gemeinsam haben.

Die **Konstitution des Anthranilsäuremethylesters** ergibt sich einmal aus den Verseifungsprodukten, also aus der Anthranilsäure und dem Methylalkohol, ferner aus den mannigfachen, oben erwähnten Synthesen.

Zur **Geschichte des Anthranilsäuremethylesters** ist außer dem oben Erwähnten noch hinzuzufügen, daß der Anthranilsäuremethylester auf präparativem Wege nach Entdeckung der Anthranilsäure (FRITZSCHE, A. **39**, 83) sicherlich bald dargestellt wurde (vgl. oben die Angabe bei LIMPRICHT). Der blumenartige Geruch dieser Verbindung wird schon frühzeitig erwähnt. In größerer Menge stellten die Verbindung jedoch erst E. v. MEYER und SCHMIDT (J. pr. II, **36**, 374) im Jahre 1887 dar. Aber erst in der letzten Periode gelang es dann, wie eben erwähnt, seit dem Jahre 1895 in schneller Aufeinanderfolge den Anthranilsäuremethylester auch in der Natur als Bestandteil äther. Öle nachzuweisen. Zweifellos ist diese Verbindung noch weiter verbreitet, als bisher konstatiert wurde, wenn sie auch nur in geringen Mengen vorkommt; schon solche genügen, um den betreffenden Stammpflanzen, namentlich Blüten, angenehmen Geruch mitzuteilen.

Aus diesem Grunde ist die **Anwendung des Anthranilsäuremethylesters** auch in der Parfümerie erfolgt.

Nebenher sei erwähnt, daß der Äthylester der Anthranilsäure $C_6H_4 \cdot NH_2 \cdot COO \cdot C_2H_5$ bei weitem nicht den angenehmen Geruch des Methylesters besitzt (E. u. H. ERDMANN, B. **32**, 1216): Smp. 13°, Sdp.$_{13,5}$ = 136—137°. — Sdp. 266—268° (FRAENKEL und SPIRO, B. **28**, 1684).

407. N-Methylanthranilsäuremethylester $CH_3NH \cdot C_6H_4 \cdot COO \cdot CH_3$.

Vorkommen, Isolierung und Synthese. Nachdem im Neroliöl usw. das Vorkommen des Anthranilsäuremethylester in den neunziger Jahren festgestellt worden war, nachdem man gefunden hatte, daß diejenigen Öle, welche einen Gehalt an diesem Ester aufweisen, blaue Fluoreszenz zeigen, lag es nahe, alle diejenigen ätherischen Öle, welche sich durch diese Eigenschaft auszeichnen, auf einen Gehalt an Anthranilsäuremethylester zu prüfen; bzw. häufig nahm man ohne weitere Prüfung an, daß ein derartiger Ester vorliege. So ist es gekommen, daß alsbald ein Gehalt an Anthranilsäuremethylester für einige Öle angegeben worden ist, die, wie sich später herausstellte, wohl eine ähnliche, aber nicht identische Verbindung enthalten. Es ist deshalb geboten, da, wo der Nachweis für die Anwesenheit von Anthranilsäuremethylester nicht ganz exakt geführt ist, von neuem zu prüfen, ob nicht ev. Methylanthranilsäuremethylester vorliegt.

WALBAUM (J. pr. II, **62** [1900], 135) und SCH. u. Co. (SCH. **1900**, II, 28) berichten über das Mandarinenöl, das aus den Früchten von *Citrus madurensis* Loureiro gewonnen wird. W. fand, daß die Fluoreszenz dieses Öles durch den Ester einer aromatischen Amidosäure hervorgerufen wird, der von dem Anthranilsäuremethylester verschieden ist. Durch wiederholte Ausschüttelung des Mandarinenöls mit 25%iger Schwefelsäure gelang es, dem Öl diesen Ester zu entziehen; die saure Lösung wurde mit Soda übersättigt, mit Äther ausgeschüttelt usw. Der Sdp. der Hauptfraktion lag unter 13 mm Druck bei 130—131°, d_{15} = 1,120; im Kältegemisch erstarrte die Verbindung und zeigte den Smp. 18,5—19,5°, im Geruch war sie dem Anthranilsäuremethylester ähnlich. Durch Verseifen entstand N-Methylamidobenzoësäure vom Smp. 178—179°. Wird diese Säure mehrere Stunden hindurch mit konz. Salzsäure im zugeschmolzenen Rohr auf 160—170° erhitzt, so findet CO_2-Abspaltung statt unter gleichzeitiger Bildung von Methylanilin, Sdp.$_{751}$ = 192°. Über weitere Derivate vgl. weiter unten.

Das Vorkommen des Methylanthranilsäuremethylesters als Bestandteil ätherischer Öle gestaltet sich im übrigen folgendermaßen:

Rutaceae.

Das Vorkommen in dem äther. Öle aus den Früchten von *Citrus madurensis* Loureiro wurde bereits erwähnt.

CHARABOT (C. r. **137** [1902], 85) konstatierte, daß in dem Mandarinenblätteröl der Methylanthranilsäuremethylester noch in weit größerer Menge vorkommt als im Mandarinenöl, nämlich bis zu ca. 50%. CH. beobachtete für das Öl: $\alpha_D = + 6^0 40'$, V.Z. = 160. Der Ester wurde nach der von WALBAUM angegebenen Methode isoliert und nachgewiesen: Smp. 19°, durch Verseifung wurde Methylanthranilsäure vom Smp. 179° erhalten. — HESSE (Chem. Zeitschr. II [**1904**], 403, 434, 464, 497, 534) macht Mitteilung unter anderem auch über den hohen Gehalt eines Mandarinenblätteröls an Methylanthranilsäuremethylester, den er zu 65% bestimmt. Ferner konnte er in diesem Öl eine sehr geringe Menge einer nicht verseifbaren, nikotinähnlich riechenden Base konstatieren. Das Blätteröl des nahe verwandten Citronenbaumes enthält keinen Methylanthranilsäuremethylester.

Über die Bildung des ätherischen Öles in den Blättern und Stielen des Mandarinenbaumes machen CHARABOT und LALOUE (C. r. **137** [1903], 996; Bl. III, **31** [1904], 195) Angaben; namentlich befassen sie sich mit der Bildung des Methylanthranilsäuremethylesters. Es wurde beobachtet, daß die Bildung des ätherischen Öles in den Blättern am lebhaftesten vor sich geht, solange sie jung sind in dem Maße, daß die Blätter reicher an Öl sind als die Stiele. In den späteren Entwicklungsstadien nehme der Gehalt an Terpenverbindungen in den Blättern ab, dagegen trete eine Anreicherung der Terpene in den Stielen auf. Während der Vegetation sei überhaupt in den Blättern eine Zunahme der in Wasser löslichen Bestandteile (Antranilsäuremethylester) des äther. Öles zu beobachten, während in den Stielen eine Anreicherung der wasserunlöslichen Anteile, also z. B. der Terpene, stattfände.

Auch das Rautenöl (*Ruta graveolens*) liefert (SCH. **1901**, II, 47) beim Ausschütteln mit 20%iger Schwefelsäure in geringer Menge ein basisches Öl, das in Lösung blau fluoresziert und einen stark an Anthranilsäuremethylester erinnernden Geruch besitzt. Durch Verseifung wurde daraus eine Amidosäure gewonnen, deren Smp. durch Sublimieren usw. auf 173° gebracht werden konnte. Hiernach sei die Säure nicht Anthranilsäure, sondern wahrscheinlich Methylanthranilsäure.

Physik. Eig. des Methylanthranilsäuremethylesters. WALBAUM (J. pr. II, **62**, 136): $Sdp._{13} = 130—131^0$, $d_{15} = 1{,}120$, Smp. 18,5—19,5°.

Physiol. Eig. KLEIST (SCH. **1903**, I, 125) untersucht den Methylanthranilsäuremethylester und konstatiert zunächst, daß das Sulfat und folglich auch der Methylanthranilsäuremethylester mit Kaliumferricyanid und Eisenchlorid einen blauen Niederschlag geben, und zwar konnte noch in $0{,}000000000001 = \frac{1}{10^{12}}$ g des schwefelsauren Salzes der Methylanthranilsäureester nachgewiesen werden. Die physiol. Wirksamkeit des Esters ist gering; er kann z. B. von Warmblütern in relativ großen Dosen ohne Schaden aufgenommen werden. Der Ester verläßt als solcher den tierischen Organismus nicht nur durch die Nieren hindurch, sondern auch durch die oberen Luftwege. Über die bakterizide Wirkung des

Esters vgl. die Originalarbeit. Die Acetylverbindung des Methylanthranilsäuremethylesters $C_6H_4<^{N(CH_3)CO \cdot CH_3}_{COOCH_3}$ wird als ölige, bitter schmeckende Verbindung beschrieben, die bei ca. 15° erstarrt; mit Kaliumferricyanid und Eisenchlorid entsteht aus ihr kein blauer Niederschlag. Über die Einwirkung auf den tierischen Organismus, sowie auf Mikroorganismen vgl. ebenfalls die Originalarbeit.

Chem. Eig. des Methylanthranilsäuremethylesters. Das Platindoppelsalz hat die Zusammensetzung $(C_9H_{11}O_2N \cdot HCl)_2PtCl_4$.

Durch Verseifung des Esters entsteht N-Methylanthranilsäure: Smp. 179°, identisch mit der von FORTMANN (J. pr. II, **47**, 400) dargestellten Säure. Die Säure spaltet, wie erwähnt, mit Salzsäure CO_2 ab und gibt Methylanilin, das seinerseits Methylacetanilid vom Smp. 102° liefert. Die Nitrosomethylanthranilsäure schmilzt bei 127°, die Acetylmethylanthranilsäure bei 186°; die Benzoylmethylanthranilsäure bei 161—162°.

Synthetisch läßt sich der N-Methylanthranilsäuremethylester (WALBAUM, a. a. O., S. 140) gewinnen durch Kochen einer methylalkoholischen Lösung der N-Methylanthranilsäure mit Schwefelsäure und nachherige Zerlegung des Estersalzes mittels Sodalösung.

Die **Identifizierung des Methylanthranilsäuremethylesters** ergibt sich aus den mitgeteilten physikal. und chem. Eigenschaften; eine Verwechslung könnte sehr leicht mit Anthranilsäuremethylester statthaben, da die Lösungen beider Basen blaue Fluoreszenz zeigen, jedoch lassen die Spaltungsprodukte bei der Verseifung sowie die chemischen Derivate keinen Zweifel darüber, ob die eine oder andere der beiden Basen vorliegt.

Die **Konstitution des Methylanthranilsäuremethylesters** ergibt sich sowohl aus den Spaltungsprodukten, als auch aus der Synthese.

Obwohl dieser Ester dem Anthranilsäuremethylester ähnlich riecht, so dürfte er dennoch keine größere Anwendung finden.

408. Damascenin $C_9H_{11}O_3N$.

Vorkommen, Isolierung und Synthese. SCHNEIDER (Pharm. Centralhalle **31** [1890], 173, 191; C. **1890**, I, 827) gewann aus den Samen von *Nigella damascena* L. einen Körper, den er „Damascenin" nannte und als Alkaloid ansprach; er stellte davon ein Platindoppelsalz dar. POMMEREHNE (Ar. **237** [1899], 475) beschäftigte sich ebenfalls mit dieser Verbindung und glaubte für das Platindoppelsalz die Zusammensetzung $(C_{10}H_{15}NO_3 \cdot HCl)_2 \cdot PtCl_4$ annehmen zu müssen. P. vermutete, daß die Base ev. eine dem Neroliöle analoge Zusammensetzung haben könne und konstatierte, daß dieser Körper in der Tat einen Gehalt an Methoxyl aufwies. SCH. u. Co. (SCH. **1899**, II, 40) beschäftigten sich im Anschluß an ihre

Arbeiten über das Neroliöl ebenfalls mit dem Damascenin und stellten es aus dem ätherischen Nigellaöle (*Nigella damascena* L.) durch Ausschütteln mit Weinsäure und Zerlegung des weinsauren Salzes mittels Soda dar. Die Samen von *Nig. dam.* (Schwarzkümmel genannt), geben bei der Wasserdampfdestillation (SCH. **1894**, II, 55) ca. 0,5 % Ausbeute. „Das frisch destillierte Öl zeigte eine prächtige himmelblaue Fluoreszenz, so auffallend schön, wie wir sie noch bei keinem Öle beobachtet haben"; spez. Gew. des Öles 0,906. Aus diesem Öl (SCH. **1899**, II, 40) wurden nun ca. 9 % Damascenin auf die oben angegebene Weise isoliert: $Sdp._{10} = 157^0$; es besaß eine schöne blaue Fluoreszenz und erstarrte in der Kälte. Durch Verseifen mit alkohol. Kali wurde eine in klaren Prismen kristallisierende Verbindung erhalten, die SCH. u. Co. als Amidosäure ansprechen; es wird die Formel $C_{10}H_{13}O_3N$ bei der Berechnung zugrunde gelegt, außerdem wurde ein Methoxylgehalt in dem Damascenin nachgewiesen.

POMMEREHNE (Ar. **238**, 531) stellte alsdann im Jahre 1900 für das Damascenin die Formel $C_9H_{11}NO_3$ auf, gewann verschiedene Derivate, die Halogenwasserstoffverbindungen, das Nitrat usw.; er erhielt das Damascenin in bläulich fluoreszierenden, narkotisch riechenden Prismen vom Smp. 26°. Durch Verseifung wurde eine Verbindung erhalten, die sichtlich dieselbe Zusammensetzung hat wie das Damascenin selbst.

In einer weiteren Abhandlung (Ar. **239**, 34) beschreibt POMMEREHNE im Jahre 1901 die Säure, welche bei der Verseifung des Damascenins entsteht (vgl. oben SCH. u. Co.): Smp. 76—77°; sie kristallisiert aus Wasser mit 3 Mol. H_2O; nach Verlust des Wassers schmilzt sie bei 140—141° und zeigt dann die Zusammensetzung $C_9H_{11}NO_3$ usw.

Schließlich berichtet POMMEREHNE (Ar. **242**, 295) über die Spaltungsprodukte des Damascenins mit HJ usw. — KELLER (Ar. **242**, 299) studiert im Anschluß an die Arbeiten von P. das Verhalten des Damascenins gegen Br, Acetylchlorid, Essigsäureanhydrid, ferner die durch Umlagerung aus dem Damascenin entstehende Damasceninsäure. K. gewinnt Dibromverbindungen des Damascenins, der Damasceninsäure usw. und stellt fest, daß nach den bisherigen Versuchen in dem Molekül der Damasceninsäure die Atomgruppen OCH_3, COOH und $NH \cdot CH_3$ enthalten sind; er löst somit die Formel der Damasceninsäure $C_9H_{11}O_3N$ in $C_6H_3(OCH_3) \cdot (NH \cdot CH_3) \cdot COOH$ auf. Bei längerem Erhitzen von Damasceninchlorhydrat mit HJ und P im geschlossenen Rohr auf 150—160° spalten sich CH_3 und CO_2 ab und es wird o-Aminophenol gebildet. Hieraus schließt K., daß sich das Damascenin und die Damasceninsäure vom o-Anisidin ableiten, so daß die Damasceninsäure als eine in der NH_2-Gruppe methylierte o-Anisidicarbonsäure betrachtet werden könne.

Physik. Eig. des Damascenins. Das Dam. bildet bläulich fluoreszierende, narkotisch riechende Prismen vom Smp. 26°, $Sdp._{10} = 157^0$, V. Z. = 277,4.

Chem. Eig. des Damascenins. Charakteristisch für das Damascenin ist, daß es sich außerordentlich leicht verseifen läßt, scheinbar auch durch Soda oder Natriumbicarbonat, wobei es jedoch nur in eine isomere Säure, die Damasceninsäure, übergeht.

Salzsaures Salz des Damascenins $C_9H_{11}O_3N \cdot HCl + H_2O$ (P., Ar. **238**, 531): Smp. 194—197°; Platindoppelsalz $(C_9H_{11}O_3N \cdot HCl)_2 \cdot PtCl_4 + 4H_2O$: Smp. 197—198°. Das Hydrobromid $C_9H_{11}O_3N \cdot HBr$ bildet Nadeln oder Tafeln vom Smp. 197—199°, aus Wasser scheidet es sich mit 2 Mol. H_2O aus und schmilzt bei 104—106° (bei 60—70° getrocknet zeigt es den Smp. 115—120°). $C_9H_{11}O_3N \cdot HJ$: Smp. 168—169°; $C_9H_{11}O_3N \cdot HJ + 2H_2O$: Smp. 112—115°; $C_9H_{11}O_3N \cdot HNO_3 + 2H_2O$: Smp. 93—95°, wasserfrei Smp. bei ca. 180° unter Blaufärbung. $C_9H_{11}O_3N \cdot H_2SO_4$: Smp. 203—205°; $(C_9H_{11}O_3N)_2 \cdot H_2SO_4$: Smp. 183—185°. Das Pikrat $C_9H_{11}O_3N \cdot C_6H_2(NO_2)_3 \cdot OH$ zeigt den Smp. 189—190° unter Blaufärbung.

Damasceninchlormethylat $C_9H_{11}O_3N \cdot CH_3Cl$ (P., Ar. **238**, 593): Nadeln; das daraus dargestellte Platinsalz schmilzt bei 181—183°, das Golddoppelsalz bei 153—155°, das $HgCl_2$-Doppelsalz bei 158—160°.

Das Damasceninjodmethylat $C_9H_{11}O_3N \cdot CH_3J + 2H_2O$ schmilzt bei 168—170°. — Das Damasceninmethylnitrat schmilzt bei 120—121°.

Damasceninsäure $C_9H_{11}O_3N = C_6H_3 \begin{cases} OCH_3 \\ NH \cdot CH_3 \\ COOH \end{cases}$ (Sch. **1899**, II, 40; P., Ar. **237**, 475; **238**, 546; **239**, 34; **242**, 295; Keller, Ar. **242**, 299) entsteht sehr leicht aus dem Damascenin durch Einwirkung von Alkalien, alkalischen Erden, Carbonaten usw.

Am schnellsten und vollständigsten gelingt die Umlagerung des Damascenins in die Damasceninsäure, wenn das Chlorhydrat des Damascenins in der ca. fünffachen Menge Alkohol gelöst, Kalilauge bis zur alkal. Reaktion hinzugesetzt und soviel Wasser hinzugegeben wird, daß das KCl gelöst bleibt.

Die Säure bildet blau fluoreszierende, an der Luft verwitternde wasserhelle Tafeln vom Smp. 76—77°, welche, mit 3 Mol. H_2O kristallisiert, bei 76—77° schmelzen, wasserfrei bei 140—141°. $C_9H_{11}O_3N \cdot HCl + H_2O$ schmilzt bei 199—202°, das Platindoppelsalz $(C_9H_{11}O_3N \cdot HCl)_2$-$PtCl_4 + 4H_2O$ bei 202—203°. Die Dibromdamasceninsäure $C_9H_{11}O_3N \cdot Br_2$ (K., Ar. **242**, 299) schmilzt bei 207—208°. — Das Jodmethylat der Damasceninsäure $C_9H_{10}O_3N \cdot (CH_3) \cdot HJ + H_2O$ schmilzt bei 172 bis 173°. Die Verbindung $C_9H_{10}O_3N(CH_3) \cdot CH_3J + H_2O$ schmilzt bei 175—176°, nach dem Trocknen bei 164—166°. Durch längeres Kochen der Damasceninsäure mit HJ vom Sdp. 127° tritt vollständige Entmethylierung ein.

Über die Eigenschaften der Damasceninsäure gibt K. folgendes an: Smp. 144° (aus absol. Alk. und Chlorof.). $C_9H_{11}O_3N \cdot HCl + H_2O$, Smp. 209—211°; Platindoppelsalz $(C_9H_{11}O_3N \cdot HCl)_2 \cdot PtCl_4 + 4H_2O$, Smp. 202 bis 203°. Hydrobromid $C_9H_{11}O_3N \cdot HBr + H_2O$, Smp. 204—206°; Sulfat $C_9H_{11}O_3N \cdot H_2SO_4 + H_2O$, Smp. 209—210°. Das Chlorhydrat des Methylesters $C_9H_{10}O_3(CH_3)N \cdot HCl + H_2O$ schmilzt bei 199—200°.

Die Verbindung $C_9H_{10}O_3NBr \cdot HBr$ vom Smp. 198—201° (A. **242**, 299) wird erhalten, wenn eine absol. alkohol. Lösung von Damascenin-chlorhydrat $C_9H_{11}O_3N \cdot HCl + H_2O$ usw. mit Br erwärmt wird.

Das Monoacetylderivat des Damascenins $C_9H_{10}O_3N \cdot COCH_3$ (K.) schmilzt bei 203—204°.

Die **Identifizierung des Damascenins** ergibt sich aus den physik. Eigenschaften (Smp. 26°, $Sdp._{10} = 157°$, blaue Fluoreszenz), sowie aus den erwähnten zahlreichen Derivaten; besonders charakteristisch ist seine leichte Umlagerungsfähigkeit in die Damasceninsäure vom Smp. 144°.

Zur **Konstitution des Damascenins** ist zu bemerken, daß nach der Überführung in o-Amidophenol zweifellos ein Derivat des Benzols vorliegt, und zwar muß die OH-Gruppe methyliert sein, so daß die Formel der Damasceninsäure aufzulösen ist in $C_6H_3\begin{cases}OCH_3\\NH \cdot CH_3\\COOH\end{cases}$, wie bereits von K. vermutet wurde. Nach meiner Meinung könnte man für das Damascenin die Formel $C_6H_3\begin{cases}OCH_3\\NH_2\\COOCH_3\end{cases}$ oder $C_6H_3\begin{cases}OCH_3\\NH_2 \cdot CH_3\\COO\end{cases}$ in Betracht ziehen; eine Umlagerung in die isomere Damasceninsäure ließe sich daraus wohl erklären.

In **geschichtlicher Beziehung** ist zu betonen, daß das Damascenin im Jahre 1890 von Schneider als chemisches Individuum erkannt und aus den Samen des Schwarzkümmels isoliert worden ist, jedoch erst die Untersuchungen von Sch. u. Co., Pommerehne und Keller seit dem Jahre 1897 haben einmal die richtige Bruttoformel festgestellt, sowie anderseits die Beziehungen zu dem ebenfalls blau fluoreszierenden Anthranilsäure-methylester und Methylanthranilsäuremethylester in bezug auf die Bruttoformel klargelegt. Weitere Untersuchungen müssen über die noch ausstehenden Fragen Klarheit schaffen.

Heterocyklische Verbindungen.

In den ätherischen Ölen findet sich in geringer Menge eine Anzahl von Verbindungen, welche zwar cyklischer Natur sind, deren Ring aber nicht allein aus Kohlenstoffatomen besteht, sondern an dessen Bildung auch noch andere Elemente beteiligt sind. A priori werden wir es, wenn wir von niedrigeren Ringsystemen absehen, auch hier hauptsächlich mit Fünf- und Sechsringen zu tun haben. Diese Fünf- und Sechsringe können nun außer Kohlenstoffatomen Sauerstoff- und Stickstoffatome enthalten, während Schwefel, also das Vorkommen eines Thiophenderivates, bisher nicht beobachtet worden ist. Wir können es bei den Fünfringen demnach mit Furan- und Pyrrolabkömmlingen zu tun haben; enthalten die Verbindungen Sechsringe, so könnten z. B. Piperidinabkömmlinge vorliegen, jedoch sahen wir, daß die Körper, die sich von letzterem Molekül ableiten, stark basisch sind, so daß sie gewöhnlich in der Pflanze als Alkaloide an Säuren gebunden bei der Wasserdampfdestillation zurückbleiben. Wir können es nun mit einem Ring allein oder mit bicyklisch-heterocyklischen usw. Verbindungen zu tun haben.

Heterocyklische Verbindungen mit einem Ringe.

Sauerstoff enthaltende Ringe.

Bei den in Frage stehenden Verbindungen handelt es sich hauptsächlich um Furan- und um Pyrrolabkömmlinge.

Ob das

409. Sylvan

$C_4H_3(CH_3)\cdot O$ = 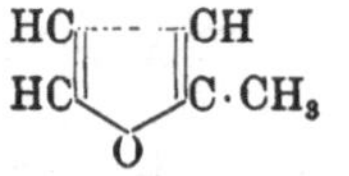,

das Methylfuran, in der Pflanze fertig gebildet vorkommt, muß dahingestellt bleiben; das Sylvan wurde von Aschan (Chem. Ztg. **30** [1906], 610) im finnländischen Terpentinöl konstatiert.

---

410. Furfurol

$C_5H_4O_2$ = 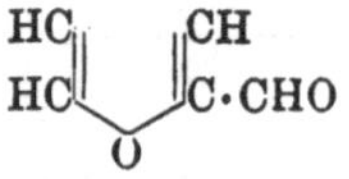

Vorkommen, Isolierung usw. Das Furfurol ist eine seit langer Zeit bekannte Verbindung. Döbereiner (A. **3**, 141) dürfte im Jahre 1833 bei der Behandlung des Zuckers mit Braunstein und verdünnter H_2SO_4 das Furfurol zuerst in größeren Mengen erhalten haben; er nannte diese Substanz „künstliches Ameisenöl". — Emmet (A. **28**, 249) erhielt bei der Bereitung von Ameisensäure aus Getreidekörnern und Schwefelsäure usw. beträchtliche Quantitäten an diesem Öl. — Stenhouse (A. **35**, 301) verbesserte im Jahre 1840 die Methode der Furfuroldarstellung, indem er Weizenmehl oder Sägemehl mit Schwefelsäure usw. behandelte. St. findet: $d_{16} = 1{,}1006$, Sdp. 168°, richtige Formel $C_5H_4O_2$. Interessant ist, daß bereits Stenhouse beobachtet, daß sich diese Substanz von den anderen ätherischen Ölen dadurch unterscheidet, daß sie

Sauerstoff und Wasserstoff im Verhältnis wie im Wasser enthält, „während die letzteren im allgemeinen einen großen Überschuß von Wasserstoff enthalten".

Fownes (A. **54**, 52) berichtet im Jahre 1845 über eine Substanz, die durch Einwirkung von Schwefelsäure auf Kleie entstanden war: $d_{15,55} = 1,168$, Sdp. 161,66°. F. findet, daß das künstliche Ameisenöl identisch mit der von ihm untersuchten Substanz ist und schlägt dafür den Namen „Furfurol" vor (Furfur = Kleie und oleum = Öl). — Vgl. sodann die Arbeiten von v. Babo (A. **85**, 100). Cahours (A. **69**, 82) hatte sich bereits im Jahre 1849 ebenfalls mit dem Furfurol beschäftigt, namentlich mit dem Furfuramid, dem Thiofurfurol usw. — Jedoch war man sich im Jahre 1857 noch nicht klar über die Konstitution der Verbindung Furfurol, wenn man auch ihre Bruttoformel kannte.

Auch die nächste Periode, 1857—1872, brachte über die Natur des Furfurols zunächst keine weitere Aufklärung. Limpricht (B. **2**, 211) glaubt, daß sich das Furfurol ev. von einem Vierring

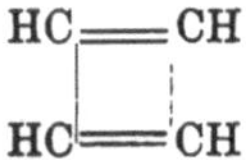

ableite. — Die Beziehungen zur Brenzschleimsäure wurden verschiedentlich berührt.

Auch in der nächsten Periode, 1872—1887, war anfangs kein Fortschritt in der Erkenntnis der Konstitution des Furfurols zu verzeichnen. Schiff (B. **10**, 776) (vgl. auch Spl. **6**, 24) faßt im Jahre 1877 das Furfurol als Verbindung mit offener Kette auf von ev. folgender Konstitution: CHO·CH:CH·CH:CO oder CHO·CH:C·C:CH_2 (mit O-Brücke an C·C) oder CHO·CO·CH:C:CH_2. Es sei nun zunächst erwähnt, daß V. Meyer (B. **16**, 1477) seine Ansichten über die Konstitution des Thiophens entwickelte. Odernheimer berichtet aus dem Laboratorium von V. Meyer (B. **16**, 2988) „Zur Kenntnis des Furfurols" und gibt ihm die heute angenommene Formel. Die Konstitutionsannahme usw. des Furfurols geht Hand in Hand mit jener des Thiophens.

Nachdem man demnach im Jahre 1887 die richtige Formel des Furfurols aufgestellt hatte, wurde diese Formel bis zur Gegenwart bestätigt (vgl. auch Bender: „Das Furfuran und seine Derivate" **1889**, Berlin).

Nicht so früh wie die künstliche Darstellung des Furfurols gelang sein Nachweis in ätherischen Ölen. Ja man könnte der Ansicht sein, daß das Furfurol gar nicht ursprünglich in dem betr. Pflanzenteil als solches vorhanden ist, sondern erst während der Destillation entsteht. So äußern sich Sch. u. Co. (Sch. **1899**, II, 36): „Hier wie in anderen Fällen, in denen diese Verbindung nachgewiesen worden ist, dürfte sie ihre Entstehung der vereinten Wirkung von Wärme und Säure auf die Zellsubstanz oder andere Kohlenhydrate des verarbeiteten Rohmaterials bei Gegenwart von Wasser verdanken."

Es wird späterhin gezeigt werden, daß sich im Carlinaöl ein Oxyd findet (vgl. SEMMLER, B. **39**, 731), das wir als eine Verbindung von Furfuraldehyd mit Styrol ansehen können. Es ist nun nicht ausgeschlossen, daß das Furfurol auch durch Zersetzung eines derartig komplizierten Moleküls oder aus ähnlichen Verbindungen sekundär entstehen könnte. Weitere Versuche müssen darüber entscheiden. — Erwähnt sei noch, daß sich das Furfurol sehr häufig der Beobachtung entzogen haben wird, da es in Wasser nicht unbeträchtlich löslich ist; auch findet sich das Furfurol gewöhnlich im Vorlauf der Öle.

Pinaceae.

Bei der Kohobation der Destillationswässer des Cypressenöls (*Cupressus sempervirens* L.) wurde ein Destillat erhalten (SCH. **1903**, I, 23), das Methylalkohol, Diacetyl und Furfurol enthielt. Letzteres wurde nachgewiesen durch seinen Siedepunkt, seine Farbreaktion mit Anilin und Toluidin, sein Phenylhydrazon und sein Semicarbazon vom Smp. 197°.

Auch in den Destillationswassern des Sadebaumöls (*Juniperus Sabina* L.) wurde Furfurol konstatiert (SCH. **1903**, I, 71).

Gramineae.

Bei der Destillation des Vetiveröls (*Andropogon* spec.) (SCH. **1900**, I, 46) konnten ebenfalls in den Destillationswässern Methylalkohol, Furfurol und Diacetyl nachgewiesen werden.

Lauraceae.

Bei einer eingehenden Untersuchung des Ceylon-Zimtöls (*Cinnamomum ceylanicum*) (SCH. **1901**, II, 65) wurde ein Vorlauf von 3,7 kg von ursprünglich 29 kg selbst destillierten Öles zunächst in neun rohen Fraktionen untersucht, von denen die ersten unter gewöhnlichem Druck bis gegen 170° weiterfraktioniert wurden. „Das aus den ersten Fraktionen isolierte Gemenge von Methylamylketon und Benzaldehyd destillierte in folgenden drei Fraktionen: „1. 54—95°, 2. 95—165°, 3. 165—180°. Hiervon gaben 2. und 3. mit einer Lösung von salzsaurem Anilin in Anilin intensive Furfurolreaktion.“

Rutaceae.

Das Petitgrainöl (*Citrus Bigaradia* Risso) wurde in einem echten Paraguayöl näher untersucht (SCH. **1902**, II, 65). „Eine Rotfärbung der bei 157—166° siedenden Anteile mit fuchsinschwefliger Säure gab zu erkennen, daß die Fraktion aldehydartig war. Mit einer Lösung von salzsaurem Anilin in Anilin zeigte die Fraktion intensive Furfurolreaktion.“

In den Destillationswässern des westindischen Sandelholzöles (*Amyris* spec.) konnten Methylalkohol, Diacetyl und Furfurol nachgewiesen werden (Sch. **1903**, I, 72).

Malvaceae.

Wird das bei der Destillation des Abelmoschusöls gewonnene wäßrige Destillat (*Hibiscus Abelmoschus* L.) einer fortgesetzten Kohobation unterworfen, so scheidet sich schließlich ein bräunliches Öl ab, in dem Furfurol nachgewiesen werden konnte (Sch. **1899**, II, 36).

Myrtaceae.

Das Destillationswasser des Nelkenöls (*Eugenia caryophyllata* Thunb.) wurde ebenfalls mehrfach kohobiert, wobei sich eine Flüssigkeit abtrennte, die Methylalkohol und Furfurol enthielt. „Letzteres wurde ohne große Mühe als bei 162° siedende Flüssigkeit gewonnen und außerdem durch das bei 96° schmelzende Phenylhydrazon, sowie die äußerst intensiven Farbenreaktionen mit Anilin und p-Toluidin identifiziert“; vgl. auch Erdmann (J. pr. II, **56**, 154). — Auch das Nelkenstielöl enthält in den Destillationswässern bzw. im Vorlauf unter anderem Furfurol.

Sch. u. Co. (Sch. **1901**, I, 12) begegneten bei der Aufarbeitung der Destillationswässer des Bayöls (*Pimenta* und *Myrcia* spec.) dem Methylalkohol, Furfurol und Diacetyl. Es wird die Vermutung ausgesprochen, daß diese drei Verbindungen ev. gemeinsamen Ursprungs seien. „Man könnte der Ansicht sein, daß die genannten Verbindungen aus der Cellulose des Rohmaterials während der Destillation entstünden, denn Holzgeist und Furfurol sind längst als Zersetzungsprodukte dieses Kohlenhydrats bekannt.“

Umbelliferae.

Im Kümmelöl (*Carum Carvi* L.) wurden Methylalkohol, Furfurol, Acetaldehyd und Diacetyl nachgewiesen (Sch. **1899**, II, 32).

Labiatae.

Im Lavendelöl (*Lavandula vera* D. C.) wurde in einer dem Siedepunkte des Furfurols entsprechenden Fraktion eines mehrere Kilo betragenden Lavendelvorlaufs der Nachweis dieses Aldehyds durch die Farbreaktion mit einer Lösung von salzsaurem Anilin in Anilin nachgewiesen (Sch. **1903**, II, 44).

Physik. Eig. des Furfurols. Schiff (A. **220**, 103): Sdp.$_{742}$ = 160,5 bis 160,7°, $d_{160,5/4}$ = 1,00255. — Brühl (A. **235**, 7): $d_{20/4}$ = 1,1594, μ_{α} = 1,51862. — Mol.-Verbr. = 559,8 Kal. (Berthelot und Rivals, A. ch. VII, **7**, 36). — Es ist bei 13° in 11 Tln. Wasser löslich.

Chem. Eig. des Furfurols. Als Aldehyd zeigt das Furfurol im allgemeinen die Aldehydreaktionen. — Durch Oxydation geht es in

Brenzschleimsäure $C_5H_4O_3$ vom Smp. 132—133° über. — Durch Reduktion entsteht der Furfuralkohol $C_5H_6O_2$ vom Sdp. 168—170° usw. (vgl. „Bestandteil Furfuralkohol").

Das Furfuraldoxim $C_5H_5O_2N$ schmilzt als syn-Derivat bei 89°, während das anti-Derivat bei 73—74° schmilzt.

Das Furfurolsemioxamazon $C_4H_3O \cdot CH:N \cdot NH \cdot CO \cdot CO \cdot NH_2$ (KERP und UNGER, B. **30**, 590) schmilzt bei 264°.

Das Furfurolphenylhydrazon $C_5H_4O:N \cdot NH \cdot C_6H_5$ hat den Smp. 97—98°.

Das Furfurolsemicarbazon $C_5H_4O:N \cdot NH \cdot CO \cdot NH_2$ schmilzt bei 197°.

Die **Abscheidung und Identifizierung das Furfurols** geschieht zunächst durch fraktionierte Destillation, wobei man die ersten Anteile auffängt und in diesen den Alkohol durch die Farbreaktion mit p-Toluidin oder salzsaurem Anilin in Anilin, ev. durch die physikalischen Konstanten, schließlich durch Darstellung des Phenylhydrazons, Semicarbazons und Semioxamazons nachweist.

Die **Konstitution des Furfurols** ergibt sich aus seinen chemischen Reaktionen und aus seiner Bildungsweise.

Zur **Geschichte des Furfurols** ist zu bemerken, daß es, wie oben erwähnt, zwar in den dreißiger Jahren des vergangenen Jahrhunderts bereits dargestellt wurde, daß seine Konstitution als cyklische Verbindung aber erst in den achtziger Jahren, und zwar von ODERNHEIMER im Jahre 1883, ausgesprochen wurde. Jedoch erst in der letzten Periode ist das Vorkommen in den Destillationswässern bzw. in den Vorläufen einiger ätherischer Öle konstatiert worden.

Furfuralkohol

$C_5H_6O_2$ = 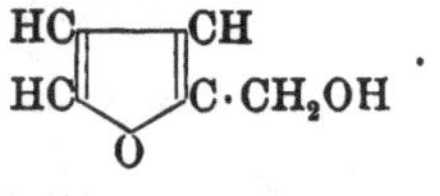

Vorkommen, Isolierung usw. Der Furfuralkohol ist bisher in einem ätherischen Öl, welches aus Pflanzenteilen durch Wasserdampfdestillation oder durch Extraktion gewonnen wird, nicht nachgewiesen worden. E. ERDMANN (B. **35** [1902], 1846) berichtet über die Zusammensetzung des in den gerösteten Kaffeebohnen enthaltenen ätherischen Öles, wobei 150 kg gemahlene Kaffeebohnen 83,5 g = 0,0557 % eines ätherischen Öles lieferten: d_{16} = 1,0844, Sdp. 150—230° unter Zersetzung. Die chemische Untersuchung zeigte, daß neben Spuren von Essigsäure bis zu 42 % Methyläthylessigsäure vorkommt. Beim Ausschütteln mit Sodalösung hinterblieb ein Rest, der im wesentlichen von 169—171° siedete und sich als Furfuralkohol erwies.

Es liegt die Möglichkeit vor, daß der Furfuralkohol erst während des Röstprozesses entsteht.

Physik. Eig. des Furfuralkohols: Sdp. 168—170°, d_{20} = 1,1355, $d_{22,7/4}$ = 1,12824; er färbt sich mit Salzsäure grün.

Als physiologisch wichtig ist zu erwähnen, daß der Furfuralkohol als ein Gift anzusehen ist, das in geringen Gaben auf den menschlichen Organismus wirkt (vgl. E.).

Von den chemischen Reaktionsprodukten erwähnt E. als charakteristisch den Diphenylcarbaminsäureester $(C_6H_5)_2 \cdot N \cdot COO \cdot CH_2 \cdot C_4H_3O$ vom Smp. 98°.

Weitere Untersuchungen müssen zeigen, wieweit dieser Alkohol in ätherischen Ölen verbreitet ist.

---

411. Carlinaoxyd

$C_{13}H_{10}O$ =

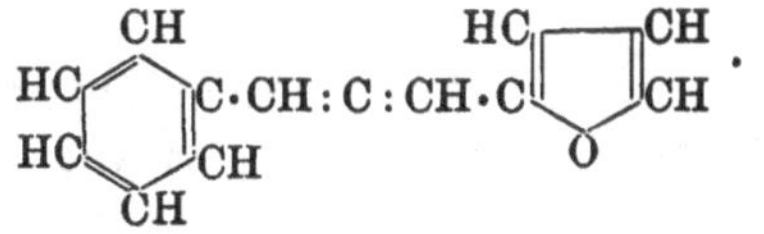

Vorkommen, Isolierung usw. Durch Wasserdampfdestillation (SCH. **1889**, I, 44) wird aus der Wurzel der Eberwurz (*Carlina acaulis*) zu 2 % ein schweres, narkotisch riechendes ätherisches Öl gewonnen. SEMMLER (Chem. Ztg. **13**, 1158) berichtete im Jahre 1889, daß das Öl ($d_{21,9}$ = 1,0286) ein Sesquiterpen $C_{15}H_{24}$ enthält, das er späterhin „Carlinen" nannte; außerdem schied sich beim Abkühlen des Öles in geringer Menge ein Stearopten ab, das S. nachher als Palmitinsäure charakterisieren konnte. HAENSEL (Quartalsber. **1902**) erhielt das Stearopten ebenfalls und konstatiert eine Linksdrehung des Rohöls. — Für den Hauptbestandteil des Eberwurzöls, der sauerstoffhaltig ist, wird ein Sdp.$_{21}$ = 169—171° (G. u. H., S. 902; GADAMER, Ar. **1903**, 44) angegeben.

SEMMLER (B. **39**, 726) stellt alsdann im Jahre 1906 fest, daß der Hauptbestandteil des Carlinaöls ein Oxyd ist, das bei der Oxydation Benzoësäure liefert, das sich aber nicht über Natrium destillieren läßt. Es gelingt durch Reduktion vier Wasserstoffatome an das Carlinaoxyd, wie dieser Hauptbestandteil genannt wird, anzulagern. Dieses Tetrahydrocarlinaoxyd läßt sich nunmehr unzersetzt über Natrium destillieren; es gelingt ferner, letzteres Oxyd zu synthetisieren durch Kondensation von Furfurol und Acetophenon nud nachfolgende Reduktion des intermediär entstehenden Benzoylfuryläthylens

Sdp.$_{11}$ = 187°, d_{20} = 1,1140. Dieses Keton liefert bei der Reduktion mit Na und Alkohol das Tetrahydrocarlinaoxyd.

Physik. Eig. des Carlinaoxyds. SEMMLER (B. **39**, 727): Sdp.$_{20}$ = 167—168°, $d_{17/17}$ = 1,586.

Chem. Eig. des Carlinaoxyds. Tetrahydrocarlinaoxyd = 1-Phenyl-3-α-furylpropan =

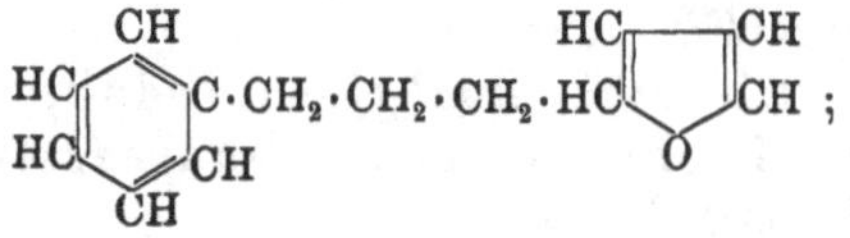

S. erhielt diesen Körper, als er Carlinaoxyd mit absolutem Alkohol und Na reduzierte; Sdp.$_{10}$ = 135°, Sdp. 262°, d_{20} = 1,005, n_D = 1,529, M.R. = 57,3, $C_{13}H_{14}O|\overline{5}$ = 57,4; bei der Oxydation mit $KMnO_4$ entsteht γ-Phenyl-n-buttersäure $C_6H_5 \cdot CH_2 \cdot CH_2 \cdot CH_2 \cdot COOH$, Smp. 52°, Sdp.$_{10}$ = 165°, d_{20} = 1,1366. — Das oben erwähnte synthetische Tetrahydrocarlinaoxyd zeigte: Sdp.$_{10}$ = 135°, d_{20} = 1,005, n_D = 1,529. —

Das Carlinaoxyd absorbiert sehr heftig Brom und Halogenwasserstoffsäuren.

Durch Oxydation des Carlinaoxyds entsteht quantitativ Benzoësäure.

Für die **Identifizierung des Carlinaoxyds** sind von besonderer Wichtigkeit die physikalischen Daten, wie z. B. das erwähnte Volumgewicht, Siedepunkt und Brechungsexponent. Von chemischen Reaktionen ist die glatte Oxydation zu Benzoësäure, besonders aber die Reduktion zur Tetrahydroverbindung mit ihren charakteristischen Eigenschaften von Wichtigkeit.

Die **Konstitution des Carlinaoxyds** ergibt sich aus der Synthese des Tetrahydroproduktes, jedoch ist die Möglichkeit einer dreifachen Bindung in Betracht zu ziehen, so daß neben der oben angegebenen Konstitution ev. folgende beiden Formeln in Frage kommen $C_6H_5 \cdot C \vdots C \cdot CH_2 \cdot C_4H_3O$ bzw. $C_6H_5 \cdot CH_2 \cdot C \vdots C \cdot C_4H_3O$.

Stickstoffhaltige heterocyklische Verbindungen mit einem Ringe.

412. Pyrrol

C_4H_4:NH = 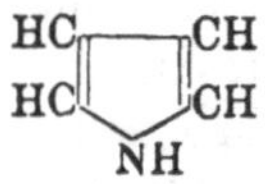 .

Vorkommen, Isolierung und Synthese. Das Pyrrol gehört zu denjenigen Verbindungen, die man schon frühzeitig nach verschiedenen Methoden darstellen konnte, deren Konstitution aber erst verhältnismäßig spät erschlossen wurde (vgl. BUCHKA, „Geschichte des Pyrrols" und

CIAMICIAN, „Il pirrolo ed i suoi derivati", Roma **1888**). So wurde das Pyrrol bei der trocknen Destillation von Steinkohlen (RUNGE, P. **31**, 67) und tierischen Substanzen, wie Knochen usw. (ANDERSON, A. **80**, 63; **105**, 349) erhalten; SCHWANERT (A. **116**, 278) gewann das Pyrrol bei der Destillation von schleimsaurem Ammonium, GOLDSCHMIDT (Z. **1867**, 280) beim Destillieren von schleimsaurem Ammonium mit Glycerin usw. Die Konstitutionserschließung hängt eng mit jener des Furfurans und Thiophens zusammen und es wurde in der Periode 1872—1887 die heute gültige Ansicht über die Zusammensetzung dieser Verbindungen angenommen (vgl. BUCHKA und CIAMICIAN).

Das **Vorkommen des Pyrrols** als Bestandteil in einem ätherischen Öl wurde erst in allerletzter Zeit erwähnt, und zwar von SCH. u. Co. (SCH. **1902**, II, 65) gelegentlich der Untersuchung eines Paraguay Petitgrainöls (*Citrus Bigaradia* Risso). „Die Dämpfe der zuerst übergehenden Tropfen färbten einen mit Salzsäure befeuchteten Fichtenspan intensiv kirschrot (Pyrrolreaktion)." Es mag dahingestellt bleiben, inwieweit dieses Vorkommen ständig, oder ob es nur ein zufälliges ist, und ob das Pyrrol sich auch noch anderweitig in ätherischen Ölen wird nachweisen lassen.

Physik. und chem. Eig. des Pyrrols: Sdp. 130—131°, $d_{21/4}$ = 0,96694; über Brechungsvermögen vgl. NASINI und CARRARA (G. **24**, I, 278), sowie BRÜHL (Ph. Ch. **16**, 214).

Die Fichtenspanreaktion wurde bereits erwähnt. Kalium wirkt auf Pyrrol ein unter Bildung von Pyrrolkalium. Schüttelt man Pyrrol mit einer wäßrigen Isatinlösung und verd. Schwefelsäure, so bildet sich ein tiefblauer Niederschlag, der von Eisessig und Vitriolöl mit tiefblauer Farbe gelöst wird (V. MEYER, B. **16**, 2974; vgl. auch CIAMICIAN u. SILBER, B. **17**, 241). —

Das Tetrajodpyrrol, Jodol, C_4J_4NH bildet sich aus Pyrrolkalium und Jod: Smp. unter Zersetzung 140—150°.

Zur **Identifizierung des Pyrrols** dürfte am besten der Vorlauf des zu untersuchenden ätherischen Öles genommen werden, und zwar eignen sich sowohl die Fichtenspanreaktion, als auch die Bildung von Isatinblau, ferner die Jodoldarstellung usw. zum Nachweis.

Über die **Konstitution und Geschichte des Pyrrols** ist das für vorliegenden Fall Notwendige bereits mitgeteilt worden; die Feststellung des Pyrrols als ev. Bestandteil eines ätherischen Öles erfolgte erst im Jahre 1902 durch SCH. u. Co.

413. N-alkyliertes Pyrrol.

Vorkommen, Isolierung usw. Ebenso wie das eben erwähnte Pyrrol dürfte auch das von E. und H. ERDMANN (B. **32**, 1218) im Neroliöl aufgefundene N-alkylierte Pyrrol für den Geruch usw. der ätherischen Öle von untergeordneter Bedeutung sein. Gelegentlich der Untersuchung des Neroliöls (*Citrus Bigaradia* Risso) fanden E. und H. Erdmann, daß die niedrig siedende Fraktion schwache Pyrrolreaktion gab, jedoch konnte diese Reaktion nicht bei allen Neroliölen beobachtet werden. „Mit Sicherheit läßt diese eigentümliche Verbindung sich nachweisen in einem dem Neroliöl verwandten Öle, dem „Pomeranzenöl aus unreifen Früchten", welches in Deutschland von der Firma Heinrich Haensel in Pirna in den Handel gebracht wird." Die qu. Pyrrolverbindung geht beim Destillieren mit den ersten Anteilen des Öles über. Durch mehrfaches Aussieden gelang es, eine Fraktion vom Sdp. 166—169° ($Sdp._9$ = 53—55°) zu erhalten, die reich an dieser Pyrrolverbindung war. Diese Fraktion gab eine intensiv blaurote Fichtenspanreaktion, ferner wurde mit wenig Benzaldehyd und konz. HCl eine blaugrüne Farbe erhalten, die in Alkohol löslich war, analog der Reaktion von N-Äthylpyrrol und N-Allylpyrrol; ferner wurde beim Schütteln mit wäßriger Chinonlösung und Überschichten mit Äther ein blauvioletter Farbstoff erhalten. Das Öl lieferte keine feste Kaliumverbindung; mit gesättigter Sublimatlösung entstand ein weißer Niederschlag; bei der Oxydation mit $KMnO_4$ und Schwefelsäure wurde Ammoniak erhalten. Aus diesen Reaktionen wurde der Schluß gezogen, „daß in diesem ätherischen Öl ein N-alkyliertes Pyrrolderivat enthalten ist, wofür auch der Geruch spricht". — Hesse und Zeitschel (J. pr. II, **66**, 504) konnten dagegen in den Vorläufen echter Neroliöle kein Pyrrol bzw. keine Pyrrolderivate nachweisen, ebensowenig Sch. u. Co. (Sch. **1902**, II, 65); es ist daher nicht ausgeschlossen, daß Petitgrainöl, welches diesen Bestandteil enthält, zur Verfälschung des von Erdmann untersuchten Neroliöls gedient hat.

Durch weitere Versuche muß zunächst festgestellt werden, welche Verbindung in diesen niedrig siedenden Anteilen der aus *Citrus Bigaradia* Risso gewonnenen ätherischen Öle vorliegt.

Heterocyklische Verbindungen mit zwei Ringen.

Nachdem im Neroliöle der Anthranilsäuremethylester aufgefunden worden war, nachdem damit festgestellt war, daß stickstoffhaltige Bestandteile ätherischer Öle für das Aroma des betreffenden Öles von Wichtigkeit sind, forschte man nach weiteren stickstoffhaltigen Verbindungen; fernerhin war zweifellos festgestellt, daß von den heterocyklischen Verbindungen Furfuran- und Pyrrolderivate als Bestandteile vorkommen. Hält man diese Tatsachen zusammen, so war es von Hause aus nicht sehr unwahrscheinlich, daß durch Kombination des Benzolrings mit dem Furfuran- bzw. Pyrrolring entstehende Moleküle sich auch als Bestandteile in ätherischen Ölen finden. Deshalb können wir ev. Cumarone bzw. Indole und deren Derivate nicht direkt als Bestandteile von der Hand weisen. Wenn es nun auch bisher nicht gelungen ist, das Cumaron nachzuweisen, so ist es anderseits möglich gewesen, eigentümlicherweise Indol und Skatol als Bestandteile aufzufinden.

---

414. Indol

C_8H_7N = 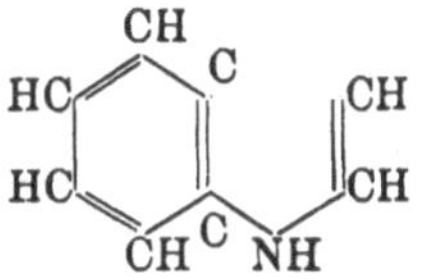

Vorkommen, Isolierung und Synthese. v. BAEYER (A. **140**, 295; vgl. Spl. **7**, 56) erhielt durch Behandlung von Oxindol mit Zinkstaub im Jahre 1866 Indol. — v. BAEYER und EMMERLING (B. **2**, 679) berichten über die Synthese des Indols und sprechen die Vermutung aus, daß dem Indol die Konstitution $C_8H_4 < \substack{CH \\ NH} > CH$ zukomme. — KEKULÉ (B. **2**, 749) ist der Ansicht, daß das Indol eine Konstitution $C_6H_4\left\{\begin{matrix} C \vdots CH \\ NH_2 \end{matrix}\right.$ besitzt, wonach das Indol als Amidoderivat des Acetylenylbenzols erscheint. NENCKI (B. **8**, 1517) verdoppelt im Jahre 1875 die Formel des Indols. — In der Folgezeit hat sich die von v. BAEYER und EMMERLING vorgeschlagene Formel als richtig herausgestellt. Man sieht also, daß das Indol zuerst aus dem Indigo auf präparativem Wege gewonnen wurde. Daß auch das Indol, allerdings in einer anderen Form, und zwar im freien Zustande, in ätherischen Ölen vorkommt, nahm man nicht an; erst durch die Versuche in der letzten Periode, 1897 bis zur Gegenwart, konnte auch diese Verbindung als Bestandteil ätherischer Öle festgestellt werden. Es ist das Verdienst HESSES und seiner Mitarbeiter, auf das Vorkommen einer derartigen Verbindung in einem ätherischen Öl hingewiesen zu haben. HESSE gelang es zuerst (B. **32**, 2611) das Vorkommen des Indols im Jasminblütenöl und im Neroliöl zu konstatieren. Alsdann konnten es in letzter Zeit noch VERSCHAFFELT und BORZI in *Visnea Mocanera* sowie in Citrusarten usw. nachweisen.

Rutaceae.

Auf das Vorkommen des Indols im Neroliöl (*Citrus Bigaradia* Risso) machte HESSE (B. **32**, 2612 Anm.) aufmerksam.

HESSE und ZEITSCHEL (J. pr. II, **66**, 504) stellen im Jahre 1902 fest, daß das Neroliöl außer dem Anthranilsäuremethylester noch Indol enthält. Eine Fraktion des Neroliöls, welche frei war von Anthranilsäuremethylester und unter 5 mm Druck bei 100 bis 120° übersiedete, zeigte starke Stickstoffreaktion. Bei der Erwärmung mit Pikrinsäure auf dem Wasserbade wurde ein Pikrat gewonnen, aus dem das Rohindol dargestellt und durch Sublimation gereinigt wurde; es zeigte den richtigen Smp. 52° und konnte durch sonstige Reaktionen identifiziert werden. H. und Z. (a. a. O., S. 515) nehmen an, daß die für den Geruch der Orangenblüte wichtigen Bestandteile, der Anthranilsäuremethylester und das Indol, fertig gebildet in dieser Pflanze vorkommen und nicht erst, wie bei der Jasminblüte (HESSE, B. **34**, 2930), während der Enfleurage oder der Destillation entstehen. H. und Z. konnten in dem nicht mit Wasserdampf behandelten Neroli-Extraktöl sowohl Anthranilsäuremethylester, als auch Indol nachweisen. — Auch SCH. u. Co. (SCH. **1903**, II, 56) konstatieren das Indol ebenfalls im Neroliöl in den unter 5 mm Druck oberhalb 90° siedenden Fraktionen mit Hilfe der Pikrinsäureverbindung: Smp. des Indols 51°. „Der Gehalt des Extraktöles an diesem intensiv riechenden Körper ist größer als beim Neroliöl."

Oleaceae.

Gelegentlich der Untersuchung des Jasminblütenöls (*Jasminum officinale*) stellte HESSE (B. **32**, 2612) zuerst das Vorkommen des Indols in einem ätherischen Öle fest. Auch berichtet H. über den Nachweis und die quantitative Bestimmung des Indols daselbst: „Das rohe Jasminblütenöl wird mit ca. 10 % Pikrinsäure versetzt und bis zur Auflösung des beim Zusatz der Pikrinsäure entstehenden Niederschlages auf 50—60° erwärmt. Zu der erkalteten Lösung, aus welcher sich ein reichlicher Niederschlag von Indolpikrat ausscheidet, wird ein großer Überschuß von Petroläther gesetzt, wobei ein aus Indolpikrat und dem größten Teil der unverbrauchten Pikrinsäure bestehender, kristallinischer, je nach dem Gehalt an Indolpikrat mehr oder weniger rot gefärbter Niederschlag ausgeschieden wird. Der Niederschlag wird abfiltriert, mehrfach mit Petroläther gewaschen, mit Ammoniak oder Sodalösung erwärmt, die Lösung nach dem Erkalten mit Äther extrahiert und der Verdampfungsrückstand der ätherischen Lösung mit Wasserdämpfen destilliert. Man erhält dadurch das gesamte, im „Jasminblütenöl befindliche Indol in fast völlig reinem Zustande." H. berechnet den Gehalt des Jasminblütenöls an Indol zu $2^1/_2$ %; auch konnte H. mittels Natriumbisulfit das Indol isolieren (vgl. Originalarbeit). — Über weitere Arbeiten HESSES vgl. B. **33** [1900], 1585; **34** [1901], 291, 2916, 2922, 2925. HESSE stellte bei verschiedenen Destillationen, bei denen sowohl frische, als auch gelagerte Jasminblüten und zur Darstellung von Jasminpomade bereits benutzte Abfallblüten Verwendung fanden, ätherische Öle dar, die indolfrei waren. Ferner konnte H. aus verschiedenen Jasminblütenextrakten und besonders aus jenen des „Jasmin pur" von L. PILLET nachweisen, daß darin nur geringe Mengen von Indol vorkommen im Gegensatz zu den indolreichen durch Enfleurage hergestellten Jasminpomadenölen. H. folgerte hieraus, daß Indol nicht primär in der Jasminblüte vorhanden sei, sondern ein Zersetzungsprodukt darstelle.

In einer siebenten Abhandlung „Über ätherisches Jasminblütenöl"

(B. **37** [1904], 1457) spricht H. zur Erklärung des wechselnden Vorkommens des Indols und des Anthranilsäuremethylesters nochmals die Ansicht aus, daß sowohl Indol wie Anthranilsäuremethylester primär nicht im freien Zustande in der Jasminblüte vorhanden sind, sondern in Form komplexer Verbindungen, „welche leicht (z. B. bei der Destillation, beim Verweilen der Blüten in den „chassis“, bei der Enfleurage, unter Umständen auch bei der Extraktion [s. unten]) in ihre Komponenten zerfallen“. H. kommt zu dem Resultat (a. a. O., S. 1461), 1. daß die mit flüchtigen Lösungsmitteln erhaltenen Extrakte frischer Jasminblüten, wenn sie nicht mit Wasserdampf behandelt werden, nicht die geringsten Mengen freien Anthranilsäuremethylesters enthalten, 2. konnte aus verschiedenen Versuchsreihen festgestellt werden, daß bei der Extraktion von frischen Jasminblüten und Destillation des Extraktes indolhaltiges und bei einem einige Tage darauf vorgenommenen Extraktionsversuch indolfreies Jasminöl erhalten wurde; dieser scheinbare Widerspruch sei bisher nicht gelöst; es ist nicht ausgeschlossen, daß durch die Wasserdampfdestillation eine Zersetzung komplexer Verbindungen statthat (vgl. über Weiteres Originalarbeit). Es ist zu folgern, daß die nach den Versuchen Hesses in der Jasminblüte anzunehmenden komplexen Verbindungen des Indols und des Anthranilsäuremethylesters sich nicht bei allen Operationen gleichmäßig verhalten.

v. Soden (J. pr. II, **69** [1904], 267) berichtet ebenfalls über ätherisches Jasminblütenextraktöl. Aus dem Rohextrakt wurde ein alkohollösliches Extrakt dargestellt, das beim Destillieren mit Wasserdampf und Ausäthern des Destillats ätherisches Jasminblütenextraktöl lieferte. Es konnten relativ reichliche Mengen Indol nachgewiesen werden, weshalb v. S. glaubt, daß der Schluß gerechtfertigt sei, „daß das Indol ein normaler Bestandteil der lebenden Jasminblüte ist“. Weitere Versuche müssen entscheiden, auf welchen Umständen es beruht, daß das Indol nicht immer als Bestandteil des Jasminblütenextraktöls nachgewiesen werden kann.

Verschaffelt (Rec. Trav. Bot. Néerland. **1**, 1904) weist Indol in Jasminblüten und Citrusartenblüten nach, indem er die von den Blüten ausgeatmeten Dämpfe auf Oxalsäure (Rotfärbung) einwirken läßt.

Ternströmiaceae.

Borzi (Rendiconti della R. Akad. dei Lincei **13** [1904], 372) berichtete über den Nachweis von Indol in *Visnea Mocanera,* und zwar in den Blüten dieser Pflanze.

Physik. Eig. des Indols. Smp. 52°, Sdp. 253—254°; leicht flüchtig mit Wasserdämpfen, ziemlich leicht löslich in heißem Wasser.

Chem. Eig. des Indols. Das Indol zeichnet sich durch seine basischen Eigenschaften aus, die allerdings nur schwach hervortreten; ferner färbt eine mit Salzsäure versetzte alkoholische Lösung einen Fichtenspan kirschrot. Das Indol gibt mit den verschiedensten Reagentien kristallinische Niederschläge; so wird in der wäßrigen Lösung des Indols durch salpetrige Säure ein roter, voluminöser, aus kleinen Nadeln bestehender Niederschlag von Nitrosoindolnitrat erzeugt.

Die **Abscheidung und Identifizierung des Indols** dürfte am besten zunächst durch fraktionierte Destillation erfolgen, alsdann kann nach HESSE das Indol als Pikrat oder durch die Bisulfitverbindung abgeschieden werden. Das Pikrat bildet lange rote, stark glänzende Nadeln.

Die **Konstitution des Indols** ergibt sich aus seinen Abbauprodukten, sowie aus seinen zahlreichen Synthesen.

Geschichtlich ist nochmals zu betonen, daß, obwohl das Indol bereits in den sechziger Jahren des vergangenen Jahrhunderts auf präparativem Wege durch v. BAEYER erhalten worden war, es doch erst im Jahre 1899 gelang, das Indol in einem ätherischen Öle nachzuweisen.

415. Skatol

C_9H_9N =

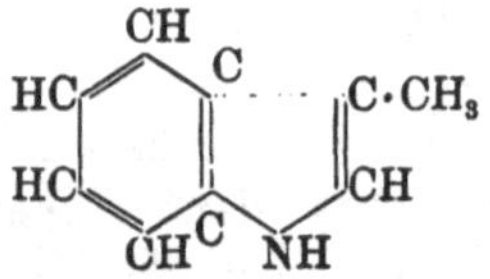

Vorkommen, Isolierung und Synthese. Das Skatol ist eigentlich die erste stickstoffhaltige chemische Verbindung, welche man durch Destillation eines Pflanzenteils mit Wasserdampf gewonnen hat. DUNSTAN (Pharm. Journal **19** [1889], 1010; B. **22**, 441 Ref.) zeigte, daß das Skatol in dem Holze von *Celtis reticulosa* vorkommt; dieser Baum ist in Java, Ceylon und Ostindien anzutreffen. Auch das frische Holz dieses Baumes soll einen durchdringenden und abscheulichen Geruch besitzen. — Fernerhin konnte von SCH. u. Co. (SCH. **1903**, I, 80) in einem aus Deutsch-Ostafrika stammenden Holze, dessen Stammpflanze nicht bekannt war, Skatol konstatiert werden. Aus 112 g Holz wurden 1,2 g = ca. 1 % weißer Kristalle von intensivem Skatolgeruch gewonnen, die bei 95° schmolzen und mit Salzsäure ein bei 168° schmelzendes Chlorhydrat gaben. Schließlich sei erwähnt, daß auch in einem tierischen Sekret, im Zibet (SCH. **1900**, II, 88 und WALBAUM, B. **33** [1900], 1903) Skatol, aber nicht Indol nachgewiesen werden konnte.

Physik. und chem. Eig. des Skatols. Smp. 95°, $Sdp._{755}$ = 265—266°. Das Hydrochlorid $2\,C_9H_9N \cdot HCl$ schmilzt bei 167—168°.

Zur **Identifizierung des Skatols** dürfte sich sein Smp. 95° und derjenige seines Hydrochlorids 167—168° eignen.

Geschichtlich ist zu betonen, daß das Skatol verschiedentlich isoliert und dargestellt wurde und daß es auch bereits DUNSTAN im Jahre 1889 gelang, diese Verbindung in einer Holzart nachzuweisen. Es ist anzunehmen, daß auch dieser Bestandteil ätherischer Öle ev. von der Zersetzung komplexer Verbindungen herrührt.

Anhang.

1. N-haltige Bestandteile ätherischer Öle unbekannter Konstitution, die vielfach Basen sind.

Im Anschluß an die bisher besprochenen Basen sei erwähnt, daß sich in einigen ätherischen Ölen N-haltige Verbindungen finden, welche basische Natur besitzen, von denen es aber bisher noch nicht gelungen ist, ihre Konstitution näher aufzuklären. Folgende Mitteilungen mögen einen Fingerzeig geben, nach welcher Richtung hin man die ätherischen Öle zu untersuchen hat. Nicht immer jedoch ist die Verbindung basischer Natur, sondern zuweilen dürfte ein Nitril vorliegen usw.

Chenopodiaceae.

Cassan (Thèse, Montpellier **1901**) berichtet über einen südfranzösischen Strauch *Camphorosma Monspeliaca*, der sich durch einen kampferartigen Geruch auszeichnen soll. Durch Wasserdampfdestillation wurden daraus 0,2 % ätherisches Öl gewonnen: $d_{17} = 0,970$, $n_D = 1,3724$(?); bei + 4° erstarrte das Öl. Mit wäßriger Kalilauge destilliert, gab die Pflanze Propylamin. Es ist auch das ätherische Öl ev. auf Stickstoff zu untersuchen.

Rutaceae.

Im Petitgrainöl (*Citrus Bigaradia* Risso) konstatieren Sch. u. Co. (Sch. **1902**, II, 70) außer dem Anthranilsäuremethylester und außer dem von Erdmann festgestellten N-alkyl. Pyrrol einen basischen Körper, der den Fraktionen vom Siedepunkt des Linalools durch verd. Schwefelsäure entzogen werden kann und für den Geruch des Petitgrainöls von besonderer Wichtigkeit zu sein scheint. — Auch im Neroliöl (Sch. **1903**, II, 55) wurde ein nikotinartig riechender, basischer Körper festgestellt, der oberhalb 110° bei 6 mm Druck destillierte und dem Anthranilsäureester beigemengt war. Außerdem soll sich im Neroliöl noch eine Base vom Smp. 158° finden. — Ferner stellte Hesse (Chem. Zeitschr. **2**) fest, daß das Mandarinenblätteröl außer dem Methylanthranilsäureester eine nicht verseifbare, nikotinähnlich riechende Base enthalte. — Power und Lees (Soc. **81** [1902], 1585) gewinnen aus dem Rautenöl (*Ruta graveolens*) durch Ausschütteln mit 20%iger Schwefelsäure einen basischen Körper, der keine blaue Fluoreszenz zeigte und im Geruch an Chinolin erinnerte.

Labiatae.

Gelegentlich einer ausführlichen Untersuchung des Patschuliöls (*Pogostemon Patschouli*) (SCH. **1904**, I, 73) wurden die von 250—270° siedenden Anteile wiederholt mit 20%iger Schwefelsäure ausgeschüttelt, aus der sauren Lösung die Base in Freiheit gesetzt und mit Wasserdampf abgetrieben. Diese Base ist leichter als Wasser und auch mit Wasserdämpfen leicht flüchtig. Größere Mengen von ihr scheinen im Wasseröl enthalten zu sein. Aus 6—7 kg des letztgenannten Öles wurden 10 g Base erhalten, jedoch war der größere Teil hiervon spez. schwerer als Wasser und im Geruch schwächer als die erste Base. Durch fraktionierte Destillation im Vakuum wurden zwei Fraktionen: $Sdp._{3-4}$ = 80—130° und 135—140° erhalten. Der erste Anteil gab ein salzsaures Salz vom unscharfen Smp. 105—115°, dessen wäßrige Lösung mit Platinchlorid ein Platindoppelsalz vom Smp. 208° gab (35,9% C, 4,06% H, 5,36% N, 26,94% Pt). Die höher siedende, in größerer Menge vorhandene Base zeigte: d_{20} = 1,0148, α_D = — 9° 5′, n_D = 1,54282.

Rubiaceae.

Das ätherische Öl aus dem Holz von *Chione glabra*, das „Palo blanco" genannt wird, während der Baum wegen des Wohlgeruchs seiner Blüten den Namen „Violet" führt, besitzt einen aromatischen, fäkalartigen Geruch ebenso wie die Rinde des Baumes. Aus letzterer läßt sich nach PAUL und COWNLEY (Pharm. Journ. IV, **7** [1898], 51) zu 1,5% ein ätherisches Öl gewinnen, das beim Abkühlen auf — 20° zu Nadeln erstarrt (vgl. „Bestandteil o-Oxyacetophenon"). Das Öl weist Spuren stickstoffhaltiger Verbindungen auf, jedoch konnten P. und C. Indol oder Derivate desselben, auf welche der Geruch hindeutet, nicht nachweisen.

2. Verbindungen unbekannter Zusammensetzung, die keinen Stickstoff enthalten.

Es findet sich in den ätherischen Ölen eine ganze Anzahl von Bestandteilen, von denen vielfach nicht einmal eine Analyse hat ausgeführt werden können, die aber im übrigen mehr oder weniger nachgewiesen oder vermutet werden konnten; viele andere sind fernerhin zwar analysiert worden, jedoch hat auf Grund der Analyse keine Bruttoformel berechnet werden können, so daß ihre Zugehörigkeit zu der einen oder anderen Klasse der Verbindungen nicht zu ermitteln war. Die in folgendem gebrachten Mitteilungen sollen zur Weitererforschung dieser Körper anregen. Wie bisher, so ist die Anordnung bei ihrer Aufzählung so getroffen, daß die Stammpflanzen der ätherischen Öle nach dem natürlichen Pflanzensystem geordnet sind.

Cryptogamae.

Lohmann (Diss. Jena **1903**) beschäftigte sich mit den äther. Ölen der Lebermoose. Durch Wasserdampfdestillation der Lebermoose *Timbraria Blumeana*, *Pellia epiphylla*, *Metzgeria furcata*, *Fegatella conica*, *Marchantia polymorpha*, *Mastigobryum trilobatum*, *Lunularia vulgaris*, *Targionia hypophylla*, *Aneura palmata* und *Medoteca platyphylla* wurden zu 0,01—0,9 % der Trockensubstanz äther. Öle gewonnen, deren Geruch an die betreffenden Moose erinnerte. Die Analyse ergab, daß der Kohlenstoffgehalt zum Wasserstoffgehalt im Verhältnis von 1 : 1,51—1,61 stand, woraus gefolgert wurde, daß die äther. Öle aus Verbindungen der Terpenreihe bestehen. Das äther. Öl von *Mastigobryum trilobatum* zeigte d_{16} = 0,972, drehte rechts und hatte den Sdp. 270—285°; der Rückstand erstarrte zu Nadeln vom Smp. 78 bis 85°. Die ätherischen Öle der Lebermoose sieht L. als Schutzmittel gegen Angriff durch Tiere an (vgl. auch Detto, Diss. Jena 1903, der ebenfalls die Ansicht vertritt, daß die äther. Öle vielfach ein Schutzmittel gegen tierische Feinde bilden).

Pinaceae.

Im äther. Öl von *Sequoja gigantea* nehmen Lunge und Steinkauler (B. **13**, 1656; **14**, 2202) unter anderem einen Körper $C_{18}H_{20}O_3$ an. — Im Cypressenöl (*Cupressus sempervirens* L.) (Sch. **1904**, II, 22) beobachten Sch. u. Co. einen ladanumartig riechenden Körper.

Zingiberaceae.

Im Curcumaöl (*Curcuma longa* L.) fanden Jackson und Menke (Pharm. Journ. London III, **13** [1883], 839) einen Körper $C_{19}H_{28}O$, den sie „Turmerol“ nannten.

Moraceae.

In den verschiedenen Hanfölen (*Cannabis sativa*) sind sowohl Kohlenwasserstoffe, als auch sauerstoffhaltige Verbindungen vorhanden, die ihrer Konstitution nach noch nicht aufgeklärt sind.

Santalaceae.

Auch das ostindische Sandelöl (*Santalum album*) weist Bestandteile auf, die ein erneutes Studium erfordern (Sch. **1899**, II, 54; **1900**, I, 44).

Lauraceae.

Über den Massoykampfer vgl. Bonastre (Journ. de Pharm. **15** [1829], 204).

Hamamelidaceae.

Das Styrokampfen van't Hoffs (B. **9** [1876], 5) ist ebenfalls ein in seiner Konstitution nicht aufgeklärter Körper.

Leguminosae.

Im ätherischen Öl von *Acacia Farnesiana* (Sch. **1903**, II, 14) ist eine kleine Menge einer unbekannten flüssigen Säure vorhanden, die wahrscheinlich auch verestert darin vorkommt.

Die Blätter von *Tephrosia Vogelii* ergeben nach Hanriot (C. r. **144** [1907], 150) einen alkoholischen Extrakt, welcher durch Wasserdampfdestillation getrennt werden kann. Mit den Wasserdämpfen geht ein Öl über, das H. Tephrosal nennt, das im Vakuum gegen 60° zu destillieren beginnt und Aldehydreaktionen gibt. H. sagt: „Il commence à destiller dans le vide vers 60° (H = 0,02), mais la majeure partie du liquide passe plut haut sans qu'il soit possible d'avoir un point d'ébullition absolument fixe.“

Rutaceae.

Das Pomeranzenschalenöl enthält nach Stephan (J. pr. II, **62** [1901], 533) ihrer Konstitution nach unbekannte, feste Bestandteile, unter diesen wahrscheinlich einen den Phytosterinen nahestehenden Körper. — Auch das Amyrolin des westindischen Sandelholzöls (*Amyris* spec.) (v. Soden und Rojahn, Pharm. Ztg. **45** [1900], 878) ist seiner Konstitution nach unbekannt und wahrscheinlich nach der Formel $C_{14}H_{12}O_3$ zusammengesetzt; es löst sich in alkohol. Kali mit gelbgrüner Fluoreszenz und liefert mit Brom ein amorphes weißes Dibromid vom Smp. 157—159°; wahrscheinlich dürfte im Amyrolin ein laktonartiger Körper der aromatischen Reihe vorliegen.

Polygalaceae.

Im ätherischen Öl von *Polygonum Persicaria* L. fand Horst (Chem. Ztg. **25** [1901], 1055) Essig- und Buttersäure, ferner eine kristallinische kampferartige Substanz, die er Persicariol nannte, sowie einen flüssigen Körper.

Thymelaeaceae.

Sch. u. Co. (Sch. **1892**, I, 43) destillieren ein Holz, das wahrscheinlich von *Aquillaria Agallocha* stammte; das in einer Ausbeute von 0,17 %

gewonnene Öl stellt eine hellbraune Kristallmasse dar, die bei 30—40° schmilzt und im Geruch zugleich an Zimt und Rhabarber erinnert. Der Hauptbestandteil wird von einem Körper vom Smp. 54—55° gebildet, der wahrscheinlich zu den Ketonen gehört, da er ein Oxim vom Smp. 106—107° liefert; ein anderer Bestandteil des Öles ist flüssiger Natur.

Myrtaceae.

In den äther. Ölen einiger Eucalyptusarten finden sich unbekannte Bestandteile, so unter anderem unbekannte Alkohole in den Ölen von *E. pilularis* Sm. und *E. patentinervis* R. T. B. (SCH. **1904**, II, 32, 33).

In den hochsiedenden Anteilen des Myrtenöls (*Myrtus communis* L.) fanden v. SODEN und ELZE (Chem. Ztg. **29** [1905], 1031) einen Alkohol, den sie Myrtenol nennen und als $C_{10}H_{18}O$ zusammengesetzt ansehen.

Umbelliferae.

Nach MÖSLINGER (A. **184**, 44) findet sich im Heracleumöl ein unbekannter Bestandteil. — Im französischen Bitterfenchelöl (*Foeniculum vulgare* Gärtn.) fand TARDY (Bl. III, **17** [1897], 661) eine kristallisierte Verbindung vom Smp. 113°; SCH. u. Co. (SCH. **1901**, I, 12) konstatierten im franz. Bitterfenchelöl in den höheren Fraktionen ebenfalls einen festen Bestandteil, der aus Essigester in weißen breiten Nadeln, aus Alkohol dagegen in gezähnten derben Kristallen vom Smp. 164—165° herauskam. — Im Petersilienöl (*Apium Petroselinum*) finden sich in den hochsiedenden Anteilen außer Myristicin noch andere sauerstoffhaltige Verbindungen, die ihrer Konstitution nach nicht aufgeklärt sind (vgl. besonders BIGNAMI und TESTONI, G. **30** [1900], I, 240). — Im Opopanaxöl (*Ferula Opopanax* L.) (KNITL, Ar. **237** [1899], 256) sind mehrere sauerstoffhaltige Verbindungen vorhanden, die ihrer Konstitution nach nicht bekannt, und die zum Teil sehr schwer mit Wasserdämpfen vollständig aus dem Harz zu entfernen sind.

Labiatae.

Aus dem Basilicumöl (Buitenzorg Jahr. **1898**, 28), gewonnen aus einer großblättrigen Varietät zu 0,18—0,32 %, wurden außer Eugenol nicht saure Anteile isoliert; unter anderem ein unter 190° siedender Körper von angenehmem Geruch, dessen Konstitution nicht feststeht.

Die zuletzt angeführten Bestandteile äther. Öle, deren Konstitution man nicht kennt, im Verein mit den bekannten Molekülen sind natürlich nicht alle jene chemischen Individuen, die als Bestandteile in äther. Ölen vorkommen, sondern es ist ohne weiteres einleuchtend, daß ihre Zahl noch bedeutend vermehrt werden wird. Genauere Durchforschung der bisher bekannten äther. Öle sowohl, als auch der noch in Zukunft zu gewinnenden neuen äther. Öle wird zeigen, daß noch eine große Anzahl in der Chemie bereits bekannter wie auch unbekannter Moleküle aufgefunden werden wird. Das vorliegende Werk soll eine Anregung geben auf Grund des bisher bekannten Materials neue Forschungen zu unternehmen; es unterliegt keinem Zweifel, daß das vereinte wissenschaftliche Streben der auf dem Gebiete der ätherischen Öle arbeitenden Chemiker aller Nationen auch diese Aufgabe glücklich zu Ende führen wird, und daß diese Arbeit auf dem Gebiet der ätherischen Öle der ganzen organischen Chemie wie bisher zur Aufklärung und zur Erforschung des inneren Baues der Moleküle dienen wird. Alsdann wird der vielfache Zusammenhang hierher gehöriger Verbindungen noch deutlicher hervortreten, und die ätherischen Öle werden auch fernerhin zu den am besten erforschten Pflanzenprodukten gerechnet werden müssen.

Übersicht über das gesamte Pflanzensystem unter besonderer Berücksichtigung der Pflanzen, die ätherische Öle liefern.*

I. Abteilung. Phytosarcodina, Myxothallophyta, Myxomycetes.

1. Klasse. Acrasiales.
2. Klasse. Plasmodiophorales.
3. Klasse. Myxogasteres.
   1. Reihe. Ectosporeae.
   2. Reihe. Endosporeae.

II. Abteilung. Schizophyta (Spaltpflanzen).

1. Klasse. Schizomycetes.
   1. Reihe. Eubacteria.
   2. Reihe. Thiobacteria.
2. Klasse. Schizophyceae.

III. Abteilung. Flagellatae.

1. Reihe. Pantostomatinales.
2. Reihe. Distomatinales.
3. Reihe. Protomastigales.
4. Reihe. Chrysomonadales.
5. Reihe. Cryptomonadales.
6. Reihe. Chloromonadales.
7. Reihe. Euglenales.

IV. Abteilung. Dinoflagellatae.

V. Abteilung. Zygophyceae.

1. Klasse. Bacillariales (Diatomeen).
2. Klasse. Conjugatae.

VI. Abteilung.

1. Klasse. Protococcales.
2. Klasse. Confervales.
3. Klasse. Siphoneae.

* Die Pflanzen sind nach den natürlichen Familien nach ENGLERS Syllabus, Berlin 1903, geordnet.

VII. Abteilung. Charales.

VIII. Abteilung. Phaeophyceae.

1. Reihe. Phaeosporeae.
2. Reihe. Cyclosporeae.

IX. Abteilung. Dictyotales.

X. Abteilung. Rhodophyceae.

1. Klasse. Bangiales.
2. Klasse. Florideae.
    1. Reihe. Nemalionales.
    2. Reihe. Gigartinales.
    3. Reihe. Rhodymeniales.
    4. Reihe. Cryptonemiales.

XI. Abteilung. Eumycetes.

1. Klasse. Phycomycetes.
    1. Reihe. Zygomycetes.
    2. Reihe. Oomycetes.
2. Klasse. Hemiascomycetes.
    1. Reihe. Hemiascales.
3. Klasse. Euascomycetes.
    1. Reihe. Euascales.
4. Klasse. Laboulbeniomycetes.
5. Klasse. Basidiomycetes.
    1. Reihe. Hemibasidiales.

XII. Abteilung. Embryophyta asiphonogama (Archegoniatae).

I. Unterableilung. Bryophyta (Muscineae).

1. Klasse. Hepaticae (Lebermoose).
    1. Reihe. Marchantiales.
        Familie: Ricciaceae, Marchantiaceae.

Targionia hypophylla.
Timbraria Blumeana.

§ Compositae.

Fegatella conica.
Marchantia polymorpha.
Lunularia vulgaris.

2. Reihe. Anthocerotales.
3. Reihe. Jungermanniales.

Pellia epiphylla.
Metzgeria furcata.
Aneura palmata.
Medoteca platyphylla.
Mastigobryum trilobatum.

2. Klasse. Musci (Laubmoose).
    Sphagnales, Andreaeales, Bryales.

II. Unterabteilung. Pteridophyta.

1. Klasse. Filicales.

1. Reihe. Filicales leptosporangiatae.

§ Aspidieae.

Aspidium Filix mas (Wurmfarnöl).

Familie: Gleicheniaceae, Osmundaceae, Salviniaceae.

2. Reihe. Marattiales.

3. Reihe. Ophioglossales.

2. Klasse. Sphenophyllales.

3. Klasse. Equisetales.

4. Klasse. Lycopodiales.

XIII. Abteilung. Embryophyta siphonogama (Siphonogamen, Phanerogamen).

I. Unterabteilung. Gymnospermae.

1. Klasse. Cycadales.

2. Klasse. Bennettitales.

3. Klasse. Cordaitales.

4. Klasse. Gingkoales.

5. Klasse. Coniferae.

Familie: Taxaceae.

§ Podocarpeae

Podocarpus chinensis.

§ Taxeae.

Familie: Pinaceae.

§ Araucarieae.

Araucaria bedfordiana.

§ Abietineae.

Larix sibirica (sibirisches Fichtennadelöl).
Larix decidua (Lärchenterpentinöl, Lärchennadelöl).
Larix europaea (venetianischer Terpentin).
Pseudolarix Kaempferi.
Cedrus Deodara.
Cedrus atlantica (Atlasceder).
Cedrus Libani (Libanoncedernöl).
Pinus Strobus (Nadelöl).
Pinus Lambertiana.
Pinus Cembra (Nadelöl).
Pinus Sabiniana (Kalifornisches Terpentinöl).
Pinus palustris (Amerikanisches Terpentinöl).
Pinus silvestris (Kienöl und Kiefernnadelöl).
Pinus Ledebourii (Kienöl, russisches Terpentinöl und sibirisches Fichtennadelöl).
Pinus Khasya, *Pinus Mercusii* } (Burma Terpentinöl).
Pinus montana, *Pinus Pumilio* } (Latschenkiefernöl).
Pinus Pinea.
Pinus echinata (Amerikanisches Terpentinöl).
Pinus nigra.
Pinus longifolia (Indisches Terpentinöl).
Pinus australis, *Pinus Taeda*, *Pinus cubensis* } (Amerikanisches Terpentinöl).
Pinus Pinaster (Französisches Terpentinöl).
Pinus Laricio (Österreichisches Terpentinöl).

Pinus halepensis (Griechisches Terpentinöl).
Pinus maritima.
Picea excelsa (Terpentinöl und Fichtennadelöl).
Picea vulgaris (Fichtennadelöl).
Picea obovata.
Picea alba (Nadelöl).
Picea nigra (Nadelöl).
Pseudotsuga mucronata (Oregonbalsam).
Pseudotsuga taxifolia.
Abies pectinata (Edeltannennadelöl).
Abies alba (Edeltannennadelöl, Edeltannenzapfenöl).
Abies balsamea
Abies canadensis } (Nadelöle; Canadabalsamöl).
Abies Fraseri
Abies Reginae Amaliae (Zapfenöl).
Abies sibirica (Nadelöl).

§ Taxodieae.

Sequoja gigantea (Sequojaöl).
Cryptomeria japonica.

§ Cupressineae.

Callitris quatrivalvis (Sandarakharzöl).
Thuja occidentalis (Thujaöl).
Thuja articulata.
Thuja orientalis (Öl der Wurzeln).
Cupressus sempervirens (Cypressenöl).
Cupressus Lambertiana.
Chamaecyparis pisifera.
Chamaecyparis obtusa (Hinokiöl).
Juniperus communis (Wacholderbeeröl).
Juniperus Oxycedrus (Öl der Beeren).
Juniperus macrocarpa.
Juniperus Sabina (Sadebaumöl).
Juniperus virginiana (Cedernholz- und Cedernblätteröl).
Juniperus phoenicea (Öl der Beeren).
Juniperus procera.

6. Klasse. Gnetales.

Familie: Gnetaceae.

Gnetum Gnemon L. β ovalifolium.

II. Unterabteilung. Angiospermae.

1. Klasse. Monocotyledoneae.

1. Reihe. Pandanales.

Familie: Typhaceae, Pandanaceae.

Pandanus odoratissimus (Öl der Blüten).

2. Reihe. Helobiae.

Familie: Potamogetonaceae.

3. Reihe. Triuridales.

4. Reihe. Glumiflorae.

Familie: Gramineae.

§ Andropogoneae.

Andropogon arundinaceus.
Andropogon Schoenanthus (Palmarosaöl).
Andropogon citratus (Lemongrasöl).
Andropogon muricatus (Vetiveröl).
Andropogon Nardus (Citronellöl).
Andropogon odoratus (Öl des Krautes).

Andropogon laniger (Kamelgrasöl).

§ Phalarideae.

Anthoxanthum odoratum (Ruchgras).

5. Reihe. Principes.

Familie: Palmae.

Sabal serratula

§ Phoeniceae.

Phoenix dactylifera (Dattel).

6. Reihe. Synanthae.

7. Reihe. Spathiflorae.

Familie: Araceae.

§ Acoreae.

Acorus Calamus (Calmusöl, Calmuskrautöl, japanisches Calmusöl).

§ Areae.

Dracunculus vulgaris.

Familie: Lemnaceae.

8. Reihe. Farinosae.

9. Reihe. Liliiflorae.

Familie: Juncaceae, Liliaceae.

§ Veratreae.

Sabadilla officinalis (Sabadillöl).
Veratrum album.

§ Aloineae.

Aloë vulgaris (Aloëöl).

§ Lomandreae.

Xanthorrhoea hastile (Xanthorrhoeaöl).
Xanthorrhoea australe.

§ Allieae.

Allium sativum (Knoblauchöl).
Allium Schoenoprasum.
Allium Cepa (Zwiebelöl).
Allium ursinum (Bärlauchöl).

Familie: Amaryllidaceae.

Polyanthes tuberosa (Tuberose).

Familie: Taccaceae, Iridaceae.

Crocus sativus (Safranöl).

§ Moraeeae.

Iris florentina
Iris germanica } (Irisöl).
Iris pallida

10. Reihe. Scitamineae.

Familie: Zingiberaceae.

Curcuma longa (Curcumaöl).
Curcuma zedoaria (Zitwerwurzelöl).
Kaempferia Galanga (Öl des Rhizoms).
Kampferia rotunda (Öl der Wurzeln).

§ Zingibereae.

Hedychium spicatum (Rhizom).
Hedychium coronarium (Öl der Blüten).
Aplotaxis auriculata (Costuswurzelöl).
Alpinia Galanga (Galgantöl).
Alpinia officinarum.
Alpinia malaccensis (Öl des Rhizoms).
Alpinia nutans (Öl des Rhizoms).
Zingiber officinale (Ingweröl).

Amomum Cardamomum (Siam-Cardamomenöl).
Amomum Melegueta (Paradieskörneröl).
Amomum aromaticum (Bengal-Cardamomenöl).
Amomum spec.? (Kamerun-Cardamomenöl).
Amomum angustifolium (Korarima-Cardamomenöl).
Elettaria Cardamomum (Ceylon- und Malabar-Cardamomenöl).
Elettaria major.

11. Reihe. Microspermae.

Familie: Orchidaceae.

Orchis militaris.
Orchis fusca.

§ Ophrydeae.

Nigritella suavolens.

§ Neottieae.

Vanilla planifolia.
Vanilla aromatica.

§ Sarcantheae.

Angraecum fragans (Fahamblätter).

2. Klasse. Dicotyledoneae.

1. Unterklasse. Archichlamydeae.

1. Reihe. Verticillatae.

2. Reihe. Piperales.

Familie: Piperaceae.

Piper aduncum (Blätteröl).
Piger nigrum (Pfefferöl).
Piper longum (Langpfefferöl).
Piper ovatum (Öl der Blätter).
Piper Lowong (Öl der Früchte).
Piper Clusii (Aschantipfefferöl).
Piper lanceaefolium } (Blätteröl).
Piper acutifolium }
Piper cubeba (Cubebenöl).
Piper angustifolium (Maticoöl).
Piper Betle (Betelöl).
Piper Volkensii.
Potomorphe umbellata (Öl der Blätter).
Artanthe geniculata (Öl der Blätter).
Ottonia anisum (Öl der Wurzeln).

3. Reihe. Salicales.

Familie: Salicaceae.

Populus nigra (Pappelknospenöl.
Salix pentandra (Öl der Rinde).
Salix alba (Öl der Rinde).

4. Reihe. Myricales.

Familie: Myricaceae.

Myrica Gale (Gagelöl).
Myrica cerifera (Wachsmyrtenöl).
Myrica asplenifolia (Öl der Blätter).

5. Reihe. Balanopsidales.

6. Reihe. Leitneriales.

Familie: Leitneriaceae.

7. Reihe. Juglandales.

Familie: Juglandaceae.

Juglans regia (Walnußblätteröl).

8. Reihe. Fagales.

Familie: Betulaceae.

§ Betuleae.

Betula lenta (Birkenrindenöl; Wintergrünöl).
Betula alba (Birkenknospenöl).
Betula pubescens (Birkenteer).
Betula verrucosa.

Familie: Fagaceae.

Castanopsis javanica.
Castanopsis Tungurrut.
Castanopsis spec.
Quercus spec.
Quercus bancana.
Quercus glandulifera.
Quercus Junghuhnii.
Quercus Teysmanni.

9. Reihe. Urticales.

Familie: Ulmaceae.

Unterfamilie: Celtidoideae.

Celtis reticulosa.

Familie: Moraceae.

Unterfamilie: Cannaboideae.

Humulus Lupulus (Hopfenöl).
Cannabis sativa (Hanföl).
Cannabis indica (Harz des indischen Hanfes).

Familie: Urticaceae.

§ Urereae.

§ Procrideae.

Pilea.

Unterfamilie: Artocarpoideae.

Cecropia Schiedeana.
Ficus elastica.
Ficus benjamina
Ficus annulata
Ficus geniculata.
Ficus pilosa.
Ficus retusa.
Ficus xylophylla.
Streblus mauritianus.
Sloetia sideroxylon.
Gironniera subaequalis.

10. Reihe. Proteales.

11. Reihe. Santalales.

Familie: Santalaceae.

§ Osyrideae.

Osyris alba (Afrikanisches Sandelholzöl).
Santalum album (Ostindisches Sandelholzöl).
Santalum Preissianum (Südaustralisches Sandelholzöl).
Santalum cygnorum (Westaustralisches Sandelholzöl).
Santalum Yasi (Fidshi-Sandelholzöl).

12. Reihe. Aristolochiales.

Familie: Aristolochiaceae.

§ Asareae.

Asarum europaeum (Haselwurzöl).
Asarum canadense (Canadisches Schlangenwurzelöl).
Asarum arifolium (Blätteröl).

§ Aristolochieae.

Aristolochia Serpentaria (Virginisches Schlangenwurzelöl).
Aristolochia Clematitis (Osterluzeiöl).
Aristolochia longa und *A. rotunda.*
Aristolochia reticulata (Wurzelöl).

13. Reihe. Polygonales.

Familie: Polygonaceae.

Polygonum Persicaria (Öl des Krautes).

14. Reihe. Centrospermae.

Familie: Chenopodiaceae.

Camphorosma Monspeliaca (Öl des Strauches).

§ Chenopodieae.

Chenopodium ambrosioides (Samen- und Blätteröl).
Chenopodium ambrosioides var. anthelminticum (Amerikanisches Wurmsamenöl).

Familie: Caryophyllaceae.

§ Paronychieae.

Herniaria hirsuta.

15. Reihe. Ranales.

Familie: Ranunculaceae.

§ Paeonieae.

Paeonia Moutan (Wurzelöl).

§ Helleboreae.

Nigella sativa (Schwarzkümmelöl).
Nigella damascena (Samenöl).

§ Anemoneae.

Thalictrum aquilegifolium (Blätteröl).

Familie: Magnoliaceae.

§ Magnolieae.

Magnolia Kobus (Kobuschiöl).
Magnolia fuscata (Blüten).
Michelia Champaca (Champacaöl).
Michelia longifolia (Öl der Blüten).

§ Illicieae.

Illicium parviflorum (Rindenöl).
Illicium verum (Sternanisöl).
Illicium religiosum } (Japanisches Sternanisöl).
Illicium anisatum }
Drimys Winteri (Wintersrindenöl).

Familie: Anonaceae.

§ Uvarieae.

Cananga odorata (Ylang-Ylangöl und Canangaöl).
Unona odoratissima (Canangaöl).

§ Monodoreae.

Monodora Myristica.

Familie: Myristicaceae.

Myristica fragrans (Macisöl und Muskatnußöl).
Myristica officinalis (Muskatnußöl).

Familie: Monimiaceae.

Peumus Boldus (Boldoblätteröl).
Atherosperma moschata (Atherospermaöl).
Citriosma cujabana }
Citriosma oligandra } (Öl der Blätter und Rinde).
Citriosma apiosyce }

Familie: Lauraceae.

Umbellularia californica (Kalifornischer Lorbeerbaum).

§ Cinnamomeae.

Cinnamomum zeylanicum (Ceylonzimtöl, Zimtblätteröl, Zimtwurzelöl).
Cinnamomum Cassia (Cassiaöl).
Cinnamomum Camphora (Kampferöl).
Cinnamomum Loureirii (Japanisches Zimtöl).
Cinnamomum Kiamis (Öl der Rinde).
Cinnamomum Culilawan (Culilawanöl).
Cinnamomum Wightii (Öl der Rinde).
Cinnamomum Oliveri (Öl der Rinde).
Cinnamomum pedatinervium.
Cinnamomum pedunculatum.
Persea gratissima (Öl der Blätter).
Persea caryophyllata (Nelkenzimtöl).
Nectandra Puchury major und *N. P. minor* (Pichurimbohnenöl).
Nectandra Caparrapi (Caparrapiöl).
Ocotea caudata (Guayana Linaloeöl).
Ocotea spec.? (Ocoteaöl).
Ocotea usambarensis.
Nectandra oder *Ocotea spec.?* (Venezuela Kampferholzöl).
Laurus spec.? (Oleum apopinense).

§ Litseeae.

Sassafras officinale (Sassafrasrindenöl und Sassafrasblätteröl).

§ Cryptocaryeae.

Cryptocarya moschata (Cryptocariaöl).
Cryptocarya pretiosa (Öl der Rinde).

§ Laureae.

Lindera sericea (Kuromojiöl).
Laurus nobilis (Lorbeerblätter- und Lorbeerbeerenöl).
Laurus Benzoin (Spicewoodöl).
Benzoin odoriferum (Spicewoodöl).
Oreodaphne californica (Kalifornisches Lorbeeröl).
Tetranthera citrata (Tetrantheraöl).
Tetranthera polyantha var. citrata (Rindenöl).
Massoya aromatica (Massoyrindenöl).

16. Reihe. Rhoeadales.

Familie: Papaveraceae.

Familie: Cruciferae.

§ Lepidiinae.

Lepidium sativum (Kressenöl).

§ Cochleariinae.

Thlaspi arvense (Öl des Krautes).
Cochlearia officinalis (Löffelkrautöl).
Cochlearia Armoracia (Meerrettichöl).

§ Alliariinae.

Alliaria officinalis (Lauchhederichöl).

§ Sisymbriinae.

Sisymbrium Alliaria } (Wurzelöl).
Isatis tinctoria }

§ Brassicinae.

Sinapis alba (Sinalbin Senföl).
Brassica Napus (Öl der Samen).
Brassica nigra, *Brassica juncea* (Senföl).
Raphanus sativus und *R. niger* (Rettichöl).

§ Cardamininae.

Cardamine pratensis (Blätteröl).
Cardamine spec.

Nasturtium officinale (Brunnenkressenöl).
Barbarea praecox (Winterkresse).

§ Hesperideae.

Capsella bursa pastoris.

Familie: Resedaceae.

Reseda odorata (Resedablütenöl und -wurzelöl).

17. Reihe: Sarraceniales.

18. Reihe: Rosales.

Familie: Saxifragaceae.

Ribes rubrum (Johannisbeerstrauch).

Familie: Pittosporaceae.

Pittosporum undulatum (Öl der Früchte).

Familie: Hamamelidaceae.

§ Altingieae.

Liquidambar orientale (Storaxöl).
Liquidambar altingiana (Rasamalaholz).
Altingia excelsa (Rasamalaöl).
Liquidambar styraciflhuum (Storaxöl, Storaxblätteröl).

Familie: Rosaceae.

§ Spiraeeae.

Spiraea laevigata.
Spiraea lobata.
Spiraea filipendula.
Spiraea opulifolia.
Spiraea Ulmaria (Spiraeaöl).
Spiraea Aruncus.
Spiraea digitata.
Spiraea sorbifolia.
Spiraea japonica.
Spiraea ulmifolia.
Spiraea acutifolia.

Unterfamilie: Pomoideae.

Crataegus Oxyacantha.

§ Potentilleae.

Geum urbanum.
Rubus sundaicus.

§ Roseae.

Rosa damascena (Rosenöl).
Rosa centifolia (Rosenöl).

Unterfamilie: Prunoideae.

Prunus Amygdalus }
Prunus Armeniaca } (Bittermandelöl).
Prunus Persica }
Prunus Cerasus (Öl aus Kernen und Fleisch).
Prunus Laurocerasus (Kirschlorbeeröl).
Prunus domestica (Öl aus den Pflaumenkernen).
Prunus virginiana (Wildkirschrindenöl).
Prunus Padus (Öl aus Blättern, Blüten und Samen).
Prunus spinosa (Öl aus Blättern und Blüten).
Prunus javanica.
Prunus Mahaleb.

Familie: Leguminosae.

§ Acacieae.

Acacia Farnesiana (Cassieblütenöl).
Acacia Cavenia.

§ Cynometreae.

Copaifera officinalis
Copaifera guajanensis
Copaifera coriacea
Copaifera Langsdorffii } (Copaivabalsamöl).
Copaifera contortiflora
Copaifera oblongifolia
Copaifera rigida

§ Eucaesalpinieae.

Caesalpinia Sappan (Sappanöl).
Toluifera Balsamum (Tolubalsamöl).

§ Sophoreae.

Myroxylon peruiferum (Öl der Blätter).
Myroxylon toluiferum.
Myroxylon Pereirae.

§ Genisteae.

Genista tridentata (Carquejaöl).

§ Trifolieae.

Melilotus officinalis (Steinklee).

§ Galegeae.

Amorpha fruticosa (Blätteröl).
Glycyrrhiza glabra.
Wistaria sinensis.
Psoralea bituminosa.
Tephrosia Vogelii.
Indigofera galegoides (Öl der Blätter).
Indigofera disperma (Öl der Blätter).

§ Phaseoleae.

Phaseolus lunatus.

§ Dalbergieae.

Dipterix odorata (Tonkabohne).

19. Reihe. Geraniales.

Familie: Geraniaceae.

§ Geranieae.

Pelargonium odoratissimum
Pelargonium capitatum } (Geraniumöl).
Pelargonium roseum

Familie: Tropaeolaceae.

Tropaeolum majus (Kapuzinerkressenöl).

Familie: Erythroxylaceae.

Erythroxylon bolivianum.
Erythroxylon Coca (Cocablätteröl).
Erythroxylon monogynum (Öl des Holzes).

Familie: Zygophyllaceae.

§ Zygophylleae.

Guajacum officinale
Guajacum sanctum } (Guajakholz).
Bulnesia Sarmienti (Guajakholzöl).

Familie: Rutaceae.

Clausea anisata.
Amyris balsamifera (Westindisches Sandelholzöl).

§ Xanthoxyleae.

Xanthoxylum piperitum (Japanisches Pfefferöl).
Xanthoxylum Hamiltonianum (Öl der Samen).

Xanthoxylum alatum
Xanthoxylum acanthopodium } (Öl der Wartarafrüchte).
Evodia simplex.

§ Ruteae.

Ruta graveolens (Rautenöl).

§ Boronieae.

Boronia polygalifolia (Boroniaöl).

§ Diosmeae.

Barosma betulina
Barosma serratifolia } (Buccoblätteröl).
Barosma crenata
Diosma succulenta.
Empleurum serrulatum (Öl der Blätter).

§ Cusparieae.

Pilocarpus Jaborandi (Jaborandiblätteröl).
Pilocarpus pennatifolius.
Cusparia trifoliata (Angosturarindenöl).

§ Toddalieae.

Toddalia aculeata (Toddaliaöl).

§ Aurantieae.

Citrus limomum (Citronenöl).
Citrus aurantium (Süß-Pomeranzenöl).
Citrus bigaradia (Bitter-Pomeranzenöl, Orangenblütenöl, Petitgrainöl).
Citrus Bergamia (Bergamottöl).
Citrus medica (Cedroöl).
Citrus triptera (*trifoliata*) (Chinesisches Neroliöl).
Citrus medica var. acida (Westindisches Limettöl).
Citrus Limetta (Limettöl, Limettblätteröl).
Citrus nobilis (Mandarinenöl).
Citrus Madurensis (Mandarinöl).
Citrus decumana (Pompelmusöl).
Murraya Koenigii.

Familie: Burseraceae.

Commiphora abyssinica
Commiphora Schimperi } (Myrrhenöl).
Balsamodendron Kafal (Opoponaxöl).
Boswellia Carteri (Weihrauchöl).
Dacryodes hexandra.
Canarium spec. (Elemiöl).
Icica heptaphylla (Conimaharzöl).
Bursera Delpechiana (Mexikanisches Linaloeöl).

Familie: Meliaceae.

§ Cedreleae.

Cedrela odorata (Cedrelaholzöle).

Familie: Polygalaceae.

Polygala Senega (Senegawurzelöl).
Polygala albiflora.
Polygala variabilis.
Polygala javana.
Polygala oleifera.
Polygala alba.
Polygala calcarea.
Polygala depressa.
Polygala nemorivaga.
Polygala serpyllacea.

Polygala vulgaris.
Epirrhizanthes elongata und *cylindrica.*

Familie: Euphorbiaceae.

Antidesma diandrum.
Adenocrepis javanica.
Agyreia multiflora.
Agyreia spec.
Baccaurea spec.
Cyclostemon spec.
Elateriospermum Tokbray.
Cluytia oblongifolia.
Euphorbiacea spec.
Leiocarpus spec.
Leiocarpus arborens.
Pierardia dulcis.
Pierardia spec.
Phyllanthus zeylanicus.
Rottlera dispar.
Sphaenodesma Wallichi Schauer.
Trewia spec.

§ Bridelieae.

Bridelia ovata (Blätteröl).
Elateriospermum Tapos (Blätteröl).

§ Crotoneae.

Croton Eluteria (Cascarillöl).
Croton echinocarpus.
Croton compressus.
Croton lobatus var. Manihot.

§ Jatropheae.

Hevea brasiliensis (Kautschukpflanze).
Hevea guianensis.

§ Manihoteae.

Manihot Glaziovii (Blätteröl).

§ Hippomaneae.

Stillingia silvatica (Stillingiaöl).

20. Reihe. Sapindales.

Familie: Buxaceae.

Familie: Anacardiaceae.

§ Mangifereae.

Mangifera spec.
Semicarpus spec.

§ Rhoideae.

Pistacia vera.
Pistacia Terebinthus.
Pistacia Lentiscus (Mastixöl).
Schinus molle (Schinusöl).

Familie: Celastraceae.

Goupia tomentosa (Öl des Holzes).

21. Reihe. Rhamnales.

Familie: Vitaceae.

Vitis vinifera (Kognaköl).

22. Reihe. Malvales.

Familie: Elaeocarpineae.

Elaeocarpus resinosus.

Familie: Gonystylaceae.

Gonystylus Miquelianus (Öl des Holzes).

Familie: Tiliaceae.

§ Tilieae.

Tilia ulmifolia
Tilia platyphyllos } (Lindenblütenöl).

Familie: Malvaceae.

§ Hibisceae.

Hibiscus Abelmoschus (Moschuskörneröl).

23. Reihe. Parietales.

Familie: Dilleniaceae.

Familie: Theaceae (Ternstroemiaceae).

Visnea Mocanera (Blütenöl).
Thea chinensis (Teeöl).
Thea cochinchinensis.

Familie: Dipterocarpaceae.

Dryobalanops Camphora (Borneokampferöl).
Dipterocarpus turbinatus und andere (Gurjunbalsamöl).

Familie: Cistaceae.

Cistus creticus
Cistus ladaniferus } (Ladanumöl).
Cistus monspeliensis
Cistus salicifolius } (Blätteröl).

Familie: Bixaceae.

Familie: Canellaceae.

Canella alba (Weißzimtöl).

Familie: Violaceae.

§ Violeae.

Viola tricolor.

Familie: Flacourtiaceae.

§ Homalieae.

Homalium tomentosum (Blätteröl).
Blackwellia tomentosa.

Familie: Turneraceae.

Turnera aphrodisiaca
Turnera diffusa } (Damianablätteröl).

Familie: Passifloraceae.

Passiflora laurifolia
Passiflora hybr.
Passiflora princeps } (Blätteröl).

Familie: Thymelaeaceae.

Aquilaria Agallocha (Adlerholz).

24. Reihe. Opuntiales.

25. Reihe. Myrtiflorae.

Familie: Lythraceae.

§ Nesaeeae.

Dawsonia inermis (Hennaöl).

Familie: Myrtaceae.

Darwinia fascicularis.
Darwinia taxifolia.

Unterfamilie: Myrtoideae.

Myrtus communis (Myrtenöl).
Myrtus Cheken (Chekenblätteröl).
Pimenta officinalis (Pimentöl).

Pimenta acris (Bayöl).
Eugenia caryophyllata (Nelkenöl und Nelkenstielöl).
Calypthrantes paniculata (May-oil).

§ Leptospermeae.

Leptospermum Liversidgei.
Melaleuca Leucadendron (Cajeputöl).
Melaleuca viridiflora (Niaouliöl).
Melaleuca Leucadendron var. lancifolia.
Melaleuca acuminata.
Melaleuca decussata.
Melaleuca ericifolia.
Melaleuca genistifolia.
Melaleuca linariifolia.
Melaleuca thymifolia.
Melaleuca squarrosa.
Melaleuca uncinata.
Melaleuca Wilsonii.
Eucalyptus Globulus, E. acmenoides, E. viridis, E. Wilkinsoniana, E. Woolsiana, E. trachyphloia, E. umbra, E. viminalis, E. virgata, E. quadrangulata, E. radiata, E. redunca, E. Risdonia, E. robusta, E. Rossii, E. rubida, E. saligna, E. salmonophloia, E. salubris, E. Seana, E. siderophloia, E. sideroxylon, E. Smithii, E. Siberiana, E. squamosa, E. stellulata, E. strecta, E. affinis, E. aggregata, E. albens, E. angophoroides, E. odorata, E. cneorifolia, E. oleosa, E. dumosa, E. amygdalina, E. apiculata, E. Bäuerleni, E. Behriana, E. bicolor, E. borealis, E. Bosistoana, E. rostrata, E. populifera, E. corymbosa, E. resinifera, E. botryoides, E. Bridgesiana, E. calophylla, E. Cambagei, E. camphora, E. conica, E. cordata, E. Baileyana, E. microcorys, E. Leucoxylon, E. hemiphloia, E. crebra, E. macrorrhyncha, E. Macarthuri, E. capitellata, E. eugenioides, E. obliqua, E. coriacea, E. Dawsoni, E. delegatensis, E. elaiophora, E. eximia, E. fastigata, E. punctata, E. Loxophleba, E. dextropinea, E. laevopinea, E. maculata, E. Fletscheri, E. fraxinoides, E. gomphocephala, E. hemilampra, E. intermedia, E. intertexta, E. citriodora, E. dealbata, E. Planchoniana, E. Staigeriana, E. lactea, E. Luehmanniana, E. maculosa, E. Maideni, E. marginata, E. melanophloia, E. haemastoma, E. piperita, E. diversicolor, E. fissilis, E. goniocalyx, E. melliodora, E. microtheca, E. nigra, E. Morrisii, E. nova angelica, E. oreades, E. ovalifolia, E. gracilis, E. Lehmanni, E. longifolia, E. occidentalis, E. pauciflora, E. Stuartiana, E. tereticornis, E. tessellaris, E. vitrea, E. paludosa, E. paniculata, E. patentinervis, E. pendula, E. pilularis, E. polyanthema, E. polybractea, E. propinqua, E. pulverulenta (Eucalyptusöle).
Backhousia citriodora (Backhousiaöl).

Familie: **Melastomataceae.**

Unterfamilie: Memecyloideae.

Memecylon spec.

26. **Reihe:** Umbelliflorae.

Familie: Araliaceae.

§ Aralieae.

Aralia nudicaulis (Öl aus Rhizom).

Familie: Umbelliferae.

§ Scandicineae.

Anthriscus Cerefolium (Öl der Früchte).

§ Coriandreae.

Coriandrum sativum (Corianderöl).

§ Ammineae.

Cuminum Cyminum (Cuminöl).
Apium graveolens (Selleriesamen- und -krautöl).
Petroselinum sativum (Petersiliensamen-, -wurzel- und -krautöl).

Cicuta virosa (Wasserschierlingöl).
Cicuta maculata.
Carum Carvi (Kümmelöl).
Carum Ajowan (Ajowanöl).
Pimpinella Anisum (Anisöl).
Pimpinella saxifraga (Öl der Wurzeln).
Pimpinella nigra (Öl der Wurzeln).
Foeniculum vulgare (Fenchelöl).
Phellandrium aquaticum (Wasserfenchelöl).
Meum athamanticum (Bärwurzöl).
Silaus pratensis (Silauöl).
Oenanthe aquatica (Wasserfenchelöl).

§ Peucedaneae.

Levisticum officinale (Liebstockwurzel-, -samen- und -krautöl).
Archangelica officinalis (Angelicawurzel-, -samen- und -krautöl).
Angelica refracta (Japanisches Angelicawurzelöl).
Angelica Archangelica.
Ferula Asa foetida (Stinkasantöl).
Ferula galbaniflua.
Ferula rubicaulis (Galbanumöl).
Ferula Opopanax (Opopanax).
Ferula Sumbul (Moschuswurzelöl).
Dorema Ammoniacum (Ammoniacumöl).
Peucedanum Oreoselinum (Bergpetersilienöl).
Peucedanum Ostruthium (Meisterwurzöl).
Peucedanum graveolens (Dillöl).
Peucedanum sativum (Pastinaköl).
Peucedanum grande (Öl der Früchte).
Peucedanum officinale (Öl der Wurzeln).
Anethum Sowa (Ostindisches Dillöl).
Anethum Foeniculum (Fenchelöl).
Heracleum Sphondylium (Bärenklauöl).
Heracleum giganteum (Öl der Früchte).
Pastinaca sativa (Pastinak).

§ Dauceae.

Daucus Carota (Möhrenöl).
Osmorrhiza longistylis (Öl der Wurzeln).

2. Unterklasse. Metachlamydeae oder Sympetalae.

1. Reihe. Ericales.

Familie: Pirolaceae.

§ Monotropeae.

Monotropa Hypopitys (Öl der Stengel).
Hypopitys multiflora.

Familie: Ericaceae.

§ Ledeae.

Ledum palustre (Porschöl).

§ Gaultherieae.

Gaultheria procumbens (Wintergrünöl).
Gaultheria punctata (Öl der Blätter).
Gaultheria leucocarpa (Öl der Blätter).

§ Ericeae.

Erica arborea.

2. Reihe. Primulales.

Familie: Myrsinaceae.

Familie: Primulaceae.

Primula veris (Öl der Wurzeln).

3. Reihe. Ebenales.

Familie: Sapotaceae.

Familie: Ebenaceae.

Familie: Styracaceae.

Styrax officinalis (Storaxharz offic.).
Styrax Benxoin (Benzoëharz).
Symplocos spec.

4. Reihe. Contortae.

Familie: Oleaceae.

Unterfamilie: Jasminoideae.

Jasminum officinale (Jasminöl).
Jasminum grandiflorum (Jasminblütenöl).

Familie: Apocynaceae.

Allamanda Hendersoni.
Chilocarpus densiflorus.
Chilocarpus denudatus.
Melodinus laevigatus.
Melodinus orientalis.
Landolphia Watsonii.

Familie: Asclepiadaceae.

5. Reihe. Tubiflorae.

Familie: Convolvulaceae.

§ Convolvuleae.

Convolvulus scoparius } (Rosenholzöl).
Convolvulus floridus }

Unterfamilie: Cuscutoideae.

Cuscuta Trifolii.

Familie: Borraginaceae.

Cordia asperrima.
Ekretia spec.

Familie: Verbenaceae.

§ Verbeneae.

Aloysia citriodora.
Lippia citriodora.
Verbena triphylla (Verbenaöl).
Lantana camara (Öl des Krautes).

§ Viticeae.

Vitex trifolia (Öl der Blätter).

Familie: Labiatae.

§ Rosmarineae.

Rosmarinus officinalis (Rosmarinöl).

Unterfamilie: Lavanduloideae.

Lavandula vera (Lavendelöl).
Lavandula Spica (Spiköl).
Lavandula Stoechas (Öl des Krautes).
Lavandula dentata (Öl des Krautes).
Lavandula pedunculata (Öl des Krautes).

§ Nepeteae.

Nepeta Cataria (Katzenminzöl).
Nepeta Glechoma (Gundermannöl).

§ Stachyeae.

§ Salvieae.

Salvia officinalis (Salbeiöl).
Salvia Sclarea (Muskateller Salbeiöl).

§ Monardeae.

Monarda punctata (Öl des Krautes)
Monarda didyma (Öl des Krautes) } (Monardenöl).
Monarda fistulosa (Öl des Krautes)

§ Saturejeae.

Melissa officinalis (Melissenöl).
Melissa Calamintha.
Calamintha Nepeta.
Hedeoma pulegioides (Pennyroyalöl).
Hyssopus officinalis (Ysopöl).
Satureja hortensis (Pfefferkrautöl).
Satureja montana (Öl des Krautes).
Satureja Thymbra (Öl des Krautes).
Origanum vulgare (Dostenöl).
Origanum Majorana (Majoranöl).
Origanum floribundum.
Origanum hirtum
Origanum smyrnaeum } (Spanisch Hopfenöl).
Bystropogon origanifolius.
Thymus vulgaris (Thymianöl).
Thymus Serpyllum (Quendelöl).
Thymus capitatus (Öl des Krautes).
Lycopus virginicus (Öl des Krautes).
Mentha piperita
Mentha arvensis var. piperascens } (Pfefferminzöl).
Mentha silvestris var. crispa
Mentha viridis } (Krauseminzöl).
Mentha aquatica (Wasserminzöl).
Mentha aquatica var. subspicata.
Mentha arvensis (Feldminzöl).
Mentha hirsuta.
Mentha canadensis (Canadisches Minzöl).
Mentha Pulegium (Poleiöl).
Mentha javanica (Javanisches Pfefferminzöl).

§ Pogostemoneae.

Pogostemon Patchouly (Patschuliöl).
Pogostemon comosus (Dilemöl).

§ Ocimeae.

Hyptis spicata.
Ocimum Basilicum (Basilicumöl).
Ocimum canum.

Mosula japonica (Öl des Krautes).
Cunila mariana (Öl des Krautes).
Lophantus anisatus (Öl des Krautes).
Pycnanthemum lanceolatum (Öl des Krautes).
Pycnanthemum incanum (Öl des Krautes).
Amaracus Dictamnus.

Familie: Acanthaceae.

Peristrophe angustifolia.

§ Acantheae.

6. Reihe. Plantaginales.

7. Reihe. Rubiales.

Familie: Rubiaceae.

Chione glabra (Öl des Holzes).
Plectronia dicocca.
Plectronia heliotropiodora.
Canthium spec.
Gardenia Schoemanni.
Gardenia lucida.
Nauclea spec.
Pavetta angustifolia.
Pavetta arborea.
Pavetta barbata.
Pavetta grandiflora.
Pavetta littorea.
Pavetta longiflora.
Pavetta rosea.
Pavetta paludosa.
Pavetta longipes.
Pavetta spec.
Petunga variabilis.
Petunga spec.
Psychotria celastroides.
Wendlandia spec.

§ Gardenieae.

§ Ixoreae.

Coffea liberica.
Coffea arabica (Kaffeebaum).
Coffea stenophylla.

§ Galieae.

Asperula odorata (Waldmeister).

Familie: Caprifoliaceae.

§ Sambuceae.

Sambucus nigra (Hollunderblütenöl).

§ Viburneae.

Viburnum Tinus (Blütenöl).
Viburnum Opulus.

Familie: Valerianaceae.

Nardostachys Jatamansi (Öl der Wurzel).
Valeriana officinalis (Baldrianöl).
Valeriana officinalis var. angustifolia (Kessoöl).
Valeriana celtica (Speiköl).

8. Reihe. Campanulatae.

Familie: Compositae.

Liatris odoratissima (Liatrisblätter).
Atractylis ovata (Wurzelöl).

§ Vernonieae.

Vernonia spec.

§ Eupatorieae.

Eupatorium capillifolium (Öl des Krautes).
Eupatorium foeniculaceum (Hundefenchelöl).
Eupatorium africanum.
Ageratum conyzoides (Öl des Krautes).

§ Astereae.

Solidago odora (Goldrutenöl).
Solidago rugosa (Öl des Krautes).

Solidago canadensis (Canadisches Goldrutenöl).
Erigeron canadensis (Erigeronöl).
Blumea balsamifera } (Blumeakampfer).
Blumea lacera }

§ Inuleae.

Helichrysum Stoechas (Öl des Krautes).
Helichrysum angustifolium (Öl der getrockneten Pflanzen).
Inula Helenium (Alantöl).
Inula viscosa (Öl der getrockneten Pflanzen).
Inula graveolens.
Osmitopsis asteriscoides (Öl des Krautes).

§ Heliantheae.

Ambrosia artemisiaefolia (Ambrosiaöl).
Spilanthes alba.
Spilanthes oleracea.

§ Anthemideae.

Anthemis nobilis (Römisch-Kamillenöl).
Anthemis Cotula (Hundskamillenöl).
Achillea Millefolium (Schafgarbenöl).
Achillea nobilis (Edelschafgarbenöl).
Achillea moschata (Ivaöl).
Achillea coronopifolia (Krautöl).
Achillea ageratum (Krautöl).
Matricaria Chamomilla (Kamillenöl).
Matricaria Parthenium (Mutterkrautöl).
Matricaria inodora.
Chrysanthemum japonicum (Öl der Blüten).
Tanacetum vulgare (Rainfarnöl).
Tanacetum boreale.
Tanacetum balsamita (Balsamkrautöl).
Pyrethrum Parthenium (Mutterkrautöl).
Pyrethrum indicum (Kikuöl).
Artemisia herba alba.
Artemisia vulgaris (Beifußöl).
Artemisia Dracunculus (Esdragonöl).
Artemisia Cina (Wurmsamenöl).
Artemisia Absinthium (Wermutöl).
Artemisia gallica (Öl des Krautes).
Artemisia Barrelieri (Öl des Krautes).
Artemisia frigida.
Artemisia candata.
Artemisia glacialis (Alpenbeifußöl).
Erechthites hieracifolia (Feuerkrautöl).

§ Senecioneae.

Arnica montana (Arnikablüten-, -wurzelöl).

§ Cynareae.

Saussurea Lappa (Costuswurzelöl).
Carlina acaulis (Eberwurzöl).
Spaeranthus indicus (Öl in Wurzeln).

§ Cichorieae.

Crepis foetida.

Autorenregister.

(Die römischen Zahlen bedeuten die Bandzahl. — Bei den Autoren Schimmel u. Co., Semmler, Tiemann und Wallach vgl. man das Sachregister, da die zahlreichen Literaturstellen eine zu weitgehende Wiederholung erfordern würden).

Sachregister.

(Die römischen Zahlen geben die Bandzahl an.)